建造师市政实务与管理考试通关宝典

吴龙生　吴荷芬　编著

东南大学出版社
·南京·

内容提要

本书以图解市政公用工程技术为主线，同时加上必要的表格和文字说明，严格按照全国建造师执业资格考试大纲（市政公用工程专业）编写，对考试内容作了彻底的剖析，其广度和深度和大纲相吻合。本书注重讲练结合，讲求实效，编排科学，涵盖一级、二级建造师市政专业路、桥、隧、管、给排水、垃圾填埋、园林绿化各子专业高频考点；编者结合多年建造师辅导经验和市政公用工程一线施工与管理经验，以案例分析为主攻目标，特别注重市政工程典型案例解题思路点拨与答题技巧引领式精讲。本书设置教材精解透析、拓展知识、练一练、实务案例必备素材、高频考点一览表、历年真题解析等诸多模块，化枯燥教条式泛读为图文并茂、身临其境式读解。总结多年考试命题规律，主要从大纲要求、考情透析、要点讲解和同步强化练习等方面进行编排，讲练结合，注重实效。本书以现行施工验收规范、规程和工程实践为依据，以广大考生自主学习为出发点，具有形象、直观、易懂、实用、高效等特点，有助于全面提高考生的应试能力，可作为市政公用工程专业考生考前冲刺的参考用书。

本书为江苏省高等教育教改资助课题（2011JSJG442 基于紧密型校企合作土建类人才培养模式研究与实践）阶段性研究成果。本书还可作为高等院校市政、公路工程实务与管理课程教材和建造师市政、公路工程实务与管理继续教育及职业培训教材使用，亦可供从事市政、公路工程的技术人员参考。

图书在版编目（CIP）数据

建造师市政实务与管理考试通关宝典 / 吴龙生，吴荷芬编著. —南京：东南大学出版社，2013.7

ISBN 978-7-5641-4350-3

Ⅰ.①建… Ⅱ.①吴… ②吴… Ⅲ.①市政工程－施工管理－建筑师－资格考试－自学参考资料 Ⅳ.①TU99

中国版本图书馆 CIP 数据核字（2013）第 139021 号

建造师市政实务与管理考试通关宝典

出版发行：东南大学出版社
社　　址：南京市四牌楼 2 号　邮编：210096
出 版 人：江建中
责任编辑：史建农　戴坚敏
网　　址：http://www.seupress.com
电子邮箱：press@seupress.com
经　　销：全国各地新华书店
印　　刷：常州市武进第三印刷有限公司
开　　本：787mm×1092mm　1/16
印　　张：31.5
字　　数：879 千字
版　　次：2013 年 7 月第 1 版
印　　次：2013 年 7 月第 1 次印刷
书　　号：ISBN 978-7-5641-4350-3
印　　数：1—3000 册
定　　价：80.00 元

前　言

建造师考试市政公用工程专业子专业繁多，路、桥、隧、管、给排水、垃圾填埋、园林绿化，每一大章都是一门独立的学科，每一大章都可以写成单独的一本书，可见我们面对的这门考试的知识面之广，是其他科目无法比拟的。如何在考试大军中脱颖而出？本通关宝典能助你一臂之力。万丈高楼平地起，考场上的一气呵成、一挥而就无不源于平时的孜孜以求，厚积方能薄发。机会总是垂青于有准备的有心人。

本书着力打造“厚积”考分增长点，设置教材精解透析、拓展知识、练一练、实务案例必备素材、高频考点一览表、历年真题解析等诸多模块，化枯燥教条式泛读为图文并茂、身临其境式读解。注重真题详解，深入浅出。专家引领“薄发”突破口。对近年真题进行了详细的讲解，进而总结出一建、二建市政公用工程历年考题的命题规律，使考生通过对真题的练习“顿悟”到出题者意图，全面把握教材重点和难点，并进行精准解析，可帮助考生获得考试专家的点拨。本书总结多年考试命题规律，主要从大纲要求、考情透析、要点讲解和同步强化练习等方面进行编排，讲练结合，注重实效，以帮助考生精准把握命题趋势，突破考试瓶颈难点。根据历年考题的命题规律，经过详细的分析，将问题按照主要知识点和考点加以归纳分析，并对各考点的命题采分点做了总结，有针对性地设置习题，供广大考生有的放矢地进行复习、应考。积极探索考试命题的变化规律，预测试题可能的发展方向及考核重点，减少仓促复习应战的盲目性，增加有效得分的针对性，切实为考生减负，努力为考生轻松过关打下坚实基础。在剖析重点、难点和真题详解的基础上，编者又精心编写了具有预测性质的临考突破高频考点。本书以现行施工验收规范、规程和工程实践为依据，以广大考生自主学习为出发点，具有形象、直观、易懂、实用、高效等特点，有助于全面提高考生的应试能力，可作为市政公用工程专业考生考前冲刺的参考用书。

本书为江苏省高等教育教改资助课题（2011JSJG442 基于紧密型校企合作土建类人才培养模式研究与实践）阶段性研究成果。本书编写时参考或引用了部分单位、学者的资料，得到了许多业内人士的大力支持，限于篇幅，未能一一列出出处。在编写和出版过程中，得到了东南大学出版社史建农编辑、戴坚敏编辑的大力支持与配合，课题项目负责人吴书安老师审校全稿并提出宝贵修改意见，江苏弘盛建设工程集团有限公司杨文宇、吴鹏、王增山参与了部分章节的编写，杨迪绘制了部分插图。在此一并表示衷心的感谢。限于编者水平所限和时间紧迫，书中疏漏及不当之处，敬请广大读者批评指正，如有宝贵意见和建议请发至 shxessz@sohu. com，以便不断改进，在此深表感谢。

编　者

2013 年 6 月

目　录

第一篇　市政公用工程施工技术

1　城市道路工程

1.1　城市道路的级别、类别和构成

1.1.1　城市道路构成

城市道路主要分为刚性路面和柔性路面两大类。

刚性路面指的是刚度较大、抗弯拉强度较高的路面，一般指水泥混凝土路面。在行车荷载作用下，水泥混凝土结构层处于板体工作状态，竖向弯沉较小，路面结构主要靠水泥混凝土板的抗弯拉强度承受车辆荷载，通过板体的扩散分布作用，传递给基础上的单位压力较柔性路面要小得多。

柔性路面指的是刚度较小、抗弯拉强度较低，主要靠抗压、抗剪强度来承受车辆荷载作用的路面。总体结构刚度较小，在行车荷载作用下的弯沉变形较大，路面结构本身抗弯拉强度较低，它通过各结构层将车辆荷载传递给土基，使土基承受较大的单位压力，路基路面结构主要靠抗压强度和抗剪强度承受车辆荷载的作用。柔性路面主要包括各种未经处理的粒料基层和各类沥青面层、碎（砾）石面层组成的路面结构。因沥青混合料在配合比设计中有空隙率的考虑，高温环境下，碎石作为骨架基本不动，其他的细微膨胀由预留的空隙消化，即使多年的路面，空隙完全闭合，膨胀量也可以由沥青向上发展消化。更重要的是柔性路面的“柔”，其本身就有一定的低温抗裂性能，这也是柔性路面优势之一，而且低温环境下发生的部分细微裂缝在高温环境下也能自身愈合。

刚性路面以水泥混凝土路面为代表，柔性路面以沥青路面为代表。

一、城市沥青路面道路的结构组成

（一）路基

路基是路面的基础，它与路面共同承受车辆荷载的作用。路基的强度和稳定性，是保证路面强度和稳定性的先决条件。

路基的断面形式分为路堤、路堑和半填半挖 3 种。

路堤路基定义：高于原地面的填方路基。

路堑路基定义：低于原地面的挖方路基。

半填半挖路基定义：在一个断面内，部分为路堤，部分为路堑的路基。

路基从材料上分为土路基、石路基、土石路基三种。

1. 基底的处理　路堤基底为耕地或松土时，应先清除有机土、种植土，平整后按规定要求压实。在深耕地段，必要时应将松土翻挖，土块打碎，然后回填、整平、压实。

路堤基底原状土的强度不符合要求时应进行换填，换填深度应不小于 30 cm，并予以分层压实。

山坡路堤地面横坡不陡于 1∶5 且基底符合上述要求时，路堤可直接修筑在天然的土基上。地面横坡陡于 1∶5 时，原地面应挖成台阶(台阶宽度不小于 1 m)，并用小型夯实机加以夯实，路堤基底范围内地表水或地下水影响路基稳定时，应采取拦截、引排等措施，或在路堤底部填筑不易风化的片石、块石或砂、砾等透水性材料。

2. 填料选择　尽量选择当地强度高、稳定性好并便于施工的土石作为路基填料。

碎石、卵石、砾石、粗砂等透水性良好的材料不易压缩，强度高且受水的影响小，填料的最大粒径应小于 150 mm。液限大于 50、塑性指数大于 26 的土以及含水量超过规定的土，不得直接作为路堤填料。

3. 填筑

(1) 分层填筑　分层填筑法是按照路堤设计横断面，自下而上逐层填筑。它可以将不同性质的土有规则地分层填筑和压实，易于获得必要的压实度和稳定性。

正确的填筑方案应满足下述要求：A. 不同土质分层填筑；B. 透水性差的土填筑在下层时，其表面应做成一定的横坡，以保证来自上层透水性填土的水及时排出，并应将含水量控制在最佳含水量±2%之内；C. 为保证水分蒸发和排除，路堤不宜被透水性差的土层封闭；D. 根据强度和稳定性的要求，合理地安排不同土层的层位，不在同一时间填筑的先填地段，则应按 1∶1 坡度分层留台阶；E. 为防止相邻两段用不同土质填筑的路堤在交接处发生不均匀变形，交接处应做成斜面分层相互交错搭接，其搭接长度不得小于 2 m，并将透水性差的土填在斜面的下部。

(2) 竖向填筑　在深谷陡坡段填筑路堤，因运土困难，不宜采用分层填筑法而改用竖向填筑法，即从路堤的一端或两端的某一高度把填料倾倒于路堤底部，并逐渐沿纵向向前填筑。

竖向填筑因填土过厚不易压实，施工时需采取下列措施：A. 选用高效能压实机械；B. 采用沉陷量较小的砂性土或附近挖路堑的废石方；C. 在底部进行夯实。

(3) 混合填筑　如因地形限制或路堤较高，不宜按前述两种方法填筑时，可采用混合填筑法，即路堤下层用竖向填筑，而上层用水平分层填筑，使上部填土经分层压实后获得需要的压实度。

4. 压实　压实的目的在于使土颗粒彼此挤紧而使结构变密，减少孔隙率，从而提高土基的强度和稳定性。

(1) 含水量　含水量较小时，压实效果差；含水量过大时，压实效果也差；含水量适当时，压实效果最好。控制最佳含水量是关键。

(2) 土质

① 土中粉粒和黏粒含量愈多，土的塑性指数愈大，土的最佳含水量就愈大，同时其最大干密度愈小。因此，一般砂性土的最佳含水量小于黏性土的最佳含水量，而最大干密度则大于黏性土的最大干密度。

② 各种不同土的最佳含水量和最大干密度虽然不同，但是它们的击实曲线的性质是基本相同的。

③ 亚砂土和亚黏土的压实性能较好，而黏性土的压实性能较差。对于砂土，因其颗粒呈松散状，水分易于散失，所以最佳含水量对它并没有多大的实际意义。

(3) 压实功能　在同一最佳含水量下，随功能的增大而减少，最大干密度随功能的增大而提高。在相同含水量下，功能愈高，密实度愈高。

(4) 压实机具和方法

① 压实机具的不同，压力传布在土体内的有效深度也不同。

② 压实机具的质量较小时，荷载作用时间越长，土的密实度越高，但密实度的增长速度随时间增加而减小；压实机具质量较大时，土的密实度随施荷时间增加而迅速增加，但超过某一时间限度后，土的变形急剧增加而达到破坏；机具质量过大以至超过土的强度极限时，将立即引起土体破坏。

③ 碾压速度越高，压实效果越差。应力作用速度越高，土基变形量越小。土的黏性越大，这种影响越显著。因此，为了提高压实效果，必须正确确定碾压机械的行驶速度。

(5) 土基压实标准　最大密实度是土基压实的一项重要指标，它与强度和稳定性有十分密切的关系，反映了土基使用品质，所以，一般都用它来衡量压实的质量。

我国是以压实度作为控制标准的。所谓压实度，就是工地上实际达到的密实度(称为现场干密度)与最大密实度(称为最大干密度)之比。

(6) 压实机具的选择　常用的压实机具可分为静力式、夯击式和振动式三大类。选择压实机具时需综合考虑：土的性质、状态和层厚；压实工作面；机具的技术特性与生产率。

(7) 压实原则　一般压实操作时宜先轻后重、先慢后快、先边缘后中间(超高路段等需要时，则宜先低后高)。压实时，相邻两次的轮迹应重叠轮宽的 1/3，保持压实均匀，不漏压，对压不到的边角，应辅以人力或小型机具夯实。压实全过程中，应经常检查土的含水量和密实度，以达到符合规定压实度的要求。

(二) 路面

路面是在路基顶面的行车部分，是用各种混合料铺筑而成的层状结构物，是道路工程的主要组成部分，路面工程具有复杂多变的特点，其性能的好坏直接影响行车速度、运输成本、行车安全和舒适度，故要求路面具有良好的使用性能，以提供良好的行驶条件和服务水平。

路面分为面层、基层和垫层等结构层。路面各层的功能特点。

1. 面层　面层是直接同行车及大气接触的表面层次，它承受较大行车荷载的垂直力、水平力和冲击力的作用，同时还受到降雨的侵蚀和气温变化的影响，因此，同其他层次相比，面层应具有较高的结构强度、刚度、耐磨性、不透水性和高低温稳定性，并且其表面层还应具有良好的平整度和粗糙度。高等级路面面层分为磨耗层、上面层、下面层或称为表面层、中面层、下面层。

2. 基层　基层主要承受由面层传来的车辆荷载垂直力并将其扩散到下面的垫层及土基，因此，它也应具有足够的强度与刚度，并应具有良好的扩散应力的能力；基层受大气影响较面层小，但仍可能受地下水及面层渗入雨水的侵蚀，故也应具有足够的水稳定性；同时，为保证面层平整，它还应具有较好的平整度。

基层是路面结构的主要承重层，应具有足够的、均匀一致的强度和刚度。沥青类面层下的基层应有足够的水稳定性。

用作基层的主要材料有：

(1) 整体型材料，又称无机结合料基层。特点：强度高、整体性好，适宜交通量大、轴载重的道路。

(2) 嵌锁型和级配型材料。包括级配碎(砾)石、泥灰结碎(砾)石和水结碎石三种。

3. 垫层　垫层介于基层和土基之间，它可改善土基的湿度和温度状况，使面层与基层免受土基水温状况变化的不良影响或保护土基处于稳定状态；同时，也可扩散基层传递的荷载应力，减小土基的应力与变形，并可阻止路基土挤入基层。

作用：改善土基的湿度和温度状况，扩散荷载应力。要求：其水稳定性必须要好。

(1) 路基经常处于潮湿或过湿路段，在季节性冰冻地区应设垫层。

(2) 垫层材料有粒料和无机结合料稳定土两类。

(3) 垫层厚度一般不小于 150 mm。

【拓展知识】

何种路段应设垫层?

地下水位高，排水不良，路基经常处于潮湿、过湿状态的路段，应设垫层。

排水不良的土质路堑，有裂隙水、泉眼等水文不良的岩石挖方路段，应设垫层。

季节性冰冻地区的中湿、潮湿路段，可能产生冻胀需设防冻垫层的路段，应设垫层。

基层或底基层可能受污染以及路基软弱的路段，应设垫层。

【拓展知识】

路基翻浆应对措施

春融时期在地面水、地下水及行车的共同作用下，路基出现湿软，形成“弹簧土”、裂缝、冒浆等现象，称为路基翻浆。

1. 切实做好路基排水

(1) 每隔 3～5 m，在路两边交错开挖路肩横沟，沟宽一般 30～40 cm。沟深按解冻范围逐渐加深，直至路面基层以下，沟的外口应高于边沟沟底。横沟底面要做向外倾斜的坡，坡度 4%～5%。

(2) 路面坑凹严重的地段，除横沟外，还应顺路边缘加修纵向小盲沟，沟深应至路面底层以下；如交通量不大，也可挖成明沟。

(3) 如条件许可，应尽量绕道行车或限制重车通过，避免因碾压而加剧破坏。

(4) 用木料、树枝等做成柴排铺在翻浆地段，上面再铺碎石或砂土，临时维持翻浆期间的通车。

2. 路基翻浆的处治

(1) 采用挖深边沟、降低水位的方法进行治理，或用透水性良好的土提高路基。

(2) 换填砂性土、碎(砾)石，压实后重铺路面。

(3) 设置透水性隔离层。

(4) 设置不透水隔离层。

(5) 为防止水的冻结和土的膨胀，可在路基中设置隔温层(一般为北方严重冰冻地区)，以减少冰冻深度。

(6) 设置盲沟以降低地下水位，截断地下水潜流，使路基保持干燥。

(7) 改善路面结构。

二、路基与路面的性能要求

(一) 路基的性能要求

1. 整体稳定性。

2. 变形量。

(二) 路面的使用指标

1. 平整度　为减缓路面平整度的衰变速率，应重视路面结构及面层材料的强度和抗变形能力。

2. 承载能力　路面必须具有足够抗疲劳破坏和塑性变形的能力，即具备相当高的强度和刚度。

3. 温度稳定性　路面必须保持较高的稳定性，即具有较低的温度、湿度敏感度。

4. 抗滑能力　路面应平整、密实、粗糙、耐磨，具有较大的摩擦系数和较强的抗滑能力。

5. 透水性　路面应具有不透水性。

6. 噪声量　尽量使用低噪声路面。

通过学习，应能了解道路施工技术与管理及其施工前的准备工作和路面养护的要求；能应用城市道路公路施工技术新规范；掌握半刚性基层、粒料类基层的施工工艺与要求；掌握沥青稳定碎(砾)石、刚性基层的特性与沥青混合料、水泥混凝土中各材料的要求；熟悉不同类型沥青路面(沥青表面处治、沥青贯入式、热拌沥青混合料等)与水泥混凝土路面(滑模摊铺机、轨道摊铺机、小型机具等)的施工方法及相应的工艺流程。

【拓展知识】

路面施工组织

一、路面施工组织的特点

路面除了基层或面层的构造有变化外，每公里的施工工作量大致是相同的。因此，路面工作队就可以保持比较固定的组织，就能按更均衡的流水速度向前推进。

在设计路面施工日程及各工序的推进速度时，必须考虑路面施工的特殊技术要求。

由于路面用料数量很大，以及对于下面层各层的平整度有一定的要求，所以堆料地点、运料路线以及机械的行驶位置都应予以适当的规定，这就是说要做好工地布置。

建造不同的基层或面层时，要根据各工序的繁重程度以及所遇到的具体情况，决定哪种机械是主导机械。

二、路面工程施工组织设计的编制

根据设计路面的类型，进行料场勘察与选择，确定材料供应范围及加工方法；选择施工方法和设计工序；计算工作量；编制流水作业图，布置工地，组织施工队伍；编制工程进度日程图；计算所需资源(劳动力、机械、材料)及平衡分期的需要量，编制材料运输日程计划。高等级城市道路或采用新工艺、新技术、新方法或缺乏施工经验的路面，在大面积施工前，应采用计划使用的机械设备和混合料配合比铺筑试验段。

通过试验段修筑,优化拌和、运输、摊铺、碾压等施工机械设备的组合和施工工序;提出验证混合料生产配合比;明确人员的岗位职责;拟定施工方案。

【拓展知识】

城市道路基层施工

一、基层(底基层)的分类

用作基层的材料主要有:

1. 无机结合料稳定类(半刚性类):水泥稳定类、石灰稳定类、工业废渣稳定类。

2. 柔性基层:指沥青稳定粒料基层和粒料基层。沥青稳定粒料有沥青稳定碎石、沥青稳定砾石等。粒料类有泥结碎石、级配碎石等。

3. 刚性类:贫水泥混凝土和碾压混凝土。

二、基层的主要技术要求

1. 沥青路面的基层要求

2. 水泥混凝土路面的基层要求

注意:两类路面对基层要求的区别。水泥混凝土路面要求基层具有很强的抗冲刷能力,而强度要求比沥青路面对基层的要求低。

三、材料要求和混合料的组成

1. 水泥稳定土

2. 石灰稳定土

3. 石灰工业废渣稳定土

4. 级配碎石(砾石)

结合目前工地实际情况,主要掌握半刚性基层和柔性基层中的密实级配碎(砾)石。

四、水泥稳定土的施工

在粉碎的或原来松散的土(包括各种粗、中、细粒土或砂粒土、粉性土、黏性土)中掺入足够数量的水泥和水,经拌和得到的混合料经摊铺压实及养生后,当其抗压强度和耐久性符合规定要求时称为水泥稳定土。

水泥稳定土根据混合料中原材料的不同,可分为水泥土、水泥砂、水泥碎石(级配碎石和未筛分碎石)和水泥砂砾等。

水泥稳定土适用于各级城市道路、公路的基层和底基层,但水泥土不应用做二级和二级以上公路路面的基层。

(一) 水泥在水泥稳定土中所起的作用

水泥稳定土的强度形成是由水泥水化后自行硬化的水泥石骨架作用及水泥与土所产生的离子交换、硬凝、碳酸化等相互作用的结果。后者使黏土微粒和微团粒形成稳定的团粒结构,而水泥石则把这些团粒包裹和连接成坚强的整体。

(二) 施工要点

1. 路拌法

(1) 准备下承层　在已做好的路基上进行全面检查验收,主要应进行标高、宽度、平整度、横坡度、压实度和弯沉值检查,检测值如不满足要求应处理至合格。另外,还必须用

12～15 t 三轮压路机或等效的碾压机械进行 3～4 遍碾压检查，看是否有弹簧现象，有无起皮、松散情况，如有应处理至合格。当检查完全符合要求后，方能进行下道工序。

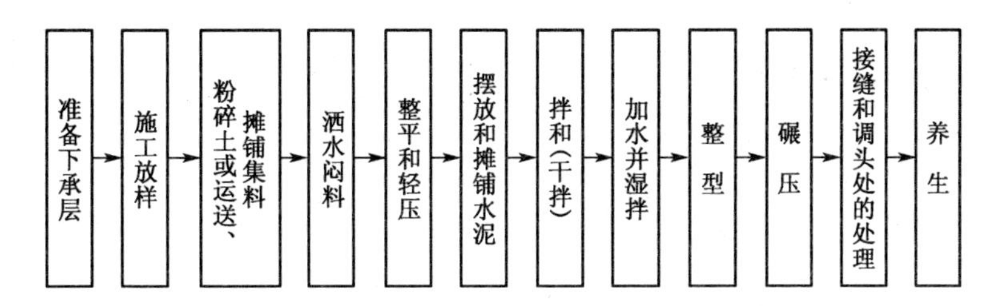

(2) 测量放样

① 在验收合格后，摊铺施工前，首先恢复中桩。直线段每 15～20 m 设一桩，平曲线段每 10～15 m 设一桩，并在两侧路肩边缘外设指示桩。

② 进行水平测量。每 200～300 m 增设一临时水准点，在两侧指示桩上用明显标记标出水泥稳定土层边缘的设计高。水泥稳定砂砾的松铺系数为 1.30～1.35，水泥土的松铺系数为 1.53～1.58。

③ 测量放样后就可清扫下承层，并在上料前洒水润湿使下承层潮湿而无积水。

(3) 备料

① 备料分两种情况，一种是将原土路上层翻松或将原中级路面(泥结碎石、级配砾石路面等)翻挖后，添加水泥；另一种是在料场备料。

② 根据试验结果，选定材料，优选施工设计配合比。

③ 根据配合比设计计算材料用量。根据各路段水泥稳定土层的宽度、厚度及预定的干密度，计算各路段需要的干燥集料数量；计算每平方米水泥稳定土需用的水泥用量，并计算每袋(通常重 50 kg)水泥的摊铺面积；确定摆放水泥的行数，计算每行水泥的间距。

④ 集料运输将采集合格的集料，用自卸翻斗与每车摊铺的面积卸载至准备好的铺筑段指定位置。

(4) 摊铺集料

① 应事先通过试验确定集料的松铺系数(或压实系数，它是混合料的松铺干密度与压实干密度的比值)。

② 摊铺集料应在摊铺水泥的前一天进行。摊料长度应以日进度的需要为度，够次日一天内完成加水泥、拌和、碾压成型即可。

③ 检验松铺材料层的厚度，看其是否符合预计要求。松铺厚度 = 压实厚度 × 松铺系数。必要时，应进行减料或补料工作。

(5) 洒水闷料

① 如已整平的集料(含粉碎的老路面)含水量过小，在集料车上洒水闷料。洒水要均匀，防止出现局部水分过多的现象。

② 细料土洒水后经一夜充分闷料；中粒土和粗粒土，可视其中稀土含量的多少，可缩短闷料时间。如为水泥和石灰综合稳定土，应先将石灰和土拌和后一起进行闷料。

(6) 整平和初压　对人工摊铺的集料层整平后，用 6～8 t 两轮压路机碾压 1～2 遍，使其表面齐整。

(7) 摆放和摊铺水泥

① 按计算的每袋水泥的纵横间距，用石灰或水泥在集料层上做安放每袋水泥的标记。

② 打开水泥袋，将水泥倒在集料层上，并用刮板将水泥均匀摊开。应注意使每袋水泥的摊铺面积相等。

(8) 干拌

① 当水泥撒布完成后，立即使用稳定土拌和机进行拌和，拌和深度应达到稳定层底。通常应拌和 2 遍以上。

② 先用平地机或铧犁将铺好水泥的集料翻拌 2 遍，使水泥分布到集料中，但不应翻犁到底，以防止水泥落到底部。第 1 遍由路中心开始，将混合料向中间翻，机械应慢速前进。第 2 遍应相反，从两边开始，将混合料向外翻。接着用旋转耕作机拌和 2 遍。再用铧犁或平地机将底部料翻起，翻犁 2 遍。随时检查调整翻犁的深度，使稳定土层全部翻透。接着，再用旋转耕作机拌和 2 遍，用铧犁或平地机再翻犁 2 遍。

(9) 加水和湿拌

① 当水泥全部拌入土中后，应根据测量的混合料含水量进行定量补水拌和，补水量应使混合料的含水量略高于最佳含水量 1%～2%。洒水距离应长些，水车起洒处和另一端"调头"处都应超出拌和段 2 m 以上。洒水后应再次进行拌和，使水分在混合料中分布均匀。拌和机械应紧跟在洒水车后面进行拌和。

② 混合料拌和均匀后应色泽一致，没有灰条、灰团和花面，没有粗细颗粒"窝"，且水分合适和均匀。

(10) 整型

① 混合料拌和均匀后，立即用平地机初步整平和整型。在直线段，平地机由两侧向路中心进行刮平；在平曲线段，平地机由内侧向外侧进行刮平。

② 用拖拉机、平地机或轮胎压路机立即在初平的路段上碾压一遍，以暴露潜在的不平整。再用平地机进行整型，再碾压一遍。

(11) 碾压

① 整型后立即进行碾压(通常路面的两侧应多压 2～3 遍)。

② 整型后，当混合料的含水量等于或略大于最佳含水量时，立即用 12 t 以上三轮压路机、重型轮胎压路机或振动压路机在路基全宽内进行碾压。直线段，由两侧路肩向路中心碾压；平曲线段，由内侧路肩向外侧路肩进行碾压。碾压时，应重叠 1/2 轮宽；后轮必须超过两段的接缝处，后轮压完路面全宽时，即为 1 遍。应在规定的时间内碾压到要求的密实度，同时没有明显的轮迹。一般需碾压 6～8 遍，压路机的碾压速度，头两遍的碾压速度以采用 1.5～1.7 km/h 为宜，以后用 2.0～2.5 km/h 的碾压速度。

③ 碾压过程中，水泥稳定土的表面应始终保持潮湿，如表层水蒸发得快，应及时补洒少量的水。

④ 在碾压结束之前，用平地机再终平一次，使其纵向顺适，路拱和超高符合设计要求。终平应仔细进行，必须将局部高出部分刮除并扫出路外；对于局部低洼之处不再进行找补，留待铺筑沥青面层时处理。

(12) 接缝和"调头"处的处理

① 同日施工的两工作段的衔接处，搭接拌和。第一段拌和后，留5～8 m不进行碾压。第二段施工时，前段留下未压部分要再加部分水泥重新拌和，并与第二段一起碾压。

② 每天最后一段施工缝和洞口处的处理。

③ 纵缝的处理。

(13) 养生　水泥稳定土经压实成型后，必须保水养生7 d，应使表面潮湿，防止水分蒸发，保证水泥充分硬化，且在铺筑前应始终保持下层表面湿润。

每一层碾压完成并经压实度检查合格后应立即养生，养生宜采用厚度为7～10 cm的湿砂进行，砂铺匀后及时洒水，并在整个养生期间使砂保持潮湿状态，也可采用塑料薄膜、润湿的粗麻袋、稻草或其他合适的材料覆盖，防止其中水分蒸发，使稳定粒料层表面层保持湿润，以保持水泥充分产生水化作用。

2. 厂拌法

五、石灰稳定土的施工

在粉碎的或原来松散的土(包括各种粗粒土、中粒土和细粒土)中，掺入足够数量的石灰和水，经拌和得到的混合料经摊铺压实及养生后，当其抗压强度或耐久性符合规定要求时，称为石灰稳定土。

石灰稳定土根据混合料中所用的原材料的不同，可分为石灰土、石灰碎石土和石灰砂砾土等。石灰土是指用石灰稳定细粒土得到的混合料。石灰碎石土是指用石灰稳定级配碎石(包括未筛分碎石)或天然碎石土得到的混合料。石灰砂砾土是指用石灰稳定级配砂砾(砂砾中无土)或天然砂砾土得到的混合料。

石灰稳定土适用于各级城市道路、公路的底基层，以及二级和二级以下公路的基层，但石灰土不得用做二级公路的基层和二级以下公路高等级路面的基层。

1. 强度形成原理　在土中掺入适量的石灰，并在最佳含水量下拌匀压实，使石灰与土发生一系列的物理、化学作用，从而使土的性质发生根本的变化。

2. 路拌法施工

(1) 准备下承层　石灰稳定土的下承层表面应平整、坚实，有规定的路拱，没有任何松散材料和软弱点。下承层的平整度和压实度应符合有关规定。

在槽式断面的路段，两侧路肩上每隔一定距离(如5～10 m)应交错开挖泄水沟(或做盲沟)。

(2) 施工放样

① 恢复中线。直线段每20 m设一桩，平曲线段10 m设一桩。

② 基层宽度。每侧应比面层宽度增加 0.3 m，并在路肩边缘外 0.3 m 处设指示桩。

③ 水准测量。在两侧指示桩上用明显标记(如红漆)标出石灰稳定土层边缘的设计高。

(3) 备料　备料包括备土、备灰和计算材料用量。

① 备土。

② 备灰　石灰宜选在公路两侧宽敞而临近水源且地势较高的场地集中堆放，预计堆放时间较长时，应用土、塑料布或其他材料覆盖封存。生石灰应在使用的 7～10 天充分消解，以免使用后未消解的石灰吸水后继续消解，引起局部胀松鼓包，影响稳定土层的强度和平整度。每吨生石灰消解需用水量约为 500～800 kg。消解后的石灰应保持一定的湿度(含水量约 30%)，以免过干而飞扬。

③ 计算材料用量　运输集料前，应先计算材料的数量。其方法通常是先根据各路段石灰稳定土层的厚度、宽度及预定的干密度，计算各路段需要的干集料数量，然后根据集料的含水量和运料车的吨位，计算每车料的堆放间距。

摊铺集料应在摊铺石灰的前一天进行，摊铺长度以日进度的需要量为度。在不能封闭交通的路段及雨季施工，宜当天摊铺集料、石灰、拌和、碾压成型。

摊铺机械常用平地机或其他合适的机具，集料应均匀地摊铺在预定的宽度上，表面力求平整，并有规定的路拱。摊铺过程中，应拣除超尺寸颗粒、土块及杂物。当土块较多时，应进行粉碎料摊铺后，检验材料层的松铺厚度：

$$松铺厚度 = 压实厚度 \times 松铺系数$$

如不符合要求，应作适当减料或补料工作。

如摊铺的土含水量过小，应洒水闷料，使土的含水量接近最佳含水量。通常细粒土宜闷一夜。中粒土和粗粒土，视细土含量的多少，可缩短闷料时间。

六、石灰、粉煤灰砂砾基层(底基层)的施工

工业废渣包括粉煤灰、炉渣、煤渣、高炉矿渣(镁渣)、钢渣(已经过崩解达到稳定)、镁渣、煤矸石和其他粉状废渣。用一定比例的石灰与这些废渣中的 1 种或 2 种经加水拌和、压实和养生后得到的一种强度和耐久性都有很大提高并符合规范规定的要求时，称为石灰工业废渣稳定土(简称石灰工业废渣)。

石灰工业废渣材料可分两大类：石灰粉煤类和石灰其他废渣类。

七、级配砂砾基层

粗、细砾石集料和砂各占一定比例的混合料，当其颗粒组成符合密实级配，经拌和、摊铺、碾压及养生后，当其抗压强度、稳定性和密实度符合规定要求时，称为级配砾石。

在天然砂砾中掺加部分碎石或轧碎砾石，可以提高混合料的强度和稳定性。天然砂砾掺加部分未筛分碎石组成的混合料称为级配碎砾石。级配碎砾石的强度和稳定性介于级配碎石和级配砾石之间。

级配碎石可用作各级公路的基层和底基层，亦可作较薄沥青面层与半刚性基层之间的中间层。

级配砾石可用作二级轻交通和二级以下公路的基层以及各等级公路的底基层。

八、刚性基层

刚性基层主要指贫混凝土基层和碾压混凝土基层。

与水泥稳定碎石、二灰碎石等半刚性基层材料相比，贫混凝土基层具有更高的强度、刚度和其他良好性能。由于贫混凝土水泥用量变动范围较大，以及水泥强度等级选用的不同，其强度和模量可有较大调整。

碾压混凝土基层指水泥和水的用量较普通混凝土显著减少的水泥混凝土混合料经摊铺、碾压成型的水泥混凝土。它不是通过在混合料内部振捣密实成型，而是采用类似于水泥稳定粒料基层的方法铺筑，通过路碾压实成型。

【拓展知识】

路面垫层施工

一、分类及特点

垫层根据选用材料的不同，分为透水性垫层和稳定性垫层；根据设置的目的和作用不同，又可分为稳定层、隔离层、防冻层、防污层、整平层和辅助层。

二、常用材料的要求

1. 砂垫层　砂垫层的材料宜用中、粗砂，不得掺有细砂及粉砂，砂的等级与含泥量应满足规范的要求。

2. 石灰土垫层　石灰土垫层能提高地基的承载力，减少沉降，在厚度不大于 3 m 的软弱土层中使用效果较好。

3. 其他垫层　当采用石灰、粉煤灰作为二灰垫层时，与石灰相似，但强度较石灰土垫层高。施工最佳含水量为 50%左右，石灰与粉煤灰的配合比为 20∶80 或 15∶85。

三、施工程序

1. 砂垫层施工要点

(1) 砂垫层施工关键应将砂加密到要求的密实度，方法有振动法、碾压法等。压实厚度一般为 15～20 cm，如采用砂砾石应无离析现象。

(2) 砂垫层宽度应宽出路基 0.5～1.0 m，以免路基施工后因沉降使固结水无法排出而失去作用。砂垫层厚度一般为 0.5～1.0 m，以中粗砂为宜。

(3) 在软基上铺设时，由于地基承载力较低，采用机械分堆摊铺法，以免车辙两边隆起形成隔水层而失去透水性能。

2. 石灰土垫层

(1) 施工前须对下卧地基进行检验，对局部软弱土坑，应挖除，用素土或灰土填平夯实。

(2) 施工时应将灰土拌和均匀，控制含水量，如土料水分过多或不足时应晾干或洒水浸润。

(3) 控制分层松铺厚度，按采用的压实机具现场试验确定，一般松铺 30 cm，分层压实厚度为 20 cm。

(4) 压实后的灰土应采取排水措施，3 天内不得受水浸泡。

(5) 灰土垫层铺筑完毕后要防止日晒雨淋，及时铺筑上层。

【拓展知识】

沥青路面施工

一、沥青混合料材料要求

(一) 沥青材料

沥青材料的作用是把散粒矿料胶结成一个整体。其品种有道路石油沥青、煤沥青和液体石油沥青、乳化石油沥青等。

沥青面层各层可以采用相同标号的沥青,也可以采用不同标号的沥青。面层的上层宜选用较稠的沥青,下层或联结层宜选用相对较稀一些的沥青。总之,应根据具体情况和当地的实践经验选用沥青材料及其标号。

(二) 粗集料

粗集料是指经加工(轧碎、筛分)而成的粒径大于2.36 mm的碎石、破碎砾石、筛选砾石和矿渣等集料。为保证质量,粗集料应由持有生产许可证的采石场生产。

粗集料的质量对路面性能具有重要影响。要求洁净、干燥、无风化、无杂质,具有足够的强度和耐磨耗性,并具有良好的颗粒形状。

用于路面抗滑表层的粗集料,应选用坚硬、耐磨、抗冲击性好的碎石或破碎砾石,不得使用筛选砾石、矿渣及软质集料,并符合石料磨光值的要求。

经检验,粗集料为酸性岩石的石料时,为保证矿料与沥青的黏附性,对高速公路、一级公路的沥青路面,宜采用较稠的沥青,同时采取以下抗剥离措施:用干燥的磨细生石灰或消石灰粉、水泥作为填料的部分,其用量宜为矿料总量的1%~2%;在沥青中掺加抗剥离剂,将粗集料用石灰浆处理后使用。

(三) 细集料

沥青混合料中的细集料是指天然形成或经加工(轧碎、筛分)而成的粒径小于2.36 mm的天然砂、机制砂及石屑等集料。

沥青混合料用细集料应洁净、无风化、无杂质,并有适当的颗粒组成。

高速公路、一级公路沥青路面中使用的细集料应采用优质的天然砂或者机制砂,且与沥青有良好的粘结能力。

(四) 填料

沥青混合料的填料必须采用石灰岩或岩浆岩中的强基性岩石等憎水性石料经磨细得到的矿粉,原石料中的泥土杂质应除净。矿粉要求干燥、洁净。当采用水泥、石灰、粉煤灰作填料时,其用量不宜超过矿料总量的2%。

(五) 纤维稳定剂

沥青路面施工应配备足够数量的压路机,选择合理的压路机组合方式及初压、复压、终压(包括成型)的碾压步骤,以达到最佳碾压效果。

压路机应以慢而均匀的速度碾压。压路机的碾压路线及碾压方向不应突然改变而导致混合料推移。碾压区的长度应大体稳定,两端的折返位置应随摊铺机前进而推进,横向不得在相同的断面上。

二、沥青混合料的初压要求

初压应紧跟在摊铺机后碾压,并保持较短的初压区长度,以尽快使表面压实,减少热量散失。通常宜采用钢轮压路机静压 1～2 遍。碾压时应将压路机的驱动轮面向摊铺机，从外侧向中心碾压，在超高路段则由低向高碾压，在坡道上应将驱动轮从低处向高处碾压。

初压后应检查平整度、路拱，有严重缺陷时进行修整乃至返工。

三、沥青混合料的复压要求

复压应紧跟在初压后进行，且不得随意停顿。压路机碾压段的总长度应尽量缩短，通常不超过 60～80 m。采用不同型号的压路机组合碾压时宜安排每一台压路机作全幅碾压，防止不同部位的压实度不均匀。

密级配沥青混凝土的复压宜优先采用重型的轮胎压路机进行搓揉碾压，其总质量不宜小于 25 t，吨位不足时宜附加重物，使每一个轮胎的压力不小于 15 kN，冷态时的轮胎充气压力不小于 0.55 MPa，轮胎发热后不小于 0.6 MPa，且各个轮胎的气压大体相同，相邻碾压带应重叠 1/3～1/2 的碾压轮宽度，碾压至要求的压实度为止。

对以粗集料为主的较大粒径的混合料，尤其是大粒径沥青稳定碎石基层，宜优先采用振动压路机复压。厚度小于 30 mm 的薄沥青层不宜采用振动压路机碾压。当采用三轮钢筒式压路机时，总质量不宜小于 12 t，相邻碾压带宜重叠后轮的 1/2 宽度，并不应少于 200 mm。

对路面边缘、加宽及港湾式停车带等大型压路机难以碾压的部位，宜采用小型振动压路机或振动夯板作补充碾压。

四、沥青混合料的终压要求

终压应紧接在复压后进行。终压可选用双轮钢筒式压路机或关闭振动的振动压路机，碾压不宜少于 2 遍，至无明显轮迹为止。

碾压轮在碾压过程中应保持清洁，有混合料粘轮应立即清除。对钢轮可涂刷隔离剂或防粘结剂，但严禁刷柴油。当采用向碾压轮喷水(可添加少量表面活性剂)的方式时，必须严格控制喷水量且成雾状，不得漫流，以防混合料降温过快。轮胎压路机开始碾压阶段，可适当烘烤、涂刷少量隔离剂或防粘结剂，也可少量喷水，并先到高温区碾压使轮胎尽快升温，之后停止洒水。轮胎压路机轮胎外围宜加设保温措施。

压路机不得在未碾压成型路段上转向、调头、加水或停留。在当天成型的路面上，不得停放各种机械设备或车辆，不得散落矿料、油料等杂物。

沥青路面的施工必须接缝紧密、连接平顺，不得产生明显的接缝离析。上下层的纵缝应错开 150 mm(热接缝)或 300～400 mm(冷接缝)以上。相邻两幅及上下层的横向接缝均应错位 1 m 以上。接缝施工应用 3 m 直尺检查，确保平整度符合要求。

摊铺时采用梯队作业的纵缝应采用热接缝，将已铺部分留下 100～200 mm 宽暂不碾压，作为后续部分的基准面，然后作跨缝碾压以消除缝迹。

当半幅施工或因特殊原因而产生纵向冷接缝时，宜加设挡板或加设切刀切齐，也可在混合料尚未完全冷却前用镐刨除边缘留下毛茬的方式，但不宜在冷却后采用切割机作纵向切缝。加铺另半幅前应涂洒少量沥青，重叠在已铺层上 50～100 mm，再铲走铺在前半幅上面的混合料，碾压时由边向中碾压留下 100～150 mm，再跨缝挤紧压实。或者先在已压实路面上行走碾压新铺层 150 mm 左右，然后压实新铺部分。

【拓展知识】

水泥混凝土路面

一、原材料技术要求

（一）水泥

水泥的品质直接影响水泥混凝土路面的抗折强度和疲劳强度、耐久性、体积稳定性。因此，特重、重交通路面宜采用旋窑道路硅酸盐水泥，也可采用旋窑硅酸盐水泥或普通硅酸盐水泥；中、轻交通的路面可采用矿渣硅酸盐水泥。

水泥进场时每批量应附有化学成分和物理、力学指标合格的检验证明。

选用水泥时，应通过混凝土配合比试验，根据其配制弯拉强度、耐久性和工作性优选适宜的水泥品种、强度等级。

采用机械化铺筑时，宜选用散装水泥。

当贫混凝土和碾压混凝土用做基层时，可使用各种硅酸盐类水泥。不掺用粉煤灰时，宜使用强度等级 32.5 级以下的水泥。掺用粉煤灰时，只能使用道路水泥、硅酸盐水泥、普通水泥。

由于水泥混凝土路面易收缩开裂，因此水泥用量不宜大于 330 kg/m^3。

（二）粉煤灰及其他掺合料

混凝土路面在掺用粉煤灰时，应掺用质量指标符合规定的电收尘Ⅰ、Ⅱ级干排或磨细粉煤灰，不得使用Ⅲ级粉煤灰。贫混凝土、碾压混凝土基层或复合式路面下面层应掺用质量指标符合规定的Ⅲ级或Ⅲ级以上粉煤灰，不得使用等外粉煤灰。

（三）粗集料

粗集料应使用质地坚硬、耐久、洁净的碎石、碎卵石和卵石，并应符合规范规定。高速公路、一级公路、二级公路及有抗（盐）冻要求的三、四级公路混凝土路面使用的粗集料级别应不低于Ⅱ级，无抗（盐）冻要求的三、四级公路混凝土路面、碾压混凝土及贫混凝土基层可使用Ⅲ级粗集料。有抗（盐）冻要求时，Ⅰ级集料吸水率不应大于 1.0%；Ⅱ级集料吸水率不应大于 2.0%。

用做路面的粗集料不得使用不分级的统料，应按最大公称粒径的不同采用 2～4 个粒级的集料进行掺配，碎卵石最大公称粒径不宜大于 26.5 mm；碎石最大公称粒径不应大于 31.5 mm。贫混凝土基层粗集料最大公称粒径不应大于 31.5 mm；钢纤维混凝土与碾压混凝土粗集料最大公称粒径不宜大于 19.0 mm。碎卵石或碎石中粒径小于 0.074 mm 的石粉含量不宜大于 1%。

（四）细集料

细集料应采用质地坚硬、耐久、洁净的天然砂、机制砂或混合砂，并应符合规定。高速公路、一级公路、二级公路及有抗（盐）冻要求的三、四级公路混凝土路面使用的砂应不低于Ⅱ级，无抗（盐）冻要求的三、四级公路混凝土路面、碾压混凝土及贫混凝土基层可使用Ⅲ级砂。特重、重交通混凝土路面宜使用河砂，砂的硅质含量不应低于 25%。

细集料的级配要求应符合相关规定，路面和桥面用天然砂宜为中砂。细度模数宜大于 2.5%。中粗砂易收光，不跑砂，节约水泥。

（五）水

饮用水可直接作为混凝土搅拌和养护用水。对水质有疑问时应检验下列指标，合格者方可使用:①硫酸盐含量(按SO_4^{2-}计)小于0.002 7 mg/mm^3;②含盐量不得超过0.005 mg/mm^3;③pH值不得小于4;④不得有油污、泥和其他有害杂质。

(六) 外加剂

水泥混凝土路面的混合料中加入了外加剂后能改变路面使用品质和满足施工的特定要求,尤其是满足机械化施工的要求。外加剂已成为水泥混凝土混合料中不可缺少的组成成分。

引气剂应选用表面张力降低值大、水泥稀浆中起泡容量多而细密、泡沫稳定时间长、不溶残渣少的产品。有抗冰(盐)冻要求地区,各交通等级路面、桥面、路缘石、路肩及贫混凝土基层必须使用引气剂;无抗冰(盐)冻要求地区,二级及二级以上公路路面混凝土中应使用引气剂。

各交通等级路面、桥面混凝土宜选用减水率大、坍落度损失小、可调控凝结时间的复合型减水剂。高温施工宜使用引气缓凝(保塑)(高效)减水剂;低温施工宜使用引气早强(高效)减水剂。选定减水剂品种前,必须与所用的水泥进行适应性检验。

(七) 钢筋

各交通等级混凝土路面、桥面和搭板所用钢筋网、传力杆、拉杆等钢筋应符合国家有关标准的技术要求。

各交通等级混凝土路面、桥面和搭板所用钢筋应顺直,不得有裂纹、断伤、刻痕、表面油污和锈蚀。传力杆钢筋加工应锯断,不得挤压切断;断口应垂直、光圆,用砂轮打磨掉毛刺,并加工成2～3 mm圆倒角。

(八) 钢纤维

用于公路混凝土路面和桥面的钢纤维除应满足《混凝土用钢纤维》(YB/T151)的规定外,还应符合下列技术要求:①单丝钢纤维抗拉强度不宜小于600 MPa;②钢纤维长度应与混凝土粗集料最大公称粒径相匹配,最短长度宜大于粗集料最大公称粒径的1/3;最大长度不宜大于粗集料最大公称粒径的2倍,钢纤维长度与标称值的偏差不应超过±10%;③路面和桥面混凝土中,宜使用防锈蚀处理和有锚固端的钢纤维;④不得使用表面磨损前后裸露尖端导致行车不安全和搅拌易成团的钢纤维。

(九) 填缝材料

填缝材料应具有与混凝土板壁粘结牢固、回弹性好、不溶于水、不渗水,高温时不挤出、不流淌、抗嵌入能力强、耐老化龟裂,负温拉伸量大,低温时不脆裂、耐久性好等性能。填缝料有常温施工式和加热施工式两种,常温施工式填缝料主要有聚(氨)酯、硅树脂类,氯丁橡胶、沥青橡胶类等。加热施工式填缝料主要有沥青玛瑅脂类、聚氯乙烯胶泥类、改性沥青类等。高等级城市道路、高速公路、一级公路应优先使用树脂类、橡胶类或改性沥青类填缝材料,并宜在填缝料中加入耐老化剂。

填缝时应使用背衬垫条控制填缝形状系数。背衬垫条应具有良好的弹性、柔韧性、不吸水、耐酸碱腐蚀和高温不软化等性能。

背衬垫条材料有聚氨酯、橡胶或微孔泡沫塑料等,其形状应为圆柱形,直径应比接缝宽度大2～5 mm。

(十)养生材料

水泥混凝土路面当无机械化施工时,为满足养护的需要可使用洒水覆盖最为简单的养生方法。使用养生剂是机械化施工的主要方式,养生剂性能应符合规范要求。

二、混凝土配合比

混合料配合比设计要根据工程的设计要求、当地材料品质、施工方法、操作水平及工地环境等方面，通过选择、计算和试验来确定水泥、水、砂、碎石(砾石)、外加剂相互之间的比例关系。在确定混合料中水、水泥、细集料、粗集料4种基本成分的用量时，关键是选择好水灰比、用水量和砂率这3个参数。

混凝土配合比的确定的具体步骤是：①初步配合比的计算；②试拌调整，提出基准配合比；③强度测定，确定试验配合比；④施工配合比。

三、施工准备

(一) 施工质量保证体系

(二) 施工组织

1. 技术交底。

2. 施工组织设计。

3. 技术培训。

4. 施工测量。

5. 摊铺位置准备。

6. 现场实验室。

(三) 拌和技术要求

1. 配料精确度和拌和时间

每台搅拌楼在投入生产前，必须进行标定和试拌。施工中应每15 d校验一次搅拌楼计量精确度。

强制式纯拌和时间：大于35 s。

重力式纯拌和时间：大于60 s。

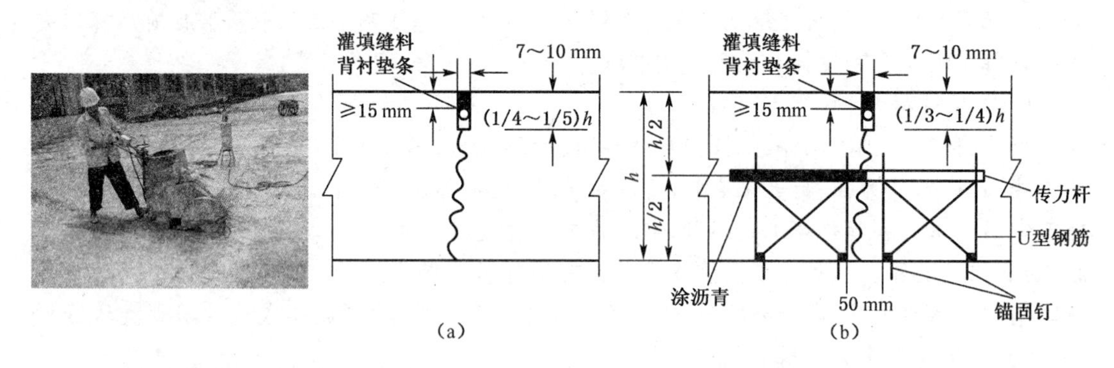

2. 拌合物质量检验与控制

搅拌过程中，拌合物质量检验与控制工作应符合规定要求。低温或高温天气施工时，拌合物出料温度宜控制在10～35℃，并应测定原材料温度、拌合物温度、坍落度损失率和凝结时间等。

拌合物应均匀一致，有生料、干料、离析或外加剂、粉煤灰成团现象的非均质拌合物严禁用于路面摊铺。一台搅拌楼的每盘之间，各搅拌楼之间，拌合物的坍落度最大允许偏差为±10 mm。拌和坍落度应为最适宜摊铺的坍落度值与当时气温下运输坍落度损失值之和。

四、主要运输设备

混凝土运输车：6 m^3，运距 20 km，主要用于工程量较大，商品混凝土或搅拌楼拌和。

手扶拖拉机：0.8 m^3，运距 2 km，主要用于中小型工程，灵活方便，适用于与重力式搅拌机、人工摊铺配合。

翻斗车：0.5 m^3，运距 1 km，不如拖拉机方便经济。

手推车：小于 0.1 m^3，运距 50 m。

五、滑模式摊铺机

滑模摊铺技术在我国自 1991 年开始，已经成为我国在高等级公路水泥混凝土路面施工中广泛采用的工程质量最高、施工速度最快、装备最现代化的高新成熟技术。

水泥混凝土采用滑模摊铺机铺筑路面，其特征是不架设边缘固定模板，能够一次完成布料摊铺、振捣密实、挤压成型、抹面修饰等混凝土路面摊铺功能，此工艺即称为水泥混凝土路面滑模摊铺。

六、轨道式摊铺机

轨道式摊铺机支撑在平底型轨道上，可以固定在 3 m 长的宽基钢边架上，也可安放在预制混凝土板或补强处理后的路面基层上，摊铺机的水平调整由轨道的平整度控制。

1. 轨道式施工的初期投资相对于其他施工设备而言要低些，比小型机具则要高些，但安装轨模时费钱，降低了施工效率，使得其施工效率大大低于滑模摊铺机施工。

2. 施工

轨道式摊铺设备的组成包括：进料器；水泥混凝土摊铺机压实机和修整机；横向缩缝和纵向缩缝处传力杆、拉杆放置机；接缝槽成型机和接缝槽修整机（用湿法成型时采用这两种机型）；最后修整机；路面纹理加工机；水泥混凝土养生剂喷洒机；防护帐篷。

模板比滑模摊中的基准线还要重要，它不仅是路面摊铺的几何基准，而且是铺筑设备作业和拌合物所依托的支撑条件。

（1）模板技术要求。

（2）模板架设与安装。

（3）轨模及其架设。

在振捣机前方设置一道与铺筑同宽的复平刮梁，其作用是补充摊铺机初平的缺陷。其后是一道全宽的弧面振动梁施振，以表面平板式施振，把振动力传到全厚度。振动梁振动之前，增加两个插入振捣棒作为两边的辅助振捣。

七、接缝施工

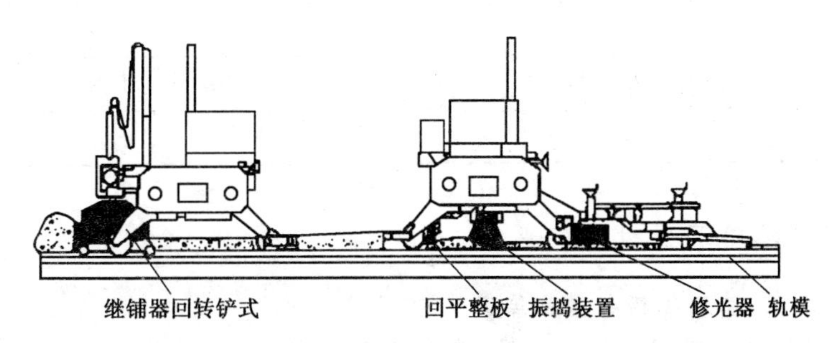

强度达到 8 MPa 时必须切缝(指甲能划出白印为度)。可采用跳仓法进行。过早会切出毛边,过迟会断板。切缝深度为 1/4 板厚,板边深度大一些,防裂八字口。

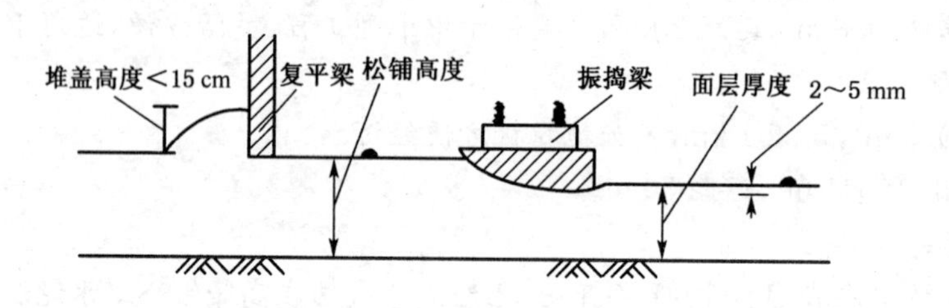

1.1.2 城市道路的级别与类别

一、城市道路分类

1. 快速路　车行道间设中间分隔带,进出口采用全控制或部分控制。
2. 主干路　是城市道路网的骨架,连接城市各主要分区的交通干道。
3. 次干路　起联系各部分和集散交通的作用,并兼有服务功能。
4. 支路　是次干路与街坊路的连接线。解决部分地区交通,以服务功能为主。

二、城市道路技术标准

我国城市道路分类、分级及主要技术指标

类别	项目					
	级别	设计车速(km/h)	双向机动车道数(条)	机动车道宽度(m)	分隔带设置	横断面采用形式
快速路		80	≥4	3.75~4	必须设	双、四幅路
主干路	Ⅰ	50~60	≥4	3.75	应设	单、双、三、四幅路
	Ⅱ	40~50	3~4	3.5~3.75	应设	单、双、三幅路
	Ⅲ	30~40	2~4	3.5~3.75	可设	单、双、三幅路
次干路	Ⅰ	40~50	2~4	3.5~3.75	可设	单、双、三幅路
	Ⅱ	30~40	2~4	3.5~3.75	不设	单幅路
	Ⅲ	20~30	2	3.5	不设	单幅路
支路	Ⅰ	30~40	2	3.5	不设	单幅路
	Ⅱ	20~30	2	3.25~3.5	不设	单幅路
	Ⅲ	20	2	3.0~3.5	不设	单幅路

三、城市道路路面分级

(一) 面层类型、路面等级与道路等级

按照路面的使用品质、材料组成类型及结构强度和稳定性分为高等级路面(路面强度高、刚度大、稳定性好是其特点)、次高等级路面、中等级路面、低等级路面 4 个等级。

路面等级	面层主要类型	使用寿命(年)
高级	水泥混凝土	30
	沥青混凝土、沥青碎石、整齐石块和条石	15
次高级	沥青贯入式、路拌沥青碎石/沥青表面处治	12/8
中级	泥结、级配碎石、水结碎石	5
低级	粒料改善土	5

(二) 按力学性能的路面分类

1. 柔性路面　荷载作用下产生的弯沉变形较大、抗弯强度小,它的破坏取决于极限垂直变形和弯拉应变。

2. 刚性路面　荷载作用下产生板体作用,弯拉强度大,弯沉变形很小,它的破坏取决于极限弯拉强度。主要代表是水泥混凝土路面。

1.2　城市道路路基工程

1.2.1　城市道路路基成型和压实要求

路基施工多以人工配合机械施工,采用流水或分段平行作业。

一、路基施工程序

1. 准备工作。
2. 修建小型构造物与埋设地下管线,必须遵循"先地下,后地上"、"先深后浅"的原则。
3. 路基(土、石方)工程。
4. 质量检查与验收。

二、路基施工要求

必须依照路基设计的平面、横断面位置、标高等几何尺寸进行施工,并保证路基的强度和稳定性。

1. 路基施工测量　两个水准点之间最好保持在500 m左右。

(1) 恢复中线测量。

(2) 钉线外边桩。在道路边线外0.5～1.0 m两侧。

(3) 测标高。

2. 填土(方)路基

(1) 路基填土不得使用腐殖土、生活垃圾土、淤泥、冻土块和盐渍土。填土内不得含有草、树根等杂物,粒径超过100 mm的土块应打碎。

(2) 排除原地面积水,清除树根、杂草、淤泥等。妥善处理坟坑、井穴,并分层填实至原基面高。

(3) 填方段内应事先找平,当地面坡度陡于1∶5时,需修成台阶形式,宽度不应小于

1.0 m，顶面应向内倾斜；在沙土地段可不做台阶，但应翻松表层土。

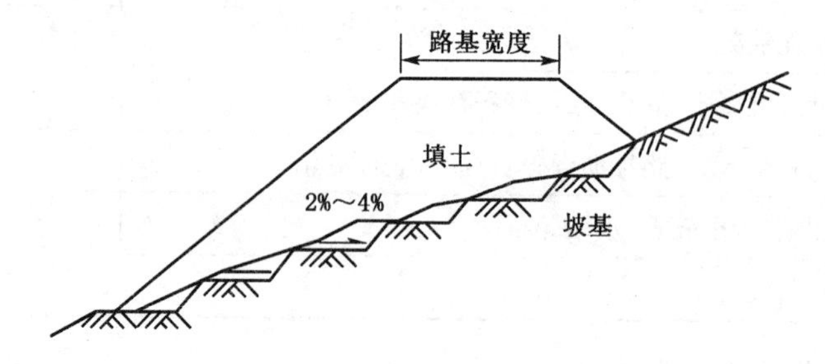

(4) 分层填土，压实。

(5) 填土长度达 50 m 左右时，检查铺筑土层的宽度与厚度，合格后即可碾压，碾压先轻后重，最后碾压用不小于 12 t 级压路机。

(6) 填方高度内的管涵顶面还土 500 mm 以上才能用压路机碾压。如不足则对管道加固。

(7) 到填土最后一层时，应按设计断面、高程控制土方厚度，并及时碾压修整。

3. 挖土(方)路基

(1) 根据测量中线和边桩开挖，每侧比路面宽出 300～500 mm。

(2) 挖方段不得超挖。在路基设计标高以下 600 mm 以内的树根等杂物，必须清除并以好土等材料回填夯实。

(3) 压路机不小于 12 t 级，碾压自路两边向路中心进行，直至表面无明显轮迹为止。(说明：直线段和不设超高的曲线自路两侧向中心进行，设超高的自内侧向外侧进行，城市道路设超高的较少。)

(4) 碾压时视土的干湿程度而决定采取洒水或换土、晾晒等措施。

(5) 过街雨水支管应在路床碾压前施工。支管沟槽及检查井周围应用石灰土或石灰粉煤灰砂砾填实。

4. 质量检查　质量验收项目(主控项目：压实度、弯沉值；一般项目：纵断面高程、中线偏位、宽度、平整度、横坡、边坡等)。

三、路基压实要点

1. 合理选用压实机具　分静力式、夯击式和振动式三大类。

2. 正确的压实方法与适宜的压实厚度　土质路基的压实原则：先轻后重、先稳后振、先低后高、先慢后快、轮迹重叠。应通过试验段取得摊铺厚度、碾压遍数、碾压机具组合、压实效果等施工参数。

3. 掌握土层含水量　在最佳含水量情况下压实的土水稳定性最好，路基均应在该种土含水量接近最佳含水量时进行碾压。

4. 压实质量检查　采用重型击实试验方法。

一般情况下，对于回填土工程，为了达到土方回填最大的密实程度要做击实试验，测定最佳含水率、最大干密度。不管怎样，回填土达不到原来自然土的压实程度，设计对回填土承载有个要求，就是回填压实程度，一般在 95%以上，为了测定土样回填时的最佳状态、含水率多少、最大干密度等值，在分层回填时还要再做试验，看看回填效果。

试验的目的是用标准的击实方法，测定土的密度与含水率的关系，从而确定土的最大密度与最优含水率。

1.2.2 地基加固处理方法

地基加固处理技术：天然地基的强度不足或土的压缩性较大，不能满足建筑（构）物对地基的要求时，就需要针对不同的情况对地基进行处理或加固。地基处理的目的是：改善软弱土的剪切性能，提高地基土的抗剪强度；降低软弱土的压缩性，减少基础的沉降和不均匀沉降；同时，还可以改善土的透水性，起防渗、截水的作用；改善土的动力特性，防止液化作用。地基处理的技术主要有：排水固结法，振密、挤密法，置换及拌入法，灌浆法，加筋法及冷热处理法等。根据这些技术的作用机理，大致分为土质改良、土的置换、土的补强 3 类。土质改良是指用机械、化学、电、热等手段增加地基土的密度，或使地基土固结。土的置换是将软土层换填为良质土如砂垫层等。土的补强是采用薄膜、绳网、板桩等约束住地基土，或者在土中放入抗拉强度高的补强材料形成复合地基以加强和改善地基上的剪切特性。

1. 碾压及夯实，重锤夯实、机械碾压、振动压实、强夯利用压实原理，通过机械碾压夯击，把表层地基土压实。强夯则利用强大的夯击能，在地基中产生强烈的冲击波和动应力，迫使土动力固结密实适用于碎石土、砂土、粉土、低饱和度的黏性土，杂填土等，对饱和黏性土应慎重采用。

2. 换土垫层、砂石垫层、素土垫层、灰土垫层、矿渣垫层以砂石、素土、灰土和矿渣等强度较高的材料，置换地基表层软弱土提高持力层的承载力，扩散应力，减小沉降量，适用于处理暗沟、暗塘等软弱土的浅层处理。

3. 排水固结天然地基预压，砂井预压，塑料排水带预压，真空预压，降水预压。在地基中增设竖向排水体，加速地基的固结和强度增长，提高地基的稳定性；加速沉降发展，使基础沉降提前完成，适用于处理饱和软弱土层，对于渗透性极低的泥炭土必须慎重对待。

4. 振密挤密、振冲挤密、灰土挤密桩、砂桩、石灰桩、爆破挤密采用一定的技术措施，通过振动或挤密，使土体的孔隙减少，强度提高；必要时，在振动挤密过程中，回填砂、砾石、灰土、素土等，与地基土组成复合地基，从而提高地基的承载力，减少沉降量，适用于处理松砂、粉土、杂填土及湿陷性黄土。

5. 置换及拌入振冲置换、深层搅拌、高压喷射注浆、石灰桩等采用专门的技术措施，以砂、碎石等置换软弱土地基中的部分软弱土，或在部分软弱土地基中掺入水泥、石灰或砂浆等形成加固体，与未处理部分土组成复合地基，从而提高地基承载力，减少沉降量。

6. 加筋。

1.3 城市道路基层工程

城市道路基层是指直接位于沥青路面层下，用高质量材料填筑的主要承重层，或直接位于水泥混凝土路面下，用高质量材料铺筑的结构层。

【拓展知识】

半刚性基层

半刚性基层的显著特点是整体性强、承载力高、刚度大、水稳性好，而且较为经济。高等级公路越来越多地采用半刚性基层。半刚性基层指的是用无机结合料稳定土铺筑的能结成板体并具有一定抗弯强度的基层。

半刚性基层具有较高的刚度，具备较强的荷载扩散能力，所以施工及运营过程中一定要保持半刚性基层的整体性；半刚性基层起着结构承载能力作用，而沥青面层只起着功能层作用，因此半刚性基层沥青路面结构的主要破坏形式是半刚性基层的弯拉疲劳损坏；半刚性基层采用防水下渗措施是十分重要的，这是规范的规定。

半刚性基层路面的优点：半刚性基层具有一定的板体性、刚度，扩散应力强，具有一定的抗拉强度、抗疲劳强度和良好的水稳定特性。这些都符合路面基层的要求，使得路面基层受力性能良好，并且保证了基层的稳定性。

半刚性基层路面的缺点：①半刚性材料不耐磨，不能做面层。路面由于车辆载荷的作用会产生摩擦，半刚性材料不耐磨，因此不能适应路面面层的要求。②半刚性基层的收缩开裂及由此引起沥青路面的反射性裂缝普遍存在。在国外普遍采取对裂缝进行封缝，而在交通量繁重或者高速公路上，这种封缝工作十分困难。而在我国，目前根本没有发现裂缝就进行沥青封缝的习惯，因而开裂得不到有效的处理。③半刚性基层非常致密，渗水性很差。水从各种途径进入路面并到达基层后，不能从基层迅速排走，只能沿沥青面和基层的分界面扩散、积累。半刚性基层沥青路面的内部排水性能差是其致命的弱点。④半刚性基层有很好的整体性，但是在使用过程中，半刚性基层材料的强度、模量会由于干湿和冻融循环以及反复荷载的作用下因疲劳而逐渐衰减。半刚性基层的状态是由整块向大块、小块、碎块变化，显然按照整体结构设计路面是偏于不安全的。⑤半刚性基层沥青路面对重载车来说具有更大的轴载敏感性。同样的超载车对半刚性基层沥青路面的影响要比柔性基层沥青路面大得多，对路面的损伤大得多。⑥半刚性基层沥青路面损坏后没有愈合的能力，且无法进行修补，只能挖掉重建，这给沥青路面的维修养护造成很大的困难。通常所说的“补强”实际上是不现实的，也是不可能的。

在我国，半刚性材料已广泛用于修建高等级公路的路面基层和底基层。

1.3.1 不同基层施工技术要求

不同基层的相同点：①施工期日最低气温的要求均在5℃以上；②严禁薄层贴补，均应封闭交通。

一、石灰稳定土基层

将消石灰粉或生石灰粉掺入各种粉碎或原来松散的土中，经拌和、压实及养护后得到的混合料，称为石灰稳定土。石灰稳定土具有一定的强度和耐水性，广泛用作建筑物的基础、地面的垫层及道路的路面基层。石灰稳定类材料适用于各级城市道路、公路的底基层，也可用作二级和二级以下公路的基层，但石灰稳定细粒土及粒料含量少于50%的碎（砾）石灰土不能用于高级路面的基层。

包括:石灰土、石灰碎石土和石灰砂砾土。

特点:石灰稳定土具有较高的抗压强度,一定的抗弯强度和抗冻性,稳定性较好,但干缩性较大。

适用范围:可用于各种交通类别的底基层,可作次干路和支路的基层,但不应用作高级路面的基层。在冰冻地区的潮湿路段以及其他地区过分潮湿路段,不宜用石灰土作基层。如必须用,应采取隔水措施。

(一) 影响石灰土结构强度的主要因素

1. 土质　塑性指数小于 10 的土不宜用石灰稳定,塑性指数大于 15 的黏性土更宜用水泥石灰综合稳定。有机物含量超 10%的土不宜用石灰稳定。

2. 灰质　磨细的生石灰的效果优于消石灰。

3. 石灰剂量　是指石灰干重占干土重的百分率。石灰剂量较小时,石灰主要起稳定作用。

4. 含水量　以达到最佳含水量为好。

5. 密实度　强度随密实度的增加而增长,且密实的灰土,其抗冻性、水稳定性也好。

6. 石灰土的龄期　强度随龄期增长。

7. 养护条件(湿度和温度)。

(二) 石灰稳定土施工技术要求

1. 粉碎土块,最大尺寸不应大于 15 mm。生石灰在使用前 2～3 d 需要消解,并用 10 mm方孔筛筛除未消解灰块。工地上消解石灰的方法有花管射水和坑槽注水消解法两种。为提高强度,减少裂缝,可掺加最大粒径不超过 0.6 倍石灰土层厚度(且不大于 10 cm)的均匀粗集料。

2. 拌和应均匀,摊铺厚度虚厚不宜超过 20 cm。

3. 应在混合料处于最佳含水量时碾压,先用 8 t 稳压,后用 12 t 以上压路机碾压。控制原则是宁高勿低,宁刨勿补。

4. 交接及养护:施工间断或分段施工时,交接处预留 300～500 mm 不碾压,便于新旧料衔接。养护期内严禁车辆通行。

5. 应严格控制基层厚度和高程,其路拱横坡与面层一致。

二、水泥稳定土基层

在经过粉碎的或原来松散的土中掺入足量的水泥和水,经拌和得到的混合料在压实和养生后,当其抗压强度符合规定的要求时,称为水泥稳定土。用水泥稳定细粒土得到的强度符合要求的混合料,视所用的土类而定,可简称为水泥土、水泥砂或水泥石屑等。用水泥稳定中粒土和粗粒土得到的强度符合要求的混合料,视所用原材料而定,可简称为水泥碎石、水泥砂砾等。

特点:良好的整体性,足够的力学强度,抗水性和耐冻性。

适用范围:适用于各种基层和底基层,不应做高级沥青路面的基层,只能作底基层。在快速路和主干路的水泥混凝土面板下,水泥土也不应用作基层。

(一) 影响水泥稳定土强度的主要因素

1. 土质　用水泥稳定级配良好的碎石、砂砾效果最好,其次是砂性土,再次之是粉性土和黏性土。对有机质含量较多的土、硫酸盐超过0.25%的土及重黏土，不宜用水泥稳定。

2. 水泥成分和剂量　硅酸盐水泥稳定效果较好，而铝酸盐水泥的稳定效果较差。水泥土强度随水泥剂量增加而增长。水泥剂量以5%～10%较为合理，规范为6%。

3. 含水量　含水量对水泥稳定土强度影响最大，在最佳含水量时最好。

4. 施工工艺过程　水泥稳定土从开始加水拌和到完全压实的延迟时间一般不超过3～4 h(不超过水泥的初凝时间)。

(二) 水泥稳定土施工技术要求

1. 必须采用流水作业法。一般情况下，每一作业段以200 m为宜。

2. 宜在春季和气温较高的季节施工。施工期日最低气温应在5℃以上，在有冰冻地区，应在第一次重冰冻(－3～－5℃)到来之前0.5～1个月前完成。

3. 雨季施工应注意天气变化，防止水泥和混合料遭雨淋，下雨时停止施工，已摊铺的水泥土结构层应尽快碾压密实。

4. 配料应准确，洒水、拌和、摊铺应均匀。应在混合料处于最佳含水量＋(1～2)%时碾压，碾压时先轻型后重型。

5. 宜在水泥初凝前碾压成活。

6. 严禁用薄层贴补法进行找平。

7. 必须保湿养护，防止忽干忽湿。常温下成活后应养护7 d。

8. 养护期内应封闭交通。

三、石灰工业废渣稳定土(砂砾、碎石)基层

(一) 石灰工业废渣稳定土

一定数量的石灰和粉煤灰或石灰和煤渣与其他集料相配合，加入适量(通常为最佳含水量)的水拌和得到的混合料，当其经压实及养护后抗压强度符合规定要求时，称其为石灰工业废渣稳定土，简称石灰工业废渣。分为两大类：石灰粉煤灰类和石灰煤渣类。

特点：良好的力学性能、板体性、水稳性和一定的抗冻性，其抗冻性比石灰土高得多，抗裂性能比石灰稳定土和水泥稳定土都好。

适用范围：适合各类交通类别的基层和底基层，但二灰土不应做高级沥青路面的基层。在快速路和主干路的水泥混凝土面板下，二灰土也不应做基层。

(二) 石灰工业废渣稳定土施工技术要求

1. 宜在春末和夏季组织施工。施工期间日最低气温应在5℃以上，并应在第一次重冰冻(－3～－5℃)到来前1～1.5个月完成。

2. 配料应准确。以石灰：粉煤灰：集料的质量比表示。

3. 城市道路宜选用厂拌法，运到现场摊铺。应在混合料处于或略大于最佳含水量时碾压。基层厚度≤150 mm时，用12～15 t三轮压路机；150 mm＜厚度≤200 mm时，可用18～20 t三轮和振动压路机。

4. 二灰砂砾基层施工时，严禁用薄层贴补法进行找平，应适当挖补。

5. 必须保湿养护，不使二灰砂砾层表面干燥，在铺封层或者面层前应封闭交通，临时开放交通时应采取保护措施。

四、级配碎石和级配砾石基层(粒料基层)

级配碎石、砾石底基层是由各种粗细集料碎石和石屑或砾石和砂按最佳级配原理修筑而成。级配碎石、砾石是用大小不同的材料按一定比例配合、逐级填充空隙并粘接的经过压实后形成充实的结构。级配碎石、砾石基层的强度是由摩阻力和黏聚力构成，具有一定的水稳性和力学强度。

(一) 级配型集料

可分为级配碎石、级配砾石、级配碎砾石。

(二) 级配碎石和级配砾石施工技术要求

1. 级配碎石中的碎石颗粒组成曲线应是一根顺滑的曲线。

2. 配料必须准确。混合料应拌和均匀，没有粗细颗粒离析现象。

3. 在最佳含水量时进行碾压。

4. 应用 12 t 以上三轮压路机碾压，轮迹小于 5 mm。

5. 未洒透层沥青或未铺封层时禁止开放交通，以保护表层不受破坏。

1.3.2 土工合成材料施工要求

一、定义及功能

土工合成材料是土木工程应用的合成材料的总称。作为一种土木工程材料，它是以人工合成的聚合物(如塑料、化纤、合成橡胶等)为原料，制成各种类型的产品，置于土体内部、表面或各种土体之间，发挥加强或保护土体的作用。《土工合成材料应用技术规范》将土工合成材料分为土工织物、土工膜、土工特种材料和土工复合材料等类型。

土工合成材料具有加筋、防护、过滤、排水、隔离等功能。

二、种类与用途

路堤加筋、台背路基填土加筋、过滤与排水、路基防护。

三、土工合成材料施工要求

(一) 垫隔土工布加固地基法

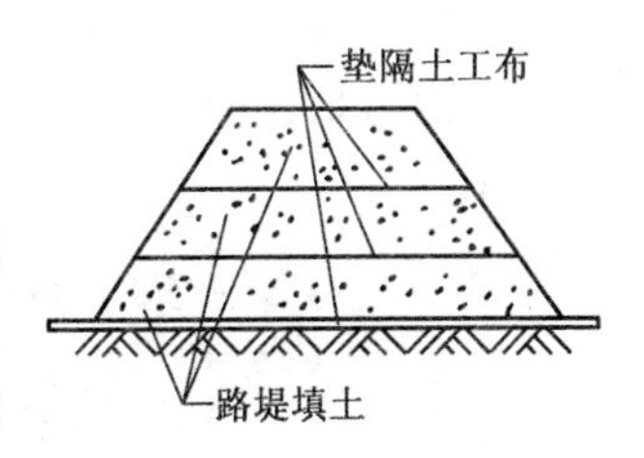

1. 材料

优点：质量轻、整体连续性好、抗拉强度较高、耐腐蚀、抗微生物侵蚀好、施工方便。

非织型土工纤维性能：孔隙直径小、渗透性好、质地柔软、能与土很好地结合。

2. 施工

(1) 按路堤底宽全断面铺设。

(2) 在路堤每边留足够的锚固长度。

(3) 为保证整体性，当采用搭接法连接时，搭接长度宜为 0.3~0.9 m。缝接法时，粘结宽度不小于 50 mm。

(4) 现场施工中,材料破损处必须立即修补好。上下层接缝应交替错开,错开长度不小于0.5 m。

(5) 尽量避免长时间暴露和暴晒。

(二) 垫隔、覆盖土工布处理基底法

在软土、沼泽地区,地基湿软、地下水位较高时可收到较好效果。

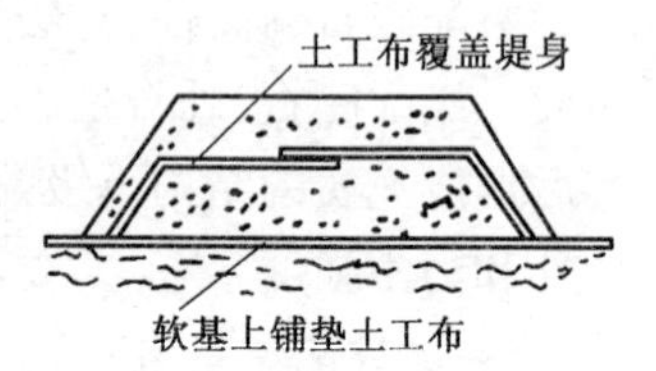

1.4 沥青混凝土面层工程

沥青路面是指在柔性基层、半刚性基层上铺筑的一定厚度的沥青混合料面层的路面结构。沥青路面具有表面平整、无接缝、行车舒适、振动小、噪声低、施工期短、养护维修简便、适宜分期修建等优点。沥青路面的缺点:表面易受硬物损坏,并容易磨光而降低抗滑性;在外界气温影响下,强度和刚度变化很大,即夏季易变软而冬季易变脆;它的施工受季节影响较大,除乳化沥青外,在低温季节和雨季不能施工。

沥青路面可按混合料密实度、施工工艺和沥青路面的技术特性分类。

我国在沥青路面中采用最多的类型是以石油沥青为结合料,采用连续级配的密实式热拌热铺型沥青混凝土。

1.4.1 沥青混凝土路面施工工艺要求

一、按混合料密实度分类

密实式沥青混合料(沥青混凝土 AC):将剩余空隙率在3%～6%范围内的,称为AC－Ⅰ型沥青混凝土;将剩余空隙率在4%～10%范围内的,称为AC－Ⅱ型沥青混凝土。

连续半开级配沥青混合料(沥青碎石 AM):压实后剩余空隙率在10%左右。

开级配沥青混合料:剩余空隙率大于15%。如排水式沥青磨耗层混合料(OGFC)。

二、按施工工艺的不同分类

层铺法是用分层撒布沥青、分层撒铺集料和碾压的方法修筑。

路拌法是在路上用机械或人工将集料和沥青材料就地拌和、摊铺和碾压密实而成的沥青路面。

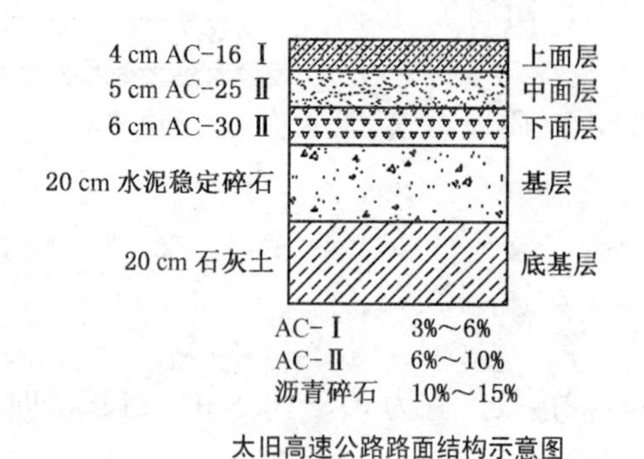

太旧高速公路路面结构示意图

厂拌法是由一定级配的集料和沥青材料在工厂用专用设备加热拌和，然后送到工地摊铺碾压而成的沥青路面。

三、根据沥青路面的技术特性分类

分类：沥青表面处治、沥青贯入式、热拌沥青碎石、沥青混凝土、液体石油沥青或乳化沥青碎石混合料、沥青玛琋脂碎石，此外，还有 Superpave 路面、SAC 路面、透水路面等。

沥青表面处治：用沥青和细粒矿料铺筑的一种薄层面层，其厚度不超过 3 cm。

沥青贯入式（碎石）：指在初步碾压的集料层撒布沥青，再分层铺撒嵌压，并借行车压实而形成的路面。

常温沥青混合料：可采用液体石油沥青或乳化沥青拌制。

沥青玛琋脂碎石：沥青玛琋脂碎石路面是指用沥青玛琋脂碎石混合料作面层或抗滑层的路面。沥青玛琋脂碎石混合料（简称 SMA）是以间断级配为骨架，用改性沥青、矿粉及木质纤维素组成的沥青玛琋脂为结合料。

沥青碎石是由几种大小不同的矿料，掺少量矿粉或不加矿粉，用沥青作结合料，均匀拌和，经压实成型的路面，间隙大，强度以嵌挤为主、粘结为辅。

【拓展知识】

沥青路面结构组合设计

1. 根据各结构层功能组合和强度组合

本着"路基稳定、基层坚实、面层耐用"的要求，把路基（土基）、垫层、基层和面层作为一个整体，进行路基路面综合设计。

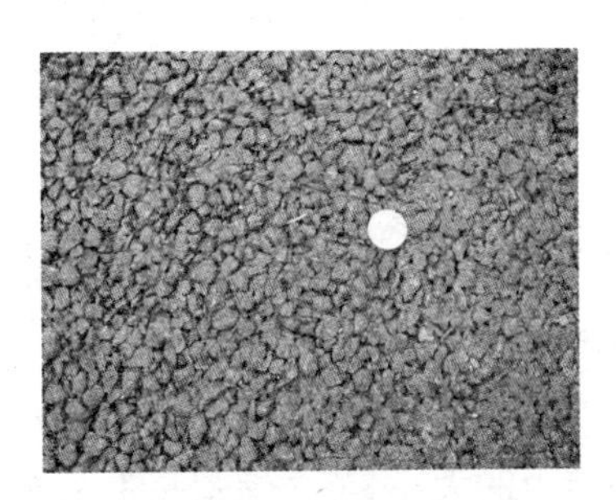

轮载作用于路面表面，其竖向应力和应变随深度而递减，因而对各层材料的强度（模量）的要求也可随深度而相应减少，因此，路面各结构层应按强度自上而下递减的方式组合。

2. 合理的层间组合

层间结合应尽量紧密，避免产生层间滑移，以保证结构的整体性和应力分布的连续性。

例如：在半刚性基层上修建沥青面层时，由于基层材料的干缩和温度开裂，会导致面层相应地出现反射裂缝。为了防止或尽可能减轻反射裂缝的出现，往往采用应对措施。

3. 在各种自然因素作用下稳定性好

沥青路面经受着自然环境因素——水、温度的考验。水温状况对沥青路面的影响很大，对于季节性冰冻地区的中湿和潮湿路段，要考虑冻胀与翻浆的危害。

当按强度计算的路面结构层总厚度小于最小防冻厚度时应增加防冻垫层，以满足最小防冻厚度要求。防冻垫层可用水稳定性好而强度较低的地方材料如炉渣、砂砾、碎石等。

4. 考虑适当的层数和厚度

层数不宜过多，在满足各方面要求的条件下，层数应尽可能地少，材料变化也不宜频繁。从强度和造价上考虑，各结构层层厚宜自上而下由薄到厚。

四、沥青混凝土路面施工工艺要求

(一) 沥青混凝土路面对基层要求

1. 具有足够的强度和适宜的刚度。
2. 具有良好的稳定性。
3. 干燥收缩和温度收缩变形较小。
4. 表面应平整密实；拱度与面层的拱度应一致；高程符合要求。

(二) 施工工艺要求

1. 一般规定

(1) 热拌沥青混凝土混合料按集料最大粒径分，主要有特粗式、粗粒式、中粒式、细粒式、砂粒式 5 种。

(2) 沥青混凝土面层集料的最大粒径应与分层压实层厚相匹配。密级配沥青混合料每层的压实厚度，不宜小于集料公称最大粒径的 2.5～3 倍。

2. 施工准备

(1) 施工材料经试验合格后选用。施工机械需配套并有备用。

(2) 沥青加热温度及沥青混合料拌制、施工温度应根据沥青品种、标号、黏度、气候条件及铺筑层厚度选用。当沥青黏度大、气温低、铺筑层厚度较小时，施工温度宜用高限。

(3) 热拌沥青混合料的配合比设计分三阶段：目标配合比设计、生产配合比设计、生产配合比验证。设计中采用的马歇尔试验技术指标包括稳定度、流值、空隙率、沥青饱和度、残留稳定度。城市主干路、快速路的上、中面层还需通过高温车辙试验来检验抗车辙能力，指标是动稳定度。

注意：沥青混合料的稳定度是指马歇尔试验的稳定度，它实际上是马歇尔受力模式下的抗压能力，单位是“kN”。它反映 60℃条件下，沥青混合料抗压力性能。

沥青混合料的动稳定度是指沥青混合料车辙试验的评价指标，它说明沥青混合料抗车辙能力的大小，英文缩写是 DS，单位是“次/mm”，意思是沥青混合料变形 1 mm，0.7 MPa 的轮压下轮载作用的次数，其值越大说明抗车辙能力越强。

(4) 重要的沥青混凝土路面宜先修 100～200 m 试验段，主要分试拌、试铺两个阶段，取得相应的参数。

3. 热拌沥青混合料的拌制、运输

(1) 沥青混合料必须在沥青搅拌厂(场、站)采用搅拌机拌和。

(2) 城市主干路、快速路的沥青混凝土宜采用间歇式(分拌式)搅拌机拌和。

(3) 拌制的沥青混合料应均匀一致，无花白料、无结团成块或严重的粗细料分离现象。

(4) 为配合大批量生产混合料，宜用大吨位自卸汽车运输。运输时对货厢底板、侧板均匀地喷涂一薄层油水(柴油∶水为1∶3)混合液，注意不得将油聚积在车厢底部。

(5) 出厂的沥青混合料应逐车用地磅称重，并测量温度，签发一式三份的运料单。

(6) 从拌合锅往汽车中卸料时，要前后均匀卸料，防止粗细料分离。运输过程中要对沥青混合料加以覆盖。

4. 热拌沥青混合料的施工

(1) 摊铺　运料车的运输能力应较主导机械的工作能力稍大。城市主干路、快速路开始摊铺时，等候卸料的车不宜少于5辆。宜采用2台(含2台)以上摊铺机成梯队作业，进行联合摊铺。每台摊铺宽度宜小于6 m。相邻两幅之间宜重叠50～100 mm，前后摊铺机宜相距10～30 m，且保持混合料温度合格。

城市主干路、快速路施工气温低于10℃时不宜施工。

摊铺沥青混合料应缓慢、均匀、连续不间断。用机械摊铺的混合料，不得用人工修整。

(2) 碾压和成型　摊铺后紧跟碾压工序，压实分初压、复压、终压(包括成型)3个阶段。初压时料温较高，不得产生推移、开裂。初压应采用轻型钢筒式压路机碾压1～2遍。压路机应从外侧向中心碾压，碾压速度应稳定而均匀。碾压时应将驱动轮面向摊铺机。复压采用重型轮胎压路机或振动压路机，不宜少于4～6遍，达到要求的压实度。终压可用重型轮胎压路机或停振的振动压路机，不宜少于2遍，相邻碾压带重叠宽度宜为10～20 cm，直至无轮迹。在连续摊铺后的碾压中，压路机不得随意停顿。为防止碾轮粘沥青，可将掺洗衣粉的水喷洒碾轮，严禁涂刷柴油。

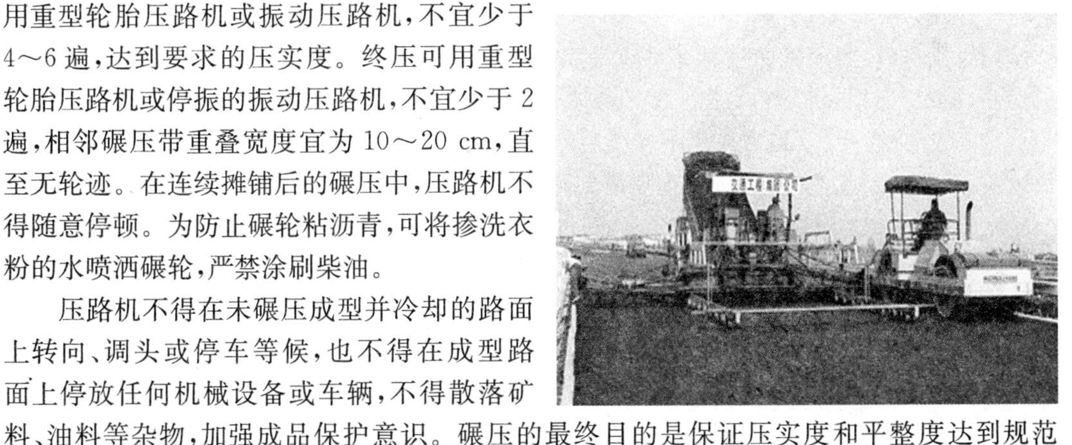

压路机不得在未碾压成型并冷却的路面上转向、调头或停车等候，也不得在成型路面上停放任何机械设备或车辆，不得散落矿料、油料等杂物，加强成品保护意识。碾压的最终目的是保证压实度和平整度达到规范要求。

(3) 接缝　摊铺梯队作业时的纵缝应采用热接缝。上下层的纵缝应错开150 mm以上。上面层的纵缝宜安排在车道线上。相邻两幅及上下层的横接缝应错位1 m以上。中、下层可采用斜接缝，上层可用平接缝。接缝应粘结紧密、压实充分、连接平顺。

(4) 开放交通　热拌沥青混合料路面完工后待自然冷却，表面温度低于50℃后，方可开放交通。

五、改性沥青混合料路面施工工艺要求

改性沥青是掺加橡胶、树脂、高分子聚合物、磨细的橡胶粉或其他填料等外掺剂(改性剂),或采取对沥青轻度氧化加工等措施,使沥青或沥青混合料的性能得以改善制成的沥青结合料。改性沥青的机理有两种:一是改变沥青化学组成;二是使改性剂均匀分布于沥青中形成一定的空间网络结构。现代公路和道路发生许多变化:交通流量和行驶频度急剧增长,货运车的轴重不断增加,普遍实行分车道单向行驶,要求进一步提高路面抗流动性,即高温下抗车辙的能力;提高柔性和弹性,即低温下抗开裂的能力;提高耐磨耗能力和延长使用寿命。现代建(构)筑物普遍采用大跨度预应力屋面板,要求屋面防水材料适应大位移,更耐受严酷的高低温气候条件,耐久性更好,有自粘性,方便施工,减少维修工作量。使用环境发生的这些变化对石油沥青的性能提出了严峻的挑战。对石油沥青改性,使其适应上述苛刻的使用要求,引起了人们的重视。经过数十年的研究开发,已出现品种繁多的改性道路沥青、防水卷材和涂料,表现出一定的工程实用效果。

1. 拌制、施工温度:通常比普通沥青混合料高 10～20℃。

2. 改性沥青随拌随用,存储时间不超过 24 h,温降不超过 10℃。

3. 运输一定要覆盖,施工中应保持连续、均匀、不间断摊铺。

4. 摊铺后应紧跟碾压,充分利用料温压实。宜采用同类压路机并列成梯队操作,不宜采用首尾相接的纵列方式。采用振动压路机时,压路机轮迹的重叠宽度不应超过 200 mm。但在静载压路机时,压路机轮迹的重叠宽度不应少于 200 mm。振动压路机碾压时,厚度较小时宜高频低幅,终压时关闭振动。

5. 接缝

(1) 纵向缝:摊铺机梯队摊铺时应采用热接缝。冷接缝有平接缝和自然缝。切除先铺的旧料,刷粘层油再铺新料,搭接 100 mm,一起碾压。

(2) 横向缝:中、下层可采用平接或者斜接缝,上面层应采用平接缝,宜在当天施工结束后切割、清扫、成缝。骑缝时先横向后纵向碾压。

1.4.2 沥青混凝土(混合料)组成和对材料的要求

一、沥青混合料组成

序号	结构形式	特　点
a	悬浮—密实结构	具有很大的密度,较大的黏聚力,但内摩擦角较小,高温稳定性较差
b	骨架—空隙结构	嵌挤能力强,内摩擦角较高,但黏聚力较低
c	骨架—密实结构	综合以上两种结构优点。嵌挤锁结作用,内摩擦角较高,黏聚力也较高

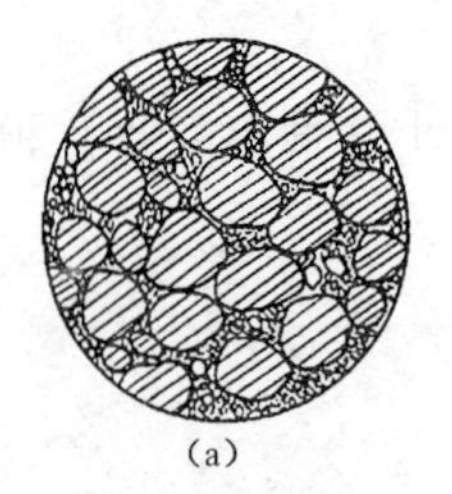
(a)

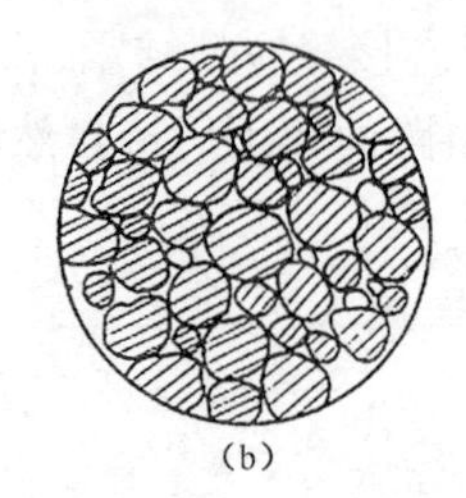
(b)

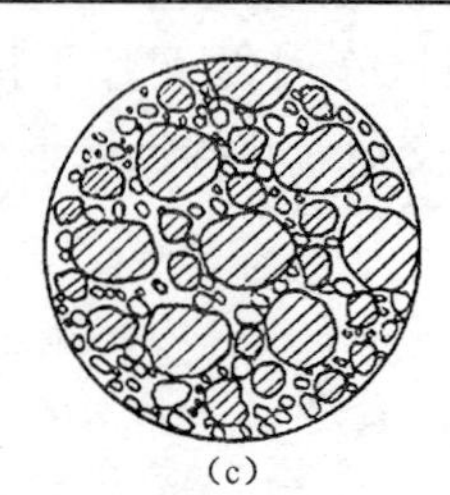
(c)

二、沥青混凝土对材料的一般要求

（一）沥青

沥青的品种有道路石油沥青、软煤沥青和液体石油沥青、乳化石油沥青等。一般上层宜用较稠的沥青，下层或连接层宜用较稀的沥青。乳化石油沥青适用于表面处治、沥青贯入式路面、常温沥青混合料及透、粘、封层。

用于沥青混合料的沥青应具有下述性能：①适当的稠度；②较大的塑性，以延度表示；③足够的温度稳定性，即要求沥青对温度敏感度低；④较好的大气稳定性；⑤较好的水稳定性。

（二）石料

1. 石料应有足够的强度和耐磨性能。

2. 与沥青有良好的粘附性，具有憎水性。

3. 清洁、干燥、无风化、无杂质。

4. 具有良好的颗粒形状，接近立方体。

5. 砂应是中砂以上颗粒级配，含泥量小于3%～5%。

（三）填充料

矿粉应干燥、洁净、细度达到要求。高速路、主干路的沥青混合料面层不宜用粉煤灰作填充料。

1.5 水泥混凝土路面工程

1.5.1 水泥混凝土路面的构造

水泥混凝土路面俗称白色路面，是高级路面，它是以水泥与水拌和成的水泥浆为结合料，以碎（砾）石、砂为集料，再加适当的掺和料及外掺剂，拌和成水泥混凝土混合料而筑成的路面，又称为刚性路面。优点：强度高；稳定性好；耐久性好；造价适当，养护维修费用小；抗滑性能好；有利于夜间行车。缺点：水泥和水的用量大；路面接缝多；铺筑后不能立即开放交通；在白天较强阳光照射下路面反光很强，使汽车驾驶员感觉不舒服；掘路和埋设管线的修补工作都很麻烦，而且影响交通，且修补后路面质量往往不如原来路面的整体强度高。

（一）路基

路基压实原理：土是三相体，土粒为骨架，颗粒之间的孔隙为水和气体所占据。采用机械对土施以碾压能量，使土颗粒重新排列，彼此挤紧，孔隙减小，形成新的密实体，增强粗粒土之间的摩擦和咬合，以及增加细粒土之间的分子引力，从而提高土的强度和稳定性。

岩石或填石路床顶面应铺设整平层。可采用未筛分碎石和石屑或低剂量水泥稳定粒料，其厚度一般为100～150 mm。

（二）垫层

1. 在基层下设置垫层的条件　季节性冰冻地区的中湿或潮湿路段；地下水位高、排水不良，路基处于潮湿或过湿状态；水文地质条件不良的土质路堑，路床土处于潮湿或过湿状态。

2. 垫层的宽度应与路基宽度相同，其最小厚度为150 mm。

3. 防冻垫层和排水垫层宜采用砂、砂砾等颗粒材料。半刚性垫层宜采用低剂量水泥、石灰或粉煤灰等无机结合料稳定粒料或土。

(三) 基层

对于混凝土面层下的基层,要求能提供均匀的支承,并且具有一定的刚度和耐冲刷能力。

唧泥、错台和断裂等病害是混凝土路面最常见的损坏形式,其原因是进入路面结构内部的水分不能及时排出,反复冲刷而引起的。

1. 基层的作用　①防止或减轻唧泥、板底脱空或错台等病害;②控制或减少路基不均匀冻胀或体积变形对面层的不利影响;③为面层提供稳定而坚实的工作面。

2. 基层的选用原则　特重交通宜选用贫、碾压混凝土或沥青混凝土基层;重交通宜选用水泥稳定粒料或沥青稳定碎石基层;中、轻交通道路宜选择水泥或石灰粉煤灰稳定粒料或级配粒料基层;湿润和多雨地区,繁重交通路段宜采用排水基层。

3. 基层宽度要求。

4. 基层厚度要求。

5. 排水基层下应设不透水底基层。

6. 接缝设置要求。

7. 基层下未设置垫层,应设置底基层。

(四) 面层

1. 面层(面板)

普通水泥混凝土路面面层混合料必须具有较高的抗弯拉强度和耐磨性,良好的耐冻性,以及尽可能低的膨胀系数、弹性模量和适当的施工和易性,水泥、粗集料、细集料、水、外掺剂务必满足施工规范的相关要求,以上这些在进行水泥混凝土路面设计时都是应该慎重考虑的问题。

分类:

(1) 普通混凝土(亦称无筋混凝土或素混凝土)路面　指除接缝区和局部范围外均不配筋的水泥混凝土路面。这是目前应用最为广泛的一种面层类型。道路路面的混凝土面层通常采用等厚断面。

(2) 钢筋混凝土路面　指为防止可能产生的裂缝缝隙张开,板内配置纵、横向钢筋或钢筋网的水泥混凝土路面。

(3) 碾压混凝土路面　指水泥和水的用量较普通混凝土显著减少的水泥混凝土混合料经摊铺、碾压成型的水泥混凝土路面。

(4) 钢纤维混凝土路面　指在混凝土中掺入钢纤维的水泥混凝土路面。在混凝土中掺拌钢纤维,可以提高混凝土的韧度和强度,减少其收缩量。由于钢纤维混凝土的弯拉强度高于普通混凝土,因此它所需的面层厚度薄于普通混凝土面层。由于钢纤维混凝土的造价高,因而主要用作设计标高受到限制的旧混凝土路面上的加铺层,或者用作复合式混凝土面层的上面层。

(5) 连续配筋混凝土路面　指沿纵向配置连续的钢筋,除了在与其他路面交接处或邻近构造物处设置胀缝以及视施工需要设置施工缝外,不设横向缩缝的水泥混凝土路面。

(6) 复合式混凝土路面　指由两层或两层以上不同强度或不同类型的混凝土复合而成的水泥混凝土路面。

2. 厚度

混凝土弯拉强度值应大于最大荷载疲劳应力和最大温度疲劳应力的叠加值。

水泥混凝土路面一般为单层式的，其厚度须根据该路在使用期内的交通性质和交通量设计计算决定。

3. 混凝土面板的尺寸

(1) 纵缝间距　纵缝间距通常按车道宽度确定，但带有路缘带的高等级城市道路、高速公路和一级公路，板宽可按车道和路缘带的宽度确定。路面宽为 9 m 的二级公路，板宽可按路面宽的一半(4.5 m)确定。由于板过宽易产生纵向断裂，因此一般不超过 4.5 m。

(2) 横缝间距　横缝间距的大小直接影响板内温度应力、接缝缝隙宽度和接缝传荷能力。一般取 4～6 m。

(3) 板的平面形状　混凝土路面板的平面尺寸尽可能接近正方形，以改善其受力状况。一般将板宽和板长之比控制在 1～1.3 以内。

水泥混凝土面层应具有足够的强度、耐久性(抗冻性)，表面抗滑、耐磨、平整。目前我国多采用普通(素)混凝土板。

4. 混凝土弯拉强度

以 28 d 龄期的水泥混凝土弯拉强度控制面层混凝土的强度。各交通等级要求的混凝土弯拉强度标准值不得低于下列规定值(MPa)：特重交通 5.0，重交通 4.5，中等交通 4.5，轻交通 4.0。水泥混凝土的弯拉弹性模量宜采用实测值。无实测值时可选用下列值：设计强度为 5.0 MPa、4.5 MPa、4.0 MPa 时，弯拉弹性模量分别为 31 000 MPa、28 000 MPa、27 000 MPa。

5. 接缝

(1) 设置原因　由于一年四季的气温变化，温度差将促使面板向上或向下翘曲，混凝土面板会产生不同程度的膨胀和收缩，使板破坏。

(2) 分类　按作用的不同，接缝可分为缩缝、胀缝和施工缝 3 类；按布设位置分为纵缝与横缝两大类。

(3) 纵缝及其构造　纵缝指与路线平行的接缝，分为纵向缩缝和纵向施工缝。纵向接缝是根据路面宽度和施工铺筑宽度设置。一次铺筑宽度小于路面宽度时，应设置带拉杆的平缝形式的纵向施工缝。一次铺筑宽度大于 4.5 m 时，应设置带拉杆的假缝形式的纵向缩缝。

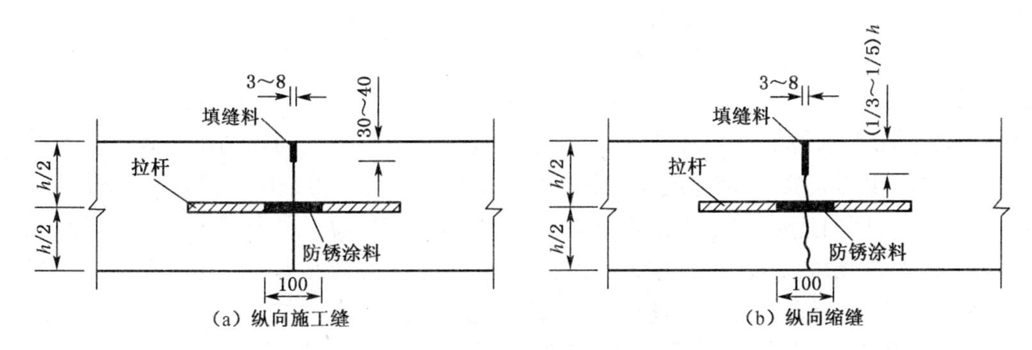

纵缝构造(单位：mm)

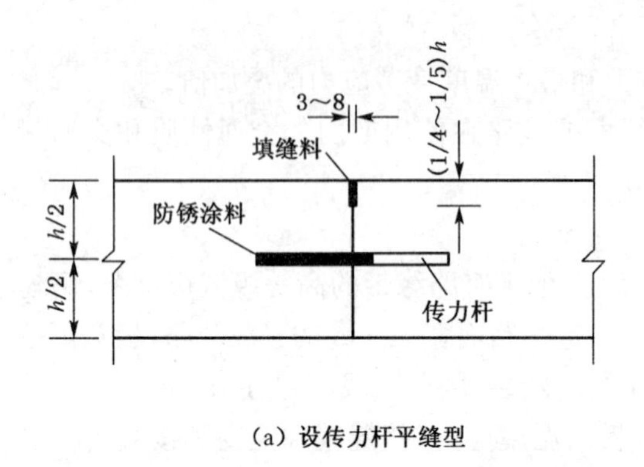

(a) 设传力杆平缝型

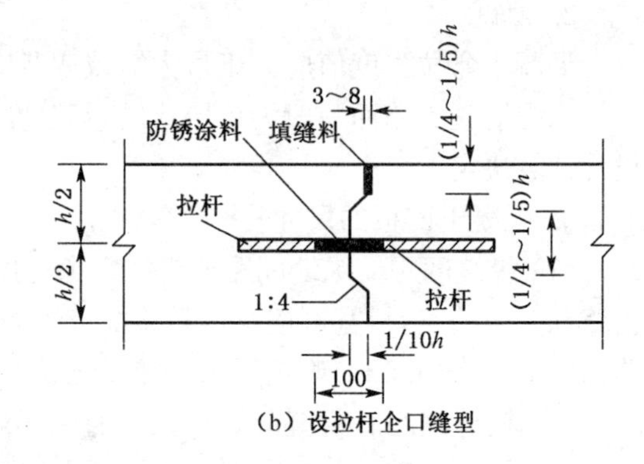

(b) 设拉杆企口缝型

横向施工缝构造(单位:mm)

① 纵向施工缝　一次铺筑宽度小于路面宽度时,应设置纵向施工缝。纵向施工缝是按车行道宽度(一般为 3～4 m)来设置的,这对行车和施工都较方便。根据路面宽度定出需要设置的车道数。一般情况下 4 个车道设 3 条纵缝。采用平缝加拉杆型,拉杆设置在板厚的 1/2 处,上部应锯切槽口,深度为3～4 cm,宽度为 3～8 mm,槽内灌塞填缝料。

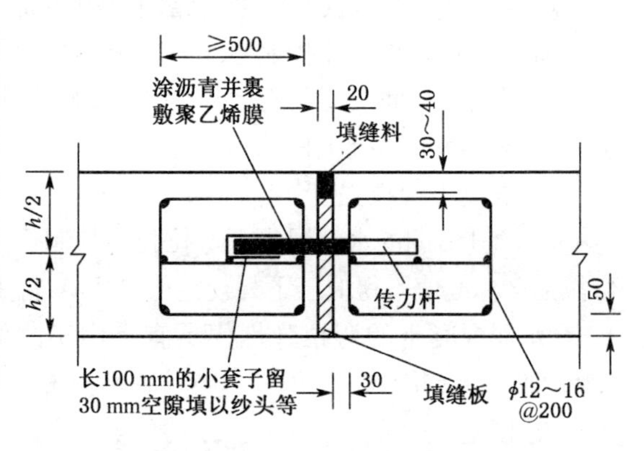

② 纵向缩缝　一次铺筑宽度大于 4.5 m 时,应设置纵向缩缝。纵向缩缝采用假缝形式,并宜在板厚中央设置拉杆。拉杆的作用是保证纵缝两侧路面层板在纵缝位置的紧密联系,以免沿路拱横坡向两侧滑动。拉杆采用螺纹钢筋,设在板厚的中央。拉杆中部 100 mm 的范围内应进行防锈处理。

(4)横缝及其构造　与路线垂直的接缝称为横缝,横缝分为横向缩缝、横向胀缝和横向施工缝 3 种。横向接缝:横向施工缝尽可能选在缩缝或胀缝处。前者采用加传力杆的平缝形式,后者同胀缝形式。特殊情况下,采用设拉杆的企口缝形式。

① 横向施工缝　每天施工结束,或当浇筑混凝土过程中因其他原因,如拌和机突然发生故障,一时难以修复,或天下大雨等原因,浇筑工作无法进行,必须设横向施工缝。其位置应尽可能设在缩缝或胀缝处。设在缩缝处的施工缝,采用设传力杆的平缝形式,其上部应设置深为板厚的 1/4～1/5 或 4～6 cm,宽为 3～8 mm;设在胀缝处的施工缝,其形式与胀缝相同。

② 横向缩缝(或称假缝)　横向缩缝通常垂直于路中心线方向等间距布置。为了控制由翘曲应力产生的裂缝,横向缩缝间距(即板长)应根据当地气候条件、板厚和经验确定。一般在 4～6 m 范围内选用,基层的刚度越大,选用的间距应越短。横向缩缝可等间距或变间距布置,采用假缝形式。特重和重交通公路、收费广场以及邻近胀缝或自由端部的 3 条缩缝,应采用设传力杆假缝形式,其他情况可采用不设传力杆假缝形式。

③ 横向胀缝(也称真缝)　是混凝土路面薄弱点。缝的方向是与横断面方向一致的。胀缝宜尽量少设或不设。但在邻近桥梁或其他固定构筑物处或与其他道路相交处应设置横向胀缝。

胀缝宽为 2 cm，缝内设置填缝板。缝隙上部约 3～4 cm 深度浇灌沥青填缝料，下部则设置接缝板。由于胀缝无法依赖集料颗粒传递荷载，因此必须设置可滑动的传力杆。

传力杆一半以上长度的表面涂以沥青膜，外面再套上 0.4 mm 厚的聚乙烯膜。杆的一端加一金属或塑料套，筒底或杆端之间留有 3 cm 空隙，空隙中填以木屑或纱头等弹性材以便于板的自由伸缩。

(5) 填封(缝)料　接缝槽口的填封(缝)料应选用弹性好、与缝壁混凝土表面粘结力强、温度敏感性小和耐久性好的材料。常用的填封料有热灌的橡胶沥青类、常温施工的聚氨酯焦油类或有机硅树脂以及预制压缩性嵌条等类型。

胀缝接缝板应选用能适应混凝土板膨胀收缩、施工时不变形、复原率高和耐久性好的材料。高速公路和一级公路宜选用泡沫橡胶板、沥青纤维板；其他等级公路也可选用木材类或纤维类板。

胀缝设置：除夏季施工的板，且板厚≥200 mm 时可不设胀缝外，其他季节施工时均应设胀缝。胀缝间距一般为 100～200 m。横向缩缝为假缝时，可等间距或变间距布置，一般不设传力杆。对于特重及重交通等级的混凝土路面，横向胀缝、缩缝均设置传力杆。

6. 抗滑性

可采用刻槽、压槽、拉槽或拉毛等方法形成一定的构造深度。

1.5.2 水泥混凝土路面施工要求

一、混凝土的搅拌、运输

1. 混凝土配合比　应保证混凝土的设计强度、耐磨、耐久及拌合物的和易性，在冰冻地区还要符合抗冻性要求。按弯拉强度(直角棱柱体小梁：150 mm×150 mm×550 mm)作配合比设计，以抗压强度(标准试件尺寸：150 mm×150 mm×150 mm)作强度检验。拌合物摊铺坍落度宜为 0～65 mm。应严格控制水灰比，最大水灰比不应大于 0.48。单位水泥用量不应小于 300 kg/m^3。当粗细集料均干燥时，混凝土的单位用水量，采用碎石为 150～170 kg/m^3，砾石为 145～155 kg/m^3。

2. 搅拌　常用的搅拌机械有自落式搅拌机和强制式搅拌机。自落式搅拌机是通过搅拌鼓的转动，使材料依靠自重下落而达到搅拌的目的，适用于搅拌塑性和半塑性混凝土，而不能用来拌制干硬性混凝土；强制式搅拌机是在固定不动的搅拌筒内，用转动的搅拌叶对材料进行反复的强制搅拌，适用于搅拌干硬性混凝土及细粒料混凝土，所用的砂、石、水泥等均应按允许误差过秤(袋装水泥要抽查)，实测砂、石含水率，严格控制用水量。

搅拌第一盘时，应事先用适量的混凝土或砂浆搅拌，然后排弃。上料顺序为：碎(砾)石、水泥、砂。

3. 运输　拌合物从出料到运输完毕的允许最长时间，根据水泥初凝时间及施工气温确定。如施工气温 20～29℃，采用滑模摊铺工艺，允许最长时间 1 h。在运输混凝土过程中，为防止混凝土产生离析，装料高度不应超过 1.5 m，并要防止漏浆。城市道路施工中，一般采用连续搅拌车运送。夏季要遮盖，冬期要保温。

二、混凝土的浇筑

1. 模板　宜用钢模板。如采用木模板，应具有一定的刚度，质地坚实，挠度小，无腐朽、扭曲、裂纹，装、拆方便，使用前须浸泡。木模板直线部分板厚不宜小于 50 mm，高度与混凝土板厚一致，每 0.8～1 m 设 1 处支撑装置；弯道上的模板宜薄些，可采用 15～30 mm 厚，以便弯制成型。模板底与基层间局部出现的间隙可采用水泥砂浆填塞。模板应稳固，搭接准确，紧密平顺，接头处不得漏浆。模板内侧面应涂隔离剂。

2. 摊铺　混凝土摊铺前，应对模板的间隔、高度、润滑、支撑稳定情况和基层状况以及钢筋的位置、传力杆装置等进行全面检查。板厚不大于 220 mm 时可一次摊铺，大于 220 mm 时分 2 次摊铺，下层厚度宜为总厚的 3/5。应考虑振实预留高度，一般为设计厚的 0.1～0.25 倍。为防止拌合物离析，模板边部应采用"扣锹"方法摊铺，严禁抛掷和耧耙。

3. 振捣　对厚度不大于 220 mm 的混凝土板，边角先用插入式振动器振捣，然后再用功率不小于 2.2 kW 的平板振动器纵横交错全面振捣，应重叠 100～200 mm，然后用振动梁拖平。在同一位置振动时间，应以拌合物停止下沉、不再冒气泡并泛出水泥浆为准，不宜过振。插入式振动器移动间距不宜大于其作用半径的 1.5 倍，至模板的距离不应大于其作用半径的 0.5 倍，并应避免碰撞模板和钢筋。应随时检查模板，发现下沉、松动、变形等问题时应及时纠正。混凝土整平时严禁用纯砂浆填补找平。最后采用振动梁和铁滚筒整平，铁抹子压光，沿横坡方向拉毛或采用机具压槽，城市道路拉毛、压槽深度应为 1～2 mm。

4. 钢筋设置　不得踩踏钢筋网片。安放单层钢筋网片时，应在底部先摊铺一层混凝土拌合物，摊铺高度应按钢筋网片设计位置预加一定的钢筋沉落度。安放双层钢筋网片时，对厚度不大于 250 mm 的板，上下 2 层钢筋网片用架立筋先扎成骨架后一次性安放就位。厚度大于250 mm 的板，上下 2 层网片应分 2 次安放。安放角隅、边缘钢筋时，均需先摊铺一层混凝土，稳住钢筋后再用混凝土压住。

5. 接缝

(1) 传力杆是指沿水泥混凝土路面板横缝，每隔一定距离在板厚中央布置的圆钢筋。其一端固定在一侧板内，另一端可以在邻侧板内滑动，其作用是在两块路面板之间传递行车荷载和防止错台，增加相邻混凝土块之间的应力传递，是防止混凝土路面局部受力较大，造成混凝土路面不均匀沉降，传递应力使相邻混凝土块共同受力。快速路和主干路、特重和重交通道路、收费广场以及邻近胀缝或自由端部的缩缝，应采用设传力杆假缝形式，其他情况可采用不设传力杆假缝形式。

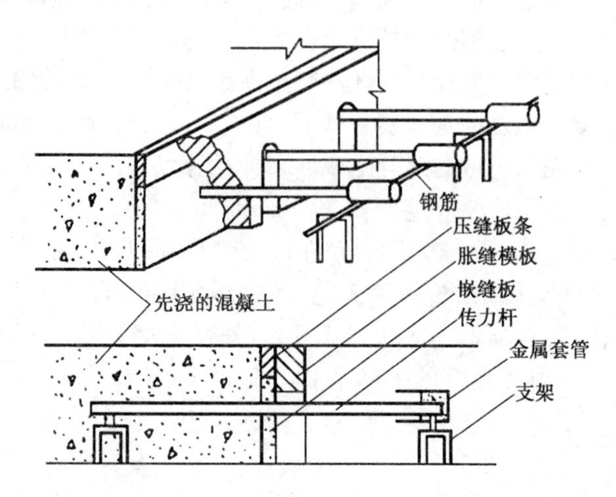

伸缝(胀缝、真缝)应与路面中心线垂直;缝壁必须垂直;缝宽必须一致,宜为 20 mm;缝中心不得连浆。缝上部应设分隔条,下部设置胀缝板并安装传力杆。传力杆固定后必须平行于板面及路面中心线,其误差不得大于 5 mm。传力杆的安装方法有顶头木模固定和支架固定两种。

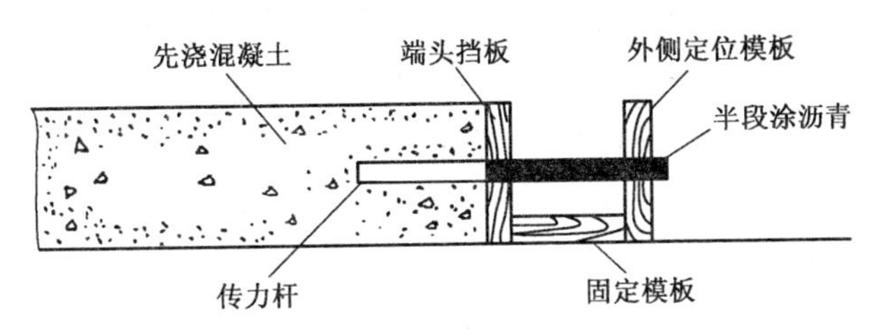

(2) 缩缝(假缝)采用切缝法施工,当混凝土强度达到设计强度的 25%～30%时用切缝机切割,宽度宜为 4～6 mm。切缝时间不仅与施工温度有关,还与混凝土的组成和性质(集料类型、水泥种类和水灰比等)等因素有关。切缝应做到宁早不晚,宁深不浅。

(3) 纵缝有平缝、企口缝等形式,一般采用平缝加拉杆的形式。拉杆采用螺纹钢筋,其位置设在板厚的中央。

(4) 施工缝是由于下雨、混凝土供应有延迟,不能正常浇筑而设置的一条缝,处理方法是在接缝中埋置若干长 400～500 mm、直径 16～20 mm 的光圆钢筋,以防在该处出现裂缝。

(5) 混凝土板养护期满后,胀缝、缩缝和纵缝的缝槽应及时填缝。灌填缝料时,缝壁必须干燥、粗糙。

三、混凝土的养护

有湿法养护和薄膜养护。养护时间宜为 14～21 d。在混凝土达到设计强度 40%以后,可允许行人通过。拆模时间应根据水泥品种、气温和混凝土强度增长情况确定。如昼夜平均气温 20℃时,允许拆模时间为 30 h(普通水泥)。

【练一练】

一、单项选择题

1. 只能用于沥青混凝土面层下面层的是(　　)沥青混凝土。(2009 年考点)

A. 粗粒式　　B. 中粒式　　C. 细粒式　　D. 砂粒式

2. 用振动压路机碾压厚度较小的改性沥青混合料路面时,其振动频率和振幅大小宜采用(　　)。(2009 年考点)

A. 低频低振幅　　B. 低频高振幅　　C. 高频高振幅　　D. 高频低振幅

3. 下列关于水泥混凝土道路垫层的说法中,不正确的是(　　)。(2009 年考点)

A. 垫层的宽度与路基宽度相同　　B. 垫层最小厚度为 100 mm

C. 排水垫层宜采用颗粒材料　　D. 半刚性垫层宜采用无机结合料稳定材料

4. 各类土经水泥稳定后,强度由高到低依次是(　　)。(2011 年考点)

A. (砾)石和砂砾—砂性土—粉性土和黏性土

B. (砾)石和砂砾—粉性土和黏性土—砂性土

C. 粉性土和黏性土—砂性土—(砾)石和砂砾

D. 砂性土—(砾)石和砂砾—粉性土和黏性土

5. 水泥混凝土路面施工前，应按(   )强度作混凝土配合比设计。(2009 年考点)

A. 标准试件的抗压　　B. 标准试件的抗剪

C. 直角棱柱体小梁的抗压　　D. 直角棱柱体小梁的弯拉

6. 目前，我国水泥混凝土路面的面层较多采用(   )混凝土板。(2010 年考点)

A. 普通(素)　　B. 碾压　　C. 连续配筋　　D. 钢筋

7. 水泥混凝土路面施工时，按路面使用混凝土的(   )强度作配合比设计。(2010 年考点)

A. 抗压　　B. 弯拉　　C. 抗剪　　D. 抗拉

8. 热拌热铺沥青混合料路面完工后，按规范要求表面温度低于(   )℃后，方可开放交通。(2010 年考点)

A. 40　　B. 50　　C. 60　　D. 70

9. 道路用石灰稳定土的石灰剂量是指石灰干重占(   )的百分率。(2010 年考点)

A. 干石灰土重　　B. 石灰土重　　C. 干土重　　D. 原状土重

10. 若采用机械摊铺设计厚度为 20 cm 的沥青混凝土路面，则松铺厚度为(   )。

A. 21～25 cm　　B. 23～27 cm　　C. 25～29 cm　　D. 27～31 cm

11. 关于沥青路面对沥青材料品质的要求，下列说法中正确的是(   )。

A. 具有较大的稠度、适当的塑性、较好的温度稳定性、足够的大气稳定性

B. 具有适当的稠度、较好的大气稳定性、足够的温度稳定性、较大的塑性

C. 具有足够的稠度、较好的塑性、适当的温度稳定性、较大的大气稳定性

D. 具有较好的稠度、足够的塑性、较大的温度稳定性、适当的大气稳定性

12. 关于热拌沥青混合料拌制的要求，下列说法中正确的是(   )。

A. 采用搅拌机拌和，不论是厂、站还是现场

B. 应配备试验仪器齐全的试验室，保证生产质量

C. 沥青材料密闭储存

D. 生产场地应符合国家有关环境保护、消防、安全等规定

13. 矿质混合料对沥青混合料结构强度影响不包括(   )。

A. 对沥青混合料的嵌锁力和内摩擦角影响较大

B. 以嵌挤原则设计的骨架密实结构内摩擦力大，具有高的强度

C. 矿质混合料的表观密度影响沥青混合料密实度

D. 连续级配的沥青混合料内摩擦力较小，强度相对较低

14. “结构沥青”是(   )。

A. 膜层较厚　　B. 与矿料有着较强的黏结力

C. 游离于矿料和矿料之间　　D. 未与矿料发生“交互”作用

15. 沥青混合料的高温稳定性是指(   )。

A. 高温条件下不易爆燃

B. 高温条件下受车辆荷载作用不发生显著永久变形

C. 高温条件下拌和不老化

D. 高温条件下不会发生显著温缩裂缝

16. 以下不是用来评价沥青混合料低温抗裂性的试验是(   )。

A. 车辙试验　　B. 低温劈裂试验　　C. 低温收缩试验　　D. 低温蠕变试验

17. 以下用来评价沥青混合料高温稳定性的试验是(　　)。

A. 软化点试验　　B. 闪、燃点试验　　C. 车辙试验　　D. 薄膜加热试验

18. 以下关于沥青路面水稳定性说法错误的是(　　)。

A. 沥青从集料表面发生剥落,使混合料颗粒失去粘结作用

B. 沥青中添加抗剥落剂是增强水稳定性、减少水损坏的有效措施

C. 沥青混合料的组成设计上采用酸性集料,以提高沥青与集料的粘附性

D. 用于评价沥青路面耐久性

19. 沥青混合料的(　　)性能可以通过冻融劈裂试验检验。

A. 水稳定性　　B. 低温抗裂性　　C. 抗疲劳性　　D. 高温稳定性

20. 沥青表面处治不适用于(　　)。

A. 高等级公路表面层　　B. 三级以下的地方性公路的面层

C. 各级施工便道面层　　D. 旧路面层加铺铺罩面层

21. 沥青贯入式路面不适用于(　　)。

A. 沥青路面基层　　B. 三级及以下公路的面层

C. 沥青路面的联结层　　D. 旧路面层加铺铺罩面层

22. 以下关于热拌、热铺沥青混合料的说法错误的是(　　)。

A. 固定式拌和设备有间歇式和连续式两种

B. 低等级公路可以采用路拌法施工

C. 沥青混凝土属于该类型混合料

D. 在拌和、摊铺及碾压过程中,保证一定的温度

23. 普通沥青混凝土路面初压严禁使用(　　)压路机。

A. 钢轮　　B. 振动　　C. 轮胎　　D. 双钢轮

24. 一般情况下沥青路面的碾压顺序是(　　)。

A. 纵向接缝,横向接缝,中间部位和边缘　　B. 纵向接缝,横向接缝,边缘和中间部位

C. 横向接缝,纵向接缝,中间部位和边缘　　D. 横向接缝,纵向接缝,边缘和中间部位

25. 为避免碾压时沥青混合料推挤产生壅包,碾压时应将驱动轮(　　)摊铺机摊铺方向。

A. 背向　　B. 朝向　　C. 垂直　　D. 斜向

26. (　　)不是热拌沥青混合料路面施工常用机械。

A. 平地机　　B. 轮胎压路机

C. 沥青混合料摊铺机　　D. 自卸汽车

27. 在沥青混合料运输车车厢底板和侧板喷涂一薄层油水混合液的目的是(　　)。

A. 溶解沥青,调整油石比　　B. 防止沥青与车厢板的粘结

C. 保温　　D. 防水

28. 以下关于沥青混合料卸料过程中,摊铺机和运料车关系的说法正确的是(　　)。

A. 运料车牵引摊铺机前进　　B. 摊铺机牵引运料车前进

C. 摊铺机推动运料车前进　　D. 运料车推动摊铺机前进

29. 使用改性沥青时 SMA 路面摊铺时正常施工温度(　　)。

A. 不低于 195℃　　B. 不高于 160℃

C. 保持在160～195℃之间　　D. 保持在150～160℃之间

30. SMA路面的碾压采用(　　)压路机。

A. 双钢轮　　B. 轮胎

C. 初压钢轮,复压轮胎　　D. 初压轮胎,复压钢轮

31. 以下关于沥青混合料说法正确的是(　　)。

A. 常温沥青混合料是指在高温下拌和,冷却后摊铺

B. 环氧树脂沥青混凝土采用环氧沥青作为再生剂,是再生沥青混合料的一种

C. 环氧沥青混凝土适用于大型桥梁的桥面铺装

D. 温拌沥青混合料是指在常温下拌和,常温下摊铺

32. 通过使用特定的技术或添加剂,使沥青混合料的施工温度(　　),同时,混合料的路用性能能够达到热拌沥青混合料的路用性能要求。

A. 介于热拌沥青混合料和冷拌沥青混合料施工温度之间

B. 保持常温

C. 降至常温以下

D. 升高

33. 以下关于常温沥青混合料说法正确的是(　　)。

A. 可以采用70号沥青作为结合料

B. 高温下拌和,冷却后摊铺

C. 为节约能源,保护环境,目前较多采用乳化沥青作为混合料

D. 不能采用乳化沥青

34. 目前我国沥青路面渗水性采用的是(　　)测定。

A. 透水法　　B. 摆式仪　　C. 渗水试验仪　　D. 人工铺砂仪

35. 以下关于路面面层现场检测的说法错误的是(　　)。

A. 沥青混凝土路面需要检测压实度,水泥混凝土路面不需要检测

B. 都需要检测面层厚度

C. 沥青混凝土路面需要检测渗水系数,水泥混凝土路面不需要检测

D. 都需要检测弯沉值

36. 水泥混凝土路面板的弯拉强度可通过(　　)方法检测。

A. 马歇尔试验　　B. 钻芯劈裂试验　　C. 直接拉伸试验　　D. 无侧限抗压试验

37. 影响沥青混合料结构强度的因素不包括(　　)。

A. 沥青的黏度　　B. 矿质混合料的性能

C. 沥青和矿料的交互作用　　D. 水化反应程度

38. 水泥混凝土路面使用的混凝土作配合比设计时,以(　　)作强度检验。

A. 抗压强度　　B. 抗剪强度　　C. 抗折强度　　D. 抗拉强度

39. 关于水泥混凝土路面的缩缝,下列说法中错误的是(　　)。

A. 采用切缝机施工

B. 切缝时间为混凝土强度达到设计值的25%～30%时

C. 缝料灌填时,缝壁必须干燥、粗糙

D. 缝上部灌填缝料,下部设置缝板

40. 现浇混凝土路面施工工艺流程是(　　)。
A. 测量放线,模板安装,浇筑混凝土,安装传力杆、钢筋,振捣、整平,抹面成型,切缝、清缝、灌缝,养生
B. 测量放线,模板安装,安装传力杆、钢筋,浇筑混凝土,振捣、整平,抹面成型,切缝、清缝、灌缝,养生
C. 测量放线,模板安装,浇筑混凝土,安装传力杆、钢筋,振捣、整平,切缝、清缝、灌缝,抹面成型,养生
D. 测量放线,模板安装,安装传力杆、钢筋,浇筑混凝土,振捣、整平,抹面成型,养生,切缝、清缝、灌缝
41. 关于假缝的切缝一般在(　　)完成。
A. 混凝土摊铺过程中
B. 刚刚摊铺完毕时
C. 完成摊铺 12 h 以内
D. 养护 28 d 以后
42. 水泥混凝土路面结构设计以(　　)作用产生的疲劳断裂作为设计指标。
A. 路表弯沉和温度应力
B. 层底弯拉应力
C. 温度应力
D. 行车荷载和温度荷载
43. 由于混凝土是脆性材料,所以其(　　)。
A. 抗压强度远低于弯拉强度
B. 弯拉强度远低于抗压强度
C. 无抗弯拉强度
D. 抗压强度作为设计指标
44. 水泥混凝土路面的表面功能不包括(　　)。
A. 平整度
B. 抗滑性能
C. 渗透系数
D. 轮胎与路表面的噪声特性
45. 水泥混凝土在运输过程中(　　)。
A. 运输时间必须大于初凝时间
B. 运输时间必须小于初凝时间的 2/3
C. 施工温度越高,运输时间可适当加长
D. 在车内超过初凝时间的混凝土,运输到现场必须优先摊铺
46. (　　)不属于水泥混凝土路面可能布设的钢筋。
A. 架立筋
B. 角隅钢筋
C. 传力杆钢筋
D. 桥头搭板钢筋
47. 以下关于滑模摊铺机摊铺混凝土说法错误的是(　　)。
A. 当混凝土坍落度显得偏大时,应适当加快振捣频率,减缓摊铺速度
B. 摊铺机离开工作面后,应立即关闭振捣棒,否则极易损坏振捣棒
C. 发现路面上经常在横断面某处出现麻面,表示该处的振捣棒出了问题,必须停机检查或更换该处的振捣棒
D. 当混合料供应不上或搅拌站出现故障等情况,停机等待时间不得超过当时气温下混凝土初凝时间的 2/3
48. 以下关于横向缩缝说法错误的是(　　)。
A. 一般采用假缝
B. 也可设置传力杆
C. 在混凝土摊铺完切割
D. 不需要填缝料
49. 地基加固中属于土质改良方法的是(　　)。

A. 换填　　B. 绳网　　C. 强夯　　D. 板桩

50. 路面结构中的承重层是(　　)。(2010年考点)

A. 面层　　B. 垫层　　C. 基层　　D. 路基

51. 路基性能要求的主要指标是(　　)。

A. 整体稳定性、变形量　　B. 整体稳定性、变形均匀性

C. 水稳定性、变形均匀性　　D. 水稳定性、变形量

52. 基层是路面结构中的(　　),主要承受车辆荷载的(　　),并把由面层下传的应力扩散到垫层或土基。

A. 承重层;竖向力　　B. 抗剪层;竖向力

C. 承重层;水平力　　D. 抗剪力;水平力

53. 关于高等级路面的优点,下列说法中错误的是(　　)。

A. 适应繁重的交通量　　B. 路面平整

C. 车速高,运输成本低　　D. 维修费用较高

54. 水泥混凝土面层冬期施工,在摊铺、振捣、成活等作业时,下面选项错误的是(　　)。

A. 集中摊铺,自中心向两侧模板摊铺,以减少贴近模板的时间

B. 摊铺一次够厚,厚度不够部分在一轮作业后找补

C. 振捣作业随摊铺应紧跟,平板振后,型夯振捣应及时作业

D. 抹平工序也应紧跟

55. 城市道路工程中(　　)是必不可少的工程。

A. 建挡土墙和边坡修整　　B. 路肩和绿化

C. 修建小型构筑物和地下管线埋设　　D. 开挖路堑和修建防护工程

56. 挖方段路基中的过街雨水支管,应在路床(　　)施工。

A. 整修前　　B. 验收后　　C. 碾压前　　D. 碾压后

57. 以下不属于细粒土的是(　　)。

A. 有机质土　　B. 粉质土　　C. 黏质土　　D. 砂类土

58. 按照我国对路基土的分类标准,有机质土属于(　　)。

A. 特殊土　　B. 细粒土　　C. 粗粒土　　D. 巨粒土

59. 以下关于巨粒组的说法错误的是(　　)。

A. 有很高的强度和稳定性,是填筑路基的良好材料

B. 其中0.074～60 mm的颗粒质量多于50%

C. 不能用于砌筑护坡

D. 包括漂石土和卵石

60. 以下各种土,最不适合作为路基填筑材料的是(　　)。

A. 粉性土　　B. 黏性土　　C. 砂性土　　D. 巨粒土

61. 以下说法错误的是(　　)。

A. 特殊土主要包括黄土、膨胀土、红黏土、盐渍土和冻土

B. 土中0.074～60 mm的颗粒质量多于50%的土称为粗粒土

C. 细粒土中,如果发现粗粒组质量占25%以上则称为含细粒的粗粒土

D. 粉质土含有较多的粉土颗粒,干时虽有黏性,但易于破碎

62. 以下关于土质路基施工说法正确的是(　　)。
A. 为了减少土在施工过程中的水分流失,要保持人工洒水,使土处于过湿状态
B. 碾压过程中如形成"弹簧"现象,增加碾压遍数即可消除
C. 当天填筑的表层填土未压实,可以在次日压实
D. 路堤加宽或新旧土层搭接处,原土层应挖成台阶状,逐层填新土
63. 以下关于土路堤分层填筑的说法错误的是(　　)。
A. 土路堤分层填平压实,是确保施工质量的关键
B. 任何填土和任何施工方法,均应按此要求组织施工
C. 不同土质的土混填时,透水性差的土应摊铺在底层
D. 分层填筑为了保证土体充分压实,所以分层厚度越薄越好
64. 联合填筑法是指(　　)。
A. 先横向填筑,再水平分层填筑　　B. 先水平分层填筑,再横向填筑
C. 先纵向分层填筑,再横向填筑　　D. 先横向填筑,再纵向分层填筑
65. 以下关于横向填筑法的说法错误的是(　　)。
A. 路线跨越深谷或池塘时,地面高差大可考虑采用
B. 对填土底层压实度要求不高时可采用
C. 几种填筑方案中,压实效果最好
D. 横向填筑是在特定条件下,局部路堤采用的方案
66. (　　)是土方路基施工中常用的施工机械。
A. 摊铺机　　B. 松土机
C. 切缝机　　D. 水泥混凝土搅拌机
67. 土体的压实过程,其实是使土中(　　)体积变小,单位重量提高,达到密实的目的。
A. 骨架　　B. 土颗粒　　C. 空隙　　D. 有害杂质
68. 路堤加宽或新旧土层搭接处,原土层应挖成(　　)状,逐层填新土。
A. 台阶　　B. 斜坡　　C. 直壁　　D. 企口
69. 相同条件下,土的干密度与土的含水量的关系是(　　)。
A. 土的含水量越大,土的干密度就越大
B. 土的含水量越小,土的干密度就越大
C. 土的含水量小于最佳含水量,土的干密度呈增大趋势
D. 土的含水量大于最佳含水量,土的干密度呈增大趋势
70. 相同压实条件下(土质、湿度与功能不变),土层密实度随深度(　　)。
A. 增加　　B. 递减　　C. 不变　　D. 先增加,后递减
71. 土基压实时,在机具类型、土层厚度及行程遍数已经选定的条件下,压实操作时宜(　　)。
A. 先重后轻　　B. 先快后慢
C. 先边缘后中间　　D. 超高路段,宜先高后低
72. 利用铺设至土中材料的高强度、高韧性等力学性能,扩散土中应力,增大土体的刚度模量或抗拉强度的加固方法是(　　)。
A. 强夯法　　B. 水泥土深层搅拌法

C. 粉喷桩喷射搅拌法　　D. 土工合成材料法

73. 对于高速或一级公路，零填或挖方路基 0～0.3 m 范围内，压实度(　　)。

A. 不作要求　　B. ≥96%　　C. ≥95%　　D. ≥94%

74. (　　)不能作为土方路基压实度测定试验方法。

A. 钻芯取样法　　B. 灌砂法

C. 环刀法　　D. 核子密度湿度仪法

75. 以下关于路基边坡整修的说法错误的是(　　)。

A. 深路堑土质边坡整修应按设计要求坡度，自上而下进行边坡整修

B. 当路堑边坡受雨水冲刷形成小边沟时，应将原地面挖成台阶，分层填补

C. 遇边坡缺土时，可按设计坡度在原坡面上以土贴补

D. 填补厚度很小可用种草整修的办法

76. 路基土方实测项目中，零填或挖方路基 0～0.8 m 范围内，(　　)要求压实度达到 95%。

A. 高速公路　　B. 一级公路　　C. 二级公路　　D. 三、四级公路

77. (　　)方法通过利用给地基以冲击和振动能量，将地基土夯实。

A. 强夯法　　B. 水泥土深层搅拌法

C. 粉喷桩喷射搅拌法　　D. 土工合成材料法

78. 对无机结合料稳定基层在摊铺碾压时的找平，下列做法中不正确的是(　　)。

A. 拉平小线进行找补检测后，将高处铲平

B. 多次找平压实后，在低洼处添补料整平碾压

C. 稳压初压时，在找补检测发现低处刨松、湿润、添料找平后压实

D. 可以用薄层贴补法进行找平

79. 级配碎石基层完工但未洒透层沥青时(　　)通过。

A. 允许行人、非机动车　　B. 允许小汽车

C. 禁止一切行人和各种车辆　　D. 可间断放行

80. 无机结合料稳定类基层中，(　　)之上不能铺筑高级路面。

A. 石灰稳定类基层　　B. 石灰粉煤灰砂砾基层

C. 水泥稳定碎石基层　　D. 水泥稳定砂砾

81. 石灰稳定工业废渣类材料，在气温较高时强度(　　)。

A. 降低快　　B. 增长快　　C. 降低慢　　D. 增长慢

82. 二灰碎石基层施工完毕之后，应保证养生期不得少于(　　)。

A. 7 天　　B. 14 天　　C. 28 天　　D. 3 个月

83. 水泥稳定碎石混合料不宜采用(　　)摊铺。

A. 人工路拌法　　B. 集中厂拌法

C. 沥青混凝土摊铺机　　D. 稳定土摊铺机

84. 以下关于水泥稳定碎石基层碾压施工说法正确的是(　　)。

A. 要求含水量略低于最佳含水量再进行压实作业

B. 碾压过程中水泥稳定类结构层表面应始终保持干燥

C. 碾压后发现压实厚度不满足设计要求，用薄层补贴法进行找平

D. 碾压分初压、复压、终压

85. 以下不属于水泥稳定碎石基层养生方法的是(　　)。

A. 临时覆盖　　B. 铺设土工格栅　　C. 喷洒沥青乳液　　D. 洒水

86. 无机结合料稳定土的抗压强度可通过(　　)方法检测。

A. 钻芯劈裂试验　　B. 马歇尔试验

C. 无侧限抗压强度检测　　D. 小梁试验

87. 无机结合料稳定类基层施工质量控制中,需要控制延迟时间的是(　　)。

A. 石灰稳定土　　B. 二灰稳定碎石

C. 二灰稳定土　　D. 水泥稳定土

88. 水泥、石灰剂量是指(　　)。

A. 水泥或石灰质量与干土(颗粒)质量之比

B. 水泥或石灰质量占混合料总质量的百分比

C. 水泥或石灰质量与湿土(颗粒)质量之比

D. 混合料中的钙、镁含量

89. 石灰土基层厂拌法施工工艺是(　　)。

A. 石灰土的拌和,石灰土运输,石灰土摊铺,粗平整形,稳压,精平整形,碾压

B. 石灰、土料备料和摊铺,现场翻拌,粗平整形,稳压,精平整形,碾压

C. 石灰、土料备料和摊铺,现场干拌,粗平整形,洒水湿拌,精平整形,碾压

D. 石灰土的拌和,石灰土运输,石灰土摊铺,现场干拌,稳压,洒水湿拌,碾压

90. 以下关于级配碎、砾石基层摊铺机施工说法错误的是(　　)。

A. 摊铺时的含水量宜高于最佳含水量约1%,以补偿摊铺及碾压过程中的水分损失

B. 路宽大于8 m时应采用双摊铺机作业,两台摊铺机组成梯队,前后间距约为10～15 m

C. 碾压时先用压路机静压1～2遍,再用振动压路机或轮胎压路机碾压4～6遍

D. 如果无法采用双摊铺机作业,允许摊铺机掉头作业,完成整幅路摊铺

91. 级配碎石路面工作缝应做成横向接缝,每天施工前将已碾压密实且高程符合要求的末端挖成(　　)的断面,然后再摊铺新的混合料。

A. 斜坡状　　B. 锯齿状　　C. 企口状　　D. 与路面垂直

92. 二灰指的是(　　)。

A. 石灰,水泥　　B. 石灰,粉煤灰　　C. 水泥,粉煤灰　　D. 水泥,矿渣

93. 以下关于半刚性基层缩裂特性说法错误的是(　　)。

A. 半刚性基层的干缩主要发生在竣工后初期阶段

B. 抗裂系数越小,说明材料的抗裂性能越强

C. 相比起水泥石灰综合稳定,石灰砂砾类抗干缩和温缩能力较差

D. 如基层的含水量一般变化不大,半刚性基层的收缩以温缩为主

94. 沥青混凝土面层与沥青碎石面层的磨耗层宜采用(　　)沥青混凝土。

A. 粗粒式　　B. 中粒式　　C. 细粒式　　D. 砂粒式

95. 某城市道路设有6条机动车道和有分隔带的非机动车道,采用扩大交叉口的办法提高通行能力,该道路属于(　　)。

A. 快速路　　B. 主干路　　C. 次干路　　D. 支路

二、多项选择题

1. 石灰稳定土的特性有(　　)。(2009 年考点)

A. 稳定性较好　　B. 干缩变形较小　　C. 温缩变形较小　　D. 一定的抗弯强度

E. 较高的抗压强度

2. 高级沥青路面的基层不应采用(　　)。(2009 年考点)

A. 石灰土　　B. 水泥碎石　　C. 石灰粉煤灰砂砾　D. 水泥砂砾

E. 水泥土

3. 下述材料中不应用作高级路面基层材料的是(　　)。(2010 年考点)

A. 石灰土　　B. 石灰砂砾土　　C. 水泥土　　D. 水泥稳定砂砾

E. 二灰土

4. 以下关于浇筑水泥混凝土路面木模板架设要求的说法,正确的有(　　)。(2011 年考点)

A. 木模板应具有一定的刚度,质地坚实

B. 直线部分板厚不宜小于 50 mm

C. 弯道上的模板宜薄些,以便弯制成型

D. 模板底与基层间局部出现间隙用黏土填塞

E. 模板与混凝土接触面刨光可不涂隔离剂

5. 热拌沥青混凝土混合料摊铺前,应做好(　　)等准备工作。

A. 施工材料进行检验达合格

B. 施工机械配套齐,状态完好,且有后备设备

C. 热拌沥青混凝土配合比设计工作完成

D. 通过试验路(段)试铺,取得施工工艺、松铺系数、碾压遍数等相应施工参数

E. 沥青混合料搅拌厂(站)已建立

6. 热拌沥青混凝土混合料摊铺压实施工阶段,压路机等设备不允许发生的操作是(　　)。

A. 连续摊铺后的碾压中,压路机随意停顿

B. 在未碾压成型及未冷却的路面上转向、调头、停车

C. 为防止碾轮粘沥青,在碾轮上涂刷柴油

D. 为防止碾轮粘沥青,向碾轮喷洒稀释的洗衣液

E. 成型路面上停放任何机械或车辆,向路面散落矿料、油料等杂物

7. 水泥混凝土板下设置基层的作用是(　　)。

A. 抗冰冻、抗渗水　　B. 防止唧泥和错台

C. 为路基保温、防潮　　D. 保证路面强度和延长使用寿命

E. 为混凝土提供稳定均匀的支撑

8. 以下符合土质路基压实原则的选项有(　　)。(2009 年考点)

A. 先轻后重　　B. 先高后低　　C. 先稳后振　　D. 先快后慢

E. 轮迹重叠

9. 城市快速路的特征有(　　)。(2010 年考点)

A. 路面均为沥青混凝土面层　　B. 车行道间设中间分隔带

C. 设计车速为 80 km/h D. 进出口采用全控制或部分控制

E. 与所有道路相交采用立体交叉

10. 关于柔性路面与刚性路面力学特性等的不同，下列叙述中正确的是(　　)。

A. 荷载作用下产生的弯沉变形，柔性路面较大，刚性路面很小

B. 在反复荷载作用下，柔性路面产生累积变形，刚性路面呈现较大刚度

C. 路面破坏取决的参数不同：柔性路面是极限垂直变形，刚性路面是极限弯拉强度

D. 采用的路面类型多少不同：柔性路面多，刚性路面少

11. 挖方路基施工应关注的要点是(　　)。

A. 路基开挖宽应大于路面宽 300～500 mm

B. 路基不得超挖，压前标高减去压实量应等于设计标高

C. 碾压时视土的干湿程度决定采取洒水还是换土或晾晒等措施

D. 使用小于 12 t 级压路机，自路两边向中心碾压，直至表面无明显轮迹

E. 过街支管沟槽及检查井周围应用石灰土或二灰砂砾填实

12. 土路基施工是经过(　　)等工序完成的。

A. 挖土、填土 B. 松土、运土 C. 装土、卸土 D. 修整、压实

E. 路基处理、验收

13. 无论是级配粒料类基层还是无机结合料稳定基层，其施工质量的共同要求是(　　)。

A. 坚实平整 B. 结构强度稳定，无显著变形

C. 材料均匀一致 D. 表面干净，无松散颗粒

E. 潮湿

14. 石灰稳定工业废渣基层较石灰稳定类基层好的原因是(　　)。

A. 稳定性、成板体性好，抗冻性好 B. 收缩性小

C. 适应各种环境和水文地质条件 D. 抗水、抗裂

E. 水硬性、缓凝性、强度高且随龄期不断增加

15. 在水泥混凝土中掺入引气剂的作用是(　　)。

A. 减少水泥混凝土拌合物的泌水离析 B. 改善和易性

C. 提高水泥混凝土强度 D. 减少水的用量

E. 提高硬化水泥混凝土抗冻融耐久性

16. 水泥混凝土路面整平成活阶段，正确的操作方式是(　　)。(按序排列)

A. 混凝土整平，可用纯砂浆找平 B. 采用振动梁和铁滚筒整平

C. 沿横坡方向拉毛或用机具压槽 D. 铁抹子压光

【答案】

一、1. A 2. D 3. B 4. A 5. D 6. A 7. B 8. B 9. C 10. B 解题思路：这是一道根据松铺系数计算沥青混凝土路面松铺厚度的题，即 松铺厚度 = 松铺系数×沥青混凝土路面设计厚度，因此，关键是要确定松铺系数。事实上，沥青混凝土的松铺系数应根据实际混合料类型、施工机械、施工工艺等依据试铺试压法或根据经验确定。对于本题，则应根据施工手册提供的经验值计算。依据施工手册，沥青混凝土路面的松铺系数为：机械摊铺：1.15～1.35；人工摊铺：1.25～1.50。因此，不难算出机械摊铺时的松铺厚度为 23～27 cm。 11. B 解题思路：复习中要牢记稠度、塑性、温度稳定性、大气稳定性(水稳性)的

程度修饰词为“适当”、“较大”、“足够”、“较好”，同时注意大气稳定性与水稳定性程度修饰词相同即可选择对。为了便于记忆，可用这些品质的度量单位编成顺口溜来记。对于非液体类的沥青稠度(黏度)用针入度度量，塑性用延度衡量，温度稳定性要求夏天不软用软化点度量，冬天不脆用脆点衡量。软化点与脆点相差越大，表示沥青的温度稳定性越好。记忆顺口溜为“针入适当，较大延度，足够的软，大气较好”。
12. B 解题思路：对于沥青混合料的拌制要求、拌制地点是专门的搅拌厂(站)；沥青储存不仅要密闭，而且要求分品种、分标号存放；搅拌厂还要求有良好的防雨及排水设施，而不仅仅是符合国家有关环保、消防、安全等规定。为保证生产质量，要配备各种有关试验仪器齐全的试验室。上述各条，只有“B”完整。
13. C 14. B 15. B 16. A 17. C 18. C 19. A 20. A 21. D 22. B 23. C 24. D 25. B 26. A 27. B 28. C 29. C 30. A 31. C 32. A 33. C 34. C 35. D 36. B 37. D 38. A 解题思路：水泥混凝土路面使用的混凝土，作配合比设计时要考虑满足混凝土的抗压强度和抗弯拉强度两方面设计指标。而作为路面材料的混凝土，其设计控制指标为抗弯拉强度，因此是以抗压强度作为配合比的强度检验指标。 39. D 解题思路：①水泥混凝土路面按力学作用分为伸缝和缩缝，此题问的是缩缝；②缩缝是切缝，深度为板厚的1/3，因此没有缝下部；③伸缝是全板厚完全断开，然后下部设置胀缝板并安装传力杆。因此只有“D”说法是错误的。复习中注意用此方法关注两种缝的区别。 40. B 41. C 42. D 43. B 44. C 45. B 46. A 47. A 48. D 49. C 50. C 51. A 52. A 53. D 解题思路：此题考查应试者对各级路面优缺点的知识。维修养护费用较高是次高级路面的缺点，而高级路面维修费用养护费用少。因此“D”说法错误。 54. B 解题思路：水泥混凝土面层冬期施工强调一个“快”字。A、C、D选项都是围绕该原则进行，必须确保一次摊铺够厚，否则会影响面层质量。 55. C 解题思路：道路路基工程包括路基(路床和土石方)、小型构筑物(小桥涵、挡土墙)、排水管及地下管线、路肩和边坡、防护工程、绿化工程等。而城市道路一定有路基、小型构筑物和地下管线。城市排水管均在地下，属于地下管线。城市道路中，挡土墙含在小型构筑物之内，边坡、路肩、开挖路堑在城市道路均含于路基，而绿化和防护工程不是所有城市道路路基工程中都存在的。 56. C 解题思路：挖方路基中的过街雨水支管施工时期很重要，此题考查应试者是否记住地下管线必须遵循“先地下、后地上”原则，是否考虑到支管施工对路床质量的影响。 57. D 58. B 59. C 60. A 61. C 62. D 63. D 64. A 65. C 66. B 67. C 68. A 69. C 70. B 71. C 72. D 73. B 74. A 75. C 76. C 77. A 78. B 解题思路：考试用书中提出“严禁用薄层贴补法进行找平”。如何理解这句话是本题考点。无机结合料稳定基层是在稳压初压阶段进行找平，用拉平小线的方法找出高出或低于要求标高的基层范围，高处铲至要求标高为“高处铲平”，低处要先将初压实的料刨松，加水湿润，然后添料补到要求标高，然后压实。所谓薄层贴补法是指已基本压至要求密度(此时已多次找平、压实)，又发现低洼处，不将该处向下掘松散，只是在压实的低洼处加料。 79. C 解题思路：考试用书中指出：“未洒透层沥青或未铺封层时，禁止开放交通，以保护表层不受破坏。”本题考点是“禁止开放交通，保护表层不受破坏”，因此“C”是正确答案。 80. A 解题思路：此题考点是哪些无机结合料稳定类基层可作为高级路面即水泥混凝土路面、沥青混凝土路面等的基层。只有石灰稳定类材料是适用于各等级路面的底基层，因此不适于作高级路面的基层。 81. B 解题思路：石灰稳定工业废渣材料具有水硬性，其强度增长速度与气温成正比，因此应在气温较高季节施工，且加强保湿养生，有利于强度的快速增长。 82. A 83. A 84. D 85. B 86. C 87. D 88. A 89. A 90. D 91. D 92. B 93. B 94. C 95. B

二、1. ADE 2. AE 解题思路：高级路面的基层不得采用稳定细粒土作基层，如水泥稳定土、石灰稳定土等。 3. ACE 4. ABC 5. ABCD 解题思路：铺筑沥青混凝土路面，因已有在相关部门备案的沥青混合料搅拌厂，因此只有选择生产厂的工作。但“A”中施工材料进行检验达合格说明已选好生产厂，并进行包括材料检验的实地考察，因此可排除“E”。 6. ABCE 解题思路：在施工热拌热铺沥青混凝土路面时，为确保压实成型路段的各项成品标准，必须在路面冷却前排除一切非压实设备在其表面进行的一切活动，碾压中为防止碾轮粘沥青，可喷洒稀释洗衣液(因其不会与沥青发生作用)。柴油会溶蚀沥青混合料中的沥青，因此严禁使用。 7. ABDE 解题思路：采用排除方法考虑。“A”已指出抗冰冻；而“C”为路基保温、防潮中的保温结果是防冻，而改善基层耐水性是垫层作用，因此排除“C”。 8. ACE 9. BCD 10. ABD 解题思路：关于路面破坏取决的参数，柔性路面有：①极限垂直变形；②弯拉应变。但“C”中只给出柔性路面的极限垂直变形，是不对的。 11. ABCE 解题思路：“D”内容中压路机吨级不对，应该是不小于 12 t 级，如果碾压顺序或碾压标准不对，不论是一方面还是三方面都不对，都应排除。 12. ABCD 解题思路：采用排除法分析。土路基施工中，会因含水量过大等原因产生翻浆，埋设地下管线会在沟槽回填中有压实不足等毛病而发生路基弯沉检测不合格，这些都需要对路基处理。但从工序构成出发分析，路基处理中必须处理处所做返工仍由挖、填、运、压等组成，因此排除“E”。 13. ABCD 解题思路：不同基层的施工质量要求是实、稳、匀、洁、干，“E”为潮湿，故错误。 14. BCDE 解题思路：稳定性、成板体性及抗冻性好是所有无机结合料稳定基层的共同特性，因此去掉 A。 15. ABDE 解题思路：水泥混凝土中掺入引气剂，能引入大量分布均匀的微小气泡。气泡的作用可减少水泥混凝土拌合物的泌水离析，改善和易性，提高硬化水泥混凝土抗冻融耐久性。有些引气剂可减少水的用量。含气量增加，水泥混凝土强度将损失。 16. BDC 解题思路：本题要考查两点：①整平成活的正确顺序是先整平后成型拉毛；②整平中严禁用纯砂浆找平。因此，本题答案要排除“A”。要按正确顺序回答 BDC，如答为 BCD，DCB，CDB，CBD 均为错。

◆【市政实务案例必备素材】

第一模块 市政道路工程结构（面层、基层、垫层）用材料、桥梁工程结构用材料

构造物所用材料，包括：

砂石材料：人工开采的岩石或轧制的碎石、天然砂砾石、各种工业冶金矿渣。

胶结料类：水泥（石灰）、沥青。

建筑钢材：钢材与钢筋。

工程聚合物材料：塑料（合成树脂）、橡胶和纤维等。

水泥混凝土：水泥＋砂石材料。

沥青混合料：沥青＋砂石材料。

半刚性材料：以少量水泥、石灰（粉煤灰）稳定土或稳定碎（砾）石混合料。

（1）道路材料的基本组成与结构 矿物组成、化学组成、组成结构。

（2）基本技术性能 基本物理性质、基本力学性能、化学性质、耐久性、工艺性质。

（3）混合料组成设计方法 原材料选择（选用原则，满足性能，经济环保，可再生利用）；组成设计（最佳比例确定）（设计目标，控制指标，设计流程，性能验证）。

（4）性能检测与质量控制

性能检测：试验室原材料与混合料性能检测；试验室模拟结构物性能检测；现场足尺结构物性能检测。

检测发展趋势：单项—结构；手工—自动化；破坏性—非破坏性；静态—动态；宏观—微观。

材料质量控制：材料进场前；进场中；进场后。

石灰的技术标准是根据石灰属钙质和镁质石灰两种类型加以制定的。

由于钙质石灰性能优于镁质石灰，应用时优先考虑钙质石灰。

石灰在道路工程中的主要用途是用来稳定土、砂石及工业废渣（如粉煤灰、煤矸石）等材

料，铺筑道路基层和底基层，即所谓的半刚性基层。

第二模块　粉煤灰技术性质

·粉煤灰是火力发电厂燃煤发电过程中排出的粉尘，根据排放方式的不同，分为干排灰和湿排灰，通过静电集灰排出的干排灰性能更好些。

·粉煤灰化学组成　除未燃尽的碳之外，其主要成分是 SiO_2、Al_2O_3，以及一定量的 Fe_2O_3，少量 CaO、MgO 和 SO_3 等，其中 SiO_2、Al_2O_3 和 Fe_2O_3 总量通常超过 80%。

·粉煤灰矿物组成　70%以上属玻璃体，是粉煤灰活性物质的主要来源。

·粉煤灰的形态　粉煤灰颗粒存在一些空心球体，是粉煤灰中一些性能比较活跃的部分。粉煤灰粒径一般为 1～100 μm，通常在 20 μm 以下，具有极高的比表面积，约为 300～500 m^2/kg。

·依据不同角度，如粉煤灰的主要性质、其中的氧化物含量及不同氧化物之间比例等，可将粉煤灰划分为不同类型。

·以烧失量和细度为指标，是目前我国划分不同类型粉煤灰的主要依据。

类　型	细度(%)(45 μm 方孔筛)	烧失量(%)
Ⅰ级灰	<12	<5
Ⅱ级灰	<20	<8
Ⅲ级灰	<45	<15

1. 粒度　粉煤灰细度越高，其可利用的机会越大。根据不同排放方式，其粒度会有一些差异，但基本状态是 0.074～2 mm 颗粒约占 35%～40%，其余为小于 0.074 mm 的颗粒。

2. 密度　粉煤灰的相对密度为 1.9～2.6，比相同成分的矿物要轻一些。密度的大小与其玻璃体含量和空心球体数量多少相关，玻璃体含量高，空心球体比例低，则粉煤灰的密度就高。粉煤灰密度越大，其质量相对越好。

3. 击实特性　由于粉煤灰持水性较大，所以粉煤灰击实过程中接近最大干密度时，含水量会有一个较明显的变化。粉煤灰最大干密度比一般的土明显偏小，这与粉煤灰自身颗粒特点密切相关。所以用粉煤灰填筑路基等构造物自重有较大的减轻。

4. 抗压强度　由于粉煤灰颗粒间的黏聚性很低，自身的抗压强度很低，但当采用一定的加固稳定措施后，其形成的抗压强度比土要高许多，这是粉煤灰能在土木工程大量应用的一个主要原因。

5. 含水率　对于湿排灰，其含水率会有很大的变化，应用时要加以控制。如道路工程控制粉煤灰含水率不应超过 35%。

6. 烧失量　在 950℃上下，粉煤灰会产生一定数量的质量损失，称之为烧失量，该量取决于粉煤灰中未燃尽的碳的数量多少。所以烧失量越高，表明粉煤灰中有害成分碳的数量越高，工程实际应用时需要对该量加以限制。

7. 需水量比　粉煤灰和水的混合物达到某一流动度的情况下所需的用水量，粉煤灰的需水量越小，相应的工程利用价值就越高。

8. 技术要求　不同应用领域采用不同标准。

·用于水泥混凝土粉煤灰，根据各指标的高低不同，将粉煤灰分成3个等级，I级灰的质量最好。主要技术标准包括：0.045 mm筛余量、需水量比、烧失量、含水率、SO_3和游离CaO含量以及安定性等。

·粉煤灰用于道路基层，技术要求包括：SiO_2、Al_2O_3和Fe_2O_3含量不低于70%、烧失量不大于20%、比表面积大于2 500 cm^2/g。

粉煤灰在市政工程中的应用：①用于水泥混凝土配合比设计，作为混凝土组成材料之一。通常大流动性或大体积混凝土、高性能路面混凝土等都必须通过掺入一定量粉煤灰来实现。②采用石灰、水泥或综合方式对粉煤灰进行稳定加固，作为路面基层或底基层材料使用。道路基层或底基层中应用粉煤灰是提高道路性能和减轻粉煤灰环境负担的一个非常有效的技术方法。通常粉煤灰以石灰粉煤灰土或石灰粉煤灰碎石形式作为路面基层材料，其中粉煤灰最大掺量可达整个基层材料的50%～60%。③用于填筑路堤，大大降低道路结构自重，提高路基稳定性。

第三模块　道路工程常用水泥

1824年，英国人Aspdin发明了波特兰水泥并获得专利权，在水泥发展史上具有里程碑意义，自此胶凝材料进入了一个崭新的发展时代。水泥广泛用于公路工程及其构造，主要用于砂、石材料的胶结或混凝土的生产。现代交通对水泥提出了更高的要求。

道桥工程常用的水泥有：

1. 硅酸盐水泥(P.Ⅰ、P.Ⅱ)　Ⅰ型，不掺混合材；Ⅱ型，掺加不超过5%的混合材。
2. 普通硅酸盐水泥(P.O)　掺加6%～15%的混合材。
3. 矿渣水泥(P.S)　掺加20%～70%的粒化高炉矿渣。
4. 火山灰水泥(P.P)　掺加20%～50%的火山灰质材料。
5. 粉煤灰水泥(P.F)　掺加20%～40%的粉煤灰。

硅酸盐水泥的技术性质与标准。

施工顺序：加水→拌和→运输→浇筑→振捣→饰面→拆模。

凝结时间：从加水开始到失去可塑性所需的时间。对模板周转、后期工程都有重要影响。

初凝：从加水到开始失去塑性的时间。

终凝：从加水到完全失去塑性的时间。

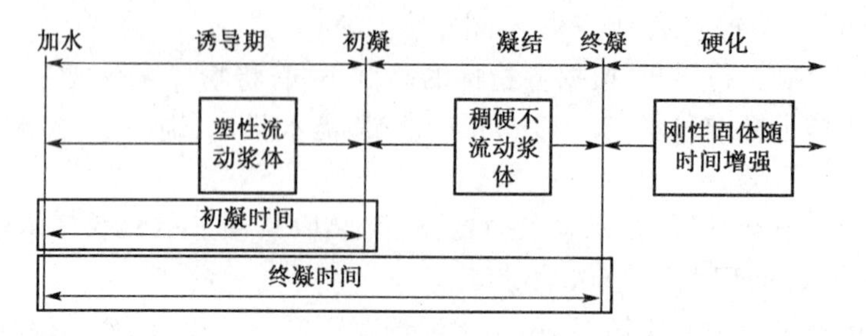

道路硅酸盐水泥工程特点及应用：抗折强度高，耐磨，干缩小，抗冲击性好，抗冻性好，承受重载能力强。主要用于机场跑道、城市道路。

第四模块　道路石油沥青的技术性质

石油沥青是复杂的高分子化合物，可分离为饱和分、芳香分、胶质和沥青质等组分。根据组分含量的不同，可将沥青分为溶胶、凝胶和溶凝胶 3 种胶体结构。沥青的化学组分、胶体结构与沥青的路用性能有着密切的关系。沥青技术性能包括黏滞性、黏弹性、感温性等一系列特性。可根据沥青技术性能进行分级，并根据工程要求选择合适的标号和等级。

1. 道路石油沥青的技术性质

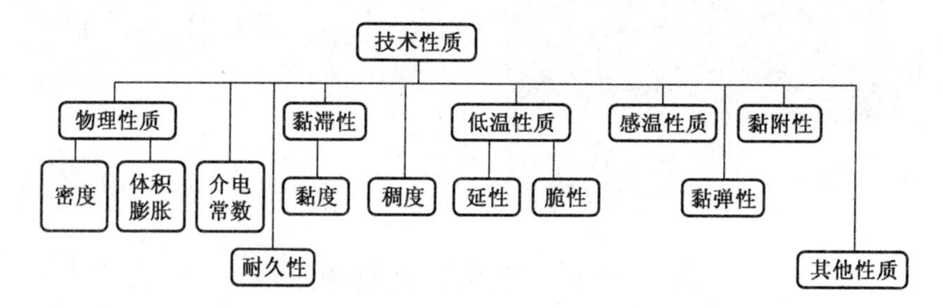

2. 路用性质

(1) 黏滞性

相对黏度(黏稠沥青)

针入度 Penetration——针入度仪，0.1 mm。　　软化点 Softening Point——软化点仪，℃。

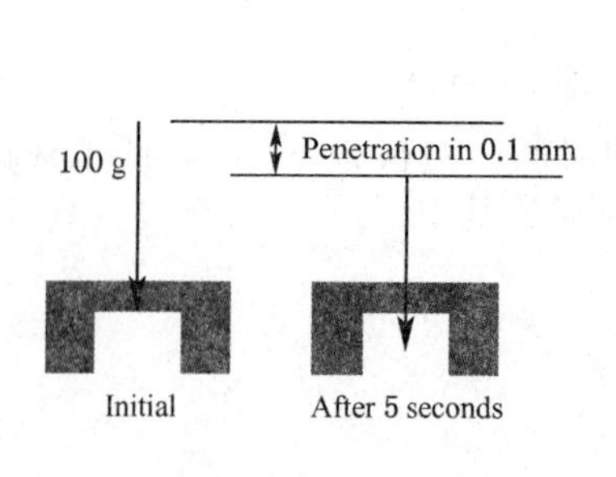

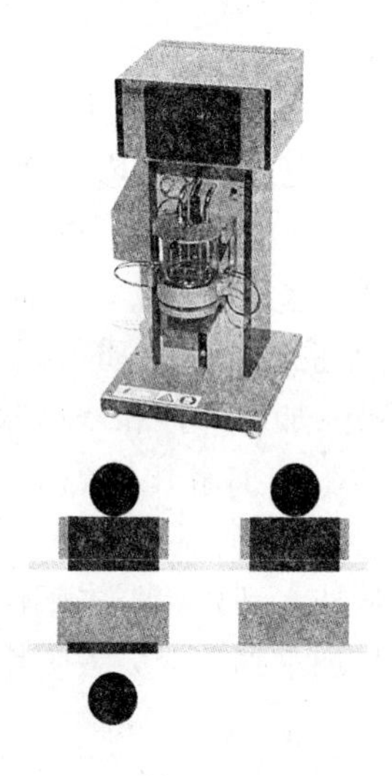

针入度(三大指标之一)

作用:分级指标

试验方法:JTG E20-2011

针入度是指在规定的温度和时间内,记录一定质量的标准针垂直贯入试样的深度,以0.1 mm表示。

除特殊注明外,规定的试验条件指:试验温度为25℃,标准针质量为(100±0.05)g,时间为5 s。

软化点(三大指标之二)

定义:沥青条件固化点到滴落点的温度间隔的87.21%为软化点。

测试方法:JTG E20-2011

将沥青试样装入规定尺寸的铜环内,试样上放置标准钢球(重3.5 g),在水或甘油中以5℃/min加热,沥青软化下垂至25.4 mm时的温度。

(2) 低温性质

定义:沥青在低温下抵抗开裂的能力。

测试方法:JTG E20-2011

将0.4 g沥青试样均匀地涂在金属片上,置于有冷却设备的脆点仪内,使涂有沥青的金属片重复弯曲,降温速率1℃/min,沥青薄膜产生断裂时的温度为脆点。

表达方式:脆性、延性

延度(三大指标之三)

定义:指沥青受到外力的拉伸作用时,所能承受的塑性变形的总能力。

测试方法:JTG E20-2011

沥青试样制成∞字型,在规定速度和温度下拉伸至断时的长度,以"cm"表示,温度为25℃、15℃、10℃、5℃,拉伸速率为5±0.25 cm/min。

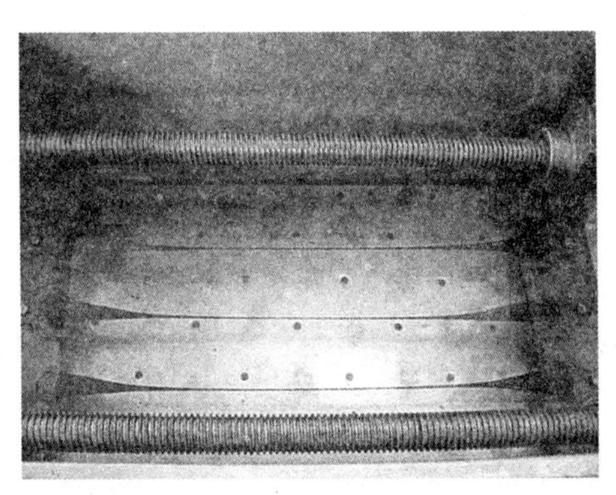

延度仪

(3) 耐久性　影响因素:①热的影响:加速分子运动,蒸发沥青,加速沥青化学反应,尤其在氧参与下;②氧的影响:氧在加热作用下,脱氢作用,组分发生移行:芳香分转为胶质,胶质转为沥青质;③光的影响:光化学反应,加速氧化,增加沥青中羟基和碳氧基;④水的影响:在光、氧、热共同作用时起催化剂作用。

(4) 感温性质　沥青薄膜加热试验(TFOT)、旋转薄膜烘箱试验(RTFOT)、压力老化试验(PAV)。

(5) 黏弹性质　沥青是一种典型的黏弹性物体，具有蠕变和应力松弛行为，还具有瞬时弹性回复和弹性滞后现象(简称弹性后效)。影响沥青性能的因素有温度、荷载作用方式和荷载作用时间，可采用劲度模量来反映。

(6) 黏附性　评价方法有水煮法(13.2～19 mm)、水浸法(9.5～13.2 mm)。水煮法测试：JTG E20 - 2011。取 13.2～19 mm 的规则集料 5 颗，洗净、烘干，细线系牢集料中部，浸入加热好的沥青中，充分裹覆、提起、冷却，置入微沸的水中 3 min，观测沥青膜剥落程度。表示方法：黏附等级(共 5 级)。

(7) 闪点和燃点　主要是反映施工安全性能。

(8) 溶解度　沥青在三氯乙烯中溶解的百分率——有效物质含量。

(9) 含水率　加热过程中，沥青如果含水量过多，易产生溢锅现象，使材料损失，甚至引起火灾。

我国黏稠道路石油沥青的技术要求。

技术标准：沥青路面施工技术规范(JTG F30 - 2004)。

按照 25℃针入度指标进行沥青分级——7 个标号。

分级	160	130	110	90	70	50	30
针入度范围	140～200	120～140	100～120	80～100	60～80	40～60	20～40

按照技术性能进行沥青分类：A、B、C。

① 针入度指数 PI(用以描述沥青的温度敏感性)。

② 软化点、60℃黏度、延度(10℃、15℃)。

③ TFOT 或 RTFOT(前者指沥青薄膜烘箱，后者指沥青旋转薄膜烘箱)。

④ 蜡含量、闪点、溶解度。

第五模块　改性沥青

1. 改性沥青概况

改性技术	沥青的改性(内掺式)		混合料的改性(外掺式)	
工艺类别	物理改性	化学改性	单一改性	复合改性
常用改性剂	SBS、SBR、PE、炭黑等，以胶体磨工艺为主	以 SBS、EVA、EMA 等为主，加化学稳定剂	各类纤维、废旧橡胶粉和塑料粉、硅藻土等	国外 PRI 和 Duroflex 等添加剂，国产 ExM 外掺改性剂等

沥青改性技术：橡胶、树脂、高分子聚合物、磨细的橡胶粉或其他填料等外掺剂，或使沥青轻度氧化。

改性沥青品种的选择：①提高抗永久变形能力，热塑性橡胶类、热塑性树脂类；②提高抗低温开裂能力，热塑性橡胶类、橡胶类；③提高抗疲劳开裂能力，热塑性橡胶类、橡胶类、热塑性树脂类；④提高抗水损害能力，各类抗剥落剂外掺剂。

2. PE 改性沥青　包括聚乙烯(PE)、聚丙烯(PP)、聚氯乙烯(PVC)、聚苯乙烯(PS)、乙烯—乙酸乙烯酯共聚物(EVA)。

提高沥青结合料的常温黏度，改善高温稳定性，有利于提高沥青的强度和劲度。

低温性能改善效果不显著、易离析。

改性沥青的评价指标：除针入度、软化点、延度、黏度等指标外，专门针对改性沥青的试验指标有：①聚合物改性沥青的离析试验；②沥青弹性恢复试验；③沥青粘韧性试验；④测力延度试验。

指　标	单位	SBS类（Ⅰ类）				SBR类（Ⅱ类）			EVA、PE类（Ⅲ类）			
		Ⅰ-A	Ⅰ-B	Ⅰ-C	Ⅰ-D	Ⅱ-A	Ⅱ-B	Ⅱ-C	Ⅲ-A	Ⅲ-B	Ⅲ-C	Ⅲ-D
针入度25℃，100 g，5 s	0.1 mm	>100	80～100	60～80	30～60	>100	80～100	60～80	>80	60～80	40～60	30～40
针入度指数PI　不小于		−1.2	−0.8	−0.4	0	−1.0	−0.8	−0.6	−1.0	−0.8	−0.6	−0.4
延度5℃，5cm/min　不小于	cm	50	40	30	20	60	50	40	—			
软化点 $T_{R\&B}$　不小于	℃	45	50	55	60	45	48	50	48	52	56	60
运动黏度135℃　不大于	Pa·s	3										
闪点　不小于	℃	230				230			230			
溶解度　不小于	%	99				99			—			
弹性恢复25℃　不小于	%	55	60	65	75	—			—			
黏韧性　不小于	N·m	—				5			—			
韧性　不小于	N·m	—				2.5			—			
贮存稳定性离析，48 h软化点差　不大于	℃	2.5				—			无改性剂明显析出、凝聚			
TFOT（或RTFOT）后残留物												
质量变化　不大于	%	1.0										
针入度比25℃　不小于	%	50	55	60	65	50	55	60	50	55	58	60
延度5℃　不小于	cm	30	25	20	15	30	20	10	—			

第六模块　土的工程指标及工程分类

1. 重力密度　土的重力与其体积之比。

2. 孔隙比：土的孔隙体积与土粒体积之比。

3. 孔隙率：土的孔隙体积与土的总体积（三相）之比（恒小于100%）。

孔隙比和孔隙率是反映土的密实程度的指标。

4. 含水量：土中水的质量与干土粒质量之比。

5. 饱和度：土中水的体积与土中孔隙体积之比。

6. 界限含水量：黏性土由一种物理状态向另一种物理状态转变的界限状态所对应的含水量。

7. 液限：土由流动状态转入可塑状态的界限含水量，是土的塑性上限，称为液性界限，简称液限。

8. 塑限：土由可塑状态转为半固体状态时的界限含水量为塑性下限，称为塑性界限，简称塑限。

9. 塑性指数：土的液限与塑限之差值，反映土的可塑性大小的指标，是黏性土的物理指标之一（表明了黏性土处在可塑状态时含水率的变化范围）。

10. 液性指数:土的天然含水量与塑限之差值与塑性指数之比值。

11. 渗透系数:渗透系数是渗流速度与水力梯度成正比的比例系数,即单位水力梯度下水在土孔隙中的渗流速度。

12. 内摩擦角与黏(内)聚力:土的抗剪强度由滑动面上土的黏聚力(阻挡剪切)和土的内摩阻力两部分组成。内摩擦角与黏聚力是土抗剪强度的两个力学指标。

第七模块　市政工程地基处理的主要方法、特点和应用

值得关注的是浅层置换法、排水固结法、挤密法、强夯法及化学固结法等地基处理工程的特点和应用以及相应的工程质量事故分析和工程质量检测方法。

1. 浅层置换法处理往往是市政工程地基处理的主要方法,应用十分广泛。浅层处理的关键在于全面了解各种影响因素,综合比选,找到最佳处理组合,这是进行浅层置换法处理的难点。浅层处理也是容易出现工程质量事故的部位。

2. 排水固结法包括砂井法和塑料排水板法,该方法产生的事故主要有处理效果不理想、加载速度过快导致的地基变形等。

3. 挤密法包括土及灰土桩、石灰桩、砂石桩、钢筋混凝土短桩、楔形桩和小木桩等,挤密法的事故类型主要是桩体不密实、缩径、断桩等。

4. 强夯法工程质量事故主要表现在强夯参数选择错误和施工方案不完善等方面。

5. 化学固结法的工程质量事故主要表现在固化剂的选择、施工中注液压力的调整和固结效果方面。

第八模块　沥青路面早期破损原因分析及预防措施

1. 软土地基沉降　如某高速公路,从 1988 年通车到 1994 年 12 月的 6 年间,由于路基沉陷、桥头跳车严重,先后进行过 4 次修补,每次耗资 800 万～900 万元,原沥青面层有 50% 的路段为 17 cm 厚,50%的路段 12 cm 厚,修补后局部路段沥青混凝土层达 1 m 厚。

2. 路基压实度不足　如某高速公路西半幅南拒马河桥南头,由于台背填土碾压不实,在路面表面出现坑洞约 10 cm 深,严重影响行车安全,后于 1994 年 9 月修补。为消除桥头跳车,在桥头设置钢筋混凝土搭板。但 1994 年在进行某高速公路东半幅施工过程时,发现西半幅有多处由于桥头填土碾压不密实,在搭板下出现空洞,使搭板悬空,后在坑内填入砂砾。

3. 路面基层施工质量低劣　如某公路,从 2002 年 8 月底到 12 月底,4 个月时间修筑 110 余公里的路面和部分路基。二灰碎石基层才 3 d 的龄期就允许铺筑沥青混凝土面层,实际施工中有的还不到 3 d 龄期。面层施工时重型车辆在上面碾压并转弯,使基层被压坏、松散,进行下面层钻芯时发现,基层钻不出完整芯件。2003 年 6 月,该段就发生了网裂、唧泥、坑洞等破坏。唧泥为黄色泥浆,主要是由于基层发生破坏,路基中含水量大,在行车荷载作用下泥浆上冒所致。6～7 月份坑洞严重,2004 年进行修补,耗用沥青混合料 2 054 t,约折合 14 526 m^2,占该标段总面积的 6.03%。

4. 沥青面层本身的破坏　如 2002 年 5 月由于连降暴雨,山西某公路某段 20 km 长的路段出现 120 多个坑洞。在其表面层施工过程中,由于过分强调平整度而忽视了压实质量,沥青面层压实度平均值为 93.37%,达不到施工规范的要求,造成空隙率大,产生水破坏。

试验结果表明：若压实度达不到要求，则空隙率很大，大的空隙率，雨后势必会在路面中积水。沥青面层中的水无法排出，沥青混合料在饱水后石料与沥青黏附力降低，易发生剥落、松散，降低沥青路面的抗剪强度。冬季降水后，水冻结时体积增大约9%，在沥青内部产生冻胀应力；温度升高，冻融后，在冻融循环的作用下，沥青混合料松散，从而出现坑洞等早期破坏。

第九模块　水泥混凝土路面事故分析、工程质量事故分析

1. 裂缝　裂缝的产生从时间上可分为硬化前和硬化后两个过程。

(1) 硬化前裂缝　为防止硬化前裂缝的发生，可采取以下措施：①混凝土浇筑后，尚未出现析水前，防强风吹拂和烈日曝晒；②及时养护，防止混凝土表面水分蒸发而干燥；③在浇筑混凝土前应将基层浇湿；④采用二次抹面，以减少表面收缩裂纹；⑤避开高温气候施工。

(2) 硬化后裂缝

干缩裂缝：因水分蒸发，使干缩产生的拉应力大于混凝土的抗拉强度，使混凝土产生裂缝。其特征是表面开裂，走向纵横交错，没有一定的规律，形似龟纹，缝宽和长度都很小，与发丝相似。

温缩裂缝：因昼夜温差太大而产生较大的温度应力，由于没有设置伸缩缝和对混凝土面板进行及时切割，而造成面板拉裂。因为混凝土材料对温度的变化而引起的伸缩量约为每度0.01 mm，当累计长度内温度应力超过抗拉强度时就会发生裂缝。

基层原因而产生的反射裂缝：由于基层的裂缝没有进行及时处理而反射到面层，使面层断裂。

由于材料不良引起的裂缝：①水泥安定性不良引起的裂缝；②因拌合物温度过高而出现"假凝"现象，并使混凝土板块断裂；③水及砂中有害杂质对水泥混凝土有腐蚀作用；④砂、石材料中的活性材料与水泥中碱产生化学反应，使混凝土结构遭到破坏。

防治措施：为防止干缩和温缩裂缝一般在20～40 m范围内应设置伸缩缝，以防断裂。为防止水泥安定性不良引起的裂缝，应加强检验，并选用低碱性水泥。为防止混凝土发生"假凝"现象，要控制混凝土拌合物的温度。

2. 混凝土强度不足

(1) 选用材料不当。

(2) 外加剂对混凝土强度的影响。

(3) 配合比控制不严及计量不准确。

(4) 施工操作不规范。

严格管理材料，杜绝不合格的材料用到工程中；加强混凝土的拌和管理；加强施工现场的管理；要根据现场的情况选择合适的养生方法，养生期不得少于14 d，在养生期内严禁开放交通。

3. 混凝土外观质量问题　保证路基质量；严格控制材料质量，加强试验检测，准确计量；及时对配合比作出合理的设计，严格控制水灰比；必须规范操作行为，按规范施工，加强养护工作；积极探索和改进施工工艺，以提高混凝土路面的质量。

4. 混凝土路面严重裂缝、断板

(1) 原材料选择不当造成的裂缝。

(2) 气候影响。

(3) 施工工艺造成的混凝土路面板断板、开裂。

(4) 路基或基层施工不当造成断板。

(5) 混凝土材料本身及施工要求影响。

(6) 设计问题。

(7) 边界原因。

(8) 初期微裂缝的发展。

(9) 排水不良。

(10) 超重车的影响。

5. 正确合理地设计水泥混凝土路面;路面混凝土材料的选择与配合比设计的优化;合理选择施工工艺,严格控制施工过程的质量。

6. 检查在施工中是否遵照下述原则进行施工:

(1) 土块应尽可能粉碎。

(2) 配料必须准确。

(3) 水泥或石灰必须摊铺均匀。

(4) 洒水、拌和必须均匀。

(5) 严格掌握基层厚度,路拱应与面层一致。

(6) 应在混合料处于或略大于最佳含水量时进行碾压,直到达到要求的压实度。

(7) 压实层厚必须合适。

(8) 必须严密组织,采用流水法施工,尽可能缩短从加水拌和到碾压终了的延迟时间。

(9) 必须保湿养生,不使表层干燥,也不应忽干忽湿。

(10) 未铺封层或面层时不应开放交通,临时开放交通时应采取保护措施。

第十模块　沥青路面面层施工中的质量检测

1. 沥青路面面层原材料质检内容

(1) 沥青材料　针入度、延度、软化点等。

(2) 砂石材料　级配组成、相对密度、强度、磨耗率、压碎值、含土量、含水量、扁平细长颗粒含量与沥青材料的黏结力等。

(3) 矿粉　颗粒组成、相对密度、含水量等。

(4) 沥青混合料　马歇尔稳定度、矿料级配、油石比等。

2. 施工机械和设备的检查内容　沥青混合料拌和机、摊铺机、沥青洒油车、石料摊铺车、压路机等。

3. 基层质量的检查和整修内容　施工前应对基层或旧路面的厚度、压实度、平整度等进行检测,基层质量符合要求后方可在其上修筑沥青面层。基层或旧路面若有坎坷不平、松散、凹坑和软弱之处,应在面层铺筑之前整修完毕。

4. 施工中的质量控制和检查内容　沥青和矿料用量是否合格,碾压是否稳定、密实,有无破碎情况,沥青浇洒温度是否合格,沥青混合料拌和、摊铺和碾压的温度以及质量是否符合要求等,主要检查厚度、压实度、平整度、宽度、中线高程、横坡度、沥青用量、抗滑检查等。

5. 施工中外观的检查内容　要求平整密实,不得有轮迹、松散、裂缝、推移、泛油、油包、烂边、粗细集料集中等现象；接茬应紧密平顺；面层与其他构造物应接顺，不得有积水现象。

第十一模块　道路工程实例

【工程实例 1】 某工程，路基穿越软土地段，路基最高填土高度 6.5 m。设计的地基处理方案为当软基深度超过 3 m 的路段采用塑料排水板与砂垫层联合作用的排水固结法，淤泥质软土最深为 15 m。排水板要求穿透淤泥层，长度 4～16 m，间距 0.3 m～1.5 m，井位按等边三角形布置，地表面铺设 50 cm 砂垫层。

1. 出现的事故　软土地基段进行地基处理 5 个月后，全线先后发生路堤失稳、滑坡现象 2 处，滑坡 30～80 m，宽度 12～18 m，坍落最大 1.8～2.5 m。

2. 事故分析

(1) 加载过快，在接近或超过临界高度时仍快速上土，每天填土一层以上，荷载超过地基承载能力，引起滑坍。

(2) 沉降、位移速率观测不及时或观测不准，在沉降速率达到 1.0～2.7 cm/d，软土路基固结尚未完成，仍继续上土，增加荷载。

(3) 失稳路段软土深厚，在 6～20 m 之间，塑料板施工后软土层被扰动，强度下降，且加载时间短(1 个月左右)，塑料板、砂垫层排水固结性能尚未充分发挥，软土尚未固结。

【工程实例 2】 某省公路跨越一暗塘地段，暗塘多为素填土及部分杂填土，近似饱和黏性土，填土高度经勘察为 1.5 m。设计采用挤密碎石桩加固处理。桩长 2.5 m，桩径 40 cm，桩间距 90 cm，采用振动沉管法施工。施工后，个别桩有缩孔坍孔现象；施工完毕，经检查干密度不均匀，有部分密实度达不到设计要求的干密度数值。

事故原因分析：

(1) 地基土的含水率过大，已成孔未及时回填夯实。

(2) 桩孔较密，未按设计顺序间隔打孔。

(3) 回填速度过快，夯击次数不够，填料的实际用量未达到成孔体积的计算用量。

(4) 锤重、锤型和落距选择不当，夯击高度、次数不一样。

路基工程出现的质量事故，除了由地质、土质状况不良和施工不当等原因引起的外，最重要的是路基水温状况的影响。

路基翻浆主要是水的冻融及行车的作用所致，易出现翻浆的地段一般采用换填或改变填料土的性质处理，另外就是隔水处理，如提高路基、设置隔离层和排水设施等。确保路基承载力满足要求，必须加强地基处理，提高路基土的填料强度和路基压实区的压实度。

路基土在自重应力和附加应力作用下，力的反复作用要求路床压实度较高，力的作用深度内土的压实要求必须确保。影响压实度的因素很多，主要是土的含水量、填料层厚度、碾压遍数、地基强度和碾压机械类型等。路基滑坡属地质病害，主要通过避让和坡面防护为主，必要时采取支挡和加固处理。路基沉陷主要是地基处理和路基填料不当所致，必须高度重视。

2 城市桥涵工程

2.0 概述

架设在江河湖海上，使车辆、行人等能顺利通行的建(构)筑物，称为桥。

一般来说，桥梁由五大部件和五小部件组成。五大部件是指桥梁承受汽车或其他车辆运输荷载的桥跨上部结构与下部结构，是桥梁结构安全的保证。包括：(1)桥跨结构(或称桥孔结构、上部结构)；(2)支座系统；(3)桥墩、桥台；(4)承台；(5)沉井或桩基。五小部件是指直接与桥梁服务功能有关的部件，也称为桥面构造。包括：(1)桥面铺装；(2)防排水系统；(3)栏杆；(4)伸缩缝；(5)灯光照明。

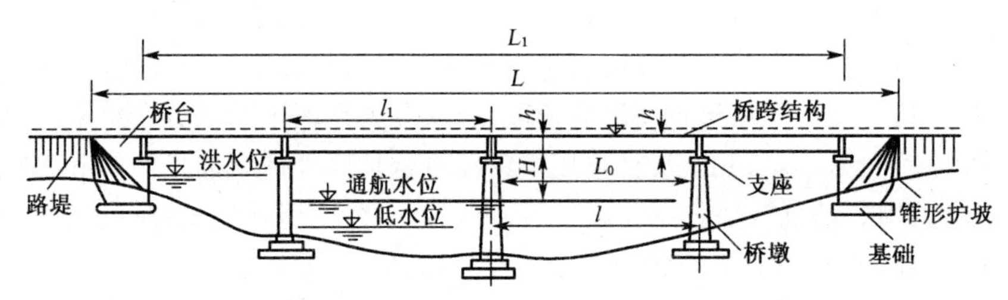

L_1—总跨径；L—桥梁全长；H—桥下净空高度；L_0—净跨径；
h—桥梁建筑高度；l—计算跨径

一、上部结构

上部结构通常又称为桥跨结构，是在路线中断时跨越障碍的主要承重结构；下部结构包括桥墩、桥台和基础；桥梁附属设施包括桥面系、伸缩缝、桥头搭板和锥形护坡等，桥面系包括桥面铺装(或称行车道铺装)、排水系统、栏杆(或防撞栏杆)、灯光照明等。

桥梁支座是连接桥梁上部结构和下部结构的重要结构部件，它能将桥梁上部结构的反力和变形(位移和转角)可靠地传递给桥梁下部结构，从而使结构的实际受力情况与计算的理论图式相符合。支座是桥梁的重要传力装置，设计中除考虑其应有足够的强度、刚度和自由地转动或移动性能外，还应注意便于维修和更换，施工中应重视座板下混凝土垫层的平整，并应根据气温确定其安放位置，在地震区应考虑抗震措施。

二、桥梁支座

布置原则是既要便于传递支座反力，又要使支座能充分适应梁体的自由变形。

三、桥梁下部结构

桥梁下部直接坐落在岩石或土基上，其顶端连接桥墩或桥台。桥梁基础的作用是承受上部结构传来的全部荷载，并把它们和下部结构荷载传递给地基。因此，为了全桥的安全和正常使用，要求地基和基础要有足够的强度、刚度和整体稳定性，使其不产生过大的水平变位或不均匀沉降。与一般建(构)筑物基础相比，桥梁基础埋置较深，其原因是：①由于作用在基础上的荷载集中而强大，加之浅层土一般比较松软，很难承受住这种荷载，故有必要把基础向下延伸，使其置于承载力较高的地基上；②对于水中墩台基础，由于河床受到水流的冲刷，桥梁基础必须有足够的埋深，以防冲刷基础底面(简称基底)而造成桥梁沉陷或倾覆事故。一般规定桥梁的明挖、沉井、沉箱等基础的基底按其重要性和维修加固难易，应埋置在河床最低冲刷线以下至少 2～5 m。对于冻胀土地基，基底应在冻结线以下至少 0.25 m。对于陆地墩台基础，除考虑地基冻胀要求外，还要考虑人类活动及其他自然因素对表土的破坏，基底应在地面以下不小于 1.0 m。对于城市桥梁，常把基础顶置于最低水位或地面以下。基顶平面尺寸应较墩台底的截面尺寸大，以利施工。

在水中修建基础，不仅场地狭窄、施工不便，还经常遇到汛期威胁及漂流物的撞击。在施工过程中如遇到水下障碍，还需进行潜水作业。因此，修建水中基础，一般工期长，技术复杂，易出事故，工程量大，造价常常占到整个桥梁造价的一半，故桥梁基础的修建在整个桥梁工程中占有很重要的地位。

按构造和施工方法不同，桥梁基础可分为以下几种类型：

1. 明挖基础　也称扩大基础，系由块石或混凝土砌筑而成的大块实体基础，其埋置深度可较其他类型基础浅，故为浅基础。它的构造简单，由于所用材料不能承受较大的拉应力，故基础的厚、宽比要足够大，使之形成所谓刚性基础，受力时不致产生挠曲变形。为了节省材料，这类基础的立面往往砌成台阶形，平面将根据墩台截面形状而采用矩形、圆形、T 形或多边形等。建造这种基础多用明挖基坑的方法施工。在陆地开挖基坑，将视基坑深浅、土质好坏和地下水位高低等因素来判断是否采用坑壁支持结构——衬板或板桩。在水中开挖则应先筑围堰。明挖基础适用于浅层土较坚实且水流冲刷不严重的浅水地区。由于其构造简单，埋深浅，施工容易，加上可以就地取材，故造价低廉，广泛用于中小桥涵及旱桥。中国赵州桥就是在亚黏土地基上采用了这种桥基。

2. 桩基础　由许多根打入或沉入土中的桩和连接桩顶的承台所构成的基础。外力通过承台分配到各桩头，再通过桩身及桩端把力传递到周围土及桩端深层土中，故属于深基础。

桩基础适用于土质深厚处。在所有深基础中，它的结构最轻，施工机械化程度较高，施工进度较快，是一种较经济的基础结构。有些桥梁基础要承受较大的水平力，如桥墩基础要承受来自左右方向的水平荷载，其桩基多采用双向斜桩；而一些梁式桥的桥台主要承受来自一侧的土压力，多采用单向斜桩。如桩径很大，像现在常用的大直径钻孔桩，具有相当大的刚度，则可不加斜桩而做成垂直桩基。

桥梁基础多置于水中，故要求桩材不仅强度高，而且要耐腐蚀。在桥梁中常用的桩材为木材、钢筋混凝土和钢材。由于木材长度有限，强度和耐腐蚀性较低，故木桩多用于中小桥梁，且桩顶必须埋在低水位以下才能长期保存。钢筋混凝土桩的强度和耐久性均较木桩为优，多用于较大或重要桥梁，但当遇到含盐量较高的水文地质条件，也有腐蚀问题，应采取防护措施。我国在 1908～1912 年修建津浦铁路洛口黄河桥时，其基础就采用了外接圆直径为 50 cm 的正五边形钢筋混凝土预制桩，桩长 15～17 m。自 20 世纪 50 年代以后，曾广泛采用工厂预制的钢筋混凝土空心的管桩，桩外径多为 40 m 和 55 cm，如 1953～1954 年在武汉修建的汉水铁路桥和公路桥，以及60年代修建的南京长江大桥引桥的大部分基础均采用这种桩基。此外，钢筋混凝土钻孔灌注桩，近几十年在世界范围内发展很快，如1972年在我国山东北镇建成的黄河公路桥，采用直径1.5 m、最大入土深达107 m的钢筋混凝土钻孔桩。至于钢桩主要是钢管桩及H形钢桩，其强度甚高，在土中穿透能力强，在工业发达国家使用较多，我国有少数桥梁(如上海黄浦江大桥)也使用过。

3. 沉井基础　是一种古老而且常见的深基础类型，它的刚性大，稳定性好，与桩基相比，在荷载作用下变位甚微，具有较好的抗震性能，尤其适用于对基础承载力要求较高、对基础变位敏感的桥梁，如大跨度悬索桥、拱桥、连续梁桥等。

4. 沉箱基础　在桥梁工程中主要指气压沉箱基础。它主要用于大型桥梁，当水下土层中有障碍物而沉井无法下沉，桩无法穿透时，或地基为不平整的基岩且风化严重，需要人员直接检验或处理时，常采用沉箱基础。沉箱工程需要复杂的施工设备，人在高气压下工作，既不安全，效率也低，其水下下沉深度也受到一定限制，故现今一般较少采用。

5. 管柱基础　是主要用于桥梁的一种深基础，管柱外形类似管桩，区别在于：管柱一般直径较大，最下端一节制成开口状，一般情况下，靠专门设备强迫振动或扭动，并辅以管内排土而下沉，如落于基岩，可以通过凿岩使之锚固于岩盘；而管桩直径一般较小，桩尖制成闭合端，常用打桩机具打入土中，一般较难通过硬层或障碍，更不能锚固于基岩。大型管柱的外形又类似圆形沉井，但沉井主要是靠自重下沉，其壁较厚，而管柱是靠外力强迫下沉，其壁较薄。管柱基础适用于较复杂的水文地质条件，尤其在某些特殊条件下更能显示其广泛适应性。如中国武汉长江大桥桥址的水文地质条件为：持力层在水面之下深达40 m而洪水期长达8个月，显然对气压沉箱不利；河床覆盖层很浅，不能用管桩基础；基岩表面不平，在同一墩位处高差达5～6 m，也不能用沉井基础。在此情况下，以管柱基础最为适宜，它不受水深限制，且下端可锚固于岩盘，无需较厚的覆盖层维持柱体稳定，而基础是由分散的柱体支承于岩面，故岩面不平也易于处理。

桥梁基础除了上述几种类型外，还可根据不同地质和水文条件采用一些组合型基础结构。如杭州钱塘江桥正桥7～15号墩基础，是在沉箱下接木桩；南京长江大桥正桥2号和3号墩则是钢沉井套预应力混凝土管柱基础。

四、桥梁按照结构体系划分

桥梁有梁式桥、拱桥、刚架桥、悬索承重(悬索桥、斜拉桥)4种基本体系。

1. 梁桥一般建在跨度很大，水域较浅处，由桥柱和桥板组成，物体重量从桥板传向桥柱。

2. 拱桥一般建在跨度较小的水域之上，桥身成拱形，一般都有几个桥洞，起到泄洪的功能，桥中间的重量传向桥两端，而两端的则传向中间。

3. 刚架桥。

4. 悬桥是如今最实用的一种桥，可以建在跨度大、水深的地方，由桥柱、铁索与桥面组成，早期的悬桥就已经经得住风吹雨打，不会断掉，吊桥基本上可以在暴风来临时岿然不动。

五、其他分类

按用途分为公路桥、公铁两用桥、人行桥、机耕桥、过水桥；按跨径大小和多跨总长分为小桥、中桥、大桥、特大桥；按行车道位置分为上承式桥、中承式桥、下承式桥；按使用年限可分为永久性桥、半永久性桥、临时桥；按材料类型分为木桥、圬工桥、钢筋混凝土桥、预应力桥、钢桥；按承重构件受力情况可分为梁桥、板桥、拱桥、钢结构桥、吊桥、组合体系桥（斜拉桥、悬索桥）。

桥梁基础工程属于隐蔽工程部位，工程质量事故的产生取决于工程部位的地质、水文状况以及施工方案、施工工艺的可行性和施工人员的质量意识。

明挖基础围堰、挖基是关键，应选择合理的围堰方案，考虑基础部位地质水文情况，正确选择挖基方案。沉桩和灌注桩的质量事故一方面是不规范的施工，另一方面是设备故障造成的，再者就是不可预见的地质灾害所致。沉井出现的质量问题主要是沉井下沉造成倾斜、偏位和扭转。

桩基检测的方法较多，其目的是通过检测确定桩基的质量好坏，主要是测定桩基的混凝土成型质量以及有无断裂、扩孔、缩颈等质量问题。泥浆指标是满足桩基钻孔、成孔的质量，保证护壁效果以及成孔后沉淀厚度。

2.1　城市桥梁工程基坑施工技术

2.1.1　明挖基坑施工技术要求

一、无支护基坑

（一）适用条件

1. 基础埋置不深，施工期短，不影响邻近建筑物安全。

2. 地下水位低于基底或渗透量小，不影响坑壁稳定。

（二）坑壁形式

分为垂直坑壁、斜坡和阶梯形坑壁以及变坡度坑壁。

坑深≤1～2 m 的基坑可采用垂直坑壁形式。

基坑深度在 5 m 以内，采用斜坡开挖或梯形坑壁，每梯高度以 0.5～1.0 m 为宜。挖基穿过不同土层时，在坑壁坡度变换处可视需要设至少 0.5 m 宽的平台。

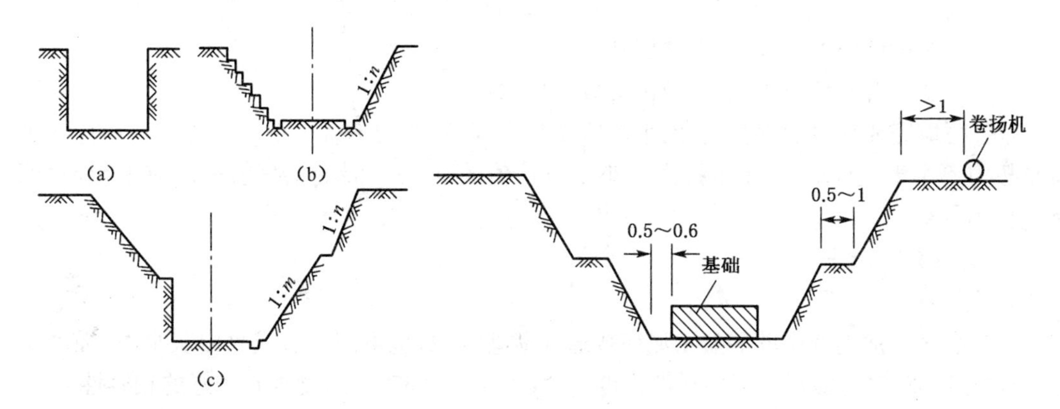

(三) 无支护基坑施工注意事项

1. 基坑开挖前应先做好地面排水，在基坑顶缘四周应向外设排水坡，并在适当距离设截水沟。

2. 坑缘边应留有护道，距坑缘不小于 1.0 m，堆置弃土高度不超过 1.5 m。

3. 施工时应注意观察坑缘顶地面有无裂缝，坑壁有无松散塌落现象发生，确保施工安全。

4. 基坑施工不可延续时间过长，应连续施工。

5. 如用机械开挖，挖到比基底高程高 300 mm 时停止开挖，用人工挖至基底高程。

6. 相邻基坑深浅不一时，一般遵循先深后浅的原则。

二、有支护基坑

(一) 适用情况

1. 土质不易稳定，并有地下水影响。

2. 放坡开挖量大，不经济。

3. 受场地或邻近建筑物限制。

(二) 网喷混凝土加固基坑壁施工

1. 一般要求

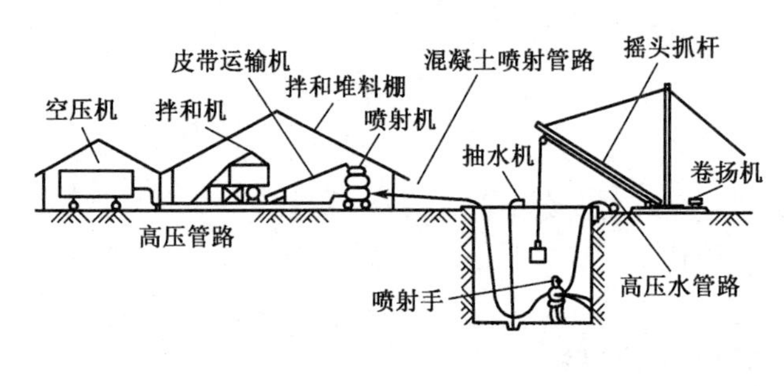

2. 重点关注

(1) 基坑开挖深度小于 10 m 的较完整未风化基岩，可直接喷射素混凝土。

(2) 锚杆要求。

(3) 应按设计要求逐层开挖，逐层加固。

(4) 坑壁上有明显出水点处，应设置导管排水。

(5) 喷射完成后，检查混凝土的平均厚度和强度，其值均不得小于设计要求。锚杆的平均抗拔力不小于设计值，最小抗拔力不小于设计值的 90%。混凝土喷射表面应平顺，钢筋和锚杆不外露。

(三) 喷射混凝土

1. 原材料

(1) 水泥　优先选用硅酸盐水泥或普通硅酸盐水泥，也可用矿渣或火山灰水泥，强度等级不应低于 32.5(硅酸盐水泥的早期强度高，收缩性小，同时与速凝剂有较好的相容性)。

(2) 砂　应采用坚硬耐久的中、粗砂。

(3) 骨料　应采用坚硬耐久的卵、碎石，粒径不宜大于 15 mm。

(4) 集料级配。

(5) 外加剂要求。

(6) 初凝不大于 5 min，终凝不大于 10 min。

2. 机具

(1) 喷射混凝土机的性能要求。

(2) 湿法的效果明显优于干法。

(3) 对空压机要求。

(4) 压风进入喷射机前必须进行油水分离。

(5) 搅拌机械　混合料宜采用强制式搅拌机。

(6) 输料管　能承受 0.8 MPa 以上压力，并有良好的耐磨性。

3. 混合料配比

(1) 干法、湿法作业水泥砂石比、水灰比要求。

(2) 速凝剂、外掺剂掺量要求。

(3) 搅拌要求。

(4) 混合料运输与存放。

(5) 干混合料，无速凝剂时，存放时间不应超过 2 h，掺入后，存放时间不应超过 20 min。

(6) 湿法混合料拌制后，坍落度宜在 80～120 mm 范围内。

4. 喷射作业

(1) 气温要求　低于 5℃时，不应进行喷射作业。

(2) 喷射作业应分段、分片，自下而上依次进行。

(3) 分层喷射时，后一层喷射应在前一层混凝土终凝后进行。

(4) 喷射与开挖循环作业时，混凝土终凝到下一循环放炮的时间间隔不应少于 3 h(此条是针对钻爆法开挖岩石隧道而言的)。

5. 钢筋网喷射混凝土

(1) 钢筋除锈。

(2) 按设计要求开挖工作面，钢筋网宜在壁面喷射一层混凝土后铺设，以利于钢筋与壁面间保持 30 mm 间隙。

(3) 采用双层钢筋网时，注意受力合理。

(4) 钢筋网应牢固地连接在锚杆或锚定装置上，喷射混凝土时钢筋不得晃动。

(5) 开始喷射时，应减小喷头与受喷面的距离，并调整喷射角，以保证钢筋与壁面之间混凝土的密实性。

(6) 喷射过程中，应及时清除脱落在钢筋网上的混凝土。

6. 喷射混凝土的养护

(1) 混凝土终凝 2 h 后应喷水养护。一般工程，养护不少于 7 d；重要工程，养护不少于 14 d。

(2) 气温低于 5℃，不得喷水养护。

(3) 普通硅酸盐水泥配制的混凝土强度低于设计强度的 30%，以及矿渣水泥配制的混凝土强度低于设计强度的40%时，不得受冻。

2.1.2 各类围堰施工技术要求

围堰是指在工程建设中，为建造永久性工程设施而修建的临时性围护结构。其作用是防止水和土进入建筑物的修建位置，以便在围堰内排水，开挖基坑，修筑建筑物。一般主要用于水工建筑中，除作为正式建筑物的一部分外，围堰一般在用完后拆除。

在桥梁基础施工中，当桥梁墩、台基础位于地表水位以下时，根据当地材料修筑成各种形式的土堰；在水较深且流速较大的河流可采用木板桩或钢板桩（单层或双层）围堰，目前多使用双层薄壁钢围堰。围堰的作用是既可以防水、围水，又可以支撑基坑的坑壁。

围堰

围堰的工作特点：临时性挡水建筑物。要求：①结构上要求稳定、防渗、抗冲和强度；②施工上构造简单，便于施工、维修，拆除；③布置上使水流平顺，不发生局部冲刷；④围堰接头、与岸坡连接处要可靠，避免因集中渗漏等破坏作用引起围堰失事；⑤经济合理。

一、各类围堰的适用范围

序号	围堰名称	适用范围
1	土围堰	水深≤2 m，水流速度≤0.5 m/s，河床土质渗水性较小时
2	土袋围堰	水深≤3.5 m，水流速度≤2 m/s，河床土质渗水性较小时
3	套箱围堰	适用于埋置不深的水中基础或修建柱基的水中承台
4	钢筋混凝土板桩围堰	适用于黏性土、砂类土及碎石类土河床
5	竹、铁丝笼围堰	水流速度较大而水深在1.5～4 m
6	钢板桩围堰	适用于各类土（包括强风化岩）的深水基础
7	双壁钢围堰	适用于深水基础

二、对各类围堰的基本要求

1. 围堰高度应高出施工期内可能出现的最高水位（包括浪高）0.5～0.7 m；应尽量安排在枯水期施工。

2. 围堰外形设计，应考虑水深及河底断面被压缩后，流速增大而引起水流对围堰、河床的集中冲刷及航道影响等因素。

3. 围堰内平面尺寸应满足基础施工的要求，但基坑为渗水的土质时，坑底尺寸一般基底应比基础平面尺寸增宽0.5～1.0 m。

4. 围堰结构和断面应满足堰身强度、稳定性和防水要求。

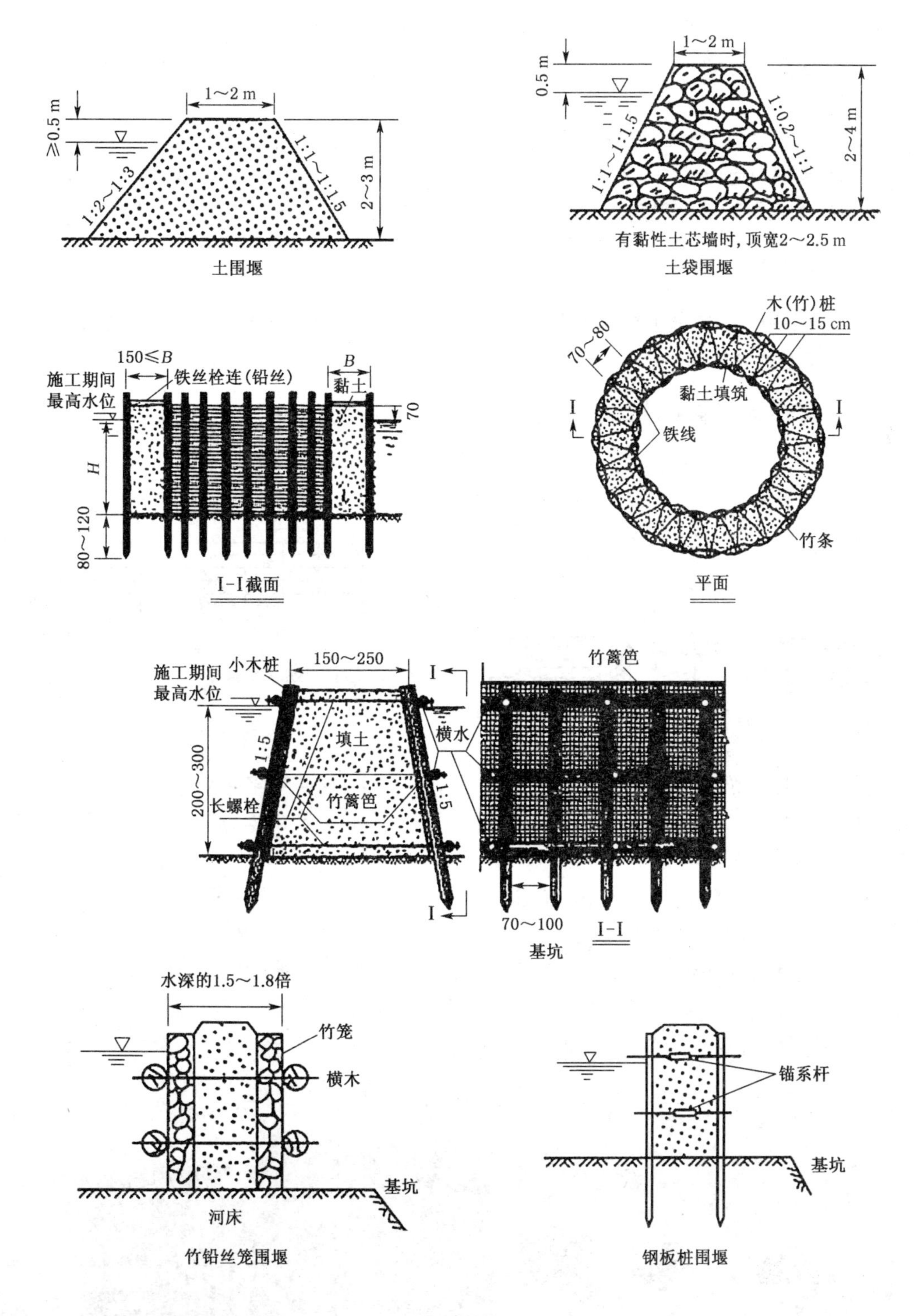

三、土围堰的施工要求

1. 堰顶宽度≥1.5 m，但采用机械挖掘时，应视机械的种类确定，但不宜小于 3 m。堰外边坡迎水流冲刷的一侧，边坡坡度宜为 1∶2～1∶3，背水冲刷一侧的边坡坡度可在1∶2

之内，堰内边坡宜为 1∶1～1∶3，内坡脚与基坑顶边缘的距离不得小于 1 m。

2. 筑堰材料宜用黏性土或砂夹黏土；填出水面之后应进行夯实。填土应自上游开始至下游合龙。

3. 在筑堰之前，必须将堰底下河床底上的树根、淤泥、石块、杂物清除干净。

4. 因筑堰引起流速增大使堰外坡面有受冲刷的危险时，可在外坡面用草皮、柴排、片石、草袋或土工织物等加以防护。

四、土袋围堰的施工要求

除了“围堰中心部分可填黏土及黏性土芯墙”和“堆码的土袋上下层和内外层应相互错缝”，其他和土围堰相同。

五、钢板桩围堰的施工要求

1. 适用于各类土的深水基坑。

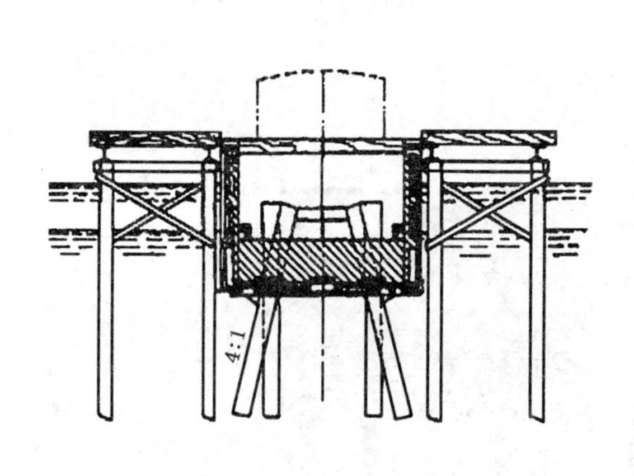

钢套箱围堰

1—基本板块；2—基本模块；3—钢板；4—角钢；5—扁铜；6—骨架；7—刃脚

双壁钢围堰

2. 钢板桩机械性能与尺寸要求。

3. 防止变形。

4. 打桩前，宜将 2～3 块钢板拼为一组并夹紧。

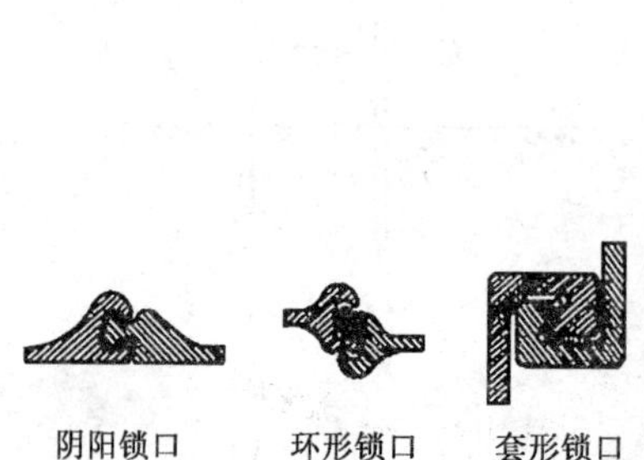
阴阳锁口　环形锁口　套形锁口

5. 施打钢板桩时，要注意9条要求：定位、防漏、导向、合龙、下沉、接桩、拼焊、纠偏、封闭(要求记住关键词)。

6. 拔桩前，宜向堰内灌水，内外水位持平并从下游侧开始拔桩。

7. 拔出来的钢板应进行检修涂油，堆码保存。

2.2 城市桥梁工程基础施工技术

2.2.1 沉入桩施工技术要求

沉入桩是靠桩锤的冲击能量将预制桩打(压)入土中，使土被压挤密实，以达到加固地基的作用。沉入桩所用的基桩主要为预制的钢筋混凝土桩和预应力混凝土桩。沉入桩的施工方法主要有锤击沉桩、振动沉桩、射水沉桩、静力压桩、钻孔埋置桩等。沉入桩常用的施工方法主要有锤击沉桩、静力压桩。

沉入桩特点：①桩身质量易于控制，质量可靠；②沉入施工工序简单，工效高，能保证质量；③易于水上施工；④多数情况下施工噪音和振动的公害大，污染环境；⑤受运输和起吊等设备条件限制，单节长度有限；⑥不易穿透较厚的坚硬地层；⑦超长时，需解除超长部分，不经济。

一、锤击沉桩法

(一) 锤击沉桩的特点

1. 桩周围的土被挤密。
2. 在人口稠密的地方一般不宜采用(会产生噪声和振动公害)。
3. 选用原则。

(二) 锤击沉桩设备选择

沉桩设备选择的一般思路为，选择锤型→选择锤重→选择桩架。

1. 选择锤型

序号	锤型	适用范围	优缺点
1	坠锤	1.适用于沉木桩和断面较小的混凝土桩 2.重型及特重型龙门锤适用于沉钢筋混凝土桩 3.在一般黏性土、砂土、含有少量砾石土均可使用	设备简单，使用方便，冲击力大，能随意调整落距，但锤击速度慢(每分钟约6～20次)，效率低
2	柴油锤	1.杆式锤适宜于沉小型桩、钢板桩 2.筒式锤适宜于沉混凝土桩、钢管桩等 3.不适宜在过软或过硬土中沉桩 4.用于浮船中沉桩较为有利	附有桩架动力等设备，机架轻，移动方便，沉桩快，燃料消耗少，也可以打斜桩，是使用最广的一种，但振动大，噪声大
3	液压锤	1.适用于沉重型的混凝土桩、钢桩 2.适用于黏性土、砂土含少量砾石等	锤质量大、冲击次数多、工作效率高，在一定条件下，可保证锤对桩的锤击力控制，噪声小，且不会污染空气

2. 选择锤重(按锤质量与桩质量的比值选择)。

3. 选择桩架　桩架为沉桩的主要设备,其主要作用是装吊锤和桩并控制锤的运动方向。

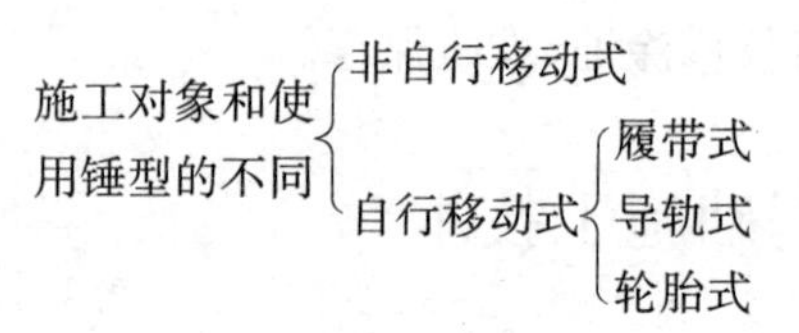

城市桥梁施工大多采用自行移动式桩架,且都与桩锤配套供应。

桩架选择要考虑的主要因素之一是桩架高度。

各部分互相交错的长度,如桩帽套入桩头及某些锤的导杆伸入桩帽中等,视具体情况予以核减。

(三)沉入桩的施工技术要求

1. 水泥混凝土桩要达到100%设计强度并具有28 d龄期。

2. 重锤低击　混凝土管桩桩帽上宜开逸气孔。

3. 打桩顺序　一般是由一端向另一端打;密集群桩由中心向四边打;先打深桩,后打浅桩;先打坡顶,后打坡脚;先打靠近建筑的桩,然后往外打;遇到多方向桩应设法减少变更桩机斜度或方向的作业次数,并避免桩顶干扰。

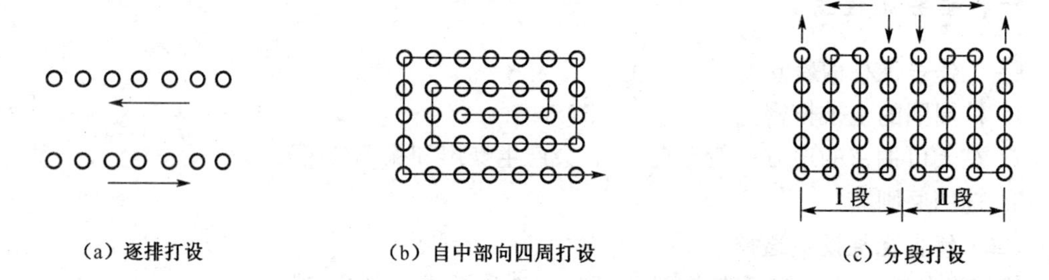

(a) 逐排打设　(b) 自中部向四周打设　(c) 分段打设

4. 在桩的打入过程中,应始终保持锤、桩帽和桩身在同一轴线上。

5. 沉桩时,以控制桩尖设计标高为主。

桩尖标高等于设计标高,而贯入度较大时应继续锤击,使贯入度接近控制贯入度;当贯入度已达到控制贯入度,而桩尖标高未达到设计标高时,应继续锤击100 mm左右(或锤击30～50击)。如无异常变化,即可停锤。

在饱和的细、中、粗砂中连续沉桩时,易使流动的砂紧密挤实于桩的周围,妨碍砂中水分沿桩上升,在桩尖下形成压力很大的"水垫",使桩产生暂时的极大的贯入阻力。休息一定时间后,贯入阻力就降低。这种现象称为桩的"假极限"。

在黏性土中连续沉桩时,由于土的渗透系数小,桩周围水不能渗透扩散而沿着桩身向上挤出,形成桩周围水的滑润套,使桩周摩阻力大为减小。但休息一定时间后,桩周围水消失,桩周摩阻力恢复、增大,这种现象称为"吸入"。

锤击沉桩发现上述两种情况时均应进行复打,复打前桩应休息一定时间。

桩的上浮有两种情况:被锤击的桩上浮和附近的桩上浮。无论何种情况,均应进行复打。

贯入度是指在地基土中用重力击打贯入体时贯入体进入土中的深度。贯入体可以是桩，也可以是一定规格的钢钎。进行贯入测试的目的，是通过贯入度判断地基土的软硬程度，从而确定桩基或地基土的承载能力。一般采用标准贯入试验（动力触探）进行测定。

6. 无论桩多长，打桩和接桩均须连续作业，中间不应有较长时间的停歇（一鼓作气）。

7. 在一个墩、台桩基中，同一水平面内的桩接头数不得超过桩基总数的 1/4，但采用法兰盘按等强度设计的接头可不受此限制（抗水平剪力的需要）。

8. 沉桩过程中，若遇到贯入度剧变，桩身突然发生倾斜、位移或有严重回弹，桩顶或桩身出现严重裂缝、破碎等情况时，应暂停沉桩，分析原因，采取有效措施。

9. 在硬塑黏土或松散的砂土地层下沉群桩时，如在桩的影响区内有建筑物，应防止地面隆起或下沉对建筑物的破坏（黏土隆起，砂土下陷）。

二、静力压桩法

静力压桩适用于高压缩性黏土或砂性较轻的软黏土地基。

（一）静力压桩的特点

1. 施工时无冲击力，噪声和振动较小。
2. 桩顶不易损坏。
3. 可预估和验证桩的承载力。
4. 较难压入 30 m 以上的长桩，但可通过接桩，分节压入。
5. 机械设备的拼装和移动耗时较多。

按加力方式可分为压桩机施工法，吊载压力施工法，结构自重压力施工法。

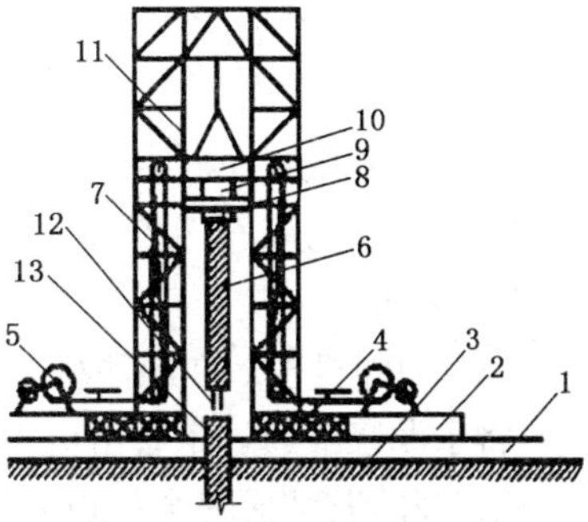

1—轨道；2—操作平台；3—底盘；4—加重物仓；5—卷扬机；6—上段桩；7—加压钢绳滑轮组；8—桩帽；9—油压表；10—活动压梁；11—桩架导向笼；12—上段接桩锚筋；13—桩

（二）静力压桩施工要求

1. 地质情况调查。
2. 选用压桩设备的设计承载力宜大于压桩阻力的 40%。
3. 压桩前检查各种设备，使压桩工作不至于间断。
4. 用于 2 台卷扬机同时启动放下压梁时，必须使其同步运行。
5. 压桩尽量避免中途停歇。
6. 当桩尖标高接近设计标高时应严格控制进程。
7. 遇到特殊情况，应暂停施压。

（1）桩尖较大走位和倾斜。

（2）桩身倾斜或下沉速度加快。

（3）压桩阻力剧增或压桩机倾斜。

2.2.2 灌注桩施工技术要求

一、钻孔灌注桩

（一）特点

钻孔灌注桩是指在工程现场通过机械钻孔、钢管挤土或人力挖掘等手段在地基土中形成桩孔，并在其内放置钢筋笼、灌注混凝土而做成的桩。依照成孔方法不同，灌注桩又可分为沉管灌注桩、钻孔灌注桩和挖孔灌注桩等几类。钻孔灌注桩是按成桩方法分类而定义的一种桩型。

1. 与沉入桩中的锤击法相比，施工噪声和振动要小得多。

2. 能建造比预制桩的直径大得多的桩。

3. 在各种地基上均可使用。

4. 施工质量的好坏对桩的承载力影响很大。

5. 因混凝土是在泥水中灌注的，因此混凝土质量较难控制。

（二）成孔方法、适用范围及泥浆作用

钻孔灌注桩的施工，因其所选护壁形成的不同，有泥浆护壁方式法和全套管施工法两种。

1. 适用的地质条件　施工方法适用于灌注桩的持力层应为碎石层，碎石含量应在50%以上，充填土与碎石无胶结或轻微胶结，碎石的石质要坚硬，碎石分布均匀，碎石层厚度要满足设计要求。

2. 加固机理　在灌注桩施工中将钢管沿桩钢筋笼外壁埋设，桩混凝土强度满足要求后，将水泥浆液通过钢管由压力作用压入桩端的碎石层孔隙中，使得原本松散的沉渣、碎石、土粒和裂隙胶结成一个高强度的结合体。水泥浆液在压力作用下由桩端在碎石层的孔隙里向四周扩散，对于单桩区域，向四周扩散相当于增加了端部的直径，向下扩散相当于增加了桩长；群桩区域所有的浆液连成一片，使得碎石层成为一个整体，从而使得原来不满足要求的碎石层满足结构的承载力要求。在钻孔灌注桩施工过程中，无论如何清孔，孔底都会留有或多或少的沉渣；在初灌时，混凝土从细长的导管落下，因落差太大造成桩底部位的混凝土离析形成“虚尖”、“干碴石”；孔壁的泥皮阻碍了桩身与桩周土的结合，降低了摩擦系数。以上几点都影响到灌注桩的桩端承载力和侧壁摩阻力。浆液压入桩端后首先和桩端的沉渣、离析的“虚尖”、“干碴石”相结合，增强该部分的密实程度，提高了承载力；浆液沿着桩身和土层的结合层上返，消除了泥皮，提高了桩侧摩阻力，同时浆液横向渗透到桩侧土层中也起到了加大桩径的作用。以上几点均对提高灌注桩的单桩承载力起到不可忽视的作用。

3. 常用成孔方法

成孔方法	适用范围			泥浆作用
	土层	孔径(cm)	孔深(m)	
正循环回转钻	黏性土，粉砂、细砂、中砂、粗砂，含少量砾石、卵石(含量少于20%)的土、软岩	80～250	30～100	浮悬钻渣并护壁
反循环回转钻	黏性土、砂类土，含少量砾石、卵石(含量少于20%，粒径小于钻杆内径2/3)的土	80～300	用气举式可达120	护壁

(1) 正循环回转钻孔原理　用泥浆以高压通过钻机的空心钻杆，从钻杆底部射出，底部的钻头(钻锥)在回转时将土层搅松成钻渣，被泥浆浮悬，随着泥浆上升而溢出流到井外泥浆流槽，经过沉淀池沉淀净化，泥浆再循环使用。井孔壁依靠水头和泥浆保护。

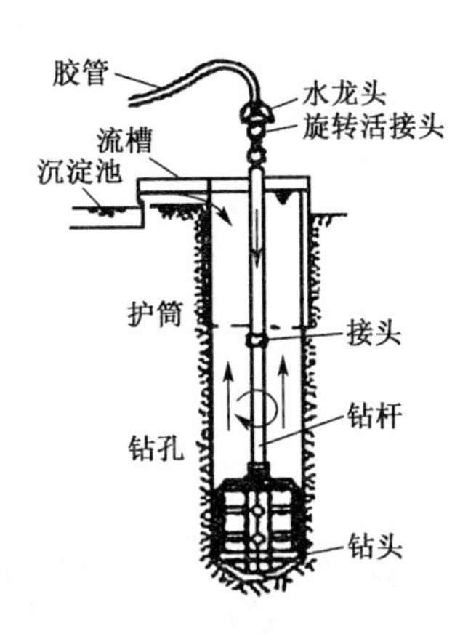

(2) 反循环回转钻孔原理　泥浆由钻杆外流(注)入井孔,用真空泵或其他方法(如空气吸泥机等)将钻渣从钻杆中吸出。由于钻杆内径较井孔直径小得多,因此钻杆内泥水上升速度较正循环快得多,即使是清水也可把钻渣带上钻杆顶端,流到泥浆沉淀池,净化后泥浆可循环使用。

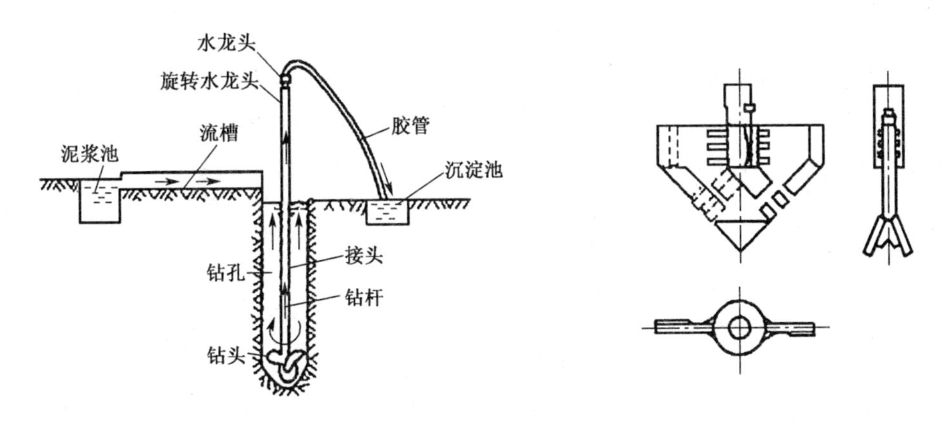

(3) 选择钻孔设备　选择钻孔设备的一般思路是选择钻孔方法→选择钻孔设备。选择钻孔设备应考虑的依据为孔径、孔深、土质状况和设备能力。钻孔设备中钻锥、钻杆和泥浆泵是重点考虑的部件,旋转盘的扭矩也是要考虑的主要性能。钻杆选择时要进行应力验算,以免钻进中钻杆被扭断而停工。钻杆受力有拉、压、弯、扭 4 种。

二、钻孔灌注桩施工技术要求

(一) 对护筒的要求

在钻孔灌注桩中,常埋设钢护筒来定位需要钻的桩位。护筒为钢护筒,壁厚 10 mm,护筒定位时,先以桩位中心为圆心,根据护筒半径在土上定出护筒位置,护筒就位后,施加压力将护筒埋入约 50 cm。如下压困难,可先将孔位处的土体挖出一部分,然后安放护筒埋入地下。在埋入过程中应检查护筒是否垂直,若发现偏斜应及时纠正。

钢制护筒

陆上护筒埋放就位后,将护筒外侧用黏土回填压实,以防止护筒四周出现漏水现象,回填厚度约 40～45 cm,顶端高度高出(水面)地面 0.3～0.5 m,筒位距孔心偏差不得大于 20 mm。

护筒的作用:①定位;②保护孔口,防止地面石块掉入孔内;③保持泥浆水位(压力),防止坍孔;④桩顶标高控制依据之一;⑤防止钻孔过程中沉渣回流。

护筒平面位置和垂直度准确与否,护筒周围和护筒底脚是否紧密、不透水。

护筒内径大小要求比桩径大 200～400 mm。

钻孔过程中,保持护筒中泥浆施工液位,形成 1～2 m 液位差。

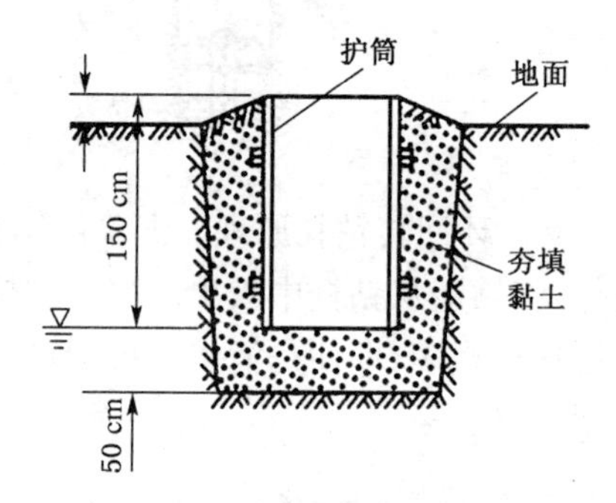

(二) 骨架存放与运输

必须放在平整、干燥的场地上。存放时,每个加劲筋与地面接触处都垫上等高的木方。

各组骨架的各节段要排好次序,在骨架每个节段上都要挂上标志牌。运输总要求:不得使骨架变形;标志牌不得刮掉。

(三) 骨架的起吊和就位

为保证起吊时不变形,宜用两点吊。骨架严禁摆动碰撞孔壁。焊接骨架时,应使上下两节骨架位于同一竖直线上,焊接时应先焊接顺桥方向的接头。

骨架最上端定位,必须由测定的孔口标高来计算定位筋的长度。

(四) 水下混凝土的灌注

导管需做拼接、过球和水密、承压、接头、抗拉试验。水密试验的水压应不小于井孔内水深 1.5 倍的压力。

1. 钻孔应经成孔质量检验合格清孔后方可开始灌注工作。
2. 灌注前,对孔底沉淀层厚度应再进行一次测定。
3. 导管埋置深度,一般宜控制在 2～6 m。
4. 灌注开始后,应紧凑、连续地进行,严禁中途停工。导管提升时应保持轴线竖直和位置居中,逐步提升。拆除导管时动作要快,时间一般不宜超过 15 min。
5. 后续混凝土要徐徐灌入,以免形成气囊。
6. 防止钢筋骨架顶托上升。
7. 为确保桩顶质量,应在设计标高上加灌一定高度。增加的高度,一般不宜小于

0.5 m,长柱不宜小于1.0 m。灌注结束后,混凝土凝结前,挖出多余的一段桩头,但应保留100～200 mm。钢护筒可在灌注结束、混凝土初凝前拔出。当使用两半式钢护筒或木护筒时,要待混凝土强度达到5 MPa后方可拆除。

8. 在拔出最后一段长导管时,拔管速度要慢。

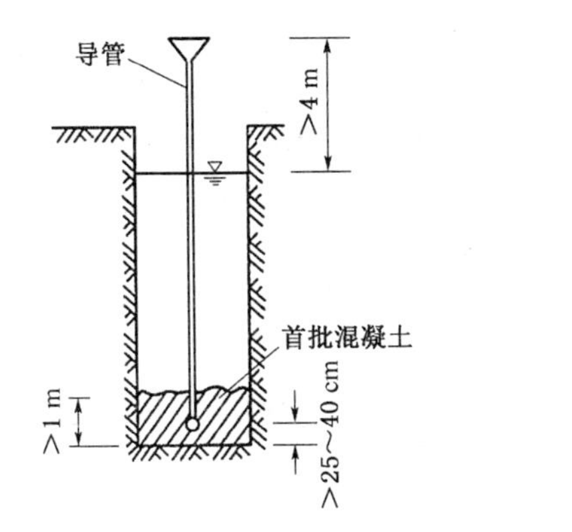

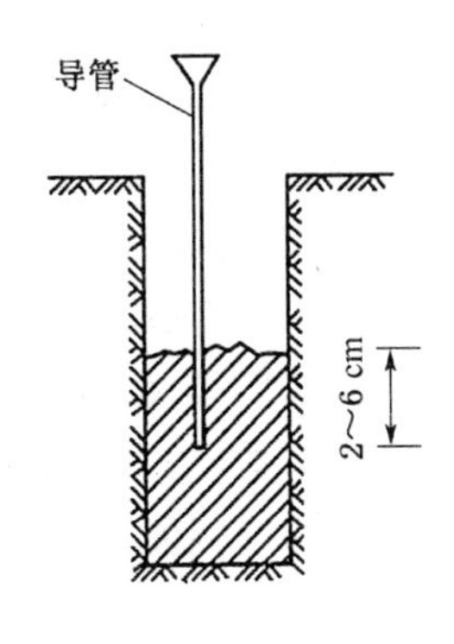

2.3 城市桥梁工程下部结构施工技术

在结构承受外荷载之前,预先对其在外荷载作用下的受拉区施加压应力,以改善结构使用性能的结构型式,称为预应力结构。如木桶,在还没装水之前采用铁箍或竹箍套紧桶壁,便对木桶壁产生一个环向的压应力,若施加的压应力超过水压力引起的拉应力,木桶就不会开裂漏水。在圆形水池上作用预应力就像木桶加箍一样。同样,在受弯构件的荷载加上去之前给构件施加预应力就会产生一个与荷载作用产生的变形相反的变形,荷载要构件沿作用方向发生变形之前必须最先把这个与荷载相反的变形抵消,才能继续使构件沿荷载方向发生变形。这样,预应力就像给构件多施加了一道防护一样。

锚具:预应力混凝土中所用的永久性锚固装置,是在后张法结构或构件中,为保持预应力筋的拉力并将其传递到混凝土内部的锚固工具,也称之为预应力锚具。锚具根据使用型式可分为以下两大类:

1. 张拉端锚具 安装在预应力筋端部且可以在预应力筋的张拉过程中始终对预应力筋保持锚固状态的锚固工具。张拉端锚具根据锚固型式的不同还可分为用于张拉预应力钢绞线的夹片式锚具(YJM),用于张拉高强钢丝的钢制锥形锚(GZM),用于镦头后张拉高强钢丝的墩头锚(DM),用于张拉精轧螺纹钢筋的螺母(YGM),用于张拉多股平行钢丝束的冷铸镦头锚(LZM)等多种类型。

2. 固定端锚具 安装在预应力筋端部,通常埋入混凝土中且不用以张拉的锚具,也被称作挤压锚或P锚。预应力筋用锚具的标准为:中华人民共和国预应力筋用锚具、夹具和连接器(GB/T 14370—2007),铁道部预应力筋用锚具、夹具和连接器(TB/T3193—2008)。

桥梁下部结构多为钢筋混凝土构件,混凝土质量是主要的通病之一。影响混凝土质量的因素很多,确保混凝土质量,必须"合理设计、规范施工、重视工序、预防在先"。施工的过程也是防止质量通病出现的过程。

墩柱属钢筋混凝土构件，形状较规则，外观质量要求较高，钢筋保护层厚度、柱顶裂缝、中心偏位等都有严格的要求。盖梁、帽梁属钢筋混凝土弯拉构件，对混凝土振捣工艺要求高，注意分层浇筑的厚度及分段长度的控制。必须在工序检查中仔细检查，加强核查工作。

台身(或承台)常会出现大体积混凝土施工的质量控制问题，温度应力过大必然产生裂缝。必须保证混凝土浇筑内外温差满足施工要求，采取相应对策降低混凝土内外温差。轻型桥台的位移和倾斜必须引起高度重视，此病害往往影响桥梁的使用寿命，易位移或倾斜的桥台施工前要进行受力分析和强度验算，必要时下部增设支撑架。墩台裂缝种类繁多。支座部位的质量通病虽小，但危害巨大，重则影响桥梁的使用寿命，轻则桥面开裂，影响桥梁的耐久性。其中垫石强度、支座平整均匀受力是最为重要的。

桥梁下部结构检测关键是混凝土强度和钢筋保护层厚度，几何尺寸、标高、轴线、倾斜度等检测也必须实测。

2.3.1 现浇混凝土墩台施工技术要求

一、模板配置

常用的模板有固定式、拼装式、整体吊装式、组合定型钢模板。

对模板的技术要求：

1. 具有必要的强度、刚度和稳定性，保证结构物各部形状、尺寸准确。
2. 板面平整，接缝紧密，不漏浆。
3. 拆装容易，施工操作方便，保证安全。
4. 模板制安允许偏差。
5. 模板设计要求。
6. 验算模板刚度时，其变形值不得超过下列数值。

(1) 结构表面外露的挠度：构件跨度的 1/400。

(2) 结构表面隐蔽的挠度：构件跨度的 1/250。

二、支架搭拆

最常用的是扣件式钢管脚手架。

构造要求：扣件式脚手架是由标准的钢管杆件和特制扣件组成的脚手架骨架与脚手板、防护构件、连墙件等组成的，是目前最常用的一种脚手架。碗扣式脚手架为其改进型。

钢管杆件包括立杆、大横杆、小横杆、剪刀撑、斜杆和抛撑(在脚手架立面之外设置的斜撑)。钢管杆件一般采用外径 48 mm、壁厚 3.5 mm 的焊接钢管或无缝钢管，也有外径 50～51 mm、壁厚 3～4 mm 的焊接钢管或其他钢管。用于立杆、大横杆、剪刀撑和斜杆的钢管最大长度为 4～6.5 m，最大重量不宜超过 250 N，以便适合人工操作。用于小横杆的钢管长度宜在 1.8～2.2 m，以适应脚手宽的需要。

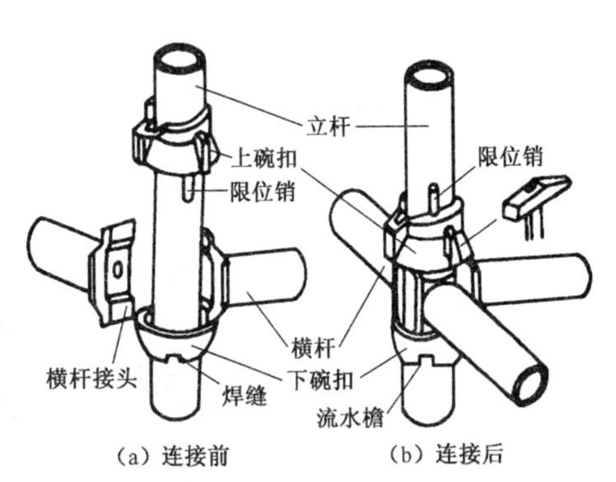

碗扣式脚手架图示

三、现浇混凝土墩台钢筋绑扎和混凝土浇筑施工要求

1. 施工放线。

2. 水平钢筋的接头应内外、上下互相错开。

3. 浇筑混凝土的质量应从准备工作、拌合材料、操作技术和灌后养护这四方面加以控制。滑模浇筑应分层分段对称浇筑。采用插入式振捣器时，应插入下层混凝土 50～100 mm。

4. 若墩台截面积不大，混凝土应连续一次浇筑完成，以保证其整体性。如截面积过大，应分段分块浇筑。

5. 大体积混凝土浇筑要求。

6. 在混凝土浇筑过程中应随时观察所设置的预埋螺栓、预留孔、预埋支座的位置是否位移，若发现应及时校正。还应注意模板、支架情况，若有变形或沉陷应立即校对并加固。

7. 高大的桥台，未经填土的台身施工高度一般不宜超过 4 m，以免偏心引起基底不均匀沉陷。

2.3.2 现浇混凝土盖梁施工技术要求

一、模板设计

1. 模板、支架和拱架设计计算的荷载组合表。

模板结构名称	荷载组合	
	计算强度用	验算刚度用
梁、板和拱的底模板以及支承板、支架及拱等	1+2+3+4+7	1+2+7
缘石、人行道板、栏杆、柱等侧模板	4+5	5
基础、墩台等厚大建筑物侧模板	5+6	5

注：1—模板、支架和拱架自重；2—新浇筑圬工结构物自重；3—人、材、机荷载；4—振捣混凝土产生的荷载；5—新浇筑混凝土对侧面模板压力；6—混凝土倾倒时产生的水平荷载；7—其他可能产生的荷载(风载、雪载等)

2. 支架和拱架应预留施工拱度，在确定施工拱度值时，应考虑支架受力产生的弹性变形和非弹性变形，支架基础的沉陷和结构物本身受力后各种变形。其中还应包括 1/2 汽车荷载(不计冲击力)引起的梁或拱圈的弹性挠度。

3. 计算模板、支架和拱架的强度和稳定性时，应考虑作用在模板、支架和拱架上的风力。设于水中的支架，尚应考虑水流压力、流冰压力和船只漂流物等冲击力。

二、盖梁支架和施工脚手架

(一) 地基处理

1. 地基处理，一般先用压路机碾压，人工整平后，再在土基上铺设枕木或路基箱板作为支架基础的方法，或在土基上铺设 100 mm 碎石，然后铺设 150 mm 混凝土的方法处理。

2. 地基处理必须经验收合格后方可进行支架和脚手架的搭设。

（二）盖梁承重支架

1. 立杆底部应有通长的槽钢或厚度不小于 50 mm 的木板且上有 100 mm×100 mm 的钢板座垫衬。

2. 必须设纵、横向扫地杆。

3. 立杆的接长除顶部可采用搭接外，其余各层各步的接头必须采用对接扣件连接。

4. 立杆上的对接扣件必须交错布置。

5. 斜撑与剪刀撑要求。

6. 搭设完毕的盖梁承重支架，必须经验收合格挂牌后方可投入使用。

（三）盖梁施工脚手架

1. 盖梁施工脚手架部分与承重支架必须分隔设置，施工脚手架一般采取双排落地脚手架。

2. 严禁在吊运盖梁模板及钢筋等作业时随意拆除脚手架的防护杆件。

3. 脚手架必须可靠接地。

4. 必须经验收合格挂牌后方可投入使用。

预应力盖梁

三、预应力张拉

1. 穿索应有专人指挥。

2. 张拉作业必须在脚手架上进行，脚手架的端头应设置防护板。

3. 张拉作业应设置明显的标志，禁止无关人员进入。

4. 高压油泵位置选择。

5. 防止漏油伤人。

6. 张拉前，必须做到“六不张拉”，即：没有预应力筋出厂材料合格证，预应力筋规格不符合设计要求，配套构件不符合设计要求，张拉前交底不清，准备工作不充分、安全设施未做好，混凝土强度达不到设计要求，不张拉。

7. 张拉过程中，构件张拉两端不准站人，并应设置可靠有效的防护措施。

8. 每次张拉完毕，必须稍等几分钟再拆卸张拉设备。

9. 堵灌浆孔时，作业人员应站在孔的侧面，以防砂浆喷出伤人。

10. 夜间施工照明要求。

11. 涉及交通道的张拉作业，为防止两端构件突然损坏弹出，应在其两端各设 2 道防线进行保护。

2.4　城市桥梁工程上部结构施工技术

2.4.1　预制混凝土梁(板)安装的技术要求

在城市中安装简支梁、板的常用方法为人字扒杆、龙门架或吊机，且以吊机单机或双机吊梁、板为主。

装配式桥梁构件在脱底模、移运、吊装时，混凝土的强度不应低于设计强度的 75%。对孔道已压浆的预应力混凝土构件，其孔道水泥浆的强度不得低于 30 MPa。

吊装、移动装配式桥梁构件时，吊绳与起吊构件的交角应大于 60°，小于 60°时应设置吊架或扁担，尽可能使吊环垂直受力。

人字扒杆

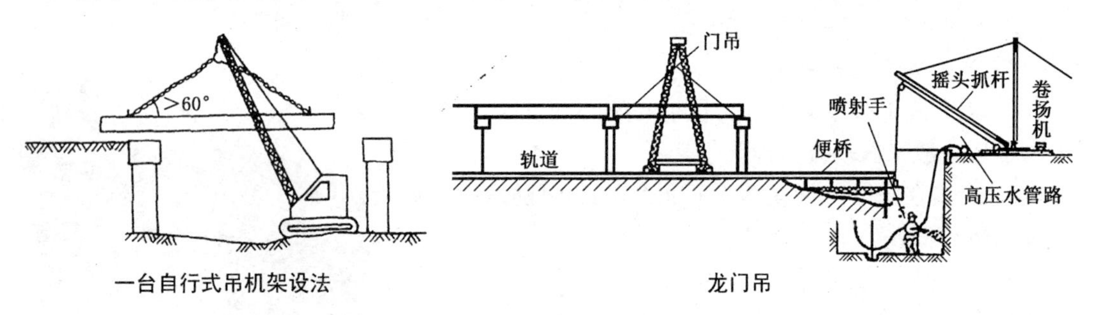

一台自行式吊机架设法　　龙门吊

一、架设安装前的准备工作

1. 架设方法的选择。

2. 架设安装设备安全性的验算　为了保证架设安装工作的安全，一些大型的架设安装设备和相应的临时构造物的强度、刚度和稳定性应按架设安装的荷载及规范验算。

3. 预制梁、板构件的安全性验算。

二、架梁的主要基本作业

(一) 注意事项

1. 注意梁板的重心。

2. 选择好起落梁板的方法　用人字扒杆、龙门架或吊机的稳定性比千斤顶起落好，且进度较快。

3. 移梁操作方法的选择　梁板纵移或横移时，在坚固的轨道上使用平车较为安全可靠且速度较快。若采用走板、滚筒移动，特别是滑道条件较差时，用滚筒移动稳定性较差。

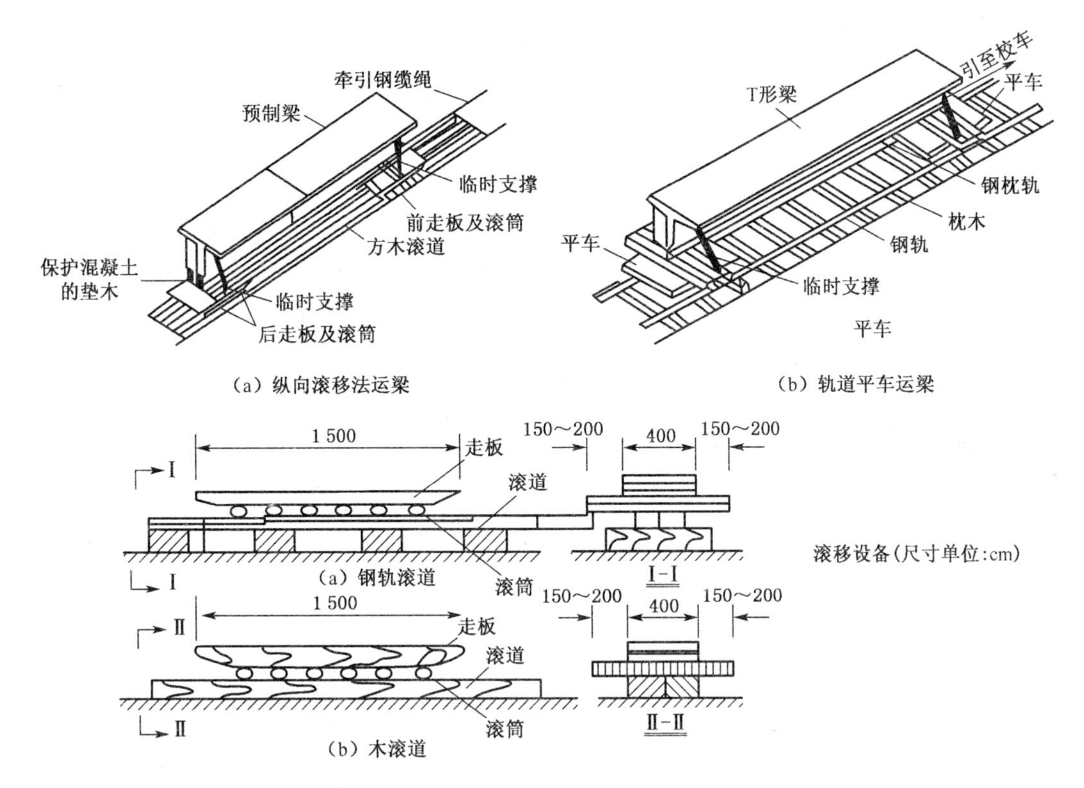

4. 设置好控制方向的钢丝绳。

（二）千斤顶起落梁

1. 千斤顶的选择　一般起落钢梁或较轻的混凝土梁时可选用油压或螺旋千斤顶。起落大型的混凝土梁时，宜选用油压千斤顶，而不使用螺旋千斤顶。

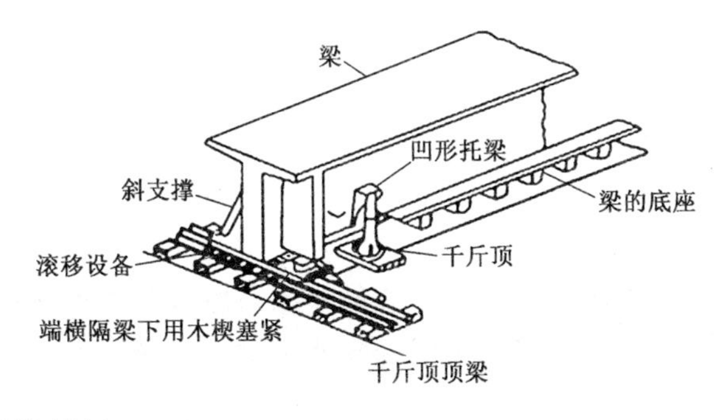

（三）吊放梁板

1. 起吊钢桁梁时千斤绳应捆在节点的部位，吊钢板梁的千斤绳应捆在靠近梁的横向连接处。吊Ⅱ形梁的千斤绳应捆在梁的横隔板附近。

2. 起吊混凝土T形梁时，若吊钩不是钩住预埋的吊环，而是用千斤绳捆绑吊放时，应采用不使梁的两个翼板受力的方法。

3. 钢梁及小跨度的混凝土梁、板，可采用人字千斤绳起吊，或由一个吊点在梁的重心起吊。较大跨度的混凝土梁如用一个主钩起吊，必须配以纵向扁担。

4. 各种起吊设备在每次组装后，初次使用时，应先进行试吊。试吊时，将梁吊离支承面约 20～30 mm 后暂停。

(四) 横移梁、板

(五) 梁、板落位

1. 放线定点。

2. 移梁滑道与枕木垛。

3. 坡桥上顺坡设置的梁。

4. 在每片梁、板的两端应标出梁的竖向中线、T 形梁标在梁梗上，Ⅱ形梁只需标出一个梗的中线，梁两个端面的竖向中线应互相平行。

5. 挂线锤(梁板侧面端部)。

6. 挂线锤(梁板顶部中心)。

7. 梁、板的顺桥向位置，一般以固定端为准，横桥向位置应以梁的纵向中心线为准。

2.4.2 预应力材料与锚具的正确使用

一、预应力筋的正确使用

常用预应力筋进场时应分批验收。验收时，除应对其质量证明书、包装、标志和规格进行检查外，还需按规定进行检验。每批重量不大于 60 t。按规定抽样，若有试样不合格，则不合格盘报废，另取双倍试样检验不合格项。如再有不合格项，则整批预应力筋报废。

预应力筋切断，宜采用切断机或砂轮锯，不得采用电弧切割。

二、预应力管道的技术要求

1. 刚性或半刚性管道应是金属的。

2. 制作半刚性波纹状金属螺旋管的钢带应符合规范要求，钢带厚度一般不宜小于 0.3 mm。

3. 金属螺旋管的检验

(1) 金属螺旋管进场时，除应按出厂合格证和质量保证书核对其类别、型号、规格及数量外，还应对其外观、尺寸、集中荷载下的径向刚度、荷载作用后的抗渗漏及抗弯曲渗漏等进行检验。

(2) 金属螺旋管按批进行检验。累计每半年或 50 000 m 生产量为一批。不足半年产量或 50 000 m 也作为一批的，则取产量最多的规格。

(3) 当按规定的项目检验结果有不合格项时，应以双倍数量的试件复验，复验不合格，该批产品为不合格。

4. 管道其他要求　可用平滑钢管和聚乙烯管。

三、预应力锚具夹具和连接器的技术要求

(一) 预应力锚具夹具和连接器分类

预应力锚具夹具和连接器是预应力工程中的核心元件，它是保证充分发挥预应力筋的强度，安全地实现预应力张拉作业的关键，应具有可靠的锚固性能，足够的承载能力和良好的适用性。

预应力张拉锚固体系划分一览表

划分体系	内　容
预应力品种	钢丝束镦头锚固体系、钢绞线夹片锚固体系和精轧螺纹钢筋锚固体系
按锚固原理	支承锚固、楔紧锚固、握裹锚固和组合锚固体系

螺丝端杆锚具、精轧螺纹钢筋锚具和镦头锚具属于支承锚固，钢质锥塞锚具、夹片锚具(JM)和楔片锚具(XM、QM和OVM)为楔紧锚固。

先张法生产的构件中，预应力筋就是握裹锚固的。

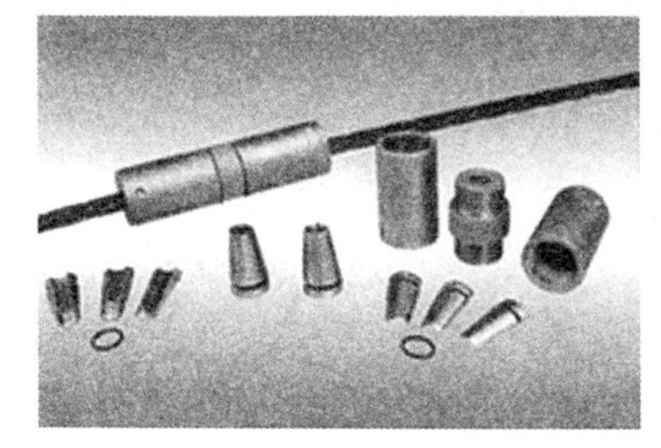

单根钢绞线连接器

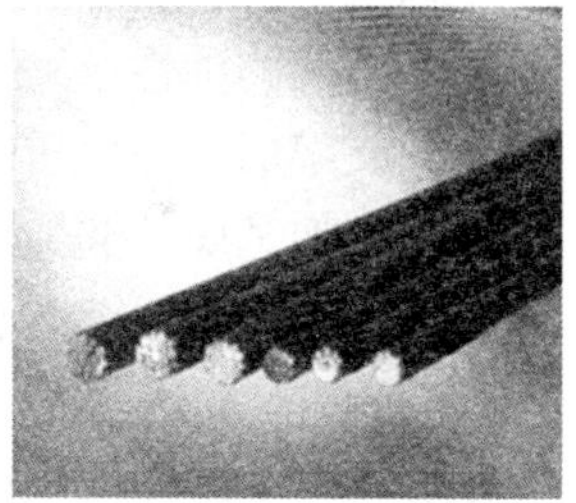

锚具图片

(二) 预应力锚具夹具和连接器进场验收规定

检查项目	检验频率
外观检查	从每批中抽取10%的锚具且不少于10套检查，如不合格，取双倍检查；如仍有一套不合格，则逐套检查
硬度检验	从每批中抽取5%的锚具且不少于5套检查，如有一个零件不合格，取双倍零件检查；如仍有一个不合格，则逐套检查
静载锚固性能试验	对大桥等重要工程，抽取6套锚具组成3个组装件进行试验，如有一个试件不合格，另取双倍试验；如仍有一个试件不合格，则该批不合格

预应力筋锚具、夹具和连接器验收批的划分：锚具、夹具应以不超过1 000套组为一个验收批；连接器以不超过500套组为一个验收批。

四、预应力材料的保护

1. 预应力材料必须保持清洁，在存放和搬运过程中应避免机械损伤和锈蚀。
2. 在仓库内保管时，仓库应干燥、防潮、通风良好、无腐蚀气体和介质；在室外存放

时，时间不宜超过6个月，不得直接堆放在地上，必须采取垫以枕木并用苫布覆盖等有效措施。

3. 锚具、夹具和连接器均应设专人保管。

2.4.3 现浇预应力混凝土连续梁施工技术要求

现浇预应力混凝土连续梁常用的方法有支架法、移动模架法和悬臂浇筑法。

一、在支架上浇筑现浇预应力混凝土连续梁的技术要求和注意事项

1. 支架稳定性、强度、刚度的要求应符合规范。

2. 支架的弹性、非弹性变形及基础的允许下沉量应满足施工后梁体设计标高的要求。因此，需在施工时设置预拱度，其值为以下各项变形值之和。

(1) 卸架后上部构造本身及1/2活载所产生的竖向挠度。

(2) 支架的弹性压缩。

(3) 支架的非弹性压缩。

(4) 支架基底的非弹性沉陷。

(5) 由混凝土收缩及温变而引起的挠度。

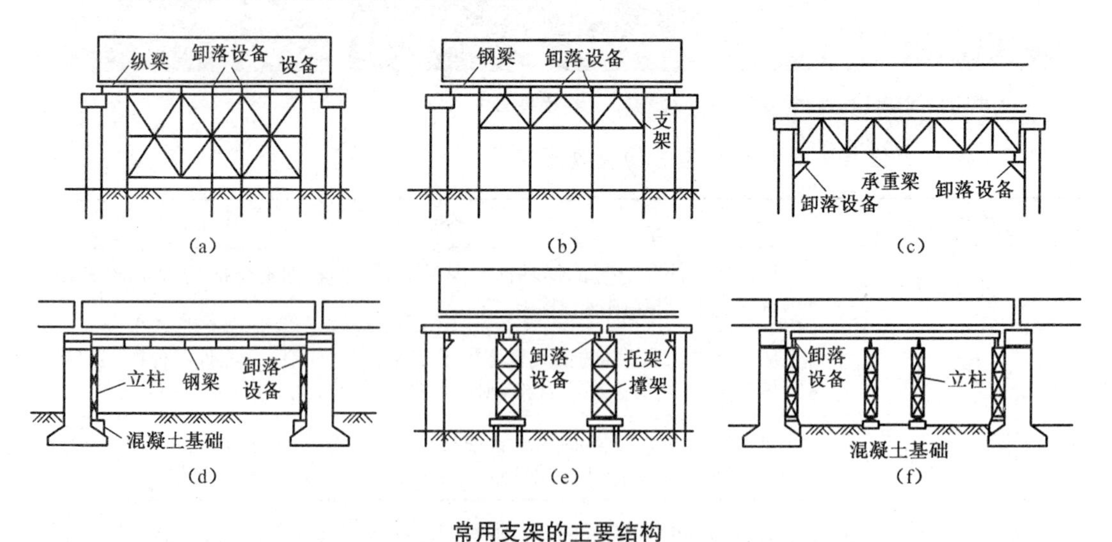

常用支架的主要结构

3. 整体浇筑时应采取措施，防止梁体不均匀沉降产生裂缝。若地基下沉可能造成梁体混凝土产生裂缝时，应分段浇筑。

4. 承重部位的支架和模板，必要时，应在立模后预压，消除非弹性变形和基础的沉陷。

5. 钢筋骨架的安装应注意以下几点：

(1) 钢筋接头应设置在内力较小处，并错开布置。

(2) 骨架的施焊顺序，宜由骨架的中间到两边，对称地向两端进行，并应先焊下部后焊上部，每条焊缝应一次成活，相邻的焊缝应分区对称地跳焊，不可顺方向连续施焊。

(3) 为保证混凝土保护层的厚度，应在钢筋骨架与模板之间放置砂浆垫块、混凝土垫块或钢筋头垫块。

6. 混凝土浇筑后应立即进行养护。洒水养护的时间，硅酸盐水泥不少于 7 d，矿渣、火山灰及粉煤灰水泥不少于 14 d。采用塑性薄膜或喷化学浆液等保护层时可不洒水养护。在强度未达到 1.2 MPa 以前，应禁止通行。当日平均气温低于 5℃或日最低气温低于－3℃时，按冬季施工要求进行。后张法预应力混凝土采用蒸汽养护时，其恒温应控制在 60℃以下。

7. 梁模支架的卸落，应对称、均匀和顺序地进行。支架卸落时，简支梁和连续梁应从跨中向两端进行，悬臂梁应先卸落挂梁及悬臂部分，然后卸落主跨部分。

卸落设备可采用木楔、木马、砂筒和千斤顶等。

卸落模板期限应按下列规定办理：

(1) 不承重的侧面模板，应在混凝土的强度保证其表面及棱角不因拆除模板而受损坏，或在混凝土抗压强度大于 2.5 MPa 时方可拆除。

(2) 承重模板、支架应在混凝土强度能承受自重及其他可能的叠加荷载时方可拆除。在一般荷载下，跨径≤2.0 m 时，混凝土强度达到设计强度的 50%；跨径≥2.0 m 时，混凝土强度达到设计强度的 75%。

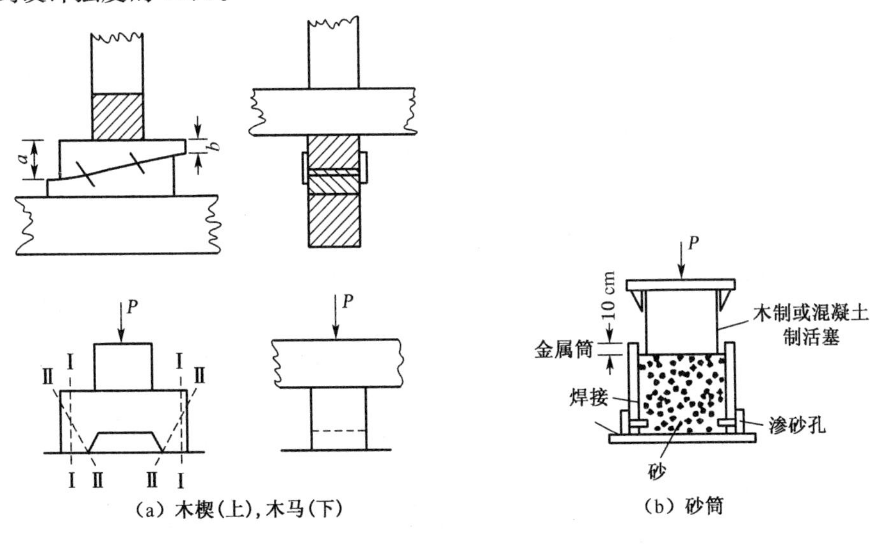

(a) 木楔(上)，木马(下)　　(b) 砂筒

卸落设备

二、在移动模架上浇筑预应力混凝土连续梁的注意事项

移动模架法是使用移动式的脚手架和装配式的模板，在桥位上逐孔现浇施工。随着施工进程不断移动连续现浇施工，因此移动模架法也称为“活动的桥梁预制场”和“造桥机法”。移动模架造桥机是一种自带模板，利用承台或墩柱作为支承，对桥梁进行现场浇筑的施工机械。其主要特点：施工质量好，施工操作简便，成本低廉等。在国外，已广泛地用于公路桥、铁路桥的连续梁施工中，是较为先进的施工方法。移动模架

造桥机主要由支腿机构、支承桁梁、内外模板、主梁提升机构等组成，可完成由移动支架到浇筑成型等一系列施工。

1. 移动模架的构造及组装要求

(1) 移动模架的墩旁托架及落地支架应具有足够的强度、刚度和稳定性，基础必须坚实稳固。

(2) 用于整孔制架的移动模架和用于阶段拼装的移动支架每次拼装前，必须对各零部件的完好情况进行检查。拼装完毕，均应进行全面检查和试验，符合设计要求后方可投入使用。

(3) 移动模架移动支架纵向前移的抗倾覆稳定系数不得小于1.5。

(4) 移动模架和用于节段拼装的移动支架(湿接缝和干接缝)前移时应对桥墩及临时墩主桁梁采用稳定措施，其滑道应具有足够的强度、刚度和长度、宽度。

(5) 牛腿的组装　牛腿为钢箱梁形式，吊装牛腿时在牛腿顶面用水准仪抄平，以便使推进平车在牛腿顶面上顺利滑移。

(6) 主梁安装　主梁在桥下组装，根据现场起吊能力可采用搭设临时支架将主梁分段吊装在牛腿和支架上，组成整体后拆除临时支架。也可将全部主梁组装完成后用大吨位吊机整体吊装就位。

(7) 横梁及外模板的拼装　主梁拼装完毕后，接着拼装横梁，待横梁全部安装完成后，主梁在液压系统作用下，横桥向、顺桥向依次准确就位。在墩中心放出桥轴线，按桥轴线方向调整横梁，并用销子连接好。然后铺设底板和外腹板、肋板及翼缘板。

(8) 模板拼装顺序　移动支撑系统按如下工序进行拼装：牛腿的组装，主梁的组装及有关施工设备、机具的就位—牛腿的安装—主梁吊装、同步横移合龙—横梁安装—铺设底板、安装模板支架—安装外腹板及翼缘板、底板—内模安装(在绑扎钢筋后)。

2. 适用条件　等截面、等跨度、多跨桥梁。

3. 注意事项

(1) 支架长度必须满足施工要求。

(2) 支架应利用专用设备组装，在施工时能确保质量和安全。

(3) 浇筑分段工作缝，必须设在弯矩零点附近。

(4) 箱梁内、外模板在滑动就位时，模板平面尺寸、高程、预拱度的误差必须在容许范围内。

(5) 混凝土内预应力筋管道、钢筋、预埋件设置应符合规范规定和设计要求。

三、悬臂浇筑法

悬臂浇筑法(简称悬浇)指的是在桥墩两侧设置工作平台，平衡地逐段向跨中悬臂浇筑水泥混凝土梁体，并逐段施加预应力的施工方法。主要设备是一对能行走的挂篮，挂篮在已经张拉锚固并与墩身连成整体的梁段上移动，绑扎钢筋、立模、浇筑混凝土、施预应力都在其上进行。完成本段施工后，挂篮对称地向前各移动一节段，进行下一对梁段施工，循序前行，直至悬臂梁段浇筑完成。

悬臂浇筑法主要特点：跨间不设支架；不影响通航或行车；内力状态施工与运营较一致；工作面大，速度快；设备可重复使用；体系转换。

值得关注的是施工挂篮的构造及设计。

功能：移动脚手架，挂在建成的梁段上；完成下个节段的作业。

结构形式：型钢式、桁架式、斜拉式、弓弦式、滑动斜拉式、菱形等。

平衡方式：压重式、锚固式和半压重、半锚固式。

行走方式：滚动式、滑动式和组合式。

组成：承重梁、悬吊模板、锚固装置、走行系统、工作平台。

设计原则：外形简单、受力明确、重量轻、变形小、稳定性好、装拆方便、移动灵活。

挂篮悬臂施工时首先现浇 0 号段；再以挂篮为施工机具对称浇筑 1 号和 1′号、2 号和 2′号……

适用条件：变截面，大跨径，墩高，通航或通行段，不适宜支架法施工处。

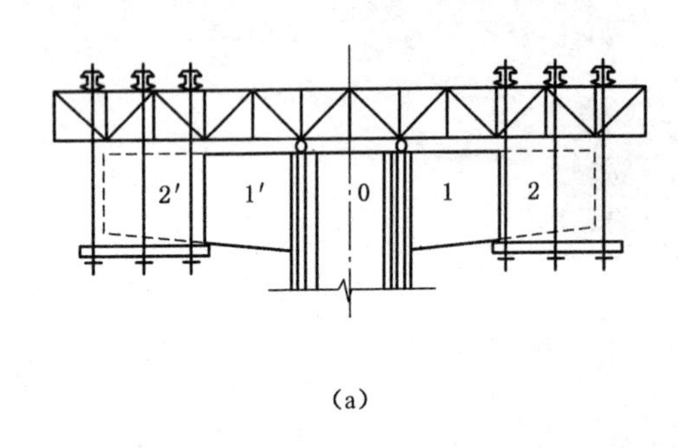

(a)

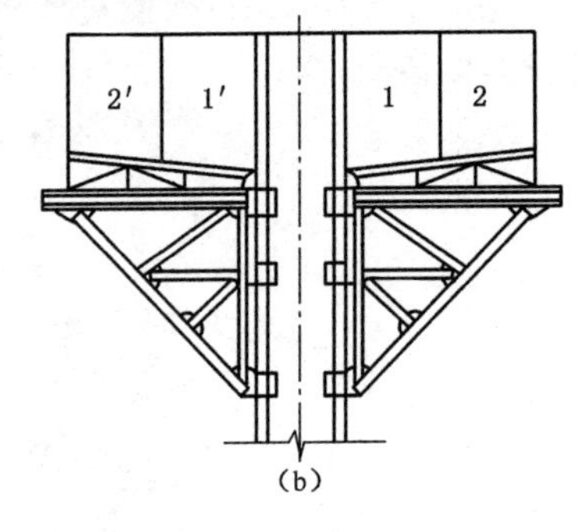

(b)

(一) 浇筑段落

悬浇梁体一般应分四大部分浇筑:

1. 墩顶梁段(0 号块)。
2. 墩顶梁段(0 号块)两侧对称悬浇梁段(1、1′,2、2′…段)。
3. 边孔支架现浇梁段。
4. 主梁跨中合龙段。

(二) 悬浇顺序

1. 在墩顶托架或膺架上浇筑 0 号块段并实施墩梁临时固结。
2. 在 0 号块段上安装悬臂挂篮,向两侧依次对称地分段浇筑主梁至合龙前段。
3. 在支架上浇筑边跨主梁合龙段。
4. 最后浇筑中跨合龙段形成连续梁体系。

(三) 张拉及合龙顺序

1. 预应力混凝土连续梁悬臂浇筑施工中,顶板、腹板纵向预应力筋的张拉顺序一般为上下、左右对称张拉。

2. 预应力混凝土连续梁合龙顺序一般是先边跨、后次跨、再中跨。

(四) 高程控制

预应力混凝土连续梁,悬臂浇筑段前端底板和桥面标高的确定是连续梁施工的关键问题之一,确定悬臂浇筑段前段标高时应考虑:①挂篮前端的垂直变形值;②预拱度设置;③施工中已浇段的实际标高;④温度影响。

因此,施工过程中的监测项目为①、③、④;必要时结构物的变形值、应力也应进行监测,以保证结构的强度和稳定。

2.4.4 钢梁安装的技术要求

一、安装方法

包括自行式吊机整孔架设法、门架吊机整孔架设法、支架架设法、缆索吊机拼装架设法、悬臂拼装架设法、拖拉架设法等。

二、安装前检查

1. 应对临时支架、支承、吊机等临时结构和钢梁结构本身在不同受力状态下的强度、刚度及稳定性进行验算。

2. 应对桥台、墩顶面高程、中线及各孔跨径进行复测。

3. 应按照构件明细表核对进场的构件、零件，查验产品出厂合格证及材料的质量证明书。

三、安装要求

1. 钢梁安装过程中，每完成一节间应测量其位置、标高和预拱度，不符合要求的应及时校正。

2. 工地焊缝连接和固定应符合以下规定：

(1) 钢梁杆件工地焊接顺序宜纵向跨中向两端，横向中线向两端对称进行。

(2) 工地焊接应设防风措施，雨天不得焊接。

3. 高强度螺栓连接的规定　用高强度钢制造的，或者需要施以较大预紧力的螺栓，皆可称为高强度螺栓。高强度螺栓多用于桥梁、钢轨、高压及超高压设备的连接。这种螺栓的断裂多为脆性断裂。高强度螺栓连接具有施工简单、受力性能好、可拆换、耐疲劳以及在动力荷载作用下不致松动等优点，是很有发展前途的连接方法。

高强度螺栓是用特制的扳手上紧螺帽，使螺栓产生巨大而又受控制的预拉力，通过螺帽和垫板，对被连接件也产生了同样大小的预压力。在预压力作用下，沿被连接件表面就会产生较大的摩擦力，显然，只要轴力小于此摩擦力，构件便不会滑移，连接就不会受到破坏，这就是高强度螺栓连接的原理。

高强度螺栓连接是靠连接件接触面间的摩擦力来阻止其相互滑移的。为使接触面有足够的摩擦力，就必须提高构件的夹紧力和增大构件接触面的摩擦系数。构件间的夹紧力是靠对螺栓施加预拉力来实现的，所以螺栓必须采用高强度钢制造，这也就是将其称为高强度螺栓连接的原因。

高强度螺栓连接中，摩擦系数的大小对承载力的影响很大。试验表明，摩擦系数主要受接触面的形式和构件的材质影响。为了增大接触面的摩擦系数，施工时常采用喷砂、用钢丝刷清理等方法对连接范围内构件接触面进行处理。

(1) 专职安全员检查规定。

(2) 松扣、回扣法检查规定。

(3) 连接副抽检。

(4) 施工前,高强度螺栓副应按出厂批号复验扭矩系数,每批号抽验不少于8套。

(5) 穿入孔内应顺畅,不得强行敲入,穿入方向应全桥一致。高强度螺栓不得作为临时安装螺栓。

(6) 施拧顺序为从板束刚度大、缝隙大处开始,由中央向外拧紧,并应在当天终拧完毕。施拧时,不得采用冲击拧紧和间断拧紧。

2.5 管涵和箱涵施工技术

2.5.1 管涵施工技术要求

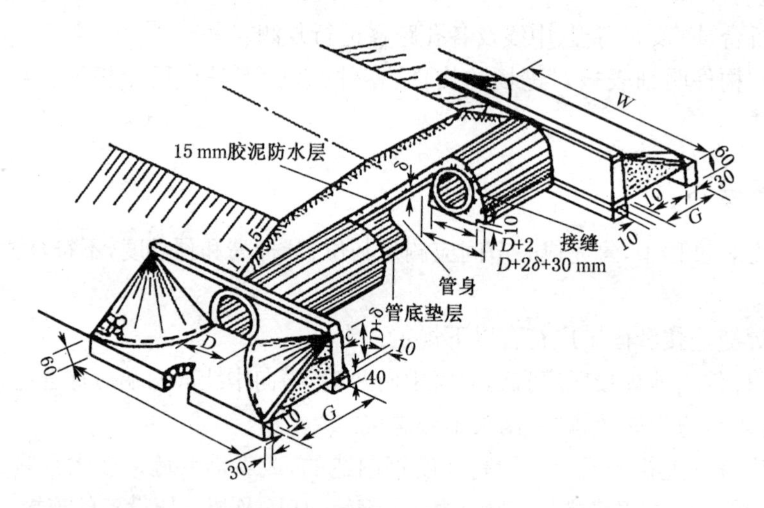

管涵各组成部分(尺寸单位:cm)

W—洞口铺砌宽度;G—锥形护坡长度;D—管径;δ—管壁厚度

一、管涵的施工程序

(一) 有圬工基础管涵施工程序

1. 挖基坑并准备修筑管涵基础的材料。
2. 砌筑圬工基础或浇筑混凝土基础。
3. 安装涵洞管节,修筑涵管出入口端墙、翼墙及涵底(端墙外涵底铺装)。
4. 铺涵管防水层及修整。
5. 铺设涵管顶部防水黏土(设计需要时),填筑涵洞缺口填土及修建加固工程。

(二) 无圬工基础管涵施工程序

1. 挖基坑和备料。
2. 修筑管座,截面形状同管节外截面,深度等于管壁厚度。
3. 铺设防水层,然后安装管节(按设计要求填料捣实)。
4. 管节全身包裹防水层,防水层外再铺设黏性土。
5. 修筑管涵出入端墙、翼墙及两端涵底和整修工作。

二、管涵施工注意事项

1. 有圬工基础的管座混凝土浇筑时应与管座紧密相贴，浆砌块石基础应加混凝土管座，使圆管受力均匀。无圬工基础的管座基底应夯填密实，并做好弧形管座。

2. 无企口的管节接头采用顶头接缝，应尽量顶紧，缝宽不得大于 10 mm，严禁因涵身长度不够而将所有接缝宽度加大来凑合涵身长度。

3. 沉降缝应采用沥青麻絮或其他具有弹性的不透水材料填塞。

4. 长度较大、填土较高的管涵应设预拱度。

5. 各管节设预拱度后，管内底面应成平顺圆滑曲线。

6. 管节安装应接口平直、内壁齐平、坡度平顺、不得漏水。

7. 涵洞沉降处两端应竖直、平整，上下不得交错。

8. 涵洞完成后，当涵洞砌体砂浆或混凝土强度达到设计强度的 75%时方可回填。

(1) 填土路堤在涵洞每侧不小于 $2D$ 及高出洞顶 1 m 范围内，应采用非膨胀的土由两侧对称分层仔细夯实。

(2) 用机械填筑涵洞缺口时，涵身两侧应用人工或小型机械对称夯填，高出涵顶至少 1 m。不得从单侧偏推、偏填，使涵洞承受偏压。

(3) 冬期施工时，涵洞缺口路堤、涵身两侧及涵顶 1 m 内，应用未冻结土填筑。

(4) 回填缺口时，应将已成路堤土方挖成台阶。

2.5.2 箱涵顶进技术要求

箱涵指的是洞身以钢筋混凝土箱形管节修建的涵洞。箱涵由一个或多个方形或矩形断面组成，一般由钢筋混凝土或圬工制成，箱涵施工一般采用现浇，在开挖好的沟槽内设置底层，浇筑一层混凝土垫层，再将加工好的钢筋现场绑扎，支内模和外模。较大的箱涵一般先浇筑底板和侧壁的下半部分，再绑扎侧壁上部和顶板钢筋，支好内外模，浇筑侧壁上半部分和顶板。待混凝土达到设计要求的强度拆模，在箱涵两侧同时回填土。

一、箱涵顶进的基本要求

顶进作业应在地下水位降至基底以下 0.5～1.0 m 进行，并应避开雨期施工，必须在雨期施工时应做好防洪及防雨排水作业。

顶进挖运土方应在列车运行间隙时间内进行。在开挖面应设专人监护。按侧刃脚坡度及规定的进尺由上往下开挖，侧刃脚进土应在 0.1 m 以上。开挖面的坡度不得大于1∶0.75，并严禁逆坡挖土，不得超前挖土。挖土的进尺宜为 0.5 m，当土质较差时宜随挖随顶。

二、箱涵顶进的测量与校正

1. 测量工作。

2. 顶进中调整水平与垂直误差的方法

(1) 加大刃脚阻力，避免箱涵低头。

(2) 在刃脚处适当超挖，调整抬头现象。

(3) 校正水平偏差：必须在箱涵入土前把正方向，以避免发生误差，箱涵顶出滑板后的方向，一般可用调整两侧顶力或增减侧刃脚阻力的办法进行校正。

(4) 在顶进工作中，必须树立“预防为主、校正为辅”的思想，以便稳步前进。通常多将工作坑中的滑板留 1%的仰坡，使箱涵顶出滑板时先有一个预留高度。

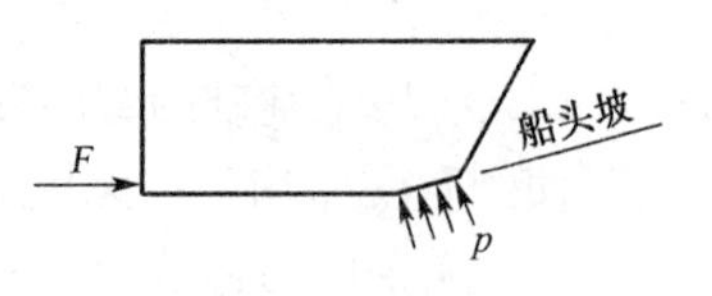

箱涵的船头坡

为了防止低头，还可在箱涵前端底板下设“船头坡”。船头坡不宜太陡，一般坡长 1 m，坡率 5%，造成一个上坡的趋向，必要时也可垫混凝土板，使箱涵强制上坡。

三、箱涵在穿越铁路、桥涵和管线等结构时的安全防护措施

1. 顶进箱涵时，必须进行铁道线路加固，并限制车速。

2. 小型箱涵可用调轨梁、轨束梁加固线路。

3. 孔径较大的箱涵可用横梁加盖、纵横梁加固、工字轨束梁及钢板脱壳法，同时应严格控制车速。

4. 在土质差、承载力低、土壤含水量高、铁路行车繁忙、不允许限速太多的情况下，可采用低高度施工便梁的方法。

5. 箱涵穿越管线时可采用暴露管线和加强施工监测的保护方法。

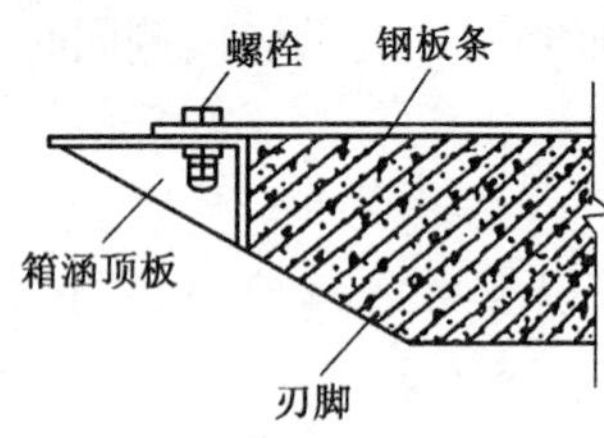

◆【市政实务案例必备素材】

现代大型桥梁施工设备和机具主要有：①各种常备式结构（如万能杆件、贝雷梁等）；②各种起重机具设备（如千斤顶、吊机等）；③混凝土设备（如拌和机、输送泵、振捣设备等）；④预应力张拉设备（锚具、张拉千斤顶）。

1. 钢板桩　在开挖深基坑和在水中进行桥梁墩台的基础施工时，为了抵御坑壁的土压力和水压力，常采用钢板桩，有时须做成钢板桩围堰。

2. 脚手架（支架）

① 扣件式。

② 碗扣式脚手架主要杆件仍然是 ϕ48 mm 钢管。但是，钢管的连接点采用“碗扣”。

秦沈线上采用的碗扣支架

现浇大悬臂盖梁碗扣支架

③ 门式脚手架(钢管装配框架式脚手架)。

构造特点:打破了单根杆件组合脚手架的模式,而以单个式刚架作为主要结构构件。

主要结构构件:门架、十字撑、平行架或专用钢脚手板。

辅助件:连接销、锁臂等。

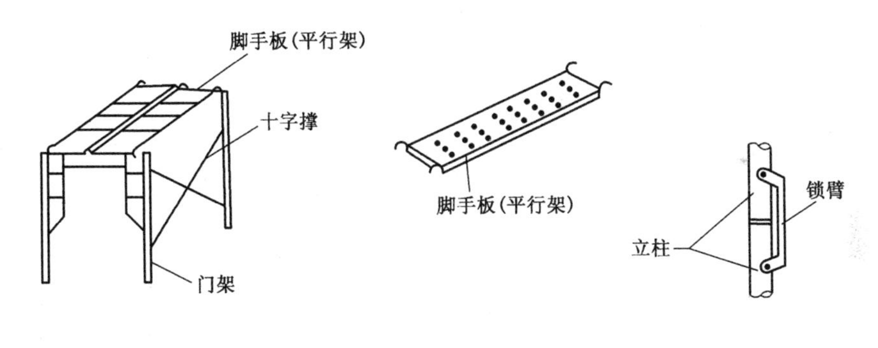

3. 万能杆件　是由角钢和连接板组成，用螺栓连接的桁架杆件。通用性强，各杆件均为标准件；装拆、运输方便；利用率高；可拼装成多种形式；可作为墩台、索塔施工脚手架。

贝雷(贝雷梁)是一种由桁架拼装而成的钢桁架结构。贝雷常拼成导梁作为承载移动支架，再配置部分起重设置与移动机具来实现架梁。

4. 起重千斤顶　适用于起落高度不大的起重。按其构造不同，可分为螺旋式千斤顶、油压式千斤顶和齿条式千斤顶三大类。

5. 链滑车是一种施工现场经常使用的轻小起重设备。常用链滑车分蜗杆传动与齿轮传动两种。

6. 扒杆是一种简单的起重吊装工具，一般由施工单位根据工程的需要自行设计和加工制作。用途为升降重物，移动和架设桥梁等。常用种类有独脚扒杆、人字扒杆、摇臂扒杆和悬臂扒杆。

7. 龙门架　是一种最常用的垂直起吊设备。在龙门架顶横梁上设行车时，可横向运输重物、构件；在龙门架两腿下设有缘滚轮并置于铁轨上时，可在轨道上纵向运输；如在两脚下设能转向的滚轮时，可进行任何方向的水平运输。龙门架可用于高差较大的垂直吊装和架空纵向运输，吊装重量由几吨至上百吨，纵向运距从几十米至几百米。

8. 缆索起重机组成　主索、天线滑车、起重索、牵引索、起重及牵引绞车、主索地锚、塔架、风缆、主索平衡滑轮、电动卷扬机、手摇绞车、链滑车及各种滑轮等部件。

在吊装拱桥时，缆索吊装系统除了上述各部件外，还有扣索、扣索排架、扣索地锚、扣索绞车等部件。

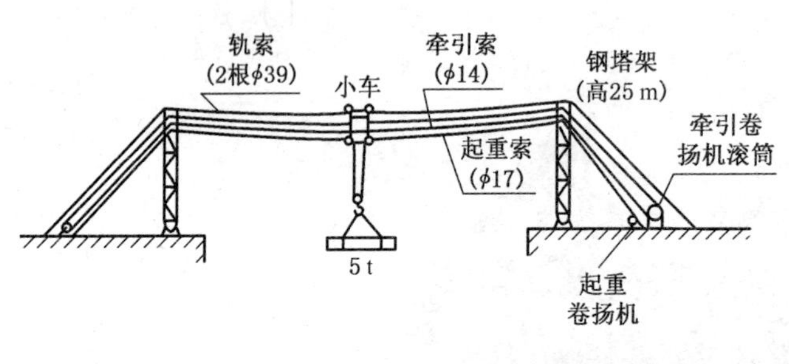

9. 索鞍　设置在塔架顶上，为放置主索、起重索、扣索等用，可减少索与塔架的摩阻力，使塔架承受较小的水平力，并减小索的磨损。

10. 地锚　亦称地垄或锚碇。用于锚固主索、扣索、起重索及绞车等。地锚的可靠性对缆索吊装的安全有决定性影响，设计与施工都必须高度重视。可以利用桥梁墩、台作锚碇，这样就能节约材料，否则需设置专门的地锚。

11. 架桥机　特点为自行过孔；可实现一次落边梁到位、全幅机械化横移梁片；采用微调控制，动作平稳精确；采用可编程序控制器，系统安全性高；结构简单，重量轻，运输组装方便；摆头灵活，可方便地在复杂工况下工作。

12. 搅拌机　按照搅拌原理，可分为自落式和强制式两类。

自落式搅拌机是指搅拌叶片和拌筒之间无相对运动。按形状和出料方式可分为鼓筒式、锥形反转出料式、锥形倾翻出料式。特点是机件磨损小，易于清理，移动方便，但动力消耗大，效率低，适用于施工现场。

强制式搅拌机：指搅拌机搅拌叶片和拌筒之间有相对运动。特点是搅拌质量好、生产率高、操作简便、安全等，但机件磨损大，适用于预制厂。

13. 混凝土输送泵和混凝土泵车　利用水平或垂直管道，连续输送混凝土到浇筑点的机械，能同时完成水平和垂直输送混凝土，工作可靠。适用于混凝土用量大、作业周期长及泵送距离和高度较大的场合。HBT60 混凝土泵的最大输送距离（水平×垂直）为 300 m×80 m。

14. 混凝土振动器　混凝土振动器是一种借助动力通过一定装置作为振源产生频繁的振动，并使这种振动传给混凝土，以振动捣固混凝土的设备。按振动传递方式可分为插入式振动器、附着式振动器、平板式振动器和振动台。

15. 预应力用液压千斤顶　预应力张拉机构由预应力用液压千斤顶和供油的高压油泵组成。液压千斤顶常用类型有拉杆式千斤顶、台座式千斤顶、穿心式千斤顶和锥锚式千斤顶等。

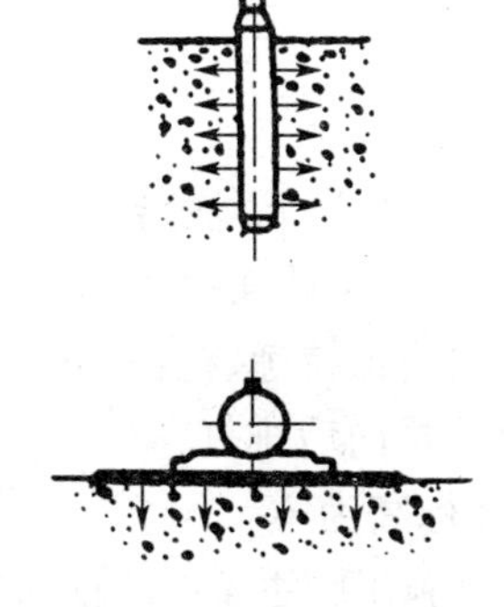

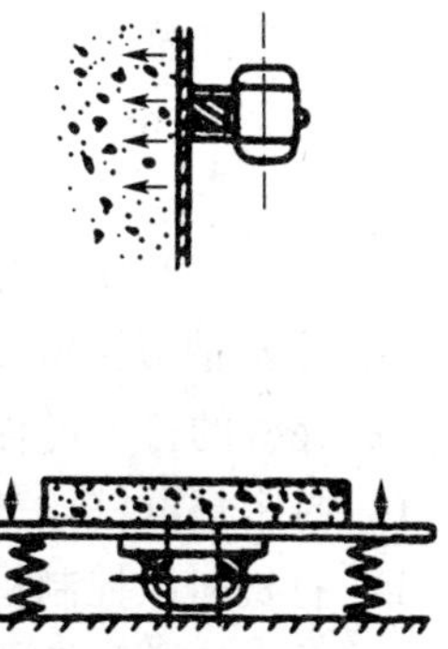

16. 高压油泵　高压油泵是预应力液压机具的动力源。特点是流量较小，能够连续供油，供油稳定，操作方便。按驱动方式，分为手动和电动两种。

17. 空气压缩机　空气压缩机是一种将空气压缩，使其压力增高，从而具有一定能量的动力机械。其用途为：①公路、桥隧等工程施工中，开挖所使用的凿岩机、破碎机、潜孔钻机等都是以压缩空气驱动的；②用于混凝土凿毛工作面的吹洗等；③金属结构的铆接、喷涂、轮胎充气以及机械操作和制动控制等，需要压缩空气作为动力。

空气压缩机进行桩底清孔

【练一练】

一、单项选择题

1. 采用网喷混凝土加固基坑壁施工时，坑壁上有明显出水点处，应（　　）。（2006 年考点）

A. 把水抽干　　B. 采用喷射混凝土强制止水

C. 设置导管排水　　D. 在出水点处打锚杆止水

2. 适用于各类土（包括强风化岩）的深水基坑围堰是（　　）。（2009 年考点）

A. 套箱围堰　　B. 土围堰

C. 钢板桩围堰　　D. 钢筋混凝土板桩围堰

3. 选择锤击沉桩设备的一般思路为（　　）。（2010 年考点）

A. 选择锤重→选择锤型→选择桩架　　B. 选择锤型→选择锤重→选择桩架

C. 选择桩架→选择锤重→选择锤型　　D. 选择桩架→选择锤型→选择锤重

4. 钻孔桩灌注水下混凝土时导管埋置深度一般控制在（　　）。

A. 0.5～1 m　　B. 0.5～2 m

C. 2～6 m　　D. 6 m 以上

5. 以下关于打入桩施工技术要求的说法，错误的是（　　）。（2011 年考点）

A. 水泥混凝土桩要达到 100％设计强度并具有 28 d 龄期

B. 在桩的打入过程中，应始终保持锤、桩帽和桩身在同一轴线上

C. 打密集群桩，一般是由前排向后排打

D. 打桩时以控制桩尖设计标高为主

6. 现浇混凝土盖梁前，搭设施工脚手架时不能实施的选项是（　　）。（2009 年考点）

A. 通道必须设置临边防护　　B. 必须与承重支架相连接

C. 必须可靠接地　　D. 必须验收合格后方可使用

7. 搭拆扣件式钢管脚手架时，应把（　　）放在第一位。（2010 年考点）

A. 进度　　B. 质量　　C. 安全　　D. 成本

8. 预应力筋切断不得采用(　　)切割。(2010 年考点)

A. 切断机　　B. 砂轮锯　　C. 电弧　　D. 乙炔—氧气

9. 在移动模架上浇筑预应力混凝土连续梁时,浇筑分段工作缝必须设在(　　)附近。(2009 年考点)

A. 弯矩零点　　B. 1/4 最大弯矩点　　C. 1/2 最大弯矩点　　D. 弯矩最大点

10. 现浇预应力混凝土梁支架施工时,设置预拱度要考虑的下述变形值中,不符合规范要求的是(　　)。(2010 年考点)

A. 卸架后上部构造本身及全部活载所产生的竖向挠度

B. 支架在荷载作用下的弹性和非弹性压缩

C. 支架基底在荷载作用下的非弹性沉降

D. 由混凝土收缩及温度变化而引起的挠度

11. 钢桁梁安装时,大面积节点板高强螺栓施拧应采用的顺序为(　　)。(2011 年考点)

A. 由中央向外　　B. 由外向中央　　C. 由上向下　　D. 由下向上

12. 相邻的无支护基坑深浅不等时,一般采用(　　)的开挖施工顺序。(2011 年考点)

A. 先浅后深　　B. 先深后浅　　C. 同时进行　　D. 交替进行

13. 围堰外形设计时应考虑当河底断面被压缩后,引起流速(　　),导致水流对围堰、河床的集中冲刷及其对(　　)的影响。

A. 增大;航道　　B. 增大;桥梁　　C. 减小;航道　　D. 减小;航道

14. 若水深 3.8 m,水流速度 2.3 m/s,则可用(　　)。

A. 土围堰　　B. 土袋围堰　　C. 竹、铅丝笼围堰　　D. 板桩围堰

15. 网喷混凝土加固基坑壁的锚杆的最小抗拔力应不小于设计值的(　　)。

A. 100%　　B. 90%　　C. 80%　　D. 70%

16. 各类围堰高度应高出施工期内可能出现的(　　)。

A. 一般水位(含浪高)0.5～0.7 m　　B. 最高水位 0.5～0.7 m

C. 最高水位(含浪高)0.3～0.5 m　　D. 最高水位(含浪高)0.5～0.7 m

17. 以下预应力锚具中,属于楔紧锚固体系的是(　　)。

A. 压花锚具　　B. 挤压锚具　　C. 镦头锚具　　D. OVM 锚具

18. 装配式桥梁构件在脱底模、移运、吊装时,如设计未规定,混凝土强度一般不得低于(　　)。

A. 设计强度的 105%　　B. 设计强度的 100%

C. 设计强度的 85%　　D. 设计强度的 75%

19. 在计算支架或拱架的强度和刚度时,除了考虑支架或拱架的设计荷载外,还应计入(　　)。

A. 风力　　B. 温度变化引起的应力变化

C. 冲击力　　D. 摩擦力

20. 支架或拱架受载后挠曲杆件的弹性挠度不应超过其相应结构跨度的(　　)。

A. 1/300　　B. 1/400　　C. 1/500　　D. 1/600

21. 验算梁板、拱的侧模板刚度时,应选择的荷载是(　　)。

A. 模板自重　　B. 圬工结构物重力

C. 振捣混凝土产生的荷载　　D. 新浇混凝土对侧面模板的压力

22. 支架计算时，应考虑的荷载有：①模板、支架的自重；②圬工结构物自重；③施工时人、料、机的重力；④振捣混凝土产生的荷载；⑤其他可能产生的荷载。支架强度计算应考虑的荷载组合是（　　）。

A. ①+②　　B. ①+②+③

C. ①+②+③+④　　D. ①+②+③+④+⑤

23. 桥梁拱架按材料可分为（　　）、木拱架、钢拱架和竹拱架。

A. 木支架　　B. 竹胶合板　　C. 组合式拱架　　D. 土牛拱胎

24. 在钻孔灌注桩施工中，护筒的作用不包括（　　）。

A. 起到钻头导向作用　　B. 隔离地表水

C. 支护桩壁　　D. 固定桩孔位置

25. 适用于各种钻孔方法的灌注桩，并且清孔较为彻底的钻孔方法是（　　）。

A. 抽浆法　　B. 换浆法　　C. 掏渣法　　D. 喷射清孔法

26. 预应力筋的下料长度要通过计算确定，计算时不需要考虑的因素是（　　）。

A. 孔道曲线长度　　B. 锚夹具长度

C. 预应力筋的松弛长度　　D. 千斤顶长度

27. 支架施工预拱度的确定，不需要考虑的因素是（　　）。

A. 支架在荷载作用下的弹性压缩挠度　　B. 支架在荷载作用下的非弹性压缩挠度

C. 支架基底在荷载作用下的非弹性沉陷　　D. 由混凝土收缩及温度变化而引起的变形

28. 下列不属于导致钻孔灌注桩施工中断桩的原因是（　　）。

A. 计算导管埋管深度时出错，或盲目提升导管，使导管脱离混凝土面

B. 钢筋笼将导管卡住，强力拔管时，使泥浆混入混凝土中

C. 桩底清孔不彻底

D. 导管接头处渗漏，泥浆进入管内，混入混凝土中

29. 桥梁钻孔灌注桩的主要工序不包括（　　）。

A. 埋设护筒　　B. 注水　　C. 制备泥浆　　D. 钻孔

30. 桥梁钻孔灌注桩施工时，一般常用（　　），在陆上与深水中均能使用，钻孔完成，可取出重复使用。

A. 钢护筒　　B. 铁护筒

C. 钢筋混凝土护筒　　D. 铝合金护筒

31. 桥梁基础施工中，护筒入土深度视土质与流速而定，护筒平面位置的偏差不得大于5 cm，倾斜度不得大于（　　）。

A. 1%　　B. 2%　　C. 3%　　D. 4%

32. 桥梁桩基钻孔时一般采用螺旋钻头或（　　）等成孔，或用旋转机具辅以高压水冲成孔。

A. 旋挖钻机　　B. 冲击锥　　C. 冲抓钻　　D. 潜水钻机

33. 桥梁支架按其构造划分不包括（　　）。

A. 钢木混合式支架　B. 立柱式支架　　C. 梁式支架　　D. 梁柱式支架

34. 桥梁支架按材料划分不包括(　　)。

A. 木支架　　B. 钢支架

C. 梁柱式支架　　D. 万能杆件拼装的支架

35. 桥梁拱架按结构可分为(　　)、撑架式、扇形、桁式、组合式拱架等。

A. 木拱架　　B. 支柱式　　C. 钢拱架　　D. 土牛拱胎

36. 拱式桥与同跨径的梁桥相比,其弯矩和变形要小得多,原因在于(　　)的作用。

A. 水平力　　B. 竖向力　　C. 剪力　　D. 弯矩

37. 拱桥的承重结构以(　　)为主。

A. 受拉　　B. 受压　　C. 受弯　　D. 受扭

38. 在确定拱架施工预拱度时,不应考虑的因素是(　　)。

A. 拱架承受的施工荷载而产生的弹性变形

B. 受载后因拱架杆件接头的挤压和卸落设备压缩而产生的非弹性变形

C. 主拱圈因混凝土收缩、徐变及温度变化引起的挠度

D. 由结构重力以及汽车荷载引起的拱圈弹性挠度

39. 常用模板设计中(　　)使用胶合板和钢模板。

A. 优先　　B. 宜优先　　C. 不宜　　D. 不得

40. 计算桥梁墩台的侧模板强度时应考虑的荷载包括(　　)。

A. 新浇筑混凝土、钢筋混凝土或其他圬工结构物的重力

B. 施工人员和施工料、具等行走运输或堆放的荷载

C. 振捣混凝土时产生的荷载

D. 倾倒混凝土时产生的水平荷载

41. 斜拉桥挂篮设计和主梁浇筑时应考虑抗风振的(　　)要求。

A. 强度　　B. 刚度　　C. 稳定性　　D. 抗倾覆

42. 锚碇大体积混凝土施工时应采用分层施工,每层厚度可为(　　)。

A. 1～1.5 m　　B. 1～2 m　　C. 2～2.5 m　　D. 2～3 m

43. 刚构桥的施工一般采用(　　)施工。

A. 整体现浇　　B. 转体　　C. 平衡悬臂　　D. 采用分次浇筑法

44. 悬索桥加劲梁试拼顺序为(　　)。

A. 按两端向跨中　　B. 按跨中向两端

C. 按架梁顺序　　D. 按加工顺序

45. 先张法预制梁板时,预应力筋张拉完毕后,与设计位置的偏差不得大于(　　)。

A. 2 mm　　B. 3 mm　　C. 5 mm　　D. 8 mm

46. 在悬拼法施工中,预制构件起吊安装前,应对起吊设备进行全面的安全技术检查,并按照以下荷载分别进行起吊试验(　　)。

A. 施工荷载的80%、100%和130%　　B. 设计荷载的70%、100%和120%

C. 设计荷载的60%、100%和130%　　D. 实际荷载的70%、100%和120%

47. 后张法预制板梁的施工过程中,张拉应按设计要求在两端同时对称张拉,张拉时千斤顶的作用线必须与(　　)重合,两端各项张拉操作必须一致。

A. 钢筋形心线　　B. 预应力轴线　　C. 梁截面轴线　　D. 弯矩影响线

48. 在验算支架刚度时，以下不应计入验算的荷载是(　　)。

A. 模板、支架和拱架自重　　B. 新浇混凝土的重力

C. 施工人员及机具等荷载　　D. 振捣混凝土产生的荷载

49. 矢跨比是拱桥拱圈(或拱肋)的(　　)。

A. 净矢高与计算跨径之比　　B. 计算矢高与净跨径之比

C. 净矢高与净跨径之比　　D. 计算矢高与计算跨径之比

50. 在竖向荷载作用下无水平反力产生的桥型是(　　)。

A. 梁式桥　　B. 刚架桥　　C. 拱式桥　　D. 吊桥

51. 梁式桥设计洪水位上相邻两个桥墩(或桥台)之间的净距称为(　　)。

A. 标准跨径　　B. 理论跨径　　C. 计算跨径　　D. 净跨径

52. 桥跨结构相邻两支座中心之间的距离称为(　　)。

A. 标准跨径　　B. 理论跨径　　C. 计算跨径　　D. 经济跨径

53. 桥下净空高度指(　　)。

A. 设计洪水位或通航水位与桥跨结构最下缘之间的距离

B. 设计洪水位或通航水位与桥跨结构最上缘之间的距离

C. 设计洪水位或通航水位与最低水位之间的距离

D. 设计洪水位或通航水位与测时水位之间的距离

54. 现浇混凝土盖梁前，搭设施工脚手架时不能实施选项(　　)。(2009 年考点)

A. 通道必须设置临边防护　　B. 必须与承重支架相连接

C. 必须可靠接地　　D. 必须验收合格后方可使用

55. 现浇混凝土墩台混凝土浇筑采用插入式振捣器时，应插入下层混凝土(　　)。

A. 50 mm　　B. 70 mm　　C. 100 mm　　D. 50～100 mm

56. 关于打入桩施工技术要求的说法，错误的是(　　)。(2011 年考点)

A. 水泥混凝土桩要达到 100%设计强度并具有 28 d 龄期

B. 在桩的打入过程中，应始终保持锤、桩帽和桩身在同一轴线上

C. 打密集群桩，一般是由前排向后排打

D. 打桩时以控制桩尖设计标高为主

57. 假设在硬土中沉桩，采用重量 0.6 t 钢质桩，则液压锤的重量为(　　)。

A. 1.0 t　　B. 1.2 t　　C. 1.5 t　　D. 1.8 t

58. 当在施工噪声及环保方面要求高的城市进行沉桩作业，沉桩区域地质为黏性土、砂土类交互层，砾石含量不大时，要沉的是沉重型的钢桩，应采用(　　)锤型(该地区各种锤型均有资源)。

A. 重型龙门坠锤　　B. 液压锤　　C. 柴油锤　　D. 筒式锤

59. 在软土地区施工时，箱涵顶进过程中出现(　　)是普遍的现象。

A. 箱体下扎　　B. 箱体上抬

C. 覆盖土体随之移动　　D. 铁路轨道上抬

60. 无圬工基础管涵下列施工程序中不正确的是 (　　)。

A. 挖基坑和备料

B. 修筑管座，截面形状同管节外截面，深度等于管壁厚度

C. 先安装管节，然后铺设防水层

D. 修筑管涵出入端墙、翼墙及涵底和整修工作

61. 箱涵顶进施工中顶进挖运土方，应在(   )进行。

A. 列车停运时　　B. 列车通过少时

C. 列车运行间隙时间内　　D. 晴天时

二、多项选择题

1. 灌注桩钻孔设备中的钻杆，因其受力复杂和作用关键，选择时经过(   )一系列工作，才能确定。(按序排列)

A. 选定泥浆泵，完成泵压计算

B. 确定旋转盘，得到其扭矩性能

C. 根据泵压确定钻杆的最小内径和管壁厚度

D. 根据钻杆传递动力时的受力不利截面进行应力验算，防止钻进中扭断钻杆

2. 钻孔灌注桩施工技术要求包括(   )。

A. 应保持护筒内泥浆水位一定高度

B. 护筒内径要比桩径稍大

C. 要尽量加大护筒的埋深

D. 灌注水下混凝土时导管埋深一般宜控制在 2～6 m

E. 混凝土中掺入早强剂，使其速凝，以提高早期强度

3. 关于网喷混凝土加固基坑壁施工的说法，正确的有(   )。

A. 气温低于 5℃时，不应进行喷射作业

B. 喷射作业应分段、分片进行

C. 喷射作业应自下而上依次进行

D. 分层喷射时，后一层喷射应在前一层混凝土初凝前进行

E. 喷射与开挖循环作业时，两者间隔时间不少于 2 h

4. 相对正循环回转钻，反循环回转钻的特点有(   )。(2010 年考点)

A. 钻孔进度快　　B. 需要泥浆量多

C. 转盘消耗动力较少　　D. 清孔时间较短

E. 用泥浆悬浮钻渣

5. 预应力锚具、夹具和连接器，它们是保证充分发挥预应力筋强度，安全地实现预应力张拉作业的关键，它们应具备的性能有(   )。

A. 可靠的锚固性　　B. 优良的连接性　　C. 足够的承载能力　　D. 良好的适用性

E. 价格低廉

6. 城市桥梁安装简支梁板，是以(   )方法为主。

A. 人字扒杆吊装　　B. 龙门架吊装　　C. 吊机单机吊装　　D. 吊机双机吊装

E. 动滑轮组

7. 连续梁悬浇正确的施工顺序是(   )。

A. 在零号块段上安装悬臂挂篮，向两侧依次对称分段浇筑主梁至合龙前段

B. 在支架上浇筑边跨主梁合龙段

C. 在墩顶托架或膺架上浇筑零号段并实施墩梁临时固结

D. 浇筑中跨合龙段形成连续梁体系

8. 在一个基坑内沉入多根桩时，下列有关打桩顺序的说法中，正确的有（　　）。(2005年、2009年考点)

A. 由一端向另一端打
B. 密集群桩由中心向四边打
C. 先打浅桩，后打深桩
D. 先打靠近建筑物的桩，然后往外打
E. 先打坡脚，后打坡顶

9. 在钻孔灌注桩施工中，决定灌注水下混凝土导管直径的因素有（　　）。(2009年考点)

A. 桩长
B. 桩机型号
C. 桩径
D. 钻进方法
E. 每小时需要通过的混凝土数量

10. 网喷混凝土加固基坑壁施工中，当喷射混凝土完成后，应检查内容及要求是（　　）。

A. 混凝土的平均厚度和强度均不得小于设计要求
B. 锚杆的平均抗拔力不小于设计值的105%，最小抗拔力不小于设计值的100%
C. 混凝土喷射表面应平顺，钢筋和锚杆不外露
D. 锚杆的平均抗拔力不小于设计值的100%，最小抗拔力不小于设计值的90%
E. 锚杆的平均抗拔力不小于设计值的75%，最小抗拔力不小于设计值的90%

11. 各类围堰的适用范围和施工要求主要根据（　　）确定。

A. 地面水深
B. 地下水文地质条件
C. 地面水流速度
D. 河床土性
E. 施工方便

12. 管涵安装管节时，应做到（　　）。

A. 接口平直
B. 坡度平顺，无返坡
C. 内壁齐平，无错口
D. 可少量渗水

13. 箱涵顶进前，必须首先解决（　　）课题才能顺利安全地进行顶进挖运土方作业。

A. 要对原有路线采取必要的加固措施，搞清列车运行情况
B. 应将地下水位降至基底以下0.5～1 m，宜避开雨季
C. 检查验收桥涵主体结构的混凝土强度、后背，应符合设计要求
D. 检查顶进设备并做预顶试验

14. 以下对管涵施工要求正确的是（　　）。

A. 管节安装应接口平直、内壁齐平，坡度平顺、不得漏水
B. 涵洞沉降缝处两端应平直、平整，上下不得交错
C. 涵洞完成后，当砌体砂浆或混凝土强度达到设计强度的100%时，方可填土
D. 根据需要，可将管节的部分地方包裹防水层，防水层外再铺设卵石压盖
E. 修筑管座，截面形状同管节外截面，深度大于管壁厚度

15. 以下对覆土箱涵顶进施工要求正确的是（　　）。

A. 一般情况下，铁路的钢轨底距箱顶为80 cm，是保证和便于铁路加固的适宜高度。当大于此高度时，不能施工
B. 顶进时若相当困难，则可适当超挖土体，以便顶进顺利
C. 随箱涵顶进入土长度的增加，顶进箱涵上的覆土会越稳定
D. 顶进箱涵前端外轮廓应是正误差，尾端外轮廓应是负误差
E. 箱涵混凝土强度达到设计强度后才允许顶进作业，箱体及其接缝没有渗、漏现象。

三、案例分析题

1. (2010 年考点)某市政桥梁工程采用钻孔灌注桩基础;上部结构为预应力混凝土连续箱梁,采用钢管支架法施工。支架地基表层为 4.5 m 厚杂填土,地下水位位于地面以下 0.5 m。

主墩承台基坑平面尺寸为 10 m×6 m,挖深为 4.5 m,采用 9 m 长[20a 型钢做围护,设一道型钢支撑。

土方施工阶段,由于场地内堆置土方、施工便道行车及土方外运行驶造成的扬尘对附近居民产生严重影响,引起大量投诉。

箱梁混凝土浇筑后,支架出现沉降,最大达 5 cm,造成质量事故。经验算,钢管支架本身的刚度和强度满足要求。

问题:箱梁出现沉降最可能的原因是什么?应采取哪些措施避免这种沉降?

2. 某公司承接一座城市跨河桥 A 标,为上、下行分立的两幅桥,上部结构为现浇预应力混凝土连续箱梁结构,跨径为 70 m+120 m+70 m。建设中的轻轨交通工程 B 标高架桥在 A 标两幅桥梁中间修建,结构形式为现浇截面预应力混凝土连续箱梁,跨径为 87.5 m+145 m+87.5 m。三幅桥间距较近,B 标高架桥上部结构底高于 A 标桥面 3.5 m 以上。为方便施工协调,经议标,B 标高架桥也由该公司承建。

A 标两幅桥的上部结构采用碗扣式支架施工,由于所跨越河道流量较小,水面窄,项目部施工设计采用双孔管涵导流,回填河道并压实处理后作为支架基础,待上部结构施工完毕以后挖除,恢复原状。支架施工前,采用 1.1 倍的施工荷载对支架基础进行预压。支架搭设时,预留拱度考虑承受施工荷载后支架产生的弹性变形。

B 标晚于 A 标开工,由于河道疏浚贯通节点工期较早,导致 B 标上部结构不具备采用支架法施工条件。

问题:

(1) 支架预留拱度还应考虑哪些变形?

(2) 支架施工前对支架基础预压的主要目的是什么?

(3) B 标连续梁施工采用何种方法最适合?说明这种施工方法的正确浇筑顺序。

3. A 公司中标某城市污水处理厂的中水扩建工程,合同工期 10 个月,合同价为固定总价,工程主要包括沉淀池和滤池等现浇混凝土水池。拟建水池距现有建(构)筑物最近距离 5 m,其地下部分最深为 3.6 m,厂区地下水位在地面下约 2.0 m。

A 公司施工项目部编制了施工组织设计,其中含有现浇混凝土水池施工方案和基坑施工方案。基坑施工方案包括降水井点设计施工、土方开挖、边坡围护和沉降观测等内容。现浇混凝土水池施工方案包括模板支架设计及安装拆除,钢筋加工,混凝土供应及止水带、预埋件安装等。在报建设方和监理方审批时,被要求增加内容后再报批。

施工过程中发生以下事件:

事件一:混凝土供应商未能提供集料的产地证明和有效的碱含量检测报告,被质量监督部门明令停用,造成 2 周工期损失和 2 万元的经济损失。

事件二:考虑到外锚施工对现有建(构)筑物的损坏风险,项目部参照以往经验将原基坑施工方案的外锚护坡改为土钉护坡;实施后发生部分护坡滑裂事故。

事件三:在确认施工区域地下水位普遍上升后,设计单位重新进行抗浮验算,在新建池体增设了配重结构，增加了工作量。

问题：

(1) 补充现浇混凝土水池施工方案的内容。

(2) 就事件一的工期和经济损失，A公司可向建设方或混凝土供应商提出索赔吗？为什么？

(3) 分析并指出事件二在技术决策方面存在的问题。

(4) 事件三增加工作量能否索赔？说明理由。

4. 某高速公路一座分离式立交7-1号桩，桩长42.5 m，桩径1.4 m，钻孔—成孔—清孔—下钢筋笼—下导管—清孔—浇筑水下混凝土各工序均正常。每罐车混凝土约7 m^3，现场技术员和监理人员均实测每罐车混凝土灌注的上升高度和导管埋深。待灌注完第七罐车后，发现导管埋深已达到8.2 m时，监理要求提升导管并卸除一节导管。现场技术人员及现场负责人不同意，他们想每两节导管卸一次，这样待第八罐混凝土浇筑后，实测导管埋深已达12 m了。这时想提升导管发现导管提不上来，操作人员强行摇动导管，开动卷扬机上提，突然导管在上部第二节与第三节接头处拉断，孔内泥浆水进入导管。这时监理发现问题立即报监理组，监理组要求停止施工，但施工队采取抽孔内水，待露出第三节导管后又用提升的方法强行提升导管。一段时间后导管还是提不出来，就重新下了导管，在导管口架上料斗继续浇筑混凝土。此时监理人员已离开现场，施工队一直将桩浇筑完毕。

施工队按正常的程序报验7-1号，并将资料上报给监理人员，监理人员未签认，一星期后施工队正常上报该桩进行小应变动测，动测结果该桩为B类桩。

试作事故情况分析。

5. 某高速公路特大桥中墩11号墩右幅桩基础施工，基础形式为9根ϕ1.5 m桩，承台连接，下部结构为钢筋混凝土墩身，上部为变截面悬浇箱梁。

桩基础11-10号桩，桩长55 m。在浇筑水下混凝土时，首盘采用6 m^3混凝土连续入孔封底，混凝土上升高度为2.7 m，导管埋深为2.3 m。第二盘混凝土5 m^3入孔后，上升高度至5.1 m，此时导管埋深4.7 m。第三盘混凝土入孔后导管埋深可能超过6 m，故在第二盘混凝土灌注后拆除导管。采用水上浮吊提拔导管时由于风浪较大，浮吊摆动厉害，致使导管上提时不慎将底口脱出混凝土面，泥浆迅速涌入导管内。此时监理要求停工。施工队提出导管并立即接好反循环管路系统，采用泵吸法进行二次清孔，连续清出大量混凝土骨料后，此时量测孔内剩余混凝土高度为4.2 m，拆除清孔管路系统，安装封底大储料罐，采取6 m^3混凝土进行二次封底后高度上升至7.1 m，接续灌注两盘混凝土孔内上升高度至13.1 m。第三盘混凝土入孔时发生堵塞导管现象，立即采用浮吊抖动导管，导管内的混凝土迅速下落入孔，将第三盘剩余混凝土灌注完成。在后续的灌注作业中未发生异常情况，直至灌注完成。

施工中发生如下事件：(1) 施工队采用浮吊提拔导管，造成导管底口脱出混凝土面，采用二次浇筑有可能造成断桩现象，施工操作不规范。

(2) 监理工程师在审查施工方案时，应认真审查施工的各道工序，现场及时指出采用稳妥的方法施工。

(3) 特大桥主桥为65 m＋90 m＋65 m挂篮悬浇PC变截面连续箱梁，11号墩为主墩，11-10号桩为右幅桥角桩。浇筑至孔底向上6 m时，水面上风浪较大，浮吊摆动厉害，提拔导管时造成导管底部脱空，后采用泵吸法进行二次清孔，在孔中混凝土剩余 4.2 m 时重新开始浇筑。

(4) 本桩为设计长度 55 m 的摩擦桩，41.3～41.8 段经查 2～3 断面波速从原始动测资料查阅为 3 933 m/sec，同意该段为局部轻度离析的分析；48.8～51.0 m 段近 1/3 面积为离析区，系浇筑故障清孔至 51.0 m 引起的。经验算，该桩截面已满足抗压强度使用要求。鉴于桩身病害处基本上没有弯矩和剪力，桩身摩阻力亦未受到大的影响，沉淀层厚度符合要求，该桩可以使用。

问题：

(1) 请问断桩的预防和处理措施？

(2) 桩身混凝土质量差的预防和处理措施？

【答案】

一、1. C 2. C 3. B 4. C 5. C 6. B 7. C 8. C 9. A 10. A 11. A 12. B 13. A 解题思路：由于流速 = 流量 / 河底断面积，因此，当河底断面被压缩变小后，流速自然会增大。流速增大导致对围堰、河床的集中冲刷，使河床淘挖变深，从而使航道受到影响。因此，正确选择是 A。 14. C 解题思路：①当水深小于 1.5 m，水流速度不超过 0.5 m/s 时，可用土围堰。②当水深小于 3 m，水流速度不超过 1.5 m/s 时，可用土袋围堰。③当水深小于 4 m，水流速度较大(不小于 1.5 m/s)时，可用竹、铅丝笼围堰。④当水深较大、基坑深、流速大、河床坚硬，可用板桩围堰。⑤对于埋置不深的水中基础，可用套箱围堰。⑥对于具有平坦岩石河床的大型河流的深水基础，可用双壁钢围堰。从上述分析可知，本题最合适的选项是 C。 15. B 解题思路：网喷混凝土加固基坑壁核心是确保基础施工期坑壁稳定。锚杆抗拔性能是确保坑壁稳定的关键之一。牢记其平均抗拔力和最小抗拔力十分重要。如问的是平均抗拔力，则选“A”。 16. D 解题思路：此题考查应试者是否记住“最高水位(含浪高)”及高出 0.5～0.7 m。如不含浪高及高出在 0.5 m 以下均不安全。如高出在 0.7 m 以上又不经济。 17. D 解题思路：属于楔紧锚固体系的有钢质锥塞锚具、夹片锚具(JM)和楔片锚具。而楔片锚具有 XM、QM 和 OVM 锚具。因此本题答案为“D”。 18. D 解题思路：桥涵施工技术规范规定，装配式桥梁构件在脱底模移运、吊装时，混凝土的强度不应低于设计所要求的吊装强度，一般不得低于设计强度的 75%。因此答案为“D”。 19. A 20. B 21. D 22. D 23. D 24. C 25. A 26. C 27. D 28. C 29. B 30. A 31. A 32. B 33. A 34. C 35. B 36. A 37. B 38. D 39. B 40. C 41. B 42. A 43. C 44. C 45. C 46. C 47. B 48. D 49. D 50. A 51. D 52. C 53. A 54. B 55. D 56. C 57. C 解题思路：锤的重量与沉桩的重量的关系可参见下表：

锤质量和桩质量比值表

对应关系	坠锤		柴油锤、液压锤	
	硬土	软土	硬土	软土
混凝土桩	1.5	0.35	1.5	1.0
钢桩	2.0	1.0	2.5	2.0

根据本题条件，可查得锤质量 / 桩质量比值 = 2.5，因此液压锤重量 = 2.5×0.6 = 1.5 t。 58. B 解题思路：选择锤型尽可能在所在地方可供资源范围内选取。因只有液压锤具有满足噪音及环保要求高，适用于黏性土、砂土含少量砾石的地质条件和沉入沉重型的钢桩，因此选择液压锤。坠锤虽然适用本题地质条件，但不适用沉此类桩，效率低，因此不能选。 59. A 解题思路：从力学角度分析，箱涵顶进过程中

出现箱体下扎是不可避免的，在软土地区施工时更是如此，因此A对。箱体上抬不可能发生，因此B不对。随箱涵顶进长度增加，摩擦阻力不断增加，可能会出现覆盖土体随箱体移动，但不是普遍现象，因此C不对。箱体顶板刃脚切土有使铁路轨道上拱的危险，但不是普遍现象，因此D不对。 60. C 解题思路：无圬工基础管涵与有圬工基础管涵在施工程序上不同点除没有圬工或混凝土基础外，还有两点：①先铺防水层，然后安管节；②管节全身包裹防水层。由于C选项所答内容与上述规定相反，因此本题的答案为"C"。61. C 解题思路：箱涵从铁路路基下通过，必须要确保顶进挖运土方时铁路能正常营运。同时，凡是要修建箱涵顶进处，铁路通行都很忙，要寻找列车通过少还是停运时段是不现实的。因此本题答案为"C"。

二、1. ACBD 解题思路：钻孔设备中钻锥、钻杆和泥浆泵是重点考虑的部件，而钻杆受力复杂，上述各项内容工作，必须按ACBD顺序才能顺利地确定钻杆。 2. ABD 解题思路：①护筒内泥浆水位保持一定高度，可形成静水压力，以保护孔壁免于坍塌。因此A对。②护筒内径要比桩径稍大，增加值与钻杆是否有导向装置、护筒自身长度、护筒类型、应用场所相关。因此B对。③护筒的埋深不能太大，否则会出现护筒内水位降低，导致涌砂流入，使护筒倾陷。因此C不对。④灌注水下混凝土时，导管埋置深度一般宜控制在2～6 m。因此D对。⑤灌注桩所用混凝土不能使用早强剂。因此E不对。 3. ABC 4. ACD 5. ACD 解题思路：预应力锚具夹具和连接器是预应力工程中的核心元件，这点要求它们要有足够的承载能力。因使用情况广泛，因此要有良好的适用性。为保证预应力结构安全，规范要求预应力钢筋与锚具、夹具和连接器相结合的锚固性能符合要求。连接性已包含于锚固之中。 6. CD 解题思路：城市中安装简支梁板常用方法是上述前四种，由于受城市交通环境制约，往往以机动性更强，可少影响交通的吊机安装法。 7. CABD 解题思路：此题考查应试者是否掌握悬浇的正确施工顺序，不是这一排列均为错。 8. ABD 9. ACE 10. ACD 解题思路：排除法判断，此题考点在混凝土的强度和厚度的"平均值不小于设计值"；锚杆抗拔力的平均值不小于设计值，最小值不小于设计值的90%；混凝土喷射表面"平顺"，"钢筋、锚杆不外露"的外观合格等要求。B选项的锚杆抗拔力的平均、最小值要求不对，因此排除"B"。 11. ACD 解题思路：基坑围堰多数是围挡地面水，地下水需用排降水设施解决。因此一般不考虑地下水文地质条件、施工方便，排除B、E选项。 12. ABC 解题思路：管节安装，为确保管涵排水效果，必须做到管节接口平直，坡度平顺无返坡，管内壁齐平无错口，管缝处不得漏水。因此本题答案要排除"D"。 13. ACD 解题思路：箱涵顶进前，必须首先解决的一些课题中，关于对水的防排，"B"中缺少"必须在雨季施工时，应做好防洪及防雨排水工作"，因此排除。 14. AB 解题思路：①根据管涵施工的基本要求，可知A、B正确。②涵洞完成后，当砌体砂浆或混凝土强度达到设计强度的75%时就可以填土。因此C不对。③根据需要，可将管节全身包裹防水层，防水层外再铺设黏性土压盖。因此D不对。④修筑管座，截面形状同管节外截面，深度等于管壁厚度。因此E不对。 15. DE 解题思路：(1) 一般情况下，铁路的钢轨底距箱顶大于80 cm时会给铁路加固带来巨大困难。但不是不能施工，可采取如下措施：①适当加高顶进箱涵的净孔，其顶进方法不变；②架设临时梁，加固后的铁路线通过横梁临时转移到临时梁上，顶进箱涵在临时梁下通过。顶进箱涵就位后，箱顶回填土恢复铁路线。因此，A不对。(2) 在任何情况下，均不可超挖土体。因此，B不对。随箱涵顶进入土长度的增加，顶进箱涵顶上摩擦阻力会增大，覆土会随之一起移动，覆土土体越不稳定。因此，C不对。

三、1. 支架基础出现不均匀沉降(承载力不够)，对杂填地基进行适当加固(措施)，支架预压处理，在支架底端采用适当措施，分散压力。 2. (1)还应考虑支架受力产生的非弹性变形、支架基础沉陷和结构物本身受力后各种变形。(2)消除地基在施工荷载下的非弹性变形；检验地基承载力是否满足施工荷载要求；防止由于地基沉降产生梁体混凝土裂缝。(3)B标连续梁采用悬臂浇注法(悬浇法或挂篮法)最合适。浇筑顺序主要为：墩顶梁段(0号块)→墩顶梁段(0号块)两侧对称悬浇梁段→边孔支架现浇梁段→主梁跨中合龙段。 3. (1)本工程的现浇混凝土水池施工方案应补充混凝土的原材料控制，配合比设计、浇筑作业、养护等内容。(2)A公司不能向建设方索赔工期和经济损失。因为是A公司自身失误，属于A公司的行为责任或风险责任。A公司可向混凝土供应商索赔经济损失，是供应商不履行或未能正确履行进场验收规定，向A公司提供集料的质量保证资料。(3)基坑外锚护坡改为土钉护坡，是基坑支护结构改变，应经稳定性计算和变形验算，不应参照以往经验进行技术决策。(4)能提出索赔。理由是：池体增加配重结构属设计变更。相关法规规定：工程项目已施工再进行设计变更，造成工程施工项目增加或局部尺寸、数量变化等均可索赔。 4. ①第七罐车混凝土浇筑后，导管埋深达 8.2 m，卸掉两节导管，这时导管埋深有 8.2－2.5＝5.7 m，埋深符合要求。而施工队不听从监理意见，导致后面导管提不上来，施工队负主要责任。②监理认为导管提不上来，如继续下导管浇筑水下混凝土肯定造成断桩，新旧混凝土界面均为泥浆及混凝土的混合物质。即使二次下导管能够使新旧混凝土结合得好，该桩在此断面处必然是大面积离析、分层。③发生事故时混凝土界面距桩顶约 7 m，该处除受竖向力作用外，还存在弯矩的影响，故监理要求停工。④动测结果该桩为 B 类桩。仅说明在桩顶以下 6～6.5 m 断面有轻微离析现象。离析断面面积只有 5%左右。实际上该桩是可以使用的，只是在分项工程评定时要扣质量评定分。⑤指挥部及总监征得监理组专业工程师的意见，考虑到桩内混凝土中埋有 15 m 左右的导管，决定该桩作返工处理。⑥施工队请来冲桩部门，将桩冲击掏渣成孔，再重新灌注后动测为 A 类桩。 5. (1)①力争首批混凝土浇灌一次成功；②钻孔选用较大密度和黏度、胶体率好的泥浆护壁，保持孔壁稳定；③导管接头应用方丝扣连接，并设橡皮圈密封严密；④孔口护筒不要埋置太浅，防止孔口塌方；⑤下钢筋笼骨架过程中，不得碰撞孔壁；⑥施工时做好防止意外情况发生的准备，包括发电机、拌和机、运输设备在内的机械设备、人员、运输路线必须有 2 套方案，灌注时要争取一次性快速灌注完毕，不可停顿，如果因意外导致停顿时，停顿时间不能超过 30 min，在停顿期间要不停地活动导管，避免卡管现象。桩基出现断桩，必须采取有效措施对断桩进行处理后才能进行下一步施工。(2)①混凝土灌注应边灌边振捣，灌注混凝土时或向孔内吊放钢筋笼时，注意避免碰撞孔壁，造成夹层；②严格控制混凝土配合比、坍落度；③用导管下料，防止混凝土产生离析；④灌注时保证导管垂直，使导管位于钻孔中心位置。

3 城市轨道交通和隧道工程

隧道是一种修建在地下，两端有出入口，供车辆、行人、水流及管线等通行的工程建筑物。从技术方面定义隧道：以任何方式修建，最终使用于地表以下的条形建筑物，其空洞内部净空断面在 2 m^2 以上者均为隧道。

秦岭铁路隧道，全长 18.456 km，荣获鲁班奖、詹天佑大奖、国家科技进步一等奖。

秦岭终南山公路隧道，长度居世界第二、亚洲第一，建设规模世界第一，被誉为“天下第一隧”。

建设中的中国第一座海底隧道——厦门翔安隧道，全长约 9 km，其中海底隧道 5.95 km，海域段 4.2 km。隧道最深在海平面下约 70 m。

在城市中为规划安置的各种不同市政设施而在地面以下修建的各种地下孔道称为市政隧道。

(1) 给水隧道　为满足城市自来水管网系统需要而修建的隧道。

(2) 污水隧道　城市中每天需要排放大量的生活污水和工业废水，这些污废水需要排放到污水处理中心集中处理，这就需要有地下的排污隧道。

(3) 管路、线路隧道　城市中的煤气、暖气、热水等地下管路隧道，输送电力的电缆以及通讯的电缆，都安置在地下孔道中，称为线路隧道。

20 世纪 80 年代在大瑶山隧道中开始应用大型全液压的钻孔台车。衬砌已由砖石垒砌过渡到混凝土就地模筑，再到目前普遍推广使用的双层复合式衬砌。开挖程序已由小导坑超前，进而采用少分块的大断面开挖；从木支撑、钢木支撑，进而采用锚杆支撑。施工方法上，从矿山法逐步过渡到新奥法。20 世纪 90 年代中期，又引进全断面掘进机用于西康线的秦岭隧道(长约 18.5 km)施工中，而在广州、上海、南京、深圳等城市的地铁建造中，已普遍开始使用机械化盾构。

3.1 深基坑支护及盖挖法施工

3.1.1 深基坑支护结构的施工要求

一、围护结构的类型

基坑的围护结构主要承受基坑开挖卸荷所产生的土压力和水压力，并将此压力传递到支撑，是稳定基坑的一种施工临时挡墙结构。

【拓展知识】

深基坑开挖支护结构类型及适用范围

（一）深基坑工程的特点

1. 基坑开挖面积大，长度与宽度有的达数百米，给支撑系统带来较大难度。

2. 在软弱土层中，基坑开挖会产生较大的位移和沉降，对周围建筑、市政设施和地下管线造成影响。

3. 深基坑施工工期长，场地狭窄，降雨、重物堆放对基坑稳定不利。

4. 在相邻场地的施工中，打桩、降水、挖土及浇筑混凝土等工序会相互制约和影响，增加协调工作的难度。因此，深基坑的支护工作对整个主体结构的施工提供安全的、无地下水干扰的施工空间，并对邻近的结构和设施提供可靠的保护是非常重要的。

（二）深基坑支护的结构类型及适用范围

基坑支护最早的方法是放坡开挖，然后有悬臂支护、支撑支护、组合型支护等。最早用木桩，现在常用钢筋混凝土桩、地下连续墙、钢板桩以及通过处理方法采用水泥挡墙、土钉墙。钢筋混凝土桩设置方法有钻孔灌注桩、人工挖孔桩、沉管灌注桩和预制桩等。

1. 基坑挡土，支撑，开挖组合分类：

(1) 板桩式挡土结构（悬臂）＋分层全开挖（只适用于浅基坑）。

(2) 板桩式挡土结构＋内支撑/土锚/拉锚＋分层全开挖。

(3) 板桩式挡土结构＋内支撑＋壕沟式开挖。

(4) 板桩式挡土结构＋（连续墙）＋逆作法开挖。

(5) 板桩式挡土结构＋支撑（水平撑，换撑，斜撑）＋岛区式开挖。

(6) 重力式挡土结构（自立）＋分层开挖。

(7) 刚性重力式（自立式）挡土结构和柔性板桩式挡土结构组合，各种内支撑和土锚、拉锚组合。

2. 悬臂式支护结构示意图如图1所示。其适用范围是：常采用钢筋混凝土排桩墙、木板桩、钢板桩、钢筋混凝土板桩、地下连续墙等形式。钢筋混凝土桩常采用钻孔灌注桩，人工挖孔灌注桩，沉管灌柱桩及预制桩。悬臂式支护结构依靠足够的入土深度和支护墙体的抗弯能力来维护整体稳定和结构的安全，它对开挖深度很敏感，容易产生较大的变形，对周围环境产生不利影响，因而适用于土质较好、开挖深度较浅的基坑工程。

3. 水泥搅拌桩重力式支护结构如图2所示。水泥搅拌桩在进行平面布置时常采用格构式(图 3)。水泥土与其包围的天然土形成重力式挡墙支护周围土体,保证基坑边坡稳定。水泥搅拌桩重力式支护结构应用于软黏土地区开挖深度约在 6 m 的基坑工程。由于水泥土抗拉强度低,因此适用于较浅的基坑工程,其变形也较大。优点是挖土方便,成本低。

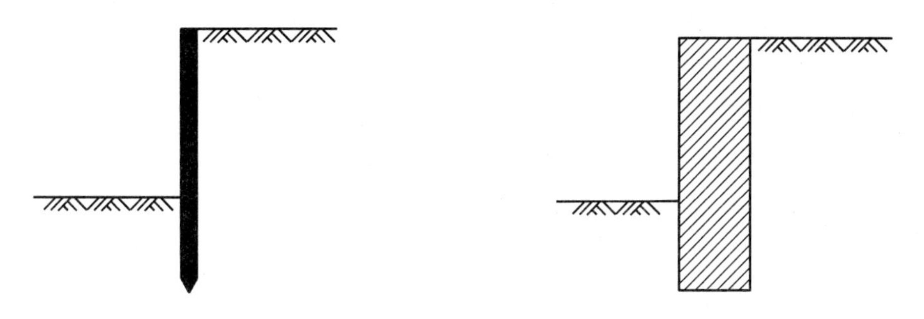

图 1 悬臂式支护结构示意图　　　　**图 2 水泥土重力式支护结构示意图**

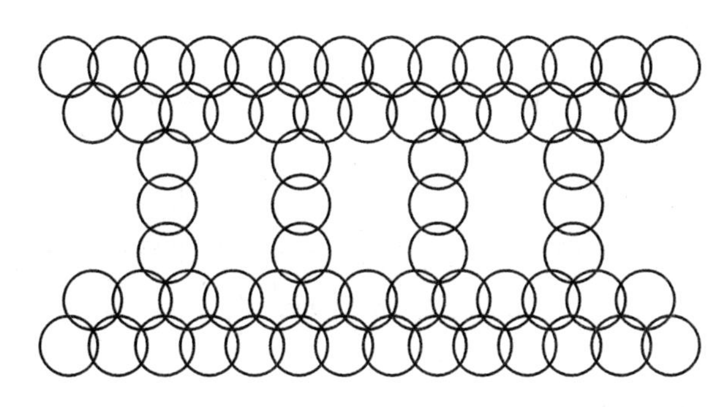

图 3 内撑式支护结构示意图

4. 内支撑式支护结构由支护墙体和内支撑体系两部分组成。支护墙体可采用钢筋混凝土排桩墙、地下连续墙或钢板桩等形式。内支撑体系可采用水平支撑和斜支撑。根据不同开挖深度可采用单层支撑和多层支撑,如图 4(a)、(b)、(c)所示。当基坑面积较大,而基坑开挖深度又不太大时,可采用单层斜支撑形式。内支撑采用钢筋混凝土支撑和钢管支撑两种。其优点是刚度大,变形小,布置灵活。而钢支撑的优点是可重复使用,施工速度快,且可施加预压力。

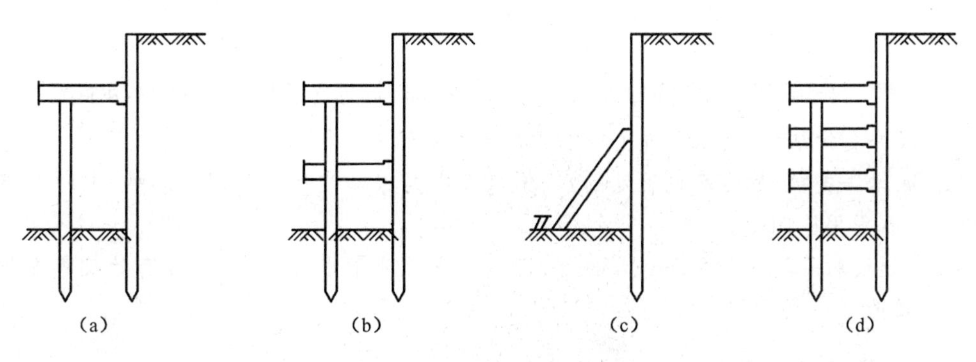

图 4 内撑式支护结构示意图

5. 拉锚式支护结构由支护墙体和锚固体系两部分组成,支护墙体同内支撑式支护结构。锚固体系可分为土层锚杆和拉锚式两种。随基坑深度不同,土层锚杆可分为单层锚杆、二层锚杆和多层锚杆。拉锚式需要有足够的场地设置锚桩或其他锚固物。土层锚杆式需要地基土提供较大的锚固力,较适用于砂土地基或黏土地基。由于软黏土地基不能提供较大的锚固力,所以很少使用。

6. 门架式支护结构(图5)的支护深度比悬臂式支护结构深,适用于基坑开挖深度已超过悬臂式支护结构合理支护深度的基坑工程。其合理的支护深度可通过计算确定。

7. 拱式组合型支护结构,图6为钢筋混凝土灌注桩与深层水泥搅拌桩拱组合形成的支护结构示意图。

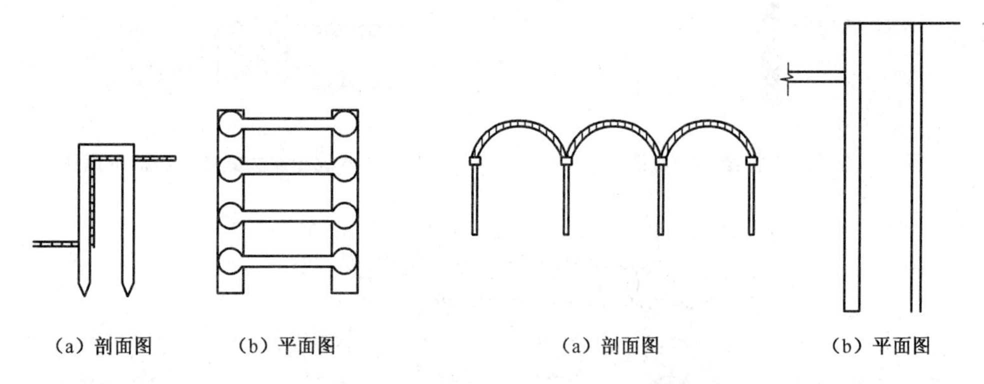

(a) 剖面图　　(b) 平面图

图5　门架式支护结构示意图

(a) 剖面图　　(b) 平面图

图6　拱式组合型支护结构示意图

8. 喷锚网支护结构(图7),常用于土坡稳定加固,也有人将其归属于放坡开挖,不适用于含淤泥土和流砂的土层。

9. 加筋水泥土挡墙支护结构(图8),为克服水泥抗拉强度低,水泥重力式挡墙支护深度小,往往在水泥土中插入型钢,形成加筋水泥土挡墙支护结构。

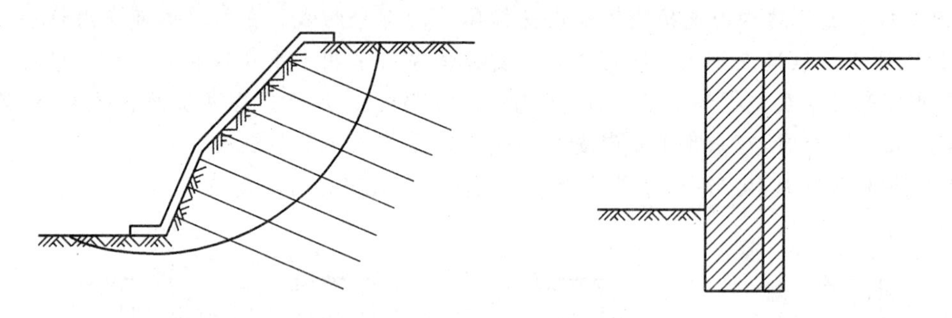

图7　喷锚网支护结构示意图

图8　加筋水泥土挡墙支护结构示意图

10. 沉井支护结构,采用沉井支护结构形成支护体系。

11. 冻结法支护,对地基适用范围广,但应考虑其冻融过程对周围的影响,电源不得中断,以及工程费用等问题。

另外,通过对基坑支护体系被动区土质改良、降低地下水位等措施,可有效改善支护结构的受力性能。

二、支撑结构类型

基坑支护有多种形式,常见的是桩加支撑的形式。基坑周边打桩,桩顶设锁口梁,桩与桩之间设内支撑梁。桩受到的基坑土压力,通过内支撑梁相互平衡。内支撑梁可以布置成平面网状，基坑较大，梁下采用临时钢支撑，保证水平受力。也可以布置成圆形，也叫圈梁。如基坑较深，内支撑梁上下可布置多道。

基坑的支撑结构可分为内支撑和外拉锚两类。内支撑一般由各种型钢撑、钢管撑、钢筋混凝土撑等构成支撑系统；外拉锚有拉锚和土锚两种型式。内支撑是指基坑内设置支撑系统，即用钢管支撑、型钢支撑或钢筋混凝土支撑对围护结构进行支撑。外拉锚是指利用锚索对基坑围护结构进行支撑的方法，保证基坑围护结构有足够的强度、刚度，确保基坑开挖施工。

内支撑

外拉锚

在软弱地层的基坑工程中，支撑结构是承受围护墙所传递的土压力、水压力的结构体系。

支撑结构体系包括围檩、支撑、立柱及其他附属构件。

支撑结构挡土的应力传递路径是围护墙→围檩(冠梁)→支撑。在地质条件较好的有锚固力的地层中，基坑支撑可采用土锚和拉锚。

在深基坑的施工支护结构中，常用的支撑系统按其材料可分为现浇钢筋混凝土支撑体系和钢支撑体系两类。

围檩制作实例

【拓展知识】

SMW 工法

高压喷射桩就是利用工程钻机钻孔至设计处理的深度后，用高压泥浆泵，通过安装在钻杆(喷杆)杆端置于孔底的特殊喷嘴，向周围土体高压喷射固化浆液(一般使用水泥浆液)，同时钻杆(喷杆)以一定的速度边旋转边提升，高压射流使一定范围内的土体结构破坏，并强制与固化浆液混合，凝固后便在土体中形成具有一定性能和形状的固结体。

SMW 是 Soil Mixing Wall 的缩写。SMW 工法连续墙于 1976 年在日本问世，该工法是以多轴型钻掘搅拌机在现场向一定深度进行钻掘，同时在钻头处喷出水泥系强化剂而与地基土反复混合搅拌，在各施工单元之间则采取重叠搭接施工，然后在水泥土混合体未结硬前插入 H 型钢或钢板作为补强材，至水泥结硬，便形成一道具有一定强度和刚度、连续完整、无接缝的地下墙体。SMW 工法最常用的是三轴型钻掘搅拌机，其中钻杆有用于黏性土及用于砂砾土和基岩之分。此外，还研制了其他一些机型，用于城市高架桥下等施工空间受限制的场合，或海底筑墙，或软弱地基加固。

三、支撑体系的布置形式

支撑体系布置设计应考虑的要求：

1. 能够因地制宜合理选择支撑材料和支撑体系布置形式，使其综合技术经济指标得以优化。

2. 支撑体系受力明确，充分协调发挥各杆件的力学性能，安全可靠，经济合理，能够在稳定性和控制变形方面满足对周围环境保护的设计标准要求。

3. 支撑体系布置能在安全可靠的前提下，最大限度地方便土方开挖和主体结构的快速施工要求。

四、基坑变形现象

基坑开挖引起周围地层移动的主要原因是坑底的土体隆起和围护墙的位移。

（一）墙体的变形

1. 墙体水平变形　当基坑开挖较浅，还未设支撑时，均表现为墙顶位移最大，向基坑方向水平位移，呈三角形分布。随着基坑开挖深度的增加，刚性墙体继续表现为向基坑内的三角形水平位移或平行刚体位移。而一般柔性墙如果设支撑，则表现为墙顶位移不变或逐渐向基坑外移动，墙体腹部向基坑内突出。

2. 墙体竖向变位。

（二）基坑底部的隆起

隆起分正常隆起和非正常隆起。一般由于基坑开挖卸载，会造成基坑底隆起，该隆起既有弹性部分，也有塑性部分，属于正常隆起。如果坑底存在承压水层，并且上覆隔水层重量不能抵抗承压水水头压力时，会出现坑底过大隆起；如果围护结构插入深度不足，也会造成坑底隆起。这两种隆起是基坑失稳的前兆，是非正常隆起，是施工中应该避免的。

（三）地表沉降

在地层软弱而且墙体的入土深度又不大时，墙底处显示较大的水平位移，墙体旁出现较大的地表沉降。墙体入土较深或入土部分处于刚性较大的地层内时，墙体的变位类同于梁体的变位，此时地表沉降的最大值不是在墙旁，而是位于距离墙一定距离的位置上。

（四）基坑工程监控量测

对于一级和二级基坑，还必须对周围建（构）筑物和地下管线采取监测措施。

（五）深基坑坑底稳定处理方法

深基坑坑底稳定的处理方法可采用加深围护结构入土深度、坑底土体注浆加固、坑内井点降水等措施。

五、地铁及轨道工程常见围护结构的施工特点

（一）工字钢桩围护结构

基坑开挖前，在地面用冲击式打桩机沿基坑设计边线打入地下，桩间距一般为 1.0～1.2 m。

适用范围：工字钢桩围护结构适用于黏性土、砂性土和粒径不大于 100 mm 的砂卵石地层，这种围护结构一般用于郊区距居民点较远的基坑施工中。

（二）钢板桩围护结构

特点：钢板桩强度高，桩与桩之间的连接紧密，隔水效果好，可重复使用。

钢板桩常用断面型式，多为 U 形或 Z 形。我国地铁施工中多用 U 形钢板桩。

（三）钻孔灌注桩围护结构

钻孔灌注桩一般采用机械成孔。对正反循环钻机，由于其采用泥浆护壁成孔，故成孔时噪声低，适用于城区施工。

（四）深层搅拌桩挡土结构

深层搅拌桩是用搅拌机械将水泥、石灰等和地基土拌和，从而达到加固地基的目的。作为挡土结构的搅拌桩一般布置成格栅形，深层搅拌桩也可连续搭接布置形成止水帷幕。

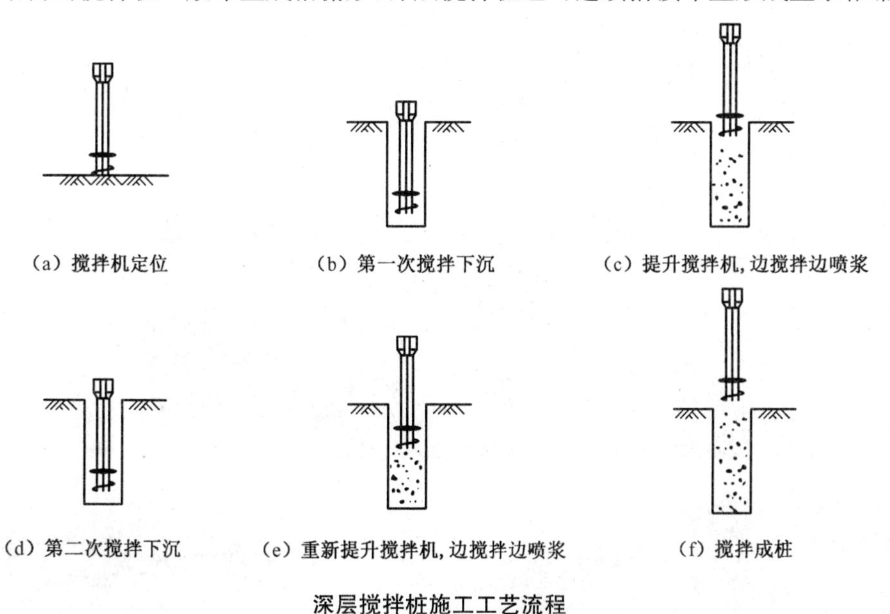

深层搅拌桩施工工艺流程

（五）SMW 桩

结构的特点主要表现在止水性好，构造简单，型钢插入深度一般小于搅拌桩深度，施工速度快，型钢可以部分回收。

3.1.2 地下连续墙施工技术

一、地下连续墙施工工艺

在地面上用专用的挖槽设备，沿着基坑的周边，按照事先划分好的幅段，开挖狭长的沟槽。在开挖过程中，为保证槽壁的稳定，沟槽内采用特制的泥浆护壁，每个幅段的沟槽开挖结束后，在槽段内放置钢筋笼，并浇筑水下混凝土，然后将若干个幅段连成一个整体，形成一个连续的地下墙体，即现浇钢筋混凝土壁式连续墙。

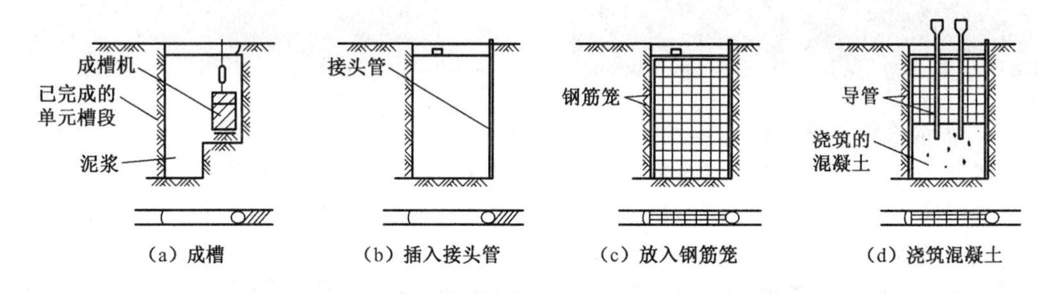

地下连续墙施工过程示意图

【拓展知识】

地下连续墙

1950 年，意大利开始在水库大坝工程中使用地下连续墙技术。1958 年，我国引进了此项技术并应用于北京密云水库的施工中。20 世纪 70 年代中期，这项技术开始推广应用到建筑、煤矿、市政等部门。

1. 地下连续墙分类

(1) 按成墙方式可分为：①桩排式；②槽板式；③组合式。

(2) 按墙的用途可分为：①防渗墙；②临时挡土墙；③永久挡土(承重)墙；④作为基础用的地下连续墙。

(3) 按墙体材料可分为：①钢筋混凝土墙；②塑性混凝土墙；③固化灰浆墙；④自硬泥浆墙；⑤预制墙；⑥泥浆槽墙(回填砾石、黏土和水泥三合土)；⑦后张预应力地下连续墙；⑧钢制地下连续墙。

(4) 按开挖情况可分为:①地下连续墙(开挖);②地下防渗墙(不开挖)。

2. 地下连续墙的优点有很多,主要有:

(1) 施工时振动小,噪音低,非常适用于在城市施工。

(2) 墙体刚度大,用于基坑开挖时,极少发生地基沉降或塌方事故。

(3) 防渗性能好。

(4) 可以贴近施工,由于上述几项优点,可以紧贴原有建筑物施工地下连续墙。

(5) 可用于逆作法施工。

(6) 适用于多种地基条件。

(7) 可用作刚性基础。

(8) 占地少,可以充分利用建筑红线以内有限的地面和空间,充分发挥投资效益。

(9) 工效高,工期短,质量可靠,经济效益高。

3. 地下连续墙的缺点主要有:

(1) 在一些特殊的地质条件下(如很软的淤泥质土,含漂石的冲积层和超硬岩石等),施工难度很大。

(2) 如果施工方法不当或地质条件特殊,可能出现相邻槽段不能对齐和漏水的问题。

(3) 地下连续墙如果用作临时的挡土结构,比其他方法的费用要高些。

(4) 在城市施工时,废泥浆的处理比较困难。

4. 地下连续墙施工难点

地下连续墙的施工主要分为以下几个部分:导墙施工、钢筋笼制作、泥浆制作、成槽放样、成槽、下锁口管、钢筋笼吊放和下钢筋笼、下拔混凝土导管浇筑混凝土、拔锁口管。

(1) 导墙施工

① 导墙变形导致钢筋笼不能顺利下放　出现这种情况的主要原因是导墙施工完毕后没有加纵向支撑,导墙侧向稳定不足发生导墙变形。解决这个问题的措施是导墙拆模后,沿导墙纵向每隔 1 m 设 2 道木支撑,将 2 片导墙支撑起来,导墙混凝土没有达到设计强度以前,禁止重型机械在导墙侧面行驶,防止导墙受压变形。如导墙已变形,解决的方法是用锁口管强行插入,撑开足够空间下放钢筋笼。

② 导墙的内墙面与地下连续墙的轴线不平行　导墙的内墙面与地下连续墙的轴线不平行会造成建好的地下连续墙不符合设计要求。要采取措施使导墙中心线与地下连续墙轴重合,内外导墙面的净距应等于地下连续墙的设计宽度加 50 mm,净距误差小于 5 mm,导墙内外墙面垂直。以此偏差进行控制,可以确保偏差符合设计要求。

③ 导墙开挖深度范围内均为回填土,塌方后造成导墙背侧空洞,混凝土方量增多　解决方法:首先是用小型挖基开挖导墙,使回填的土方量减少;其次是导墙背后填一些素土而不用杂填土。

(2) 钢筋笼制作

① 进度问题

a. 钢筋笼制作速度决定了施工进度,若要保证一天一幅的施工进度,一定要 2 个施工平台交替作业。

b. 电焊工属于危险工种,尤其不能在雨天施工,在安全和文明施工的要求下在雨天停止施工。解决方法是用脚手架和彩钢板分段搭设小棚子,下设滚轮,拼接起来,雨天遮雨,平时遮阳。待钢筋笼需要起吊时推开或吊车吊离。

② 焊接质量问题

a. 碰焊接头错位、弯曲。

b. 钢筋笼焊接时的咬肉问题。

(3) 泥浆制作　泥浆是地下连续墙施工中深槽槽壁稳定的关键，必须根据地质、水文资料，采用膨润土、cmc、纯碱等原料，按一定比例配制而成。在地下连续墙成槽中，依靠槽壁内充满触变泥浆，并使泥浆液面保持高出地下水位 0.5～1.0 m。泥浆液柱压力作用在开挖槽段土壁上，除平衡土压力、水压力外，由于泥浆在槽壁内的压差作用，部分水渗入土层，从而在槽壁表面形成一层固体颗粒状的胶结物——泥皮。性能良好的泥浆失水量少，泥皮薄而密，具有较高的黏接力，这对于维护槽壁稳定、防止塌方起到很大的作用。

① 要按泥浆的使用状态及时进行泥浆指标的检验　新拌制的泥浆不控制就不知拌制的泥浆能否满足成槽的要求；储存泥浆池的泥浆不检验，可能影响槽壁的稳定；沟槽内的泥浆不按挖槽过程中和挖槽完成后泥浆静止时间长短分别进行质量控制，会形成泥皮薄弱且抗渗性能差；挖槽过程中正在循环使用的泥浆不及时测定试验，泥浆质量恶化程度不清，不及时改善泥浆性能，槽壁挖掘进度和槽壁稳定性难以保证；浇筑混凝土置换出来的泥浆不进行全部质量控制试验，就无法判别泥浆应舍弃还是处理后重复使用。

② 成本控制　泥浆制作主要用膨润土、cmc、纯碱三种原材料。其中膨润土最廉价，纯碱和 cmc 则比较贵。如何在保证质量的情况下节约成本，就成为一个关键问题。

要解决这个问题就要在条件允许的情况下，尽可能地多用膨润土。合格的泥浆有一定的指标要求，主要有黏度、pH、含沙量、比重、泥皮厚度、失水量等。要找到最经济的配置方法是需要多次试验的。

③ 泥浆制作与工程整体的衔接问题　泥浆制作工艺要求新配制的泥浆应该在池中放置一天充分发酵后才可投入使用。旧泥浆也应该在成槽之前进行回收处理和利用。

有时自来水压力小，要拌制一个搅拌池的泥浆(5 m^3)至少需要 30 min，当需要拌制新浆时，时间就变得非常紧张。解决的方法一个是连夜施工，在泥浆回笼完成时马上开始拌制新浆或进行泥浆处理。另外一个方法是准备一个清水箱，在不拌制新浆时用于灌满清水，里面放置一个大功率水泵，拌浆时使用箱内清水，同时水管连续向箱内供水，就可以最大限度地利用水流量，加快供水速度，节约拌浆时间。

(4) 成槽放样确保垂直度。

(5) 成槽

① 成槽机施工　成槽施工是地下连续墙施工的第一步，也是地下连续墙施工质量是否完好的关键一步，成槽的技术指标要求主要是前后偏差、左右偏差。

② 泥浆液面控制　成槽的施工工序中，泥浆液面控制是非常重要的一环。只有保证泥浆液面的高度高于地下水位的高度，并且不低于导墙以下 50 cm 时才能够保证槽壁不塌方。泥浆液面控制包括两个方面：首先是成槽工程中的液面控制，其次是成槽结束后到浇筑混凝土之前这段时间的液面控制。

③ 地下水位　遇到降雨等情况使地下水位急速上升，地下水又绕过导墙流入槽段使泥浆对地下水的超压力减小，极易产生塌方事故。

地下水位越高，平衡它所需用的泥浆密度就越大，槽壁失稳的可能性越大，为了解决槽壁塌方，必要时可部分或全部降低地下水，泥浆面与地下水位液面高差大，对保证槽壁的稳定起很大作用。所以另一个方法是提高泥浆液面，泥浆液面至少高出地下水位 0.5～1.0 m。在施工中发现漏浆跑浆要及时堵漏补浆，以保持泥浆规定的液面。第二种方法实施比较容易，因此采用得比较多，但碰到恶劣的地质环境，还是第一种方法效果好。

④ 清底工作　沉渣过多会造成地下连续墙承载能力降低，墙体沉降加大沉渣影响墙体底部的截水防渗能力，成为管涌的隐患；降低混凝土的强度，严重影响接头部位的抗渗性；造成钢筋笼的上浮；沉渣过多，会使钢筋笼沉放不到位；加速泥浆变质。

⑤ 刷壁次数　地下连续墙一般都是顺序施工，在已施工的地下连续墙的侧面往往有许多泥土粘在上面，所以刷壁就成了必不可少的工作。刷壁要求在铁刷上没有泥才可停止，一般需要刷 20 次，确保接头面的新老混凝土接合紧密。可实际情况是往往刷壁的次数达不到要求，这就有可能造成两幅墙之间夹有泥土，首先会产生严重的渗漏，其次对地下连续墙的整体性有很大影响。

(6) 下锁口管　锁口管的问题是施工过程中的一个疑难杂症，主要问题有：

① 槽壁不垂直，造成锁口管位置的偏移　由于机器和人工的原因，已完工的槽壁在下部总是存在两端不垂直的问题，这就造成在下锁口管时，锁口管不能按照预先放好样的位置摆放，影响到这幅墙的宽度及钢筋笼的下放。同时，锁口管的后面空当过大，加大了土方回填的工作量，也容易产生漏浆的问题。

② 锁口管固定不稳，造成锁口管倾斜　锁口管的固定包括上端固定和下端固定。下端固定主要通过吊机提起锁口管一段高度使其自由下落插入土中使其固定；上端固定一般是通过锁口管与导墙之间的缝隙打入导木枕，并用槽钢斜撑解决。

另外，锁口管的倾斜也会造成墙与墙之间有淤泥夹层的问题。

③ 拔锁口管的问题　拔锁口管时为了避免使用液压顶升架，往往在混凝土没有浇筑完毕时就已经开始拔了，这样做不是不可以，只是一定要掌握好混凝土初凝时间。

④ 锁口管后回填土的问题　锁口管下放以后，不会紧贴土体，总是有一定的缝隙，一定要进行土方回填，否则混凝土绕过锁口管，就会对下一幅连续墙的施工造成很大的障碍。

(7) 钢筋笼起吊和下钢筋笼

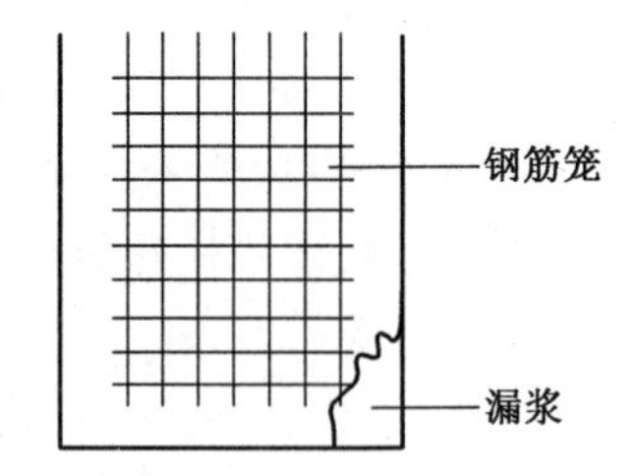

① 钢筋笼偏移　由于上一幅施工时锁口管后面的空当回填不密实造成的漏浆问题会产生一系列的不良后果。成槽时由于混凝土已凝固，会损坏成槽机的牙齿，下钢筋笼时也会对钢筋笼产生影响。

当钢筋笼碰到混凝土块时会发生倾斜，使钢筋笼左右标高不一致，影响接驳器的准确安放。同时，由于漏浆的影响，会使钢筋笼发生侧移，扩大本幅墙的宽度，占用下一幅墙的墙宽。

② 钢筋笼起吊安全　钢筋笼起吊时一定要注意安全，整个钢筋笼竖起来后足有 30 m 高，有时发生焊工遗留的碎钢筋、焊条高空下落问题，因此在整个起吊过程中无关人员一定要远离钢筋笼，防止意外事件的发生。由于施工的需要，必须爬上钢筋笼进行施工操作，危险性比较高，因此一定要注意安全，爬笼子之前对工人进行安全教育，安全帽帽扣要扣好，到达高度后第一步是要系好安全带。

③ 钢筋笼下不去　除少数是槽体垂直度不合要求外，大部分情况是由于漏浆的原因导

致钢筋笼下不去，因此漏浆的问题必须解决。回填土不密实是导致漏浆的主要原因。

④ 钢筋笼的吊放　钢筋笼在吊放过程中，发生钢筋笼变形，笼在空中摇摆，吊点中心与槽段中心不重合，就会造成吊臂摆动，使笼在插入槽内碰撞槽壁发生坍塌，吊点中心与槽段中心偏差大，钢筋笼不能顺利地沉放到槽底等。吊点问题至关重要，一旦吊点发生问题，就有可能造成钢筋笼变形等不可弥补的损失，因此一定要经过项目部人员的仔细研究推敲，以确保钢筋笼起吊的绝对安全。插入钢筋笼时，使钢筋笼的中心线对准槽段的纵向轴线，徐徐下放。

(8) 拔混凝土导管、浇筑混凝土

① 导管拼装问题　导管在混凝土浇筑前先在地面上每 4～5 节拼装好，用吊机直接吊入槽中混凝土导管口，再将导管连接起来，这样有利于提高施工速度。

② 导管拆卸的问题　混凝土浇筑时，要根据计算逐步拆卸导管。但由于有些导管拆不下来或需要很多的时间拆卸，严重地影响了混凝土的灌注工作，因为连续性是顺利灌注混凝土的关键。其实这个问题并不难解决，只要每次混凝土灌注完毕把每节导管拆卸一遍，螺丝口涂黄油润滑就可以了。还应注意在使用导管时一定要小心，防止导管碰撞变形而难以拆卸。

③ 堵管的问题　导管堵塞后，要把导管整体拔出来，对斗上的钢丝绳来说是一个考验，整体提高二十几米是非常危险的，万一钢丝绳断掉就会造成不可估量的损失。因此拔出时应该换用直径大的钢丝绳。导管的整体拔出会因为拔空而造成淤泥夹层的事故，而且管内的混凝土在泥浆液面上倒入泥浆会严重污染泥浆。

④ 在钢筋笼安置完毕后，应立即下导管　立即下导管是一个工序衔接的问题，这样做可以减少空槽的时间，防止塌方的产生。

⑤ 槽底淤积物对墙体质量的影响

a. 淤积物的形成。清底不彻底，大量泥渣仍然存在；清底验收后仍有砂砾、黏土悬浮在槽孔泥浆中，随着槽孔停置时间加长，粗颗粒悬浮物在重力的作用下沉积到槽孔底部；槽孔壁坍方，形成大量槽底淤积物。

b. 淤积物对墙体质量的影响。槽孔底部淤积物是墙体夹泥的主要来源。混凝土开浇时向下冲击力大，混凝土将导管下的淤积物冲起，一部分悬浮于泥浆中，一部分与混凝土掺混，处于导管附近的淤积物易被混凝土推挤至远离导管的端部。当淤积层厚度大或粒径大时，仍有部分留在原地。悬浮于泥浆中的淤积物，随着时间的延长，又沉淀下来落在混凝土面上。一般情况下，这层淤泥比底部的淤积物细，内摩擦角小，比处于塑性流动状态下的混凝土有更大的流动性，只要槽孔混凝土面稍有倾斜，就会促使淤泥流动，沿着斜坡流到低洼处聚集起来，当槽孔混凝土面发生变化或呈覆盖状流动时，这些淤泥最易被包裹在混凝土中，形成窝泥。被混凝土推挤至槽底两端的淤积物，一部分随混凝土沿接缝向上爬升，甚至一直爬到槽孔顶部。当混凝土挤压力小时，还会在接缝处滞留下来形成接头夹泥。当多根导管同时浇筑时，导管间混凝土分界面也可能夹泥，这些夹泥大多来自槽底淤积物。

混凝土开始浇筑时，先在导管内放置隔水球以便混凝土浇筑时能将管内泥浆从管底排出。混凝土浇灌采用将混凝土直接浇筑的方法，初灌时保证每根导管混凝土浇捣有 6 方混凝土的备用量。

混凝土浇筑中要保持混凝土连续均匀下料，混凝土面上升速度控制在4～5 m/h，导管下口在混凝土内埋置深度控制在2～6 m。在浇筑过程中严防将导管口提出混凝土面，导管下口暴露在泥浆内，造成泥浆涌入导管。主要通过测量掌握混凝土面上升情况、浇筑量和导管埋入深度。当混凝土浇捣到地下连续墙顶部附近时，导管内混凝土不易流出，一方面要降低浇筑速度，另一方面可将导管的最小埋入深度减为1 m左右。若混凝土还浇捣不下去，可将导管上下抽动，但上下抽动范围不得超过30 cm。

在浇筑过程中，导管不能作横向运动以防沉渣和泥浆混入混凝土中。同时，不能使混凝土溢出料斗流入导沟。对采用两根导管的地下连续墙，混凝土浇筑应两根导管轮流浇灌，确保混凝土面均匀上升，混凝土面高差小于50 cm，以防止因混凝土面高差过大而产生夹层现象。

⑥ 混凝土面标高问题　灌注混凝土时，一定要把混凝土面灌注到规定位置。因为表层混凝土的质量由于和泥浆的接触是得不到保证的，做圈梁时把表层的混凝土敲掉正是这个原因(类似超灌、剔桩头)。

⑦ 泥浆对墙体的影响　性能指标合格的泥浆能有效防止塌方，减少了槽底淤积物的形成；有很好的携渣能力，减少和延迟了混凝土面淤积物的形成；减少了对混凝土流动的阻力，大大减少了夹泥现象。

⑧ 施工工艺对墙体质量的影响

a. 导管间距。统计数据表明，导管在3 m时断面夹泥很少，3～3.5 m略有增加，大于3.5 m夹泥面积大大增加，因此导管间距不宜太大。

b. 导管埋深。导管埋深影响混凝土的流动状态。埋深太小，混凝土呈覆盖式流动，容易将混凝土表面的浮泥卷入混凝土内；导管埋深太深，导管内外压力差小，混凝土流动不畅，当内外压力差平衡时，混凝土无法进入槽内。

c. 导管高差。不同时拔管造成导管底口高差较大，当埋深较浅的进料时，混凝土影响的范围小，只将本导管附近的混凝土挤压上升。与相邻导管浇筑的混凝土面高差大，混凝土表面的浮泥流到低洼处聚集，很容易被卷入混凝土内。

d. 浇注速度。浇灌速度太快，使混凝土表面呈锯齿状，泥浆和浮泥会进入裂缝中，严重影响混凝土质量。

(9) 拔锁口管

① 混凝土的凝固情况是一定要注意的，因此在第一车混凝土到现场以后，现场取混凝土试块，放置于施工现场，用以判断混凝土的凝固情况，并根据混凝土的实际情况决定锁口管的松动和拔出时间。

② 锁口管提拔一般在混凝土浇灌4 h后开始松动，并确定混凝土试块已初凝。开始松动时向上提升15～30 cm，以后每20 min松动一次，每次提升15～30 cm。如松动时顶升压力超过100 T，则可相应增加提升高度，缩小松动时间。实际操作中应该保证松动的时间，防止混凝土把锁口管固结。

③ 锁口管拔出前，先计算剩在槽中的锁口管底部位置，并结合混凝土浇灌记录和现场试块情况，在确定底部混凝土已达到终凝后才能拔出。最后一节锁口管拔出前先用钢筋插试墙体顶部混凝土硬化后才能拔出。

二、地下连续墙工法的优点

施工时振动小，噪声低，墙体刚度大，对周边地层扰动小；可适用于多种土层，除夹有孤石、大颗粒卵砾石等局部障碍物时影响成槽效率外，对黏性土、无黏性土、卵砾石层等各种地层均能成槽。

三、地下连续墙分类与施工技术要点

按成槽方式可分为桩排式、壁式和组合式三类；按挖槽方式可分为抓斗式、冲击式和回转式等类型。

导墙是控制挖槽精度的主要构筑物。导墙是施工单位的一种施工措施方式，地下连续墙成槽前先要构筑导墙，导墙是建造地下连续墙必不可少的临时构造物，在施工期间，导墙经常承受钢筋笼、浇筑混凝土用的导管、钻机等静、动荷载的作用，因而必须认真设计和施工，才能进行地下连续墙的正式施工。

导墙的施工顺序是：①平整场地；②测量位置；③挖槽及处理弃土；④绑扎钢筋：⑤支立导墙模板，为了不松动背后的土体，导墙外侧可以不用模板，将土壁作为侧模直接浇筑混凝土；⑥浇筑导墙混凝土并养护；⑦拆除模板并设置横撑；⑧回填导墙外侧空隙并碾压密实，如无外侧模板，可省此项工序。

导墙施工是确保地下墙的轴线位置及成槽质量的关键工序。为了保持地表土体稳定，在导墙之间每隔 1～3 m 加添临时木支撑和横撑；导墙的水平钢筋必须连接起来，使导墙成为一个整体，防止因强度不足或施工不善而发生事故。

地下连续墙中导墙的作用：①挡土作用；②作为测量的基准；③作为重物的支撑；④存蓄泥浆；⑤维持稳定液面。

四、槽段的划分应综合考虑的因素

1. 地质条件。
2. 后续工序的施工能力。
3. 其他因素。

五、泥浆的功能

1. 护壁功能。
2. 携渣作用。
3. 冷却与润滑功能。

六、浇筑混凝土

地下连续墙混凝土应采用导管法灌注，管节连接应严密、牢固，施工前应对拼接好的导管接缝进行水密性试验。混凝土应一次浇筑完毕，不得中断。

3.1.3　盖挖法施工技术

明挖顺作法是从地表向下开挖形成基坑，然后在基坑内构筑结构，完成后再填土，从而完成工程的施工方法。

盖挖顺作法是自地表向下开挖一定深度后先浇筑顶板，在顶板的保护下，自上而下开挖、支撑，达到设计高程后由下而上浇筑结构。

盖挖逆作法是基坑开挖一段后先浇筑顶板，在顶板的保护下，自上而下开挖、支撑和浇筑结构内衬的施工方法。

对两种方法的定义要注意区分，不要混淆。盖挖法是由地面向下开挖至一定深度后，将顶部封闭，其余的下部工程在封闭的顶盖下进行施工。主体结构可以顺作，也可以逆作。在城市繁忙地带修建地铁车站时往往占用道路，影响交通。当地铁车站设在主干道上，而交通不能中断，且需要确保一定交通流量要求时，可选用盖挖法。

1. 盖挖顺作法　盖挖顺作法是在地表作业完成挡土结构后，以定型的预制标准覆盖结构(包括纵、横梁和路面板)置于挡土结构上维持交通，往下反复进行开挖和加设横撑，直至设计标高。依序由下而上施工主体结构和防水措施，回填土并恢复管线路或埋设新的管线路。最后，视需要拆除挡土结构外露部分并恢复道路。

在道路交通不能长期中断的情况下修建车站主体时，可考虑采用盖挖顺作法。

工程实例：某市地铁一期工程华强路站位于最繁华的深南中路与华强路交叉口西侧，深南中路行车道下。该地区市政道路密集，车流量大，最高车流量达 3 865 辆/h。车站主体为单柱双层双跨结构，车站全长 224.3 m，标准断面宽 18.9 m，基坑深约 18.9 m，西端盾构井处宽 22.5 m，基坑深约 18.7 m，南侧绿地内东西端各布置一个风道。主体结构施工工期为 2 年，其中围护结构及临时路面施工期为 7 个月。为保证深南中路在地铁站施工期间的正常行车，该路段主体结构施工采用盖挖顺作法施工方案。

2. 盖挖逆作法　盖挖逆作法是先在地表面向下做基坑的维护结构和中间桩柱，和盖挖顺作法一样，基坑维护结构多采用地下连续墙或帷幕桩，中间支撑多利用主体结构本身的中间立柱以降低工程造价。随后即可开挖表层土体至主体结构顶板地面标高，利用未开挖的土体作为土模浇筑顶板。顶板可以作为一道强有力的横撑，以防止维护结构向基坑内变形，待回填土后将道路复原，恢复交通。以后的工作都是在顶板覆盖下进行，即自上而下逐层开挖并建造主体结构直至底板。如果开挖面积较大、覆土较浅、周围沿线建筑物过于靠近，为尽量防止因开挖基坑而引起邻近建筑物的沉陷，或需及早恢复路面交通，但又缺乏定型覆盖结构，常采用盖挖逆作法施工。

工程实例：某市地铁南北线一期工程的区间隧道在地质条件和周围环境允许的情况下，以造价、工期、安全为目标，经过分析、比较，选择了全线区间施工方法。其中，三山街站，位于秦淮河古河道部位，位于粉土、粉细砂、淤泥质黏土土层中。因为是第 1 个车站，又位于十字路口，因此采用地下连续墙作围护结构。除入口结构采用顺作法外，其余均为盖挖逆作法。

一、盖挖法施工的优点

1. 围护结构变形小，能够有效控制周围土体的变形和地表沉降，有利于保护邻近建筑物和构筑物。

2. 基坑底部土体稳定，隆起小，施工安全。

3. 盖挖逆作法施工一般不设内部支撑或锚锭，施工空间大。

4. 盖挖逆作法施工基坑暴露时间短，用于城市街区施工时可尽快恢复路面，对道路交通影响较小。

二、盖挖法施工的缺点

1. 盖挖法施工时，混凝土结构的水平施工缝的处理较为困难。

2. 盖挖逆作法施工时，暗挖施工难度大、费用高。

3.2 盾构法施工

3.2.1 盾构法施工控制要求

一、盾构法施工综述

隧道掘进机施工方法是一种采用专门机械切削破岩来开挖隧道的施工方法，这种专门机械就称为隧道掘进机。有的适用于软弱不稳定地层，称为(机械化)盾构。目前盾构在我国的交通隧道施工中，一般还只用于城市地铁施工。有的适用于坚硬岩石地层，通常所说的隧道掘进机就是指这类岩石掘进机(Tunnel Boring Machine)，简称 TBM。

某地铁隧道运用盾构机进行施工

全断面掘进机

隧道掘进机施工配套的支护形式。

用掘进机施工的隧道，其衬砌结构一般是由初期支护和二次衬砌组成。不同型式的掘进机，要求采用不同的支护型式。不管是哪种类型的衬砌，为了安放轨道运碴，都必须设置预制仰拱块，它也是最终衬砌的一部分。

1. 管片式衬砌　使用护盾掘进机时，一般采用圆形管片衬砌，一般是分为 5～7 块，在洞内拼装而成。其优点是适合软弱围岩，特别是当围岩允许承载力很低，撑靴不能支撑岩面时，可利用尾部推力千斤顶，顶推已安装的管片获得推进反力；当撑靴可以支撑岩面时，双护盾掘进机可以使掘进和换步同时进行，提高了循环速度；利用管片安装机安装管片速度快，支护效果好，安全性强，但是其造价高。为了防水的需要，块与块之间必须安装止水带，并需在管片外壁和岩壁间隙中压入豆石和注浆。为了生产预制管片，需要有管片工厂，如工地施工场地允许，最好是设在现场，以方便运输。

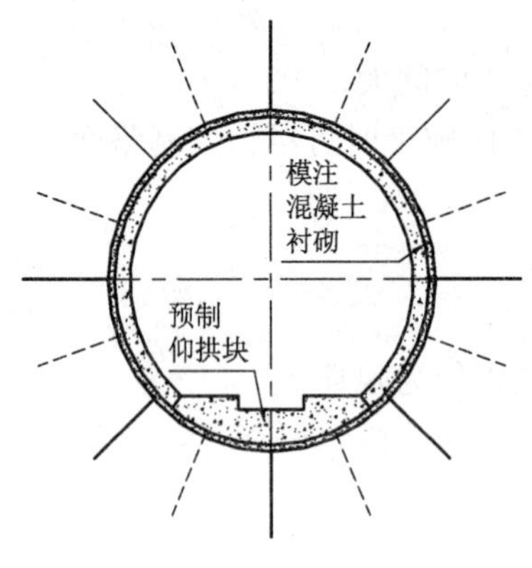

复合式衬砌图示

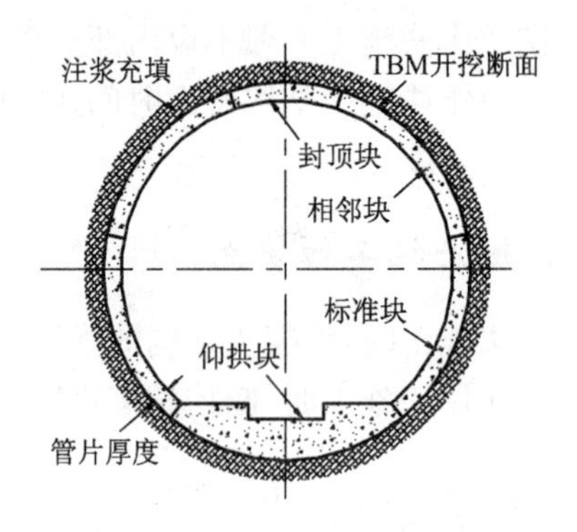

全周预制钢筋混凝土管片衬砌图示

2. 复合式衬砌　使用开敞式掘进机，可以先施作初期支护，然后浇灌二次模筑混凝土永久性衬砌，即复合式衬砌，其底部为预制仰拱块。

由于掘进机的掘进速度很快，不可能使二次模筑混凝土衬砌作业与开挖作业保持一样的进度，当衬砌作业落后较多时，就依靠初期支护来稳定围岩。初期支护以锚杆、挂网和喷混凝土支护为主，地质条件较差时还可设置钢拱架。掘进机上可设置前后两排共 4 台锚杆钻机，以满足对围岩进行锚杆支护作业的需要。拱部的锚杆作业是非常必要的，锚杆作业应能与掘进开挖同时进行。

根据地质条件也有用喷射混凝土作为二次混凝土衬砌的，就是采用二次喷射混凝土作为永久衬砌。在喷射混凝土中安装了钢筋网，还加入了钢纤维。但普遍的做法是采用模筑混凝土衬砌作为二次衬砌，使用模板台车进行混凝土灌注。

盾构机在前面挖，后面的隧道怎么处理？——是由一块块管片“拼”起来的。一个隧道的断面由 6 块管片组装而成，盾构机一边向前挖土，一边自动拼装管片，盾构机每向前掘进 10 m 就拼装完成 10 m 的隧道管片，通常 1 km 的隧道需要 1.5 m 的标准管片约 4 000 片。

控制开挖面变形的主要措施是出土量。

开挖控制、线形、注浆、一次衬砌构成了盾构掘进控制“四要素”。
应掌握开挖控制因素中的泥水式、土压式盾构的掘进控制内容。
要注意土压式开挖控制内容中比泥水式多一项“盾构参数”。

二、盾构进出洞控制

盾构出洞含义:在始发井内,盾构按设计高程及坡度从预留洞口推出,进入正常土层。
盾构进洞含义:盾构从正常土层中进入接收井预留洞口并完全脱离预留洞口。

三、开挖控制

开挖控制的根本目的是确保开挖面稳定。

土压式盾构与泥水式盾构的开挖控制内容略有不同。

盾构法隧道的基本原理是用一件有形的钢质组件沿隧道设计轴线开挖土体而向前推进。这个钢质组件在初步或最终隧道衬砌建成前,主要起防护开挖出的土体、保证作业人员和机械设备安全的作用,这个钢质组件简称为盾构。盾构的另一个作用是能够承受来自地层的压力,防止地下水或流砂的入侵。

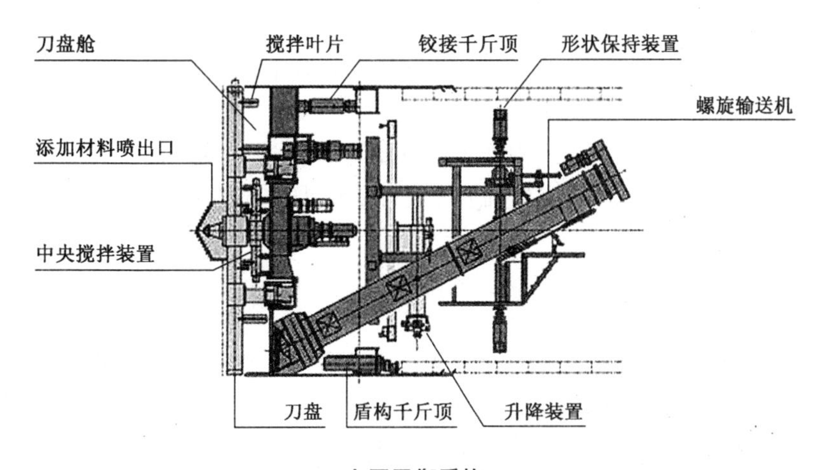

土压平衡盾构

土压平衡盾构属封闭式盾构。盾构推进时,其前端刀盘旋转掘削地层土体,切削下来的土体进入土仓。当土体充满土仓时,其被动土压与掘削面上的土、水压基本相同,故掘削面

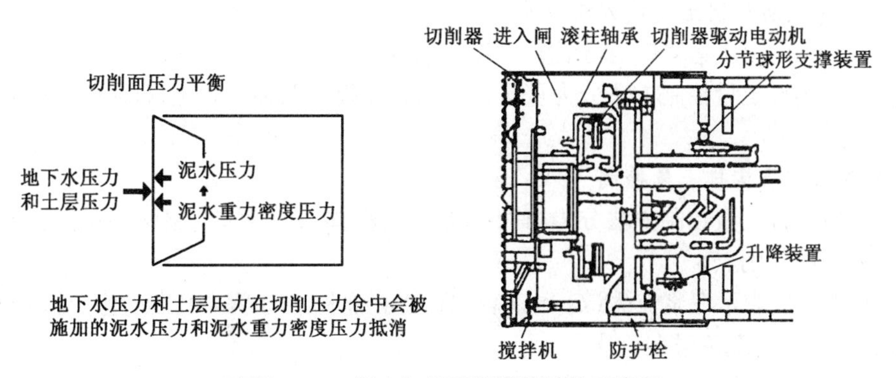

直径11.22 m泥水加压平衡盾构结构示意图

实现平衡(即稳定)。这类盾构靠螺旋输送机将碴土(即掘削弃土)排送至土箱,运至地表。由装在螺旋输送机排土口处的滑动闸门或旋转漏斗控制出土量,确保掘削面稳定。

四、土压(泥水压)控制

开挖面的土压(泥水压)控制值,按地下水压(间隙水压)+土压+预备压设定。

按静止土压设定控制土压,是开挖面不变形的最理想土压。

主动土压是开挖面不发生坍塌的临界压力,控制土压最小。

地质条件良好、覆土深、能形成土拱的场合,采用松弛土压。

为使开挖面稳定,土压变动要小;变动大的情况下,一般开挖面不稳定。

五、塑流化改良控制

1. 土压式盾构掘进时,理想地层的土特性是:①塑性变形好;②流塑至软塑状;③内摩擦小;④渗透性低。

细颗粒(75 μm 以下的粉土与黏土)含量 30%以上的土砂,塑性流动性满足要求。在细颗粒含量低于 30%或砂卵石地层,必须加泥或加泡沫等改良材料,以提高塑性流动性和止水性。

改良材料一般使用矿物系、界面活性剂系、高吸水性树脂系和水溶性高分子系 4 类。

2. 选择改良材料的条件。

3. 流动化改良控制是土压式盾构施工最重要的因素之一,要随时把握土压仓内土砂的塑性流动性。一般按以下方法掌握塑流性状态:①根据排土性状;②根据土砂输送效率;③根据盾构机械负荷。

六、泥浆性能控制

泥浆起着两方面的重要作用:一是依靠泥浆压力在开挖面形成泥膜或渗透区域,开挖面土体强度提高,同时泥浆压力平衡了开挖面土压和水压,达到了开挖面稳定的目的;二是泥浆作为输送介质,担负着将所有挖出土砂运送到工作井外的任务。

七、排土量控制

(一) 开挖土量计算

(二) 土压式盾构出土运输方法与排土量控制

土压式盾构的出土运输(二次运输)一般采用轨道运输方式。

土压式盾构排土量控制方法分为重量控制与容积控制两种。我国目前多采用容积控制方法。

(三) 泥水式盾构排土量控制

泥水式盾构排土量控制方法分为容积控制与干砂量(干土量)控制两种(注意与土压式盾构控制方法的区别点)。

$Q>Q_3$,一般表示泥浆流失;$Q<Q_3$,一般表示涌水(由于泥水压低,地下水流入)。正常掘进时,泥浆流失现象居多。

同理,$V>V_3$,一般表示泥浆流失;$V<V_3$,一般表示泥浆涌水。

八、管片拼装控制

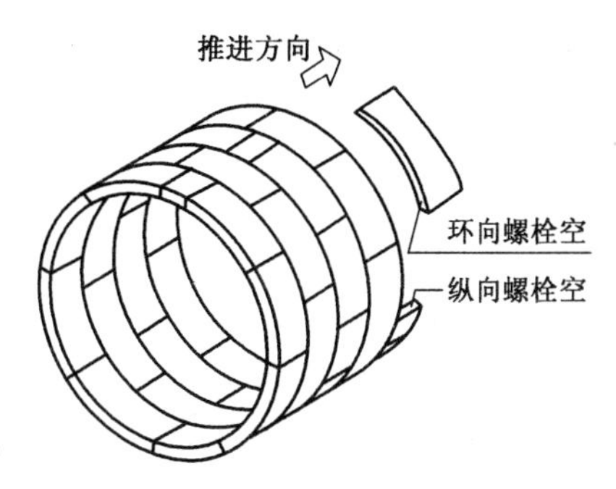

（一）拼装方法

1. 拼装成环方式　盾构推进结束后，迅速拼装管片成环。除特殊场合外，大都采取错缝拼装。在纠偏或急曲线施工的情况下，有时采用通缝拼装。

2. 拼装顺序　一般从下部的标准（A 型）管片开始，依次左右两侧交替安装标准管片，然后拼装邻接（B 型）管片，最后安装楔形（K 型）管片。

3. 盾构千斤顶操作　拼装时，随管片拼装顺序分别缩回盾构千斤顶非常重要。

4. 紧固连接螺栓　先紧固环向（管片之间）连接螺栓，后紧固轴向（环与环之间）连接螺栓。

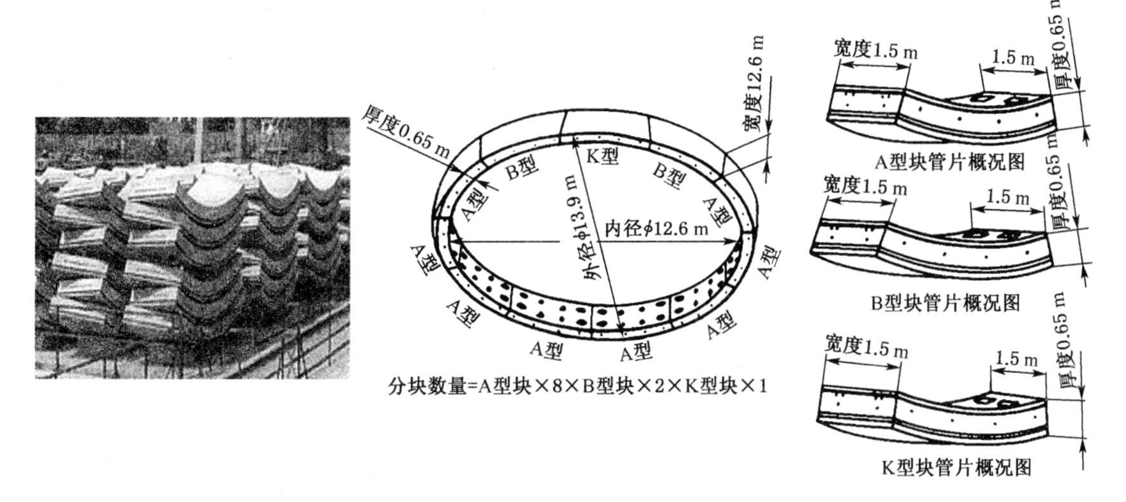

5. 楔形管片安装方法。

6. 连接螺栓再紧固。

（二）真圆保持

管片拼装呈真圆，并保持真圆状态，对于确保隧道尺寸精度、提高施工速度与止水性及减少地层沉降非常重要。

管片环从盾尾脱出后，至注浆浆体硬化到某种程度的过程中，多采用真圆保持装置。

（三）管片拼装误差及其控制

拼装管片时，各管片连接面要拼接整齐，连接螺栓要充分紧固。

盾构纠偏应及时、连续，过大的偏斜量不能采取一次纠偏的方法，纠偏时不得损坏管片，并保证后一环管片的顺利拼装。

（四）楔形环的使用

在盾构工程中，除曲线施工外，为进行蛇行修正，也可使用楔形环管片。

九、注浆控制

(一) 注浆目的

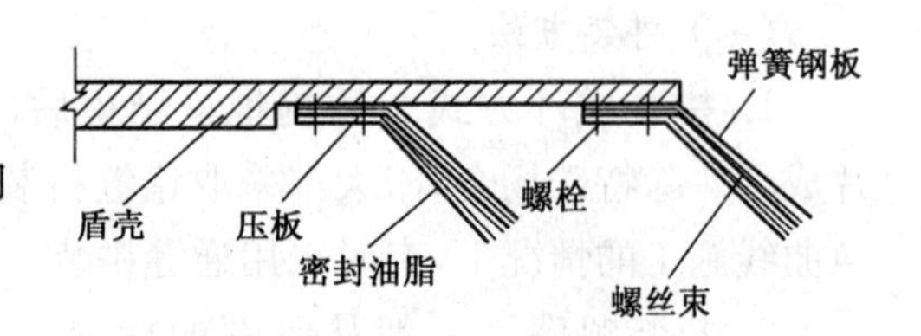

盾尾密封示意图

1. 抑制隧道周边地层松弛,防止地层变形。

2. 及早使管片环安定,千斤顶推力平滑地向地层传递。

3. 形成有效的防水层。

(二) 注浆材料的性能

1. 流动性好。

2. 注入时不离析。

3. 具有均匀的高于地层土压的早期强度。

4. 良好的充填性。

5. 注入后体积收缩小。

6. 阻水性高。

7. 适当的黏性。

8. 不污染环境。

(三) 一次注浆

一次注浆分为同步注浆、即时注浆和后方注浆三种方式。

1. 同步注浆。

2. 即时注浆　一环掘进结束后从管片注浆孔注入的方式。

3. 后方注浆　掘进数环后从管片注浆孔注入的方式。

一般盾构直径大,或在冲积黏性土和砂质土中掘进,多采用同步注浆;而在自稳性好的软岩中,多采取后方注浆方式。

(四) 二次注浆

二次注浆是以弥补一次注浆缺陷为目的进行的注浆。具体作用如下:

1. 补足一次注浆未充填的部分。

2. 填充由浆体收缩引起的空隙。

3. 以防止周围地层松弛范围扩大为目的的补充。

以上述1、2为目的的二次注浆,多采用与一次注浆相同的浆液;若以3为目的,多采用化学浆液。

(五) 注浆量与注浆压力

注浆控制分为压力控制与注浆量控制两种,应同时进行压力和注浆量控制。

1. 注浆量。

2. 注浆压力　注浆压力根据土压、水压、管片强度、盾构形式与浆液特性综合判断决定。

十、盾构隧道的线形控制

线形控制的主要任务是通过控制盾构姿态,使构建的衬砌结构几何中心线线形顺滑,且位于偏离设计中心线的容许误差范围内。

(一) 掘进控制测量

(二) 方向控制

掘进过程中,主要对盾构姿态以及拼装管片的位置进行控制。

盾构方向修正依靠调整盾构千斤顶使用数量和设定刀盘回转力矩进行。

十一、盾构法施工现场的设施布置

当盾构掘进采用泥水机械出土和用井点降水施工时,施工场地面应设相当规模的沉淀池。

当采用气压法施工时,施工场地面应设置空压机房,以供给足够的压缩空气。

当采用泥水式盾构时,施工现场平面布置中还必须考虑泥浆处理系统及中央控制室设置。

当采用土压式盾构时还应设置地面出土和堆土设施。

十二、停止盾构掘进的要求

当遇到以下几种情况时,盾构掘进应该停止,并采取措施予以解决:

1. 盾构前方发生坍塌或遇有障碍。
2. 盾构本体滚动角不小于 3°。
3. 盾构轴线偏离隧道轴线不小于 50 mm。
4. 盾构推力与预计值相差较大。
5. 管片严重开裂或严重错台。
6. 壁后注浆系统发生故障无法注浆。
7. 盾构掘进扭矩发生异常波动。
8. 动力系统、密封系统、控制系统等发生故障。

3.2.2 盾构机型的选择

一、盾构机的种类

按开挖面是否封闭划分,可分为密闭式和敞开式两类。

按平衡开挖面土压与水压的原理不同,密闭式盾构机又可分为土压式(常用泥土压式)和泥水式两种。敞开式盾构机按开挖方式划分,可分为手掘式、半机械挖掘式和机械挖掘式 3 种。

二、盾构机的选择

盾构机的选择原则主要有:①适用性原则;②技术先进性原则;③经济合理性原则。

3.3 喷锚暗挖法施工

3.3.1 喷锚暗挖法的掘进方式选择

“管超前、严注浆、短开挖、强支护、早封闭、勤量测”是浅埋暗挖法施工的十八字方针。

一、常见的浅埋暗挖典型施工方法

浅埋暗挖法修建隧道及地下工程主要开挖方法

施工方法	示意图	重要指标比较					
		适用条件	沉降	工期	防水	初期支护拆除量	造价
全断面法	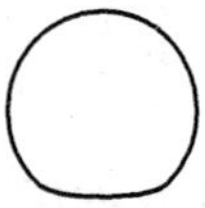	地层好，跨度≤8 m	一般	最短	好	无	低
正台阶法	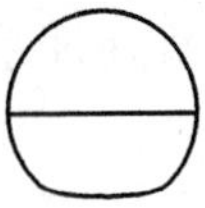	地层较差，跨度≤12 m	一般	短	好	无	低
正台阶环形开挖法	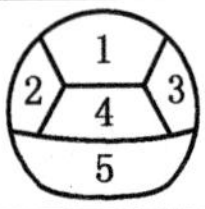	地层差，跨度≤12 m	一般	短	好	无	低
单侧壁导坑法	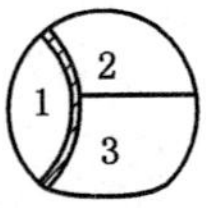	地层差，跨度≤14 m	较大	较短	好	小	低
双侧壁导坑法	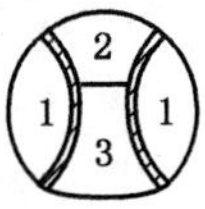	小跨度，连续使用可扩大跨度	大	长	效果差	大	高
中隔壁法（CD 工法）	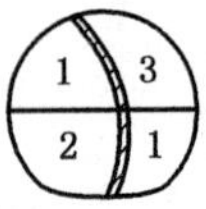	地层差，跨度≤18 m	较大	较短	好	小	偏高
交叉中隔壁法（CRD 工法）		地层差，跨度≤20 m	较小	长	好	大	高
中洞法	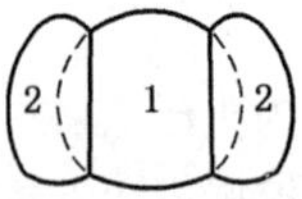	小跨度，连续使用可扩成大跨度	小	长	效果差	大	较高
侧洞法	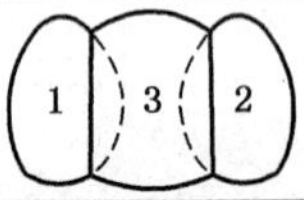	小跨度，连续使用可扩成大跨度	大	长	效果差	大	高
柱洞法		多层多跨	大	长	效果差	大	高

（一）全断面法

地下工程断面采用一次开挖成型的施工方法叫全断面开挖法。

优点：减少开挖对围岩的扰动次数，有利于围岩天然承载拱的形成，工序简单，便于组织大型机械化施工;施工速度快,防水处理简单。

缺点:对地质条件要求严格,围岩必须有足够的自稳能力。

(二) 台阶法

台阶法施工就是将结构断面分成两个或几个部分,即分成上下两个工作面或几个工作面,分步开挖。根据地层条件和机械配套情况,台阶法又可分为正台阶法和中隔壁台阶法等。

正台阶法能较早使支护闭合,有利于控制其结构变形及由此引起的地面沉降。

1. 台阶法开挖优点

(1) 灵活多变,适用性强。凡是软弱围岩、第四纪沉积地层,必须采用正台阶法,这是各种不同方法中的基本方法。

(2) 具有足够的作业空间和较快的施工速度。当地层无水、洞跨小于 10 m 时,均可采用该方法。

2. 台阶法开挖注意事项

(1) 台阶数不宜过多,台阶长度要适当。

(2) 对岩石地层,针对破碎地段可配合挂网喷锚支护施工,以防止落石和崩塌。

(三) 正台阶环形开挖法

正台阶环形开挖法又称环形开挖留核心土法,一般将断面分成环形拱部、上部核心土、下部台阶三部分。根据断面的大小,环形拱部又可分成几块交替开挖。环形开挖进尺为 0.5～1.0 m,不宜过长。台阶长度一般以控制在 1 D 内(D 一般指隧道跨度)为宜。

正台阶环形开挖法的施工作业顺序:用人工或单臂掘进机开挖环形拱部。架立钢支撑、喷混凝土。在拱部初次支护保护下,为加快进度,宜采用挖掘机或单臂掘进机开挖核心土和下台阶,随时接长钢支撑和喷混凝土、封底。根据初次支护变形情况或施工安排,施工二次衬砌作业。

(四) 单侧壁导坑法

单侧壁导坑法每步开挖的宽度较小,而且封闭型的导坑初次支护承载能力大,所以,单侧壁导坑法适用于断面跨度大,地表沉陷难以控制的软弱松散围岩中。

(五) 双侧壁导坑法

当隧道跨度很大,地表沉陷要求严格,围岩条件特别差,单侧壁导坑法难以控制围岩变形时,可采用双侧壁导坑法。现场实测表明,双侧壁导坑法所引起的地表沉陷仅为短台阶法的 1/2。双侧壁导坑法虽然开挖断面分块多,扰动大,初次支护全断面闭合的时间长,但每个分块都是在开挖后立即各自闭合的,所以在施工中间变形几乎不发展。

双侧壁导坑法施工安全,但速度较慢,成本较高。

(六) 中隔壁法和交叉中隔壁法

中隔壁法也称 CD 工法,主要适用于地层较差和不稳定岩体,且地面沉降要求严格的地下工程施工。

(七) 中洞法、侧洞法、柱洞法、洞桩法

当地层条件差、断面特大时,一般采用中洞法、侧洞法、柱洞法及洞桩法等施工,其核心思想是变大断面为中小断面,提高施工安全度。

二、喷锚加固支护的施工要点

喷锚暗挖施工必须配合开挖及时支护，保证施工安全。

1. 初期支护采用喷锚支护　喷锚支护是喷射混凝土、锚杆、钢筋网喷射混凝土、钢拱架喷射混凝土等结构组合起来的支护形式。在浅埋软岩地段、自稳性差的软弱破碎围岩、断层破碎带、砂土层等不良地质条件下施工时，若围岩自稳时间短，不能保证安全地完成初次支护，为确保施工安全，加快施工进度，应采用以下各种辅助技术进行加固处理，使开挖作业面围岩保持稳定：①喷射混凝土封闭开挖工作面；②超前锚杆或超前小导管支护；③管棚超前支护；④设置临时仰拱；⑤地表锚杆或地表注浆加固；⑥小导管周边注浆或围岩深孔注浆；⑦冻结法固结地层；⑧降低地下水位法。

2. 喷射混凝土封闭开挖面时，应采用早强混凝土，喷射厚度宜为 50～100 mm；超前锚杆是沿开挖轮廓线，以一定的外插角，向开挖面前方安装锚杆，形成对前方围岩的预加固。超前锚杆、小导管支护应满足下列要求：宜与钢拱架配合使用；长度宜为 3.0～3.5 m，并应大于循环进尺的 2 倍。

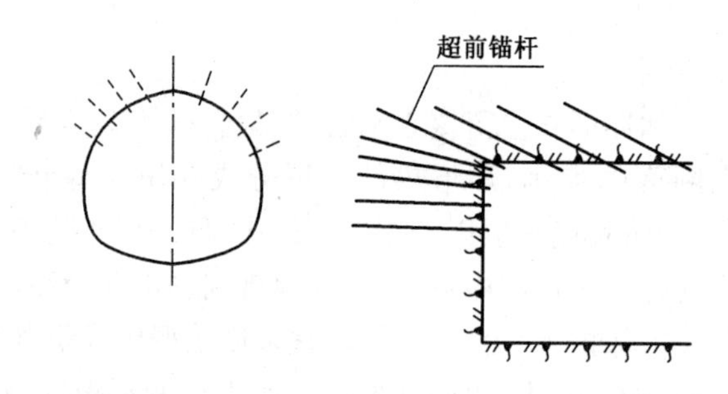

3. 喷射混凝土应紧跟开挖工作面，应分段、分片、分层，由下而上顺序进行。当岩面有较大凹洼时，应先填平。使用前应做凝结时间试验，要求初凝时间不应大于 5 min，终凝时间不应大于 10 min。

4. 地面砂浆锚杆是一种地表预加固地层的措施，适用于浅埋、洞口地段和某些偏压地段的岩体松软破碎处。地面锚杆按矩形或梅花形布置。

5. 冻结法　冻结法具有以下特点：①冻结加固的地层强度高；②封水效果好；③适应性强；④整体性好；⑤无污染。

6. 降低地下水位法　降水有洞内和地面降水两种方法。

三、掌握衬砌及防水的施工要求

1. 施工期间的防水措施主要是排和堵两类。

2. 含水的松散破碎地层应采用降低地下水位的排水方案，不宜采用集中宣泄排水的方法。

3. 衬砌背后排水及止水系统的施工应符合下列要求：衬砌施工缝和沉降缝的止水带不得有割伤、破裂，固定应牢固，防止偏移，提高止水带部位混凝土浇筑的质量。

3.3.2　小导管注浆加固土体技术

1. 小导管注浆是浅埋暗挖隧道超前支护的一种措施。在软弱、破碎地层中凿孔后易塌孔，且施作超前锚杆比较困难或者结构断面较大时，应采取超前小导管支护。超前小导管支护必须配合钢拱架使用。

2. 小导管注浆支护。小导管是受力杆件，因此两排小导管在纵向应有一定的搭接长度，钢管沿隧道纵向的搭接长度一般不小于 1 m。

3. 采用小导管加固时，为保证工作面稳定和掘进安全，应确保小导管安装位置正确和足够的有效长度，严格控制好小导管的钻设角度。

4. 小导管注浆宜采用水泥浆或水泥砂浆。在砂卵石地层中宜采用渗入注浆法；在砂层中宜采用劈裂注浆法；在黏土层中宜采用劈裂或电动硅化注浆法；在淤泥质软土层中宜采用高压喷射注浆法。

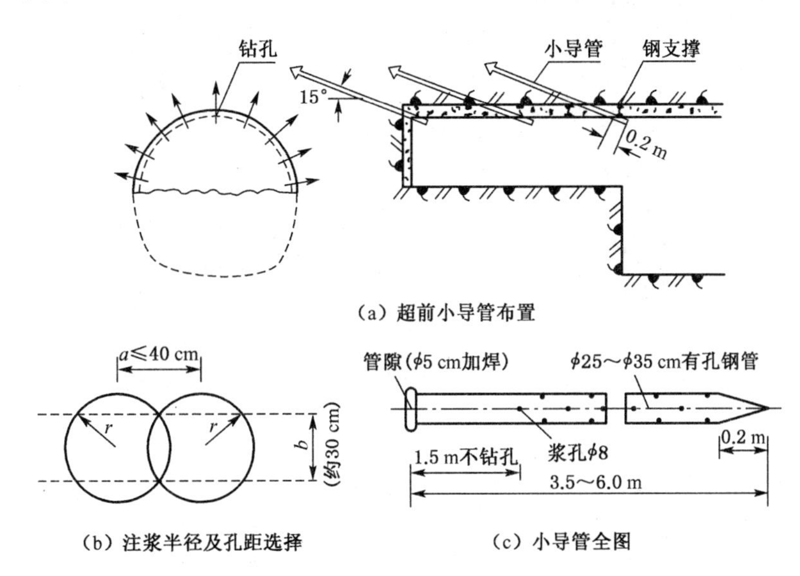

超前小导管注浆预加固围岩

3.3.3 管棚施工要求

管棚：一般是沿地下工程断面的一部分或全部，以一定的间距环向布设，形成钢管棚护。管棚超前支护是为了在特殊条件下安全开挖，预先提供增强地层承载力的临时支护方法。主要用于软弱、砂砾地层和软岩、岩堆、破碎带地段。

一、管棚支护的主要作用及优点

1. 梁拱效应　先行施工的管棚以掌子面前方围岩支撑和后方围岩支撑为支点，形成一个梁式结构，二者形成环绕隧洞轮廓的壳状结构，可有效抑制围岩松动和垮塌。

2. 加固效应　注浆浆液经管壁孔压入围岩裂隙中，使松散岩体胶结、固结，从而改善了软弱(破碎)围岩的物理力学性质，增强了围岩的自承受能力，达到了加固管棚周边围岩的目的。

3. 环槽效应　掌子面爆破产生的爆炸冲击波传播和爆生气体扩展遇管棚密集环形孔槽后被反射、吸收或绕射，大大降低了反向拉伸波所造成的围岩破坏程度和扰动范围。

4. 确保施工安全　管棚支护刚度较大，施工时如再次发生塌方，塌渣也是落在管棚上部岩渣上，起到缓冲作用。即使管棚失稳，其破坏也较缓慢。

二、管棚施工控制要点

1. 钻孔前，精确测定孔的平面位置、倾角、外插角，并对每个孔进行编号。

2. 施工中应严格控制钻机下沉量及左右偏移量。

3. 严格控制钻孔平面位置，管棚不得侵入隧道开挖线内，相邻的钢管不得相撞和立交。

4. 经常量测孔的斜度，发现误差超限及时纠正，至终孔仍超限者应封孔，原位重钻。

5. 掌握好开钻与正常钻进的压力和速度，防止断杆。

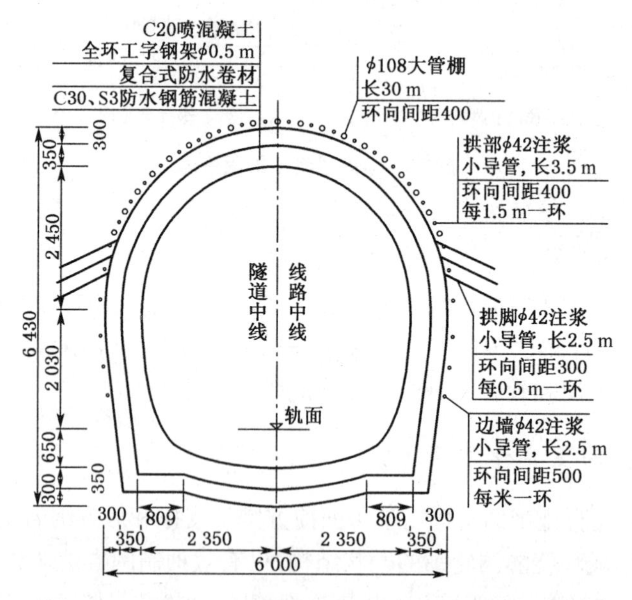

管棚超前支护加固地层主要适用于软弱、砂砾地层或软岩、岩堆、破碎带地段。

管棚是由钢管和钢拱架组成的。沿着开挖轮廓线，以较小的外插角向开挖面前方打入钢管或钢插板，末端支架在钢拱架上，形成对开挖面前方围岩的预支护。钢管直径一般为70～127 mm，特殊情况下也可采用300 mm或600 mm直径钢管。纵向两组管棚搭接的长度应大于3 m。根据国内外经验，一般在下列场合采用管棚超前支护：

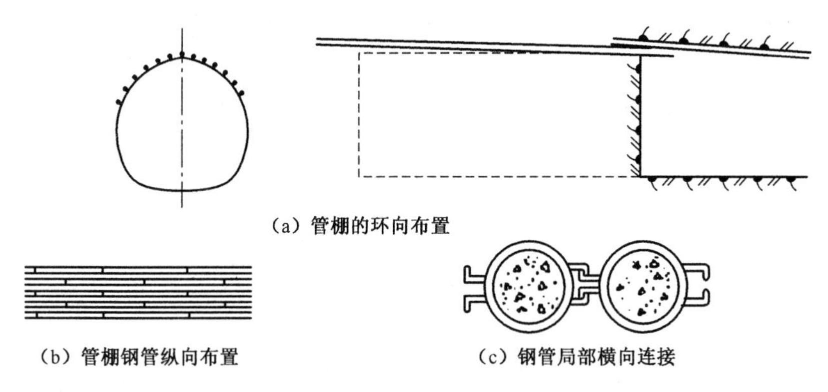

（a）管棚的环向布置

（b）管棚钢管纵向布置　　（c）钢管局部横向连接

管棚预支护围岩（长管棚）

（1）穿越铁路修建地下工程。

（2）穿越地下和地面结构物修建地下工程。

（3）修建大断面地下工程。

（4）隧道洞口段施工。

（5）通过断层破碎带等特殊地层。

（6）特殊地段，如大跨度地铁车站，重要文物保护区，河底、海底的地下工程施工等。

管棚一般选用焊接钢管或无缝钢管，入土端制作成尖靴状或楔形。

钢管打入后，应及时隔孔向钢管内及周围压注水泥浆或水泥砂浆。

3.4　城市轨道交通工程

3.4.1　城市轨道交通车站形式

城市轨道交通车站的基本形式与要求大致可归纳为以下几点：

1. 城市轨道交通车站的站台形式可采用岛式、侧式和岛侧混合的形式，通常地铁车站多采用岛式。

2. 城市轨道交通车站站台的最小宽度应满足下表的要求。

城市轨道交通车站站台最小宽度表

类　别	地下站	高架站	地面站
岛式站台(m)	8	6	5
侧式站台(无柱)(m)	3.5	3	2
柱(墙)外侧至站台边缘(m)	2	2	2

3. 城市轨道交通车站一般由站厅、站台厅、行车道、出入口、通道或天桥、通风道以及设备、管理用房等部分组成。

4. 车站形式必须满足的基本要求：客流需求，乘候安全，疏导迅速，环境舒适，布置紧凑，便于管理。

5. 车站的楼梯、检票口、出入口通道三者的通过能力应满足超高峰小时设计客流的需要，并应满足在发生事故灾害时，能在 6 min 内将一列车乘客、站台上候车人员及车站工作人员全部撤离站台的要求。应确保下车乘客到就近通道或楼梯口的最大距离不超过 50 m。

6. 站厅布置应满足功能分区，避免进、出站及换乘人流路线之间的相互交叉干扰。

7. 车站设备用房包括供电、通风、通信、信号、给排水、防灾、电视监控等系统用房，其面积和要求应按各专业的工艺布置确定。

8. 车站的管理用房及生活设施包括车控室、站长室、交接班室(兼会议、餐室)、票务室、站务室、警务室、更衣室、卫生间等。

9. 车站出入口的数量，应根据客运需要与疏散要求设置，浅埋车站不宜少于 4 个出入口。当分期修建时，初期不得少于 2 个。

10. 车站内部建筑装修应实用、安全。采用防火、防潮、防腐、无污染、易清洁的材料，站内地面应选用耐磨、防滑的材料。

11. 城市轨道交通车站结构形式分为矩形、圆形及马蹄形三大类。

12. 当有几条城市轨道交通线路交会时，上、下层车站之间应设置人员通行的联络通道，有条件的应设置相应的电动扶梯便于人员的换乘。

3.4.2 地铁区间隧道的特征

大致分为以下几种：

1. 按区间隧道断面形状可以分为矩形、拱形、圆形和椭圆形等断面形式。

2. 地铁区间隧道中心线线型要求　区间隧道由直线和曲线组成，其中曲线包括圆曲线和缓和曲线两种形式。平面的最小曲线半径应符合下表的规定。

最小曲线半径

线　路	一般情况(m)	困难情况(m)
正线	300	250
辅助线(联络线、出入线)	200	150
车场线	110	80

3. 曲线超高值应在缓和曲线和曲线内递减顺接；无缓和曲线时，应在直线段递减顺接；超高顺坡率不宜大于 2‰，困难地段不应大于 3‰。

4. 在新建的城市轨道交通线路中，应按规程要求进行有关杂散电流腐蚀的防护。主要有：对主体结构钢筋及金属管线结构采取防护措施；在地铁沿线敷设的各种电缆、水管等管线结构应选择符合杂散电流腐蚀防护要求的材质、结构设计和施工方法；采取设计合理、性能可靠持久的隧道绝缘防水措施；限制地铁的牵引供电和回流系统中的杂散电流。

5. 城市轨道交通线路要求　城市轨道交通线路均为右侧行车的双线线路，采用 1 435 mm 标准轨距，正线及辅助线均采用 50 kg/m 及以上的钢轨，钢轨接头采用对接形式。

6. 城市轨道交通隧道埋深较浅时应采取的措施　城市轨道交通隧道埋深较浅时，要采取降低噪声和减少振动的措施。

7. 城市轨道交通隧道混凝土应满足的要求　城市轨道交通隧道混凝土不仅要满足强

度需要，同时要考虑抗冻、抗渗和抗侵蚀的要求。

8. 城市轨道交通隧道限界的概念　限界是指列车沿固定的轨道安全运行时所需要的孔洞尺寸。限界包括车辆限界、设备限界和建筑限界3类。车辆限界是指车辆在正常运动状态下形成的最大动态包络线；设备限界是限制设备安装的控制线；建筑限界是在设备限界基础上，考虑了设备和管线安装尺寸、厚度的最小有效断面。建筑限界中不包括测量误差、施工误差、结构沉降、位移变形等因素。

9. 区间隧道结构防水要求　不得有线流和漏泥砂，当有少量漏水点时，每昼夜的漏水量不得大于0.5 L/m^2。变形缝、施工缝、穿墙管等特殊部位应采取加强措施。在侵蚀性介质中仅用防水混凝土时，其耐蚀系数不应小于0.8。

10. 明挖隧道结构防水要求：优先采用防水混凝土，其抗渗等级不小于0.8 MPa，防水层卷材层数及层厚必须符合设计要求，并设置保护层。

【练一练】

一、单项选择题

1. 基坑的围护结构主要承受(　　)所产生的土压力和水压力，并将此压力传递到支撑，是稳定基坑的一种施工临时性挡墙结构。

A. 基坑周围动荷载　　B. 基坑开挖支护

C. 基坑开挖卸荷　　D. 基坑周围的静荷载

2. 一级基坑和二级基坑的施工中必须对周围建筑物和管线等采取(　　)措施。

A. 拆改　　B. 加固　　C. 监测　　D. 吊架保护

3. 下列结构类型中，(　　)不属于基坑支护结构。

A. 钢板桩　　B. 钻孔灌注桩　　C. 沉井　　D. 隔墙

4. 某城市地铁隧道工程拟采用盾构法施工，地层条件为淤泥质土，选用(　　)盾构施工比较合理。

A. 开胸的机械式　　B. 闭胸的机械式　　C. 半机械式　　D. 挤压式

5. 当采用(　　)施工时，应设相当规模的(　　)。

A. 气压法；空压房

B. 泥水加压平衡盾构；地面出土设施

C. 土压平衡盾构；水泵房

D. 泥水机械出土和用井点降水；泥水处理系统和中央控制室

6. 关于喷锚支护，以下说法正确的是(　　)。

A. 喷射支护是喷射混凝土、锚杆、钢筋网等结构组合起来的支护形式，喷射混凝土、锚杆、钢筋网3个工艺缺一不可

B. 喷锚支护就是将基坑围护桩墙通过土层锚杆固定于基坑外侧的土层中，从而达到基坑支护的目的

C. 喷锚支护实际上就是土钉墙

D. 喷锚支护也叫喷锚衬砌，是喷射混凝土、锚杆、钢筋网等结构组合起来的支护形式，可根据不同围岩的稳定状况，采用喷锚支护中的一种或几种组合

7. 下列关于隧道衬砌防水施工说法正确的是(　　)。

A. 喷射混凝土表面应平顺，不得留有锚杆头和钢筋断头。防水层接头应擦干净，喷层表面漏水应及时引排，防水层可在拱部和边墙按环状铺设

B. 隧道防水以衬砌混凝土结构自防水性能为主，防水层不是主要防线，施工中只要将防水层的破损率控制在一定范围内即可

C. 开挖和砌筑作业不得损坏防水层，防水作业面应距爆破面大于 50 m

D. 变形缝止水带应居中放置，为防止在灌注混凝土时止水带发生偏移，可以将止水带用钉子钉在模板上

8. 右图为隧道正台阶环形开挖法的示意图，施工中应最先开挖(　　)。

A. a　　B. b　　C. c 和 d　　D. e

9. 盖挖逆作法的施工顺序是(　　)。

① 利用出入口、通风道或单独设置竖井

② 先修筑隧道(或车站)围护墙和支承柱以及结构顶板

③ 用自上而下的逆作法施工单层或多层地下隧道(或车站)结构

A. ①②③　　B. ②①③　　C. ③②①　　D. ②③①

10. 将结构断面分成两个部分，即分成上下两个工作面，分步开挖的浅埋暗挖施工方法称为(　　)。(2010 年考点)

A. 台阶法　　B. 全断面法　　C. 中洞法　　D. 单侧壁导坑法

11. 地铁区间隧道的建筑限界应考虑(　　)。(2011 年考点)

A. 设备和管线安装尺寸、厚度　　B. 施工误差

C. 测量误差　　D. 结构沉降

12. 基坑开挖一段后先浇筑顶板，在顶板保护下，自上而下开挖、支撑和浇筑结构内衬的施工方法称为(　　)。(2009 年考点)

A. 明挖顺作法　　B. 明挖逆作法　　C. 盖挖顺作法　　D. 盖挖逆作法

13. 挖开地面，由上而下开挖石方至设计标高后，自基底由下向上顺序作业，完成隧道主体结构，最后回填基坑或恢复地面的施工方法称为(　　)。

A. 浅埋暗挖法　　B. 新奥法　　C. 明挖法　　D. 盖挖法

14. 新奥法的基本原则不包括(　　)。

A. 多扰动　　B. 早喷锚　　C. 勤量测　　D. 紧封闭

15. 采用喷锚技术、监控测量等并与岩石力学理论构成一个体系而形成的隧道施工方法称为(　　)。

A. 新奥法　　B. 矿山法　　C. 明挖法　　D. 盖挖法

16. 新奥法开挖施工中应用最广泛的方法是(　　)。

A. 全断面法及台阶法　　B. 台阶法或全断面法

C. 全断面法及分部开挖法　　D. 矿山法及全断面法

17. 下列不属于新奥法施工基本原则的是(　　)。

A. 少扰动　　B. 早喷锚　　C. 紧封闭　　D. 早撤换

18. 公路隧道明洞顶的填土厚度应不小于(　　)m。

A. 1.0　　B. 2.0　　C. 3.0　　D. 4.0

19. 隧道结构由(　　)构成。

A. 主体构造物　　B. 附属构造物

C. 主体构造物和附属构造物　　D. 主体建筑

20. 衬砌种类繁多,按支护理论,分为整体式衬砌、复合式衬砌和(　　)。

A. 喷锚衬砌　　B. 曲墙式衬砌　　C. 喇叭口式衬砌　　D. 矩形式衬砌

21. 主体构造物是为了保持岩体的稳定性和行车安全而修建的人工永久建筑物,通常指(　　)。

A. 洞身衬砌　　B. 洞门构造物

C. 洞身衬砌和洞门构造物　　D. 明洞类型

22. 处于隧道两端的外露部分,也是联系洞内衬砌与洞口外路堑的支护结构,其作用是保证洞口边坡的安全和仰坡的稳定,引离地表流水,减少洞口土石方开挖量的构造称为(　　)。

A. 附属设施　　B. 明洞　　C. 门洞　　D. 洞门

23. 洞门墙应根据情况设置伸缩缝、沉降缝和(　　)。

A. 端墙　　B. 泄水孔　　C. 翼墙　　D. 环框

24. 隧道的施工方法不包括(　　)。

A. 盖挖法　　B. 分离法　　C. 浅埋暗挖法　　D. 隧道掘进机法

25. 隧道施工中采用钻爆法开挖和钢木构件支撑的施工方法称为(　　)。

A. 传统的矿山法　　B. 新奥法　　C. 盖挖法　　D. 明挖法

26. 采用机械破碎岩石的方法开挖隧道,并将破碎的石碴传送出机外的一种开挖与出碴联合作业的掘进机械,此种施工方法称为(　　)。

A. 浅埋暗挖法　　B. 隧道掘进机法　　C. 地下连续墙法　　D. 盾构法

27. 将结构断面分成两个部分,即上下两个工作面分步开挖的浅埋暗挖施工方法称为(　　)。

A. 台阶法　　B. 全断面法　　C. 中洞法　　D. 单侧壁导坑法

28. 地铁车站站台的形式多采用(　　)。(2009年考点)

A. 岛式　　B. 侧式　　C. 岛侧混合式　　D. 马蹄式

29. 以下关于轨道交通说法不正确的是(　　)。

A. 地铁车站的站台形式分为岛式、侧式和岛侧混合式

B. 轨道交通的车站仅有地下站和高架站两种

C. 浅埋车站不宜少于4个出入口,但分期建设时可以设置2个出入口

D. 地铁车站一般由站厅、站台厅、行车道、出入口、通道或天桥、设备管理用房组成

30. 盾构掘进控制"四要素"包括(　　)。(2007年考点)

A. 开挖控制、一次衬砌控制、排土量控制、线形控制

B. 开挖控制、一次衬砌控制、线形控制、注浆控制

C. 开挖控制、一次衬砌控制、排土量控制、注浆控制

D. 一次衬砌控制、排土量控制、线形控制、注浆控制

31. 以下采用螺旋输送机出土的是(　　)盾构。(2009年考点)

A. 手掘式　　B. 网格　　C. 土压平衡　　D. 泥水平衡

32. 软土地区地下连续墙成槽时，不会造成槽壁坍塌的是(　　)(2010 年考点)

A. 槽壁泥浆黏度过低　　B. 导墙建在软弱填土中

C. 槽段划分过长　　D. 导墙过深

33. 与基坑明挖法相比，盖挖法施工最显著的优点是(　　)。(2011 年考点)

A. 施工成本较低　　B. 出土速度快

C. 围护变形小　　D. 可尽快恢复交通

34. 当地层条件差、断面特别大时，浅埋暗挖隧道施工不宜采用(　　)。(2009 年考点)

A. 中洞法　　B. 柱洞法　　C. 洞桩法　　D. 全断面法

35. 注浆施工中采用高压喷射注浆法的土类为(　　)。(2005 年考点)

A. 砂土　　B. 淤泥土　　C. 砂砾土　　D. 黏土

36. 浅埋式地铁车站的出入口设置不宜少于(　　)个。(2004 年考点)

A. 5　　B. 3　　C. 2　　D. 4

37. 浅埋暗挖法施工时，如果处于砂砾地层，并穿越既有铁路，宜采用的辅助施工方法是(　　)。(2009 年考点)

A. 地面砂浆锚杆　　B. 小导管注浆

C. 管棚超前支护　　D. 降低地下水位

二、多项选择题

1. 以下有关全断面法说法正确的是(　　)。

A. 该法是将全部设计断面一次开挖成型，再修筑衬砌

B. 一般适用于Ⅴ～Ⅵ类围岩

C. 可采用凿岩台车和高效率运装机，因开挖作业面大，钻爆效率高

D. 可以采用超前支护技术

E. 全断面法施工时，因工作面稳定，现场监测测量变得不太重要

2. 以下有关台阶开挖法说法正确的是(　　)。

A. 该法是将设计断面分上半部分和下半部分断面二次开挖成型；或采用上弧形导洞超前开挖和中核开挖及下部开挖。开挖的关键是台阶的开挖形式

B. 一般将设计断面划分成 3～4 个台阶分部开挖

C. 该法一般适用于Ⅱ～Ⅳ类围岩

D. 该法有利于工作面的稳定，但增加了对围岩的扰动次数

E. 可以采用超前支护技术，可采用大型凿岩台车和高效率运装机

3. 以下有关超前锚杆说法正确的是(　　)。

A. 超前锚杆是沿开挖轮廓线，以较大的外插角，向开挖面前方安装锚杆，形成对前方围岩的预锚固，在提前形成的围岩锚固圈的保护下进行开挖、装碴和衬砌等作业

B. 在地下水较大的岩层内掘进，可以使用超前锚杆

C. 一般适用于围岩应力较小、地下水较少、岩体软弱破碎、开挖面有可能坍塌的隧道掘进

D. 在不太严重的断裂破碎带进行隧道掘进，不宜使用超前锚杆

E. 不宜和钢支撑配合使用

4. 以下有关喷锚支护说法正确的是(　　)。

A. 喷锚施工的喷射混凝土应具有早强性能，5 d可达最终强度

B. 喷射混凝土的厚度确定后，不需根据现场测量资料进行修整，但喷射混凝土的最小厚度不能小于5 cm。在含水层中的厚度不小于8 cm

C. 防水层可在拱部和边墙按环状铺设，纵横向铺设长度应根据开挖方法和设计断面确定。衬砌防水层施工时，喷射混凝土表面应平顺，不得留有锚杆头或钢筋断头。防水层接头应擦净，喷层表面漏水应及时引排

D. 锚杆施工应保证孔位的精确度在允许的偏差范围内，钻孔应平行于岩层层面，宜沿隧道周边径向钻孔

E. 喷锚施工对地下水较大的地层较为适用

5. 以下施工现场平面布置属于泥水平衡盾构工程的是(　　)。

A. 地面出土设备　　B. 门式起重机

C. 泥浆处理系统　　D. 盾构工作竖井

E. 拌浆站

6. 土压平衡盾构推进过程中依靠(　　)的综合作用，保持开挖面的稳定状态。

A. 开挖面切削面板的临时挡土效果

B. 充满于密封仓的切削土土压

C. 螺旋送土机排土机构

D. 控制螺旋排土机转速及其出土量大小

E. 压力保持机构

7. 泥水加压盾构推进过程中依靠(　　)的综合作用，保持开挖面的稳定状态。

A. 开挖面的加压泥水　　B. 泥水室内充满的加压泥水

C. 加压作用　　D. 土仓内的平衡压力

E. 压力保持机构

8. 喷锚支护是由(　　)等结构组合的支护形式。

A. 钢筋骨架　　B. 喷射混凝土　　C. 锚杆　　D. 注浆锚杆

E. 钢筋网喷射混凝土

9. 在软弱地层的基坑工程中，基坑支撑结构是承受围护墙所传递的土压力、水压力的结构体系，支撑结构体系包括(　　)及其他附属构件。

A. 围檩　　B. 支撑　　C. 立柱　　D. 桩墙

E. 喷射混凝土护壁

10. 地下连续墙施工时，泥浆的主要作用是(　　)。(2004年考点)

A. 便于混凝土浇筑　　B. 维持槽壁稳定

C. 冷却与润滑　　D. 便于钢筋笼放置

E. 携渣

11. 地下连续墙槽段划分应考虑的因素有(　　)。(2009年考点)

A. 地质条件　　B. 钢筋笼整体重量

C. 泥浆比重　　D. 内部主体结构布置

E. 混凝土供给能力

12. 加固地铁盾构进出洞口常用的改良土体方法有(　　)。(2009年考点)

A. 小导管注浆　　B. 搅拌桩　　C. 冻结法　　D. 旋喷桩

E. 降水法

13. 地铁车站明挖基坑采用钻孔灌注桩围护结构时，围护施工常采用的成孔设备有(　　)。(2009 年考点)

A. 水平钻机　　B. 螺旋钻机　　C. 夯管机　　D. 冲击式钻机

E. 正反循环钻机

14. 结构材料可部分或全部回收利用的基坑围护结构有(　　)。(2011 年考点)

A. 地下连续墙　　B. 钢板桩　　C. 钻孔灌注桩　　D. 深层搅拌桩

E. SMW 挡土墙

15. 地铁区间隧道断面形状可分为(　　)。(2010 年考点)

A. 马蹄形　　B. 矩形　　C. 拱形　　D. 圆形

E. 椭圆形

16. 不同的盾构机在设备、工艺和适用条件上有差别，但基本掘进原则是相同的，这些基本原则是(　　)。

A. 人机安全　　B. 环境安全　　C. 降低能耗　　D. 保持土体稳定

E. 节约施工

三、案例分析题

(2011 年考点)某项目部承接一项直径为 4.8 m 的隧道工程，起始里程为 DK10＋100，终点里程为 DK10＋868，环宽为 1.2 m，采用土压平衡盾构施工。盾构隧道穿越地层主要为淤泥质黏土和粉砂土。项目施工过程中发生了以下事件：

事件一：盾构始发时，发现洞门处地质情况与勘察报告不符，需改变加固形式。加固施工造成工期延误 10 天，增加费用 30 万元。

事件二：盾构侧面下穿一座房屋后，由于项目部设定的盾构土仓压力过低，造成房屋最大沉降达到 50 mm。穿越后房屋沉降继续发展，项目部采用二次注浆进行控制。最终房屋出现裂缝，维修费用为 40 万元。

事件三：随着盾构逐渐进入全断面粉砂地层，出现掘进速度明显下降现象，并且刀盘扭矩和总推力逐渐增大，最终停止盾构推进。经分析为粉砂流塑性过差引起，项目部对粉砂采取改良措施后继续推进，造成工期延误 5 天，费用增加 25 万元。区间隧道贯通后计算出平均推进速度为 8 环/天。

问题：

(1) 事件一、二、三中，项目部可索赔的工期和费用各是多少？说明理由。

(2) 事件二中二次注浆应采用什么浆液？

(3) 事件三中采用何种材料可以改良粉砂的流塑性？

(4) 整个隧道掘进的完成时间是多少天(写出计算过程)？

【答案】

一、1. C　解题思路：基坑开挖卸荷后围护结构才受力，围护结构受力过程是随开挖过程动态变化的。　2. C　解题思路：由于是“必须”采取的措施，只有 C 选项最准确。　3. D　解题思路：隔墙是盾构机掘进至到达掘进时，为防止拆除临时挡土墙时土体发生坍塌而设置的一种临时支撑结构，不属于基坑支护结构。 4. D 解题思路：各种盾构适用于不同地层条件，只有挤压式盾构仅适于软弱黏性土层。 5. A 解题思路：选项B、C、D错误的原因是搭配错误。正确的搭配是：泥水加压平衡盾构——泥浆处理系统和中央控制室；土压平衡盾构——地面出土设施；泥水机械出土和用井点降水——水泵房；气压法——空压房。 6. D 解题思路：喷锚支护是喷射混凝土、锚杆、钢筋网等结构组合起来的支护形式，但可采用喷锚支护中的一种或几种组合。其中不包括围护桩墙。它是通过锚杆作用将围岩与喷射混凝土结合成一体，使锚固范围内的围岩作为支护结构的一部分，区别于土钉墙等。 7. A 解题思路：隧道防水以衬砌混凝土结构自防水性能为主是对的，但防水层绝不允许破损。防水作业面要求距爆破面大于150 m。止水带不应有割伤、破裂，故将止水带用钉子钉在模板上是错误的。 8. B 解题思路：环形拱部(c、b、d)、上部核心土(a)、下部台阶(e)。正台阶环形开挖法的特点：开挖工作面稳定性好，施工安全性好。正台阶环形开挖法的优点：台阶长度可适度加长，施工机械化程度相对提高，施工速度可加快。正台阶环形开挖法的缺点：围岩经受多次扰动，断面分块多，全断面封闭的时间长。这种方法适用于一般土质或易坍塌的软弱围岩中。 9. B 解题思路：盖挖逆作法的顺序是先做围护墙和顶板而后利用竖井暗挖。 10. A 11. A 12. D 13. C 14. A 15. A 16. A 17. D 18. B 19. C 20. A 21. C 22. D 23. B 24. B 25. A 26. B 27. A 解题思路：台阶法施工就是将结构断面分成两个或几个部分，即分成上下两个工作面或几个工作面，分步开挖。 28. A 29. B 解题思路：轨道交通的基本组成包括站台、出口、车站等，无地下与高架之说。 30. B 解题思路：盾构掘进要经过始发、初始掘进、转换、正常掘进、到达掘进5个阶段。而盾构掘进的目的是确保开挖面稳定的同时，构筑隧道结构、维持隧道线形、及早填充盾尾空隙。31. C 32. D 33. C 34. D 解题思路：全断面法要求围岩自稳性好，有大型的施工机具。 35. B 36. D 37. C 解题思路：管棚适用于软弱、砂砾地层或软岩、岩堆、破碎带地段。

二、1. ABC 解题思路：①根据全断面法的作业方法，可知A正确。②由于Ⅴ～Ⅵ类围岩的稳定性较高，因此，可确保能实施大作业面施工安全。而在大作业面下施工，凿岩台车和高效率运装机均可采用。因此，C是正确的。③由于超前支护技术只用于岩体软弱破碎，开挖面可能坍塌的隧道掘进，因此D是不对的。④无论在哪种情况下，现场监测测量都是施工时的核心工作，因此E不对。 2. ACD 解题思路：①根据台阶开挖法的作业方法，可知A正确。②台阶开挖法一般将设计断面划分成1～2个台阶分部开挖。因此B不对。③台阶开挖法是在Ⅱ～Ⅳ类围岩中进行的，可知C对。④由于台阶开挖法将开挖断面分成若干小断面进行施工，围岩不是一次暴露出来，有利于工作面的稳定。但由于在若干小断面分批施工，增加了对围岩的扰动次数。因此，D是正确的。⑤由于超前支护技术只用于岩体软弱破碎，开挖面可能坍塌的隧道掘进，台阶开挖法可以采用该技术。但是，台阶开挖法是分批在小断面内施工的，大型凿岩台车施展不开，只能用轻型凿岩机打眼。因此E是不对的。 3. AC 解题思路：①根据超前锚杆的基本原理和性能，可知AC正确。②若岩层内地下水较大，会严重影响超前锚杆的锚固力。因此，B不对。③根据超前锚杆的基本原理和性能，可知D不对。若地层断裂破碎严重，则不可使用超前锚杆。④若岩层软弱破碎严重，超前锚杆和钢支撑配合使用。因此，E不对。 4. CE 解题思路：①根据喷锚支护的基本原理和性能，可知C是正确的。②根据喷锚支护的基本原理和性能，可知A的错误之处为达到最终强度的天数应为3 d。因此，A不对。③喷射混凝土的厚度确定后，还需根据现场测量资料进行修整。因此，B不对。④锚杆的钻孔应平行于岩层层面，否则会导致锚杆沿岩层层面滑动，导致锚固力不足。因此，D不对。⑤喷锚施工有专门的防水处理措施，对地下水较大的地层较为适用。因此，E对。 5. BCDE 解题思路：地面出土设备属土压平衡盾构设备。 6. ABCD 解题思路：①土压平衡盾构推进过程中要确保开挖面的稳定，主要取决于机头的结构特点和对开挖面的临时支护要素，于是A和B是正确答案。②控制螺旋排土机转速及其出土量大小，可以控制土仓内的平衡压力值，与围护开挖面的稳定有关，因此D是对的。③根据土压平衡盾构的特点，螺旋送土机排土机构具有协助围护开挖面稳定的功能，因此C是正确的。④土压平衡盾构无压力保持机构，因此E不对。 7. ABCE 解题思路：①泥水加压盾构在开挖面的加压泥水和泥水室内充满的加压泥水主要用来围护开挖面的稳定状态。另外，加压作用和压力保持机构是为实现泥水加压及保持其压力而设计的。因此，ABCE是正确的。②泥水加压盾构中无土仓内的平衡压力之说。因此，D是错误的。 8. BCE 解题思路：喷锚支护的结构组成整体看包括喷射混凝土、锚杆、钢筋网喷射混凝土。 9. ABC 解题思路：桩墙属围护结构，喷射混凝土护壁一般在喷锚暗挖法中采用护壁也不作为支撑结构。 10. BCE 11. ABDE 12. BCDE 13. BDE 14. BE 解题思路：钢板桩的特点是强度高，桩与桩之间的连接紧密，隔水效果好，可重复使用；SMW挡土墙特点是止水性好，构造简单，型钢插入深度一般小于搅拌桩深度，施工速度快，型钢可以部分回收。 15. BCDE 16. ABD 解题思路：提到的不同盾构方法的共同掘进原则是保持土体稳定、人机安全、环境安全。

三、(1)事件一可以索赔工期10天和费用30万元，由于建设单位没有提供准确的勘察报告，责任在建设单位。事件二不可索赔，由于施工单位错误操作引起，责任在施工单位，可索赔的工期和费用为0。事件三不可索赔，施工单位没有对粉砂进行改良，责任在施工单位，可索赔的工期和费用为0。(2)本项目中，二次注浆应采用化学浆液。(3)应采用加泥(或膨润土泥浆或矿物系材料)、加泡沫(或界面活性系材料)等改良材料。(4)总量程：10 868 − 10 100 = 768 m，完成时间：768/(1.2×8) = 80天

◆【市政实务案例必备素材】

第一模块 隧道施工方法之传统矿山法

在传统的矿山法中，历史上形成的变化方案很多，其中包括全断面法、台阶法、侧壁导坑法等。鉴于我国隧道施工中已很少采用传统矿山法，仅介绍其中具有代表性的上下导坑先拱后墙法和下导坑先拱后墙法。

一、上下导坑先拱后墙法

是软弱地层中修筑隧道的一种基本的传统方法，也是我国以往修筑隧道采用得最广泛的方法之一，它主要用于不稳定或稳定性较差的Ⅲ～Ⅳ级围岩。

施工顺序：开挖下导坑1，并尽快架设木支撑；在下导坑开挖面后约30～50 m处开挖上导坑2和架设木支撑，然后上导坑落底3；上、下导坑间开挖漏斗，以便于上部开挖出碴。由上导坑向两侧开挖4("扩大")，边开挖边架设扇形木支撑；在扇形支撑之间立拱架模板，灌注拱圈混凝土(Ⅴ)，边灌注边顶替、拆除扇形支撑；开挖中层6("落底")；左右错开，纵向跳跃开挖马口7、9，每个马口的纵向长度不宜超过拱圈灌注节长的一半；紧跟马口开挖后，立即架设边墙模板，由下而上灌注边墙混凝土Ⅶ、Ⅹ；挖水沟、铺底(在隧道底部铺设不小于10 cm厚的混凝土)。

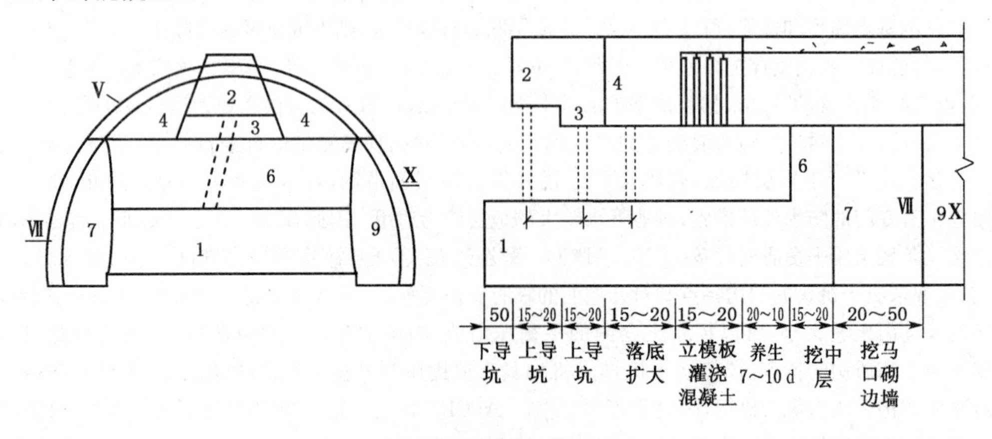

上下导坑先拱后墙法

应说明的是，上导坑由 2 和 3 两部分组成，这是因为当在软弱地层中施工时，由于木支撑难以及时支护，往往拱顶围岩会有较大的下沉，所以必须留足沉落量(20～50 cm)，这就导致上导坑开挖高度较高，使得施工很不方便，故一般分为上、下两部分开挖。

优点：在拱圈保护下进行拱下作业，施工安全；工作面多，便于拉开工序和安排较多的劳力，加快施工进度；当地质发生变化时，容易改变施工方法。

缺点：开挖两个导坑增加工程造价；开挖马口时施工干扰大；衬砌整体性差；工序多，不便于施工管理。

二、下导坑先拱后墙法

下导坑先拱后墙法主要用于Ⅱ～Ⅲ级围岩。施工顺序：以下导坑领先，2、3、4 部开挖完成时，断面如蘑菇形，以后步骤与上下等坑先拱后墙法相同。

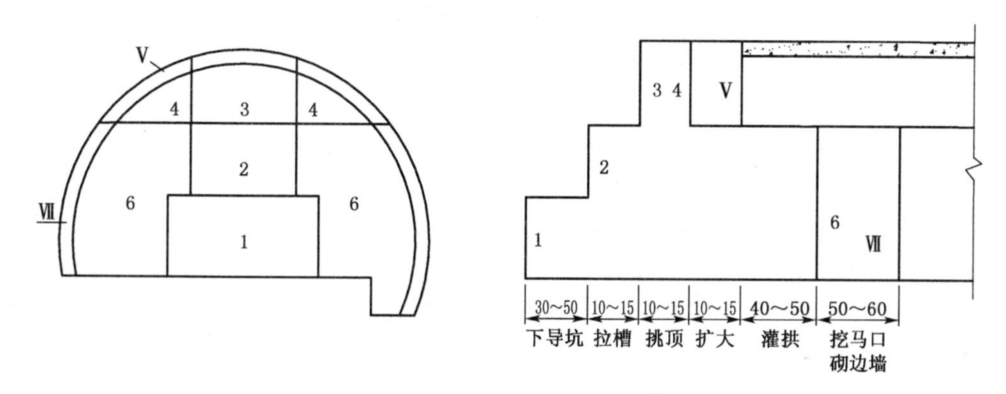

下导坑先拱后墙法

优点：下导坑先拱后墙法出碴方便，施工安全。

缺点：消耗的木材钢轨较多，棚架易因爆破受损，挖马口还影响施工进度，衬砌的整体性也差。

第二模块　新奥法

一、新奥法名称由来与产生的历史背景

新奥法的全称是新奥地利隧道工程方法，即 New Austrian Tunneling Method，缩写为 NATM，是由奥地利学者 L. V. Rabcewiez、L. Muller 等教授创建于 20 世纪 50 年代，在 1963 年正式命名为新奥地利隧道工程方法。它的产生基于以下背景：

(1) 锚杆支护在 20 世纪初出现。

(2) 喷射混凝土机在 20 世纪 40 年代末研制成功。

(3) 岩石力学的理论发展为新奥法提供了科学依据。

二、新奥法的基本概念

1. 新奥法　以控制爆破(光面爆破、预裂爆破等)为开挖方法；以喷锚作为主要支护手段；通过监测控制围岩变形，动态修正设计参数和变动施工方法；核心内容是充分发挥围岩的自承能力。

2. 对新奥法的误解　把新奥法理解为隧道开挖与支护的方法，误以为采用了锚喷支护就是新奥法，对施工监控量测不够重视。

3. 对新奥法正确认识　新奥法是修建隧道的一种基本理论，是包含设计于施工内容的隧道工程新概念。新奥法使用锚喷支护是为了达到保护围岩强度、控制围岩变形、实现发挥围岩自承能力的目的。只有采用施工监控量测才能掌握围岩变形动态，做到控制变形。锚杆、喷射混凝土和施工量测是新奥法的三大要素。

三、新奥法施工的要点

1. 在隧道的整个支护体系中，围岩是承载结构的一部分，施工中要合理利用围岩的自承能力，保持围岩的稳定。

2. 隧道开挖时，应尽可能减轻对隧道围岩的扰动或尽可能不破坏围岩的强度。

3. 允许围岩有一定的变形，初期支护应尽量做成柔性的，以便与围岩紧密接触，共同变形和共同承载，充分发挥围岩的自身承载作用。

4. 洞室开挖后及时施作初期支护，封闭围岩表面，抑制围岩体的早期变形，待围岩稳定后再进行二次衬砌，但遇软弱围岩特别是洞口段衬砌要紧跟。

5. 隧道的几何形状必须满足在静力学上作为圆筒结构的计算条件，因此，要尽可能使结构做得圆顺(如做成圆形或椭圆形的)，不产生突出的拐角，避免产生应力集中现象。同时，尽早使衬砌结构闭合(封底)，以形成承载环。

6. 对隧道周边进行位移收敛量测是施工过程中必不可少的一个重要环节，从现场量测反馈信息及时修改设计和施工方案。

7. 对外层衬砌周围岩体的渗水，要通过足够的“排堵措施”予以解决，如在两层衬砌之间设置中间防水层等。

四、新奥法施工方法

1. 全断面法　全断面法全称为“全断面一次开挖法”，即按隧道设计断面轮廓一次开挖成型的方法。全断面法适用于Ⅰ～Ⅲ级硬岩的石质隧道，可采用深孔爆破施工。

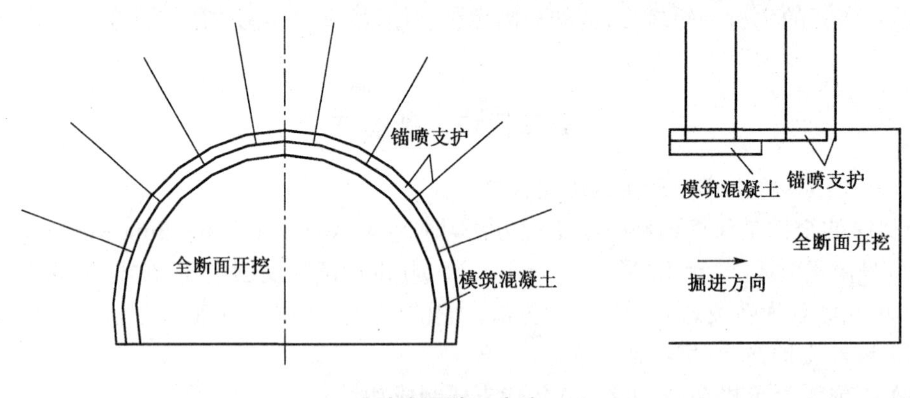

全断面施工方法

优点：较大的作业空间，有利于采用大型配套机械化作业，提高施工速度，工序少，干扰少，便于施工组织与管理，采用深孔爆破时可加快掘进速度，对围岩的震动次数较少，有利于围岩稳定。

缺点：由于开挖面较大，围岩相对稳定性降低，且每循环工作量相对较大，要求施工单位有较强的开挖、出碴与运输及支护能力。采用深孔爆破时，产生的爆破震动较大，对钻爆设计和控制爆破作业要求较高。

（1）全断面施工工序

① 用钻孔台车钻眼，然后装药、连接导火线；② 退出钻孔台车，引爆炸药，开挖出整个隧道断面；③ 排除危石；④ 喷射拱圈混凝土，必要时安设拱部锚杆；⑤ 用装碴机将石碴装入运输车辆运出洞外；⑥ 喷射边墙混凝土，必要时安设边墙锚杆；⑦ 根据需要可喷第二层混凝土和隧道底部混凝土；⑧ 开始下一轮循环；⑨ 通过量测判断围岩和初期支护的变形，待基本稳定后，施作二次模注混凝土衬砌。

（2）全断面施工注意问题

① 加强对开挖面前方的工程地质和水文地质的调查；② 各工序机械设备要配套；③ 加强各种辅助施工方法的设计和施工检查；④ 重视和加强对施工操作人员的技术培训；⑤ 在选择支护类型时，应优先考虑锚杆和喷射混凝土、挂网、拱架等支护型式。

2. 台阶法　台阶法是新奥法中适用性最广的施工方法，多用于Ⅳ、Ⅴ级围岩中。它将断面分成上半断面和下半断面两部分分别进行开挖，随着台阶长度的调整，它几乎可以用于所有的地层。根据台阶的长度，有长台阶法、短台阶法和超短台阶法三种方式。

（1）长台阶法　上、下开挖断面相距较远，一般上台阶超前 50 m 以上或大于 5 倍洞宽。施工时，上、下部可配备同类机械进行平行作业。当机械不足时也可用一套机械设备交替作业，即在上半断面开挖一个进尺，然后再在下断面开挖一个进尺。当隧道长度较短时，亦可先将上半断面全部挖通后再进行下半断面施工，习惯上又称为“半断面法”。

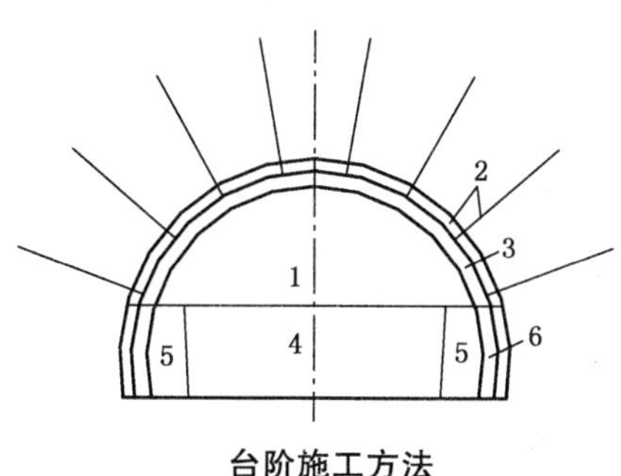

台阶施工方法

1—上半部开挖；2—拱部喷锚支护；
3—拱部衬砌；4—下半部中央部开挖；
5—边墙部开挖；6—边墙部喷锚支护及衬砌

（2）短台阶法　这种方法也是分成上下两个断面开挖，两个断面相距较近，一般上台阶长度小于 5 倍但大于 1～1.5 倍洞宽，或 5～50 m，上下断面基本上可以采用平行作业，其作业顺序和长台阶法相同。短台阶法能缩短支护结构闭合的时间，改善初期支护的受力条件，当遇到软弱围岩时需慎重考虑，必要时应采用辅助施工措施稳定开挖工作面，以保证施工安全。

（3）超短台阶法　这是一种适于在软弱地层中开挖的施工方法，一般在膨胀性围岩及土质地层中采用。为了尽快形成初期闭合支护以稳定围岩，上下台阶之间的距离进一步缩短，上台阶仅超前3～5 m，不能平行作业，只能采用交替作业，因而施工进度会受到很大的影响。在软弱围岩中采用超短台阶法施工时应特别注意开挖工作面的稳定性，必要时可对围岩采用预加固或预支护措施，如向围岩中注浆或打入超前水平小导管等。

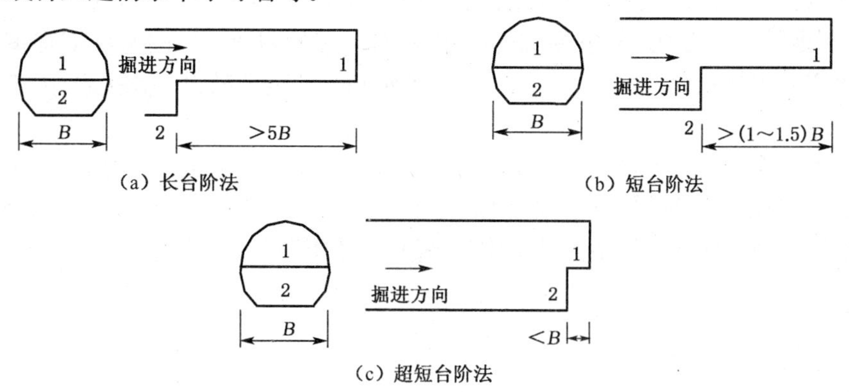

（a）长台阶法　（b）短台阶法　（c）超短台阶法

台阶法优点:开挖具有足够的作业空间和较快的施工速度,有利于稳定,上部开挖支护后,下部作业较安全。

台阶法缺点:上下部作业互相干扰,台阶开挖会增加对围岩的扰动次数等。

① 台阶数不宜过多,台阶长度要适当,一般以一个台阶垂直开挖到底,保持平台长 2.5~3 m 为好。

② 个别破碎地段可配合喷锚支护和挂网施工。

③ 上部开挖时,因临空面较大,易使爆破面碴块较大,不利于装渣,应适当密布中小炮孔。

④ 采用台阶法开挖关键问题是台阶的划分形式。台阶划分要求做到爆破后碴量较大,钻孔作业面与出碴运输干扰少。

3. 分部开挖法

(1) 台阶分部开挖法　又称环形开挖留核心土法,适用于一般土质或易坍塌的软弱围岩地段。上部留核心土可以支挡开挖工作面,增强开挖工作面的稳定,施工安全性较好。一般环形开挖进尺为 0.5~1.0 m,不宜过长,上下台阶可用单臂掘进机开挖。

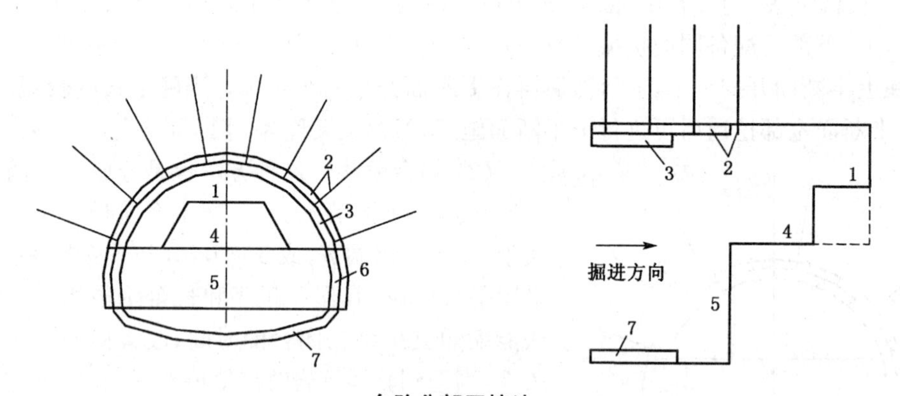

台阶分部开挖法

1—上弧形导坑开挖;2—拱部喷锚支护;3—拱部衬砌;4—中核开挖;
5—下部开挖;6—边墙部喷锚支护及衬砌;7—灌筑仰拱

优点:与超短台阶法相比,台阶的长度可以加长,相当于短台阶法的台阶长度,减少了上下台阶的施工干扰,施工速度可加快,而且较侧臂导坑法的机械化程度高。

缺点:开挖中围岩要经受多次扰动,而且断面分块多,支护结构形成全断面封闭的时间长,将可能使围岩变形增大,需要结合辅助施工措施对开挖工作面及其前方岩体进行预支护或预加固。

(2) 单侧壁导坑法　适用于围岩稳定性较差(如软弱松散围岩),隧道跨度较大,地表沉陷难以控制地段。该法确定侧壁导坑的尺寸很重要,一般侧壁导坑的宽度不宜超过 0.5 倍洞宽,高度以到起拱线为宜,导坑可分二次开挖和支护,不需要架设工作平台,人工架立钢支撑也较方便。

优点:通过形成闭合支护的侧导坑将隧道断面的跨度一分为二,有效地避免了大跨度开挖造成的不利影响,明显地提高了围岩的稳定性。

缺点:因为要施作侧壁导坑的内侧支护,随后又要拆除,增加了工程造价。

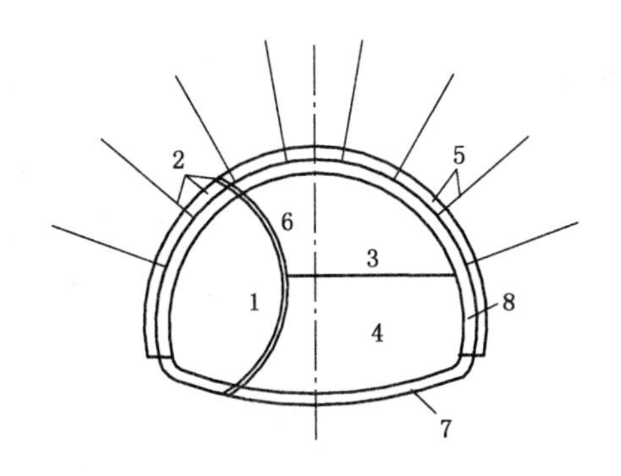

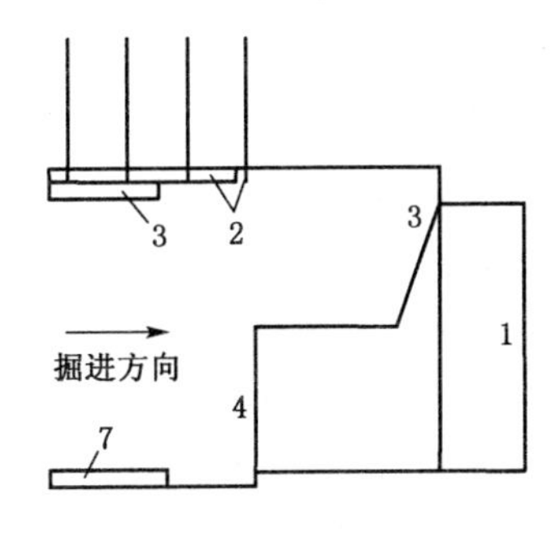

单侧壁导坑法

1—侧壁导坑开挖；2—侧壁导坑锚喷支护及设置中壁墙临时支撑；3—后行部分上台阶开挖；
4—后行部分下台阶开挖；5—后行部分喷锚支护；6—拆除中壁墙；7—灌筑仰拱；8—灌筑洞周衬砌

(3) 双侧壁导坑法　又称眼镜工法，适用于在软弱围岩中，当隧道跨度更大(如三车道公路隧道等)或因环境要求，且要求严格控制地表沉陷地段。

导坑尺寸拟定的原则同单侧壁导坑法，但宽度不宜超过断面最大跨度的 1/3。左、右侧导坑应错开开挖，以避免在同一断面上同时开挖而不利于围岩稳定。

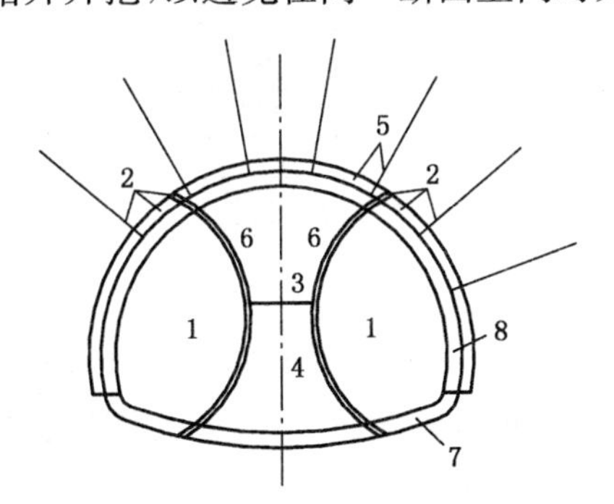

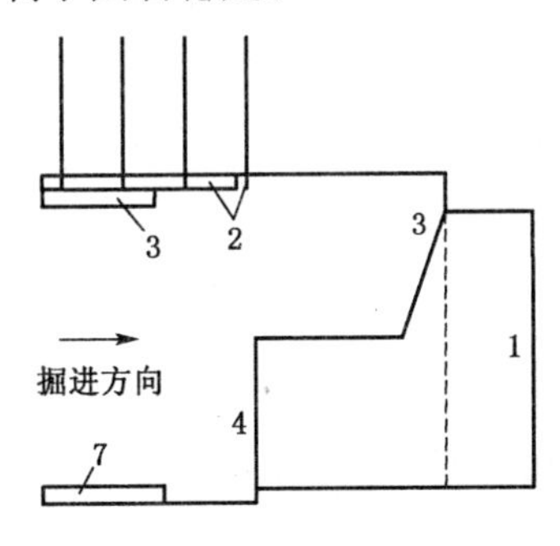

双侧壁导坑法

1—侧壁导坑开挖；2—侧壁导坑锚喷支护及设置中壁墙临时支撑；3—后行部分上台阶开挖；
4—后行部分下台阶开挖；5—后行部分喷锚支护；6—拆除中壁墙；7—灌筑仰拱；8—灌筑洞周衬砌

双侧壁导坑法虽然开挖断面分块多一点，对围岩的扰动次数增加，且初期支护全断面闭合的时间延长，但每个分块都是在开挖后立即各自闭合的，所以在施工期间变形几乎不发展。该法施工安全，但进度慢，成本高。

(4) 其他施工方法　中隔墙法(简称 CD 法)和交叉中隔墙法(简称 CRD 法)是两种适用于软弱地层的施工方法，特别是对于控制地表沉陷有很好的效果，主要用于城市地铁施工中，因其造价高，故在山岭隧道中很少采用，但在特殊情形中也可采用，如膨胀土地层。

五、新奥法施工中可能发生的问题及处理措施

新奥法施工的基本原则：根据围岩性质允许产生适量的变形，但又不使围岩松动失稳。

六、新奥法与传统矿山法的区别

新奥法与传统矿山法的基本施工程序看上去大致相同，但实际上对隧道结构产生的效果却截然不同。

第三模块　新奥法的施工技术

一、新奥法施工程序

采用新奥法施工的隧道，施工时应视其规模、地质条件以及安全合理施工的要求，充分利用现场量测信息指导施工，根据已建立的量测管理基准，对隧道的施工方法、断面开挖步骤及顺序、初期支护的参数等进行合理调整。

二、新奥法施工基本原则

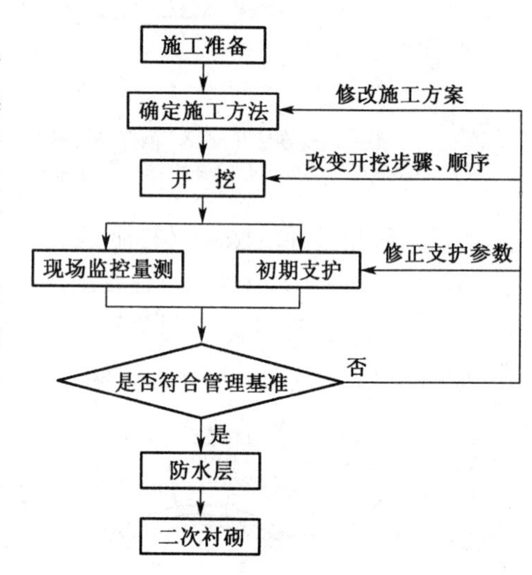

1. 少扰动　在进行隧道开挖时，要尽量减少对围岩的扰动次数、扰动强度、扰动范围和扰动持续时间。

2. 早支护　是指开挖后及时施作初期喷锚支护，使围岩的变形进入受控制状态。

3. 勤量测　指以直观、可靠的量测方法和量测数据来准确评价围岩的稳定状态，或判断其动态发展趋势，以便及时调整支护形式和开挖方法，确保施工得以安全和顺利地进行。

4. 紧封闭　指要尽快形成对围岩的封闭形支护，这样做可以有效控制围岩变形，使得支护和围岩共同进入良好的工作状态。

三、锚杆

锚杆是利用金属或其他高抗拉性能的材料制作的一种杆状构件。使用机械装置、黏结介质，将其安设在地下工程的围岩或其他工程体中，形成能承受荷载、阻止围岩变形的锚杆支护。

1. 锚杆的支护效应

(1) 悬吊效应　把隧道洞壁附近具有裂隙、节理的不稳定岩体，用锚杆固定在深层的坚固稳定的岩体上，将不稳定岩体的重量传递给深层坚固岩体承担，起到悬吊效应。

(2) 组合梁效应　锚杆可将若干层层状岩体串联在一起，增大层间的摩阻力，形成组合梁效应。

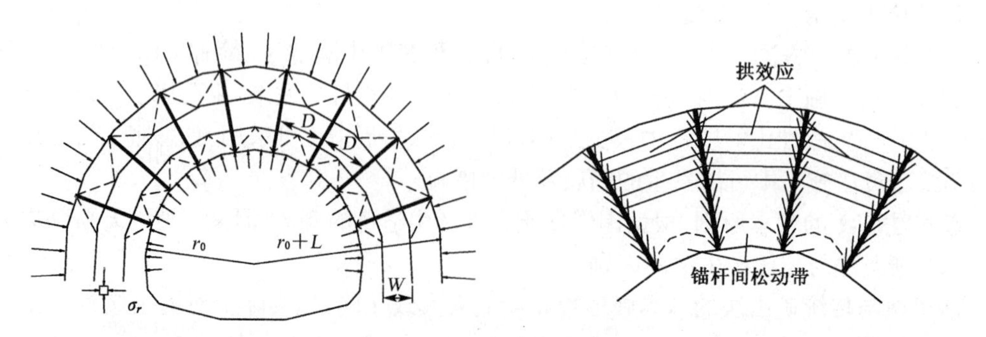

(3) 加固梁效应　按一定间距在隧道周边呈放射状布置的成组锚杆(或称系统锚杆)，可使一定厚度范围内有节理、裂隙的破裂岩体或软弱岩体紧压在一起形成连续压缩带。这种加固效应在使用预应力锚杆时显得十分明显。在锚杆预张应力 P 的作用下，每根锚杆周围都形成一个两头呈圆锥形的筒状压缩区，各锚杆所形成的压缩区彼此搭接，形成一条厚度为 W 的均匀压缩带。在均匀压缩带中产生了径向压应力 Sr，给压缩外的围岩提供了径向支护抗力，使围岩接近于三向受力状态，增加了围岩的稳定性。

2. 锚杆的种类　锚杆须具备的两个基本条件：一是受力后产生变形，且其本身不受破坏；二是与围岩保持紧密接触。

（1）全长黏结型锚杆，包括普通水泥砂浆锚杆、早强水泥砂浆锚杆、树脂锚杆、水泥卷锚杆、中空注浆锚杆和自钻式注浆锚杆等。

（2）端头锚固型锚杆，包括机械锚固锚杆、树脂锚固锚杆、快硬水泥端头锚杆等。

（3）摩擦型锚杆，包括缝管锚杆、楔管锚杆、水胀锚杆等。

（4）预应力锚杆和自钻锚杆等。

3. 锚杆的布置和质量检查　锚杆的布置分为局部布置和系统布置。局部布置主要用在坚硬而裂隙发育或有潜在龟裂及节理的围岩，重点加固不稳定块体。锚杆局部布置时，拱腰以上部位锚杆方向应有利于锚杆的受拉，拱腰以下及边墙部位锚杆宜逆向不稳定岩块滑动方向。系统布置的锚杆应用在Ⅲ、Ⅳ、Ⅴ、Ⅵ级围岩条件下，并符合下列规定：

（1）锚杆一般应沿隧道周边径向布置，当结构面或岩层层面明显时，应与岩体主结构面或岩层层面呈大角度布置。

（2）锚杆应按矩形或梅花形排列。

（3）锚杆间距不得大于 1.5 m。间距较小时，可采用长短锚杆交错布置。

（4）两车道隧道系统锚杆长度一般不小于 2.0 m，三车道隧道系统锚杆长度一般不小于 2.5 m。

锚杆质量检查，包括长度、间距、角度、方向、抗拔力等。其中主要是抗拔力试验，对于重要工程可增加灌浆密度试验。

四、钢拱架

在围岩条件较差地段或地面沉降有严格限制时，应在初期支护内增设钢拱架。常用的钢拱架有钢筋格栅拱架、工字形型钢拱架、U 形型钢拱架和 H 形型钢拱架。

1. 钢拱架支护必须有足够的刚度和强度，能够承受隧道施工期间可能出现的荷载。

2. 钢拱架支护间距宜为 0.5～1.5 m。钢拱架应分节制作，节段与节段之间通过钢板用螺栓连接或焊接。

3. 采用钢拱架支护的地段连续使用钢拱架的数量不小于 3 榀；钢拱架支护榀与榀之间必须用直径 18～22 mm 的钢筋连接，连接筋的间距不大于 1 m，并在钢拱架支护内缘、外缘交错布置。

4. 钢拱架与围岩之间的混凝土保护层厚度不应小于 40 mm；临空一侧的混凝土保护层厚度不应小于 20 mm。

五、喷射混凝土

1. 喷射混凝土的特点　喷射混凝土是用喷射机把渗有速凝剂的粗细骨料混凝土以适当的压力，高速喷射到隧道岩壁表面凝结而成的混凝土。由于混凝土颗粒在高速度喷射的猛烈冲击下，混凝土被连续地捣固和压实，具有密实的结构和较好的物理力学性能。喷射混凝土具有充填裂隙加固围岩、封闭围岩壁面防止风化和喷射混凝土与围岩组成共同承载体系等特点。

喷射混凝土与普通模筑混凝土比较有如下优越性：

(1) 喷射混凝土致密，早期强度高，可与围岩牢固黏结形成整体，改传统模筑混凝土的消极支护为积极支护，且薄层柔性喷射混凝土与围岩能够共同变形，从而减少作用在支护结构上的压力。

(2) 能及时支护，有效地控制围岩的有害变形，有利于安全施工。

(3) 不用模板、拱架，节省大量钢木材料，相应地降低了隧道工程的造价；施工工艺简单，操作方便，机械化程度高，减轻劳动强度，提高施工效率。

2. 喷射混凝土的喷射方式

(1) 干喷　将砂、石、水泥按一定比例干拌均匀投入喷射机，同时加入速凝剂，用高压空气将混合料送到喷头，再在该处与高压水混合后以高速喷射到岩面上。

(2) 潮喷　将砂、石料预加水，使其浸润成潮湿状，再加水泥拌和均匀，从而降低上料和喷射时的粉尘。

(3) 湿喷　用湿喷机压送拌和好的混凝土，在喷头处添加液态速凝剂，再喷到岩面上。

3. 喷射混凝土的材料及其组成

(1) 喷射混凝土的材料

① 水泥。掺入速凝剂后凝结快、保水性好、早期强度增加快、收缩小。

② 砂子。应符合普通混凝土所要求的用砂标准。

③ 石子。采用坚硬、耐久的卵石或碎石。石子的最大粒径与混凝土喷射机的输料管直径有关，一般不宜超过管内径的 1/3。

④ 速凝剂。加速混凝土的凝结、硬化，提高早期强度；减少回弹量；防止因重力作用而引起的流淌或脱落；增大一次喷射厚度，缩短分层喷射的时间间隔。

⑤ 水。用水的要求与普通混凝土相同，水中不应含有影响水泥正常凝结与硬化的有害杂质。

(2) 喷射混凝土的配合比和水灰比

① 配合比。指每 1 m^3 喷射混凝土中水泥、砂子和石子的重量比例。

② 水灰比。若水灰比过小，不仅料束分散、回弹量增多、粉尘大，而且喷层上会出现干斑、砂窝等现象，影响喷射混凝土的密实度。当水灰比过大时，会造成喷层流淌、滑移，甚至大片坍落，影响混凝土强度。

4. 喷射混凝土的机械(具)设备　喷射作业的机械(具)设备主要包括混凝土喷射机、上料机、搅拌机、机械手、混凝土运送搅拌车、混凝土喷射三联机等。

5. 喷射混凝土的施工工艺(干式喷射)

(1) 风压、水压　初步选择风压，一般要求风源风压应稳定在 0.4～0.65 MPa 才能在喷嘴处使风压稳定在 0.1～0.25 MPa范围内。若风压过小，则喷射动能太小，粗骨料冲不进砂浆层而脱落；若风压过大，则喷射动能大，粗骨料会碰撞岩面而回弹。

为保证高压水从水环孔眼中射出而形成水雾，使干拌合料充分湿润水化，水压要比风压高 0.1～0.15 MPa。一般规定喷射作业区的系统水压应大于 0.4 MPa。

(2) 喷嘴与受喷岩面之间的距离和角度　通常在喷头上接一个直径为 100 mm、长为 0.8～1.0 m 的塑料拢料管。它使水泥充分水化，且喷射混凝土束集中及回弹石子不致伤害喷射手。当风压适宜时，喷嘴与受喷岩面之间的距离以 0.8～1.2 m 为宜。

喷嘴与受喷岩面的角度，一般应垂直或稍微向刚喷射过的混凝土部位倾斜（不大于10°），以使回弹物收到喷射束的约束，抵消部分弹回的能量而减少回弹量。喷射拱部时应沿径向喷射。

(3) 一次喷射的厚度及各喷层之间间隔时间　当喷层较厚时需分层喷射。一次喷射的厚度应根据喷射效率、回弹损失、混凝土颗粒之间的黏聚力和喷层与受喷面间的黏着力等因素确定。

(4) 喷射分区与喷射顺序　为了减少喷射混凝土因重力作用而引起的滑动或脱落现象，喷射时应按照分段、分部、分块由下而上，先边墙后拱墙和拱腰，最后喷拱顶的原则进行。

6. 喷射混凝土堵管问题的处理

(1) 原因　粗集料过大；混合料湿度过大致使摩擦力增大；输料软管弯头过小及风压偏；司机操作不规范，如先开马达后给风；混合料未吹完就停风；误开放气阀而停风等。

(2) 措施　喷射机司机立即关闭马达，随后关闭风源，喷射手将软管拉直，然后用手锤敲击以寻找堵管处。当找到堵管部位后，可将风压升到0.3～0.4 MPa（不超过0.5 MPa），并用锤击堵管部位，使其畅通。排出堵管时，喷嘴前方严禁站人，以免被喷伤。

7. 钢纤维喷射混凝土工艺　喷射混凝土在抗拉、抗弯、抗裂、抗冲击性等方面都存在明显的不足，喷层开裂、剥落时有发生，并导致落石、渗水等一系列病害。

钢纤维喷射混凝土是指在喷射混凝土中加入一定数量的钢纤维。由于钢纤维均匀分布在混凝土中，为混凝土提供了非连续性的微型配筋，从而提高了材料的抗拉、抗弯、抗冲击和耐磨性以及早期强度、韧性和延展性，并改善了其他物理力学性能。

钢纤维喷射混凝土的物理力学性能，受到钢纤维的形状、长径比、掺入量及在混凝土中的分布状态、排列方向等各种因素的影响。

8. 喷射混凝土的质量检查

(1) 每批原材料进库（场），均要进行质量检查与验收。

(2) 喷射混凝土强度检查。

(3) 喷层与围岩黏结情况检查。

(4) 喷层厚度的检查。

六、复合式衬砌

复合式衬砌是由初期支护和二次衬砌及中间夹防水层组合而成的衬砌形式。

1. 初期支护宜采用锚喷支护，即由喷射泥土、锚杆、钢筋网和钢拱架等支护形式单独或组合使用，锚杆支护宜采用全长黏结锚杆。

2. 二次衬砌宜采用模筑混凝土或模筑钢筋混凝土结构，衬砌截面宜采用连接圆顺的等厚衬砌断面，仰拱厚度宜与拱墙厚度相同。

3. 在确定开挖断面时，除应满足隧道净空和结构尺寸外，还应考虑初期支护并预留适当的变形量。

第四模块　洞口段及明洞施工方法

一、洞口段施工方法

1. 洞口段的概念　所谓“洞口段”，是指隧道开挖可能给洞口地表造成不良影响（下沉、塌穴等）的洞口范围。

隧道洞口工程主要包括边仰坡土石方、边仰坡防护、路堑挡护、洞门圬工、洞口排水系统、洞口检查设备安装和洞口段洞身衬砌等。洞门结构一般在暗洞施工一段以后再做。边仰坡防护应及时做好。

2. 进洞方法　洞口段施工中最关键的工序就是进洞开挖。洞口段施工方法的确定取决于诸多因素，如地质条件、地形条件、施工机具配备情况、洞外相邻建筑的影响、隧道自身构造特点等。其中最主要的是地质条件。

(1) 全断面法进洞　当洞口段围岩为Ⅰ～Ⅱ级，地层条件良好时，一般可采用全断面直接开挖进洞，初始 10～20 m 区段的开挖，应将爆破进尺控制在 2～3 m。洞口 3～5 m 区段可以挂网喷混凝土及设钢拱架予以加强，其余施工支护一般采用素喷混凝土支护，视情况也可在拱部设置局部锚杆。

(2) 台阶法进洞　当洞口段围岩为Ⅲ～Ⅳ级，地层条件较好时，可采用台阶法进洞。爆破进尺控制在 1.5～2.5 m。施工支护采用系统锚杆和钢筋网喷射混凝土，必要时设置钢拱架加强施工支护。

(3) 其他进洞方法　当洞口段围岩为Ⅴ级及以上，地层条件很差时，还可考虑采用环形开挖留核心土法、侧壁导坑法或下导坑法等。开挖进尺应控制在 1.0 m 以下，宜采用人工开挖，必要时才采用弱爆破。施工支护必须紧贴开挖工作面，然后才能进行开挖，随挖随支。施工支护采用网喷混凝土，系统锚杆；钢拱架纵向间距为 0.5～1.0 m，必要时可施做临时仰拱。开挖完毕后及早施作钢筋混凝土衬砌。若洞口有坍方、落石的威胁，或仰坡不甚稳定，还可用接长明洞的方式进洞。

二、明洞施工方法

1. 先墙后拱法　又称“全部明挖先墙后拱法”，适用于埋深较浅，且按临时边坡开挖能暂时稳定的对称式明洞。

优点：衬砌整体性好，施工空间大，有利于施工。

缺点：土方开挖量大，刷坡较高。

2. 先拱后墙法　当路堑边坡较高、明洞埋置较深，或明洞位于松软地层中，不能明挖一挖到底时(全部明挖可能引起边坡坍塌)，应采用先拱后墙法施工。

施工步骤：开挖拱部以上土石(挖至拱脚)，灌注拱圈，作外贴式防水层，进行初步回填，然后暗挖拱脚以下土石，灌注边墙，故又称明拱暗墙法。

优点：土石方开挖量较小，刷坡较低。

缺点：衬砌整体性较差，边墙的施工空间窄小，防水层施作不方便。

第五模块　隧道工程辅助施工方法

预支护措施：预留核心土、喷射混凝土封闭开挖工作面、超前锚杆(亦可用小钢管)、管棚、临时仰拱封底。

预加固措施：预注浆加固地层、地表喷锚预加固、预支护与预加固双重作用、超前小导管注浆等。

一、超前锚杆

在隧道开挖之前，在开挖面的拱部一定范围内，沿隧道断面的周边，向地层内打入一排纵向锚杆(或小钢管)，通过锚杆对围岩的加固作用，形成超前于工作面的围岩加固棚，在其保护下进行开挖。开挖一个进尺后，再打入一排纵向锚杆，再掘进，如此往复推进。

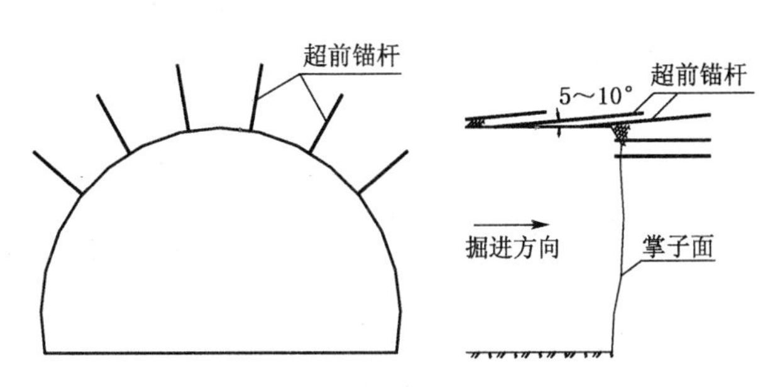

超前锚杆设计遵循的原则：

1. 超前锚杆设置范围，对于拱部宜为隧道拱部外弧全长的 1/6～1/2。

2. 锚杆长度定为 3～5 m，拱部超前锚杆纵向两排之间应有 1 m 以上的水平搭接段；锚杆间距，Ⅳ级围岩定为 40～60 cm，Ⅴ级围岩宜为 30～50 cm。

3. 充填砂浆宜采用早强砂浆，其强度等级不应低于 M20。

超前锚杆主要适用于土砂质地层、膨胀性地层、裂隙发育的岩体以及断层破碎带等。

二、管棚

当隧道位于松软地层、遇到塌方、浅埋隧道，要求限制地表沉陷量，或很差的地质条件下进洞时，均可采用管棚预支护。在所有的预支护措施中，它是支护能力最强大的，但其施工技术也较复杂，造价较高。钢管管壁上须留注浆孔，孔径为 10～16 mm，孔眼间距为 100～200 mm，呈梅花形布置。钢管注浆有两种方式：一种是通过管壁上的注浆管向地层内注浆；另一种主要是为了增加钢管刚度，向钢管内注入混凝土。

管棚设计遵循的原则：

1. 管棚的形状和导管的布置应根据隧道开挖面的形状选择。

2. 导管环向间距应根据地层性质、地层压力、导管设置部位、钻孔机具和隧道开挖方式等条件确定，一般为 30～50 cm，纵向两组管棚间应有不小于 3.0 m 的水平搭接长度。

3. 导管宜选用热轧无缝钢管，外径宜为 80～180 mm，长度为 10～45 m。分段安装时，分段长 4～6 m，前后两段管子之间用丝扣连接或焊接，连接的长度为 10～45 m。

4. 导管上的注浆孔孔径宜为 10～16 mm，间距宜为 15～20 cm，呈梅花形布置。

5. 当需增加管棚钢架支护的刚度时，可在钢管内注入水泥砂浆。

6. 在护拱上沿隧道开挖轮廓线纵向钻设的管棚孔不得侵入隧道开挖轮廓线，孔深设计宜为 10～45 m。护拱的基础应放在稳定的基础上。

三、超前小导管注浆

超前小导管注浆也是一种广泛使用的辅助施工措施，它往往与钢拱架一起设置。小导管注浆属渗入性注浆，虽然钢管本身的支护能力不如管棚，但其注浆加固地层的效果比管棚好。它适用于较干燥的砂土层、砂卵（砾）石层、断层破碎带、软弱围岩浅埋段。

超前小导管设计遵循的原则为：

1. 小导管宜采用直径 40～50 mm 的无缝钢管，长度宜为 3～4 m。

2. 小导管前部注浆孔孔径宜为 6～8 mm，间距宜为 10～20 cm，呈梅花形布置，尾部长度不小于 30 cm。

3. 小导管环向设置间距可为 20～50 cm，外插角 5°～15°，两小导管间纵向水平搭接长度不小于 100 cm。

4. 小导管应与钢拱架组成支护系统。

超前小导管支护刚度和预支护效果均大于超前锚杆。在开挖掘进之前，先用喷射混凝土将开挖面和 5 m 范围内的隧道围岩壁面封闭，然后沿拱部周边一定范围打入小导管。小导管插入钻孔后应外露一定长度(约 20 cm)，以便连接注浆管。两组小导管前后纵向搭接长度不小于 1 m。导管的尾部通常从格栅钢拱架的腹部穿过并与钢拱架焊接牢固，共同组成预支护系统。

小导管注浆以加固围岩为主，因此通常压注水泥砂浆，水灰比为 0.5～1.0。当岩体破碎，围岩止浆效果不好时，亦可采用水泥～水玻璃双液注浆。

注浆以后应进行效果检查，可以用地质钻取注浆后的岩芯检查，也可以用声波探测仪测量岩体声波速度，判断注浆效果。检查结果如未达到要求，应进行补孔注浆。

四、预注浆加固地层

在开挖之前，先往地层中注浆以加固围岩。

注浆加固地层的灌注管一般采用带孔眼的焊接钢管或无缝钢管，为了防止浆液反流，要堵塞钻孔壁与灌注管之间的孔隙，常用的堵塞方式有两种：一种是普通堵塞，就是用铅丝、木楔等材料在注浆孔口将缝隙堵死，它适用于浅孔注浆；另一种是专用的止浆塞，用橡胶制作，套在注浆管上，靠注浆压力使其挤紧孔壁来止浆，这种方法多用于深孔注浆。

五、地表锚喷预加固

在浅埋洞口地段，由于覆盖层较薄，可能会形成边挖边塌的局面，使得进洞困难；在偏压洞口段，往往一侧边坡开挖过高，形成不稳定边坡，危及施工和运营。在这种情况下，可采用地表锚喷加固。通过对地表的预加固，可以使得进洞顺利进行。

1. 洞口边仰坡表层预加固　先按设计坡度刷坡，然后沿坡面喷射混凝土，必要时加设钢筋网。适用于松软砂土质地层坡面的加固，可防止表层的剥落和滑塌。

2. 洞门上方陡坎加固和仰坡加固　洞门上方陡坎系指洞门端墙施工前，衬砌拱顶外缘至仰坡坡脚的陡立壁面。如果岩体较软弱，可往陡坎中水平打入锚杆(或小导管)，锚杆布置宽度以隧道洞宽为准，并喷射混凝土将陡坎面封闭，必要时加设钢筋网。

3. 洞口浅埋段预加固　当洞口自然坡面较平缓，围岩软弱，隧道覆盖层浅，洞口开挖后地层不能自稳时，以锚杆加固为主，最好能将锚杆伸至衬砌拱圈外缘的设计位置，以增加锚杆锁固围岩的能力。

地表锚喷预加固喷射混凝土厚度一般为 5～10 cm，锚杆常用 20 锰硅螺纹钢筋，直径 16～22 cm，长度一般为 3～6 m，或依具体情况而定，钢筋网用 A3 钢筋，直径 6～8 mm，编扎成 40 cm×40 cm 的网格，焊接于锚杆地表出露端。

第六模块　隧道支护施工

一、临时支护

临时支护又称支撑，主要用于解决隧道施工安全问题，有木支撑、钢支撑、钢木混合支撑、锚杆支撑、钢筋混凝土支撑、喷射混凝土支撑等型式。

1. 木支撑　易加工，重量轻，拆装运输方便。但易损坏，利用率低，消耗大量木材，占用净空多，不利于机械化施工。

2. 钢支撑　承载力大，经久耐用，占用空间小，但投资费用高，装拆不便。一般在围岩压力较大的隧道施工中使用。

3. 钢筋混凝土支撑　在煤矿开挖中普遍使用，耐久性很好，但构件笨重，受撞击时易折断，运输安装不便，在隧道施工中，一般只在平行导坑、斜井、横洞等辅助隧道中作临时支撑用。

4. 锚杆支撑及喷射混凝土支撑　锚杆支撑能锚固地层，提高围岩的稳定性。喷射混凝土支撑能及时支护隧道并控制岩体在开挖隧道后的初期变形。锚杆支撑及喷射混凝土支撑或者它们的联合支撑，是隧道临时支护的重要手段之一。

二、初期支护

初期支护是在隧道开挖后围岩自稳能力不足的条件下，为保证隧道在施工期间的稳定和安全所采取的工程措施，初期支护主要采用锚杆和喷射混凝土来支护围岩，初期支护施作后即成为永久性承载结构的一部分，它与围岩共同构成了永久的隧道结构承载体系。

初期支护主要型式为锚喷支护，采用锚喷支护可以充分发挥围岩的自承能力。锚喷支护包括锚杆支护、喷射混凝土支护、喷射混凝土锚杆联合支护、喷射混凝土钢筋网联合支护、喷射混凝土与锚杆及钢筋网联合支护、喷钢纤维混凝土支护、喷钢纤维混凝土与锚杆及钢筋网联合支护以及上述几种类型加设钢拱架而成的联合支护等。

三、二次衬砌

隧道二次衬砌是为了保证隧道在服务年限中的稳定、耐久，以及作为安全储备的工程措施。目前隧道支护通常采用复合式衬砌，其由初期支护和二次衬砌组成。初期支护帮助围岩达成施工期间的初步稳定，二次衬砌则是提供安全储备或承受后期围岩压力。

1. 混凝土材料及模板的选择

(1) 模筑混凝土的材料与级配　模筑混凝土的材料与级配，应符合隧道衬砌的强度和耐久性要求，同时必须重视其抗冻、抗渗和抗侵蚀性等。

① 水泥。拌制混凝土的水泥，可用硅酸盐水泥、普通硅酸盐水泥、火山灰质硅酸盐水泥、粉煤灰硅酸盐水泥和快硬硅酸盐水泥等，必要时也可采用其他特种水泥。

② 砂子。拌制混凝土的细骨料应选用坚硬耐久、粒径在 5 mm 以下的天然砂或机制砂。砂中不应有黏土团块、石灰、杂草等有害物质混入。

③ 石子。拌制混凝土用的粗骨料，应为坚硬耐久的碎石、卵石或两者的混合物。颗粒级配为连续级配。

④ 外加剂和混合材料。为了改善和提高混凝土的各种技术性能，可适当掺入各种类型的化学外加剂。按作用的不同，外加剂可分为早强剂、减水剂、加气剂、防冻剂、密实剂(防水剂)和缓凝剂等。使用前必须经过试验，确定其性质、有效物质含量、溶液配制方法和最佳掺量。

⑤ 水。普通混凝土用水的要求与喷射混凝土相同。凡能供饮用的水，均可拌制混凝土。

(2) 模板类型与选择　混凝土浇筑时必须采用模板。隧道内常用模板类型有：整体移动式模板台车、分体移动式模板台车、拼装式拱架模板。

① 整体移动式模板台车。主要适用于全断面一次开挖成形或大断面开挖成形的隧道衬砌施工中。生产能力大，可配合混凝土输送泵联合作业，是一种先进的模板设备。但其尺寸较固定，可调范围小，影响其适用性，且一次性设备投资较大。

② 分体移动式模板台车。这种台车将走行机构与整体模板分离，一套走行机构可以解决几套模板的移动问题，既提高了走行机构的利用率，又可以多段衬砌同时施作。

③ 拼装式拱架模板。拱架可采用型钢制作或现场用钢筋加工成桁架式拱架。为便于安装和运输，常将整榀拱架分解为 2～4 节，进行现场组装；为减少安装和拆卸工作量，可以做成简易移动式拱架，即将几榀拱架连成整体，并安设简易滑移轨道。

2. 模筑衬砌施工准备工作

(1) 断面检查　根据隧道中线和水平测量，检查开挖断面是否符合设计要求，欠挖部分按规范要求进行凿除，并做好断面检查记录。

(2) 放线定位　根据隧道中线、标高及断面设计尺寸，测量确定衬砌立模位置，并放线定位。放线定位时，为了保证衬砌不侵入建筑限界，须预留误差量和沉落量，并注意曲线地段的加宽。

(3) 清除浮渣，整平墙脚基面　墙脚地基应挖至设计标高，并在灌筑前清除虚碴，排除积水，找平支承面。

(4) 拱架模板整备　使用拼装式拱架模板时，立模前应在洞外样台上将拱架和模板进行试拼，检查其尺寸、形状，不符合要求的应予修整。配齐配件，模板表面要涂抹防锈剂。洞内重复使用时亦应注意检查修整，并注意曲线加宽后的衬砌及模板尺寸。

(5) 立模　根据放线位置，架设安装拱架模板或模板台车就位。安装和就位后，应做好各项检查，包括位置、尺寸、方向、标高、坡度、稳定性等。

3. 混凝土的制备与运送　混凝土应采用机械搅拌，严格按照选定的配合比供料和加水，特别要严格控制加水量，保证水灰比的正确性，使混凝土硬化后能获得设计要求的强度和耐久性。当隧道不太长时搅拌站可设在洞外，减少洞内干扰。隧道较长时一般应设在洞内，或采用搅拌车运送混凝土，以防运输时间过长而离析或初凝。混凝土运输应使用专制的运送斗车。途中运输的时间应尽量缩短，一般不应超过 45 min。运至灌筑地点的混凝土如有离析现象时，应进行再搅拌后方可灌筑入模。由搅拌站运出的混凝土，任何情况下均不得在中途加水。

4. 混凝土灌注施工

(1) 保证捣固密实，使衬砌具有良好的抗渗防水性能，尤其应处理好施工缝。

(2) 整体模筑时，应注意对称灌筑，两侧同时或交替进行，以防止未凝混凝土对拱架模板产生偏压而引起误差。

(3) 衬砌混凝土灌筑应分段进行，混凝土灌筑时的自由倾落高度不宜超过 2 m。

(4) 混凝土应分层灌筑，每层厚度根据拌和能力、运输条件、灌筑速度、捣固能力等决定，一般为 15～30 cm。

（5）拱脚及墙脚以上 1 m 范围内的超挖，应用同级混凝土进行回填灌筑。其他部位的超挖可用浆砌片石回填密实。

（6）混凝土灌筑必须保证其连续性。若不能连续灌筑，应按照施工接缝进行处理，务使衬砌具有较好的整体性。

（7）衬砌的分段施工缝应与设计沉降缝、伸缩缝及设备洞位置统一考虑，合理确定位置。

（8）灌筑拱圈混凝土时应从两侧拱脚开始，同时向拱顶分层对称地进行，层面应保持辐射状。灌筑到拱顶时，需要改为沿隧道纵向进行灌筑，边灌筑边铺封口模板，并进行人工捣固，最后堵头，这种封口称为“活封口”。当两段衬砌相接时，纵向活封口受到限制，此时只能在拱顶中央留出一个 50 cm×50 cm 的缺口，待后进行“死封口”封顶。

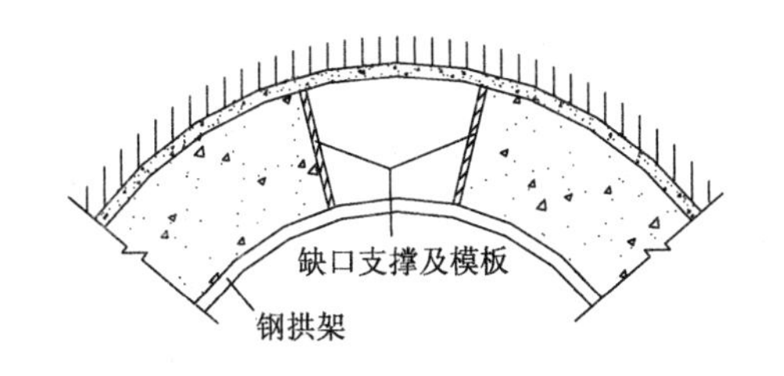

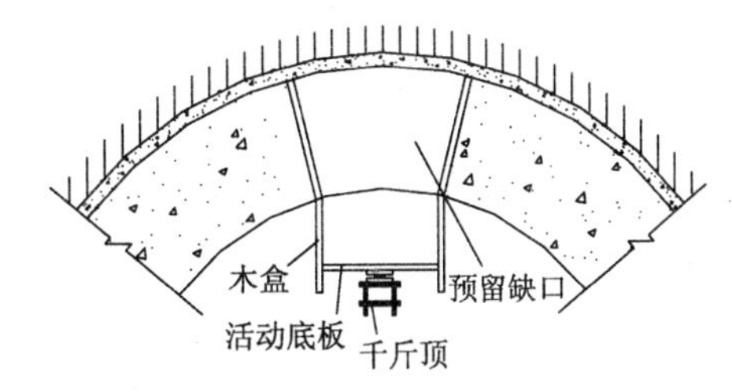

拱部衬砌封口（死封口）图示

5. 模筑混凝土灌筑作业机械化　在全断面开挖时，灌筑混凝土衬砌有着良好的条件来实现综合机械化。模筑混凝土灌筑作业机械化是把配料、混凝土搅拌、运输、立模、灌筑、捣固等主要施工过程的机械化配套进行，也即采用机械化搅拌站、全断面金属模板台车、混凝土泵和输送管道所进行的综合模筑施工作业。

6. 混凝土的养护与拆模

一般情况下，衬砌混凝土灌筑后 10～20 h 即应开始浇水养护。养护延续时间和每天洒水次数，应根据衬砌灌筑地段的气温、相对湿度和所用水泥的品种确定。使用普通硅酸盐水泥时一般应连续养护 7～14 d。在严寒地区冬季灌筑混凝土时，应采取防寒措施，防止冻坏衬砌。

为防止混凝土开裂和损伤，拆模工作应满足下列要求：

（1）直边墙混凝土应达到设计强度的 25%。

（2）曲边墙和围岩压力不很大的拱圈混凝土需达到设计强度的 70%。

（3）围岩压力很大的拱圈要求达到设计强度的 100%。

（4）所有养护与拆模工作，都必须遵照有关规程进行。拆模工作应谨慎从事，防止碰伤边、角、楞面。混凝土衬砌应做到内实、外光、顺直美观。

7. 压浆、仰拱和底板

（1）压浆　由于超挖回填不密实和混凝土坍落度的影响，往往在衬砌背后与围岩之间留有空隙，使衬砌与围岩不密贴，不能很好地控制围岩的进一步变形和水的渗透，因此在多数情况下需要进行压浆工作，以达到限制围岩后期变形、改善衬砌结构受力工作状态的目的。

压浆工作宜在与衬砌作业区保持 70～100 m 距离范围内，同时向前推进，如留待隧道衬砌完成后再压浆，效果不好。一般只在拱顶部位进行压浆，压浆浆液材料多采用单液水泥浆。

(2) 仰拱和底板　若设计无仰拱,则铺底通常是在开挖完毕且拱墙修筑好后进行,以避免与开挖和拱墙衬砌作业相互干扰。若设计有仰拱,说明侧压和底压较大,则应及时修筑仰拱使衬砌环向封闭,避免边墙挤入造成开裂甚至失稳。

仰拱和底板施工占用洞内运输道路,对前方开挖和衬砌作业的出碴、进料造成干扰。因此,应对仰拱和底板的施作时间、分块施工顺序及与运输的干扰问题进行合理安排。

仰拱和底板可以纵向分条、横向分段灌筑。纵向通常可分为左右两部分交替进行;横向分段长度应视边墙施工缝、伸缩缝、沉降缝及运输要求来确定。

待仰拱和底板纵向贯通,且混凝土达到一定强度后,方允许车辆通行。其端头可以采用石碴填成顺坡通过。灌筑仰拱和底板时,必须把隧道底部的虚碴、杂物及淤泥清除干净,排除积水。超挖部分应用同级混凝土或片石混凝土灌筑密实。

第七模块　隧道施工现场监控量测

一、监控量测的目的和任务

在隧道的施工过程中,使用各种仪器设备和量测元件,对地表沉降、围岩与支护结构的变形、应力、应变进行量测,据此来判断隧道开挖对地表环境的影响范围和程度、围岩的稳定性和支护的工作状态,这种工作称为新奥法的现场监控量测。

采用新奥法设计和施工的隧道,应将监控量测项目列入文件,并在施工中实施。

1. 监控量测的目的

(1) 提供监控设计的依据和信息

① 掌握围岩力学形态的变化规律。

② 掌握支护的工作状态信息并及时反馈,指导施工作业。

(2) 预报及监视险情

① 作出工程预报,确定施工对策与措施。

② 监视险情,以确保安全施工。

(3) 校核隧道工程理论计算结果,完善工程类比法

① 为理论解析、数值分析提供计算数据与对比指标。

② 为工程类比提供参考依据。

③ 为隧道工程设计和施工积累经验资料。

2. 监控量测的任务

(1) 通过对围岩与支护的观察和动态量测,以达到合理安排隧道施工程序、日常施工管理,确保施工安全,修改设计参数和积累资料。

(2) 通过对围岩和支护的变位、应力量测,掌握围岩支护的动态信息并及时反馈,修改支护系统设计,指导施工作业和管理等。

(3) 经监测数据的分析处理与必要的计算和判断后,进行预测和反馈,以保证施工安全和隧道围岩及支护衬砌结构的稳定。

(4) 对已有的隧道工程的监测结果,可以分析和应用到其他类似工程中,作为指导设计和施工的重要依据。

二、监控量测的内容和方法

1. 监控量测项目选择　根据围岩条件、隧道工程规模、支护类型和施工方法等进行监控量测项目的选择。监控量测项目可分为必测项目和选测项目。不同级别的围岩必测项目和选测项目也不同。

（1）必测项目是隧道施工时必须进行监控量测的项目，是用以判断围岩的变化情况，测定支护结构工作状态经常进行的量测项目，也是为设计、施工中确保围岩稳定，并通过判断围岩的稳定性来指导设计、施工的经常性量测。必测项目对监视围岩稳定性、指导设计与施工有直接意义。

隧道现场量测必测项目和选测项目

类　别	项　目
必测项目	洞内地质和支护状况观察
	周边位移
	拱顶下沉
	锚杆或锚索内力及抗拔力
选测项目	地表下沉
	围岩体内位移（地表设点）
	围岩体内位移（洞内设点）
	围岩压力及层间支护间压力
	钢支撑内力及外力
	支护、衬砌内应力、表面应力及裂缝量测
	围岩弹性波测试

（2）选测项目是应进行或必要时进行监控量测的项目，是用以判断围岩松动状态、喷锚支护效果和积累技术资料为目的的量测，对一些有特殊意义和具有代表性的区段进行补充测试，以求更深入地掌握稳定状态与锚喷支护的效果，对未开挖区的设计与施工具有指导意义。

选测项目量测项目较多，一般只根据需要选择其中部分项目进行测试。

2. 量测方法

（1）洞内观察　在开挖及初期支护后进行观察并描述隧道围岩地质、地下水情况、初期支护情况。它与隧道施工进展同步进行，是隧道设计和施工过程中不可缺少的一项重要地质详勘工作。

主要仪器：地质罗盘、照相机等。

（2）周边位移（收敛）　在开挖后的洞壁上及时安设测点，用收敛计量测两测点间的距离，两次测定的距离之差为该时段的收敛值。根据收敛值或位移速度，可判断围岩与支护是否稳定。

每 10～50 m 一个断面，每断面 2～3 对测点，相应量测的基线就有 1 条、2 条、3 条、6 条等。

（3）拱顶下沉　隧道拱顶内壁点垂直方向的绝对位移值称为拱顶下沉量。在开挖后的

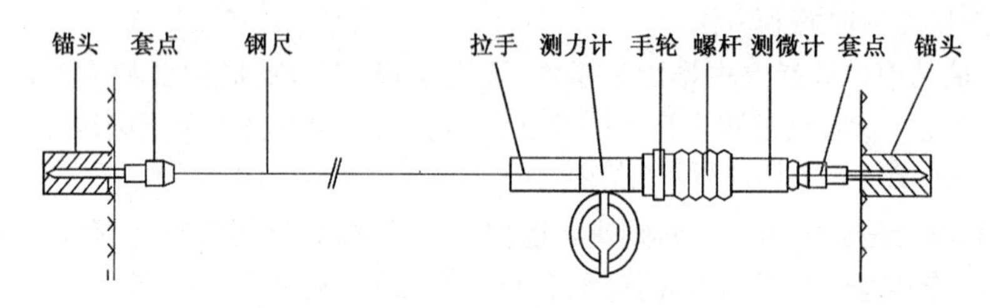

收敛计图示

拱顶壁面上及时安设测点，通过已知的高程水准点，用悬吊钢尺和水准仪测出测点高程，两次测定的高程之差即为拱顶下沉量，根据拱顶下沉量和下沉速度，可判断围岩的稳定状态和支护效果。

每 10～50 m 一个断面，每断面 1 个或 3 个测点。一般与周边位移布设在同一断面上，以便使两项测试结果能够相互验证，协同分析与应用。

(4) 地表下沉　在隧道浅埋段，每 5～50 m 一个断面，每断面 7～11 个测点。用水准仪和塔尺进行量测。

(5) 围岩内部位移　在测试断面处打孔，安放位移计进行量测，每 5～100 m 一个断面，每断面 2～11 个测点。

(6) 围岩压力及层间支护压力　在围岩与初期支护之间、初期支护与二次衬砌之间安放压力盒，进行量测。每一断面布设多个测点，宜 15～20 个测点。

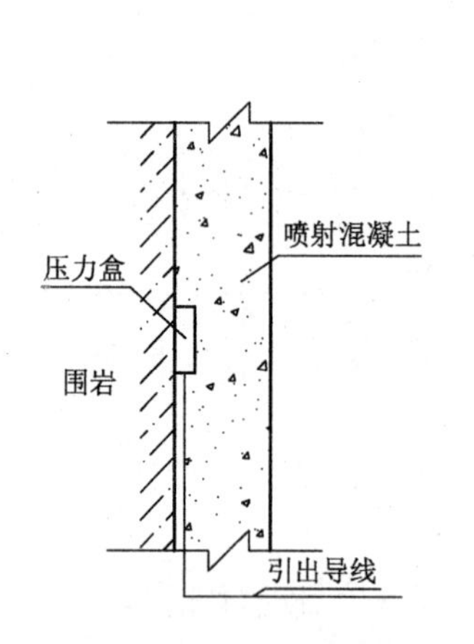

围岩与初期支护间压力量测

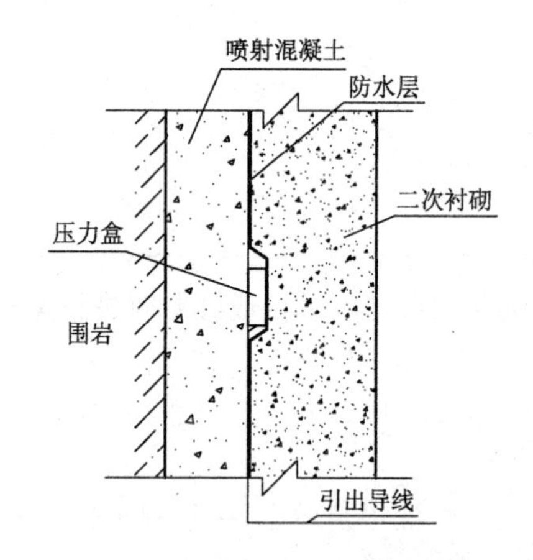

初期支护与二衬间压力量测

(7) 锚杆内力　在测试断面打孔，安放焊接好的钢筋和钢筋应力计，进行量测。了解锚杆轴力及其应力分布状态；再配合以岩体内位移的量测结果就可以设计锚杆长度及锚杆根数，掌握岩体内应力重分布的过程。每 10 m 一个断面，每一断面布设多个测点。

(8) 钢支撑内力　在钢支撑侧面焊接钢筋应力计或表面应变计，或在横断面上安放压力盒，进行量测。每一断面布设多个测点。一般与围岩压力相应布设。

(9) 支护、衬砌内力　在初期支护内及二次衬砌内部安放应变计，二次衬砌内钢筋用钢筋应力计焊接，进行量测。每一断面布设多个测点，宜 11 个测点。

(10) 围岩声波测试　每一个断面布设多对或多个测孔，钻孔深度大于锚杆长度，钻孔

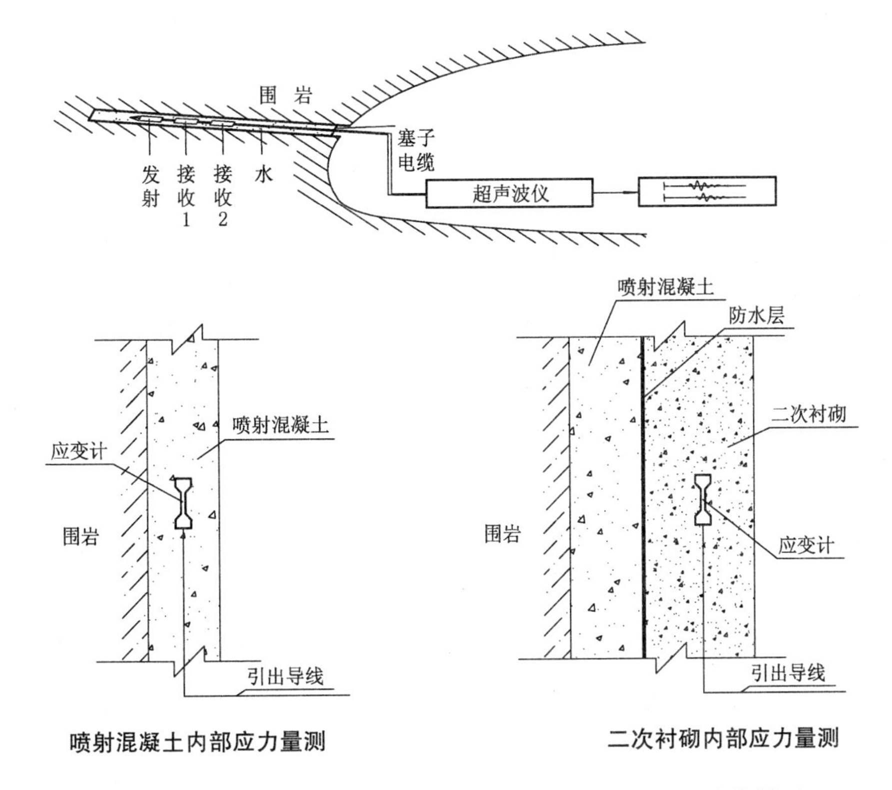

喷射混凝土内部应力量测　　　　二次衬砌内部应力量测

内每隔 0.2～0.5 m 测试一个点。用超声波仪测试围岩松动圈及破碎等情况。

(11) 爆破震动测试　爆破震动测试的目的:①洞口附近地表的震动监测;②浅埋隧道地表建筑物的震动监测;③双洞小间距隧道爆破监测;④连拱隧道中隔墙的震动监测;⑤为改善爆破效果、降低震动效应所需的震动监测。

(12) 地质超前预报　地质雷达是利用电磁波在不同介质中传播速度不同,传播时间也不同。当开挖面前方有断层或破碎带等时,将产生相应的信号异常。也可用较先进的 TSP 系统。

第八模块　深基坑的开挖和支护　工程案例分析

1. 某工程基坑深度有 5 种,即 15.15 m、13.95 m、11.95 m、9.40 m、6.45 m。基坑南侧紧邻原 Z 大楼,南侧西段有一座高层塔楼,塔楼有一层半地下室,深约7 m,南 A 基坑距塔楼 16.38 m,西 B 基坑距塔楼 13.4 m,南侧有污水管和雨水管,相距5～8 m;基坑北侧有一座 4 层楼,基础埋深约 3.0 m,距基坑 13.7 m,并有地下电力线(距基坑 7 m),污水管(相距 6.5 m);基坑东侧距 Z 大楼 3.5 m,并有通讯电缆(相距 6.5 m);基坑两侧有污水管、热力管、雨水管,相距 3.0～4.5 m,地下水深度－14 m。

2. 深基坑支护方案的选择

由于本工程场地狭小,周边环境复杂,中标承诺工期短,若采取常规的放坡开挖,由于基坑深,场地小,基坑的稳定安全性将受到影响,且放坡开挖后将超过施工红线,因此此方案被排除;若采用护坡桩施工,则基坑开挖时间将推后,总体控制计划将受到影响,且按此方案存在土方回填和费用较高的特点。经过各种方案的认真讨论,结合工程的实际情况,本工程基坑支护采取喷锚支护，喷锚的边壁作为地下室外墙的外模板，选择此种方式进行基坑支护，可边开挖边支护，不影响工程进度，且无回填量，大大节约成本和工期。

喷锚网支护技术(新型土钉)原理是利用沿途介质的自承能力，借助锚杆与周围土体的摩擦力和黏聚力，将外部不稳定土体和深部稳定土体连在一起，形成一个稳定的组合体。锚杆端部互相连接的喷射混凝土面板，由于紧密嵌固于土体中，不仅能很好地调节锚杆相互之间的应力分布，而且可以很好地起到防水作用。一是防止水冲刷边坡给基础施工带来不便；二是可以有效地防止地下水的渗漏，避免周围地面沉降而影响建筑物的安全。喷锚网由于采用水平压力灌浆新技术，大大加强了地面的承载能力。重型施工机械、车辆可在边坡地面任意行走。喷锚网支护方法的施工不单独占用施工工期，它和土方开挖同时进行，边开挖边支护，无污染，噪声低。到最后的收口时，灵活机动，可以开口放坡、降低马道或者台阶开挖，以便最大限度地提高开挖功效，回填后，再用锚杆将出口加固复原，对边坡无任何影响。

3. 喷锚支护的具体施工措施

土方喷锚支护的施工流程为：制锚→开挖基坑→钻孔送锚→注浆→修坡编网筋→喷射混凝土→开挖下层土

(1) 制锚

锚杆体：$\phi22$ 和钢管 $\phi48$。技术质量要求：锚长允许误差－20 cm；锚杆体每隔 3～4 m 做对中架；锚杆体(钢筋)搭焊长度≥5 d，双面焊。

(2) 开挖　喷锚网支护的特点是边开挖边支护。为保证基坑边壁在开挖工程中土体应力场和应变场不产生过大变化，因此，对土方开挖有严格要求，挖土必须分层分段开挖。

(3) 钻孔　用洛阳铲和空气冲击钻成孔。技术质量要求：孔径大于 14 cm；孔深允许误差－20 cm；打设角一般为 3°～8°；孔位遇到障碍物时允许变动。

(4) 注浆　一般为底部注浆。技术质量要求：配比为水泥：砂：水＝1：0.5：0.45，并加三乙醇胺 0.3‰；注浆压力大于 0.5 MPa；水泥普通 425#、中细砂。

(5) 修坡面　注浆后进行修坡面，使坡面平整。严格控制坡面到地下室墙体距离。

(6) 编网及焊接　技术质量要求：网筋 $\phi6$@200×200，$\phi6$ 为Ⅰ级钢；网筋搭焊长度≥10 cm，多于 3 个焊点；锚头“井”字形，25 cm×25 cm，焊接充满空隙。

(7) 喷射混凝土护面　技术质量要求：普通 425# 水泥、中砂、碎石或豆石(粒径小于 15 cm)；配合比为水泥：砂：石：水＝1：2：2：0.4，冬期加 3%速凝剂(水泥重量比)；配料的搅拌，上料后水砂石经过喷浆机和输送料管混合，即可达到均拌的目的；混凝土强度 C20；喷射前坡面做喷射厚度标记，喷射混凝土面层厚度为 8 cm、6 cm、5 cm 三种；喷射混凝土面层每天浇水养护 2～3 次，养护 7 d。

(8) 开挖下层　开挖下层土方时间与上层喷射混凝土强度、注浆强度、地质条件、边壁位移量有关，一般上层混凝土面层喷射 24～36 h 后方可进行下层开挖。

4. 施工监测

锚喷网支护监测是支护设计中的重要组成部分。通过监测手段可随时掌握基坑周边环境的变化及支护土体的稳定状态、安全程度和支护效果，为设计和施工提供信息。通过信息反馈体系，可及时修改支护参数，改善施工工艺，预防事故发生。本工程基坑设以下监测项目：

(1) 监测基坑边壁的位移，绘制位移时程曲线，分析变形速率和位移量，确定其对边坡稳定、对地面建筑物和地下管线的影响程度。监测点位置待开挖 3 m(两排锚杆)后确定。

(2) 监测基坑北侧 4 层楼房的沉降,绘制沉降时程曲线,分析沉降过程趋势和各测点的不均匀沉降量,确定其对楼房的影响程度。

5. 应用效果

(1) 缩短了工期,土方开挖与边坡支护同步进行,基坑开挖到基底垫层浇筑完成只用了 45 d。

(2) 解决了场地狭小给施工带来的不利影响,并保证了相邻建筑的安全,基坑四周建筑物和地下各种管线安全无恙。

(3) 支护效果良好,基坑支护完成后,根据对基坑边壁几何尺寸进行的测定,边壁完全符合地下室墙体外墙模的要求,另根据基坑边壁位移的时程曲线分析,基坑边壁位移收敛,最大位移量为 22 mm。

(4) 取得了良好的经济效益,按此方法进行施工比常规施工减少挖填土方量。一个施工方案的确定应根据工程的具体条件,综合各方面的因素,选择合理、经济、安全的支护方案。

第九模块　盾构法施工安全措施

盾构施工的安全控制要点主要涉及盾构机组装、调试、解体与吊装、盾构始发与接收、障碍物处理、掘进过程中换刀以及特殊地段及特殊地质条件施工。

盾构机组装、调试、解体与吊装:

1. 由于盾构机体积庞大、重量重,且一般工作井内空间狭窄,因此,盾构机的组装、调试、解体与吊装是盾构施工安全控制重点之一,要制定专项施工方案。

(1) 使用轮式起重机向工作井内吊放或从工作井内吊出盾构机前,要仔细确认起重机支腿处支撑点的承载能力满足最大起重量要求,并确认起重机吊装时工作井的维护结构安全。

(2) 起重机吊装过程中,要随时监测工作井围护结构的变形情况,若超过预测值,立即停止吊装作业,采取可靠措施。

(3) 采取措施严防重物、操作人员坠落。

(4) 使用电、气焊作业时,严防火灾发生。

(5) 特殊地段及特殊地质条件下掘进

2. 在以下特殊地段和特殊地质条件施工时,必须采取施工措施确保施工安全:

(1) 覆土厚度不大于盾构直径的浅覆土层地段。

(2) 小曲线半径地段。

(3) 大坡度地段。

(4) 地下管线地段和地下障碍物地段。

(5) 建(构)筑物的地段。

(6) 平行盾构隧道净间距小于盾构直径 70%的小净距地段。

(7) 江河地段。

(8) 地质条件复杂(软硬)地段和砂卵石地段。

第十模块　喷锚暗挖法施工安全措施

一、准备阶段安全技术管理

1. 技术准备　应编制危险性较大分部分项工程专项施工方案和施工现场临时用电方案；专项施工方案应按规定组织专家论证。

2. 人员准备

(1) 特殊工种应经过安全培训，考试合格后方可操作，并持证上岗。

(2) 项目负责人、技术人员、管理人员、操作人员都必须学习和遵守安全生产责任制，熟悉安全生产管理制度和操作规程。

(3) 项目部全部作业人员必须经过安全培训，通过考核持证进场。

3. 物资准备　按规定安装施工现场通风、照明、防尘、降温和治理有害气体设备，保护施工人员的身心健康。

二、工作井施工

1. 在施工组织设计中应根据设计文件、环境条件选择工作井位置。设计无要求时，应对工作井结构及其底部平面布置进行施工设计，满足施工安全的要求。

2. 施工机械、运输车辆距工作井边缘的距离，应根据土质、井深、支护情况和地面荷载并经验算确定，且其最外着力点与井边距离不得小于 1.5 m。

3. 工作井不得设在低洼处，且井口应比周围地面高 30 cm 以上，地面排水系统应完好、畅通。

4. 不设作业平台的工作井周围必须设防护栏杆，栏杆底部 50 cm 应采取封闭措施。

5. 井口 2 m 范围内不得堆放材料。

三、隧道施工

1. 在城市进行爆破施工，必须事先编制爆破方案，并由专业人员操作，报城市主管部门批准，并经公安部门同意后方可施工。

2. 隧道开挖应连续进行，每次开挖长度应严格按照设计要求、地质情况确定。严格控制超挖量。停止开挖时，对不稳定的围岩应采取临时封堵或支护措施。

3. 隧道内应加强通风，在有瓦斯的隧道内进行爆破作业必须遵守现行《煤矿安全规程》的有关规定。

4 城市给水排水工程

4.1 给水排水厂站施工

4.1.1 沉井施工技术要求

沉井的概念：是井筒状的结构物，它是以井内挖土，依靠自身重力克服井壁摩阻力后下沉到设计标高，然后经过混凝土封底并填塞井孔，使其成为桥梁墩台或其他结构物的基础。

沉井的优点：埋置深度可以很大，整体性强，稳定性好，有较大的承载面积，能承受较大的垂直荷载和水平荷载；沉井既是基础，又是施工时的挡土和挡土围堰结构物，施工工艺并不复杂。

沉井的缺点：施工期较长；对粉细砂类土在井内抽水易发生流砂现象，造成沉井倾斜；沉井下沉过程中遇到大孤石或井底岩层表面倾斜过大，均会给施工带来一定困难。

沉井占地面积小，不需要板桩围护。挖土量小，对邻近建筑的影响比较小，操作简便，无需特殊的专用设备。

沉井基础是一种历史悠久的基础型式，适用于地基浅层较差而深部较好的地层，既可以用作陆地基础，也可用作较深的水中基础。

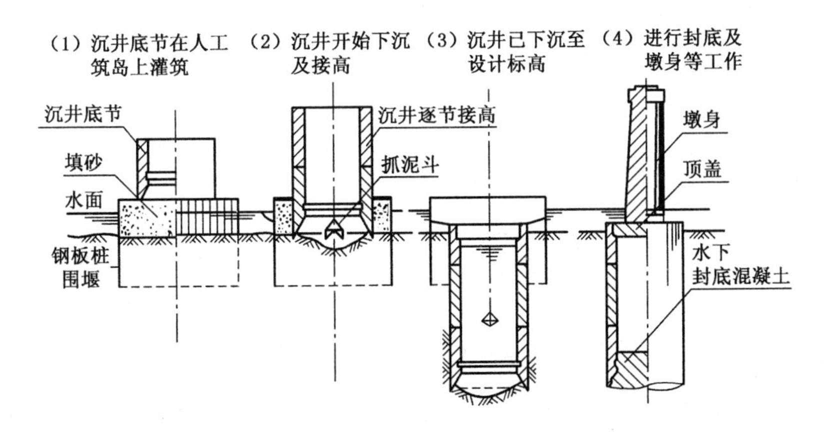

沉井基础施工步骤图

沉井是桥梁工程中较常采用的一种基础型式。南京长江大桥正桥 1 号墩基础就是钢筋混凝土沉井基础。它是从长江北岸算起的第一个桥墩。那里水很浅，但地质钻探结果表明在地面以下 100 m 以内尚未发现岩面，地面以下 50 m 处有较厚的砾石层，所以采用了尺寸为 20.2 m×24.9 m 的长方形多井式沉井。沉井在土层中下沉了 53.5 m，在当时来说，是一项非常艰巨的工程。而 1999 年建成通车的江阴长江大桥北桥塔侧的锚锭，也是一个沉井基础，尺寸为 69 m×51 m，是目前世界上平面尺寸最大的沉井基础。

遵循经济上合理、施工上可能的原则，通常在下列情况下，可优先考虑采用沉井基础：

(1) 在修建负荷较大的建筑物时，其基础要坐落在坚固、有足够承载能力的土层上；当这类土层距地表面较深(8～30 m)，天然基础和桩基础都受水文地质条件限制时。

(2) 山区河流中浅层地基土虽然较好，但冲刷大，或河中有较大卵石不便桩基施工时。

(3) 倾斜不大的岩面，在掌握岩面高差变化的情况下，可通过高低刃脚与岩面倾斜相适应或岩面平坦且覆盖薄，但河水较深采用扩大基础施工围堰有困难时。

沉井有着广泛的工程应用范围，不仅大量用于铁路及公路桥梁中的基础工程，市政工程中给、排水泵房，地下电厂，矿用竖井，地下贮水、贮油设施，而且建筑工程中也用于基础或开挖防护工程，尤其适用于软土中地下建筑物的基础。

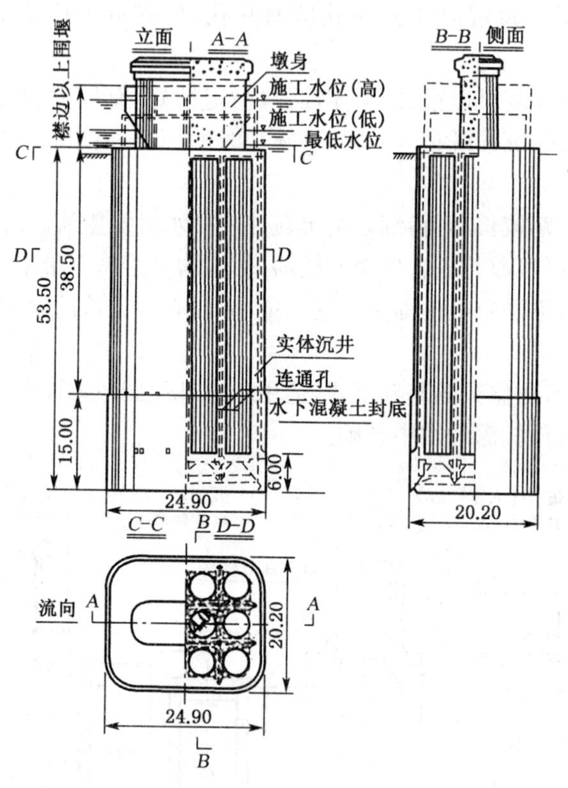

南京长江大桥正桥 1 号桥墩的混凝土沉井基础图

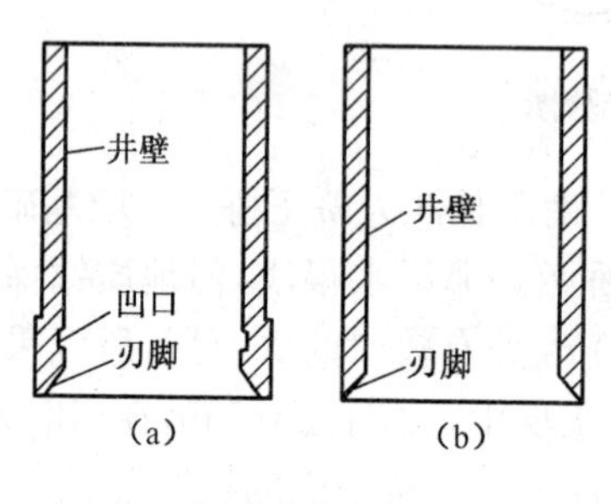

沉井纵断面图

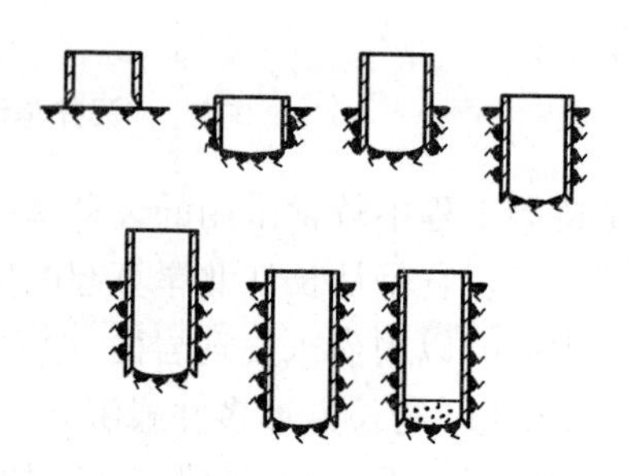

沉井下沉示意图

一、沉井类型

(一) 按横截面形状分类

1. 圆形沉井　带底梁和无底梁两种形式。

2. 矩形沉井

(1) 单孔。

(2) 单排孔。

(3) 多排孔。

(二) 按竖向剖面形状分类

1. 柱形沉井　按截面形状,上、下井壁厚度是相同的,因此,适合于建造深度不大的沉井。下沉过程中土壤与井间摩阻力较大。

2. 阶梯形沉井　外壁阶梯形沉井分为单阶梯和多阶梯两类。外壁单阶梯沉井的优点是可以减少井壁与土体之间的摩阻力,并可向台阶以上形成的空间内输送触变泥浆;其特点是如果不压送触变泥浆,则在沉井下沉时,对四周土体的搅动要比柱形沉井大。

二、沉井构造

一般沉井构造主要由井壁、刃脚、隔墙、井孔、凹槽、射水管、封底和盖板等组成。

(一) 井壁

主要靠井壁的自重来克服正面阻力和侧面阻力而下沉。

井壁的竖向断面形状有上下等厚的直墙形井壁、阶梯井壁。井壁是沉井的主体部分。它在沉井下沉过程中起挡土、挡水及利用本身重量克服土与井壁之间的摩阻力的作用。当沉井施工完毕后,它就成为基础或基础的一部分而将上部荷载传递给地基。因此,井壁必须具有足够的强度和一定的厚度。根据井壁在施工中的受力情况,可以在井壁内配置竖向及水平向钢筋,以增加井壁强度。井壁厚度按下沉需要的自重、本身强度以及便于取土和清基等因素而定,一般为 0.8～1.20 m。钢筋混凝土薄壁沉井可不受此限制;另外,为减少沉井下井时的摩阻力,沉井壁外侧也可做成 1%～2%向内斜坡。为了方便沉井接高,多数沉井都做成阶梯形,台阶设在每节沉井的接缝处,错台的宽度约为 5～20 cm,井壁厚度多为 0.7～1.5 m。井壁的混凝土强度等级不低于 C15。

(二) 刃脚

井壁下端形如楔状、做成刀刃状的部分称为刃脚。其作用是在沉井自重作用下减少下沉阻力,易于切土下沉。刃脚底面宽度一般为 0.1～0.2 m,对软土可适当放宽。下沉深度大,且土质较硬,刃脚底面应以型钢加强,以防刃脚损坏。刃脚内侧斜面与水平面的夹角一般为 45°～60°。刃脚高度视井壁厚度、便于抽除垫木而定。

(三) 底梁

底梁作用:增加沉井在施工下沉阶段和使用阶段的整体刚度。

沉井平面尺寸较大,也即井壁跨径较大时,应在沉井内设置隔墙,以加强沉井的刚度,使井壁的挠曲应力减小,其厚度一般小于井壁。隔墙底面应高出刃脚底面 0.5 m 以上,避免隔墙下的土顶住沉井而妨碍下沉。也可在刃脚与隔墙连接处设置埂肋加强刃脚与隔墙的连接。井孔是挖土排土的工作场所和通道。井孔尺寸应满足施工要求,宽度(直径)不宜小于

3 m。井孔布置应对称于沉井中心轴,便于对称挖土使沉井均匀下沉。

在比较大型的沉井中,如果由于使用要求不能设置隔墙,可在沉井底部增设底梁,以便于构成框架。

(四) 凹槽

凹槽设在井孔下端近刃脚处,其作用是使封底混凝土与井壁有较好的接合,封底混凝土底面的反力能更好地传给井壁(如井孔全部填实的实心沉井也可不设凹槽)。主要作用是在沉井封底时,使封底底板与井壁更好地连接,防止渗水。

当沉井下沉深度大,下沉会产生困难时,可在井壁中预埋射水管组。射水管应均匀布置,以利于控制水压和水量来调整下沉方向。一般水压不小于600 kPa。如使用泥浆润滑套施工方法时,应有预埋的压射泥浆管路。

沉井沉至设计标高进行清基后,便浇筑封底混凝土。混凝土达到设计强度后,可从井孔中抽干水井填满混凝土或其他圬工材料。如井孔中不填料或仅填以砂砾则须在沉井顶面筑钢筋混凝土盖板。封底混凝土底面承受地基土和水的反力,这就要求封底混凝土有一定的厚度,其厚度根据经验也可取不小于井孔最小边长的 1.5 倍。封底混凝土顶面应高出刃脚根部不小于 0.5 m,并浇灌到凹槽上端。

三、沉井制作

(一) 平整场地

要先将场地平整夯实,以免在灌筑沉井过程中和拆除支垫时发生不均匀沉陷。若场地土质松软,应加铺一层 300～500 mm 厚的砂层,必要时,应挖去原有松软土层,然后铺以砂层。

(二) 铺设垫木

刃脚下应满铺垫木。一般常使用长短两种垫木相间布置,在刃脚的直线段应垂直铺设,圆弧部分应径向铺设。

四、沉井下沉

(一) 准备工作

当沉井混凝土强度达到设计要求,大型沉井达到 100%、小型沉井达到 70%时,方能进行拆除承垫木工作,抽除刃脚下的垫木应分区、分组、依次、对称、同步进行。每抽出一根垫木后,立即用砂、卵石或砾石将空隙填实。

抽出垫木时,开始阶段宜缓慢进行。抽垫至最后阶段时,应全力以赴,一鼓作气地尽快将剩余垫木全部抽出。

(二) 下沉方法

市政工程沉井下沉由于沉井深度较浅,一般采用三种方法:人工或风动工具挖土法、抓斗挖土法、水枪冲土法。

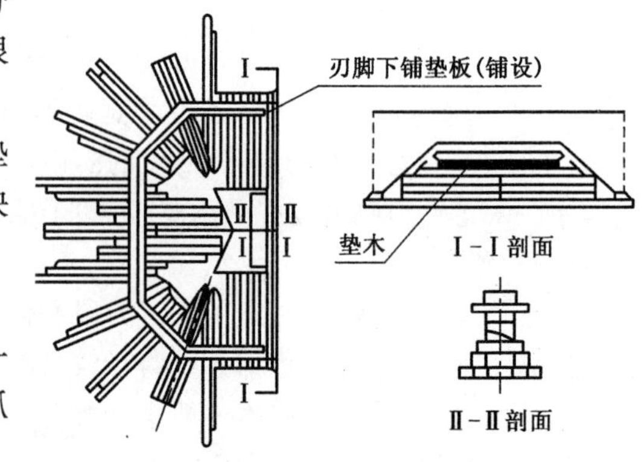

沉井垫木基本布置实例

（三）排水开挖下沉

在稳定的土层中，渗水量不大（每平方米沉井面积渗水量小于 1 m^3/h）时，可采用排水开挖下沉。开挖必须对称、均匀地进行，使沉井均匀下沉。

1. 一般土层　从中间开始逐渐挖向四周，每层挖土层 0.4～0.5 m，在刃脚处留 1～1.5 m 台阶，然后沿沉井井壁每 2～3 m 一段，向刃脚方向逐层全面、对称、均匀地开挖土层，每次挖去 50～100 mm，沉井便在自重作用下均匀破土下沉。当沉井下沉很少或不下沉时，可再从中间向下挖 0.4～0.5 m，并继续向四周均匀掏挖，使沉井平稳下沉。

2. 比较坚硬土层　分段掏空刃脚，每段掏空后随即回填砂砾，待最后几段（即定位承垫处）掏空并回填后，再分层分次逐步挖去回填料，使沉井下沉。在距离设计标高 200 mm 左右应停止取土，依靠沉井自重下沉到设计标高。

（四）不排水开挖下沉

1. 基本要求

(1) 井内挖土深度，一般根据土质而定，最深不应低于刃脚 2 m（此数与沉井平面尺寸的大小有关）。若土质特别松软时，不应直接在刃脚下除土。

(2) 尽量加大刃脚对土的压力。

(3) 通过粉砂、细砂等松软地层时，不宜以降低井内水位而减少浮力的办法促使沉井下沉，应保持井内水位高出井外 1～2 m。

(4) 除为了纠正沉井倾斜外，井内的土一般应由各井孔均匀清除，各井孔土面高差不得超过 500 mm。

(5) 沉井入土较深，一般采取抓土、吸泥、射水交替或联合作业。

2. 抓斗挖土下沉

(1) 在砂或砾石类土中，一般当锅底比刃脚低 1～1.5 m 时，沉井即可靠自重下沉。

(2) 在黏质土或紧密土中刃脚下的土不易向中央坍塌，则应配以射水管松土。

(3) 多井孔的沉井，如用一台抓斗时，应对称逐孔轮流进行使其均匀下沉，各井孔内土面高差不大于 0.5 m。

3. 水枪冲土下沉　水枪冲土吸泥机排碴下沉是沉井的主要方法，适用于粉质黏土、黏质粉土、粉细砂土中。必要时应向沉井内注水，以加高井内水位。在淤泥或浮土中使用水力吸泥时，应保持沉井内水位高出井外水位 1～2 m。

水枪冲土系统包括高压水泵、供水管路、水枪等。

取土顺序为先中央后四周，并沿刃脚留出土台，最后对称分层冲挖，不得冲空刃脚踏面下的土层。

（五）沉井辅助措施

1. 射水下沉。

2. 泥浆润滑下沉。在沉井下沉到设计标高后，泥浆套应按设计要求进行置换，一般采用水泥浆、水泥砂浆或其他材料来置换触变泥浆。

3. 压重下沉。特别注意均匀对称加重。

4. 空气幕下沉。

五、沉井封底

不排水下沉井基底应平整，且无浮泥。

排水下沉的沉井，还应进行沉降观测，经过观测 8 h 内累计下沉量不大于 10 mm 或沉降率在允许范围内，即可进行沉井封底。

沉井封底可分为排水封底和不排水封底两种，当沉井基底无渗水或少量渗水时可用排水封底；当沉井基底有较大量渗水时需采用不排水封底。

(一) 排水封底

基底底面平整，刃脚周围经用黏土或水泥砂浆封堵后，井内无渗水时，可在基底无水的情况下灌筑封底混凝土。若刃脚经封堵后仍有少量渗水、但易于抽干时，则可采用排水封底。保持地下水位低于井内基底面 0.3 m。

封底一般先浇一层素混凝土垫层，达到 50%设计强度后，浇筑上层底板混凝土，浇筑应在整个沉井面积上分层、同时连续进行，由四周向中央推进，每层厚 300～500 mm，并用振捣器捣实。应注意层与层间浇筑时间间隔不得超过初凝时间，并插入下层 50 mm。当井内有隔墙时应前后左右对称地逐孔浇筑。混凝土采用自然养护，养护期间应继续抽水。待底板混凝土强度达到 70%后，对集水井逐个停止抽水，逐个封堵。

(二) 不排水封底

要求将井底浮泥清除干净，新老混凝土接触面用水冲刷干净，并铺碎石垫层。封底混凝土用导管法灌筑或用推石灌浆法灌筑。水下封底混凝土达到设计要求强度一般需养护 7～10 d。

【拓展知识】

沉井下沉过程中常见问题

一、沉井发生倾斜和偏移

偏斜原因：土质软硬不均；挖土不对称；井内发生流砂，沉井突然下沉，刃脚遇到障碍物顶住而未及时发现；井内挖除的土堆压在沉井外一侧，沉井受压偏移或水流将沉井一侧土冲空等。沉井偏斜大多数发生在沉井下沉不深的时候。

发生倾斜的纠正方法：在沉井高的一侧集中挖土；在低的一侧回填砂石；在沉井高的一侧加重物或用高压射水冲松土层；必要时可在沉井顶面施加水平力扶正。纠正沉井中心位置发生偏移的方法是先使沉井倾斜，然后均匀除土，使沉井底中心线下沉至设计中心线后再进行纠偏。

在刃脚遇到障碍物时的处理方法：可以是人工排除，遇大孤石宜用少量炸药炸碎，以免损坏刃脚。在不能排水的情况下，由潜水工进行水下切割或水下爆破。

二、沉井下沉困难

1. 增加沉井自重　可提前浇筑上一节沉井，以增加沉井自重，或在沉井顶上压重物（如钢轨、铁块或砂袋等）迫使沉井下沉。对不排水下沉的沉井，可以抽出井内的水以增加沉井自重，用这种方法要保证土不会产生流砂现象。

2. 减小沉井外壁的摩阻力　可以将沉井设计成阶梯形、钟形，或在施工中尽量使外壁光滑；亦可在井壁内埋设高压射水管组，利用高压水流冲松井壁附近的土，且水流沿井壁上升而润滑井壁,使沉井摩阻力减小。近年来,对下沉较深的沉井,为了减少井壁摩阻力常采用泥浆润滑套或壁后压气沉井的方法。

沉井在施工完毕后,由于它本身就是结构物的基础,就应按基础的要求进行各项验算。在施工过程中,沉井是挡土、挡水的结构物,因而还要对沉井本身进行结构设计和计算。即沉井的设计与计算包括沉井基础与沉井结构两方面的设计与计算。

【拓展知识】

沉井的类型及一般构造

一、沉井的分类

1. 按沉井施工方法分

(1) 就地制作下沉沉井　即底节沉井一般是在河床或滩地筑岛在墩(台)位置上直接建造的,在其强度达到设计要求后抽除刃脚垫木,对称、均匀地挖去井内土下沉。

(2) 浮运沉井　多为钢壳井壁,亦有空腔钢丝网水泥薄壁沉井。在深水条件下修建沉井基础时,筑岛有困难或不经济,或有碍通航,可以采用浮运沉井下沉就位的方法施工。即在岸边先用钢料做成可以漂浮在水上的底节,拖运到桥位后在它的上面逐节接高钢壁,并灌水下沉,直到沉井稳定地落在河床上为止。然后在井内一面用各种机械的方法排除底部土,一面在钢壁的隔舱中填充混凝土,使沉井刃脚沉至设计标高。最后灌筑水下封底混凝土,抽水,用混凝土填充井腔,在沉井顶面灌筑承台及将墩身筑出水面。

(3) 气压沉箱　所谓气压沉箱则是将沉井的底节做成有顶板的工作室。工作室犹如一倒扣的杯子,在其顶板上装有气筒及气闸。先将气压沉箱的气闸打开,在气压沉箱沉入水中达到覆盖层后再将闸门关闭,并将压缩空气输送到工作室中,将工作室中的水排出。施工人员就可以通过换压用的气闸及气筒到达工作室内进行挖土工作。挖出的土向上通过气筒及气闸运出沉箱,这样,沉箱就可以利用其自重下沉到设计标高。然后用混凝土填实工作室做成基础的底节。

2. 按沉井的外观形状分　按沉井的横截面形状可分为圆形、圆端形和矩形等。根据井孔的布置方式,又有单孔、双孔及多孔之分。

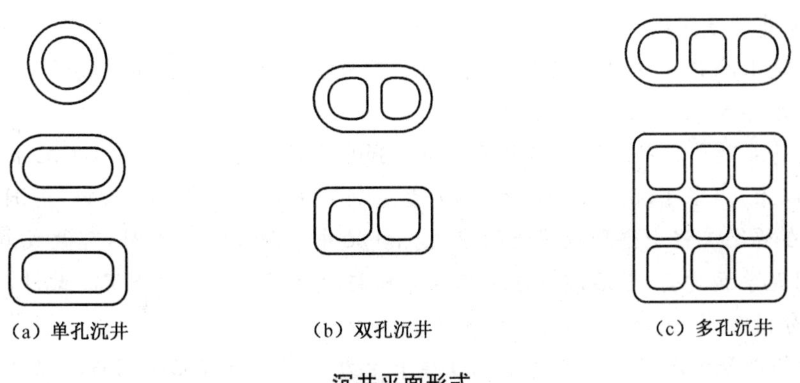

(a) 单孔沉井　(b) 双孔沉井　(c) 多孔沉井

沉井平面形式

(1) 圆形沉井　在下沉过程中垂直度和中线较易控制,较其他形状沉井更能保证刃脚均匀作用在支承的土层上。在土压力作用下,井壁只受轴向压力,便于机械取土作业,但它只适用于圆形或接近正方形截面的墩(台)。

(2) 矩形沉井 具有制造简单、基础受力有利、较能节省圬工数量的优点,并符合大多数墩(台)的平面形状,能更好地利用地基承载力,但四角处有较集中的应力存在,且四角处土不易被挖除,井角不能均匀地接触承载土层,因此四角一般应做成圆角或钝角。矩形沉井在侧压力作用下,井壁受较大的挠曲力矩,长宽比愈大其挠曲应力亦愈大,通常要在沉井内设隔墙支撑,以增加刚度,改善受力条件。另在流水中阻水系数较大,导致过大的冲刷。

(3) 圆端形沉井 控制下沉、受力条件、阻水冲刷均较矩形者有利,但沉井制造较复杂。

对平面尺寸较大的沉井,可在沉井中设隔墙,使沉井由单孔变成双孔。双孔或多孔沉井受力有利,亦便于在井孔内均衡挖土使沉井均匀下沉以及下沉过程中纠偏。

其他异型沉井,如椭圆形、菱形等,应根据生产工艺和施工条件而定。

3. 按沉井的竖向剖面形状分 ①柱形;②锥形;③阶梯形。

柱形的沉井在下沉过程中不易倾斜,井壁接长较简单,模板可重复使用。因此当土质较松软,沉井下沉深度不大时,可以采用这种形式。而锥形及阶梯形井壁可以减小土与井壁的摩阻力,其缺点是施工及模板制造较复杂,耗材多,同时沉井在下沉过程中容易发生倾斜。因此在土质较密实,沉井下沉深度大,要求在不太增加沉井本身重量的情况下沉至设计标高,可采用此类沉井。锥形的沉井井壁坡度一般为 1/20～1/40,阶梯形井壁的台阶宽度约为 100～200 cm。

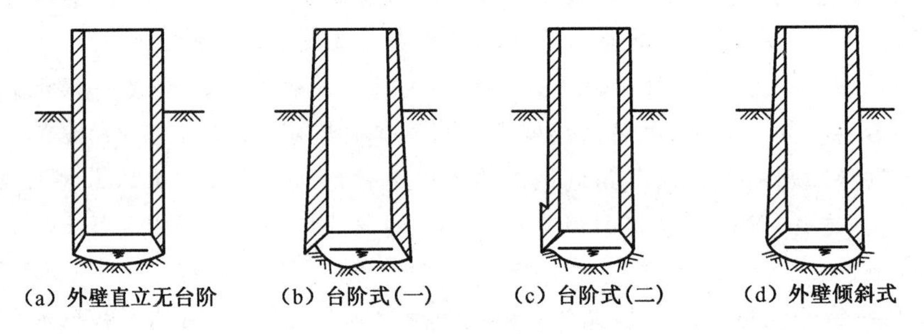

沉井竖直剖面形式

4. 按沉井的建筑材料分

(1) 混凝土沉井 这种沉井多做成圆形,当井壁足够厚时,也可做成圆端形和矩形,适用于下沉深度不大(4～7 m)的松软土层中。

(2) 钢筋混凝土沉井 这种沉井不仅抗压强度高,抗拉能力也较强,下沉深度可以很大(达数十米以上)。当下沉深度不很大时,井壁上部可用混凝土、下部(刃脚)用钢筋混凝土制造的沉井,在桥梁工程中得到较广泛的应用。当沉井平面尺寸较大时,可做成薄壁结构,沉井外壁采用泥浆润滑套、壁后压气等施工辅助措施就地下沉或浮运下沉。此外,这种沉井井壁、隔墙可分段预制,工地拼接,做成装配式。

(3) 竹筋混凝土沉井 沉筋在下沉过程中受力较大因而需配置钢筋,一旦完工后,它就不承受多大的拉力,因此,在南方产竹地区,可以采用耐久性差但抗拉力好的竹筋代替部分钢筋,我国南昌赣江大桥曾用这种沉井。在沉井分节接头处及刃脚内仍用钢筋。

(4) 钢沉井 用钢材制造沉井井壁外壳,井壁内挖土,填充混凝土。此种沉井强度高,刚度大，重量较轻，易于拼装，常用于做浮运沉井，修建深水基础，但用钢量较大，成本较高。

二、沉井基础的一般构造

沉井基础的形式虽有所不同，但在构造上主要由外井壁、刃脚、隔墙、井孔、凹槽、射水管、封底及盖板等组成。

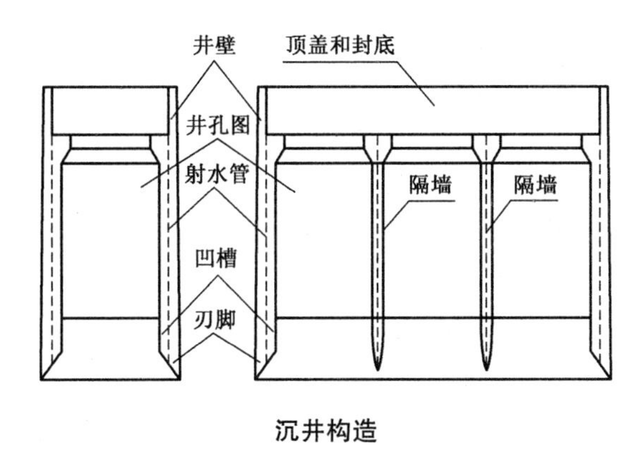

沉井构造

1. 外井壁。

2. 刃脚　井壁下端形如楔状的部分称为刃脚。其作用是在沉井自重作用下易于切土下沉。刃脚是根据所穿过土层的密实程度和单位长度上土作用反力的大小，以切入土中而不受损坏来选择的。刃脚踏面宽度一般采用 10～20 cm，刃脚的斜坡度 α 应大于或等于 45°；刃脚的高度为 0.7～2.0 m，视其井壁厚度而定。沉井下沉深度较深，需要穿过坚硬土层或到岩层时，可用型钢制成的钢刃尖刃脚（见图(b)）；沉井通过紧密土层时可采用钢筋加固并包以角钢的刃脚（见图(c)）；地质构造清楚，下沉过程中不会遇到障碍时可采用普通刃脚（见图(a)）。

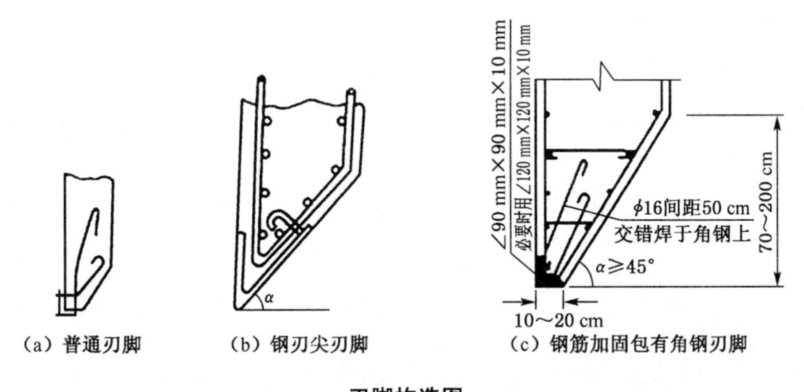

(a) 普通刃脚　(b) 钢刃尖刃脚　(c) 钢筋加固包有角钢刃脚

刃脚构造图

3. 隔墙　沉井隔墙系大尺寸沉井的分隔墙，是沉井外壁的支撑，其厚度多为 0.8～1.2 m，底面要高出刃脚 50 cm 以上，以免妨碍沉井下沉。

4. 井孔　井孔是挖土排土的工作场所和通道。其大小视取土方法而定，宽度（直径）最小不小于 2.5 m。平面布局是以中心线为对称轴，便于对称挖土使沉井均匀下沉。

5. 射水管　射水管同空气幕一样是用来助沉的，多设在井壁内或外侧处，并应均匀布置。在下沉深度较大、沉井自重力小于土的摩阻力时，或所穿过的土层较坚硬时采用。射水压力视土质而定，一般水压不小于600 kPa。射水管口径为10～12 mm，每管的排水量不小于0.2 m^3/min。

6. 顶盖板　顶盖板是传递沉井襟边以上荷载的构件，不填芯沉井的沉井盖厚度约为1.5～2.0 m。其钢筋布设应按力学计算要求的条件进行。

7. 凹槽　凹槽是为增加封底混凝土和沉井壁更好地连接而设立的。如井孔为全部填实的实心沉井也可不设凹槽。凹槽深度约为0.15～0.25 m，高约为1.0 m。

8. 封底混凝土　封底混凝土是传递墩(台)全部荷载于地基的承重结构，其厚度依据承受压力的设计要求而定，根据经验也可取不小于井孔最小边长的1.5倍。封底混凝土顶面应高出刃脚根部不小于1.5 m，并浇灌到凹槽上端。封底混凝土必须与基底及井壁都有紧密的结合。封底混凝土对岩石地基用C15，一般地基用C20。

4.1.2　现浇混凝土水池施工技术

给水厂站的混凝土水池有混凝池、沉淀池、过滤池、消毒池、清水池等。其中，清水池是调蓄构筑物。不设缝的现浇钢筋混凝土清水池多用于小型水池，设缝水池多用于中型或较大型水池。

一、施工缝的设置与施工程序

水池底板一次浇筑完成。底板与池壁的施工缝在池壁下八字以上150～200 mm处，底板与柱的施工缝设在底板表面。

水池池壁竖向一次浇到顶板八字以下150～300 mm处，该处设施工缝。柱基、柱身及柱帽分两次浇筑。第一次浇到柱基以上100～150 mm，第二次连同柱帽一起浇至池顶板下皮。

浇筑池顶一次完成。

(一) 垫层

(二) 底板钢筋混凝土

水池底板混凝土一次连续浇筑完成，设缝水池的底板要分层浇筑(不要连续浇筑，以免变形缝移位)。

1. 测量放线　当垫层混凝土的强度达到1.2 MPa以后开始放线。

2. 底板模板安装　底板外侧模板应先于底板钢筋安装工序，但在支吊模过程中应注意保护钢筋。

3. 底板钢筋安装

(1) 绑好底板钢筋的关键是控制好上下层钢筋的保护层，确保池壁与柱预留筋的准确位置。

(2) 为使池壁及柱筋保护层在允许偏差范围内，先固定好上下层底板筋，使其稳固不变形；其次是调整好底板上下层池壁、柱根部钢筋的位置，使池壁、柱预埋筋对准其位置。

(3) 绑扎后的底板筋要逐点检查保护层厚度。

4. 底板混凝土浇筑

(1) 原材料及配合比符合要求。

(2) 底板混凝土的坍落度。采用吊斗浇筑机械振捣时，在浇筑地点混凝土的坍落度宜选用 50～70 mm。采用掺用外加剂的泵送混凝土时，其坍落度不宜大于 150 mm。

(3) 混凝土浇筑应连续进行，尽量减少间隔时间。

(4) 对底板混凝土的浇筑，要根据底板厚度和混凝土的供应与浇筑能力来确定浇筑宽度和分层厚度，以保证间隔时间不超过初凝时间的要求。

(5) 池壁八字吊模部分的混凝土浇筑应在底板平面混凝土浇筑 30 min 后进行，为保证池壁腋角部分的混凝土密实，应在混凝土初凝前进行二次振捣，压实混凝土表面，同时对八字吊模的根部混凝土表面整平。

(6) 底板表面的整平与压实要求。

(7) 混凝土浇筑完成后，应适时覆盖并洒水养护，时间不少于 14 d。

(三) 池壁钢筋混凝土施工

1. 施工程序。

2. 施工缝凿毛处理　池壁根部混凝土强度达到 2.5 MPa 时开始凿毛。凿毛应用剁斧或尖锤轻锤，将混凝土的不密实表面及浮浆凿掉露出新茬。

3. 池壁钢筋绑扎　重点应控制好内外层钢筋的净尺寸，为此采用排架或板凳筋做法。

4. 对正常厚度的池壁，池壁模板一次支到顶板腋角以下 200～300 mm 左右。

5. 池壁混凝土浇筑

(1) 混凝土浇筑平台与池壁模板连成一体时，应保证池壁模板的整体稳固，避免模板振动变形而影响混凝土的硬化。

(2) 非泵送混凝土的坍落度不大于 80 mm，掺外加剂的泵送混凝土坍落度不宜大于 150 mm。应保证池壁混凝土的连续浇筑。

(3) 施工缝应事先清除干净，保持湿润，但不得积水。浇筑前施工缝应先铺 15～20 mm 厚的与混凝土配合比相同的水泥砂浆，与混凝土的浇筑间隔时间不应过长。

(4) 池壁混凝土应分层浇筑完成，每层混凝土的浇筑厚度不应超过 400 mm，沿池壁高度均匀摊铺；每层水平高差不超过 400 mm。

插入式振动器的移位间距不大于 300 mm，振捣棒要插入到下一层混凝土内 50～100 mm，使下一层未凝固混凝土受到二次振动。

每层混凝土的浇筑间歇时间不宜大于 1 h。

用溜筒浇筑混凝土的落下高度(从溜嘴)不大于 2 m。

(5) 池壁的混凝土浇到顶部应停 1 h，待混凝土下沉后再作二次振动，消除因沉降而产生的顶部裂缝。

(6) 浇筑后的混凝土应及时覆盖和洒水养护。

(四) 柱钢筋混凝土施工

柱的施工时间应与水池池壁的施工时间同步进行。

一般柱体分为 2 次浇筑：第一次浇筑根部混凝土，第二次浇筑到柱帽顶或梁底。

1. 柱的施工程序。

2. 柱模板采用钢模或木模(多层胶合板)

柱身混凝土浇筑应一次到顶，浇前施工缝应充分湿润，应铺垫与混凝土配比相同的水泥砂浆。混凝土坍落度不宜大于 80 mm，分层(不超过 400 mm)浇筑与振动。为使混凝土沉实，浇到柱帽底部时应暂停后作二次振动，待全部浇完后再作二次振动。

（五）顶板钢筋混凝土施工

小型清水池顶板应一次浇筑完成，较大水池顶板应考虑防裂措施。

1. 水池顶板的施工程序。

2. 顶板模板施工　模板支架采用工具式支架体系。

3. 顶板钢筋施工。

4. 顶板混凝土施工　顶板混凝土施工的准备工作中，最重要的一点是对顶板钢筋的保护，顶板混凝土强度达到设计规定的拆模强度时才准许拆除支架。支架体系应在达到规定拆模强度时才能拆除。顶板支架的搭设与拆除过程中，应有足够的斜向支撑。为了保持其稳定，拆除时，应先上后下，逐层拆除，随拆随运，堆放整齐。

4.1.3 构筑物满水试验的规定

一、水池满水试验的前提条件

1. 池体结构混凝土的抗压强度、抗渗强度或砖砌体水泥砂浆强度达到设计要求。

2. 现浇钢筋混凝土水池的防水层、水池外部防腐层施工以及池外回填土施工之前。

3. 装配式预应力混凝土水池施加预应力、水泥砂浆保护层喷涂之前。

4. 砖砌水池的内外防水水泥砂浆完成之后。

二、构筑物满水试验程序

试验准备→水池注水→水池内水位观测→蒸发量测定→有关资料整理。

三、构筑物满水试验要求

1. 注水　向池内注水分 3 次进行，每次注入为设计水深的 1/3。注水水位上升速度不超过 2 m/24 h，相邻两次充水的间隔时间应不少于 24 h。每次注水后宜测读 24 h 的水位下降值。

2. 外观观测　对大中型水池，可充水至池壁底部的施工缝以上，检查底板的抗渗质量，当无明显渗漏时，再继续充水至第一次充水深度。在充水过程中和注水以后，对池外观进行检查，渗水量过大时停止充水，进行处理。

3. 水位观测　池内水位注水至设计水位 24 h 以后，开始测读水位测针的初读数。测读水位的末读数与初读数的时间间隔应不小于 24 h。

4. 蒸发量的测定　有盖水池的满水试验，对蒸发量可忽略不计。无盖水池的满水试验的蒸发量，可设现场蒸发水箱。

四、满水试验标准

水池构筑物满水试验，其允许渗水量按设计水位浸湿的池壁和池底总面积(m^2)计算，钢筋混凝土水池不得超过 2 L/(m^2 · d)，砖石砌体水池不得超过 3 L/(m^2 · d)。

4.1.4 泵站工艺流程和构成

一、工艺流程

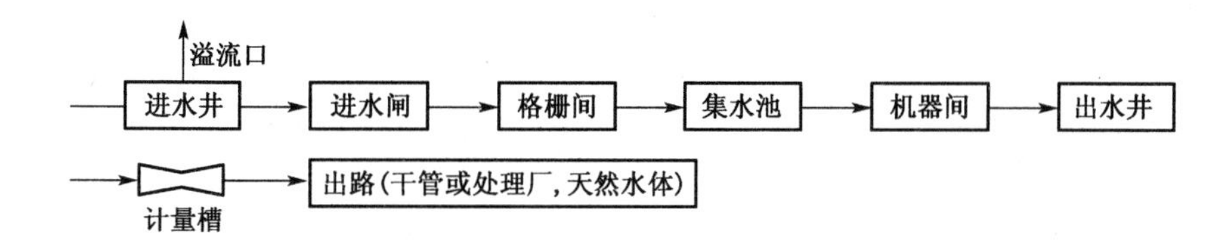

二、格栅

格栅拦截雨水、生活污水和工业污水中较大的漂浮物及杂质。

1. 栅条。

2. 格栅倾斜角度　格栅倾斜角度一般为45°～75°,为有机耙时采用70°。

三、集水池

集水池主要起调节水量作用。

四、机器间

(一) 主泵选型要求

1. 便于检修。
2. 在平均扬程时水泵应在高效区运行。
3. 防腐措施。
4. 试验与论证。
5. 条件相同时选用卧式离心泵。

(二) 起重设备

1. 泵站起重设备的额定起重量应根据最重吊运部件和吊具的总重量确定。起重机的提升高度满足机组安装和检修的要求。

2. 起重量等于或小于5 t,主泵台数少于4台时,选用手动单梁起重机;起重量大于5 t时,选用电动单梁或双梁起重机。

4.2 给水排水工程

4.2.1 城市污水处理工艺流程

污水按其来源可分为生活污水、工业废水和降水。

工业废水按其污染程度分为生产废水和生产污水两大类。

排水体制分为分流制和合流制两类。分流制是具有污水排水系统和雨水排水系统;合流制又分为直泄式、全处理和截流式合流制。截流式合流只适用于旧城改造。

污水中含有大量的有机物，是污水处理的主要对象。常用生物化学需氧量来间接表示污水中有机物的含量。

一、污水处理方法

城市污水处理方法，按原理可分为物理处理法、生物处理法和化学处理法三类。

物理处理法：利用物理作用分离污水中呈悬浮状态的固体污染物质的处理方法，主要有筛滤法（格栅、筛网）、沉淀法（沉砂池、沉淀池）、气浮法、过滤法（快滤池、慢滤池）和反渗透法（有机高分子半渗透膜）等。

生物处理法：主要可分为两大类——好氧氧化法和厌氧还原法。好氧氧化法广泛用于处理城市污水，主要有活性污泥法，生物膜法；厌氧还原法主要有厌氧塘、污泥的厌氧消化池等。

化学处理法：利用化学反应分离污水中的污染物质的处理方法，主要有中和、电解、氧化还原和电渗析、气提、吹脱、萃取等。

二、城市污水的常规处理工艺

现代处理污水工艺技术，按照处理程度，可以分为一级、二级、三级处理污水工艺。

一级处理：主要是采用物理处理法截留较大的漂浮物。沉砂池一般设在格栅后面，也可以设在初沉池前，目的是去除比重较大的无机颗粒。初沉池对无机物有较好的去除效果。

二级处理：主要去除污水中呈胶体和溶解性状态的有机污染物质，通常采用生物处理法。生物处理构筑物是处理流程中最主要的部分。二沉池的主要功能是去除生物处理过程中所产生的，以污泥形式存在的生物脱落物或已经死亡的生物体。

一级和二级处理法是城市污水处理经常采用的，因此又称为常规处理法。

三级处理：在一级、二级处理后，用来进一步处理难以降解的有机物、磷和氮等能够导致水体富营养化的可溶性无机物等。主要处理方法有生物脱氮除磷法、混凝沉淀法、砂滤法、活性炭吸附法、离子交换法和电渗析法等。

三、污泥处理

沉淀物按其主要成分的不同，可分为污泥和沉渣。以有机物为主要成分的沉淀物称为污泥。以无机物为主要成分的沉淀物称为沉渣。

污泥按其产生的来源可以分为以下几类：①初次沉淀污泥；②剩余活性污泥；③熟污泥；④化学污泥。

（一）污泥的浓缩

污泥浓缩的方法主要有重力浓缩法、气浮浓缩法和离心浓缩法。其中以重力浓缩法使用最为广泛。

（二）污泥厌氧消化

污泥稳定处理的方法主要有化学稳定法和生物稳定法。生物稳定法又分为厌氧消化和好氧消化两种方法。污泥一般情况下多采用厌氧消化法。

（三）污泥脱水与干化

脱水的方法主要有自然脱水及污泥烘干、焚烧等。

1. 污泥干化场　优点是方法简单，不需要机械设备。但是占地面积大，卫生条件差，因而在大型污水处理厂不宜采用。

2. 机械脱水　机械脱水设备常用的有真空过滤机、压力过滤机和离心脱水机等。

4.2.2 给水处理工艺流程

一、地表水处理工艺流程

（一）地表水常规处理工艺流程

悬浮物和胶体是地表水作为饮用水源时水处理中主要的去除对象。

地表水工艺流程要注意掌握。

混凝、沉淀和过滤通常称作澄清工艺，因此以地表水作为水源的生活饮用水的常规处理工艺也可以分为澄清和消毒两部分。

在给水处理中，沉淀池、澄清池的个数、能够单独排空的分格数一般不宜少于 2 个，而且在投药消毒设施之后，需要设置不少于 2 个（或 2 个分格）清水池，作为水量调节构筑物，同时要满足消毒剂与清水的接触时间不少于 30 min。

（二）其他处理工艺流程

当原水的浊度很高时，往往需要在混凝前设置预沉池或者沉砂池。

当原水浊度很低时，可以省去沉淀构筑物，将原水加入混凝剂，然后直接过滤。在生活饮用水处理中，过滤是必不可少的步骤。

二、地下水的处理工艺流程

（一）地下水除铁、锰

当地下水中铁、锰的含量超过生活饮用水卫生标准时，需要采用自然氧化法和接触氧化法等方法去除铁、锰。

（二）地下水除氟

除氟的方法可以分为两类：混凝沉淀法和吸附过滤法。其中，活性氧化铝吸附过滤法是比较常见的处理方法。

【练一练】

一、单项选择题

1. 沉井施工铺垫木时，以 n 表示垫木根数，以 Q 表示第一节沉井重量，L 和 b 表示垫木的长和宽，$[\sigma]$表示基底土容许承压力，则垫木根数计算公式为（　　）。（2009 年考点）

A. $n=2Q/(Lb[\sigma])$　　B. $n=Q/(Lb[\sigma])$

C. $n=Q/(2Lb[\sigma])$　　D. $n=Q/(3Lb[\sigma])$

2. 沉井用水枪冲土下沉，施工设备不包括（　　）。（2009 年考点）

A. 高压水泵　　B. 吸泥器　　C. 供水管路　　D. 多瓣抓斗

3. 清水池是给水系统中调节水厂均匀供水和满足用户不均匀用水的（　　）构筑物。（2010 年考点）

A. 沉淀　　B. 澄清　　C. 调蓄　　D. 过滤

4. 沉井井壁最下端做成刀刃状，其主要功用是(　　)。(2011 年考点)

A. 便于挖土　　B. 节约建筑材料　　C. 减轻自重　　D. 减少下沉阻力

5. 水处理构筑物满水试验(　　)之后进行。(2009 年考点)

A. 对混凝土结构，是在防水层施工

B. 对混凝土结构，是在防腐层施工

C. 对装配式预应力混凝土结构，是在保护层喷涂

D. 对砌体结构，是在防水层施工

6. 某自来水厂工艺流程为：原水—空气分离器—活性氧化铝滤池—清水池—用户，用于去除地下水中的(　　)。(2009 年考点)

A. 铁　　B. 锰　　C. 氟　　D. 铅

7. 钢筋混凝土水池满水试验中，允许渗水量不得超过(　　)L/(m^2·d)。(2010 年考点)

A. 2　　B. 2.5　　C. 3　　D. 3.5

8. 城市污水处理厂污泥处理常用的流程为(　　)。(2010 年考点)

A. 污泥消化→污泥浓缩→机械脱水→干燥与焚烧

B. 机械脱水→污泥浓缩→污泥消化→干燥与焚烧

C. 污泥浓缩→污泥消化→机械脱水→干燥与焚烧

D. 污泥浓缩→机械脱水→污泥消化→干燥与焚烧

9. 城市污水一级处理工艺中采用的构筑物是(　　)。(2011 年考点)

A. 污泥消化池　　B. 沉砂池　　C. 二次沉淀池　　D. 污泥浓缩池

10. 城市排水泵站中溢流井的功能是(　　)。(2011 年考点)

A. 调节水量　　B. 紧急排放

C. 作为水泵出水口　　D. 稳定出水井水位

11. 构筑物满水试验，有盖水池的蒸发量可忽略不计。无盖水池蒸发量测定，可设现场(　　)，并在(　　)进行测定。测定水池水位的(　　)测定(　　)的水位。

A. 水箱；水箱外设水位测针；前 0.5 h；蒸发量水箱外

B. 蒸发水箱；水箱内设水位测针；同时；蒸发量水箱中

C. 蒸发水箱；水箱内设测针；后 0.5 h 内；蒸发量水箱中

D. 蒸发水箱；水箱内设水位测针；之前；蒸发量水箱外

12. 按原理可以把城市污水处理划分为(　　)处理方法，它们分别是(　　)。

A. 三种；物理处理法、生物处理法和化学处理法

B. 两种；物理处理法、生物处理法

C. 三种；物理处理法、生物处理法和污泥处理法

D. 三种；物理处理法、生物处理法和混凝沉淀法

13. 城市污水处理厂中(　　)构筑物是主要采用物理处理法在格栅后面去除比重较大的无机颗粒。

A. 二次沉淀池　　B. 初沉池　　C. 沉砂池　　D. 格栅

14. 污水处理厂的氧化沟工艺一般较传统的活性污泥工艺的水力停留时间(　　)、污泥浓度(　　)、泥龄(　　)、出水水质一般(　　)。

A. 长；很低；很长；很低　　B. 长；很高；很长；很高

C. 长;很高;很短;很高　　D. 长;很低;很短;很低

15. 污水提升泵站的主泵,在确保安全运行的前提下,其设计流量按(　　)计算。

A. 最小单位流量　　B. 日平均单位流量

C. 最大单位流量　　D. 时平均单位流量

二、多项选择题

1. 污水处理厂污泥脱水的主要方法有(　　)。(2009 年考点)

A. 电解　　B. 自然脱水　　C. 污泥烘干　　D. 离子交换

E. 机械脱水

2. 污水处理常用的生物膜法有(　　)。(2010 年考点)

A. 接触氧化法　　B. 生物滤池法　　C. 生物转盘法　　D. 催化氧化法

E. 深井曝气法

3. 关于一、二、三级污水处理工艺的效果,下面说法中正确的是(　　)。

A. 经过一级污水处理后的污水 BOD_5 一般可去除 30%

B. 经过一级污水处理后的污水 BOD_5 可以达到 45%

C. 经过二级污水处理后的污水 BOD_5 可降到 20～30 mg/L

D. 经过二级处理后的污水中有机污染物去除率达到 90%以上

E. 经过三级处理后的污水 BOD_5 可降至 5 mg/L 以下

4. 构筑物水池满水试验为确保试验的准确应做好(　　)。

A. 向池内注水分三次,注意注水水位上升速度不宜超过 2 m/24 h,相邻两次充水间隔应不少于 24 h

B. 每次注入水池为设计水深的 1/3,每次注水后宜测读 24 h 的水位下降值

C. 无盖水池满水试验的蒸发量,在测定水池中水位的同时,测定水箱中水位

D. 池内水位注水至设计水位 24 h 以后,开始测读水位测针的初读数。初读数与末读数的时间间隔应不小于 24 h,水位测针读数精度应达到 0.1 mm

E. 充水过程中,应对池外观检查有无渗漏,如渗水量过大则停止充水进行处理

5. 污水提升泵站的水泵等设备应根据(　　)内容或要求选用。

A. 处理厂的规模　　B. 处理厂的输送水量

C. 将来水输送的距离与扬程要求　　D. 输送介质的不同

E. 供电容量及对环境的影响

6. 城市污水再生利用系统一般除污水收集部分外,还应由(　　)等部分组成。

A. 二级处理　　B. 深度处理　　C. 再生水输配　　D. 用户用水管理

E. 三级处理

7. 下列关于水厂清水池底板钢筋安装的要求中,正确的有(　　)。(2009 年考点)

A. 当底板主筋直径为 16 mm 或更大时,排架的间距不宜超过 800～1 000 mm

B. 底板筋垫块的位置要与排架的立筋错开

C. 为使底板钢筋稳固,在上下层筋之间要加斜向筋

D. 绑扎后的底板筋要逐点检查保护层厚度

E. 确保池壁和柱预留筋的位置准确

8. 市政工程沉井下沉一般采用(　　)。(2010 年考点)

A. 正铲挖机法　B. 人工挖土法　C. 风动工具挖土法　D. 抓斗挖土法

E. 水枪冲土法

三、案例分析题

1. A单位承建一项污水泵站工程，主体结构采用沉井，埋深15 m。场地地层主要为粉砂土，地下水埋深为4 m，采用不排水下沉。泵站的水泵、起重机等设备安装项目分包给B公司。在施工过程中，随着沉井入土深度增加，井壁侧面阻力不断增加，沉井难以下沉。项目部采用降低沉井内水位减小浮力的方法，使沉井下沉，监理单位发现后予以制止。A单位将沉井井壁接高2 m增加自重，强度与原沉井混凝土相同，沉井下沉到位后拆除了接高部分。B单位进场施工后，由于没有安全员，A单位要求B单位安排专人进行安全管理，但B单位一直未予安排，在吊装水泵时发生安全事故，造成一人重伤。工程结算时，A单位变更了清单中沉井混凝土工程量，增加了接高部分混凝土的数量，未获批准。

问题：

(1) A单位降低沉井内水位可能会产生什么后果？沉井内外水位差应是多少？

(2) 简述A单位与B单位在本工程中的安全责任分工。

(3) 一人重伤属于什么等级安全事故？A单位与B单位分别承担什么责任？为什么？

(4) 指出A单位变更沉井混凝土工程量未获批准的原因。

2. (2009年考点)某单位中标污水处理项目，其中二沉池直径51.2 m，池深5.5 m。池壁混凝土设计要求为C30、P6、F150，采用现浇施工，施工时间跨越冬季。

施工单位自行设计了池壁异型模板，考虑了模板选材、防止吊模变形和位移的预防措施，对模板强度、刚度、稳定性进行了计算，考虑了风荷载下防倾倒措施。

施工单位制定了池体混凝土浇筑的施工方案，包括：①混凝土的搅拌及运输；②混凝土的浇筑顺序、速度及振捣方法；③搅拌、运输及振捣机械的型号与数量；④预留后浇带的位置及要求；⑤控制工程质量的措施。

在做满水试验时，一次充到设计水深，水位上升速度为5 m/h，当充到设计水位12 h后，开始测读水位测针的初读数，满水试验测得渗水量为2.5 L/(m^2 · d)，施工单位认定合格。

问题：

(1) 补全模板设计时应考虑的内容。

(2) 请将混凝土浇筑的施工方案补充完整。

(3) 修正满水试验中存在的错误。

【答案】

一、1. B　2. D　3. C　4. D　5. D　6. C　7. A　8. C　9. B　10. B　11. B　解题思路：《给排水构筑物施工及验收规范》规定，排水构筑物有盖水池满水试验，蒸发量的测定可忽略不计。无盖水池蒸发量测定，可设现场蒸发水箱，并在水箱内设水位测针进行测定。测定水池水位的同时测定蒸发量水箱中的水位。　12. A　解题思路：按原理可以把城市污水处理划分为三种处理方法，它们分别是物理处理法、生物处理法和化学处理法。污泥处理是处理污水处理过程中的污泥，不是污水处理方法。　13. C　解题思路：本题考查应试者对一级污水处理工艺的掌握情况。这需要理解一级处理工艺中各个处理构筑物的不同作用。物理处理法原理是利用物理作用分离污水中呈悬浮状态的固体污染物质，顺序为较大漂浮物或悬浮物——比重较大无机颗粒——其他无机物，依次通过格栅——沉砂池——初沉池实现。至于二沉池是生物处理构筑物。因此答案“C”。 14. B 解题思路:本题为两种处理污水工艺在水力停留时间、污泥浓度、污泥的泥龄、出水水质四方面比较结果的考查。应试者可以由污水进入氧化沟中,通常平均循环几十圈后才能流出沟外的工艺特点联想到水力停留时间长,污泥浓度很高,泥龄很长。因此,出水的水质一般很高,所以答案为“B”。 15. C 解题思路:主泵的设计单位流量,从经济出发应确定平均扬程时的平均单位流量,这样水泵应在高效区运行。而如要确保安全运行,即当扬程最高时,泵的单位流量变得最小,扬程最低时,泵的单位流量变得最大,显然主泵设计流量应按最大单位流量计算。

二、1. BC 2. ABC 3. ACDE 解题思路:BOD_5 是五日生化需氧量的缩写符号,$BOD_5 = 20 \sim 30$ mg/L 相当于将污水中呈溶解性,胶体状态的有机污染物转化为无害物质,一般相当于有机污染物去除率达到 90%以上,从而达到排放的要求。B 选项是不对的,因一级处理只能达 BOD_5 去除 30%左右。因而答案排除“B”。 4. ABCD 解题思路:水池构筑物满水试验的前提是水池渗水量不应过大,必须确保对池外观检查没有什么渗漏。因此,要排除答案“E”。 5. ABCD 解题思路:供电容量及对环境的影响是建立泵站项目可行性时考虑的内容,在选用设备时一般不考虑。因此,将“E”排除。 6. ABCD 解题思路:本题考查应试者对深度处理内容的理解程度。根据生活杂用水水质标准规定,BOD_5 应达到 $\leqslant 10$ mg/L,因此深度处理应包括三级处理内容,所以本题可排除 E 选项(选项包含关系,只选大项)。 7. ACDE 8. BCDE

三、1. (1)场地地层主要为粉砂土,地下水埋深为 4 m,采用降低沉井内水位减小浮力的方法,促使沉井下沉,可能产生的后果:流砂涌向井内,引起沉井歪斜;沉井内水位应高出井外 1～2 m。(2)施工现场安全由 A 单位负责,B 单位向 A 单位负责,服从 A 单位对现场的安全生产管理。(3)一般事故。由 B 单位承担主要责任,A 单位承担连带责任。理由是:分包单位不服从总包单位的安全生产管理而导致事故的发生。(4)未获批准的原因是:接高混凝土井壁实质为增加压重,因此产生的费用属于措施费,不能变更沉井混凝土工程量。 2. (1)各部分模板的结构设计,各节点的构造,以及预埋件、止水板等的固定方法;脱模剂的选用;模板及其支架的拆除顺序、方法及保证安全措施。(2)混凝土配合比设计及外加剂的选择;季节性施工的特殊措施;预防混凝土施工裂缝的措施。(3)应分三次充到设计水深;水位上升速度不宜超过 2 m/24 h;充到设计水位 24 h 后,才能测读水位指针的初读数;结果大于规定标准2 L/($m^2 \cdot d$),不合格。

5 城市管道工程

5.1 城市给水排水管道施工技术

5.1.1 开槽埋管施工技术要求

一、沟槽开挖

1. 人工开挖每层不超过 2 m。

2. 人工挖土，堆土高度不超过 1.5 m。

3. 采用吊车下管时，可在一侧堆土，另一侧为吊车行驶路线，不得堆土。

4. 机械挖槽时，应在设计槽底高程以上保留一定余量(不小于 200 mm)，避免超挖，余量由人工清挖。

5. 不得掩埋消火栓、管道闸阀、雨水口、测量标志以及各种地下管道的井盖，且不得妨碍其正常使用。

6. 挖土机械应距高压线有一定的安全距离，距电缆 1.0 m 处严禁机械开挖(用人工开挖)。

7. 在有行人、车辆通过的地方开挖，应设护栏及警示灯等安全标志。

8. 当下步工序与本工序不连续施工时，槽底应预留保护土层不挖，待下步工序开工时再挖。

9. 采用坡度板控制槽底高程和坡度时，其设置应牢固，间距不宜大于 15 m，距槽底的高度不宜大于 3 m。

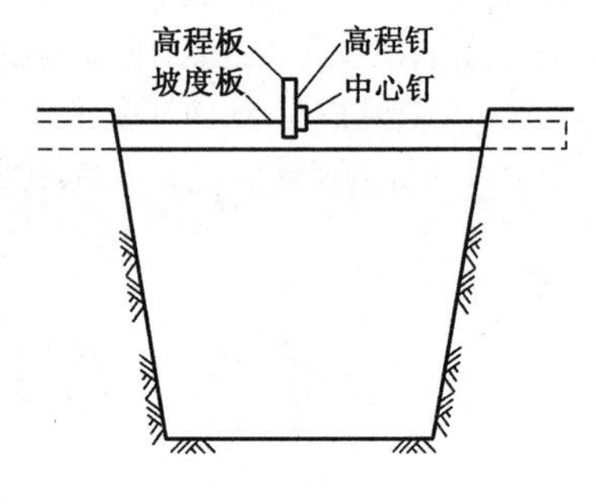

坡度板

二、沟槽支撑与拆除

(一) 支撑类型及适用范围

1. 横撑与竖撑　开挖较窄的沟槽及基槽多用横撑式支撑及竖撑式支撑。水平挡土板的布置又分断续式和连续式两种。湿度小的黏性土挖土深度小时，可用断续式水平挡土板支撑；松散、湿度大的土可用连续式水平挡土板支撑；对松散和湿度很大的土可用垂直挡土板支撑。

2. 板桩支撑　特点是既挡土又挡水。当开挖的基坑较深、地下水位较高又有可能出现流砂现象时，如果未采用井点降水方法，则宜采用板桩打入土中，从而防止流砂产生。

(二) 施工要求

1. 支撑要牢固可靠，符合强度和稳定性要求。

2. 支撑应随着挖土的加深及时安装，在软土或其他不稳定土层中，开始支撑的沟槽开挖深度不得超过 1.0 m,以后开挖与支撑交替进行,每次交替的深度宜为 0.4～0.8 m。

3. 掌握支撑加强措施与应用范围。

4. 撑板安装应与沟槽槽壁紧贴,当有空隙时应填实,横撑板应水平。

5. 钢板桩支撑,可根据具体情况设计为悬臂、单锚或多层横撑的方式。

6. 落实支撑经常性检查制度。

7. 支撑拆除前应进行安全检查,制定拆除细则和安全措施。

8. 支撑的拆除应与回填土的填筑高度配合进行,且在拆除后及时回填夯(压)实。

9. 采用排水沟的沟槽,应从两座相邻排水井的分水岭向两端延伸拆除。

10. 多层支撑的沟槽,应待下层回填完成后再拆除其上层的支撑。

11. 拆除单层密排撑板支撑时,应先回填至下层横撑底面,再拆除下层横撑,待回填至半槽以上,再拆除横撑;一次拆除有危险时,宜采取替换拆撑法拆除支撑。

12. 在回填达到规定要求后,方可拔除钢板桩。

13. 支撑的施工质量应符合下列规定:

(1) 支撑后,沟槽中心线每侧的净宽不应小于施工设计的规定。

(2) 支撑不得妨碍下管和稳管。

(3) 安装应牢固,安全可靠。

(4) 钢板桩的轴线位移不得大于 50 mm,垂直偏差度不得大于 1.5%。

三、施工排、降水

施工排、降水的目的:一是防止沟槽开挖过程中地面水流入槽中,造成槽壁塌方;二是开挖沟槽前,使地下水降至沟槽以下至少 0.5 m。

(一) 基坑(槽)内明沟排水

分层开挖,在基坑四周(沟槽一般在中间)开挖临时排水沟。

排水沟底要始终保持比土基面低不小于 0.3 m。排水沟应以 3%～5%的坡度坡向集水井。

挖土顺序应从集水井、排水沟处逐渐向远处挖掘,使基坑(槽)开挖面始终不被水浸泡。

(二) 人工降低地下水位

人工降低地下水位的方法可分为轻型井点、喷射井点、深井泵井点、电渗井点等。

1. 轻型井点系统的组成　轻型井点系统由井点滤管、直管、弯联管、总管和抽水设备组成。

2. 轻型井点系统的布置　井点系统的布置形式分为线状和环状。一般情况下,当降水深度 ＜5 m,基坑(槽)宽度 ＜6 m时,井点布置采用单排线状。当基坑(槽)宽度 ＞6 m,或土质不良,渗透系数大时,宜采用双排线状布置。

当基坑面积较大时,可将井点管沿基坑周边布置成封闭环状。

井点管应布置在基坑(槽)上口边缘外 1.0～1.5 m。

四、管道基础

(一) 管道地基应符合的规定

1. 采用天然地基时,地基不得受扰动。

2. 槽底为岩石或坚硬地基时，管身下方应铺设砂垫层。

3. 槽底地基土质局部不良处理措施（与设计单位商定）。

4. 非永冻土地区，管道不得安放在冻结的地基上；管道安装过程中，应防止地基冻胀。

（二）管道基础施工要求

1. 铺筑管道基础垫层前，应复核基础底的土基标高、宽度和平整度。

2. 地基不稳定或有流砂现象等，应采取措施加固后才能铺筑碎石垫层。

3. 槽深超过 2 m，基础浇筑时，必须采用串筒或滑槽来倾倒混凝土，以防混凝土发生离析现象。

4. 倒卸浇筑材料时，不得碰撞支撑结构物。车辆卸料时，应在沟槽边缘设置车轮限位木，防止翻车坠落伤人。

（三）浇筑混凝土管座的规定

1. 混凝土管座模板支设要求。

2. 管座分层浇筑时，应先将管座平基凿毛冲净，并将管座平基与管材相接触的三角部位用同强度等级的混凝土砂浆填满、捣实后再浇混凝土。

3. 采用垫块法一次浇筑管座时，必须先从一侧灌注混凝土，当对侧的混凝土与灌注一侧混凝土高度相同时，两侧再同时浇筑，并保持两侧混凝土高度一致。

4. 管座基础留变形缝时，缝的位置应与柔性接口相一致。

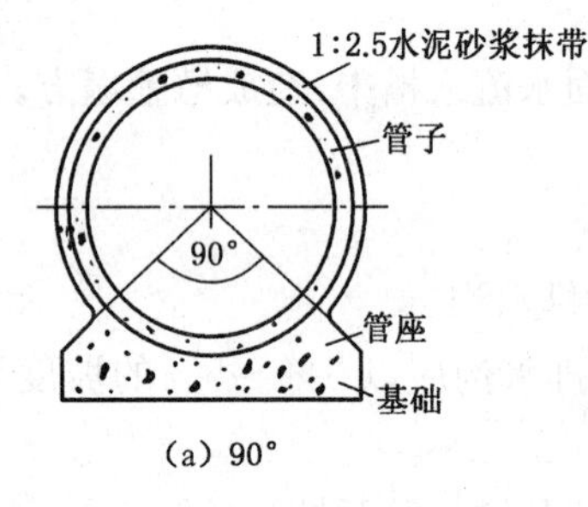

(a) 90°

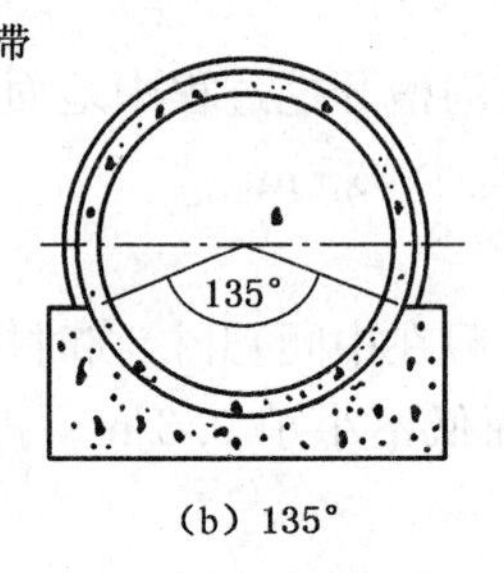

(b) 135°

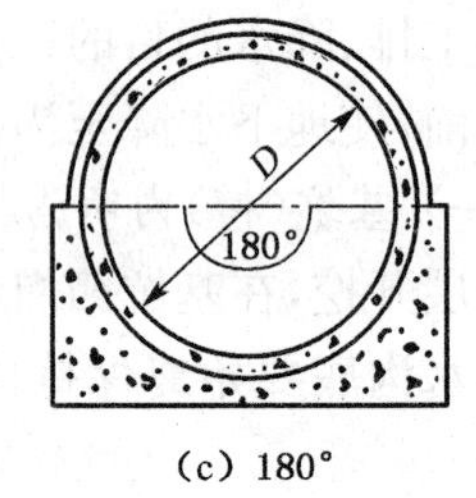

(c) 180°

混凝土管道的中心包角

五、管道安装

1. 起重机下管注意事项。

2. 安装时宜自下游开始，承口朝向施工前进的方向。

3. 合槽施工时，应先安装埋设较深的管道。

4. 管节安装前应将管内外清扫干净。

5. 清扫与封堵要求。

6. 管道安装时，应将管节的中心及内底高程逐节调整正确。

7. 水泥砂浆抹带接口施工应符合下列规定：

(1) 抹带前应将管口的外壁凿毛、洗净。

(2) 抹带完成后，应立即用吸水性的材料覆盖，3～4 h 后洒水养护。

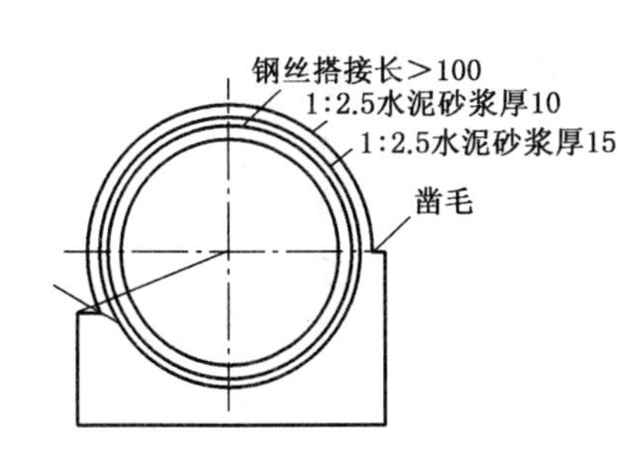

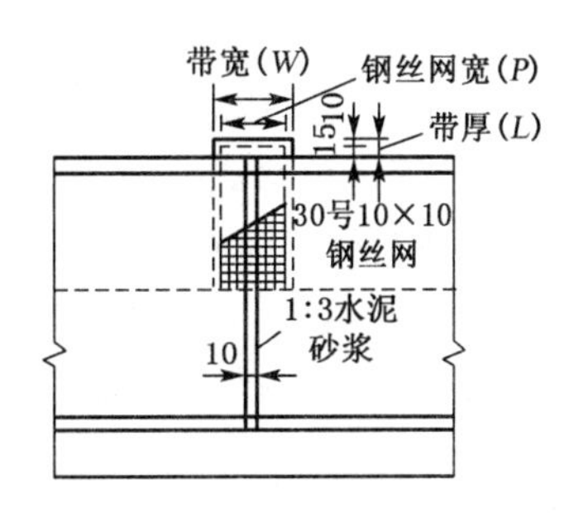

钢丝网水泥砂浆抹带(单位:mm)

8. 管道接口安装质量应符合下列规定:

(1) 承插式甲型接口、套环口、企口应平直,环向间隙应均匀,填料密实、饱满,表面平整。

(2) 水泥砂浆抹带接口应平整,不得有裂缝、空鼓等现象。

六、闭水试验

1. 按建设部行业标准,污水管道、雨污水合流管道、倒虹吸管,设计要求闭水的其他排水管道,必须做闭水试验。

2. 闭水试验应符合下列要求:

(1) 闭水试验应在管道填土前进行。

(2) 闭水试验应在管道灌满水后 24 h 后再进行。

(3) 闭水试验的水位,试验段上游设计水头不超过管顶内壁时,试验水头应为试验段上游管道内顶以上 2 m;超过管顶内壁时,试验水头应以试验段上游设计水头加 2 m 计;计算出的试验水头小于 10 m,但已超过上游检查井口时,闭水试验水位可至井口为止。

(4) 对渗水量的测定时间不少于 30 min。

七、沟槽回填

1. 沟槽回填时,应符合下列规定:

(1) 砖、石、木块等杂物应清除干净。

(2) 采用明沟排水时,应保持排水沟畅通,沟槽内不得有积水。

(3) 采用井点降低地下水位时,其动水位应保持在槽底以下不小于 0.5 m。

2. 回填土或其他材料填入槽内时不得损伤管道及其接口,并应符合下列规定:

(1) 根据一层虚铺厚度的用量将回填材料运至槽内,且不得在影响压实的范围内堆料。

(2) 管道两侧和管顶以上 500 mm 范围内的回填材料,应由管槽两侧对称运入槽内,不得直接扔在管道上。回填其他部位时应均匀运入槽内,不得集中推入。

(3) 需要拌和的回填材料,应在运入槽内前拌和均匀,不得集中推入。

3. 回填土或其他材料的压实,应符合下列规定:

(1) 回填压(夯)实应逐层进行,且不得损伤管道。

(2) 管道两侧和管顶以上 500 mm 范围内应采用轻夯压实,管道两侧压实面的高差不应超过 300 mm。

(3) 管道基础为土弧基础时，管道与基础之间的三角区应填实；压实时，管道两侧应对称进行，且不得使管道位移或损伤。

(4) 同一沟槽内有双排或多排管道的基础底面在同一高程时，管道之间的回填压(夯)实应与槽壁之间的回填压(夯)实对称进行。

(5) 同一沟槽内有双排或多排管道但基础底面的高程不同时，应先回填基础较低的沟槽。

(6) 分段回填压实时，相邻段的接茬应呈阶梯形，且不得漏夯。

(7) 采用木夯、蛙夯等压实机具时，应夯夯相连；采用压路机时，碾压的重叠宽度不得小于 200 mm；采用轮式、振动压路机等压实机械时，其行驶速度不得超过 2 km/h。

(8) 接口工作坑回填时底部凹坑应先回填压实至管底，然后与沟槽同步回填。

5.1.2 普通顶管施工工法

顶管法：隧道或地下管道穿越铁路、道路、河流或建筑物等各种障碍物时采用的一种暗挖式施工方法。在施工时，通过传力顶铁和导向轨道，用支承于基坑后座上的液压千斤顶将管压入土层中，同时挖除并运走管正面的泥土。当第一节管全部顶入土层后，接着将第二节管接在后面继续顶进，这样将一节节管子顶入，做好接口，建成涵管。顶管法特别适于修建穿过已成建筑物、交通线下面的涵管或河流、湖泊。顶管按挖土方式的不同分为机械开挖顶进、挤压顶进、水力机械开挖和人工开挖顶进等。

顶管法优点：土方开挖和回填量减少；不必拆除地面障碍物；不会影响交通；跨越河流时，不必修建围堰或进行水下作业；消除冬雨期影响；不必设置基础和管座；减少管道沿线的环境污染。

管道不开槽施工方法，按其顶进的方式有人工挖土、机械挖土、水力机械、挤压法。

一、工艺与特点

顶管法的特点是顶管管道既起掘进空间的支护作用，又是构筑物的本身。

二、适用范围

顶管适用土层很广，特别适用于黏性土、粉性土和砂土，也适用于卵石、碎石、风化残积土等非黏性土。对于淤泥、沼泽地及岩石不适用。

三、管材及附属工具

顶管所用管材常用的有钢管和钢筋混凝土管两种。

顶管所用的附属工具是工具管，工具管是顶管的关键机具，一般应具有以下功能：掘进、防坍、出泥和导向等。工具管一般采用钢板焊制。

四、工作坑的布置

(一) 位置的确定

1. 根据管线实际情况确定。

2. 单向顶进时，应选在管道下游端，以利于排水。

3. 考虑地形和土质情况，有无可利用的原土后背等。

4. 安全距离。

5. 便于清运泥土、堆放管材。

6. 距水源、电源较近。

7. 不宜设置于工厂企业、里弄出口处及高压线下方。

（二）工作坑的施工

工作坑的形成，一种方式是采用钢板桩或普通支撑，坑底用混凝土铺设垫层和基础；另一种方法是利用沉井技术，用混凝土封底。前者适用于土质较好、地下水位埋深较大的情况；后者与之相反，混凝土井壁既可以作为顶进后背支撑，又可以防止塌方。

工作坑的支撑应形成封闭式框架，矩形工作坑的四角应加斜撑。

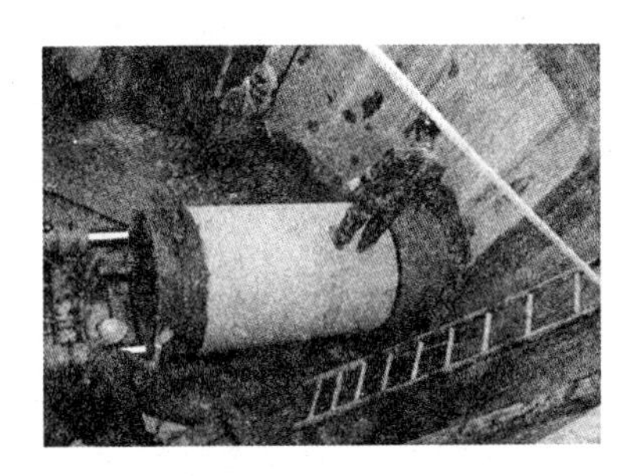

五、顶进系统

1. 导轨　导轨的作用是支托未入土的管段和顶铁，起导向作用。导轨用工字钢或槽钢做成，两导轨安装牢固、顺直、平行、等高，其纵坡与管道设计坡度一致，标高可略高于设计高程。

2. 顶铁　顶铁是由各种型钢拼接制成，有U形、弧形和环形几种。

3. 千斤顶及油泵　千斤顶又称为油缸，是顶管系统的核心，目前大多采用油压千斤顶。千斤顶应左右对称布置，顶力的合力位置应该和顶进抗力的位置在同一轴线上。

4. 后背及后座墙。

5. 吊装设备　吊装设备常用的有轮式起重机、起重桅杆和门式吊车。起重桅杆一般仅适用于管径较小、顶管规模不大的顶管施工；门式吊车吊装方便，操作安全，应用较广；起重设备严禁超负荷吊装。

六、管道顶进

1. 采用手掘式顶管时，将地下水位降至管底以下不小于0.5 m处。

2. 全部设备经过检查并试运转合格后可进行顶进。

3. 工具管开始顶进5～10 m的范围内，允许偏差为：轴线位置3 mm，高程0～+3 mm。当超过允许偏差时，采取措施纠正。

4. 采用手工掘进顶进时，应符合下列规定：

(1) 工具管接触或切入土层后，自上而下分层开挖。

(2) 在允许超挖的稳定土层中正常顶进时，管下部135°范围内不得超挖；管顶以上超挖量不得大于 15 mm。

5. 顶管结束后，管节接口的内侧间隙按设计规定处理，设计无规定时，可采用石棉水泥、弹性密封膏或水泥砂浆密封。顶进时测量工具管的中心和高程规定：采用手工掘进时，工具管进入土层过程中，每顶进 0.3 m，测量不少于 1 次；管道进入土层后正常顶进时，每 1.0 m 测量一次，纠偏时增加测量次数。

6. 纠偏

(1) 采用小角度、顶进中逐渐纠偏。

(2) 纠偏方法有挖土校正法、木杠支撑法、千斤顶校正法等。

挖土校正法：适用于偏差为 10～20 mm 时。

木杠支撑法：适用于偏差大于 20 mm 时。

7. 顶进过程中，出现下列紧急情况时应采取措施进行处理：

(1) 工具管前方遇到障碍。

(2) 后背墙变形严重。

(3) 顶铁发生扭曲现象。

(4) 管位偏差过大且校正无效。

(5) 顶力超过管端的允许顶力。

(6) 油泵、油路发生异常现象。

(7) 接缝中漏泥浆。

七、长距离顶管技术关键措施

(一) 中继间法

长距离顶管中用于分段顶进而设在管段中间的封闭的环形小室。一般用钢材制作，沿管环设置千斤顶。

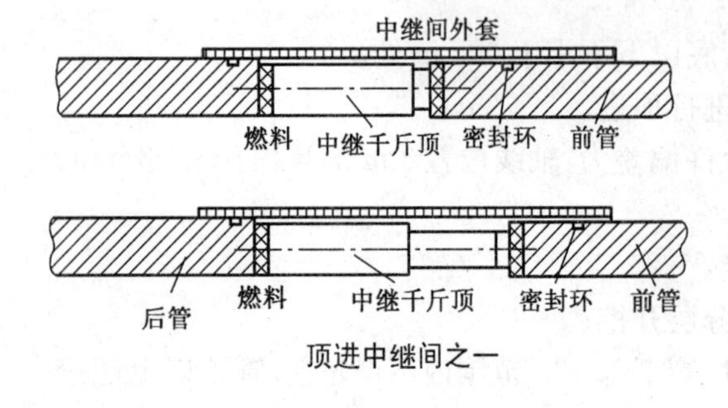

顶进中继间之一

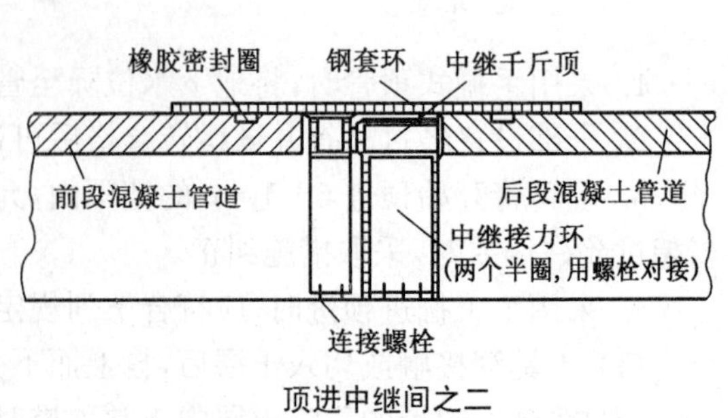

顶进中继间之二

（二）泥浆套法

膨润土分散在水中，其片状颗粒表面带负电荷，端头带正电荷。如膨润土的含量足够多，则颗粒之间的电键使分散系形成一种机械结构，膨润土水溶液呈固体状态，一经触动（摇晃、搅拌、振动或通过超声波、电流）、颗粒之间的电键即遭到破坏，膨润土水溶液就随之变为流体状态。如果外界因素停止作用，水溶液又变作固体状态，该特性称作触变性，这种水溶液称为触变泥浆。

1. 触变泥浆的主要成分是膨润土，使用前应测定泥浆的密度、黏度、失水量、稳定性和 pH。

2. 触变泥浆的配合比确定。

3. 顶管采用触变泥浆套法，一般在下管之前，应预先在管壁上留出注浆孔，储备足够的泥浆。管前可加一超前环，以形成 10～20 mm 的超挖量为触变泥浆层。

4. 顶进施工完成以后，可根据需要将水泥砂浆或粉煤灰水泥砂浆压入管外壁与土层之间，将触变泥浆置换出来，以起到减少地面沉降的作用。

5.1.3 柔性管道施工工艺

柔性管道指埋地排水用硬聚氯乙烯（PVGU）、高密度聚乙烯（HDPE）和 CE 包括双壁波纹管、加筋管、中空壁螺旋缠绕管和平壁管。

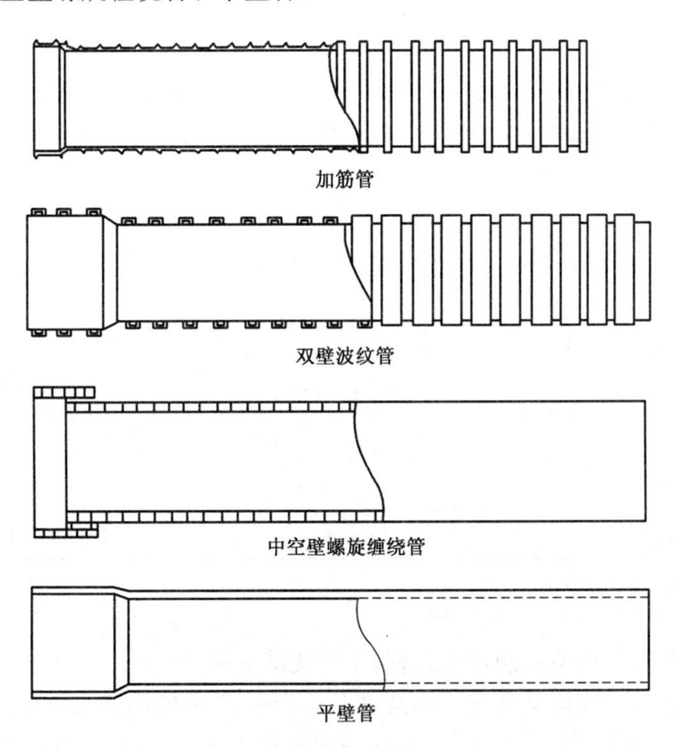

塑料管材形式图

平壁管为内外壁光滑的均质管壁管材；结构壁管管壁是带肋、带夹层或带中空等异型管壁结构的管材的统称；双壁波纹管管壁截面为双层结构，其内壁光滑平整、外壁为等距排列的具有梯形或弧形中空结构的管材。

一、管材的外观质量及尺寸要求

1. 管材外观结构特征明显，颜色一致，内壁光滑，平整无毛刺。管身不得有裂缝、凹陷及可见的缺损，管口不得有损坏、裂口、变形等缺陷。

2. 管材的端面应平整且与管中心轴线垂直，管材长度方向不得有明显的弯曲现象。

3. 管材插口外径、承口内径的尺寸应符合相关产品标准的要求。应光滑无毛刺，圆度应符合有关产品标准。

4. 管材内壁应有统一的标识(生产企业、产品名称、公称直径、环刚度及生产日期等)。

二、弹性密封橡胶圈及黏结剂

1. 管道承插接口的弹性密封橡胶圈，应由管材生产厂配套供应。

2. 弹性密封橡胶圈的外观应光滑平整，不得有气孔、裂缝、卷褶、破损重皮等缺陷。

3. 管道接口用的弹性密封橡胶圈应采用氯丁橡胶或合成橡胶，其性能应符合下列要求：

(1) 邵氏硬度：50±5。

(2) 伸长率：≥500%。

(3) 拉断强度：≥16 MPa。

(4) 永久变形：<20%。

(5) 老化系数：≥0.8(70℃，144 h)。

4. 管道接口的胶粘剂应由管材生产厂配套供应，必须是适用于该管材的溶剂型胶粘剂。

5. 胶粘剂的质量及粘结强度应符合现行行业标准的规定。

三、沟槽

1. 沟槽断面形式应根据施工现场环境、槽深、地下水位高低、土质情况、施工设备及季节影响等因素选定。

2. 槽底净宽应根据管径、管道敷设方法、管两侧回填材料夯实及沟槽的排水要求确定。

槽底最小宽度

管径 DN(mm)	槽底最小宽度 B(mm)	说明
$110 < DN \leqslant 250$	$De + 400$	用于街坊内及道路连管敷设
$300 \leqslant DN \leqslant 1\,000$	$De + 600$	用于道路下排水管道敷设

注：1. 有支撑沟槽的支撑板厚度未计入。
2. 当槽深大于 3 m 时，沟槽宽度可增加 200 mm。

3. 开挖沟槽时，应严格控制基底高程，不得扰动基面。

4. 机械开挖中，应保留基底设计标高以上 0.2～0.3 m 的原状土，待铺管前用人工开挖至设计标高。如果局部超挖或发生扰动，应换填粒径 10～15 mm 天然级配的砂石料或 5～40 mm 的碎石，整平夯实。

四、基础

1. 管道基础应采用垫层基础。对于一般的土质地段，垫层可为一层砂垫层(中粗砂)，其厚度为 100 mm；对处在地下水位以下的软土地基，垫层可采用 150 mm 厚、颗粒尺寸为 5～40 mm的碎石或砾石砂，上面再铺 50 mm 厚砂垫层（中、粗砂）。

2. 管道基础形式及管基有效支承角应依据地质条件、地下水位、管径及埋深等条件，可参照下表选用。

砂石基础的设计支承角 2α

基础形式	设计支承角 2α	基础设置要求	说明
A	90°	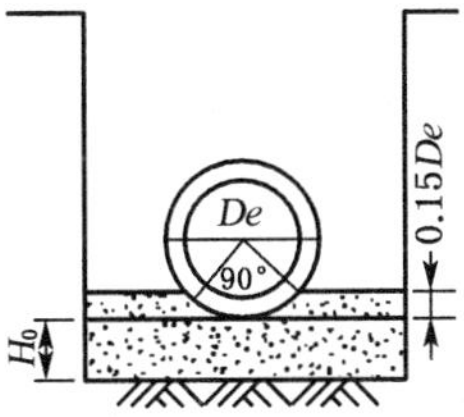 De；90°；0.15De；H_0	H_0 按 1 条的规定
B	120°	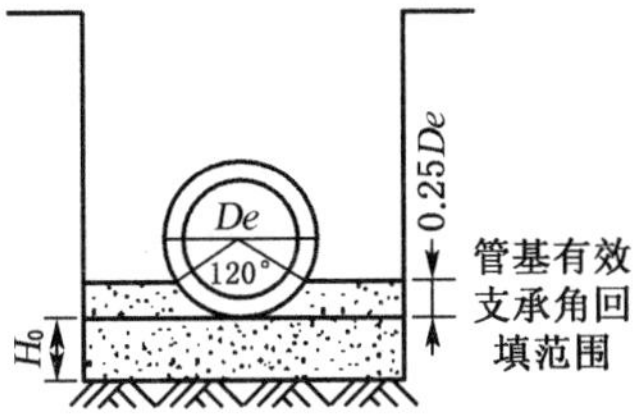 De；120°；0.25De；管基有效支承角回填范围；H_0	
C	180°	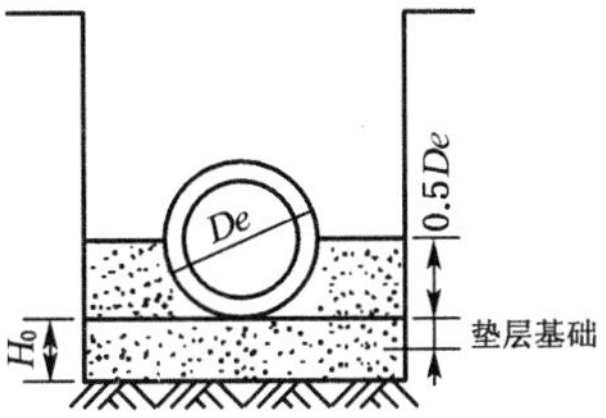 De；0.5De；垫层基础；H_0	H_0 按 1 条的规定

3. 管道基础应夯实平整，其密实度不得低于 90%。

4. 管道基础在接口部位的凹槽，宜在铺设管道时随挖随铺，接口完成后，凹槽应随即用中粗砂回填密实。

五、管道安装

1. 下管前，应按产品标准逐节进行外观质量检验，不符合标准要求的，应做好记号，另作处理。

2. 下管可用人工或起重机进行。采用人工下管时，可由地面人员将管材传递给沟槽施工人员；对放坡开挖的沟槽，也可用非金属绳索系住管身两端，保持管身平衡均匀地溜放至沟槽内，严禁将管材由槽顶滚入槽内；采用起重机下管时，应用非金属绳索扣系住，不得串心吊装。

3. 安装时，承插口管应将插口顺水流方向，承口逆水流方向，安装宜由下游往上游进行。

4. 塑料管材的接口，应采用弹性密封橡胶圈连接的承插式或套筒式柔性接口。

5. 橡胶圈接口应符合以下规定：

(1) 接口前，应先检查橡胶圈是否配套完好，确认橡胶圈安放位置及插口应插入承口的深度。

(2) 接口时，先将承口内壁清理干净，并在承口内壁及插口橡胶圈上涂上润滑剂(首选硅油)，然后将承插口端面的中心轴线对齐。

(3) 接口方法应按下述程序进行：$DN \leqslant 400$ mm 的管道，先由一人用棉纱绳吊住被安装管道的插口，另一人用长撬棒斜插入基础，并抵住该管端部中心位置的横挡板，然后用力将该管缓缓插入待安装管道的承口至预定位置；$DN > 400$ mm 的管道可用 2 台手扳葫芦将管节拉动就位。接口合龙时，管节两侧的手扳葫芦应同步拉动，使橡胶密封圈正确就位，不扭曲，不脱落。

6. 粘接接口应符合以下规定：

(1) 检查管材质量，必须将插口外侧和承口内侧表面擦拭干净，使被粘接面保持清洁，不得有尘土水迹。表面沾有油污时，必须用棉纱蘸丙酮等清洁剂擦净。

(2) 粘接前必须对两管的承口与插口粘接的紧密程度进行验证，使插入深度及松紧度配合情况符合要求，并在插口端表面画出插入承口深度的标线。

(3) 在承插接头表面用毛刷涂上符合管材性能要求的专用粘结剂，先涂承口内面，后涂插口外面，沿轴向由里向外涂抹均匀，不得漏涂或涂抹过量。

(4) 涂抹胶粘剂后，应立即校正对准轴线，将插口插入承口，用力推挤至所画标线，插入后将管旋转 1/4 圈，在 60 s 内保持施加外力不变，并保持接口的正确位置。

(5) 插接完毕应及时将挤出接口的胶粘剂擦拭干净，静止固化。固化时间应符合胶粘剂生产厂的规定。

7. 管道接口后，应复核管道的高程和轴线使其符合要求。

8. 雨期施工应采取防止管材漂浮措施。管道安装结束后，可先回填至自管顶起 1 倍管径以上高度。

六、管道与检查井的衔接

1. 塑料管道的检查井可采用砖砌或混凝土直接浇制。

2. 管道与检查井的衔接，宜采用柔性接头。

3. 当管道与检查井采用砖砌或混凝土直接浇制衔接时，可采用中介层做法。

4. 管道位于软土地基或低洼、沼泽、地下水位高的地段时，与检查井宜采用短管连接。

七、回填

1. 回填前检查管道。

2. 管内径大于 800 mm 的柔性管道，回填施工时在管内设竖向支撑。

3. 管道回填时间宜在一昼夜中气温最低时段。

4. 管道回填时防止上浮、位移。

5. 管道隐蔽竣工验收合格后应立即回填至管顶以上 1 倍管径的高度。

6. 沟槽回填从管底基础部位开始到管顶以上 0.5 m 范围内，必须用人工回填、严禁用机械推土回填。

7. 管顶 0.5 m 以上部位的回填，可采用机械从管道轴线两侧同时回填、夯实或碾压。

8. 回填前应排除沟槽积水。不得回填淤泥、有机物及冻土。回填土中不应含有石块、砖及其他杂硬带有棱角的大块物体。

9. 回填时应分层对称回填、夯实以确保管道及检查井不产生位移。

10. 回填土的含水量，应按回填材料和采用的压实工具控制在最佳含水量附近。

11. 回填土的面层虚铺厚度，应按采用的压实工具和要求的密实度确定。

回填土每层虚铺厚度(mm)

压实工具	虚铺厚度	压实工具	虚铺厚度
木夯、铁夯	≤200	压路机	200～300
蛙式夯、火力夯	200～250	振动压路机	≤400

注：重型机械适用于管顶 1 m 以上及地下水位以上的沟槽回填压实。

12. 设计管基支承角 2α 范围内应用中粗砂回填，不得用沟槽土回填。

13. 对车行道下的管道或位于软土地层以及低洼、沼泽、地下水位高的地区的管道，沟槽回填应先用中粗砂将管底腋角部位填充密实后，再用中粗砂或石屑等材料分层回填至管顶以上 500 mm，再往上可回填良质土。

14. 回填至设计高程时，应在 12～24 h 内测量并记录管道变形率，管道变形率不应超过 3%。当 3% < 变形率 ≤ 5% 时，应采取措施。

(1) 挖出回填材料至露出管径 85%处，管道周围采用人工挖掘。

(2) 挖出管道局部有损伤时，应修复或更换。

(3) 重新夯实管道底部的回填材料。

5.1.4 管道交叉处理方法

(一) 圆形排水管道与上方给水管道交叉且同时施工

混凝土或钢筋混凝土预制圆形管道与其上方钢管或铸铁管交叉且同时施工，若钢管或铸铁管的内径不大于 400 mm 时，宜在混凝土管两侧砌筑砖墩支撑。

(二) 矩形排水管道与上方给水管道交叉

1. 净空不小于 70 mm 时，可在侧墙上砌筑砖墩支撑管道。

2. 净空小于 70 mm 时，可在顶板与管道之间采用低强度等级的水泥砂浆或细石混凝土填实，其支承角不应小于 90°。

(三) 排水管道与下方的给水管道交叉

圆形或矩形管道与下方给水管道或铸铁管道交叉且同时施工时，宜对下方的管道加设套管或管廊。

(四) 排水管道与交叉管道高程一致时的处理原则

1. 满足管道最小净距要求。

2. 软埋电缆线让刚性管道(沟)(软埋让刚性)。

3. 压力流管道让重力流管道(有压让无压)。

4. 小口径管道让大口径管道(小口让大口)。

5. 后敷设管道让已敷设管道(后敷让已敷)。

6. 支管避让干线管道(支管让干管)。

5.2 城市热力管道施工技术

5.2.1 城市热力管道施工要求

一、工程测量

1. 施工单位应根据建设单位或设计单位提供的城市平面控制网点和城市水准网点的位置、编号、精度等级及其坐标和高程资料,确定管网设计线位和高程。

2. 管线工程施工定线测量应符合下列规定:

(1) 应按主干线、支干线、支线的次序进行。

(2) 主干线起点、终点,中间各转角点及其他特征点应在地面上定位。

(3) 支干线、支线,可按主干线的方法定位。

(4) 管线中的固定支架、地上建筑、检查室、补偿器、阀门可在管线定位后,用钢尺丈量方法定位。

3. 供热管线工程竣工后,应全部进行平面位置和高程测量,并应符合当地有关部门的规定。

二、土建工程及地下穿越工程

1. 土方施工中,对开槽范围内各种障碍物的保护措施应符合下列规定:

(1) 应取得所属单位的同意和配合。

(2) 给水、排水、燃气、电缆等地下管线及构筑物必须能正常使用。

(3) 加固后的线杆、树木等必须稳固。

(4) 各相邻建筑物和地上设施在施工中和施工后,不得发生沉降、倾斜、塌陷。

2. 土方开挖时,必须按有关规定设置沟槽边护栏、夜间照明灯及指示红灯等设施,并按需要设置临时道路或桥梁。

3. 回填时应确保构筑物的安全并应检查墙体结构强度、外墙防水抹面层强度、盖板或其他构件安装强度。当能承受施工操作动荷载时,方可进行回填。

4. 穿越工程必须保证四周地下管线和构筑物的正常使用。在穿越施工中和掘进施工后,穿越结构上方土层、各相邻建筑物和地上设施不得发生沉降、倾斜、塌陷。

三、焊接

1. 在实施焊接前,应根据焊接工艺试验结果编写焊接工艺方案,包括以下主要内容:

(1) 母材性能和焊接材料。

(2) 焊接方法。

(3) 坡口形式及制作方法。

(4) 焊接结构形式及外形尺寸。

(5) 焊接接头的组对要求及允许偏差。

(6) 焊接电流的选择。

(7) 检验方法及合格标准。

2. 壁厚不等的管口对接,应符合下列规定:

(1) 外径相等或内径相等,薄件厚度小于或等于 4 mm 且厚度差大于 3 mm,以及薄件厚度大于 4 mm,且厚度差大于薄件厚度的 30%或超过 5 mm 时,应将厚件削薄。

(2) 内径外径均不等,单侧厚度差超过本条(1)款所列数值时,应将管壁厚度大的一端削薄,削薄后的接口处厚度应均匀。

3. 焊件组对时的定位焊应符合以下规定:

(1) 焊接定位焊缝时,应采用与根部焊道相同的焊接材料和焊接工艺。

(2) 在焊接前,应对定位焊缝进行检查,当发现缺陷时应处理后方可焊接。

(3) 在焊接纵向焊缝的端部(包括螺旋管焊缝)时不得进行定位焊。

(4) 焊缝长度及点数按规定进行。

4. 在零度以下的气温中焊接,应符合以下规定:

(1) 清除管道上的冰、霜、雪。

(2) 在工作场地做好防风、防雪措施。

(3) 预热温度可根据焊接工艺制定;焊接时,应保证焊缝自由收缩和防止焊口的加速冷却。

(4) 应在焊口两侧 50 mm 范围内对焊件进行预热;在焊缝未完全冷却之前,不得在焊缝部位进行敲打。

5. 在焊缝附近明显处,应有焊工钢印代号标志。

6. 不合格的焊接部位,应采取措施进行返修,同一部位焊逢的返修次数不得超过 2 次。

四、管道安装及检验

1. 管道安装前,准备工作应符合以下规定:

(1) 根据设计要求的管径、壁厚和材质,应进行钢管的预先选择和检验,矫正管材的平直度,整修管口及加工焊接用的坡口。

(2) 清理管内外表面、除锈和除污。

(3) 根据运输和吊装设备情况及工艺条件,可将钢管及管件焊接成预制管组。

(4) 钢管应使用专用吊具进行吊装,在吊装过程中不得损坏钢管。

2. 管道安装应符合以下规定:

(1) 在管道中心线和支架高程测量复核无误后,方可进行管道安装。

(2) 安装过程中不得碰撞沟壁、沟底、支架等。

(3) 吊、放在架空支架上的钢管应采取必要的固定措施。

(4) 地上敷设管道的管组长度应按空中就位和焊接的需要确定,宜等于或大于 2 倍支架间距。

(5) 每个管组或每根钢管安装时都应按管道的中心线和管道坡度对接管口。

3. 管口对接应符合的规定：对接管口时，应检查管道平直度，在距接口中心 200 mm 处测量，允许偏差为 1 mm，在所对接钢管的全长范围内，最大偏差值不应超过 10 mm。

4. 法兰连接应符合以下规定：

(1) 安装前检查。

(2) 平行要求。

(3) 同轴要求。

(4) 当大口径垫片需要拼接时，应采用斜口拼接或迷宫形式的对接，不得直缝对接。垫片尺寸应与法兰密封面相等。

(5) 严禁采用先加垫片并拧紧法兰螺栓，再焊接法兰焊口的方法进行法兰焊接。

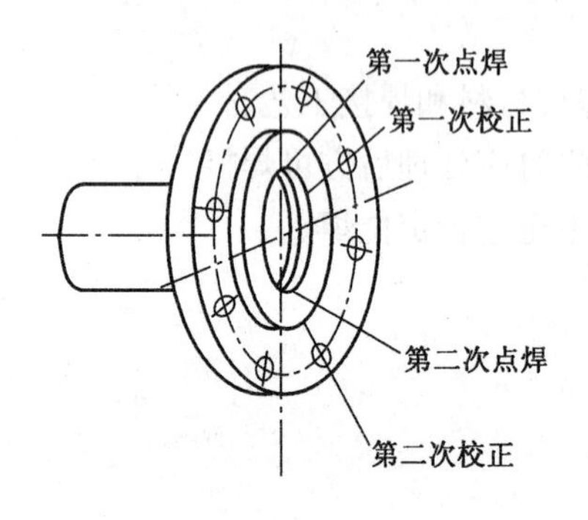

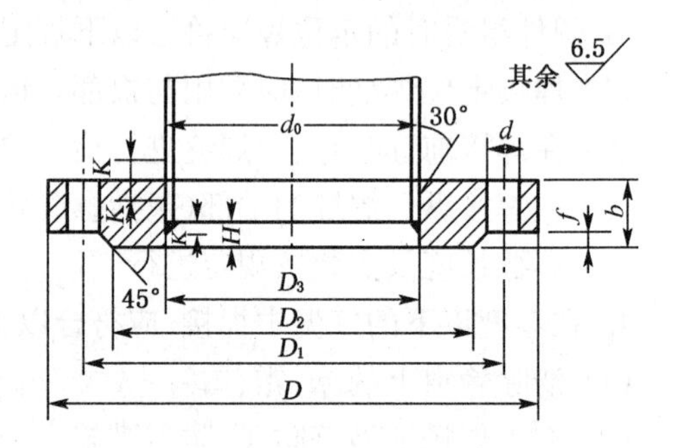

五、阀门安装应符合的规定

1. 按设计要求校对型号，外观检查应无缺陷、开闭灵活。

2. 清除阀口的封闭物及其他杂物。

3. 阀门的开关手轮应放在便于操作的位置，水平安装的闸阀、截止阀的阀杆应处于上半周范围内。

4. 当阀门与管道以法兰或螺纹方式连接时，阀门应在关闭状态下安装；当阀门与管道以焊接方式连接时，阀门不得关闭。

5. 有安装方向的阀门应按要求进行安装，有开关程度指示标志的应准确。

6. 并排安装的阀门应整齐、美观、便于操作。

7. 阀门运输吊装时，应平稳起吊和安放，不得用阀门手轮作为吊装的承重点，不得损坏阀门，已安装就位的阀门应防止重物撞击。

8. 水平管道上的阀门，其阀杆及传动装置应按设计规定安装，动作应灵活。

9. 焊接蝶阀应符合下列要求：

(1) 阀板的轴应安装在水平方向上，轴与水平面的最大夹角不应大于 60°，严禁垂直安装。

(2) 焊接安装时，焊机地线应搭在同侧焊口的钢管上。

(3) 安装在立管上时，焊接前应向已关闭的阀板上方注入深 100 mm 以上的水。

(4) 焊接完成后，进行 2 次或 3 次完全的开启以证明阀门是否能正常工作。

10. 焊接球阀应符合下列要求：

(1) 球阀焊接过程中要进行冷却。

(2) 球阀安装焊接时球阀应打开。

(3) 阀门在焊接完成后应降温后才能投入使用。

六、保温工程

1. 当保温层厚度超过 100 mm 时，应分为两层或多层逐层施工。

2. 保温棉毡、垫的保温厚度和密度应均匀，外形应规整，密度应符合设计要求。

3. 瓦块式保温制品的拼缝宽度不得大于 5 mm。缝隙用石棉灰胶泥填满，并砌严密，瓦块内应抹 3～5 mm 厚的石棉灰胶泥层，且施工时应错缝。当使用 2 层以上的保温制品时，同层应错缝，里外层应压缝，其搭接长度不应小于 50 mm。每块瓦应有 2 道镀锌钢丝或箍带扎紧，不得采用螺旋形捆扎方法。

4. 各种支架及管道设备等部位，在保温时应预留出一定间隙，保温结构不得妨碍支架的滑动和设备的正常运行。

5. 管道端部或有盲板的部位应敷设保温层。

七、试压、清洗、试运行

1. 一级管网及二级管网应进行强度试验和严密性试验。强度试验压力应为 1.5 倍的设计压力，严密性试验压力应为 1.25 倍设计压力，且不得低于 0.6 MPa。

2. 热力站、中继泵站内的管道和设备的试验应符合下列规定：开式设备只作满水试验，以无渗漏为合格。

3. 供热管网的清洗应在试运行前进行。

4. 清洗方法可分为人工清洗、水力冲洗和气体吹洗。

5. 清洗前，应编制清洗方案。方案中应包括清洗方法、技术要求、操作及安全措施等内容。

6. 试运行应在单位竣工验收合格，热源已具备供热条件后进行。

7. 试运行前，应编制试运行方案。在环境温度低于 5℃进行试运行时，应制定可靠的防冻措施。试运行方案应由建设单位、设计单位进行审查同意并进行交底。

8. 试运行应符合下列要求：

(1) 供热管线工程宜与热力站工程联合进行试运行。

(2) 供热管线的试运行应有完善、灵敏、可靠的通讯系统及其他安全保障措施。

(3) 在试运行期间管道法兰、阀门、补偿器及仪表等处的螺栓应进行热拧紧。热拧紧时的运行压力应为 0.3 MPa 以下，温度宜达到设计温度，螺栓应对称、均匀地适度紧固。在热拧紧部位应采取保护操作人员安全的可靠措施。

(4) 试运行期间发现的问题，属于不影响试运行安全的，可待试运行结束后处理。若影响试运行安全，必须当即停止试运行，进行处理。试运行的时间，应从正常试运行状态的时间开始运行 72 h。

(5) 供热工程应在建设单位、设计单位认可的参数下试运行，试运行的时间应为连续运行 72 h。试运行应缓慢地升温，升温速度不应大于 10 ℃/h。在低温试运行期间，应对管道、设备进行全面检查。支架的工作状况应做重点检查。在低温试运行正常以后，可再缓慢升温到试运行参数下运行。

(6) 试运行期间，管道、设备的工作状态应正常，并应做好检验和考核的各项工作及试运行资料等记录。

八、竣工验收

1. 工程质量验收分为“合格”和“不合格”。不合格的不予验收，直到返修、返工合格。

2. 工程质量验收按分项、分部、单位工程划分。

3. 验收评定应符合的要求。分项工程符合下列两项要求者，为“合格”：

(1) 主控项目(在项目栏列有△者)的合格率应达到 100%。

(2) 一般项目的合格率不应低于 80%，且不符合规范要求的点，其最大偏差应在允许偏差的 1.5 倍之内。

凡达不到合格标准的分项工程，必须返修或返工，直到合格。

5.2.2 城市热力管道的分类和主要附件

一、热力管网的分类

(一) 按热媒种类

1. 蒸汽热网可分为：高压、中压、低压蒸汽热网。

2. 热水热网包括：

(1) 高温热水热网：$t \geqslant 100℃$。

(2) 低温热水热网：$t \leqslant 95℃$。

(二) 按所处地位

1. 一级管网：从热源至热力站的供回水管网。

2. 二级管网：从热力站到用户的供回水管网。

(三) 按敷设方式

1. 地沟敷设可分为：通行地沟、半通行地沟、不通行地沟。

2. 架空敷设可分为：高支架、中支架、低支架。

3. 直埋敷设：管道直接埋设在地下，无管沟。

(四) 按系统形式

1. 闭式系统：一次热网与二次热网采用换热器连接，一次热网热媒损失很小，但中间设备多，实际使用较广泛。

2. 开式系统：直接消耗一次热媒，中间设备极少，但一次热媒补充量大。

(五) 按供回分类

1. 供水管(汽网时：供汽管)：从热源至热用户(或热力站)的管道。

2. 回水管(汽网时：凝水管)：从热用户(或热力站)回至热源的管道。

二、热力管网的主要附件

(一) 补偿器

热力网中常用补偿形式有自然补偿、波纹管、球形、套筒、方形补偿器。

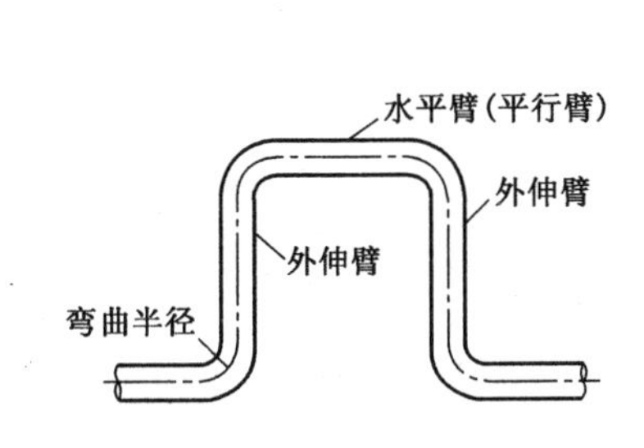

方形补偿器

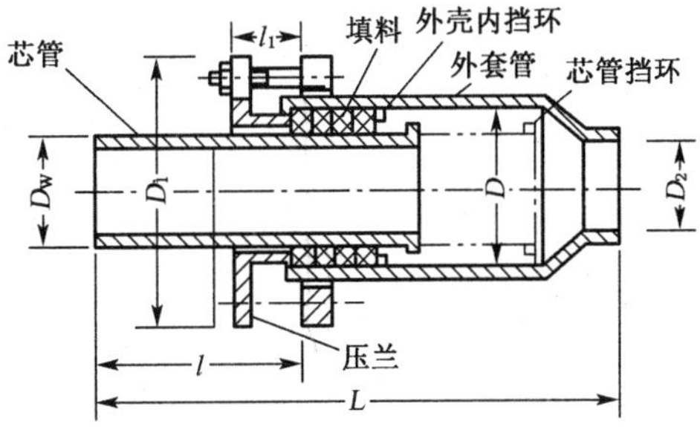

单向套筒式补偿器

（二）支吊架

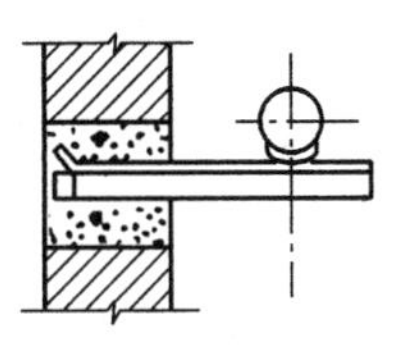

埋入墙内

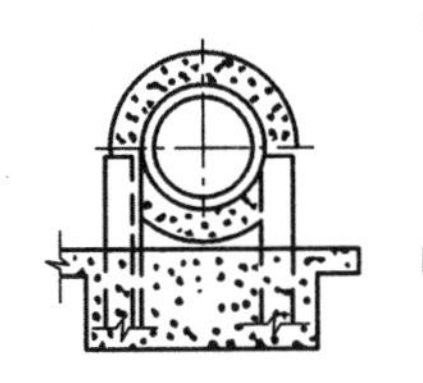

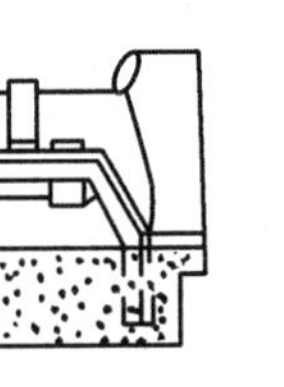

在基础上

吊在梁上

固定支架

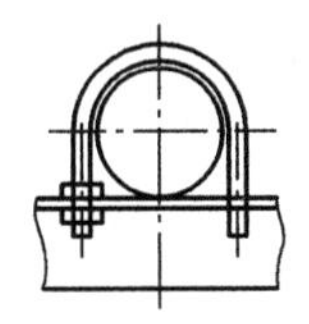

（a）滑动管卡

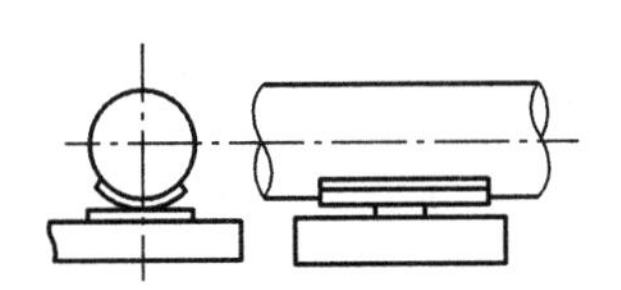

（b）弧形板滑动支架

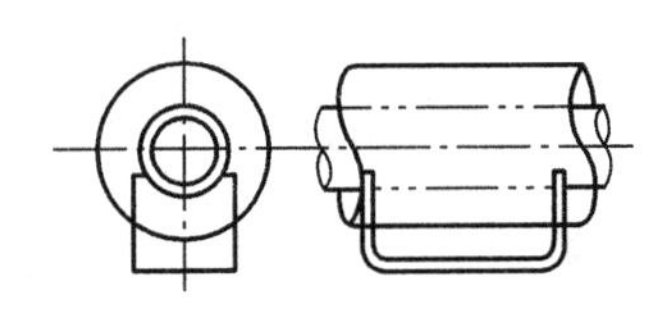

（c）高滑动支架

滑动支架

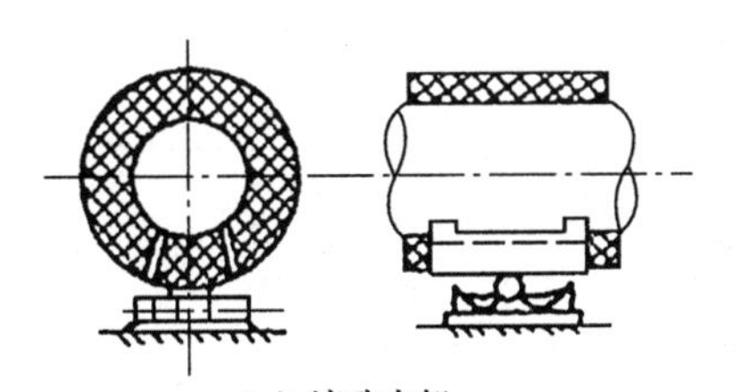

（a）滚珠支架

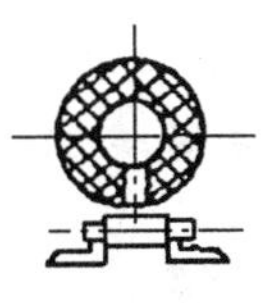

（b）滚柱支架

滚动支架

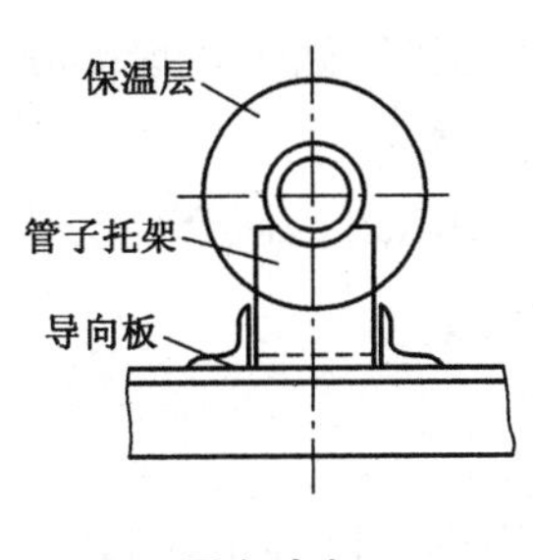

导向支架

刚性吊架

(三) 阀门

1. 热力网管道的干线、支干线、支线的起点应安装关断阀门。

2. 当供热系统采用自调节时,宜在供水或回水总管上装设自动流量调节阀。当供热系统采用变流量调节时,宜装设自力式差压调节阀。

3. 当热水供应系统换热器热水出口上装有阀门时,应在每台换热器上设安全阀;当每台换热器出口管不设阀门时,应在生活热水总管阀门前设安全阀。

4. 工作压力大于或等于1.6 MPa,且公称直径大于或等于500 mm的管道上的闸阀,应安装旁通阀。

5. 公称直径大于或等于500 mm的阀门,宜采用电驱动装置。

6. 蒸汽管道的低点和垂直升高的管段前应设启动疏水和经常性疏水装置。

7. 热水和凝结水管道的高点应安装放气装置;热水和凝结水管道的低点应安装放水装置。

8. 温度对阀门等管件材质的要求。

环境温度对阀门附件的材质的要求(按室外采暖计算温度 t 计)

t(℃)	管道的阀门及附件的工作条件	要求材料
<−5	露天敷设的不连续运行的凝结水管道放阀	不得用灰铸铁制品
<−10	露天敷设热水管道设备附件	不得用灰铸铁制品
<−30	露天敷设热水管道上的阀门,附件	应采用钢制阀门及附件
—	城市热力网蒸汽管道,在任何条件下	应采用钢制阀门及附件

5.3 城市燃气管道施工

5.3.1 城市燃气管道安装要求

一、燃气管道材料选用

高压和中压A燃气管道,应采用钢管;中压B和低压燃气管道,宜采用钢管或机械接口铸铁管。中、低压管道采用聚乙烯管材。

二、室内燃气管道安装

(一) 管道安装要求

1. 燃气管道采用螺纹连接时,煤气管可选用厚白漆或聚四氟乙烯薄膜为填料;天然气或液化石油气管选用石油密封脂或聚四氟乙烯薄膜为填料。

2. 燃气管道敷设高度(从地面到管道底部或管道保温层部)应符合下列要求:

(1) 在有人行走的地方,敷设高度不应小于2.2 m。

(2) 在有车通行的地方,敷设高度不应小于4.5 m。

(二) 燃气设备的安装要求

燃具与燃气管道宜采用硬管连接,镀锌活接头内用密封圈加工业脂密封。采用软管连接时，家用燃气灶和实验室用的燃烧器，其连接软管长度不应超过 2 m，并不应有接口。工业生产用的需移动的燃气燃烧设备，其连接软管的长度不应超过 30 m，接口不应超过 2 个。燃气用软管应采用耐油橡胶管，两端加装轧头及专用接头，软管不得穿墙、窗和门。燃气管道应涂以黄色的防腐识别漆。

三、室外燃气管道安装

（一）管道安装基本要求

1. 地下燃气管道不得从建筑物和大型构筑物的下面穿越。

2. 地下燃气管道埋设的最小覆土厚度（路面至管顶）应符合下列要求：埋设在车行道下时，不得小于 0.9 m；埋设在非车行道下时，不得小于 0.6 m；埋设在庭院时，不得小于 0.3 m；埋设在水田下时，不得小于 0.8 m。

3. 地下燃气管道不得在堆积易燃、易爆材料和具有腐蚀性液体的场地下面穿越，并不宜与其他管道或电缆同沟敷设。

4. 地下燃气管道穿过排水管、热力管沟、联合地沟、隧道及其他各种用途沟槽时，应将燃气管道敷设于套管内。

5. 燃气管道穿越铁路、高速公路、电车轨道和城镇主要干道时应符合下列要求：

（1）穿越铁路和高速公路的燃气管道，其外应加套管，并提高绝缘防腐等级。

（2）穿越铁路的燃气管道的套管，应符合下列要求：

① 套管埋设的深度：铁路轨道至套管顶不应小于 1.20 m，并应符合铁路管理部门的要求。

② 套管宜采用钢管或钢筋混凝土管。

③ 套管内径应比燃气管道外径大 100 mm 以上。

④ 套管两端与燃气管的间隙应采用柔性的防腐、防水材料密封，其一端应装设检漏管。

⑤ 套管端部距路堤坡角外距离不应小于 2.0 m。

（3）燃气管道穿越电车轨道和城镇主要干道时宜敷设在套管或地沟内；穿越高速公路、电车和城镇主要干道的燃气管道的套管或地沟，应符合下列要求：

① 套管内径应比燃气管道外径大 100 mm 以上，套管或地沟两端应密封，在重要地段的套管或地沟端部宜安装检漏管。

② 套管端部距电车道边轨不应小于 2.0 m；距道路边缘不应小于 1.0 m。

③ 燃气管道宜垂直穿越铁路、高速公路、电车轨道和城镇主要干道。

6. 燃气管道通过河流时，可采用穿越河底或采用管桥跨越的形式。当条件许可也可利用道路桥梁跨越河流，并应符合下列要求：

（1）利用道路桥梁跨越河流的燃气管道，其管道的输送压力不应大于 0.4 MPa。

（2）当燃气管道随桥梁敷设或采用管桥跨越河流时，必须采取安全防护措施。

（3）燃气管道随桥梁敷设，宜采取以下安全防护措施：

① 敷设于桥梁上的燃气管道应采用加厚的无缝钢管或焊接钢管，尽量减少焊缝，对焊缝进行 100%无损探伤。

② 跨越通航河流的燃气管道管底标高，应符合通航净空的要求，管架外侧应设置护桩。

③ 在确定管道位置时，应与随桥敷设的其他可燃的管道保持一定间距。

④ 管道应设置必要的补偿和减震措施。

⑤ 过河架空的燃气管道向下弯曲时，向下弯曲部分与水平管夹角宜采用45°形式。

⑥ 对管道应做较高等级的防腐保护。

7. 燃气管道穿越河底时，应符合下列要求：

(1) 燃气管道宜采用钢管。

(2) 燃气管道至规划河底的覆土厚度，应根据水流冲刷条件确定，对不通航河流不应小于0.5 m，对通航的河流不应小于1.0 m。

(二) 管道埋设的基本要求

1. 沟槽开挖与回填。

2. 警示带敷设

(1) 埋设燃气管道的沿线应连续敷设警示带。警示带敷设前应将敷设面压实，并平整地敷设在管道的正上方，距管顶的距离宜为0.3～0.5 m，但不得敷设于路基和路面。

(2) 警示带为黄色聚乙烯材料。

四、燃气管道的试验方法

管道安装完毕后应依次进行管道吹扫、强度试验和严密性试验。

(一) 管道吹扫

1. 管道吹扫应按下列要求选择气体吹扫或清管球清扫：

(1) 球墨铸铁管道、聚乙烯管道、钢骨架聚乙烯复合管道和公称直径小于100 mm或长度小于100 m的钢质管道，可采用气体吹扫。

(2) 公称直径大于或等于100 mm的钢质管道，宜采用清管球进行清扫。

2. 管道吹扫应符合下列要求：

(1) 吹扫范围内的管道安装工程除补口、涂漆外，已按设计图纸全部完成。

(2) 管道安装检验合格后，应由施工单位负责组织吹扫工作，并在吹扫前编制吹扫方案。

(3) 按主管、支管、庭院管的顺序进行吹扫，吹扫出的脏物不得进入已合格的管道。

(4) 吹扫管段内的调压器、阀门、孔板、过滤网、燃气表等设备不得参与吹扫，待吹扫合格后再安装复位。

(5) 吹扫口应设在开阔地段并加固，吹扫时应设安全区域，吹扫出口前严禁站人。

(6) 吹扫压力不得大于管道的设计压力，且不应大于0.3 MPa。

(7) 吹扫介质宜采用压缩空气，严禁采用氧气和可燃性气体。

(8) 吹扫合格设备复位后，不得再进行影响管内清洁的其他作业。

3. 气体吹扫应符合下列要求：

(1) 吹扫气体流速不宜小于20 m/s。

(2) 吹扫口与地面的夹角应在30°～45°之间，吹扫口管段与被吹扫管段必须采取平缓过渡对焊。

吹扫口直径(mm)

末端管道公称直径 DN	$DN < 150$	$150 \leqslant DN \leqslant 300$	$DN \leqslant 350$
吹扫口公称直径	与管道同径	150	250

(3)每次吹扫管道的长度不宜超过 500 m，当管道长度超过 500 m 时宜分段吹扫。

(4)当管道长度在 200 m 以上，且无其他管段或储气容器可利用时，应在适当部位安装吹扫阀，采取分段储气，轮换吹扫；当管道长度不足 200 m，可采用管道自身储气放散的方式吹扫，打压点与放散点应分别设在管道的两端。

(5) 当目测排气无烟尘时，应在排气口设置白布或涂白漆木靶板检验，5 min 内靶上无铁锈、尘土等其他杂物为合格。

4. 清管球清扫应符合下列要求：

(1) 管道直径必须是同一规格，不同管径的管道应断开分别进行清扫。

(2) 对影响清管球通过的管件、设施，在清管前应采取必要措施。

(3) 清管球清扫完成后，应按上述 3 中(5)进行检验，如不合格可采用气体再清扫至合格。

(二) 强度试验

一般情况下试验压力为设计输气压力的 1.5 倍，但钢管不得低于 0.4 MPa，聚乙烯管(SDR11)不得低于 0.4 MPa，聚乙烯管(SDR17.6)不得低于 0.2 MPa。当压力达到规定值后，应稳压 1 h，然后用肥皂水对管道接口进行检查，全部接口均无漏气现象认为合格。若有漏气处，可放气后进行修理，修理后再次试验，直至合格。

(三) 严密性试验

严密性试验应在强度试验合格、管线全线回填后进行。严密性试验压力根据管道设计输气压力而定。当设计输气压力 $p<5$ kPa 时，试验压力为 20 kPa；当 $p\geqslant5$ kPa 时，试验压力应为设计压力的 1.15 倍，但不得低于 0.1 MPa。燃气管道的严密性试验持续时间一般不少于 24 h，实际压力降不超过允许值为合格。

注：为方便对比记忆，将热力管道、燃气管道功能性试验对比如下：

		热力管道功能性试验	燃气管道功能性试验
试验用介质		洁净水	压缩空气
试验内容	强度试验	试验压力为设计压力的 1.5 倍，稳压 10 min，无压力降后降至设计压力，稳压 30 min 无渗漏、无异常声响、无压降为合格	试验压力为设计压力的 1.5 倍，钢管不得低于 0.4 MPa。稳压 1 h，用肥皂水对接口检查，全部接口均无漏气现象认为合格
	严(气)密性试验	试验压力为设计压力的 1.25 倍且不小于 0.6 MPa	气密性试验压力：设计输气压力 $p\leqslant5$ kPa 时，试验压力为 20 kPa；当 $p>5$ kPa 时，试验压力应为设计压力的1.15 倍，但不得低于 0.1 MPa。燃气管道的气密性试验持续时间一般不少于24 h
试运行时间		72 h	
通球扫线(气体吹扫)		无	通球不少于 2 次，每次长度不超 3 km，通球按介质方向流动；吹扫按主管、支管、庭院管的顺序进行吹扫

5.3.2 城市燃气管道的分类和主要附件

一、燃气管道的种类

(一)燃气分类

主要有人工煤气(简称煤气)、天然气和液化石油气。

(二)燃气管道分类

1. 根据用途分类

(1) 长距离输气管道。

(2) 城市燃气管道。

(3) 工业企业燃气管道。

2. 根据敷设方式分类

(1) 地下燃气管道　一般在城市中常采用地下敷设。

(2) 架空燃气管道　在管道通过障碍时,或在工厂区为了管理维修方便,采用架空敷设。

3. 根据输气压力分类

我国城市燃气管道根据输气压力一般分为:

(1) 低压燃气管道　$p < 0.01$ MPa。

(2) 中压B燃气管道　0.01 MPa $\leqslant p \leqslant$ 0.2 MPa。

(3) 中压A燃气管道　0.2 MPa $< p \leqslant$ 0.4 MPa。

(4) 次高压B燃气管道　0.4 MPa $< p \leqslant$ 0.8 MPa。

(5) 次高压A燃气管道　0.8 MPa $< p \leqslant$ 1.6 MPa。

(6) 高压B燃气管道　1.6 MPa $< p \leqslant$ 2.5 MPa。

(7) 高压A燃气管道　2.5 MPa $< p \leqslant$ 4.0 MPa。

根据《城镇燃气设计规范》(GB50028—2006),城镇燃气管道的设计压力(p)分为7级,并应符合下表的要求。

城镇燃气管道设计压力(表压)分级

名　称		压力(MPa)
高压燃气管道	A	$2.5 < p \leqslant 4.0$
	B	$1.6 < p \leqslant 2.5$
次高压燃气管道	A	$0.8 < p \leqslant 1.6$
	B	$0.4 < p \leqslant 0.8$
中压燃气管道	A	$0.2 < p \leqslant 0.4$
	B	$0.01 \leqslant p \leqslant 0.2$
低压燃气管道		$p < 0.01$

中压B和中压A管道必须通过区域调压站、用户专用调压站才能给城市分配管网中的低压和中压管道供气。

一般由城市高压B燃气管道构成大城市输配管网系统的外环网。高压B燃气管道也是给大城市供气的主动脉。

高压A输气管通常是贯穿省、地区或连接城市的长输管线，它有时构成了大型城市输配管网系统的外环网。

二、燃气管道主要附件

1. 阀门　安装前应做严密性试验，不渗漏为合格，不合格者不得安装。

安装阀门应注意的问题：①方向性；②安装位置。

2. 补偿器　补偿器作为消除管段胀缩应力的设备，常用于架空管道和需要进行蒸汽吹扫的管道上。补偿器常安装在阀门的下侧(按气流方向)，利用其伸缩性能，方便阀门的拆卸和检修。在埋地燃气管道上，多用钢制波形补偿器，其补偿量约10 mm。

3. 排水器　为排除燃气管道中的冷凝水和石油伴生气管道中的轻质油，管道敷设时应有一定坡度，以便在低处设排水器，将汇集的水或油排出。

4. 放散管　是一种专门用来排放管道内部的空气或燃气的装置。

5. 阀门井　考虑到人员的安全，井筒不宜过深。

5.3.3　城市燃气管网调压站附属设施

一、城市燃气管网

1. 城市燃气输配系统的构成。

2. 城市燃气管网系统　城市输配系统的主要部分是燃气管网，根据所采用的管网压力级制不同可分为一级系统、二级系统、三级系统和多级系统。

二、储配站

(一) 高压储配站

(二) 低压储配站

(三) 储配站站址选择要求：防火、防扰民、节地、硬件条件好

三、调压站

调压站在城市燃气管网系统中是用来调节和稳定管网压力的设施，通常由调压器、阀门、过滤器、安全装置、旁通管及测量仪表等组成。

【练一练】

一、单项选择题

1. (　　)是地表水在给水厂处理过程中必不可少的环节。

A. 沉淀和消毒　　　　B. 混凝、过滤和消毒

C. 混凝、沉淀和消毒　　　　D. 消毒

2. 钢筋混凝土水池施工，是否需要编制抗浮措施，正确的答案是(　　)。

A. 无需编制抗浮措施

B. 汛期施工要编制抗浮措施

C. 水池处于地下水位以下，应完善降水措施，防止水池浮起

D. 应妥善编制抗浮措施，防止水池起浮事故

3. 沟槽回填时不正确的施工方法是(　　)。

A. 沟槽回填从管底基础部位开始到管顶以上 0.5 m 范围内，必须人工回填，严禁用机械推土回填

B. 回填前应排除沟槽积水，不得回填淤泥、有机物及冻土

C. 回填土的含水量，应按回填材料和采用的压实工具控制在最佳含水量附近

D. 为减少土方倒运，闭水试验合格段先回填至管顶部位，待另一段开挖时再回填管顶以上部位

4. 以下关于承插式混凝土管道接口安装质量的说法，错误的是(　　)。(2011 年考点)

A. 接口应平直　　B. 环向间隙应均匀

C. 填料密实、饱满　　D. 抹带宽度、厚度合格

5. 热力管道安装质量检验的主控项目之一是(　　)。(2009 年考点)

A. 中心线位移　　B. 立管垂直度　　C. 对口间隙　　D. 保温层厚度

6. 热力网中加工简单、安装方便、安全可靠、价廉、占空间大、局部阻力大的是(　　)补偿器。(2009 年考点)

A. 波纹管　　B. 方形　　C. 套筒　　D. 球形

7. 热力管道球阀焊接要求中，符合规范要求的是(　　)。(2010 年考点)

A. 焊接过程中要进行冷却　　B. 安装焊接时，球阀应关闭

C. 焊接完立即投入使用　　D. 用阀门手轮作为吊装承重点

8. 以下关于零度气温以下热力管道焊接的说法，错误的是(　　)。(2011 年考点)

A. 应清除管道上的冰、霜、雪

B. 焊接时应保证焊缝自由收缩

C. 应在焊缝完全冷却之前敲打掉焊缝表面焊渣

D. 应防止焊口的加速冷却

9. 排水管道施工中，遇到排水管是新建方沟结构，而另一根排水管或热力方沟在其上，且高程有冲突，上面的排水管或热力方沟已建，排水方沟应(　　)进行交叉处理。

A. 压扁，但不减小过水断面

B. 压扁，尽量保证最小过水面积

C. 改用可施工通过的排管连接，可不考虑过水断面是否变小

D. 将上面的排水管或热力方沟改建，保排水沟原设计尺寸

10. 埋地排水用硬聚氯乙烯双壁波纹管道施工中在管道敷设时，承插口管的安装在一般情况下插口方向与流水方向一致应(　　)依次安装。

A. 由低点向高点　　B. 可从任意点

C. 由中间分别向低点或高点　　D. 由高点向低点

11. 给水管道穿过铁路采用套管形式时，(　　)。

A. 对地基没有具体要求　　B. 对地基应进行加固

C. 应选用原状土地层作套管地基　　D. 选用原状土层作地基但管道埋深应加大

12. 城市的污水和雨水(　　)排放,这种排水制度为完全分流制。

A. 全在同一排水管渠系统中输送

B. 全在各自专用的管渠系统中

C. 既有同一排水管渠系统输送,又有各自专用的

13. 在进行燃气管道气密性试验时,当设计压力为 8 kPa,则试验压力为(　　)。

A. 20 kPa　　B. 9.2 kPa　　C. 0.1 MPa　　D. 0.3 MPa

14. 过滤器应安装在(　　)位置。

A. 阀门的入口　　B. 阀门的出口　　C. 调压器的入口　　D. 调压器的出口

15. 强度试验中,一般情况下燃气管道的试验压力为设计输气压力的(　　)倍。

A. 1.0　　B. 1.5　　C. 2.0　　D. 2.5

16. 关于燃气管道气密性试验,下列说法中错误的是(　　)。

A. 气密试验是用空气压力来检验在近似于输气条件下燃气管道的管材和接口的致密性

B. 气密性试验压力根据管道设计输气压力而定

C. 气密性试验前应向管道内充气至试验压力

D. 燃气管道气密性试验持续时间一般不少于 12 h

17. 输气压力为 1.2 MPa 的燃气管道为(　　)燃气管道。

A. 次高压 A　　B. 次高压 B　　C. 高压 A　　D. 高压 B

18. 下列燃气管道,宜采用清管球进行清扫的是(　　)。(2009 年考点)

A. 球墨铸铁管　　B. 长度＜100 m 钢管

C. 公称直径≥100 mm 钢管　　D. 聚乙烯管

19. 中压 A 燃气管道应采用(　　)。(2011 年考点)

A. 钢管　　B. 混凝土管　　C. 聚乙烯管　　D. 机械接口铸铁管

二、多项选择题

1. 污水管道闭水试验应符合的要求有(　　)。(2009 年考点)

A. 在管道填土前进行　　B. 在管道灌满水 24 h 后进行

C. 在抹带完成前进行　　D. 渗水量的测定时间不少于 30 min

E. 试验水位应为下游管道内顶以上 2 m

2. 浇筑混凝土管座时,应遵守的规定有(　　)。(2010 年考点)

A. 槽深超过 2 m 时必须采用串筒或滑槽来倾倒混凝土

B. 管座模板支设高度宜略高于混凝土的浇筑高度

C. 分层浇筑时,在下层混凝土强度达到 5 MPa 时,方可浇筑上层混凝土

D. 变形缝的位置应与柔性接口相一致

E. 按规范要求留置混凝土抗压强度试块

3. 排水管道安装工序有(　　)。(2010 年考点)

A. 下管　　B. 稳管　　C. 接口施工　　D. 质量检查

E. 严密性试验

4. 顶管工具管应具有的功能有(　　)。(2011 年考点)

A. 掘进　　B. 防塌　　C. 防水　　D. 出泥

E. 导向

5.（　　）是地表水作为饮用水源时处理中主要的去除对象。

A. 悬浮物　　B. 细菌　　C. 胶体物质　　D. 锰

E. 氟

6. 以下关于埋设塑料管的沟槽回填技术要求的说法，正确的有（　　）。（2011 年考点）

A. 管内径大于 800 mm，应在管内设竖向支撑

B. 管道半径以下回填时，应采取防止管道上浮、位移的措施

C. 回填宜在一昼夜中气温最高时进行

D. 管基支承角 2α 范围内应用中粗砂回填，不得用沟槽土

E. 管顶以上 0.5 m 范围内，必须用人工回填，严禁用机械推土回填

7. 普通顶管施工中挖土校正法是最常用的纠偏方法，关于此法操作要求以下说法中正确的有（　　）。

A. 管端下陷，用下陷校正的方法

B. 此法操作：在管节偏向一侧少挖土，而在另一侧多超挖些，强制管道在前进时向另一侧偏移

C. 当偏差为 20～30 mm 时适用

D. 当偏差为 10～20 mm 时适用

E. 可采用错口校正方法，当偏差为 20～30 mm 时运用

8. 关于埋地排水用聚乙烯双壁波纹管、埋地排水用聚乙烯中空缠绕结构壁管施工中，土方回填的要求，下列说法中正确的为（　　）。

A. 回填中要防止发生槽内积水造成管道漂浮

B. 回填分层夯实，管两侧及管顶 0.8 m 内，回填土中不得含有坚硬的物体、冻土块

C. 回填时间应在一昼夜中气温最低的时刻，从管两侧同时回填，同时夯实

D. 管道敷设后不宜长时间处于空管状态

E. 管道试压后要在管道内充满水的情况下大面积回填

9. 给水厂送水并网应具备的条件有（　　）。

A. 给水厂所有设备经过单机试车，并全部符合要求

B. 出厂水管与配水管网勾头完毕并验收合格

C. 给水厂运行管理人员组织培训完毕，正式上岗工作

D. 给水厂正式运行条件具备，管理单位供水统筹工作完成

E. 施工单位正式移交工程

10. 燃气管道采用道路桥梁跨越河流时，其部分技术要求有（　　）。

A. 燃气管道输送压力不应大于 0.4 MPa，必须采取安全防护措施

B. 敷设于桥梁上的燃气管道应采用加厚的无缝钢管或焊接钢管

C. 燃气管道输送压力不应大于 2 MPa，有安全措施

D. 燃气管道输送压力不应大于 1 MPa，可不做任何处置

E. 在桥梁上做防腐板

11. 我国城市燃气管道根据输气压力一般分为（　　）等燃气管道。

A. 低压　　B. 超低压　　C. 中压　　D. 次高压

E. 高压

12. 根据城市燃气供应系统中储配站的数量不同,其设置形式可分为(　　)。

A. 集中设置　　B. 对称设置　　C. 排列设置　　D. 四角设置

E. 分散设置

13. 地下燃气管道穿过或穿越(　　)时,燃气管道必须敷设在套管内。

A. 排水管　　B. 各种用途沟槽　　C. 铁路　　D. 高速公路

E. 城镇主要干道

14. 在安装阀门时,应注意(　　)。

A. 介质的流向

B. 明杆闸阀不要安装在地上

C. 减压阀不得安装在水平管道上

D. 铸铁制作的大型阀门起吊,绳子不能拴在手轮或阀杆上

E. 安装螺纹阀门时,要把用作填料的麻丝挤到阀门里

15. 当管道内燃气输送压力不同时,对管道的(　　)也不同。(2009 年考点)

A. 试验方法　　B. 材质要求　　C. 安装质量要求　　D. 检验标准

E. 运行管理要求

16. 燃气管道的阀门有方向性,要求介质单向流通的阀门有(　　)。(2006 年考点)

A. 安全阀　　B. 减压阀　　C. 止回阀　　D. 截止阀

E. 调节阀

17. 下列说法中,符合燃气管道吹扫要求的有(　　)。(2010 年考点)

A. 吹扫介质采用压缩空气

B. 吹扫介质严禁采用氧气

C. 吹扫出口前严禁站人

D. 按主管、支管、庭院管的顺序吹扫

E. 应对完工管段内各类设备都进行吹扫

18. 可采用气体吹扫的燃气管道有(　　)。(2011 年考点)

A. 球墨铸铁管道　　B. 聚乙烯管道

C. 钢骨架聚乙烯复合管道　　D. 长度为 80 m 的钢质管道

E. 公称直径大于 100 mm 的钢质管道

三、案例分析题

1. (2010 年考点)某市政桥梁工程采用钻孔灌注桩基础;上部结构为预应力混凝土连续箱梁,采用钢管支架法施工。支架地基表层为 4.5 m 厚杂填土,地下水位位于地面以下 0.5 m。主墩承台基坑平面尺寸为 10 m×6 m,挖深为 4.5 m,采用 9 m 长型钢做围护,设一道型钢支撑。土方施工阶段,由于场地内堆置土方、施工便道行车及土方外运行驶造成的扬尘对附近居民产生严重影响,引起大量投诉。箱梁混凝土浇筑后,支架出现沉降,最大达 5 cm,造成质量事故。经验算,钢管支架本身的刚度和强度满足要求。

问题:主墩承台基坑降水宜用何种井点,应采取哪种排列形式?

2. (2011 年考点)某排水管道工程采用承插式混凝土管道,管座为 180°;地基为湿陷性黄土,工程沿线范围内有一排高压输电线路。项目部的施工组织设计确定采用机械从上游

向下游开挖沟槽，用起重机下管、安管，安管时管道承口背向施工方向。开挖正值雨季，为加快施工进度，机械开挖至槽底高程。由于控制不当，局部超挖达 200 mm，施工单位自行进行了槽底处理。管座施工采用分层浇筑。施工时，对第一次施工的平基表面压光、抹面，达到强度后进行二次浇筑。项目部考虑工期紧，对已完成的主干管道边回填边做闭水试验，闭水试验在灌满水后 12 h 进行；对暂时不接支线的管道预留孔未进行处理。

问题：

(1) 改正下管、安管方案中不符合规范要求的做法。

(2) 在本工程施工环境条件下，挖土机和起重机安全施工应注意什么问题？

(3) 改正项目部沟槽开挖和槽底处理做法的不妥之处。

(4) 指出管座分层浇筑施工做法中的不妥当之处。

(5) 改正项目部闭水试验做法中的错误之处。

【答案】

一、1. B 解题思路：地表水的处理流程是：混凝→沉淀→过滤→消毒。高浊度的地表水在混凝之前可以加预沉池或沉砂池，而低浊度的地表水可以不用沉淀而直接过滤和消毒。所以水处理过程必不可少的环节是混凝、过滤和消毒。 2. D 解题思路：当基坑内水位急剧上升，使构筑物自重小于浮力，即可导致构筑物浮起，故应妥善编制抗浮措施防止水池起浮事故。无论汛期施工还是水池处于地下水位以下都应编制抗浮措施。 3. D 4. D 5. C 6. B 7. A 解题思路：一般来讲，球阀焊接冷却一般采用水或湿布冷却，将球阀控制在较低的温度下。而球阀安装焊接时球阀应打开，主要是为了防止过热变形。 8. C 9. A 解题思路：管道交叉处理中，此题情况较特殊，如何处理必须要结合已建管的管理单位意见和经济核算。“D”可用，但会增大工程投资，且当上面管线正在使用期，根本行不通。“C”可用，但可能将来不好养护，而且必须不减小过水断面面积。因此答案为“A”。 10. A 解题思路：本题是考查应试者是否弄清埋地排水用硬聚氯乙烯双壁波纹管正确的管节安装顺序。由于一般情况下插口方向与流水方向一致，因此由下游(低点)向上游(高点)依次安装。 11. C 解题思路：根据规定：给水管道穿过铁路采用套管形式，套管应坐落在原土地基上。 12. B 解题思路：“A”属于合流制，“C”属于半分流制，只有“B”才是完全分流制。 13. C 解题思路：在进行气密性试验时，当设计压力为 8 kPa 时，它大于 5 kPa，所以其试验压力应为设计压力的 1.15 倍，依据此规定，可计算得出试验压力为 9.2 kPa。但此设计压力又低于 0.1 MPa，因此最终的试验压力为 0.1 MPa。 14. C 解题思路：过滤器的作用是清除燃气中含有的固体悬浮物，保证调压器和安全阀的正常工作。因此，有必要在调压器入口处安设过滤器以清除燃气中的固体悬浮物。 15. B 16. D 解题思路：ABC 均符合规定，而燃气管道气密性试验持续时间一般不少于 24 h。 17. A 解题思路：次高压 A 燃气管道输气压力范围是 $0.8\,\text{MPa} < p \leqslant 1.6\,\text{MPa}$。 18. C 解题思路：球墨铸铁管、聚乙烯管道和公称直径小于 100 mm 或长度小于 100 m 的钢质管道，可采用气体吹扫。 19. A

二、1. ABD 2. ABDE 3. ABCD 4. ABDE 5. AC 解题思路：锰、氟属地下水处理范围。细菌主要粘附于悬浮物和胶体物质上，故主要去除对象为悬浮物和胶体物质。 6. ABD 7. BD 解题思路：排水管线顶进中纠偏是十分重要的操作，但必须分清挖土校正法和木杠支撑法的区别。“A”、“C”、“E”均是木杠支撑法，因此答案为“B”和“D”。 8. ACE 解题思路：此题考查应试者是否弄清新型管材管道回填施工中的特有要求，如管顶0.2 m 内不得有硬物、冻土块，气温在昼夜最低时回填，大面积回填要在管内充满水时，管道敷设后不得长时间处于空管状态。 9. BCDE 解题思路：给水厂送水并网的 5 个条件中无所有设备经过单机试车，并全部符合要求。 10. AB 解题思路：C、D 的燃气管道输送压力不对。对管道作防腐保护而非在桥梁上做防腐板。 11. ACDE 解题思路：根据规定，我国城市燃气管道按输气压力分为低压、中压、次高压、高压燃气管道。 12. ABE 解题思路：一般有三种形式。当城市燃气供应系统中只设一个储配站时，该储配站应设在气源厂附近，称为集中装置；当设置两个储配站，则一个在气源厂，另一个在管网系统末端，称为对称装置；若有几个储配站，除一个在气源厂，其余分散在适当位置，称为分散设置。 13. ABCD 解题思路：地下燃气管道穿过排水管、热力管沟、联合地沟、隧道及各种用途沟槽时，应将燃气管道敷设于套管内。另外，燃气管道穿越铁路和高速公路时，其外应加套管。而城镇主要干道除了敷设在套管内，还可以敷设在地沟内，因此 E 选项不正确。 14. ABD 解题思路：在安装阀门时，根据阀门材质的特点和阀门的作用等正确地安装。下面分析各个选项。在安装阀门时，应注意介质的流向，A 正确，以防止要求介质单向流通的阀门装反；明杆闸阀不要安装在地上，B 正确，以防腐蚀生锈；减压阀不得安装在水平管道上，C 说法错误，减压阀可以安装在水平管道上，但要求直立，不得倾斜；铸铁制作的大型阀门起吊，绳子不能拴在手轮或阀杆上，D 正确，因为铸铁材质比较脆，容易断裂；安装螺纹阀门时，要把用作填料的麻丝挤到阀门里，E 错误，因为如果把用作填料的麻丝挤到阀门里，有可能破坏螺纹。15. BCDE 16. ABCD 17. ABCD 18. ABCD

三、1. 采用轻型井点，采用双排线状或环形（密闭、封闭、四周、矩形）布置。 2. (1)管道开挖及安装宜自下游开始。管道承口朝施工前进的方向。(2)起重机下管时，起重机架设位置不得影响沟槽边坡的稳定。挖土机械、起重机在高压输电线路附近作业与线路间的安全距离应符合当地电力管理部门的规定。(3)机械挖槽应在设计槽底高程以上保留一定余量（不小于 200 mm），避免超挖，余量由人工清挖。应经监理确认，按设计（规范）要求进行地基处理。(4)不应对第一次施工平基压光、抹面。管座二次浇筑应先将管座平基凿毛、冲净。(5)闭水试验应在管道填土前进行。闭水试验应在管道灌满水后 24 h 后进行。管道暂时不接支线的预留孔应进行封堵。

6 生活垃圾填埋处理工程

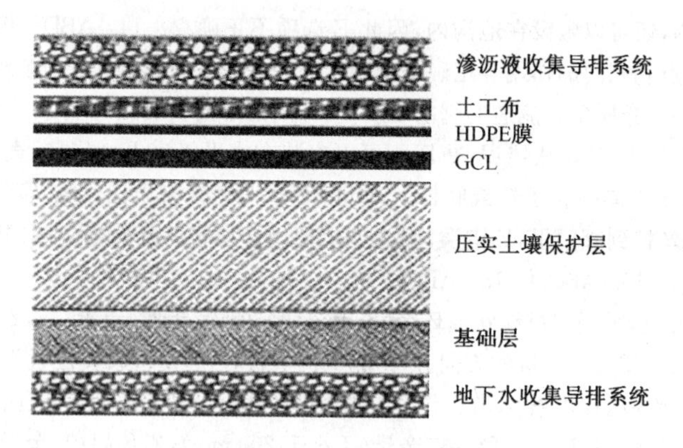

压实土壤单层防渗结构示意图

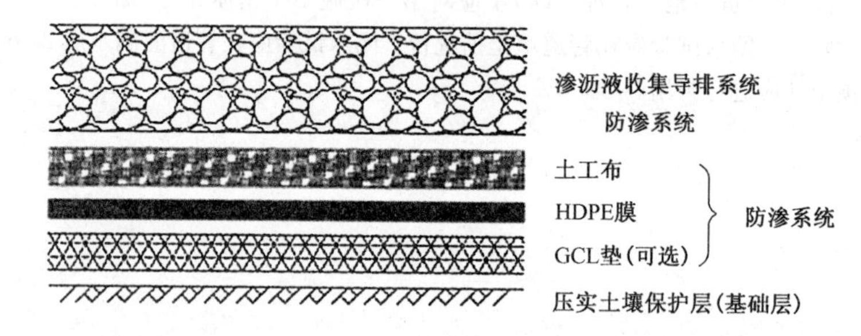

渗沥液防渗系统、收集导排系统断面示意图

6.1 泥质防水层及膨润土垫(GCL)的施工要求

一、泥质防水技术的核心是掺加膨润土的拌合土层的施工技术

理论上,土壤颗粒越细,含水量适当,密实度高,防渗性能越好。膨润土是一种以蒙脱石为主要矿物成分的黏土岩,膨润土含量越高抗渗性能越好。膨润土是一种比较昂贵的矿物,且土壤如果过分加以筛选会增大投资成本,因此实际做法是:选好土源,检测土壤成分,通过做不同掺量的土样,优选最佳配比;做好现场拌和工作,严格控制含水率,保证压实度;分层施工同步检验严格执行验收标准,不符合要求的坚决返工。施工单位应根据上述内容安排施工程序和施工要点。

(一) 施工程序

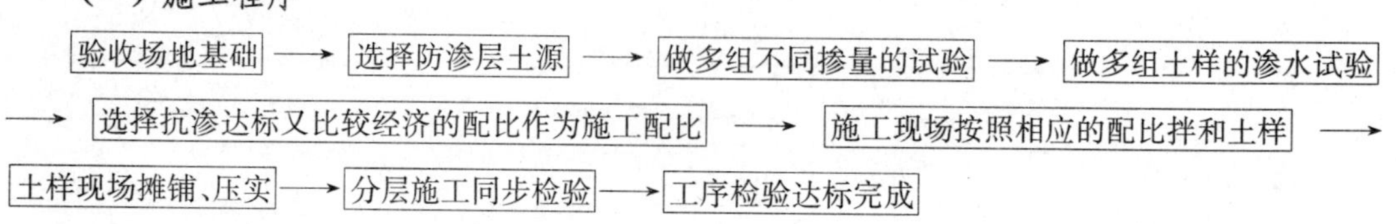

（二）控制要点（人、机、料、法、环）

1. 审查施工队伍的资质　应审查施工单位的资质：营业执照、专业工程施工许可证、质量管理水平是否符合本工程的要求。从事同类工程的业绩和工作经验；合同履约情况是否良好，不合格者不能施工。通过对施工队伍资质的审核，保证有相应资质、作业能力的施工队伍进行施工。

2. 膨润土进货质量　应采用材料招标方法选择供货商，审核生产厂家的资质，核验产品出厂三证（产品合格证、产品说明书、产品试验报告单）。进货时进行产品质量检验，组织产品质量复验或见证取样，确定合格后方可进场。进场后注意产品保护。通过严格控制，确保关键原材料合格。

3. 膨润土掺加量的确定　应在施工现场内选择土壤，通过对多组配合土样的对比分析，优选出最佳配合比，达到既能保证施工质量，又可节约工程造价的目的。

4. 拌和均匀度、含水量及碾压压实度　应在操作过程中确保掺加膨润土数量准确，拌和均匀，机拌不能少于 2 遍，含水量最大偏差不宜超过 2%，碾压密实。

5. 控制检验频率和质量标准　检验包括压实度试验和渗水试验两项。

二、土工合成材料膨润土垫施工

1. GCL 为复合材料，主要用于密封和防渗。
2. GCL 施工必须在平整的土地上进行；不能在有水的地面及下雨时施工。
3. GCL 在坡面与地面拐角处防水垫应设置附加层。

6.2　HDPE 膜防渗层的施工要求

采用 HDPE 膜防渗技术的核心是 HDPE 膜的施工质量。

（一）审查施工队伍资质

（二）施工人员的上岗资格

（三）HDPE 膜的进货质量

HDPE 膜的质量是工程质量的关键，应采用招标方式选择供货商，严格审核生产厂家的资质，审核产品三证(产品合格证、产品说明书、产品试验检验报告单),特别要严格检验产品的外观质量和产品的均匀度、厚度、韧度和强度,组织产品复验和见证取样检验。

(四)施工机具设备的有效性

(五)施工方案和技术交底

(六)施工场地和季节

HDPE膜不能在冬期施工。

【练一练】

一、单项选择题

1. 采用HDPE膜防渗的生活垃圾填埋场,防渗膜的施工程序是(　　)。(2009年考点)

A. 制定铺膜区域顺序→分区铺膜粘接膜缝→分区检验及时返修→进行工序检验达标

B. 验收素土保护层→分区铺膜粘接膜缝→分区检验及时返修→进行工序检验达标

C. 验收素土保护层→制定铺膜区域顺序→分区铺膜粘接膜缝→分区检验及时返修→进行工序检验达标

D. 制定铺膜区域顺序→验收素土保护层→分区铺膜粘接膜缝→进行工序检验达标

2. HDPE膜防渗层不得在(　　)施工。(2010年考点)

A. 春季　　B. 夏季　　C. 秋季　　D. 冬季

3. 为了保证HDPE膜进货质量,下列措施错误的是(　　)。

A. 采用招标方式选择供货商,严格审核生产厂家的资质

B. 审核产品三证,特别是严格检验产品的外观质量和产品的均匀度、厚度、韧度和强度

C. 组织产品复验和见证取样检验

D. 确定合格后方可进场,进场后存入仓库,使用时取出

4. 垃圾填埋场泥质防渗层施工控制成功的前提是(　　)。

A. 减少膨润土掺加量,降低防渗层施工成本

B. 保证膨润土拌和土层能满足抗渗设计要求

C. 防渗层土源土壤颗粒细度符合设计要求

5. 垃圾填埋场是一个处于被控制状态中的污染源,使用期较长,选址地点必须远离(　　)。

A. 村镇等人员居住区　　B. 旅游风景区

C. 饮用水源　　D. 重要高速公路沿线

二、多项选择题

1. 下列(　　)属于泥质防渗工艺的施工程序。

A. 选择防渗层土源

B. 做多组土样试件的渗水试验

C. 验收素土保护层

D. 取土样,按确定的配比掺加膨润土拌和均匀

E. 分区检验及时返修

2. 生活垃圾填埋处理工程采用泥质防水技术时,防渗层施工质量控制要点正确的是(　　)。

A. 细粒土塑性指数　　B. 施工队从事本类工程的业绩及经验
C. 膨润土进货质量　　D. 施工队作业人数
E. 控制检验频率和质量标准

3. 生活垃圾填埋场对环境的影响主要是(　　)。
A. 鸟类的生存　　B. 附近居民的感受
C. 农作物生长的影响　　D. 旅游景观及游人感受
E. 饮用水源安全

【答案】

一、1. C　2. D　3. D　解题思路:为了保证HDPE膜进货质量,要审查施工队伍的资质,保证膨润土的进货质量,B、C、D选项就是其中的具体环节。显然B、C选项正确,而D选项需要进行分析才能作出判断。由于膨润土材质的特殊要求,要求随时进行产品保护,D选项内容明显不符合此要求。因此错误的措施是D选项。　4. B　解题思路:泥质防渗层是利用膨润土的抗渗性,可就近取材、土壤颗粒细的土层压实密实后的不渗透性来达到防止填埋垃圾产生有害水向外渗漏的目标,单纯少掺膨润土或追求过细土都达不到上述目标,因此排除"A"、"C"。　5. C　解题思路:生活垃圾填埋是将生活垃圾用填埋于某一经防渗处理的区域内,其最大的影响是防渗处理中的弱点引起对一定范围内水源的污染,因此四个备选项中"C"是本题答案。

二、1. ABD　解题思路:泥质防渗工艺的施工程序易与HDPE膜防渗工艺的施工程序混淆,但它们有本质的区别,一个是掺加膨润土,一个是铺设HDPE膜。现在来分析选项。显然B、D正确。选择防渗层土源也正确,因为土质对泥质防渗工艺有重要影响。验收素土保护层,这是确定铺膜区域的前期工序,因此不属于泥质防渗工艺的施工程序。分区检验及时返修,也属于HDPE膜防渗工艺的施工程序,因为泥质防渗工艺是分层铺设的。　2. BCE　解题思路:"B"是施工队资审内容,而"D"不是,土的类别不控制泥质防渗膜的质量,但膨润土进货质量及能否严格按合同约定的检验频率和质量检验标准,在施工中同步进行检验,是质量控制的重点。因此本题答案排除"A"、"D"。　3. BDE　解题思路:生活垃圾因有可供鸟吃的东西,招引鸟类,对鸟类的生存没有影响。生活垃圾除塑料等外均可作为农作物的肥料,只有塑料等杂物随风飘,对一些农作物受粉等有一定影响。因此排除"A"、"C"。

7 城市园林绿化工程

7.1 城市绿化工程施工要求

一、树木栽植

常用的城市绿化工程施工有树木栽植、草坪建植、花坛花境建植等。

树木有深根性和浅根性两种。

植物生长所必需的最低限度土层厚度见教材表格。

树木与建筑、构筑物的平面距离见教材。

注意：路侧石线、变压器外缘、交通灯柱、警亭、路牌、交通指示牌、车站标志、消防龙头、邮筒、天桥边缘不宜种植灌木。

规则式种植，树穴位置必须排列整齐，横平竖直。

栽植深度，裸根乔木，应较原根茎土痕深5～10 cm；灌木应与原土痕齐；带土球苗木比土球顶部深2～3 cm。

行列式植树必须保持横平竖直，左右相差最多不超过树干一半。

树木定植后24 h必须浇上第一遍水，水要浇透。

常规做法为定植后必须连续灌水3次，之后视情况适时灌水。

树木自挖掘至栽植后整个过程中，若遇高气温时，应适当疏稀枝叶，或搭棚遮阴，天寒风大时，采取防风保温措施。

乔木、大灌木，在栽植后均应支撑。可用十字、扁担、三角或单柱支撑。

因受坑槽限制，胸径在12 cm以下树木，尤其是行道树，可用单柱支撑。支柱应设在盛行风向一面。支柱中心和树木中心距离为35 cm。

非栽植季节栽植，应采取技术措施：强修剪至少保留树冠的1/3；凡可摘叶的应摘去部分树叶，但不可伤害幼芽；夏季要搭棚遮阴、喷雾、浇水，保持二、三级以下的树干湿润，冬季要防寒。

二、草坪建植

1. 草坪建植的方法有籽播、喷播、植生带、铺植等。

2. 铺植草坪

(1) 密铺。

(2) 间铺。

(3) 点铺。

(4) 茎铺。

三、花坛、花境建植

花坛是将同期开放的多种花卉，或不同颜色的同种花卉，根据一定的图案设计，栽种于特定规则式或自然式苗床内，使其发挥群体美的一种布置形式。花坛植物材料宜由一二年生或多年生草本、球宿根花卉及低矮色叶花植物灌木组成。应选用花期一致、花朵显露、株高整齐、叶色和叶形协调，容易配置的品种。花坛花卉必须选择其生物学特性符合当地条件者。

花境是在绿地中的路侧或在草坪、树林、建筑物等边缘配置花卉的一种布置形式，用来丰富绿地色彩。布置形式以带状自然式为主。花境用花宜以花期长、观赏效果佳的球（宿）根花卉和多年生草花及高度 40 cm 以下的观花、观叶植物为主。

1. 施工准备

（1）施工前必须按设计要求做好材料、场地、人工等准备。

（2）施工应符合设计要求，如无法满足设计要求，应提前 7 天作出调整方案，经有关部门同意，方可施工。

2. 土壤要求

（1）栽植土必须采用疏松、肥沃、富含有机质的土壤，对不符合栽植要求的土壤，必须根据植物的习性改良土壤结构，调整酸碱度。

（2）栽植前土壤必须进行深翻细作，翻地深度不应小于 30 cm，清除石块、残根、杂草，施入基肥。有机肥可在翻地时施入，亦可在挖穴时施入穴底。

（3）栽植前，土壤应进行杀虫和灭菌处理，严禁有害、有毒物质存在。

（4）花坛土壤样品必须提前送到指定的土壤测试中心进行测试，并在种植花卉前取得的测试结果，必须符合下表的规定。

花坛、花境土壤主要理化性状要求

	一级花坛	二级花坛	一级花境	二、三级花境	备　注
土壤的 pH	6.0～7.0	6.6～7.5	6.5～7.5	7.1～7.5	酸性花卉 5～7
土壤的密度（g/cm^3）	≤1.0	≤1.2	≤1.25	≤1.30	
有机质含量（%）	≥3.0	≥2.5	≥2.5	≥2.0	
通气孔隙度（%）	≥15	≥10	≥10	≥5	

3. 植物质量要求

（1）花坛植物质量应符合下列要求：

① 主干矮壮，分枝（分蘖）强健、株型整齐，抗病力强的一、二年生花卉。

② 规格统一，同一品种株高、花色、冠径、花期等无明显差异。

③ 花卉生长健壮，无明显病虫害，无枯黄叶，根系完好，无严重损伤。

④ 开花及时，盛花期符合设计时间要求。

⑤ 有效观赏期不少于各地规范规定天数。

⑥ 地栽花苗起掘应带宿土，用盛器运输，防止机械损伤，保持湿润状态。

（2）花境植物质量应符合下列要求：

① 宿根花卉根系发育良好，每丛3～4个芽，选用常绿或绿色期长的品种，无明显病虫害或机械损伤。

② 根茎类多年花卉宜选用休眠不需每年挖掘地下部分作养护处理的种类。要求植株健壮、生长点多。

③ 球根花卉的种球大小基本一致，种球无明显病虫害。

④ 矮生木本植物应选用株型丰满、无明显病虫害的观花或观叶植物。木本植物宜经移栽或盆栽。

⑤ 一、二年生花卉质量要求同花坛用花。

4. 栽植

(1) 施工人员必须是经过专业技术培训的园林工人或具有相关知识与技能的人员。

(2) 应按设计要求对地形、坡度进行整理，做到表土平整、排水良好。

(3) 应按设计要求放样，根据花卉种类定好株行距，并按时种植。

(4) 栽植穴稍大，使根系舒畅伸展。栽植深度应保持花苗原栽植深度，严禁栽植过深。

(5) 栽后填土应充分压实，使穴面与地面相平略凹。

(6) 栽后应用细眼喷头浇足水分，待水沉后再浇一次。可施以腐熟的稀薄有机肥料，施后叶面要用清水喷淋。一、二年生草花第二天再一次浇透水，一周内加强水分管理。球根和木本一般不需要再浇水，待土壤干时再浇。

(7) 大株的宿根花卉和木本花卉栽植时，应进行根部修剪。

7.2 园林假山工程施工要求

一、假山类型

1. 按施工材料划分：土、石、石土混合假山。
2. 按施工方式划分：筑山、掇山、凿山、塑山。

二、假山施工要求

假山工艺流程：

1. 放线挖槽。
2. 基础施工。
3. 拉底。
4. 中层施工　基本要求如下：

(1) 堆叠时注意调节纹理，一般宜尽量同方向组合。整块山石要避免倾斜，靠外边不得有陡板式、滚圆式山石。

(2) 石色要统一，不允许同一山体用多种石料。

(3) 一般假山多运用“对比”手法。

5. 收顶　施工要点如下：

(1) 收顶施工应自后向前、由主及次、自下而上分层作业。各工作面叠石务必在胶结料未凝之前或凝结之后继续施工。万不可在凝结期间强行施工。

(2) 一般管线水路孔洞应预埋、预留，切忌事后穿凿，松动石体。

(3) 山石就位前应按叠石要求原地立好，而后拴绳打扣。就位争取一次成功。

(4) 掇山始终应注意安全，用石必查虚实。工人应穿戴防护鞋帽。

【练一练】

单项选择题

1. 行道树定点，行位必须准确，大约(　　)钉一控制木桩。(2010 年考点)

A. 每 50 m，在株距之间　　B. 每 100 m，在株距之间

C. 每 50 m，在树位中心　　D. 每 100 m，在树位中心

2. 将草皮切成 30 mm × 30 mm 方块播种的草坪铺植方法是(　　)。(2009 年考点)

A. 点铺　　B. 间铺　　C. 密铺　　D. 茎铺

3. 假山的施工工艺流程为(　　)。(2009 年考点)

A. 放线挖槽→拉底→基础施工→扫缝→中层施工→收顶→检查→完形

B. 放线挖槽→基础施工→拉底→中层施工→扫缝→检查→收顶→完形

C. 放线挖槽→拉底→基础施工→中层施工→扫缝→收顶→检查→完形

D. 放线挖槽→基础施工→拉底→中层施工→扫缝→收顶→检查→完形

【答案】

1. A　2. A　3. D

第二篇　市政公用工程施工管理实务

1　市政公用工程施工项目成本管理

1.1　市政公用工程施工项目目标成本责任制的内容

一、预算、计划、统计、合同人员的管理责任内容

1. 全面、合理地编制分析施工项目直接成本。

2. 了解工程形象进度，及时按规定计量，定期对已完工程产值进行计划成本与实际成本的分析工作，提出纠偏意见。

3. 研究合同的不确定项目，与项目管理人员配合，增加工程收入。

4. 及时反馈和研究工程发生的变更，做好索赔，保证工程收入。

5. 参加对外经济合同的谈判和决策，严格控制分包。

二、材料人员的管理责任内容

1. 材料采购和构件加工，择优选择。正确计量，认真验收，降低采购成本，减少管理损耗，合理安排材料储存，减少资金占用。

2. 根据施工进度计划，及时组织材料供应，防止停工待料。

3. 施工过程中，严格执行限额领料制度，控制消耗，做好余料回收和利用。

4. 周转材料及时回收、进退场，节省租费，提高利用率。

三、机械设备人员的管理责任内容

1. 根据施工方案，合理选择机械。

2. 配合项目成本核算人员做好机械设备折旧、摊销分析。

四、工程技术人员的管理责任内容

1. 合理安排进度计划，严格执行技术规范，确保工程质量，消灭质量事故，降低质量成本。

2. 运用自身技术优势，采用实用的有效技术措施和合理方案，走经济和技术相结合的道路。

3. 严格执行安全操作规程，减少一般事故，消灭重大人身伤亡事故和设备事故，降低事

故成本。

五、行政管理人员的管理责任内容

1. 合理安排后勤人员，节约工资性支出，控制非生产性开支。
2. 管理好行政办公财产物资，防止损坏和流失。
3. 安排好后勤服务，确保工程施工需要。

六、财务成本人员的管理责任内容

1. 按照成本开支范围、费用开支标准和有关财务制度，严格审核各项成本费用，控制成本支出。

2. 建立月度财务收支计划制度，根据生产需要平衡调度资金，通过控制资金使用达到控制成本的目的。

3. 及时向项目经理和有关管理人员反馈信息，以便对资源消耗进行有效控制。

4. 开展成本分析，及时向项目经理反映成本情况，以便及时采取针对性措施纠正项目成本的偏差。

5. 在项目经理的领导下，协助项目经理检查、考核各部门、各班组的责任成本执行情况，落实责、权、利的有关规定。

1.2 市政公用工程施工项目目标成本计划的编制

一、项目目标成本计划的组成

项目目标成本由工程直接成本、综合管理（间接）成本组成。

1. 直接成本包括直接工程费和措施费　直接工程费包括人、材、机。措施费包括技术措施费和组织措施费(同建标(2003)206 号文)。

2. 综合管理（间接）成本。

二、项目目标成本计划编制的依据

1. 合同、招投标文件。
2. 施工组织设计。
3. 总体布置，即实施方案。
4. 人、材、机的市场价格。

三、项目目标成本计划编制的流程

1. 准备阶段内容

编制的主要人员有项目经理、项目总工、预决算员、材料员、设备员。

2. 编制阶段内容

包括目标成本计划的编制、复核、修正。

四、目标成本计划编制的方法

1. 数量复核　应编制《工程数量复核表》。
2. 工程单价分析　应编制《工程单价分析表》。
3. 工程两算对比　应编制《工程两算对比表》。
4. 综合管理(间接)费用分析　应编制《综合管理(间接)费用分析表》。

1.3　市政公用工程施工项目目标成本的分解

施工项目成本是成本控制和成本核算的基础，是施工项目降低成本的指导文件，是设立项目目标成本的依据。

一、施工项目目标成本分解的依据

1. 招投标文件。
2. 施工总体方案布置。
3. 已设立的项目目标成本。
4. 施工进度网络计划。

二、施工项目目标成本分解的方法

1. 根据总工期生产进度网络节点计划分解。
2. 按月形象进度计划分解。
3. 按施工项目直接成本和间接成本分解。
4. 按成本编制的工、料、机费用分解。

1.4　市政公用工程施工项目目标成本分析

一、施工项目目标成本分析的目的

主要目的是控制成本消耗，提高效益水平。

二、施工项目目标成本分析的方式

1. 定期分析。
2. 专业分析。
3. 综合分析　由成本核算人员及时收集，加以整理汇总形成综合分析报告。

三、施工项目目标成本分析的内容

1. 施工产值　进行施工产值分析需建立下列基础资料：①已完工程实物数量的台账；②已完工程产值的台账；③验工计价月报。

2. 耗用材料　同时需建立下列基础资料：①周转材料月报；②主要材料月报。

3. 机械、设备　同时需建立下列基础资料：①机械设备租赁月报；②自有机械设备折旧、摊销月报。

4. 间接费用　需建立下列基础资料：①固定资产折旧月报；② 行政管理费月报；③劳动工资及辅助性工资月报；④其他间接费用月报等。

四、施工项目目标成本分析的方法

分析一般采取下列方法贯穿工程实施全过程：①实物量法；②单价法。

2 市政公用工程施工项目合同管理

2.1 市政公用工程施工项目合同管理的规定

一、签订建设工程合同的法律依据

1.《合同法》。

2.《建筑法》规定,发包单位与承包单位应依法订立书面合同。

3.《民法通则》也是签订建设工程合同的法律依据。

二、施工项目合同履行中涉及的法律规定

1.《中华人民共和国公证暂行条例》。

2.《中华人民共和国仲裁法》或《中华人民共和国民事诉讼法》。

3.《中华人民共和国标准法》。

4.《中华人民共和国土地管理法》。

5.《中华人民共和国招标投标法》、《中华人民共和国专利法》、《中华人民共和国文物保护法》、《中华人民共和国担保法》、《中华人民共和国保险法》、《中华人民共和国环境污染防治法》、《中华人民共和国道路交通管理条例》、《城市市容和环境卫生管理条例》以及《中华人民共和国反不正当竞争法》。

三、承包合同的合法性分析

合法的工程合同必须符合以下基本要求;

1. 工程项目已具备招标投标、签订和实施合同的一切条件,包括:

(1) 项目立项的批准文件。

(2) 工程建设的许可证,建设规划文件,城建部门的批准文件。

(3) 招标投标过程符合法定的程序。

2. 工程承包合同的目的、内容(条款)和所定义的活动符合合同法和其他各种法律的要求。

3. 各主体资格的合法性、有效性。项目部不是法人组织,只是施工单位派驻现场的执行机构,无权签订施工合同和分包合同。经授权可签订。

2.2 市政公用工程施工项目合同管理的内容

施工项目合同履行中承包人一方的管理内容一般包括:

一、项目经理部必须履行合同的内容

1. 项目经理应负责组织施工合同的全面执行。

2. 遵守《合同法》规定的各项原则。

3. 发生不可抗力使合同不能履行或不能完全履行的，应依法及时处理(不可抗力有“三不”，即不可预见、不可避免、不可克服，如台风、地震、战争、罢工等)。

4. 履行分包合同时，承包人应当就承包项目向发包人负责；分包人就分包项目向承包人负责。因分包人过失给发包人造成损失，承包人承担连带责任(总包、分包之间的合同关系)。

二、依《合同法》规定进行合同变更、转让、终止和解除工作

(一) 项目经理应随时掌握合同发生变更的情况

1. 工程增减。

2. 质量及特性变更。

3. 工程标高、基线、尺寸等变更。

4. 工程删减。

5. 施工顺序变化。

6. 永久工程附加工作、设备、材料和服务的变更等。

(二) 合同变更的处理

1. 工程师向承包人提出变更令，或承包人根据施工合同将变更向工程师提出申请。

2. 工程师进行审查，将审查结果通知承包人。

(三) 承包人必须掌握索赔知识，按要求进行

1. 有正当索赔理由和充分证据。

2. 按施工合同文件有关规定办理。

3. 准确、合理地计算索赔时间和费用。

(四) 合同终止后，承包人应做的评价工作

1. 合同订立情况评价。

2. 合同履行情况评价。

3. 合同管理工作评价。

4. 合同条款评价。

三、合同实施控制

1. 合同交底。项目经理进行合同交底。

2. 合同实施监督。

2.3 市政公用工程施工索赔程序

一、施工索赔产生的原因

1. 发包人违约。

2. 不可抗力事件。

3. 合同缺陷。

4. 合同变更。

5. 工程师指令。

6. 其他第三方原因。

二、施工索赔的程序及依据

(一) 施工索赔的程序

1. 承包人提出索赔申请。

2. 承包人提出索赔报告和相关证据资料。

3. 工程师和业主审核承包人的索赔申请。

4. 当该索赔事件持续进行时,承包人应阶段性地向工程师和业主发出索赔意向,在索赔事件终了后 28 d 内,向工程师和业主提供索赔的有关资料和最终索赔报告。

5. 工程师与承包人谈判。如果双方对索赔事件的责任、索赔款额或工期展延天数分歧较大,通过谈判达不成共识,按照条款规定工程师有权确定一个他认为合理的单价或价格作为最终的处理意见报送业主并通知承包人。

6. 发包人审批工程师的索赔处理证明。

7. 承包人是否接受最终的索赔决定。

(二) 施工索赔的依据

1. 招标文件、施工合同文本及附件,经认可的工程实施计划、各种工程图纸、技术规范等。

2. 双方的往来信件及各种会谈纪要。

3. 进度计划、具体的进度以及项目现场的有关文件。

4. 气象资料、工程检查验收报告和各种技术鉴定报告,工程中送停电、送停水、道路开通和封闭的记录和证明。

5. 国家有关法律、法规、政策文件,官方的物价指数、工资指数,各种会计核算资料,材料的采购、订货、运输、进场、使用方面的凭据。

【拓展知识】

施工合同示范文本

建设工程施工合同(示范文本)

第一部分 协议书

发包人(全称):________________________________

承包人(全称):________________________________

依照《中华人民共和国合同法》、《中华人民共和国建筑法》及其他有关法律、行政法规,遵循平等、自愿、公平和诚实信用的原则,双方就本建设工程施工项目协商一致,订立本合同。

一、工程概况

工程名称:________________________________

工程地点:________________________________

工程内容:________________________________

群体工程应附承包人承揽工程项目一览表(附件1)工程立项批准文号:____________

资金来源:____________

二、工程承包范围

承包范围:____________

三、合同工期:

开工日期:____________

竣工日期:____________

合同工期总日历天数________天

四、质量标准

工程质量标准:____________

五、合同价款

金额(大写):________元(人民币)

¥:________元

六、组成合同的文件

组成本合同的文件包括:

1. 本合同协议书。

2. 中标通知书。

3. 投标书及其附件。

4. 本合同专用条款。

5. 本合同通用条款。

6. 标准、规范及有关技术文件。

7. 图纸。

8. 工程量清单。

9. 工程报价单或预算书。

双方有关工程的洽商、变更等书面协议或文件视为本合同的组成部分。

七、本协议书中有关词语含义与本合同第二部分《通用条款》中分别赋予它们的定义相同。

八、承包人向发包人承诺按照合同约定进行施工、竣工并在质量保修期内承担工程质量保修责任。

九、发包人向承包人承诺按照合同约定的期限和方式支付合同价款及其他应当支付的款项。

十、合同生效

合同订立时间:________年____月____日

合同订立地点:

____

本合同双方约定____________后生效。

发包人:(公章)____________　　承包人:(公章)____________

住所:____________　　住所:____________

法定代表人:____________　　法定代表人:____________

委托代表人：________________ 委托代表人：________________
电话：________________ 电话：________________
传真：________________ 传真：________________
开户银行：________________ 开户银行：________________
账号：________________ 账号：________________
邮政编码：________________ 邮政编码：________________

第二部分 通用条款

一、词语定义及合同文件

1. 词语定义

下列词语除专用条款另有约定外，应具有本条所赋予的定义：

1.1 通用条款：是根据法律、行政法规规定及建设工程施工的需要订立，通用于建设工程施工的条款。

1.2 专用条款：是发包人与承包人根据法律、行政法规规定，结合具体工程实际，经协商达成一致意见的条款，是对通用条款的具体化、补充或修改。

1.3 发包人：指在协议书中约定，具有工程发包主体资格和支付工程价款能力的当事人以及取得该当事人资格的合法继承人。

1.4 承包人：指在协议书中约定，被发包人接受的具有工程施工承包主体资格的当事人以及取得该当事人资格的合法继承人。

1.5 项目经理：指承包人在专用条款中指定的负责施工管理和合同履行的代表。

1.6 设计单位：指发包人委托的负责本工程设计并取得相应工程设计资质等级证书的单位。

1.7 监理单位：指发包人委托的负责本工程监理并取得相应工程监理资质等级证书的单位。

1.8 工程师：指本工程监理单位委派的总监理工程师或发包人指定的履行本合同的代表，其具体身份和职权由发包人、承包人在专用条款中约定。

1.9 工程造价管理部门：指国务院有关部门、县级以上人民政府建设行政主管部门或其委托的工程造价管理机构。

1.10 工程：指发包人、承包人在协议书中约定的承包范围内的工程。

1.11 合同价款：指发包人、承包人在协议书中约定，发包人用以支付承包人按照合同约定完成承包范围内全部工程并承担质量保修责任的款项。

1.12 追加合同价款：指在合同履行中发生需要增加合同价款的情况，经发包人确认后按计算合同价款的方法增加的合同价款。

1.13 费用：指不包含在合同价款之内的应当由发包人或承包人承担的经济支出。

1.14 工期：指发包人、承包人在协议书中约定，按总日历天数（包括法定节假日）计算的承包天数。

1.15 开工日期：指发包人、承包人在协议书中约定，承包人开始施工的绝对或相对的日期。

1.16 竣工日期：指发包人、承包人在协议书中约定，承包人完成承包范围内工程的绝对或相对的日期。

1.17　图纸：指由发包人提供或由承包人提供并经发包人批准，满足承包人施工需要的所有图纸(包括配套说明和有关资料)。

1.18　施工场地：指由发包人提供的用于工程施工的场所以及发包人在图纸中具体指定的供施工使用的任何其他场所。

1.19　书面形式：指合同书、信件和数据电文(包括电报、电传、传真、电子数据交换和电子邮件)等可以有形地表现所载内容的形式。

1.20　违约责任：指合同一方不履行合同义务或履行合同义务不符合约定所应承担的责任。

1.21　索赔：指在合同履行过程中，对于并非自己的过错，而是应由对方承担责任的情况造成的实际损失，向对方提出经济补偿和(或)工期顺延的要求。

1.22　不可抗力：指不能预见、不能避免并不能克服的客观情况。

1.23　小时或天：本合同中规定按小时计算时间的，从事件有效开始时计算(不扣除休息时间)；规定按天计算时间的，开始当天不计入，从次日开始计算。时限的最后一天是休息日或者其他法定节假日的，以节假日次日为时限的最后一天，但竣工日期除外。时限的最后一天的截止时间为当日24时。

2　合同文件及解释顺序

2.1　合同文件应能相互解释，互为说明。除专用条款另有约定外，组成本合同的文件及优先解释顺序如下：

(1) 本合同协议书。

(2) 中标通知书。

(3) 投标书及其附件。

(4) 本合同专用条款。

(5) 本合同通用条款。

(6) 标准、规范及有关技术文件。

(7) 图纸。

(8) 工程量清单。

(9) 工程报价单或预算书。

合同履行中，发包人、承包人有关工程的洽商、变更等书面协议或文件视为本合同的组成部分。

2.2　当合同文件内容含糊不清或不相一致时，在不影响工程正常进行的情况下，由发包人、承包人协商解决。双方也可以提请负责监理的工程师作出解释。双方协商不成或不同意负责监理的工程师的解释时，按本通用条款第37条关于争议的约定处理。

3　语言文字和适用法律、标准及规范

3.1　语言文字

本合同文件使用汉语语言文字书写、解释和说明。如专用条款约定使用两种以上(含两种)语言文字时，汉语应为解释和说明本合同的标准语言文字。

在少数民族地区，双方可以约定使用少数民族语言文字书写和解释、说明本合同。

3.2　适用法律和法规

本合同文件适用国家的法律和行政法规。需要明示的法律、行政法规，由双方在专用条款中约定。

3.3 适用标准、规范

双方在专用条款内约定适用国家标准、规范的名称;没有国家标准、规范但有行业标准、规范的,约定适用行业标准、规范的名称;没有国家和行业标准、规范的,约定适用工程所在地地方标准、规范的名称。发包人应按专用条款约定的时间向承包人提供一式两份约定的标准、规范。

国内没有相应标准、规范的,由发包人按专用条款约定的时间向承包人提出施工技术要求,承包人按约定的时间和要求提出施工工艺,经发包人认可后执行。发包人要求使用国外标准、规范的,应负责提供中文译本。

本条所发生的购买、翻译标准、规范或制定施工工艺的费用,由发包人承担。

4 图纸

4.1 发包人应按专用条款约定的日期和套数,向承包人提供图纸。承包人需要增加图纸套数的,发包人应代为复制,复制费用由承包人承担。发包人对工程有保密要求的,应在专用条款中提出保密要求,保密措施费用由发包人承担,承包人在约定保密期限内履行保密义务。

4.2 承包人未经发包人同意,不得将本工程图纸转给第三人。工程质量保修期满后,除承包人存档需要的图纸外,应将全部图纸退还给发包人。

4.3 承包人应在施工现场保留一套完整图纸,供工程师及有关人员进行工程检查时使用。

二、双方一般权利和义务

5 工程师

5.1 实行工程监理的,发包人应在实施监理前将委托的监理单位名称、监理内容及监理权限以书面形式通知承包人。

5.2 监理单位委派的总监理工程师在本合同中称工程师,其姓名、职务、职权由发包人、承包人在专用条款内写明。工程师按合同约定行使职权,发包人在专用条款内要求工程师在行使某些职权前需要征得发包人批准的,工程师应征得发包人批准。

5.3 发包人派驻施工场地履行合同的代表在本合同中也称工程师,其姓名、职务、职权由发包人在专用条款内写明,但职权不得与监理单位委派的总监理工程师职权相互交叉。双方职权发生交叉或不明确时,由发包人予以明确,并以书面形式通知承包人。

5.4 合同履行中,发生影响发包人、承包人双方权利或义务的事件时,负责监理的工程师应依据合同在其职权范围内客观公正地进行处理。一方对工程师的处理有异议时,按本通用条款第37条关于争议的约定处理。

5.5 除合同内有明确约定或经发包人同意外,负责监理的工程师无权解除本合同约定的承包人的任何权利与义务。

5.6 不实行工程监理的,本合同中工程师专指发包人派驻施工场地履行合同的代表,其具体职权由发包人在专用条款内写明。

6 工程师的委派和指令

6.1 工程师可委派工程师代表,行使合同约定的自己的职权,并可在认为必要时撤回委派。委派和撤回均应提前7天以书面形式通知承包人,负责监理的工程师还应将委派和撤回通知发包人。委派书和撤回通知作为本合同附件。

工程师代表在工程师授权范围内向承包人发出的任何书面形式的函件，与工程师发出的函件具有同等效力。承包人对工程师代表向其发出的任何书面形式的函件有疑问时，可将此函件提交工程师，工程师应进行确认。工程师代表发出指令有失误时，工程师应进行纠正。

除工程师或工程师代表外，发包人派驻工地的其他人员均无权向承包人发出任何指令。

6.2　工程师的指令、通知由其本人签字后，以书面形式交给项目经理，项目经理在回执上签署姓名和收到时间后生效。确有必要时，工程师可发出口头指令，并在48小时内给予书面确认，承包人对工程师的指令应予执行。工程师不能及时给予书面确认的，承包人应于工程师发出口头指令后7天内提出书面确认要求。工程师在承包人提出确认要求后48小时内不予答复的，视为口头指令已被确认。

承包人认为工程师指令不合理，应在收到指令后24小时内向工程师提出修改指令的书面报告，工程师在收到承包人报告后24小时内作出修改指令或继续执行原指令的决定，并以书面形式通知承包人。紧急情况下，工程师要求承包人立即执行的指令或承包人虽有异议，但工程师决定仍继续执行的指令，承包人应予执行。因指令错误发生的追加合同价款和给承包人造成的损失由发包人承担，延误的工期相应顺延。

本款规定同样适用于由工程师代表发出的指令、通知。

6.3　工程师应按合同约定，及时向承包人提供所需指令、批准并履行约定的其他义务。由于工程师未能按合同约定履行义务造成工期延误，发包人应承担延误造成的追加合同价款，并赔偿承包人有关损失，顺延延误的工期。

6.4　如需更换工程师，发包人应至少提前7天以书面形式通知承包人，后任继续行使合同文件约定的前任的职权，履行前任的义务。

7　项目经理

7.1　项目经理的姓名、职务在专用条款内写明。

7.2　承包人依据合同发出的通知，以书面形式由项目经理签字后送交工程师，工程师在回执上签署姓名和收到时间后生效。

7.3　项目经理按发包人认可的施工组织设计（施工方案）和工程师依据合同发出的指令组织施工。在情况紧急且无法与工程师联系时，项目经理应当采取保证人员生命和工程、财产安全的紧急措施，并在采取措施后48小时内向工程师提交报告。责任在发包人或第三人，由发包人承担由此发生的追加合同价款，相应顺延工期；责任在承包人，由承包人承担费用，不顺延工期。

7.4　承包人如需要更换项目经理，应至少提前7天以书面形式通知发包人，应征得发包人同意。后任继续行使合同文件约定的前任的职权，履行前任的义务。

7.5　发包人可以与承包人协商，建议更换其认为不称职的项目经理。

8　发包人工作

8.1　发包人按专用条款约定的内容和时间完成以下工作：

(1) 办理土地征用、拆迁补偿、平整施工场地等工作，使施工场地具备施工条件，在开工后继续负责解决以上事项遗留问题。

(2) 将施工所需水、电、电讯线路从施工场地外部接至专用条款约定地点，保证施工期间的需要。

(3) 开通施工场地与城乡公共道路的通道,以及专用条款约定的施工场地内的主要道路,满足施工运输的需要,保证施工期间的畅通。

(4) 向承包人提供施工场地的工程地质和地下管线资料,对资料的真实准确性负责(质量、安全管理条例规定相同)。

(5) 办理施工许可证及其他施工所需证件、批件和临时用地、停水、停电、中断道路交通、爆破作业等的申请批准手续(证明承包人自身资质的证件除外)。

(6) 确定水准点与坐标控制点,以书面形式交给承包人,进行现场交验。

(7) 组织承包人和设计单位进行图纸会审和设计交底。

(8) 协调处理施工场地周围地下管线和邻近建筑物、构筑物(包括文物保护建筑)、古树名木的保护工作,承担有关费用。

(9) 发包人应做的其他工作,双方在专用条款内约定。

8.2 发包人可以将8.1款部分工作委托承包人办理,双方在专用条款内约定,其费用由发包人承担。

8.3 发包人未能履行8.1款各项义务,导致工期延误或给承包人造成损失的,发包人赔偿承包人有关损失,顺延延误的工期。

9 承包人工作

9.1 承包人按专用条款约定的内容和时间完成以下工作:

(1) 根据发包人委托,在其设计资质等级和业务允许的范围内,完成施工图设计或与工程配套的设计,经工程师确认后使用,发包人承担由此发生的费用。

(2) 向工程师提供年、季、月度工程进度计划及相应进度统计报表。

(3) 根据工程需要,提供和维修非夜间施工使用的照明、围栏设施,并负责安全保卫。

(4) 按专用条款约定的数量和要求,向发包人提供施工场地办公和生活的房屋及设施,发包人承担由此发生的费用。

(5) 遵守政府有关主管部门对施工场地交通、施工噪音以及环境保护和安全生产等的管理规定,按规定办理有关手续,并以书面形式通知发包人,发包人承担由此发生的费用,因承包人责任造成的罚款除外(此点与现行的工程量清单计价规则不同,以工程量清单计价规范为准,即应由承包人承担)。

(6) 已竣工工程未交付发包人之前,承包人按专用条款约定负责已完工程的保护工作,保护期间发生损坏,承包人自费予以修复;发包人要求承包人采取特殊措施保护的工程部位和相应的追加合同价款,双方在专用条款内约定。

(7) 按专用条款约定做好施工场地地下管线和邻近建筑物、构筑物(包括文物保护建筑)、古树名木的保护工作。

(8) 保证施工场地清洁符合环境卫生管理的有关规定,交工前清理现场达到专用条款约定的要求,承担因自身原因违反有关规定造成的损失和罚款。

(9) 承包人应做的其他工作,双方在专用条款内约定。

9.2 承包人未能履行9.1款各项义务,造成发包人损失的,承包人赔偿发包人有关损失。

三、施工组织设计和工期

10　进度计划

10.1　承包人应按专用条款约定的日期，将施工组织设计和工程进度计划提交修改意见，逾期不确认也不提出书面意见的，视为同意（承包人并不应获得监理工程师的批准而免除自己的任何责任和义务）。

10.2　群体工程中单位工程分期进行施工的，承包人应按照发包人提供图纸及有关资料的时间，按单位工程编制进度计划，其具体内容双方在专用条款中约定。

10.3　承包人必须按工程师确认的进度计划组织施工，接受工程师对进度的检查、监督。工程实际进度与经确认的进度计划不符时，承包人应按工程师的要求提出改进措施，经工程师确认后执行。因承包人的原因导致实际进度与进度计划不符，承包人无权就改进措施提出追加合同价款。

11　开工及延期开工

因发包人原因不能按照协议书约定的开工日期开工，工程师应以书面形式通知承包人，推迟开工日期。发包人赔偿承包人因延期开工造成的损失，并相应顺延工期。

12　暂停施工

工程师认为确有必要暂停施工时，应当以书面形式要求承包人暂停施工，并在提出要求后48小时内提出书面处理意见。承包人应当按工程师要求停止施工，并妥善保护已完工程。承包人实施工程师作出处理意见后，可以书面形式提出复工要求，工程师作出处理意见后，可以书面形式提出复工要求，工程师应当在48小时内给予答复。工程师未能在规定时间内提出处理意见，或收到承包人复工要求后48小时内未予答复，承包人可自行复工。因发包人原因造成停工的，由发包人承担所发生的追加合同价款，赔偿承包人由此造成的损失，相应顺延工期；因承包人原因造成停工的，由承包人承担发生的费用，工期不予顺延。

13　工期延误

13.1　因以下原因造成工期延误，经工程师确认，工期相应顺延：

(1) 发包人未能按专用条款的约定提供图纸及开工条件。

(2) 发包人未能按约定日期支付工程预付款、进度款，致使施工不能正常进行。

(3) 工程师未按合同约定提供所需指令、批准等，致使施工不能正常进行。

(4) 设计变更和工程量增加。

(5) 一周内非承包人原因停水、停电、停气造成停工累计超过8小时。

(6) 不可抗力。

(7) 专用条款中约定或工程师同意工期顺延的其他情况。

13.2　承包人在13.1款情况发生后14天内，就延误的工期以书面形式向工程师提出报告。工程师在收到报告后14天内予以确认，逾期不予确认也不提出修改意见，视为同意顺延工期。

14　工程竣工

14.1　承包人必须按照协议书约定的竣工日期或工程师同意顺延的工期竣工。

14.2　因承包人原因不能按照协议书约定的竣工日期或工程师同意顺延的工期竣工的，承包人承担违约责任（误期损失赔偿金，按合同价款百分比计算，但双方可商定不超过某一总额）。

14.3　施工中发包人如需提前竣工，双方协商一致后应签订提前竣工协议，作为合同文件组成部分。提前竣工协议应包括承包人为保证工程质量和安全采取的措施、发包人为提前竣工提供的条件以及提前竣工所需的追加合同价款等内容。

四、质量与检验

15　工程质量

15.1　工程质量应当达到协议书约定的质量标准，质量标准的评定以国家或行业的质量检验评定标准为依据。因承包人原因工程质量达不到约定的质量标准，承包人承担违约责任。

15.2　双方对工程质量有争议，由双方同意的工程质量检测机构鉴定，所需费用及因此造成的损失，由责任方承担。双方均有责任，由双方根据其责任分别承担。

16　检查和返工

16.1　承包人应认真按照标准、规范和设计图纸要求以及工程师依据合同发出的指令施工，随时接受工程师的检查检验，为检查检验提供便利条件。

16.2　工程质量达不到约定标准的部分，工程师可以要求拆除和重新施工，直到符合约定标准。因承包人原因达不到约定标准，由承包人承担拆除和重新施工的费用，工期不予顺延。

16.3　工程师的检查检验不应影响施工正常进行。如影响施工正常进行，检查检验不合格时，影响正常施工的费用由承包人承担。除此之外，影响正常施工的追加合同价款由发包人承担，相应顺延工期。

16.4　因工程师指令失误或其他非承包人原因发生的追加合同价款，由发包人承担。

17　隐蔽工程和中间验收

17.1　工程具备隐蔽条件或达到专用条款约定的中间验收部位，承包人进行自检，并在隐蔽或中间验收前48小时以书面形式通知工程师验收。通知包括隐蔽和中间验收的内容、验收时间和地点。承包人准备验收记录，验收合格，工程师在验收记录上签字后，承包人可进行隐蔽和继续施工。验收不合格，承包人在工程师限定的时间内修改后重新验收。

17.2　工程师不能按时进行验收，应在验收前24小时以书面形式向承包人提出延期要求，延期不能超过48小时。工程师未能按以上时间提出延期要求，不进行验收，承包人可自行组织验收，工程师应承认验收记录。

17.3　经工程师验收，工程质量符合标准、规范和设计图纸等要求，验收24小时后，工程师不在验收记录上签字，视为工程师已经认可验收记录，承包人可进行隐蔽或继续施工。

18　重新检验

无论工程师是否进行验收，当其要求对已经隐蔽的工程重新检验时，承包人应按要求进行剥离或开孔，并在检验后重新覆盖或修复。检验合格，发包人承担由此发生的全部追加合同价款，赔偿承包人损失，并相应顺延工期。检验不合格，承包人承担发生的全部费用，工期不予顺延(包括利润)。

19　工程试车

19.1　双方约定需要试车的，试车内容应与承包人承包的安装范围相一致。

19.2　设备安装工程具备单机无负荷试车条件，承包人组织试车，并在试车前48小时以书面形式通知工程师。通知包括试车内容、时间、地点。承包人准备试车记录，发包人根据承包人要求为试车提供必要条件。试车合格，工程师在试车记录上签字。

19.3　工程师不能按时参加试车，须在开始试车前24小时以书面形式向承包人提出延期要求，不参加试车，应承认试车记录。

19.4　设备安装工程具备无负荷联动试车条件，发包人组织试车，并在试车内容、时间、地点和对承包人的要求，承包人按要求做好准备工作。试车合格，双方在试车记录上签字。

19.5　双方责任

(1) 由于设计原因试车达不到验收要求，发包人应要求设计单位修改设计，承包人按修改后的设计重新安装。发包人承担修改设计、拆除及重新安装的全部费用和追加合同价款，工期相应顺延。

(2) 由于设备制造原因试车达不到验收要求，由该设备采购一方负责重新购置或修理，承包人负责拆除和重新安装。设备由承包人采购的，由承包人承担修理或重新购置、拆除及重新安装的费用，工期不予顺延；设备由发包人采购的，发包人承担上述各项追加合同价款，工期相应顺延。

(3) 由于承包人施工原因试车达不到验收要求，承包人按工程师要求重新安装和试车，并承担重新安装和试车的费用，工期不予顺延。

(4) 试车费用除已包括在合同价款之内或专用条款另有约定外，均由发包人承担。

(5) 工程师在试车合格后不在试车记录上签字，试车结束24小时后，视为工程师已经认可试车记录，承包人可继续施工或办理竣工手续。

19.6　投料试车应在工程竣工验收后由发包人负责，如发包人要求在工程竣工验收前进行或需要承包人配合时，应征得承包人同意，另行签订补充协议。

五、安全施工

20　安全施工与检查

20.1　承包人应遵守工程建设安全生产有关管理规定，严格按安全标准组织施工，并随时接受行业安全检查人员依法实施的监督检查，采取必要的安全防护措施，消除事故隐患。由于承包人安全措施不力造成事故的责任和因此发生的费用，由承包人承担(比如说围挡设施不合格造成的发包人和第三人的伤亡由承包人承担)。

20.2　发包人应对其在施工场地的工作人员进行安全教育，并对他们的安全负责。发包人不得要求承包人违反安全管理的规定进行施工。因发包人原因导致的安全事故，由发包人承担相应责任及发生的费用。

21　安全防护

21.1　承包人在动力设备、输电线路、地下管道、密封防震车间、易燃易爆地段以及临街交通要道附近施工时，施工开始前应向工程师提出安全防护措施，经工程师认可后实施，防护措施费用由发包人承担(该条款与工程量清单计价规范相冲突，投标人应在报价中考虑，按清单计价规范原则执行)。

21.2　实施爆破作业，在放射、毒害性环境中施工(含储存、运输、使用)及使用毒害性、腐蚀性物品施工时，承包人应在施工前14天以书面形式通知工程师，并提出相应的安全防护措施，经工程师认可后实施，由发包人承担安全防护措施费用(说明：该条款与工程量清单计价规范相冲突，投标人应在报价中考虑，按清单计价规范原则执行)。

22　事故处理

22.1　发生重大伤亡及其他安全事故，承包人应按有关规定立即上报有关部门并通知工程师，同时按政府有关部门要求处理，由事故责任方承担发生的费用。

22.2　发包人、承包人对事故责任有争议时，应按政府有关部门的认定处理。

六、合同价款与支付

23　合同价款及调整

23.1　招标工程的合同价款由发包人、承包人依据中标通知书中的中标价格在协议书内约定。非招标工程的合同价款由发包人、承包人依据工程预算书在协议书内约定。

23.2　合同价款在协议书内约定后，任何一方不得擅自改变。下列三种确定合同价款的方式，双方可在专用条款内约定采用其中一种：

(1) 固定价格合同。双方在专用条款内约定合同价款包含的风险范围和风险费用的计算方法，在约定的风险范围内合同价款不再调整。风险范围以外的合同价款调整方法，应当在专用条款内约定。

(2) 可调价格合同。合同价款可根据双方的约定而调整，双方在专用条款内约定合同价款调整方法。

(3) 成本加酬金合同。合同价款包括成本和酬金两部分，双方在专用条款内约定成本构成和酬金的计算方法。

23.3　可调价格合同中合同价款的调整因素包括：

(1) 法律、行政法规和国家有关政策变化影响合同价款。

(2) 工程造价管理部门公布的价格调整。

(3) 一周内非承包人原因停水、停电、停气造成停工累计超过 8 小时。

(4) 双方约定的其他因素。

23.4　承包人应当在 23.3 款情况发生后 14 天内，将调整原因、金额以书面形式通知工程师，工程师确认调整金额后作为追加合同价款，与工程款同期支付。工程师收到承包人通知后 14 天内不予确认也不提出修改意见，视为已经同意该项调整。

24　工程预付款

实行工程预付款的，双方应当在专用条款内约定发包人向承包人预付工程款的时间和数额，开工后按约定的时间和比例逐次扣回。预付时间应不迟于约定的开工日期前 7 天。发包人不按约定预付，承包人在约定预付时间 7 天后向发包人发出要求预付的通知，发包人收到通知后仍不能按要求预付，承包人可在发出通知后 7 天停止施工，发包人应从约定应付之日起向承包人支付应付款的贷款利息，并承担违约责任。

25　工程量的确认

25.1　承包人应按专用条款约定的时间，向工程师提交已完工程量的报告。工程师接到报告后 7 天内按设计图纸核实已完工程量(以下称计量)，并在计量前 24 小时通知承包人，承包人为计量提供便利条件并派人参加。承包人收到通知后不参加计量，计量结果有效，作为工程价款支付的依据。

25.2　工程师收到承包人报告后 7 天内未进行计量，从第 8 天起，承包人报告中开列的工程量即视为被确认，作为工程价款支付的依据。工程师不按约定时间通知承包人，致使承包人未能参加计量，计量结果无效。

25.3　对承包人超出设计图纸范围和因承包人原因造成返工的工程量，工程师不予计量。

26　工程款(进度款)支付

26.1　在确认计量结果后14天内，发包人应向承包人支付工程款(进度款)。按约定时间发包人应扣回的预付款，与工程款(进度款)同期结算。

26.2　本通用条款第23条确定调整的合同价款，第31条工程变更调整的合同价款及其他条款中约定的追加合同价款，应与工程款(进度款)同期调整支付。

26.3　发包人超过约定的支付时间不支付工程款(进度款)，承包人可向发包人发出要求付款的通知，发包人收到承包人通知后仍不能按要求付款，可与承包人协商签订延期付款协议，经承包人同意后可延期支付。协议应明确延期支付的时间和从计量结果确认后第15天起应付款的贷款利息。

26.4　发包人不按合同约定支付工程款(进度款)，双方又未达成延期付款协议，导致施工无法进行，承包人可停止施工，由发包人承担违约责任。

七、材料设备供应

27　发包人供应材料设备

27.1　实行发包人供应材料设备的，双方应当约定发包人供应材料设备的一览表，作为本合同附件(附件2)。一览表包括发包人供应材料设备的品种、规格、型号、数量、单价、质量等级、提供时间和地点。

27.2　发包人按一览表约定的内容提供材料设备，并向承包人提供产品合格证明，对其质量负责。发包人在所供材料设备到货前24小时，以书面形式通知承包人，由承包人派人与发包人共同清点。

27.3　发包人供应的材料设备，承包人派人参加清点后由承包人妥善保管，发包人支付相应保管费用。因承包人原因发生丢失损坏，由承包人负责赔偿。

发包人未通知承包人清点，承包人不负责材料设备的保管，丢失、损坏由发包人负责。

27.4　发包人供应的材料设备与一览表不符时，发包人承担有关责任。发包人应承担责任的具体内容，双方根据下列情况在专用条款内约定：

(1) 材料设备单价与一览表不符，由发包人承担所有价差。

(2) 材料设备的品种、规格、型号、质量等级与一览表不符，承包人可拒绝接收保管，由发包人运出施工场地并重新采购。

(3) 发包人供应的材料规格、型号与一览表不符，经发包人同意，承包人可代为调剂串换，由发包人承担相应费用。

(4) 到货地点与一览表不符，由发包人负责运至一览表指定地点。

(5) 供应数量少于一览表约定的数量时，由发包人补齐；多于一览表约定数量时，发包人负责将多出部分运出施工场地。

(6) 到货时间早于一览表约定时间，由发包人承担因此发生的保管费用；到货时间迟于一览表约定的供应时间，发包人赔偿由此造成的承包人损失，造成工期延误的，相应顺延工期。

27.5　发包人供应的材料设备使用前，由承包人负责检验或试验，不合格的不得使用，检验或试验费用由发包人承担。

27.6　发包人供应材料设备的结算方法，双方在专用条款内约定。

28　承包人采购材料设备

28.1　承包人负责采购材料设备的，应按照专用条款约定及设计和有关标准要求采购，并提供产品合格证明，对材料设备质量负责。承包人在材料设备到货前24小时通知工程师清点。

28.2　承包人采购的材料设备与设计标准要求不符时，承包人应按工程师要求的时间运出施工场地，重新采购符合要求的产品，承担由此发生的费用，由此延误的工期不予顺延。

28.3　承包人采购的材料设备在使用前，承包人应按工程师的要求进行检验或试验，不合格的不得使用，检验或试验费用由承包人承担。

28.4　工程师发现承包人采购并使用不符合设计和标准要求的材料设备时，应要求承包人负责修复、拆除或重新采购，由承包人承担发生的费用，由此延误的工期不予顺延。

28.5　承包人需要使用代用材料时，应经工程师认可后才能使用，由此增减的合同价款双方以书面形式议定。

28.6　由承包人采购的材料设备，发包人不得指定生产厂或供应商。

八、工程变更

29　工程设计变更

29.1　施工中发包人需对原工程设计变更，应提前14天以书面形式向承包人发出变更通知。变更超过原设计标准或批准的建设规模时，发包人应报规划管理部门和其他有关部门重新审查批准，并由原设计单位提供变更的相应图纸和说明。承包人按照工程师发出的变更通知及有关要求，进行下列需要的变更：

(1) 更改工程有关部分的标高、基线、位置和尺寸。

(2) 增减合同中约定的工程量。

(3) 改变有关工程的施工时间和顺序。

(4) 其他有关工程变更需要的附加工作。

因变更导致合同价款的增减及造成的承包人损失，由发包人承担，延误的工期相应顺延。

29.2　施工中承包人不得对原工程设计进行变更。因承包人擅自变更设计发生的费用和由此导致发包人的直接损失，由承包人承担，延误的工期不予顺延。

29.3　承包人在施工中提出的合理化建议涉及对设计图纸或施工组织设计的更改及对材料、设备的换用，须经工程师同意。未经同意擅自更改或换用时，承包人承担由此发生的费用，并赔偿发包人的有关损失，延误的工期不予顺延。

工程师同意采用承包人合理化建议，所发生的费用和获得的收益，发包人、承包人另行约定分担或分享。

30　其他变更

合同履行中发包人要求变更工程质量标准及发生其他实质性变更，由双方协商解决。

31　确定变更价款

31.1　承包人在工程变更确定后14天内，提出变更工程价款的报告，经工程师确认后调整合同价款。变更合同价款按下列方法进行：

(1) 合同中已有适用于变更工程的价格，按合同已有的价格变更合同价款。

(2) 合同中只有类似于变更工程的价格，可以参照类似价格变更合同价款。

(3) 合同中没有适用或类似于变更工程的价格，由承包人提出适当的变更价格，经工程师确认后执行。

31.2　承包人在双方确定变更后14天内不向工程师提出变更工程价款报告时，视为该项变更不涉及合同价款的变更。

31.3　工程师应在收到变更工程价款报告之日起14天内予以确认，工程师无正当理由不确认时，自变更工程价款报告送达之日起14天后视为变更工程价款报告已被确认。

31.4　工程师不同意承包人提出的变更价款，按本通用条款第37条关于争议的约定处理。

31.5　工程师确认增加的工程变更价款作为追加合同价款，与工程款同期支付。

31.6　因承包人自身原因导致的工程变更，承包人无权要求追加合同价款。

九、竣工验收与结算

32　竣工验收

32.1　工程具备竣工验收条件，承包人按国家工程竣工验收有关规定，向发包人提供完整的竣工资料及竣工验收报告。双方约定由承包人提供竣工图的，应当在专用条款内约定提供的日期和份数。

32.2　发包人收到竣工验收报告后28天内组织有关单位验收，并在验收后14天内给予认可或提出修改意见。承包人按要求修改，并承担由自身原因造成修改的费用。

32.3　发包人收到承包人送交的竣工验收报告后28天内不组织验收，或验收后14天内不提出修改意见，视为竣工验收报告已被认可。

32.4　工程竣工验收通过，承包人送交竣工验收报告的日期为实际竣工日期。工程按发包人要求修改后通过竣工验收的，实际竣工日期为承包人修改后提请发包人验收的日期。

32.5　发包人收到承包人竣工验收报告后28天内不组织验收，从第29天起承担工程保管及一切意外责任。

32.6　中间交工工程的范围和竣工时间，双方在专用条款内约定，其验收程序按本通用条款32.1款至32.4款办理。

32.7　因特殊原因，发包人要求部分单位工程或工程部位甩项竣工的，双方另行签订甩项竣工协议，明确双方责任和工程价款的支付方法。

32.8　工程未经竣工验收或竣工验收未通过的，发包人不得使用。发包人强行使用时，由此发生的质量问题及其他问题，由发包人承担责任(但并不免除承包人的质保期责任)。

33　竣工结算

33.1　工程竣工验收报告经发包人认可后28天内，承包人向发包人递交竣工结算报告及完整的结算资料，双方按照协议书约定的合同价款及专用条款约定的合同价款调整内容，进行工程竣工结算。

33.2　发包人收到承包人递交的竣工结算报告及结算资料后28天内进行核实，给予确认或者提出修改意见。发包人确认竣工结算报告，通知经办银行向承包人支付工程竣工结算价款。承包人收到竣工结算价款后14天内将竣工工程交付发包人。

33.3　发包人收到竣工结算报告及结算资料后28天内无正当理由不支付工程竣工结算价款，从第29天起按承包人同期向银行贷款利率支付拖欠工程价款的利息，并承担违约责任。

33.4　发包人收到竣工结算报告及结算资料后28天内不支付工程竣工结算价款，承包人可以催告发包人支付结算价款。发包人在收到竣工结算报告及结算资料后56天内仍不支付的，承包人可以与发包人协议将该工程折价，也可以由承包人申请人民法院将该工程依法拍卖，承包人就该工程折价或者拍卖的价款优先受偿。

33.5　工程竣工验收报告经发包人认可后28天内，承包人未能向发包人递交竣工结算报告及完整的结算资料，造成工程竣工结算不能正常进行或工程竣工结算价款不能及时支付，发包人要求交付工程的，承包人应当交付；发包人不要求交付工程的，承包人承担保管责任。

33.6　发包人、承包人对工程竣工结算价款发生争议时，按本通用条款第37条关于争议的约定处理。

34　质量保修

34.1　承包人应按法律、行政法规或国家关于工程质量保修的有关规定，对交付发包人使用的工程在质量保修期内承担质量保修责任。

34.2　质量保修工作的实施。承包人应在工程竣工验收之前，与发包人签订质量保修书，作为本合同附件。

34.3　质量保修书的主要内容包括：

(1) 质量保修项目内容及范围。

(2) 质量保修期。

(3) 质量保修责任。

(4) 质量保修金的支付方法。

十、违约、索赔和争议

35　违约

35.1　发包人违约。当发生下列情况时：

(1) 本通用条款第24条提到的发包人不按时支付工程预付款。

(2) 本通用条款第26.4款提到的发包人不按合同约定支付工程款，导致施工无法进行。

(3) 本通用条款第33.3款提到的发包人无正当理由不支付工程竣工结算价款。

(4) 发包人不履行合同义务或不按合同约定履行义务的其他情况。

发包人承担违约责任，赔偿因其违约给承包人造成的经济损失，顺延延误的工期。双方在专用条款内约定发包人赔偿承包人损失的计算方法或者发包人应当支付违约金的数额或计算方法。

35.2　承包人违约。当发生下列情况时：

(1) 本通用条款第14.2款提到的因承包人原因不能按照协议书约定的竣工日期或工程师同意顺延的工期竣工。

(2) 本通用条款第15.1款提到的因承包人原因工程质量达不到协议书约定的质量标准。

(3) 承包人不履行合同义务或不按合同约定履行义务的其他情况。

承包人承担违约责任，赔偿因其违约给发包人造成的损失。双方在专用条款内约定承包人赔偿发包人损失的计算方法或者承包人应当支付违约金的数额或计算方法。

35.3　一方违约后，另一方要求违约方继续履行合同时，违约方承担上述违约责任后仍应继续履行合同。

36　索赔

36.1　当一方向另一方提出索赔时，要有正当索赔理由，且有索赔事件发生时的有效证据。

36.2　发包人未能按合同约定履行自己的各项义务或发生错误以及应由发包人承担责任的其他情况，造成工期延误和(或)承包人不能及时得到合同价款及承包人的其他经济损失，承包人可按下列程序以书面形式向发包人索赔：

(1) 索赔事件发生后28天内，向工程师发出索赔意向通知。

(2) 发出索赔意向通知后28天内，向工程师提出延长工期和(或)补偿经济损失的索赔报告及有关资料。

(3) 工程师在收到承包人送交的索赔报告和有关资料后，于28天内给予答复，或要求承包人进一步补充索赔理由和证据。

(4) 工程师在收到承包人送交的索赔报告和有关资料后28天内未予答复或未对承包人作进一步要求，视为该项索赔已经认可。

(5) 当该索赔事件持续进行时，承包人应当阶段性地向工程师发出索赔意向，在索赔事件终了后28天内，向工程师送交索赔的有关资料和最终索赔报告。索赔答复程序与(3)、(4)规定相同。

36.3　承包人未能按合同约定履行自己的各项义务或发生错误，给发包人造成经济损失，发包人可按36.2款确定的时限向承包人提出索赔。

37　争议

37.1　发包人、承包人在履行合同时发生争议，可以和解或者要求有关主管部门调解。当事人不愿和解、调解或者和解、调解不成的，双方可以在专用条款内约定以下一种方式解决争议：

第一种解决方式：双方达成仲裁协议，向约定的仲裁委员会申请仲裁；

第二种解决方式：向有管辖权的人民法院起诉。

37.2　发生争议后，除非出现下列情况的，双方都应继续履行合同，保持施工连续，保护好已完工程：

(1) 单方违约导致合同确已无法履行，双方协议停止施工。

(2) 调解要求停止施工，且为双方接受。

(3) 仲裁机构要求停止施工。

(4) 法院要求停止施工。

十一、其他

38　工程分包

38.1　承包人按专用条款的约定分包所承包的部分工程，并与分包单位签订分包合同。非经发包人同意，承包人不得将承包工程的任何部分分包。

38.2　承包人不得将其承包的全部工程转包给他人，也不得将其承包的全部工程肢解以后以分包的名义分别转包给他人。

38.3　工程分包不能解除承包人任何责任与义务。承包人应在分包场地派驻相应管理人员，保证本合同的履行。分包单位的任何违约行为或疏忽导致工程损害或给发包人造成其他损失，承包人承担连带责任。

38.4　分包工程价款由承包人与分包单位结算。发包人未经承包人同意不得以任何形式向分包单位支付各种工程款项。

39　不可抗力

39.1　不可抗力包括因战争、动乱、空中飞行物体坠落或其他非发包人、承包人责任造成的爆炸、火灾，以及专用条款约定的风雨、雪、洪、震等自然灾害。

39.2　不可抗力事件发生后，承包人应立即通知工程师，并在力所能及的条件下迅速采取措施，尽力减少损失，发包人应协助承包人采取措施。不可抗力事件结束后48小时内承包人向工程师通报受害情况和损失情况，及预计清理和修复的费用。不可抗力事件持续发生，承包人应每隔7天向工程师报告一次受害情况。不可抗力事件结束后14天内，承包人向工程师提交清理和修复费用的正式报告及有关资料。

39.3　因不可抗力事件导致的费用及延误的工期由双方按以下方法分别承担：

(1) 工程本身的损害、因工程损害导致第三人人员伤亡和财产损失以及运至施工场地用于施工的材料和待安装的设备的损害，由发包人承担。

(2) 发包人、承包人人员伤亡由其所在单位负责，并承担相应费用。

(3) 承包人机械设备损坏及停工损失，由承包人承担。

(4) 停工期间，承包人应工程师要求留在施工场地的必要的管理人员及保卫人员的费用由发包人承担。

(5) 工程所需清理、修复费用，由发包人承担。

(6) 延误的工期相应顺延(即工期顺延，费用各自承担)。

39.4　因合同一方迟延履行合同后发生不可抗力的，不能免除迟延履行方的相应责任。

40　保险

40.1　工程开工前，发包人为建设工程和施工场内的自有人员及第三人人员生命财产办理保险，支付保险费用。

40.2　运至施工场地内用于工程的材料和待安装设备，由发包人办理保险，并支付保险费用。

40.3　发包人可以将有关保险事项委托承包人办理，费用由发包人承担。

40.4　承包人必须为从事危险作业的职工办理意外伤害保险，并为施工场地内自有人员生命财产和施工机械设备办理保险，支付保险费用(说明：建筑法已修改，改为鼓励)。

40.5　保险事故发生时，发包人、承包人有责任尽力采取必要的措施，防止或者减少损失。

40.6　具体投保内容和相关责任，发包人、承包人在专用条款中约定。

41　担保

41.1　发包人、承包人为了全面履行合同，应互相提供以下担保：

(1) 发包人向承包人提供履约担保，按合同约定支付工程价款及履行合同约定的其他义务。

(2) 承包人向发包人提供履约担保，按合同约定履行自己的各项义务。

41.2　一方违约后，另一方可要求提供担保的第三人承担相应责任。

41.3　提供担保的内容、方式和相关责任，发包人、承包人除在专用条款中约定外，被担保方与担保方还应签订担保合同，作为本合同附件。

42　专利技术及特殊工艺

42.1　发包人要求使用专利技术或特殊工艺，应负责办理相应的申报手续，承担申报、试验、使用等费用；承包人提出使用专利技术或特殊工艺，应取得工程师认可，承包人负责办理申报手续并承担有关费用。

42.2　擅自使用专利技术侵犯他人专利权的，责任者依法承担相应责任。

43　文物和地下障碍物

43.1　在施工中发现古墓、古建筑遗址等文物及化石或其他有考古、地质研究等价值的物品时，承包人应立即保护好现场并于4小时内以书面形式通知工程师，工程师应于收到书面通知后24小时内报告当地文物管理部门，发包人、承包人按文物管理部门的要求采取妥善保护措施。发包人承担由此发生的费用，顺延延误的工期。如发现后隐瞒不报，致使文物遭受破坏，责任者依法承担相应责任。

43.2　施工中发现影响施工的地下障碍物时，承包人应于8小时内以书面形式通知工程师，同时提出处置方案，工程师收到处置方案后24小时内予以认可或提出修正方案。发包人承担由此发生的费用，顺延延误的工期。所发现的地下障碍物有归属单位时，发包人应报请有关部门协同处置。

44　合同解除

44.1　发包人、承包人协商一致，可以解除合同。

44.2　发生本通用条款第26.4款情况，停止施工超过56天，发包人仍不支付工程款（进度款），承包人有权解除合同。

44.3　发生本通用条款第38.2款禁止的情况，承包人将其承包的全部工程转包给他人或者肢解以后以分包的名义分别转包给他人，发包人有权解除合同。

44.4　有下列情形之一的，发包人、承包人可以解除合同：

（1）因不可抗力致使合同无法履行。

（2）因一方违约（包括因发包人原因造成工程停建或缓建）致使合同无法履行。

44.5　一方依据第44.2、44.3、44.4款约定要求解除合同的，应以书面形式向对方发出解除合同的通知，并在发出通知前7天告知对方，通知到达对方时合同解除。对解除合同有争议的，按本通用条款第37条关于争议的约定处理。

44.6　合同解除后，承包人应妥善做好已完工程和已购材料、设备的保护和移交工作，按发包人要求将自有机械设备和人员撤出施工场地。发包人应为承包人撤出提供必要条件，支付以上所发生的费用，并按合同约定支付已完工程价款。已经订货的材料、设备由订货方负责退货或解除订货合同，不能退还的货款和因退货、解除订货合同发生的费用，由发包人承担，因未及时退货造成的损失由责任方承担。除此之外，有过错的一方应当赔偿因合同解除给对方造成的损失。

44.7　合同解除后，不影响双方在合同中约定的结算和清理条款的效力。

45　合同生效与终止

45.1　双方在协议书中约定合同生效方式。

45.2　除本通用条款第34条外，发包人、承包人履行合同全部义务，竣工结算价款支付完毕，承包人向发包人交付竣工工程后，本合同即告终止。

45.3　合同的权利义务终止后，发包人、承包人应当遵循诚实信用原则，履行通知、协助、保密等义务。

46　合同份数

46.1　本合同正本两份，具有同等效力，由发包人、承包人分别保存一份。

46.2　本合同副本份数，由双方根据需要在专用条款内约定。

47　补充条款

双方根据有关法律、行政法规规定，结合工程实际经协商一致后，可对本通用条款内容具体化、补充或修改。

【练一练】

一、单项选择题

1. 合同变更处理时，(　　)进行审查，将审查结果通知承包人。

A. 监理工程师　　B. 项目经理　　C. 上级部门　　D. 监理部门

2. 施工项目合同管理一般规定(　　)受承包人委托、按承包人订立的合同条款执行，依合同约定，行使权利和义务。

A. 技术主管　　B. 总工程师　　C. 技术工程师　　D. 项目经理

3. 建筑施工合同是明确发包单位与承包单位双方(　　)的书面协议。

A. 权利和义务　　B. 权利和责任　　C. 责任和价款　　D. 价款和义务

4. 关于项目经理部必须履行的合同的内容，下列说法错误的是(　　)。

A. 项目经理应负责组织施工合同的全面执行

B. 遵守《合同法》规定的各项原则

C. 发生不可抗力使合同不能履行或不能完全履行时，由项目经理处理

D. 发生不可抗力使合同不能履行或不能完全履行时，应依法及时处理

5. 工程施工预算的实物法与单价法相比(　　)。

A. 步骤基本相似　　B. 步骤完全不同

C. 难度小　　D. 不适合市场经济特点

6. 投资控制的关键是(　　)。

A. 初步设计　　B. 施工图设计　　C. 方案设计　　D. 规划设计

7. 单位工程概算是(　　)的编制依据。

A. 专业工程概算　　B. 单项工程综合概算

C. 建设工程总概算　　D. 设计概算

8. 施工现场管理的三大基本要求是在现场门口设企业标志、项目经理部门口有公示牌以及(　　)。

A. 接受监理工程师监督

B. 项目经理部定期检查

C. 项目经理应将现场管理作为日常巡视内容

D. 项目总工每日巡视

二、多项选择题

1. 承包人索赔，需要(　　)。

A. 正当的理由　　B. 充分的证据　　C. 变更的数量　　D. 详细的记录

E. 监理的通知

2. 施工项目合同的主体是(　　)。

A. 发包人　　B. 承包人　　C. 委托代理人　　D. 法定代表人

E. 监理

3. 工程施工预算编制中的直接费包括(　　)。

A. 现场经费　　B. 人工费　　C. 利润　　D. 材料费

E. 机械费

4. 市政公用工程的单位工程包括多个专业的建设内容,如(　　)。

A. 道路　　B. 桥梁　　C. 房建　　D. 隧道

E. 给水

5. 建设工程总概算由(　　)汇总编制而成。

A. 各单项工程综合概算　　B. 单位工程概算

C. 工程建设其他费用　　D. 预备费用概算

E. 设备及安装概算

6. 施工现场管理的基本要求包括(　　)。

A. 设置闲人莫进标牌

B. 现场门口应设企业标志

C. 技术主管定期巡视

D. 项目经理部应在门口公示安全防火等标准

E. 项目经理应将现场管理列为日常巡视检查内容

7. 在施工项目的现场管理中,项目经理部应在门口公示的标牌包括(　　)。

A. 施工总平面图

B. 安全纪律牌

C. 防火须知牌

D. 施工项目经理部组织及所有管理人员名单图

E. 安全生产、文明施工牌

8. 施工项目现场管理包括的内容有(　　)。

A. 合理规划施工用地　　B. 做好施工总平面设计

C. 合理利用施工材料　　D. 适时调整施工现场总平面布置

E. 人防设施

【答案】

一、1. A　解题思路:合同的变更处理过程为:监理工程师向承包人提出变更令,或承包人根据施工合同,将变更向监理工程师提出申请;监理工程师进行审查,将审查结果通知承包人。因此选 A。　2. D　解题思路:施工项目合同管理一般规定项目经理受承包人委托、按承包人订立的合同条款执行,依合同约定,行使权利和义务。因此选 D。　3. A　解题思路:合同是明确双方权利和义务的书面协议。责任是义务的一部分,B 选项不完全。价款只是合同具体条款的一部分,C、D 选项均不完整。　4. C　解题思路:当发生不可抗力使合同不能履行或不能完全履行时,应强调依法及时处理,并不是完全由项目经理处理。5. A　解题思路:实物法编制施工预算的步骤与单价法基本相似,只是在具体计算工、料、机三种费用之和时有一些区别。实物法所用的实际价格需要进行搜集调查,工作量较大,计算繁琐。但是随着计算机和信息系统的普及，这种方法更能适应国内、国际市场需要。因此不选 BCD。 6. A 解题思路：投资控制的关键阶段是初步设计阶段，该阶段进行方案论证，不同方案导致投资费用不同。 7. B 解题思路：设计概算分单位工程概算、单项工程综合概算、建设工程总概算三级，前一级是后一级的编制依据。 8. C 解题思路：三大基本要求包括项目经理应将现场管理作为日常巡视内容。

二、1. AB 解题思路：这里指承包人索赔的必要条件，即理由和证据。 2. AB 解题思路：施工项目合同的主体即合同一方应是独立的法人单位，而不是签署合同的具体的人。监理是监督合同执行的第三方。 3. BDE 解题思路：工程施工预算编制中的直接费包括工、料、机等费用，现场经费和利润在工程施工预算编制中与工、料、机直接费编制方法不同，表现为直接费用等于各项工料单价乘以对应各项工程量之总和，现场经费、间接费和利润可由规定的费率乘以相应的计取基数求得。因此不选 A 和 C。 4. ABDE 解题思路：市政公用工程的单位工程包括道、桥、隧、给水、排水、供热、燃气、垃圾填埋 8 项。 5. ACD 解题思路：建设工程总概算由各单项工程综合概算、工程建设其他费用概算、预备费等构成，其中各单项工程综合概算又包括各专业单位工程土建概算和设备安装概算。 6. BDE 解题思路：在施工现场管理的基本要求中，承包人项目经理部负责场容、文明形象管理的总体部署。A 和 C 不属于基本要求内容。 7. ABCE 解题思路：D 选项中应将所有管理人员名单图改成主要管理人员名单图。 8. ABD 解题思路：C 选项是材料管理工作，E 选项一般不涉及。

3 市政公用工程预算

施工图预算的编制方法主要有单价法和实物法。

实物法编制预算所用工、料、机的单价均为当时当地实际价格，编制的施工图预算可较为准确地反映实际水平。

综合单价指完成一个规定计量单位的分部分项工程量清单项目或措施清单项目所需的人工费、材料费、机械使用费、企业管理费和利润，以及一定范围内的风险费用。

工程量清单主要由分部分项工程量清单、措施项目清单、其他项目清单、规费项目清单、税金项目清单组成。

4 市政公用工程施工项目现场管理

4.1 市政公用工程现场管理内容

一、市政公用工程现场管理

1. 施工项目现场管理是建设工程项目得以顺利进行的保证。

2. 施工项目现场管理目标。

3. 施工项目现场管理包括以下内容：

(1) 合理规划施工用地。

(2) 做好施工总平面设计。施工总平面图应科学布置临时设施、大型机械、料场、仓库、构件堆场、消防设施、道路及进出口、加工场地、水电管线、周转用地等，体现出文明、科学、安全、环保的施工理念。

(3) 适时调整施工现场总平面布置。

(4) 对现场的使用要有检查。

(5) 建立文明的施工现场。

(6) 及时清场转移。

4. 为做好施工现场管理，项目经理应全面负责施工过程中的现场管理。

5. 建设工程项目实行总包和分包时，由总包单位负责施工现场的统一管理，监督检查分包单位的施工现场活动。分包单位应当在总包单位的统一管理下，在其分包范围内建立施工现场管理责任制，并组织实施。

6. 施工单位必须编制该施工项目的施工组织设计，实行总包和分包时，由总包单位负责编制施工组织设计或者分阶段施工组织设计，分包单位在总包单位的总体部署下，负责编制分包工程的施工组织设计。

7. 施工单位爆破作业、封路、发现文物注意事项。

8. 工程竣工后，需经过竣工报告和竣工验收程序，并验收合格后，方可将该单项工程移交建设单位管理，施工单位方可解除施工现场的全部管理责任。

二、市政公用工程现场管理要求

施工现场管理的基本要求：

1. 现场门口应设企业标志。

2. 项目经理部应在门口公示以下标牌：

(1) 工程概况牌：工程概况、性质、用途、发包人、设计人、承包人、监理单位的名称和施工起止日期等。

（2）安全纪律牌。
（3）防火须知牌。
（4）安全无重大事故计时牌。
（5）安全生产、文明施工牌。
（6）施工总平面图。
（7）施工项目经理部组织及主要管理人员名单图。

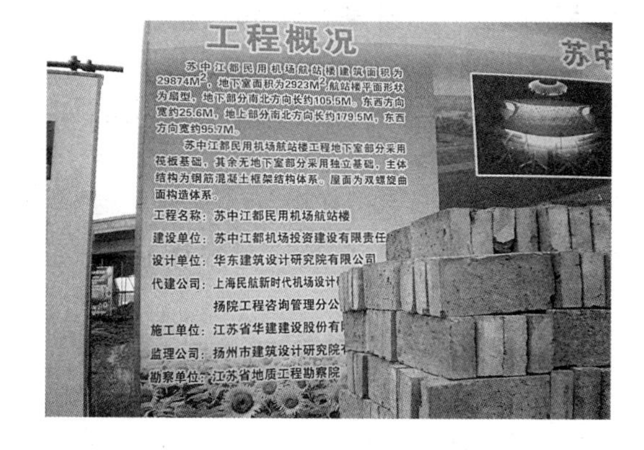

3．项目经理应将现场管理列为日常巡视检查内容。

4.2 市政公用工程文明施工要求

施工单位应当按照施工总平面布置图设置各项临时设施，不得侵占场内道路及安全防护等设施。建设工程实行总包和分包时，分包单位确需进行改变施工总平面图布置图活动的，应当先向总包单位提出申请，经总包单位同意后方可实施。

建设单位或者施工单位应当做好施工现场安全保卫工作，采取必要的防盗措施，在现场周边设立围护设施。施工现场在市区的，周围应当设置遮挡围栏，临街的脚手架也应当设置相应的围护设施。非施工人员不得擅自进入施工现场（围挡高度在城市主干道不低于2.5 m，其他不低于1.8 m）。

【典型例题】

【案例1】（2006年试题）A公司承建某城市跨线立交桥工程，该桥上部结构为三跨钢—混凝土组合梁，墩台下部为双排钻孔灌注桩，施工合同规定工期为184 d，工程质量为合格。项目经理为提高公司声誉，将工期定为160 d，质量标准定为优良。

开工前，项目部对成本进行了预测，编制了成本计划，并依据计划指标进行了成本控制。施工过程中该项目发生了以下事件，增加了工程成本：

情况一：针对合同已发生的变更未能及时办理索赔手续。

情况二：受租用的钻孔机械型号的限制，钻孔桩成孔进度缓慢，以致延误工期造成机械和人工费用的增加。

情况三：当桥台混凝土浇筑完成后，拆模时发现局部混凝土表面在模板的拼缝处漏浆、错台超差现象，由于未能通过验收，需进行表面修补处理。

问题：情况一、二、三分别属于项目部哪个岗位人员的管理责任？

参考答案：情况一属于预算、计划、统计、合同人员的责任；情况二属于机械设备人员的责任；情况三属于工程技术人员的责任。

【案例 2】 (2010 年试题)A 公司中标的某城市高架桥跨线工程，为 15 跨 25 m 预应力简支梁结构，桥面宽 22 m；采用 ϕ1200 mm 钻孔灌注桩基础，埋置式承台，Y 型独立式立柱。工程工期 210 d，中标价2 850 万元。经过成本预测分析，项目目标成本为 2 600 万元，其中管理成本(间接成本)占 10%。根据总体安排，组建了以二级注册建造师(市政公用工程专业)王某为项目负责人的管理班子。施工过程中发生如下事件：

事件一：编制目标成本时发现投标报价清单中灌注桩单价偏高，桥面沥青混凝土面层单价偏低。

事件二：工程开工两个月后，因资金不足，贷款 500 万元，共支付利息 30 万元。

事件三：某承台开挖基坑时发现文物，按上级有关部门要求停工 30 d，导致总工期拖延 10 d，未发生直接成本损失。

问题：

1. 试用不平衡报价法解释事件一中 A 公司投标报价的做法。

2. 针对事件三，项目部可以提出哪些索赔要求？说明理由。

3. 本项目利息支出应计入哪类成本？项目目标成本中直接成本是多少？

参考答案：

1. 钻孔灌注桩属于能早日结算结账收回工程款项的项目(早期项目)，单价可以提高，混凝土面层(后期项目)可以降低单价。

2. 可以提出工期索赔和费用索赔。发现文物属于不可抗力(不可预见、不可预料、非施工方原因)，且导致工期延误和增加管理成本。

3. 利息支出是财务费用，应计入管理成本(间接成本)，本项目目标成本为 2 340 万元(或 2 600 × 90% = 2 340 万元)。

【案例 3】 (2010 年试题)某市政道路排水工程长 2.24 km，道路宽度 30 m。其中，路面宽 18 m，两侧人行道各宽 6 m；雨、污水管道位于道路中线两边各 7 m。路面为厚 220 mm 的 C30 水泥混凝土；基层为厚 200 mm 石灰粉煤灰碎石；底基层为厚 300 mm、剂量为 10% 的石灰土。工程从当年 3 月 5 日开始，工期共计 300 d。施工单位中标价为 2 534.12 万元(包括措施项目费)。

招标时，设计文件明确：地面以下 2.4～4.1 m 会出现地下水，雨、污水管道埋深在 4～5 m。

施工组织设计中，明确石灰土雨期施工措施为：①石灰土集中拌和，拌合料遇雨加盖苫布；②按日进度进行摊铺，进入现场石灰土，随到随摊铺；③未碾压的料层受雨淋后，应进行测试分析，决定处理方案。

对水泥混凝土面层冬期施工措施为：①连续 5 d 平均气温低于 −5℃或最低气温低于 −15℃时，应停止施工；②使用的水泥掺入 10%的粉煤灰；③对搅拌物中掺加优选确定的早强剂、防冻剂；④养护期内应加强保温、保湿覆盖。

施工组织设计经项目经理签字后开始施工。当开挖沟槽后，出现地下水。项目部采用单排井点降水后，管道施工才得以继续进行。项目经理将降水费用上报，要求建设单位给予赔偿。

问题：项目经理要求建设单位赔偿降水费用的做法不合理，请说明理由。

参考答案：报价中措施项目中包含施工排水、降水费，设计中已经明确。

【案例4】（2011年考点）某项目经理部中标某城市道路工程A标段，中标价为3 000万元。项目经理部依据合同、招标文件和施工组织设计，为该项目编制了目标成本计划。参加编制的主要人员有项目经理、项目总工、预决算员。参与人员踏勘了施工现场，召开了编制前的准备会议。经过工程量复核、工程单价分析、工程量计算对比、综合管理（间接）费用分析等步骤，得出了本工程的目标成本计划指标：直接成本2 620万元，间接成本80万元。

问题：

1. 编制项目目标成本计划，还有哪些必要依据？

2. 编制项目目标成本计划时，还应有哪些主要人员参加？

3. 计算本项目上交公司的利润（请用汉字写出计算式）。

4. 应以哪些表式具体描述项目目标成本计划编制的结果？

参考答案：

1. 编制项目目标成本计划，还应摸清当前建筑市场中，人工、材料、设备的市场价，作为编制目标成本计划的必要依据。

2. 编制项目目标成本的主要人员中还应包括材料员、设备员（或机械管理员）。

3. 利润（含税金）＝中标价－直接成本－间接成本＝3 000－2 620－80＝300万元。

4. 工程量复核表，工程单价分析表，两算对比表，综合管理（间接）费分析表。

【练一练】

一、单项选择题

1. 在成本责任制中，（　　）对企业下达的成本指标负责。

A. 工长　　B. 小组长　　C. 项目部各负责人　　D. 承包人

2. 在企业管理中，（　　）是企业生存的有源之水。

A. 成本管理　　B. 行政管理　　C. 技术管理　　D. 财务管理

3. 成本最优化就是目标成本在各个环节达到（　　）。

A. 最优　　B. 最低　　C. 最多　　D. 相等

二、多项选择题

1. 成本目标责任制包括（　　）。

A. 财务成本人员的成本管理责任　　B. 责任承担者的成本管理责任

C. 行政管理人员的成本管理责任　　D. 工程技术人员的成本管理责任

E. 机械人员的成本管理责任

2. 关于合同预算员的管理责任，下列说法正确的是（　　）。

A. 根据合同条款和报价，分析各种因素，为企业正确确定责任成本提供依据

B. 研究合同的不确定项目，与项目管理人员配合，增加工程收入

C. 严格执行技术规范，确保工程质量

D. 及时反馈和研究工程发生的变更，做好索赔，保证工程收入

E. 参加对外的经济合同的谈判和决策，严格控制分包，确实做到“以收定支”

3. 要保证成本管理有效化原则的实施，需采取（　　）的手段。

A. 行政的　　B. 经济的　　C. 法律的　　D. 协商的

E. 市场竞争的

4. 施工项目成本管理的基本原则有(　　)。

A. 成本最优化原则　　B. 成本最低化原则

C. 全面管理成本原则　　D. 成本责任制

E. 成本管理科学化、有效化原则

5.《建筑工程项目管理规范》规定的成本管理的基本程序有(　　)。

A. 项目部进行成本预测　　B. 项目部编制成本计划

C. 项目部实施成本计划　　D. 项目部进行成本核算

E. 项目施工人员进行成本分析并编制月度及项目的成本报告

【答案】

一、1. C　解题思路:实行成本责任制就是对成本作层层分解,进行分工负责。项目经理对企业下达的成本指标负责,项目部各负责人对项目经理下达的成本目标负责。因此选 C。　2. A　解题思路:企业管理的核心是成本管理。在激烈的市场竞争中,成本管理是企业生存壮大的根本,是企业生存的有源之水。　3. B　解题思路:　成本最优化需落实到项目的各个环节,达到目标成本最低的要求。

二、1. ACDE　解题思路:财务成本人员、行政管理人员、工程技术人员、机械人员均为成本管理的责任承担者。　2. ABDE　解题思路:C 选项是工程技术人员的管理责任。　3. ABC　解题思路:成本有效化原则即指:以最少的投入获取最大的产出,以最少的人力完成。成本管理工作,其实施需要采取行政的或经济的或法律的手段进行。　4. ACDE　解题思路:施工项目成本管理的基本原则有成本最优化原则、全面管理成本原则、成本责任制及成本管理科学化、有效化原则。成本最低化原则不一定成本最优。
5. BCD　解题思路:《建筑工程项目管理规范》(GB/T 50326—2001)规定的成本管理的基本程序有企业进行成本预测、项目部编制成本计划、项目部实施成本计划、项目部进行成本核算、项目部进行成本分析并编制月度及项目的成本报告、编制成本资料并按规定存档。

5 市政公用工程施工进度计划的编制、实施与总结

5.1 市政公用工程横道图和网络计划图编制

市政工程进度表示方法常用的有横道图和网络图。

横道图进度计划存在一些问题：①工序（工作）之间的逻辑关系可以设法表达，但不易表达清楚；②没有通过严谨的进度计划时间参数计算，不能确定计划的关键工作、关键路线与时差，无法分析工作之间相互制约的数量关系。

横道图仍然是目前现场管理中最常见的进度计划方法。

网络计划技术应用网络计划图表达计划中各项工作的相互关系。它具有逻辑严密、层次清晰、主要矛盾突出等优点。

一、双代号网络计划时间参数的计算

（一）时间参数的概念及其符号

1. 工作持续时间（$D_{i\text{-}j}$）

工作持续时间是一项工作从开始到完成的时间。

2. 工期（T）

工期泛指完成任务所需要的时间，一般有以下三种：

计算工期，根据网络计划时间参数计算出来的工期，用 T_c 表示。

要求工期，任务委托人所要求的工期，用 T_r 表示。

计划工期，根据要求工期和计算工期所确定的作为实施目标的工期，用 T_p 表示。

网络计划的计划工期 T_p 应按下列情况分别确定：

当已规定了要求工期 T_r 时，

$$T_p \leqslant T_r$$

当未规定要求工期时，可令计划工期等于计算工期，

$$T_p \leqslant T_c$$

3. 网络计划中工作的 6 个时间参数

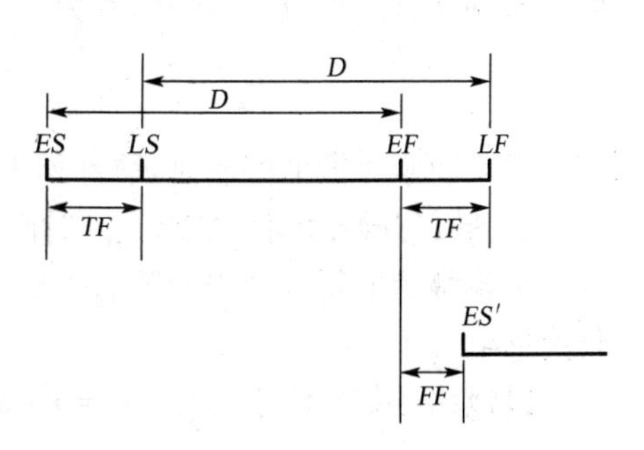

最早开始时间（$ES_{i\text{-}j}$），是指在各紧前工作全部完成后，工作 ij 有可能开始的最早时刻。

最早完成时间（$EF_{i\text{-}j}$），是指在各紧前工作全部完成后，工作 ij 有可能完成的最早时刻。

最迟开始时间（$LS_{i\text{-}j}$），是指在不影响整个任务按期完成的前提下，工作 ij 必须开始的最迟时刻。

最迟完成时间($LF_{i\text{-}j}$),是指在不影响整个任务按期完成的前提下,工作 ij 必须完成的最迟时刻。

总时差($TF_{i\text{-}j}$),是指在不影响总工期的前提下,工作 ij 可以利用的机动时间。

自由时差($FF_{i\text{-}j}$),是指在不影响其紧后工作最早开始的前提下,工作 ij 可以利用的机动时间。

按工作计算法计算网络计划中各时间参数,其计算结果应标注在箭线之上,如图所示。

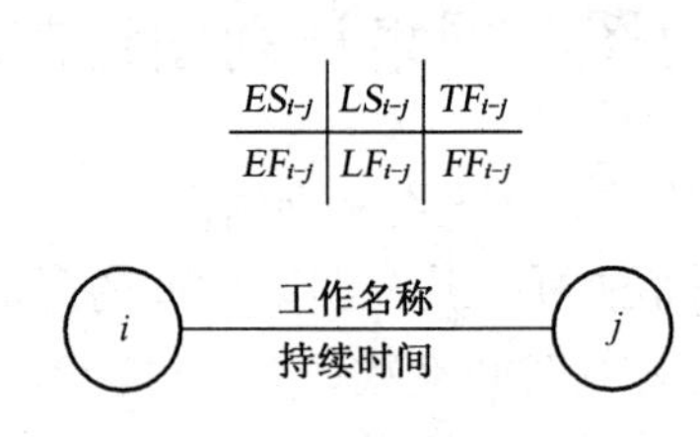

按工作计算法的标注内容

(二) 双代号网络计划时间参数计算

按工作计算法在网络图上计算 6 个工作时间参数,必须在清楚计算顺序和计算步骤的基础上列出必要的公式,以加深对时间参数计算的理解。时间参数的计算步骤如下:

1. 最早开始时间和最早完成时间的计算

工作最早时间参数受到紧前工作的约束,故其计算顺序应从起点节点开始,顺着箭线方向依次逐项计算。

以网络计划的起点节点为开始节点的工作最早开始时间为零。如网络计划起点节点的编号为 1,则:

$$ES_{i\text{-}j} = 0(i - 1)$$

最早完成时间等于最早开始时间加上其持续时间。

$$EF_{i\text{-}j} = ES_{i\text{-}j} + D_{i\text{-}j}$$

最早开始时间等于各紧前工作的最早完成时间 $EF_{h\text{-}i}$ 的最大值。

$$ES_{i\text{-}j} = \max\{EF_{h\text{-}i}\}$$

或

$$ES_{i\text{-}j} = \max\{ES_{h\text{-}i} + D_{h\text{-}i}\}$$

2. 确定计算工期 T_c

计算工期等于以网络计划的终点节点为箭头节点的各个工作的最早完成时间的最大值。当网络计划终点节点的编号为 n 时,计算工期:

$$T_c = \max\{EF_{i\text{-}n}\}$$

当无要求工期的限制时,取计划工期等于计算工期,即取 $T_p = T_c$。

3. 最迟开始时间和最迟完成时间的计算

工作最迟时间参数受到紧后工作的约束,故其计算顺序应从终点节点起,逆着箭线方向依次逐项计算。

以网络计划的终点节点 ($j = n$) 为箭头节点的工作的最迟完成时间等于计划工期,即:

$$LF_{i-n} = T_p$$

最迟开始时间等于最迟完成时间减去其持续时间：

$$LS_{i-j} = LF_{i-j} - D_{i-j}$$

最迟完成时间等于各紧后工作的最迟开始时间 LS_{j-k} 的最小值：

$$LF_{i-j} = \min(LS_{j-k}\}$$

或
$$LF_{i-j} = \min\{LF_{j-k} - D_{j-k}\}$$

4. 计算工作总时差

总时差等于其最迟开始时间减去最早开始时间，或等于最迟完成时间减去最早完成时间，即：

$$TF_{i-j} = LS_{i-j} - ES_{i-j}$$

或
$$TF_{i-j} = LF_{i-j} - EF_{i-j}$$

5. 计算工作自由时差

当工作 $i-j$ 有紧后工作 $j-k$ 时，其自由时差应为：

$$FF_{i-j} = ES_{j-k} - EF_{i-j}$$

或
$$FF_{i-j} = ES_{j-k} - ES_{i-j} - D_{i-j}$$

以网络计划的终点节点（$j = n$）为箭头节点的工作，其自由时差 FF_{i-n} 应按网络计划的计划工期 T_p 确定，即：

$$FF_{i-n} = T_p - EF_{i-n}$$

（三）关键工作和关键线路的确定

1. 关键工作　网络计划中总时差最小的工作是关键工作。

2. 关键线路　自始至终全部由关键工作组成的线路为关键线路，或线路上总的工作持续时间最长的线路为关键线路。网络图上的关键线路可用双线或粗线标注。

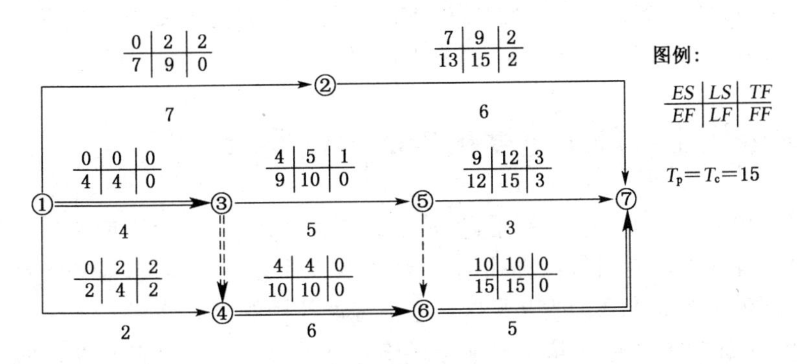

双代号网络计划

【例】 某双代号网络计划如下图所示(时间:天),则工作D的自由时差是(　　)天。

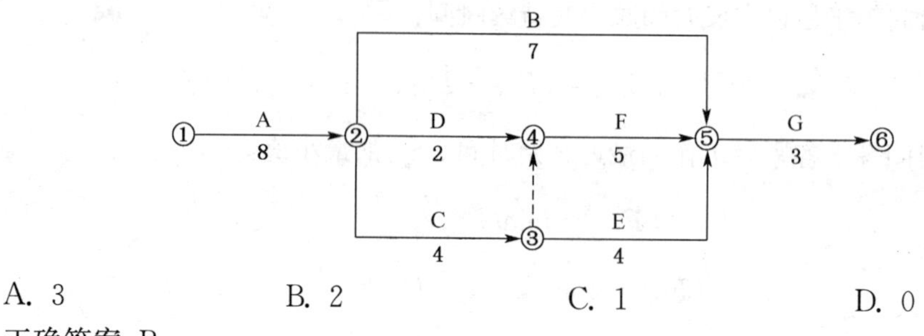

A. 3　　　　B. 2　　　　C. 1　　　　D. 0

正确答案:B

解题要点:工作D的最早开始时间为8,最早完成时间为10,工作C的最早完成时间为12,工作F的最早开始时间为12,所以工作D的自由时差为其紧后工作的最早开始时间减去本身的最早完成时间=12－10=2。本题因为要求计算的是自由时差,计算工作D和工作F的最早时间就可以了,如果将整个网络都计算一遍,那就是事倍功半、得不偿失。

【例】 某双代号网络计划中(以天为单位),工作K的最早开始时间为6,工作持续时间为4,工作M的最迟完成时间为22,工作持续时间为10,工作N的最迟完成时间为20,工作持续时间为5,已知工作K只有M、N两项紧后工作,工作K的总时差为(　　)天。

A. 2　　　　B. 3　　　　C. 5　　　　D. 6

正确答案:A

解题思路:工作K的总时差等于其最迟开始时间减去最早开始时间,最早开始时间为6,因此求总时差只需要求最迟开始时间即可。根据题意,工作K的最迟完成时间应等于其紧后工作M和N最迟开始时间的最小值,工作M的最迟开始时间$= 22 - 10 = 12$,工作N的最迟开始时间$= 20 - 5 = 15$,因此工作K的最迟完成时间为12,工作K的最迟开始时间$= 12 - 4 = 8$,总时差等于最迟开始时间减去最早开始时间$= 8 - 6 = 2$。

5.2　市政公用工程施工进度控制的实用措施

施工进度控制采取的主要措施有组织措施、技术措施、经济措施和管理措施等。

为实现进度目标,不但应进行进度控制,还应注意分析影响工程进度的风险,并在分析的基础上采取风险管理措施,以减少进度失控的风险量。常见的影响工程进度的风险有组织风险、管理风险、合同风险、资源(人力、物力和财力)风险、技术风险等。

5.3　市政公用工程施工进度报告的编制要求

一般分为:项目概要级进度控制报告,是报给项目经理、企业经理或业务部门以及建设单位的;项目管理级的进度报告,是报给项目经理及企业业务部门的;业务管理级的进度报告,供项目管理者及各业务部门为其采取应急措施而使用的。

施工进度计划检查完成后,应向企业提供施工进度报告。报告应包括下列内容:

1. 进度执行情况的综合描述。主要内容是:报告的起止期;当地气象及晴雨天数统计;施工计划的原定目标及实际完成情况;报告计划期内现场的主要大事记。

2. 实际施工进度图及简要说明。
3. 施工图纸提供进度。
4. 材料物资、构配件供应进度。
5. 劳务记录及预测。
6. 日历计划。
7. 工程变更，价格调整，索赔及工程款收支情况。
8. 进度偏差的状况和导致偏差的原因分析。
9. 解决问题的措施。
10. 计划调整意见。

施工进度计划的编制原则	根据工程项目在施工阶段的工作内容、工作程序、持续时间和衔接关系进行 根据进度总目标及资源优化配置的原则进行 在计划实施过程中应严格检查各过程环节的实际进度，即时纠正偏差和调整计划，再付诸实施，如此循环、推进，直至工程验收
施工进度计划的编制方法	横道图法 网络计划图法
施工进度报告的主要内容	进度执行情况的综合描述 实际施工进度图 工程变更、价格调整、索赔及工程款收支情况 进度偏差状况及其原因分析 解决问题的措施 计划调整意见

5.4 市政公用工程施工进度总结的编制要求

一、施工进度控制总结编制依据

1. 施工进度计划。
2. 施工进度计划执行的实际记录。
3. 施工进度计划检查结果。
4. 施工进度计划的调整资料。

二、施工进度控制总结内容

1. 合同工期目标及计划工期目标完成情况。
2. 施工进度控制经验。
3. 施工进度控制中存在的问题及分析。
4. 施工进度计划科学方法的应用情况。
5. 施工进度控制的改进意见。

【典型例题】

【案例 1】 （2009 年考点）某市政跨河桥上部结构为长 13 m 单跨简支预制板梁，下部结构由灌注桩基础、承台和台身构成。施工单位按合同工期编制了如下网络计划图，经监理工程师批准后实施。

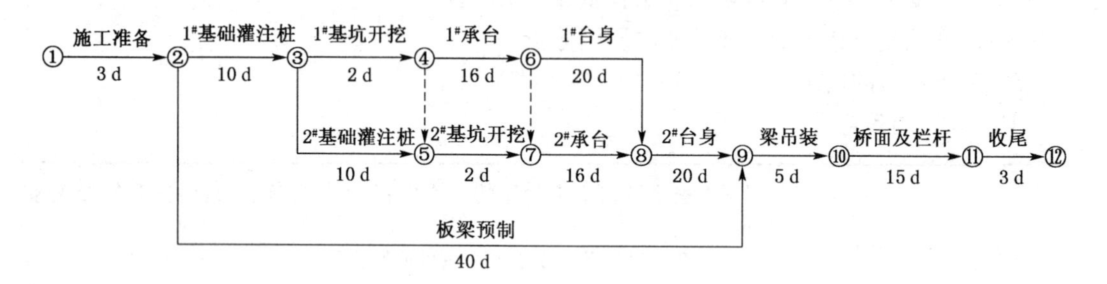

在施工过程中，发生了以下事件：

事件一：在进行 1# 基础灌注桩施工时，由于施工单位操作不当，造成灌注桩钻孔偏斜，为处理此质量事故，造成 3 万元损失，工期延长了 5 d。

事件二：工程中所使用的钢材由业主提供，由于钢材进场时间比施工单位要求的日期拖延了 4 d，1# 基础灌注桩未按计划开工，施工单位经济损失 2 万元。

事件三：钢筋进场后，施工单位认为该钢筋是由业主提供的，仅对钢筋的数量验收后，就将其用于钢筋笼的加工；监理工程师发现后，要求停工整改，造成延误工期 3 d，经济损失 1 万元。

问题：

1. 根据网络图计算该工程的总工期，找出关键线路。

2. 事件一、二、三中，施工单位可以索赔的费用和工期是多少？说明索赔的理由。

3. 事件一中造成钻孔偏斜的原因是什么？

4. 事件三中监理工程师要求停工整改的理由是什么？

参考答案：

1. 94 天。①—②—③—④—⑥—⑧—⑨—⑩—⑪—⑫（施工准备，1# 基础灌注桩，1# 基坑开挖，1# 承台，1# 台身，2# 台身，梁吊装，桥面及栏杆，收尾）。

2. 事件一、三不可索赔。事件二中，可索赔费用 2 万元，可索赔工期 4 d。钢材由业主提供，且未按施工单位要求进场，属于业主责任，并且该工作在关键线路上。

3. 事件一中造成钻孔偏斜的原因可能是：①钻头受到侧向力；②扩孔处钻头摆向一方；③钻杆弯曲、接头不正；④钻机底座未安置水平或位移。

4. 事件三中监理工程师要求停工整改的理由：施工单位仅对钢筋的数量验收，而未对其质量进行验收。

【案例 2】 （2010 年考点）项目部承接的新建道路下有一条长 750 m、直径 1 000 mm 的混凝土污水管线，埋深为地面以下 6 m。管道在 0＋400 至 0＋450 处穿越现有道路。

场地地质条件良好，地下水位于地面以下 8 m，设计采用明挖开槽施工。项目部编制的施工方案以现有道路中线（按半幅断路疏导交通）为界将工程划分为 A_1、B_1 两段施工（见图），并编制了施工进度计划，总工期为 70 d。其中，A_1 段（425 m）工期 40 d，B_1 段（325 m）工期 30 d，A 段首先具备开工条件。

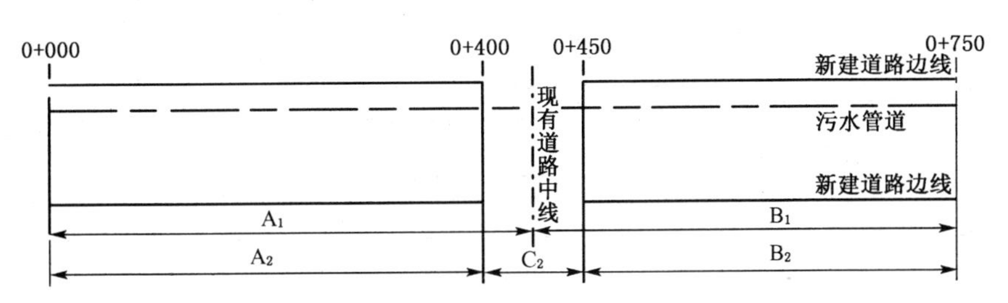

注：A_1、B_1 为第一次分段；A_2、B_2、C_2 为第二次分段。

由于现有道路交通繁忙，交通管理部门要求全幅维持交通。按照交通管理部门要求，项目部建议业主将现有道路段（即 C_2 段）50 m 改为顶管施工，需工期 30 d，取得了业主同意。在考虑少投入施工设备及施工人员的基础上，重新编制了施工方案及施工进度计划。

问题：采用横道图说明作为项目经理应如何安排在 70 d 内完成此项工程？横道图采用下表。

项目	日期(d)						
	10	20	30	40	50	60	70
A_2 段							
B_2 段							
C_2 段							

参考答案：

项目	10	20	30	40	50	60	70
A2							
B2							
C2							

【案例 3】 请将以下网络图以横道图形式进行表述。

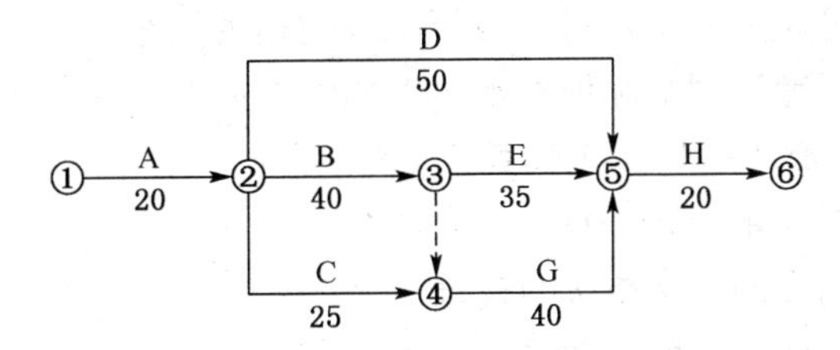

参考答案：

按各施工过程（工序）最早开始时间绘制。

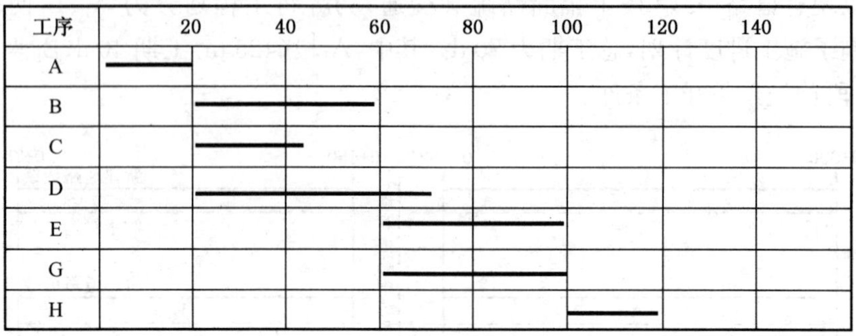

工序	20	40	60	80	100	120	140
A							
B							
C							
D							
E							
G							
H							

【练一练】

一、单项选择题

1. 项目进度控制的最终目标是实现(　　)。

A. 政府要求的竣工日期　　B. 施工合同约定的竣工日期

C. 建设单位规定的竣工日期　　D. 监理工程师要求的竣工日期

2. 分包人的施工进度计划必须依据(　　)编制。

A. 承包人的施工进度计划　　B. 分包完工分目标

C. 监理工程师指令　　D. 建设单位要求的分包完工目标

二、多项选择题

1. 在施工进度计划中,(　　)属于控制性计划。

A. 年度计划　　B. 季度计划　　C. 月计划　　D. 旬计划

E. 周计划

2. 项目经理部进行项目进度控制的程序有(　　)。

A. 根据施工合同确定施工进度目标和工期

B. 根据各种因素综合确定编制施工进度计划

C. 向发包人提交开工申请报告

D. 及时调整进度计划中出现的进度偏差(指进度延误)

E. 全部任务完成后进行进度控制总结并编写进度控制报告

3. 下列关于项目分包进度与总进度关系说法正确的有(　　)。

A. 分包人的施工进度计划与承包人的施工进度计划无关

B. 分包的施工进度计划应该在总进度计划控制范畴之外

C. 分包的施工进度计划应该在总进度计划控制范畴之内

D. 承包人应协助分包人解决项目进度控制中的相关问题

E. 分包人的施工进度计划必须依据承包人的施工进度计划编制

4. 施工进度计划调整中的所谓工作关系调整,是指(　　)。

A. 施工顺序局部改变的重新确认

B. 施工时间和空间合理交叉衔接的改善

C. 作业过程相互协作方式的重新确认

D. 进度计划分阶段的改进

【答案】

一、1. B 解题思路:施工合同约定的竣工日期是在政府要求的基础上由建设单位提出的要约内容,监理工程师无权独立要求完工日期。因此是“B”。 2. A 解题思路:分包完工目标和建设单位要求的分包完工目标都要纳入承包人的进度计划控制范畴,监理工程师不直接管理分包单位计划,因此本题答案是“A”。

二、1. AB 解题思路:年度和季度施工进度计划均属于控制性计划,月、旬(或周)施工进度计划是实施性的作业计划。 2. ABE 解题思路:项目经理部进行项目进度控制的程序有:根据施工合同确定施工进度目标和工期、根据各种因素综合确定编制施工进度计划、向监理工程师提交开工申请报告、及时调整进度计划中出现的进度偏差(不必要的提前或延误)、全部任务完成后进行进度控制总结并编写进度控制报告。“C”中应将分包人改成监理工程师,“D”中进度偏差中应添上不必要的提前,因此选 ABE。
3. CDE 解题思路:分包人的施工进度计划必须依据承包人的施工进度计划编制;承包人应分包的施工进度纳入总进度计划的控制范畴。承包人应协助分包人解决项目进度控制中的相关问题。 4. AC 解题思路:“施工时间和空间合理交叉衔接”和“进度计划分阶段的改进”都是达到改善进度目的手段,不属于工作关系的调整。因此,要排除“B”和“D”。

6 城市道路工程前期质量控制

6.1 城市道路工程前期工作要求

一、道路工程前期地质、水文调查

(一) 路线方面

勘察应尽量利用天然或已有的人工露头,当无露头可利用时应进行勘探,开挖试坑或钻探,其中试坑深度应达到地下水位以下,当地下水位很深时,开挖深度不小于 2.0 m。

(二) 路基方面

路基取土调查,对于沿线集中取土或线外大型取土坑每处应布设勘探点,勘探深度应穿过取土层以下 0.5 m,并选取代表性土样鉴定土的路用性质。

(三) 路面方面

二、道路环境与资源调查

对道路沿线施工影响范围内进行环境调查,对道路沿线境域要进行资源调查。

(一) 自然资源调查

(二) 施工资源调查

6.2 城市道路施工准备的内容与要求

一、组织准备

(一) 组建施工组织机构

(二) 建立生产劳动组织

二、技术准备

1. 熟悉和核对设计文件　设计文件是工程施工最重要的依据。

2. 编制施工组织设计(施工方案)。

3. 技术交底　项目技术负责人向施工人员讲解工程特点、设计要求、相关技术规范、规程要求及获准的施工方案,强调工程难点及解决办法。

4. 测量放样。

三、物资准备

1. 材料　制定材料分期分批供应计划。

2. 机具　配备足够的施工机具,分期分批进场备用。

3. 劳保用品。

四、现场准备

1. 动、拆迁工作　该工作一般由建设单位承担。

2. 临时设施　包括现场"七通一平"、施工用房、环境维护等。要有利于施工和管理且不扰民。

3. 施工交通　建临时施工便线、导行临时交通，协助交通管理部门管好交通。

道路工程前期质量控制

道路工程前期水文、地质调查	(1) 调查为正确定线位、设计路线、小桥涵等编制施工组织设计或施工方案提供依据	
	(2) 路线方面调查	① 调查内容 ② 进行地质评价、提出定线意见与施工及保安措施 ③ 测绘地质横断面、标明土石类界限、划分土石等级 ④ 勘察尽量利用天然或已有的人工露头，无可利用时开挖试坑或钻探
道路工程前期水文、地质调查	(3) 路基方面调查	① 定路基边坡和加固措施：根据地质构造、岩性及风化程度 ② 提出坡面及支撑构造物防护类型、基础埋深长度：调查河流形态、水文条件、地质特征、河岸地貌及稳定情况 ③ 判明水文地质对筑路的影响：调查地下水类型补给和排泄等条件，地下水和地表水及与软弱层关系等 ④ 鉴定土的路用性质：取土调查要求 ⑤ 确定地震烈度 $\geqslant 7$ 度的各级烈度的分界位置
	(4) 路面方面调查：划定各路段气候分区，确定路基回弹模量值	
	(5) 特殊地质不良地区调查与预测，为制定防治措施准备资料	
道路环境与资源调查	(1) 沿线施工影响范围环境调查：内容 (2) 沿线境域资源调查：内容 (3) 根据各种需要提出要求内容的环境与资源调查	
城市道路施工准备的内容与要求	(1) 城市道路工程施工特点及目前的问题	
	(2) 施工准备内容与要求	① 组织准备：组织机构、人员选择、各级岗位责任制；建立生产劳动组织、注意组建骨干施工队 ② 技术准备：设计文件：编制施工组织设计；技术交底；测量放样 ③ 物资准备：材料、机具、劳保用品 ④ 现场准备：拆迁工作；临时设施；施工交通

6.3　城市道路工程施工方案与质量计划编制

一、城市道路工程施工方案

(一) 施工方案的拟定

1. 各施工项目(工序)之间客观上存在的工艺顺序必须遵守。

2. 采用的施工方法、工程机械必须与施工顺序协调一致。
3. 满足施工质量和施工安全的基本要求。
4. 应考虑工艺间隔和季节性施工的要求。

（二）施工顺序的确定

1. 必须符合工艺要求。
2. 应与投入的施工机具相适应。
3. 必须保证施工质量的要求。
4. 应充分考虑水文、地质、气象等因素对施工的影响。
5. 必须优先考虑影响全局的关键工程进度工期要求。
6. 体现施工组织的基本原则，即施工过程的连续性、协调性、均衡性和经济性。
7. 必须考虑安全生产的要求。

（三）施工方法的选择

（四）施工方案的技术经济分析

1. 定性分析评价
2. 定量分析评价

（1）工期指标。
（2）单位工程量造价。
（3）成本降低率。
（4）单位工程劳动消耗量。
（5）主要材料消耗指标。

二、质量计划编制的原则与内容

（一）质量计划的编制原则

1. 应由项目经理主持编制项目质量计划。

2. 质量计划应体现从工序、分项工程、分部工程到单位工程的过程控制，且应体现从资源投入到完成工程质量最终检验试验的全过程控制。

3. 质量计划应成为对外质量保证和对内质量控制的依据。

（二）质量计划应包括的内容：质量目标、管理体系与组织机构、管理措施与控制流程

7 道路施工质量控制

7.1 无机结合料稳定基层的质量控制要求

一、石灰稳定土基层

1. 材料　采用塑性指数10～15的黏性土为石灰稳定土用土，效果较好。级配砾石、砂石等材料的最大粒径不宜超过分层厚度的60%，且不得大于10 cm。应采用Ⅲ级(含)以上的钙质或镁质生、消石灰。生石灰应在使用前2～3 d充分消解成消石灰粉，并过10 mm筛。消石灰应尽快使用，不宜存放过久。

2. 配合比应准确，应按制定的配比，在石灰土层施工前10～15 d进行现场试配，通过配合比试验确定最佳的石灰剂量和混合料的最佳含水量。

3. 石灰稳定土应拌和均匀，应在春末和夏季施工，应严格控制基层厚度和高程，其路拱横坡应与地面一致。碾压时宜在最佳含水量的允许偏差范围内。应用12 t以上压路机碾压，先轻型后重型。压实厚度与碾压机具相适应，最厚200 mm，最薄100 mm。严禁用薄层贴补的办法找平。石灰土成活后应立即洒水养护，保持湿润。养护期应封闭交通。

4. 龄期　石灰稳定土的强度有随龄期增长的特点，前期增长速度较快，随后逐渐减慢。

二、水泥稳定土基层

1. 材料　宜选用粗粒土、中粒土；塑性指数宜为10～17；如水泥稳定的是碎(砾)石，则要先筛分成3～4个不同粒级。

用作城市道路基层时，单个颗粒的最大粒径不应超过37.5 mm。应选用初凝时间3 h以上和终凝时间宜在6 h以上的42.5级或32.5级水泥。水泥应有出厂合格证与生产日期，复验合格后方可使用。贮存期超过3个月或受潮，应进行性能试验。

2. 配合比应准确，通过配合比试验确定必需的水泥剂量和混合料的最佳含水量。水泥稳定中粒土、粗粒土做基层时，水泥剂量不宜小于3%(一般不超过6%)。

3. 宜在春末和气温较高季节施工，施工最低气温为5℃。混合料应在等于或略大于最佳含水量(1%～2%)时碾压。应用12 t以上压路机碾压，先轻型后重型。严禁用薄层贴补法找平。基层保湿养护不宜少于7 d。养护期应封闭交通。

三、石灰工业废渣(石灰粉煤灰)稳定砂砾(碎石)基层

1. 材料　石灰质量应符合Ⅲ级消石灰或Ⅲ级生石灰的技术指标。粉煤灰中SiO_2、Al_2O_3和Fe_2O_3的总含量应大于70%；粉煤灰的烧失量不应超过10%。砂砾(或碎石)应具有良好的级配，粒状颗粒的最大粒径不应超过37.5 mm。

2. 配合比应准确。

3. 城市道路中应采用专用稳定料集中厂拌机械拌制二灰混合料。为保证质量，不同粒级的石料、细集料应分开堆放，石灰、粉煤灰、细集料均应有覆盖，防止雨淋。严格按设计配合比配料，拌和应均匀，混合料的含水量应略大于最佳含水量，使运到工地的料适宜碾压成型。压路机先轻型后重型(＞12 t)，注意匀速，碾轮重叠。碾压过程中，及时对二灰砂砾(碎石)层补洒少量水，严禁洒大水碾压。二灰砂砾(碎石)基层宜采用洒水养护，养护期一般为7 d。养护期间宜封闭交通，严禁履带车通行。

4. 石灰工业废渣稳定砂砾(碎石)基层质量控制项目主要有配合比、级配、含水量、拌和均匀性、压实度、抗压强度等。

7.2 沥青混凝土面层施工质量控制要求

沥青面层施工必须在得到监理工程师的开工令后方可开工。

沥青混凝土面层施工质量控制技术要求如下：

1. 施工温度　普通沥青混合料的施工温度宜在135～170℃。

2. 铺筑试验路段　试验路段应包括下列试验内容：

(1) 检验各种施工机械的类型、数量及组合方式是否匹配。

(2) 通过试拌确定拌和机的操作工艺，考察计算机的控制及打印装置的可信度。

(3) 通过试铺确定透层油的喷洒方式和效果，摊铺、压实工艺，确定松铺系数等。

(4) 验证沥青混合料生产配合比设计，提出生产用的标准配合比和最佳沥青用量。

铺筑结束后，施工单位应就各项试验内容提出完整的试验路施工、检测报告，取得业主或监理工程师的批复。

3. 沥青混合料摊铺的平整度　为提高铺筑时的平整度，常采用非接触式的平衡梁来调整摊铺层的厚度。首先要做到摊铺时的两个不要：①不要停下摊铺机；②不要碰撞摊铺机。

在沥青路面施工中，压实度、厚度和平整度是三个最重要的指标。

4. 沥青路面施工厚度的重点检查与控制

(1) 利用摊铺过程在线控制，即不断地用插尺或其他工具插入摊铺层测量松铺厚度。

(2) 利用拌合场沥青混合料总生产量与实际铺筑的面积，计算平均厚度，进行总量检验。

(3) 当有地质雷达等无破损检验设备时，可利用其连续检测路面厚度，但其测试精度需经标定认可。

(4) 待路面完全冷却后，在钻孔检测压实度的同时测量沥青层的厚度。

行业标准CJJ 1规定，沥青混凝土面层外观检查要求是：表面应平整、坚实，不得有脱落、掉渣、裂缝、推挤、烂边、粗细料集中等现象，碾压后不得有明显轮迹；接缝应紧密、平顺，烫缝不应枯焦；面层与缘石及其他构筑物应接顺，不得有积水现象。检测项目有压实度、厚度、弯沉值、平整度、宽度、中线高程与偏位、横坡、井框与路面的高差、抗滑等，其中压实度、厚度和弯沉值是主控项目。

国家标准 GB 50092—96 规定，在交工检查、验收阶段，城市道路沥青混合料路面应检查面层总厚度、上面层厚度、平整度(标准差)、宽度、纵断面高程、横坡度、沥青用量、矿料级配、压实度、弯沉等。抗滑表层还应检查构造深度、摩擦系数摆值等。城市主干路、快速路的平整度采用 3 m 平整度仪测得。

7.3 水泥混凝土路面施工质量控制要求

一、材料与配合比

1. 采用强度高、收缩性小、耐磨性强、抗冻性好的普通硅酸盐水泥，初凝时间 ≥ 1.5 h，终凝时间 ≤ 10 h。新出厂的水泥至少存放 1 周后方可使用，水泥的存放期不得超过 3 个月，标号不低于 42.5 号。路面用天然砂宜为中砂，其中，河砂质量最好，特重、重交通道路水泥混凝土路面工程优先采用河砂。用作路面混凝土的粗集料不得使用不分级的统料，应按最大公称粒径的不同，采用 2～4 个粒级的集料进行掺配并应符合规定级配的要求。卵石最大公称粒径不宜大于 19.0 mm；碎卵石最大公称粒径不宜大于 26.5 mm；碎石最大公称粒径不宜大于 31.5 mm。

使用减水剂的目的：改善工作性、降低水灰比和节约水泥。

2. 精心设计混凝土配合比　普通混凝土路面的配合比设计应满足弯拉强度、工作性、耐久性三项技术经济指标(应加上：经济性)。

(1) 弯拉强度　路面混凝土的弯拉强度是以 150 mm×150 mm×550 mm 的试件，标养 28 d，以三分点双力点的抗折强度为标准。

(2) 工作性　混凝土工作性必须首先满足振捣棒对路面板振捣密实度的要求；其次是满足路表面施工平整度、抗滑构造和规则外观的要求；此外，尚需保证表面的平整度一致和表面砂浆厚度均匀。

(3) 耐久性　从保证耐久性而言，各级道路路面混凝土全部要求掺引气剂。

二、常规施工

1. 一般采用散装水泥。水泥仓库应覆盖或设置顶棚防雨，并应设置在地势较高处，严禁水泥受潮及浸水。混凝土拌合物的组成材料应严格计量。有条件时，尽量采用电子秤等自动计量设备，并应随时注意砂石的含水量，有变化时，应及时调整。应优先选用强制立轴式或双轴式搅拌机，不宜采用自落式搅拌机。搅拌第一拌混凝土时，为避免搅拌鼓内黏附一部分砂浆而影响混凝土的配合比，可先用 1/3 拌的混凝土或适量砂浆搅拌，将其排出后再按规定的配合比搅拌混凝土。

2. 卸料时应不使混凝土离析，且应尽可能将其卸成几小堆，便于摊铺。如发现有离析现象，应在铺筑时用铁锹拌匀，但严禁第二次加水。

3. 已铺好的混凝土，应迅速振捣密实，并控制混凝土振动时间，防止过振。应使混凝土表面有 5～6 mm 的砂浆层，以利于密封和做面。在整个振捣过程中，严禁在混凝土初凝后进行任何形式的振捣。混凝土板做面前，应做好清边整缝、清除黏浆以及修补掉边、缺角。

做面时严禁在面板混凝土上洒水、撒水泥粉。混凝土抹面不宜少于 4 次。

4. 做好接缝处理

(1) 纵缝　纵缝一般采用平缝加拉杆的形式，拉杆采用螺纹钢筋，其位置设在板厚的中央。

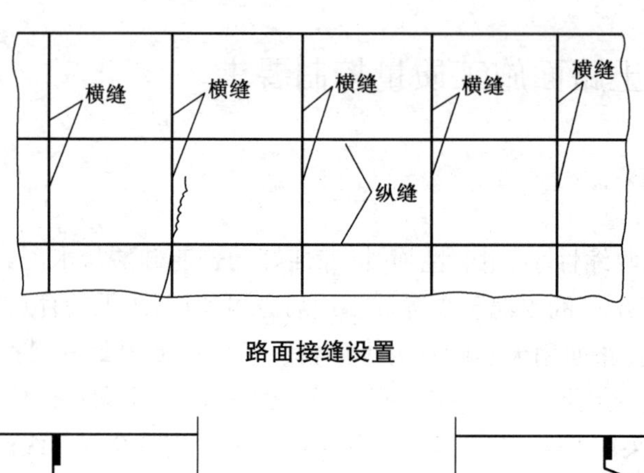

路面接缝设置

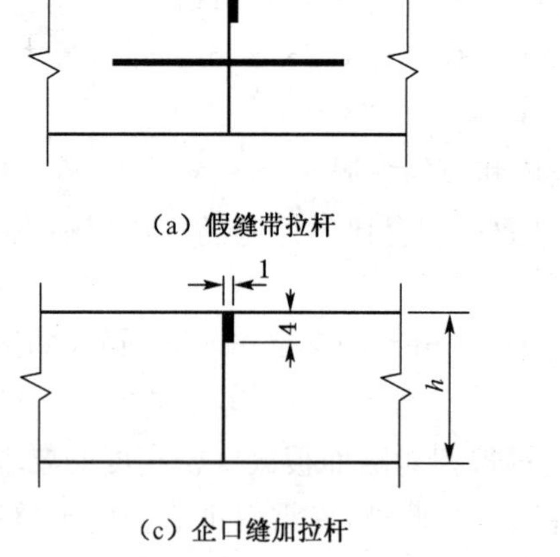

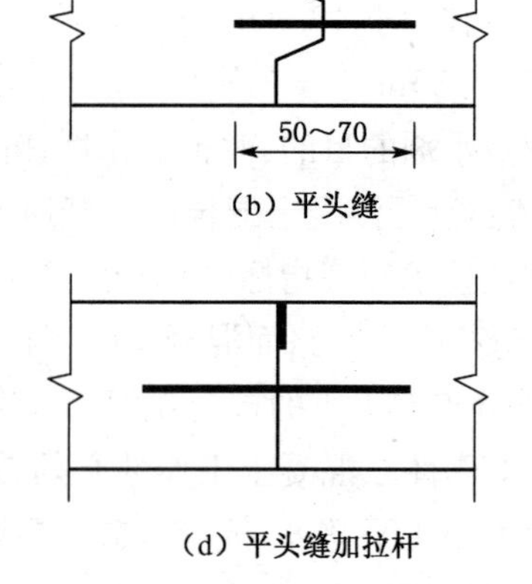

(a) 假缝带拉杆　(b) 平头缝

(c) 企口缝加拉杆　(d) 平头缝加拉杆

纵缩缝的构造形式(单位:cm)

(2) 胀缝　胀缝一般采用真缝形式。缝宽 20 mm。胀缝应设传力杆，传力杆设在板厚中间，胀缝使用的传力杆一般采用光圆钢筋。

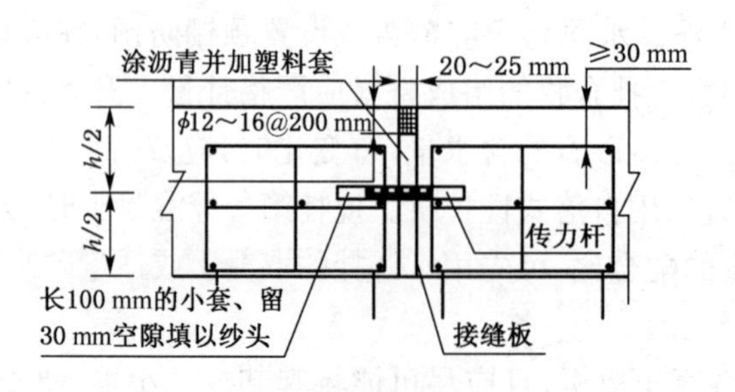

胀缝构造示意图

(3) 横缩缝　一般采用假缝形式，缝宽 4～6 mm。缩缝施工应尽量采用切缝法。

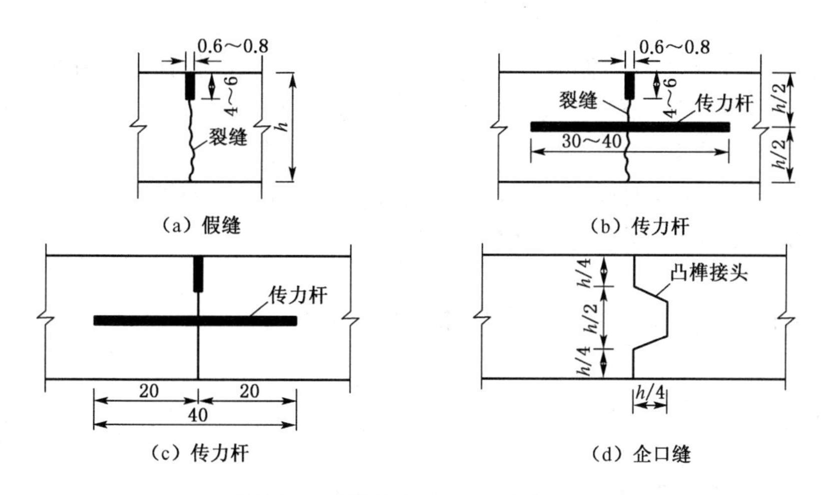

缩缝与工作缝的构造形式(单位:cm)

(4) 灌筑嵌缝材料　混凝土养护期满后,缝槽应及时填缝,在填缝前必须保持缝内清洁,并保持混凝土干燥。

【典型例题】

一、案例分析题

(2010 年考点)某市政道路排水工程长 2.24 km,道路宽度 30 m。其中,路面宽 18 m,两侧人行道各宽 6 m;雨、污水管道位于道路中线两边各 7 m。路面为厚 220 mm 的 C30 水泥混凝土;基层为厚 200 mm 的石灰粉煤灰碎石;底基层为厚 300 mm、剂量为 10%的石灰土。工程从当年 3 月 5 日开始,工期共计 300 d。施工单位中标价为 2 534.12 万元(包括措施项目费)。

招标时,设计文件明确:地面以下 2.4～4.1 m 会出现地下水,雨、污水管道埋深在 4～5 m。

施工组织设计中,明确石灰土雨期施工措施为:①石灰土集中拌和,拌合料遇雨加盖苫布;②按日进度进行摊铺,进入现场石灰土,随到随摊铺;③未碾压的料层受雨淋后应进行测试分析,决定处理方案。

对水泥混凝土面层冬期施工措施为:①连续五天平均气温低于-5℃ 或最低气温低于-15℃时,应停止施工;②使用的水泥掺入 10%的粉煤灰;③对搅拌物中掺加优选确定的早强剂、防冻剂;④养护期内应加强保温、保湿覆盖。

施工组织设计经项目经理签字后开始施工。当开挖沟槽后,出现地下水,项目部采用单排井点降水后管道施工才得以继续进行。项目经理将降水费用上报,要求建设单位给予赔偿。

问题:

1. 补充底基层石灰土雨期施工措施。

2. 水泥混凝土面层冬期施工所采取措施中有不妥之处并且不全面,请改正错误并补充完善。

参考答案：

1. ①掌握气象变化，做好防范准备；②避开主汛期施工；③摊铺段不宜过长，做到当日摊铺，当日碾压成活；④开挖排水沟、排水坑，尽快排除积水。

2. 水泥中掺入粉煤灰不妥，补充如下：①选用 R 型水泥，或 32.5 级水泥；②加热砂石和水；③出料温度、摊铺温度时检测；④基层无冰冻积雪；⑤养护时间不少于 28 d；⑥弯拉强度 ＜ 1 MPa 或抗压强度 ＜ 5 MPa 时，严禁冰冻。

7.4 压实度的测定方法和评定标准

一、击实试验

击实试验分轻型和重型两种，轻型击实试验适用于粒径小于 5 mm 的黏性土，重型击实试验适用于粒径不大于 20 mm 的土。

二、压实密度的测定过程

1. 重型击实试验。

2. 现场实测干密度和含水量　一般黏性土采用环刀法或蜡封法；砂质土及粗粒的石质土采用灌砂法。

3. 计算压实度　实测干(质量)密度与最大干(质量)密度的比值，一般以百分率表示。

压实度测定方法

<table>
<tr><td rowspan="5">路基压实密度的测定方法和压实质量的评定标准</td><td rowspan="4">(1) 压实密度的测定</td><td colspan="2">① 重型与轻型击实试验求得最佳含水量和最大干(质量)密度</td></tr>
<tr><td rowspan="2">② 压实质量密度和含水量</td><td>(a) 黏性土用环刀法或蜡封法</td></tr>
<tr><td>(b) 砂质及粗粒石质土用灌砂法</td></tr>
<tr><td colspan="2">③ 计算实度(%)
=[实测干(质量)密度 / 最大干(质量)密度]×100%</td></tr>
<tr><td>(2) 压实质量的评定</td><td colspan="2">① 按土路基填挖类型、填筑深度及道路类型对照规范要求判断是否达到质量要求</td></tr>
<tr><td rowspan="3">无机结合料稳定基层的质量控制要点</td><td>(1) 石灰稳定土基层</td><td colspan="2">① 材料：所用土类、土颗粒最大粒径、石灰品质要求
② 配合比及 R_7 强度要求
③ 施工操作、机具、压实厚度、养生等要求</td></tr>
<tr><td>(2) 水泥稳定土基层</td><td colspan="2">① 材料要求
② 配合比，R_7 强度要求
③ 施工操作、机具、压实厚度、养生、雨季施工等要求</td></tr>
<tr><td>(3) 石灰工业废渣(石灰粉煤灰)稳定砂砾(碎石)基层</td><td colspan="2">① 材料要求
② 配合比，R_7 浸水强度、最佳含水量及最大干密度等要求
③ 集中厂拌、堆放时间、松铺系数、碾压、养护、质控项目等要求</td></tr>
</table>

8 道路工程季节性施工质量控制

8.1 道路雨期施工质量控制要求

编制实施性的雨期施工专项方案，合理安排机具，集中人力，组织快速施工，分段突击，本着完成一段再开一段的原则，当日进度当日完成。其施工特点及质量控制要求如下：

1. 土路基　有计划地集中力量，组织快速施工，分段开挖，切忌全面开花或战线过长。挖方地段要留好横坡，做好截水沟。坚持当天挖完、填完、压完，不留后患。因雨翻浆地段，坚决换料重做。对低洼处等不利地段，应优先安排施工。

路基填土施工，应留 2%～4%以上的横坡，每日收工前或预报有雨时，应将已填土整平压实，防止表面积水和渗水而将路基泡软。遇雨要及时检查，发现路槽积水尽快排除；雨后及时检查，发现翻浆要彻底处理，挖全部软泥，大片翻浆地段尽量利用推土机等机械铲除，小片翻浆相距较近时，应一次挖通处理，一般采用石灰土或砂石材料填好、压好。

2. 基层　对底基层应注意砂石材料的含水量，采取集中摊铺、集中碾压，当日碾压成活；对稳定材料基层，摊铺段不宜过长，并应当日摊铺，当日碾压成活；未碾压的料层受雨淋后，应进行测试分析，按配合比要求重新搅拌。及时开挖排水沟或排水坑，以便尽快排除积水。

3. 面层

(1) 沥青面层不允许在下雨或下层潮湿时施工。沥青混合料车辆应有防雨措施。应做到及时摊铺、及时完成碾压。

(2) 水泥混凝土路面施工时，掌握天气预报，安排在不下雨时施工。水泥必须放在库棚里，在料场和搅拌站搭雨棚，或在施工现场搭可移动的罩棚，以便下雨时能继续完成。应勤测砂石集料的含水率，适时调整加水量，严格掌握配合比。雨期作业工序要紧密衔接，应及时浇筑、振动、抹面、养护。

城市道路工程季节性施工质量控制

<table>
<tr><td rowspan="4">道路雨期施工特点及质量控制要求</td><td>(1) 施工准备</td><td colspan="2">① 以预防为主，掌握施工主动权
② 安排紧凑，集中力量打歼灭战
③ 做好排水系统、防排结合，备好防雨物资
④ 加强巡察，及时疏排积水，工程损坏及时修复</td></tr>
<tr><td rowspan="3">(2) 施工特点及质量控制要求</td><td>① 土路基</td><td>A. 快速施工，分段开挖，当天挖完、填完、压完，因雨翻浆，换料
B. 挖方段留好横坡，做好截水沟
C. 填土按 2%～4%横坡整平压实，防积水</td></tr>
<tr><td colspan="2">② 稳定材料基层坚持拌多少铺多少、压多少完成多少，下雨来不及完成时，也要碾压 1～2 遍，防雨水渗透</td></tr>
<tr><td>③ 面层</td><td>A. 沥青混凝土不允许下雨或下层潮湿时施工。雨期缩短施工长度，加强与拌和厂联系，及时摊铺碾压
B. 水泥混凝土搅拌站及现场防雨要求，多测砂石含水率，雨期作业工序紧密衔接，及时浇、振、抹、养</td></tr>
</table>

续 表

道路冬期施工特点及避害措施	(1) 冬期施工准备	① 施工中既要防冻,又要快速,保质量 ② 施工部署科学合理,土方和土基项目尽量在上冻前完成 ③ 做好防冻覆盖和挡风、加热、保温等物资、措施准备
	(2) 土路基冬期施工避害措施	① 开挖有关要求;填土高度随气温下降减少 ② 不得用冻土填筑的情况及范围 ③ 用冻土填筑的含量、粒径、使用状况要求
	(3) 基层冬施避害措施	① 颗粒和稳定类基层冬施可适当加一定浓度盐水降冰点 ② 半刚性基层可施工时期要求
	(4) 路面冬施避害措施	① 沥青混凝土面层应尽量避免冬期施工,必须施工时的各项要求 ② 水泥混凝土面层室外日平均气温连续 5 d 低于 5℃时,进入冬期施工 ③ 水泥混凝土面层冬期施工材料、拌和、基层、操作等方面要求

8.2 道路冬期施工质量控制要求

一、施工准备

1. 在冬期施工中,既要防冻,又要快速,以保证质量。
2. 尽量将土方和土基项目安排在上冻前完成。
3. 做好防冻覆盖和挡风、加热、保温工具等物资及措施准备。

二、避害措施

(一) 土路基

土路基冬期施工中,应做到:开挖冻土,应选择适宜的破冻土机械与开挖机械,施工时严禁掏洞取土;宜每日开挖到规定深度,并及时采取防冻措施。当开挖至路床时,必须当日碾压成活,成活面应采取防冻措施。路堑的边坡应在开挖过程中及时修整。填方土层宜用未冻、易透水的土。

铺土层应及时碾压密实,不应受冻。城市快速路、主干路的路基不应用含有冻土块的土料填筑。次干路以下道路填土材料中冻土块含量应小于 15%,冻土块粒径不得大于 10 mm。冻土必须与非冻土拌匀,严禁集中使用。

(二) 基层

适当控制含水量,当天碾压,以利防冻;颗粒基层和稳定类基层冬期施工时可适当加一定浓度的盐水,以降低冰点。

石灰及石灰、粉煤灰类基层宜在进入冬期前 30~45 d 停止施工;水泥稳定土(粒料)类基层,宜在进入冬期前 15~30 d 停止施工。

(三) 沥青混凝土面层

城市快速路、主干路的沥青混合料面层严禁冬期施工。次干路及其以下道路在施工温度低于 5℃时应停止施工。当风力小于六级,环境温度大于 5℃,沥青混合料施工时,应视沥青品种、标号,比常温适度提高混合料搅拌与施工温度。运输中应覆盖保温。

下承层表面应干燥、清洁，无冰、雪、霜等。摊铺时间宜安排在一日内气温较高时进行；施工中做好充分准备，采取“快卸、快铺、快平”和“及时碾压、及时成型”的方针。粘层、透层、封层、贯入式与表面处严禁冬期施工。

（四）水泥混凝土面层

当连续5昼夜平均气温低于－5℃，或最低气温低于－15℃时，停止施工。应做到：水泥应选用水化总热量大的R型或单位水泥用量较多的32.5级水泥，不宜掺粉煤灰；搅拌机的出料温度不得低于10℃，混凝土拌合物的浇筑温度不应低于5℃，当气温低于0℃或浇筑温度低于5℃时，应将水加热后搅拌，最后放入水泥，水泥严禁加热；混凝土板浇筑前，基层应无冰冻、不积冰雪；拌合物中不得使用带有冰雪的砂、石料，可加防冻剂、早强剂。

冬期养护时间不少于28 d；混凝土板的抗折强度低于1 MPa或抗压强度低于5 MPa时，不得遭受冰冻。

【练一练】

一、单项选择题

1. 项目施工进度计划中的月施工进度计划，由项目经理部提出目标和作业项目，通过（　　）后编制。

A. 监理工程师初审　　B. 建设单位代表初审

C. 项目经理初审　　D. 工地例会协调

2. 根据施工进度计划的编制原则，在施工进度计划实施中应及时纠正（　　）或调整计划，再付诸实施。

A. 延误　　B. 偏差　　C. 浪费现象　　D. 疏忽

3. 施工进度总计划是以建设项目总体为对象对全工地的（　　）提出的时间安排表。

A. 所有工程施工活动　　B. 所有主要单位工程施工活动

C. 所有主要工种工程施工活动　　D. 全场性工程的操作活动

4. 当施工项目的计划总工期在一个年度以下时，最小的施工进度计划是（　　）。

A. 季度施工进度计划　　B. 月施工进度计划

C. 旬施工进度计划　　D. 周施工进度计划

5. 结合城市道路的特点，道路路基方面前期水文调查最重要的工作为（　　）。

A. 调查气象、水文、地面径流，提出施工安全保证措施

B. 调查地下水类型、补给和排泄条件、地下水和地表水关系，判明水文地质条件对筑路的影响

C. 调查河流形态、水文条件、河岸地貌及稳定性，提出路基防护类型等

D. 调查地下水蓄水层性质，地下水与软弱层关系

6. 以下不属于城市道路施工物资准备的工作内容是（　　）。

A. 材料必须经选择和检验，不合格不准用　　B. 劳保用品，安全、消防用品，应配备足够

C. 机具应分期分批进场备用　　D. 临时设施

7. 路基压实密度测定中，砂质土的现场实测密度和含水量采用（　　）来测定。

A. 灌砂法　　B. 蜡封法　　C. 标准击实法　　D. 环刀法

8. 石灰工业废渣稳定砂砾基层施工中的碾压应在其混合料的含水量为(　　)时进行。

A. 等于或略大于最佳含水量的1%～2%　B. 为最佳含水量的±1%～±2%

C. 等于最佳含水量　D. 等于或略小于最佳含水量1%～2%

9. 沥青混合料面层施工质量控制，按行业标准CJJ 1—90规定，检测项目中(　　)是主要检查项目，合格率应达到100%。

A. 弯沉值和横坡　B. 平整度和宽度

C. 压实度和厚度　D. 中线高程和井框与路面的高差

10. 水泥混凝土路面面层在冬期施工后的养护时间不少于(　　)。

A. 24 d　B. 28 d　C. 30 d　D. 35 d

二、多项选择题

1. 在施工进度计划实施的过程中，应执行施工合同对(　　)的承诺。

A. 进度　B. 开工及延期开工

C. 暂停施工与工期延误　D. 工程竣工

E. 均衡施工

2. 项目经理部编制施工进度计划应根据(　　)等因素综合确定。

A. 组织关系　B. 工艺关系

C. 搭接关系　D. 工、料、机计划

E. 工作关系

3. 施工进度计划调整中的所谓工作关系调整，是指(　　)。

A. 施工顺序局部改变的重新确认　B. 施工时间和空间合理交叉衔接的改善

C. 作业过程相互协作方式的重新确认　D. 进度计划分阶段的改进

E. 起止时间

4. 施工进度计划是表示施工项目中各个单位工程或各分项工程的(　　)的计划。

A. 关键工程项目　B. 施工顺序　C. 开竣工时间　D. 相互衔接关系

E. 非关键工作

5. 施工进度计划的表达，常用(　　)形式。

A. 横道图　B. 香蕉曲线图　C. 网络计划图　D. S曲线图

E. 鱼刺图

6. 用网络图的形式表达单位工程施工进度计划的优点有(　　)。

A. 能充分揭示项目中各工作之间的相互制约和相互依赖关系

B. 能明确反映出进度计划中的大部分矛盾

C. 可以利用计算机进行计算、优化和配置

D. 可以减少工程量

E. 可使进度计划编制更能满足进度控制工作的要求

7. 城市道路环境与资源调查结合其特点，环境调查一般应侧重(　　)内容。

A. 洪汛及防洪防汛状况　B. 地形、地貌

C. 地上地下构筑物与建筑物　D. 现有交通状况

E. 人文状况、文物保护和环境治理

8. 城市道路施工的特点表现为(　　)。

A. 类型多,结构独特
B. 沿线地质单元、地质构造变化多
C. 地上地下物多
D. 配合工作多,干扰多
E. 工程项目多,施工变化多,设计滞后且变更多

9. 城市道路施工的技术准备包括(　　)。
A. 组建施工组织结构
B. 编制施工组织设计
C. 建立生产劳动组织
D. 技术交底
E. 测量放样

10. 在城市道路前期质量控制中,城市道路施工前的准备工作包括(　　)。
A. 资金准备　B. 组织准备　C. 技术准备　D. 物资准备
E. 现场准备

11. 路基压实质量评定中土质路基最低压实度标准应按照土路基的(　　)来判断。
A. 填挖类型　B. 土质类别　C. 填挖深度　D. 道路等级类别
E. 最佳含水率

12. 水泥稳定土基层通过配合比试验确定必需的水泥剂量和混合料的最佳含水量,使其 7 d 浸水抗压强度达到(　　)。
A. 城市主干路、快速路基层为 0.8～1.1 MPa
B. 城市主干路、快速路基层为 3～5 MPa
C. 城市一般道路基层为 0.6～0.8 MPa
D. 城市一般道路基层为 2.5～3 MPa
E. 城市一般道路基层为 3～3.5 MPa

13. 关于水泥混凝土路面层夏季施工的质量控制要求,下列叙述中正确的是(　　)。
A. 严控混凝土的配合比,保证其和易性,必要时加缓凝剂,特高温时加降温材料
B. 必要时加塑化减水剂
C. 加强拌制、运输、浇筑、成活各工序的衔接,尽量使运输和操作时间缩短
D. 在施工现场搭可移动的罩棚,以便对刚铺筑的水泥混凝土抹面成活
E. 加设临时罩棚,减少蒸发量。加强养护,多洒水,保证正常硬化过程

14. 沥青混凝土面层应尽量避免冬期施工,必须进行施工时,应做好(　　)充分准备,采取“三快”和“两及时”方针。
A. 适当提高沥青混合料出厂温度,但不超过 175℃
B. 下承层表面应干燥、清洁,无冰、雪、霜等
C. 快卸、快铺、快平,及时碾压成型
D. 运输中应覆盖保温,应达到摊铺和碾压的最低温度要求
E. 适当提高沥青混合料出厂温度,但不超过 190℃

15. 下列关于石灰稳定土基层说法正确的是(　　)。
A. 应在春期和夏末施工
B. 应严格控制基层厚度和高程,其路拱横坡应与地面区别明显
C. 拌和均匀,应在等于或略小于最佳含水量时碾压,以满足压实度要求
D. 应用 12 t 以下压路机碾压,先轻型后重型
E. 石灰土应湿养,养生期不宜少于 7 d

16. 以下关于水泥稳定土基层的材料方面说法正确的有(　　)。

A. 用做城市一般道路基层时,单个颗粒的最大粒径不应超过 37.5 mm

B. 用做城市主干路、快速路时,D_{max}不应大于 21.5 mm

C. 集料中不宜含有塑性指数的土

D. 如水泥稳定的是砂(砾)石,则要先筛分成 3～4 个不同粒级,然后配合成规范要求的级配范围

E. 应选用初凝时间 4 h 以上和终凝时间宜在 6 h 以上的 P22.5 或 P32.5 号水泥

17. 以下关于水泥稳定土基层施工方面说法正确的是(　　)。

A. 宜在温度较高季节施工,施工最低气温为 10℃

B. 雨期施工应防止水泥和混合料淋雨,降雨时应停止施工

C. 混合料应在等于或小于最佳含水量时碾压,以满足按重型击实标准确定的压实度要求

D. 压实厚度随碾压增加而增加,最多达 20 cm

E. 基层保湿养生不宜少于 5 d

18. 以下关于城市道路冬期施工对于水泥混凝土面层说法正确的为(　　)。

A. 当室外日平均气温连续 7 d 低于 5℃时,进入冬期施工

B. 采用 P32.5 号硅酸盐水泥时,水灰比不应大于 0.45

C. 混凝土拌合物的浇筑温度不应低于 4℃

D. 冬期养护时间不少于 28 d

E. 混凝土板的抗折强度低于 1.5 MPa 或抗压强度低于 5.0 MPa 时,不得遭受冰冻

19. 以下关于城市道路冬期施工对于半刚性基层说法正确的为(　　)。

A. 应在日最低气温 5℃以上施工

B. 应在日最低气温 3℃以上施工

C. 应在第一次冰冻－3℃～－5℃到来之前 1～2 月完成

D. 应在第一次冰冻－2℃～－4℃到来之前 1～2 月完成

E. 应在第一次冰冻－3℃～－5℃到来之前 1～1.5 月完成

【答案】

一、1. D　解题思路:月计划是在控制性计划指导约束下制定的,提出的目标和作业项目是根据已经监理工程师审批的施工组织设计和业主本月要求提出的,至于对目标和作业项目三方不同意见,也只能通过三方均出席的工地例会进行协调来解决。　2. B　解题思路:A 只是偏差的一部分,偏差还包括不必要的提前。C、D 没有 B 说法准确。　3. A　解题思路:考查应试者对"项目群体工程"和"所有工程施工活动"的正确理解。因为所有主要的,不论是单位工程还是工种工程都只是项目群体工程的一部分,至于全场性工程的操作活动,没有包括操作活动以外的材料、机械设备及人员培训等操作外的一切工作活动。所以只有"A"的内容涵盖了项目群体工程所有工程施工活动。　4. D　解题思路:季度施工进度计划是控制性计划,而作为实施性的作业计划是月、旬、周的施工进度计划。因此,最小的施工进度计划是"D"。5. B　解题思路:城市道路中对路基方面调查最关注的是地下水对路基强度、刚度和稳定性的影响。同时,路基工程施工准备工作中的埋设地管线能否顺利施工,沟槽地基和回填都与水文地质条件的影响有十分密切的关系。而水文地质条件中的地下水类型、补给和排泄条件,地下水和地表水关系等又是判定影响因素中的重点内容。因此本题答案为"B"。　6. D　解题思路:临时设施如施工用房、用电、用水环境维护

等，虽也有物资投入，但属于现场准备工作内容，因此要排除“D”。　7. A　解题思路：本题考查应试者能否正确理解现场实测土的密度和含水量与土的标准击实试验是取得不同土类的最大干密度和最佳含水量的区别。现场实测土的密度和含水量，对于黏性土用环刀法或蜡封法，而对于砂质土及粗粒的石质土则采用灌砂法。　8. B　解题思路：无机结合料稳定基层压实质量与其碾压时材料含水量的控制是否严格关系十分密切。这时含水量偏离最佳含水量情况存在着石灰稳定土略小，水泥稳定土略大，石灰工业废渣稳定砂砾（碎石）在略小与略大之间的不同。因此本题答案为“B”。　9. C　解题思路：按行业标准 CJJ 1—90 规定，沥青混合料面层施工中及完工后的检测项目，只有压实度和厚度为质量控制的主要检查项目，必须达到 100%合格率，这关系到沥青混合料面层是否具有优良的内在质量。　10. B　解题思路：水泥混凝土路面面层的水泥混凝土，在温度低于 15℃时强度增长较缓慢。因此，一方面要在养护中覆盖保温，同时要确保养护时间不少于 28 d。因此答案为“B”。

二、1. ABCD　解题思路：均衡施工是施工单位经济的施工方式，不需在合同中约定，因此可排除答案“E”。　2. ABCD　解题思路：工作关系是施工计划调整的内容，不是编制施工计划应根据的因素。因此排除“E”。　3. AC　解题思路：“施工时间和空间合理交叉衔接”和“进度计划分阶段的改进”都是达到改善进度目的的手段，不属于工作关系的调整。因此要排除“B”和“D”。　4. BCD　解题思路：因进度计划中的关键工程项目是相互衔接关系中决定总工期能否如期实现的部分，因此本题应排除的应是“A”。5. AC　解题思路：因为香蕉曲线和 S 曲线是对施工进度计划完成情况进行检查所使用的两种形式，所以本题答案应排除“B”和“D”。　6. ACE　解题思路：用网络图的形式表达单位工程施工进度计划的优点有：能充分揭示项目中各工作之间的相互制约和相互依赖关系，能明确反映出进度计划中的主要矛盾，可以利用计算机进行计算、优化和配置，可使进度计划编制更能满足进度控制工作的要求。“B”中应将“大部分矛盾”改为“主要矛盾”。因此选 A、C、E。　7. CDE　解题思路：城市在发展建设中已着重防洪防汛及地形地貌的考虑。对于城市道路施工环境调查中“C”、“D”和“E”的状况对施工的难易影响极大。因此应侧重 C、D、E。　8. ACDE　解题思路：城市道路工程由于存于城市中，与道路同期实施的一般均有 7～10 种市政基础设施管线，地上又有交通、照明、绿化等方面的设施，因此会涉及多业主、多管理部门，再加上由于交通及城市生活的制约，工期紧，造成设计深度及提前量均有不足。相比而言，城市道路是在某一地区内，不像公路为联系各地区线路长而地质构造及单元变化多。因此，排除“B”。　9. BDE　解题思路：城市道路施工的技术准备包括熟悉设计文件、编制施工组织设计（施工方案）、技术交底和测量放样。选项 A 和选项 C 属于组织准备内容。　10. BCDE　解题思路：选项 B、C、D、E 均属于在城市道路前期质量控制中，城市道路施工前的准备工作内容，而选项 A 与质量控制无直接关系。人员编制专业的作业指导书，经项目负责人审批后执行。　11. ACD　解题思路：路基压实质量评定标准的土质路基最低压实度判断按“A”、“C”、“D”项内容。“B”对应土质路基的最大干密度和最佳含水量，因此本题答案中应排除“B”、“D”。12. BD　解题思路：配合比试验使混合料为石灰工业废渣（石灰粉煤灰）稳定砂砾混合料，用于城市主干路、快速基层时，7 d 浸水抗压强度达到 0.8～1.1 MPa，而用于城市其他道路时为0.6～0.8 MPa。只有水泥稳定土混合料的 7 d 浸水抗压强度，用做城市主干路、快速路基层时为 3～5 MPa，用做城市其他道路时为 2.5～3 MPa。因此应排除“A”、“C”。　13. ACE　解题思路：待选答案“B”是减少水泥混凝土泌水过多的措施，不适于夏季施工，“D”为水泥混凝土路面层雨季施工的措施。因此本题应排除答案“B”和“D”。14. ABD　解题思路：“C”是题目中提到的“三快”，即“快卸、快铺、快平”，“两及时”是指“及时碾压，及时成型”方针内容，因此应排除“C”。　15. CE　解题思路：“A”应改为“春末和夏期”；“B”应改为“其路拱横坡应与地面一致”；“D”应改为“应用12 t 以上压路机碾压，先轻型后重型”。　16. ACD　解题思路：“B”应改为“D_{max}不应大于 31.5 mm”；“E”应改为“3 h 以上”。　17. BDE　解题思路：A 中应将 10℃改为 5℃；C 中应将小于改为略大于。　18. BD　解题思路：“A”中应将 7 d 改为 5 d，“C”中应将 4℃改为 5℃，“E”中应将 1.5 MPa 改为1.0 MPa。　19. AE

9 城市桥梁工程前期质量控制

9.1 城市桥梁工程施工准备的内容

一、技术准备

技术准备是施工准备的核心。

（一）熟悉设计文件、研究施工图纸、进行现场核对

（二）原始资料的进一步调查分析

（1）地质

（2）水文

（3）气象

（4）施工现场的地形地物

对工程区域的交通和工程地点沿线附近建筑物、地下构筑物、公用管线等资料进行调查和复核，并采取应对措施，并经建设单位或监理批准后实施。

（三）施工前的设计技术交底

设计技术交底一般由建设单位（业主）主持，设计、监理和施工单位（承包商）参加。最后形成“设计技术交底纪要”，由建设单位行文，参加单位共同会签盖章。当工程为设计施工总承包时，应由总承包人主持进行内部设计技术交底。

二、劳动组织准备和物资准备

（一）劳动组织准备

（二）物资准备

三、施工现场准备

1. 施工控制网测量
2. 补充钻探
3. 搞好“四通一平”
4. 建造临时设施
5. 安装调试施工机具
6. 材料的试验和储存堆放
7. 新技术项目的试制和试验
8. 冬期、雨期施工安排
9. 消防、保安措施
10. 建立健全施工现场各项管理制度
11. 办理同意施工的手续

9.2 城市桥梁工程施工方案与质量计划编制

1. 施工组织设计

2. 工程概况

3. 施工方案　施工方案是施工组织设计的核心部分，主要包括施工方法的确定、施工机具的选择、施工顺序的确定等方面的内容。

（1）施工方法的确定　施工方法是施工方案中的关键问题，它直接影响施工进度、质量、安全和工程成本。确定施工方法应注意突出重点。对于下列情况：

① 工程量大，在整个工程中占重要地位的分部分项工程。

② 施工技术复杂的项目。

③ 采用新技术、新工艺及对工程质量起关键作用的项目。

④ 不熟悉的特殊结构或工人在操作上不够熟练的工序。

在确定施工方法时，应详细而具体，不仅要拟订出操作过程和方法，还应提出质量要求和技术措施，必要时应单独编制施工作业计划。

（2）施工机具的选择　施工方法的确定往往取决于施工机械。施工机械选择的一般思路是：先在本单位内选择适宜的主导和配套施工机械，不能满足施工要求时，再考虑租赁或购买。要尽可能选择通用的标准机械。

（3）施工顺序的确定。

（4）专项设计。

4. 施工进度计划

5. 施工平面图　施工平面图是施工组织设计的重要组成部分，绘制比例为 1∶500～1∶2 000。施工平面图的设计步骤为：(1)收集分析研究原始资料；(2)确定搅拌站、仓库和材料、构件堆场的位置及尺寸；(3)布置运输道路；(4)布置生产、生活用临时设施；(5)布置临时给排水、用电管网；(6)布置安全、消防设施。

10 城市桥梁工程施工质量控制

10.1 城市桥梁工程钻孔灌注桩质量事故预防及纠正措施

一、常见的钻孔(包括清孔时)质量事故的原因及处理

常见的钻孔(包括清孔时)事故有以下几种:坍孔、钻孔偏斜、掉钻落物、糊钻和埋钻、扩孔和缩孔、钻杆折断、钻孔漏浆等。

(一) 扩孔和坍孔

常用预防措施有控制进尺速度、选用适用护壁泥浆、保证孔内必要水头、避免触及和冲刷孔壁等。孔内局部坍塌而扩孔,钻孔仍能达到设计深度则不必处理;孔内坍塌,回填砂和黏质土(或砂砾和黄土)混合物到坍孔处以上 1～2 m,如坍孔严重应全部回填,待回填物沉积密实后再钻。

(二) 钻孔偏斜

1. 产生的原因

(1) 钻头受到侧向力。

(2) 扩孔处钻头摆向一方。

(3) 钻杆弯曲、接头不正。

(4) 钻机底座未安置水平或位移。

2. 钻孔偏斜后,应查明偏斜情况 一般可在偏斜处反复扫孔,使钻孔正直。偏斜严重时应回填砂黏土到偏斜处,待回填物沉积密实后再钻。

(三) 钻孔漏浆

造成钻孔漏浆的原因有泥浆稀、护筒制作埋置不良、水头过高等。

二、灌注水下混凝土质量事故的预防及处理

(一) 导管进水

1. 主要原因

(1) 首批混凝土储量不足,或虽然混凝土储量已够,但导管底口距孔底的间距过大,混凝土下落后不能埋没导管底口,以致泥水从底口进入。

(2) 导管接头不严或焊缝破裂。

(3) 导管提升过猛或测深出错。

2. 预防和处理方法

(1) 若是上述第一种原因引起的,应立即将导管提出,将散落在孔底的混凝土拌合物用反循环钻机的钻杆通过泥石泵吸出,或者用空气吸泥机、水力吸泥机以及抓斗清出,不得已时需要将钢筋笼提出,采取复钻清除。

(2) 若是第二、第三种原因引起的，拔换原管重下新管；或用原导管插入续灌，但灌注前均应将进入导管内的水和沉淀土用吸泥和抽水的方法吸出。导管插入混凝土内应有足够深度，一般宜大于 2 000 mm。

(二) 卡管

在灌注过程中，混凝土在导管中下不去，称为卡管。卡管有以下两种情况：

1. 初灌时隔水栓卡管；或由于混凝土本身的原因，如坍落度过小、流动性差、夹有大卵石、拌和不均匀，以及运输途中产生离析、导管接缝处漏水、雨天运送混凝土未加遮盖等，使混凝土中的水泥浆被冲走，粗集料集中而造成导管堵塞。

处理办法可用长杆冲捣管内混凝土，用吊绳抖动导管，或在导管上安装附着式振捣器等使隔水栓下落。

2. 机械发生故障或其他原因使混凝土在导管内停留时间过久，或灌注时间持续过长，最初灌注的混凝土已经初凝，增大了导管内混凝土下落的阻力，混凝土堵在管内。预防方法是灌注前应仔细检修灌注机械，并准备备用机械，发生故障时立即调换备用机械；同时采取措施，加速混凝土灌注速度，必要时，可在首批混凝土中掺入缓凝剂，以延缓混凝土的初凝时间。

当灌注时间已久，孔内首批混凝土已初凝，导管内又堵塞有混凝土，此时应将导管拔出，重新安设钻机，利用较小钻头将钢筋笼内的混凝土钻挖吸出，用冲抓锥将钢筋骨架逐一拔出，然后以黏土掺砂砾填塞井孔，待沉实后重新钻孔成桩。

(三) 坍孔

发生坍孔后，应查明原因，采取相应的措施，防止继续坍孔。然后用吸泥机吸出坍入孔中的泥土；如不继续坍孔，可恢复正常灌注。

如坍孔仍不停止，坍塌部位较深，宜将导管拔出，将混凝土钻开抓出，同时将钢筋取出，只求保存孔位，再以黏土掺砂砾回填，待回填土沉实时机成熟后重新钻孔成桩。

(四) 埋管

预防办法：应按前述要求严格控制埋管深度，一般不得超过 6～8 m；在导管上端安装附着式振捣器；首批混凝土掺入缓凝剂，加速灌注速度；导管接头螺栓事先应检查是否稳妥；提升导管时不可猛拔。

(五) 钢筋笼上升

为了防止钢筋笼上升，当导管底口低于钢筋笼底部 3 m 至高于钢筋笼底 1 m 之间，且混凝土表面在钢筋笼底部上下 1 m 之间时，应放慢混凝土灌注速度。

克服钢筋笼上升，还应从钢筋笼自身的结构及定位方式上加以考虑。具体措施为：

1. 适当减少钢筋笼下端的箍筋数量，可以减少混凝土向上的顶托力。

2. 钢筋笼上端焊固在护筒上，可以承受部分顶托力，具有防止其上升的作用。

3. 在孔底设置直径不小于主筋的 1～2 道加强环形筋。

(六) 灌短桩头

预防办法是：

1. 在灌注过程中必须注意是否发生坍孔的征象，如有坍孔，应按前述办法处理后再续灌。

2. 测深锤不得低于规范规定的重力及形状，如系泥浆相对密度较大的灌注桩必须取测深锤重力规定值。

3. 灌注将近结束时加清水稀释泥浆并掏出部分沉淀土。

4. 采用热敏电阻仪或感应探头测深仪。

5. 采用铁盒取样器插入可疑层位取样判别。

(七) 桩身夹泥、断桩

对已发生或估计可能发生夹泥断桩的桩,应采用地质钻机,钻芯取样,做深入的探查,判明情况。应采取压浆补强方法处理。

用地质钻机钻芯取样检验钻孔桩质量方法,宜用非破损检验混凝土桩(包括预制桩和灌注桩)质量的方法。

(八) 灌注桩补强方法

根据以往经验,一般采用压入水泥浆补强的方法。施工要求如下:

1. 对需补强的桩,除用地质钻机钻一个取芯孔外(用无破损探测法探测的桩要钻两个孔),应再钻一个孔。一个用作进浆孔,另一个用作出浆孔。孔深要求达到补强位置以下1 m,柱桩则应达到基岩。

2. 用高压水泵向一个孔内压入清水,压力不宜小于0.5～0.7 MPa,将夹泥和松散的混凝土碎渣从另一个孔冲洗出来,直到排出清水为止。

3. 用压浆泵压浆,第一次压入水灰比为0.8的纯水泥稀浆(宜用32.5水泥),进浆管应插入钻孔1.0 m以上,用麻絮填塞进浆管周围,防止水泥浆从进浆口冒出。待孔内原有清水从出浆口压出来以后,再用水灰比为0.5的浓水泥浆压入。

4. 为使浆液得到充分扩散,应压一阵停一阵,当浓浆从出浆口冒出后,停止压浆,用碎石将出浆口封填,并用麻袋堵实。

5. 最后用水灰比为0.4的水泥浆压入,稳压闷浆20～25 min,压浆工作即可结束。

10.2 城市桥梁工程大体积混凝土浇筑的质量控制要求

所谓大体积混凝土结构,是指整个结构尺寸已经大到必须采取相应技术措施来妥善处理混凝土内外温度差值、合理解决温度应力并控制混凝土产生裂缝的结构,如承台、墩台柱、梁等大体积结构。

原因分析:①地基变形引起的裂缝。由于地基不均匀沉降或水平方向位移,使结构产生附加应力,超出混凝土结构的抗拉能力,导致结构开裂。②由于温差变化产生的裂缝。在施工过程中,混凝土浇筑完毕后,由于水泥水化时产生大量热量,致使内部温度升高,内外温差过大。在温度应力的作用下,使混凝土表面出现裂缝。③混凝土收缩产生的裂缝。混凝土浇筑完毕后,塑性收缩和缩水收缩是混凝土表面产生裂缝的主要原因。

预防及处理措施:①当基底土质变化较大或承载力不均匀时,应按有关规定进行处理,使基底具有均匀的承载力。②根据实际情况,应选择水化热低的水泥,限制水泥用量,降低骨料入模温度,并缓慢降温。③为减少混凝土塑性收缩,应严格控制混凝土的水灰比,振捣密实,避免过振。为避免出现缩水裂缝,在混凝土浇筑后应加强养生,保持混凝土表面湿润,避免忽干忽湿。④对刚出厂的水泥,要经过至少2周熟化才能使用。⑤当承台的平截面过大,不能在前层混凝土初凝或重塑前浇筑完成次层混凝土时,可分块进行浇筑。⑥在混凝土中掺加适量膨胀剂，对收缩进行补偿。⑦采用蓄水并覆盖塑料布进行养生，使表面温度控制在一定范围内，降低混凝土内外温差。⑧在混凝土中掺加外加剂、片石等减少水泥用量。⑨在高温季节施工时，应避开高温时段施工，对原材料进行降温，并用冷却水拌和。⑩无法降低混凝土内外温差时，则采用循环冷却系统进行内部散热，或薄层连续浇筑，以便加快散热。⑪用碳纤维粘贴加固、环氧树脂灌注等进行处理。⑫当混凝土基础出现裂缝时，可用扒钉钉合或钢箍加固封闭裂缝。

桥梁工程中对大体积混凝土浇筑质量控制要求：

1. 较大体积的混凝土墩台及其基础，在混凝土中埋放石块时应符合下列规定：

(1) 可埋放厚度不小于 150 mm 的石块，埋放石块的数量不宜超过混凝土结构体积的 25%。

(2) 应选用无裂纹、无夹层且未被烧过的、具有抗冻性能的石块。

(3) 石块的抗压强度不应低于 30 MPa 及混凝土的强度。

(4) 石块应清洗干净，应在捣实的混凝土中埋入 1/2 左右。

(5) 石块应分布均匀，净距不小于 100 mm，距结构侧面和顶面的净距不小于 150 mm，石块不得接触钢筋和预埋件。

(6) 受拉区混凝土或当气温低于 0℃时，不得埋放石块。

2. 大体积墩台基础混凝土，当平截面过大，分块时应符合下列规定：

(1) 分块宜合理布置，各分块平均面积不宜小于 50 m^2。

(2) 每块高度不宜超过 2 m。

(3) 块与块间的竖向接缝面应与基础平截面短边平行，与平截面长边垂直。

(4) 上下邻层混凝土间的竖向接缝应错开位置做成企口，并按施工缝处理。

3. 大体积混凝土的浇筑不宜高于 28℃，应在一天中气温较低时进行。应参照下述方法控制混凝土的水化热温度：

(1) 用改善集料级配、降低水灰比、掺加混合料、掺加外加剂等方法减少水泥用量。

(2) 采用水化热低的大坝水泥、矿渣水泥、粉煤灰水泥或低强度水泥。在大体积混凝土施工中，限制温升的主要方法是控制水泥的种类和数量。

(3) 减小浇筑层厚度。

(4) 混凝土用料要遮盖，避免日光曝晒；冷却集料，具体方法是石子浇水(井水更好)；在拌和水中加入部分冰块或全部用冰水搅拌混凝土，以降低混凝土入仓温度。

(5) 在混凝土内埋设冷却管，通水冷却。

(6) 设测温装置，加强观测，并做好记录。温差不超过 25℃。

(7) 在遇气温骤降的天气或寒冷季节浇筑混凝土后，应注意覆盖保温，加强养护。

一、大体积混凝土冬季施工的原则

大体积混凝土冬期施工应兼顾防冻与防裂两方面的要求，因此应遵循以下三条基本原则：

(1) 砂、石等原材料中不能含有冻块，混凝土拌合物也应该具有一定的温度，以保证在运输和浇筑过程中不致冻结。

(2) 混凝土在达到临界强度之前不能受冻，以免混凝土内部结构受到破坏，最终强度受到损失。

(3) 混凝土的内外温差和最高温度均不能超过规定数值，以免发生裂缝，破坏结构的整体。

上述三条原则中，第(1)、(2)条是为了防冻，第(3)条是为了防裂。

二、大体积混凝土冬期施工的技术措施

(一) 混凝土出机温度与浇筑温度的选择

混凝土的浇筑温度系指经过平仓振捣，将要盖上第二层混凝土拌合物之前的温度。为了防止早期混凝土受冻，浇筑温度当然越高越好，规范规定入模温度不低于5℃，大体积混凝土，除了防冻外，还有防裂要求。由于体积大，浇筑以后，虽然表面温度很低，内部温度却因水化热而急剧上升。为了减小内外温差和基础温差，浇筑温度越低越有利，一般来说最好不超过10℃。因此，大体积混凝土施工的浇筑温度一般以5～10℃为宜。如果气温很低，在达到临界强度以前，表面混凝土有遭受冻害的可能，应加强保温措施，不可单纯为了防冻而随意提高浇筑温度，以致引起裂缝。

根据当地的气候条件和保温方法，由浇筑温度，加上运输及浇筑过程中的热量损失，就可得到混凝土的出机温度，一般控制在10～15℃为宜。

(二) 基础及冷壁的预热

在浇筑混凝土以前，对基础、预埋铁件及与新混凝土接触的冷壁(老混凝土、预制混凝土模板等)，应用蒸汽清除所有的冰、雪、霜冻，并使其表面温度上升。如果基岩及冷壁的内部温度较低，还需要提前进行预热。如果不进行预热，浇筑混凝土以后，接触面附近的新混凝土温度将很快降至零度以下。预热所需温度、深度和持续时间，由温度计算决定。计算原则是应使接触面附近的新混凝土在达到临界强度之前不被冻结。一般来说，应使基岩深度10 cm内温度在5℃以上。

(三) 原材料加热

当气温不低于－1℃时，一般只需将拌和水加热，以满足出机温度的要求。水温一般不能超过80℃，以免水泥发生假凝。当气温低于－1℃时，须将水与细骨料加热，同时加热粗骨料，使其中的冰雪融化。加热砂石料时应避免过热和过分干燥，最高温度不宜超过60℃。

水的加热可用锅炉、电热或蒸汽，砂料加热可用封闭的蛇形管，石料加热使用蒸汽最方便。

(四) 运输中的保温

运输中的热量损失与运输工具有关。如使用大型运输罐，热损失一般不大。如使用自卸卡车，可用废气加热车底，车皮外面应加保温层并在车身上加以覆盖。如使用皮带输送机，最好搭盖帐篷，完全封闭，否则热量损失很大。此外，运输中应尽量减少倒转次数。

(五) 浇筑过程中减少热量损失

混凝土是分层浇筑的，每层厚度20～50 cm。由于厚度薄，散热面积大，浇筑过程中的热量损失是很大的。减少热量损失的办法：加快浇筑速度，缩短浇筑时间；用保温被或聚乙烯泡沫塑料板覆盖保温。当气温低于－5℃时，即停止浇筑。在更低的气温下浇筑混凝土，一般以采用暖棚法为宜。

（六）控制裂缝的措施

1. 选择合理的结构形式和分缝分块。

结构形式对温度应力和裂缝的出现具有重要影响。浇筑块尺寸对温度应力影响也非常大，浇筑块越大，温度应力也越大，越容易产生裂缝，因此合理的分缝分块防止裂缝有重要意义。实际经验和理论分析都表明，当浇筑块平面尺寸控制在 15 m×15 m 左右时，温度应力比较小。

2. 合理选择混凝土原材料，优化混凝土配合比。

合理选择混凝土原材料，优化混凝土配合比的目的，是使混凝土具有较大的抗裂能力。具体来说就是要求混凝土的绝热温升较小，抗拉强度较大，极限拉伸变形能力较大，热强比较小，线膨胀系数较小，自身体积微膨胀。

选择水泥：混凝土主要考虑低热和高强，一般采用矿渣水泥。

掺用混合材料：掺用混合材的目的是降低混凝土的绝热温升，提高混凝土抗裂能力。混合材包括矿渣、粉煤灰等。目前粉煤灰采用较多。

掺用外加剂：外加剂有减水剂、引气剂、缓凝剂、早强剂等多种类型。

优化混凝土配合比：在保证混凝土强度及流动度条件下，尽量节省水泥。

3. 严格控制混凝土温度，减小基础温差、内外温差及表面温度骤降。

严格控制混凝土温度是防止裂缝最重要的措施：

(1) 降低混凝土出机温度，可采用预冷骨料、冷水拌和、加冰拌和等方法。

(2) 加快浇筑速度，减少暴露时间。

(3) 采用台阶式浇筑法，把混凝土浇筑方式从全平面浇筑改为台阶浇筑，这样可缩短混凝土面层暴露时间。

(4) 在混凝土表面覆盖保温材料，以减少内外温差，降低混凝土表面温度梯度。

(5) 冬季尽量在暖棚内浇筑。

4. 重视施工前准备工作，将人员、设备、器材、制度等质量保证体系建全，准备充分。

5. 加强施工管理。

（七）保温养护

保温方法大致有以下三类：

1. 表面保温法　侧面用保温模板、保温被、聚苯乙烯泡沫塑料板等，顶面用聚乙烯泡沫塑料板、保温被、砂、锯末等保温，将混凝土浇筑时所包含的热量（取决于浇筑温度）及水化热保存起来，维持所需温度。保温层厚度应通过计算确定。

2. 主动加热法　在模板内侧以蒸汽或电热线加热，或在表层混凝土内插入电极，利用混凝土的电阻，以低压（50～100 V）加热。

3. 暖棚法　在混凝土块外面搭盖暖棚，在棚内利用电热风机、蒸汽热风机或火炉加热，创造人工气候。

【典型例题】

一、选择题

1. （2007 年考点）某市政立交桥工程采用钻孔灌注桩基础，八棱形墩柱，上部结构为跨径 25 m 后张预应力混凝土箱梁。桩基主要穿过砾石土（砾石含量少于 20%，粒径大于钻杆内径 2/3）。钻孔灌注桩工程分包给专业施工公司。

钻孔桩施工过程中发生两起情况：

(1) 7# 桩成孔过程中出现较严重坍孔。

(2) 21# 桩出现夹泥质量事故。施工中，由于钻孔施工单位不服从总承包单位安全管理，导致了一起安全事故。

根据以上情况，回答下列问题：

(1) 本工程中的 7# 坍孔应采用(　　)的方法处理。

A. 加大泥浆比重　　B. 控制进尺速度

C. 回填砂和黏质土混合物，密实后再钻　　D. 反复扫孔

正确答案：C

(2) 如果对出现质量事故的 21# 桩作补强处理，一般宜采用(　　)。

A. 植筋　　B. 注入水玻璃

C. 压入水泥浆　　D. 压入硫磺胶泥

正确答案：C

(3) 大体积桥墩混凝土浇筑宜在一天中(　　)进行。

A. 气温较低时　　B. 气温较高时

C. 平均气温时　　D. 气温最高时

正确答案：A

2. (2008 年考点)某大型城市桥梁工程桥梁设计荷载为城-A 级，采用 ϕ1 000 钻孔灌注桩基础，上部结构为 30 m 长的预制预应力箱梁。桩基穿越的地层主要有淤泥、中砂和黏土。工程的 5# 承台高 3.0 m，承台顶面位于水面以下 2.5 m。

施工中发生以下事件：

事件一：灌注桩浇筑过程中出现下述现象：井孔护筒内泥浆忽然上升，溢出护筒，随即骤降并冒出气泡。

事件二：在钻 25#-1 桩时，钻孔严重偏斜。

事件三：在对进场的一批 200 t 钢绞线进行抽样检查时发现不合格项。预应力锚具夹具连接器进场时，发现其质量证明书不全，但外观和硬度检验合格。

事件四：预制厂内，施工人员在张拉控制应力稳定后进行锚固，后由一名取证 5 个月的电焊工用电弧焊切割多出的钢绞线，切割后钢绞线外露长度为 35 mm，现场监理对上述操作提出了严厉的批评。

根据以上情况，回答下列问题：

(1) 根据事件一描述的灌注过程发生的现象判断，可能发生了(　　)。

A. 导管进水　　B. 埋管　　C. 坍孔　　D. 断桩

正确答案：C

(2) 事件二中，出现严重偏斜的桩应采用(　　)处理。

A. 控制钻进速度

B. 调整护壁泥浆比重

C. 在偏斜处吊住钻头反复扫孔

D. 回填砂黏土到偏斜处，待回填物密实后重钻

正确答案：D

二、案例分析题

某市政跨河桥上部结构为长 13 m 单跨简支预制板梁，下部结构由灌注桩基础、承台和台身构成。施工单位按合同工期编制了如下网络计划图，经监理工程师批准后实施。

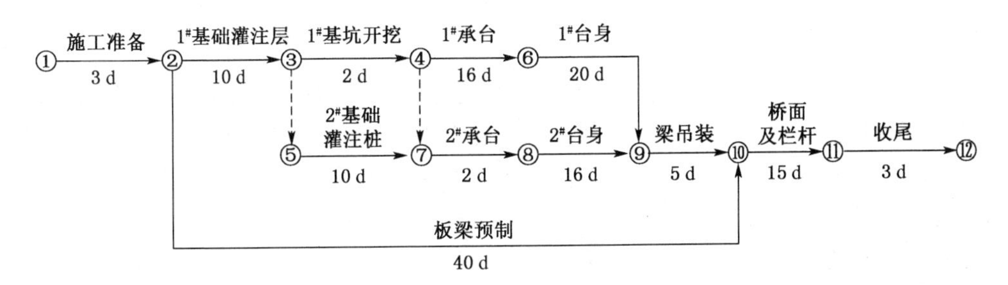

在施工过程中，发生了以下事件：在进行 1# 基础灌注桩施工时，由于施工单位操作不当，造成灌注桩钻孔偏斜，为处理此质量事故，造成 3 万元损失，工期延长了 5 天。

问题：事件中造成钻孔偏斜的原因可能有哪些？

参考答案：产生的原因可能有：①钻头受到偏向力；②扩孔处钻头摆向一方；③钻杆弯曲、接头不正；④钻机底座未安置水平或位移。

10.3 城市桥梁工程预应力张拉质量控制要求

一、机具及设备

施加预应力所用的机具设备及仪表应由专人使用管理，并应定期维护和校验。千斤顶、压力表应配套校验，以确定张拉力与压力表之间的关系曲线。

张拉机具设备应与锚具配套使用，并应在进场时进行检查和校验。当千斤顶使用超过 6 个月或 200 次或在使用过程中出现不正常现象或检修以后应重新校验。

二、施加预应力的准备工作

1. 对力筋施加预应力之前，必须完成或检验以下工作：①张拉程序；②施工人员；③锚具安装、后张法混凝土强度；④安全措施。

2. 实施张拉时，应使千斤顶的张拉力作用线与预应力筋的轴线重合一致。

三、张拉应力控制

1. 预应力筋的张拉控制应力应符合设计要求。可比设计要求提高 5%，但在任何情况下不得超过设计规定的最大张拉控制应力。

2. 预应力筋采用应力控制方法张拉时，应以伸长值进行校核，实际伸长值与理论伸长值的差值应控制在 6%以内。

3. 预应力筋张拉时，应先调整到初应力 σ_0，该初应力宜为张拉控制应力 σ_{con} 的 10%～15%，伸长值应从初应力时开始量测。

4. 预应力筋的锚固，应在张拉控制应力处于稳定状态下进行。

5. 预应力筋张拉及放松时，均应填写施工记录。

10.4 城市桥梁工程先张法和后张法施工质量的过程控制

一、先张法

先张法是在浇筑混凝土前张拉预应力筋，并将张拉的预应力筋临时锚固在台座或钢模上，然后浇筑混凝土，待混凝土养护达到不低于混凝土设计强度值的75%，保证预应力筋与混凝土有足够的粘结时，放松预应力筋，借助于混凝土与预应力筋的粘结，对混凝土施加预应力的施工工艺。先张法一般适用于生产中小型构件，在固定的预制厂生产。

先张法生产构件可采用长线台座法，一般台座长度在50～150 m，或在钢模中机组流水法生产构件。先张法生产构件，涉及台座、张拉机具和夹具及先张法张拉工艺。

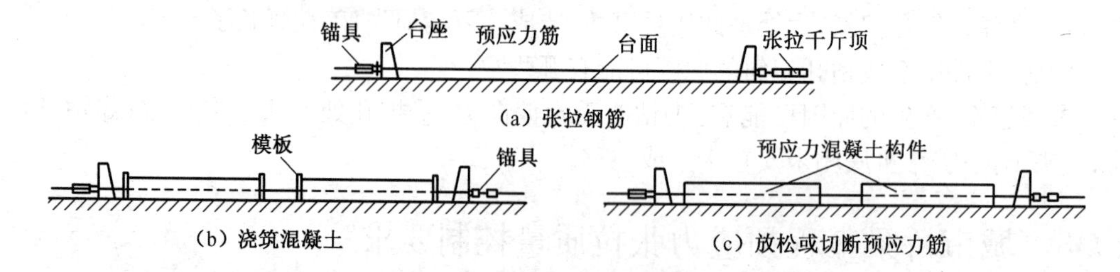

先张法的施工程序示意图

先张法张拉预应力筋，分单根张拉和多根张拉，单向张拉和双向张拉。

张拉一般操作过程为：调整预应力筋长度、初始张拉、正式张拉、持荷、锚固。

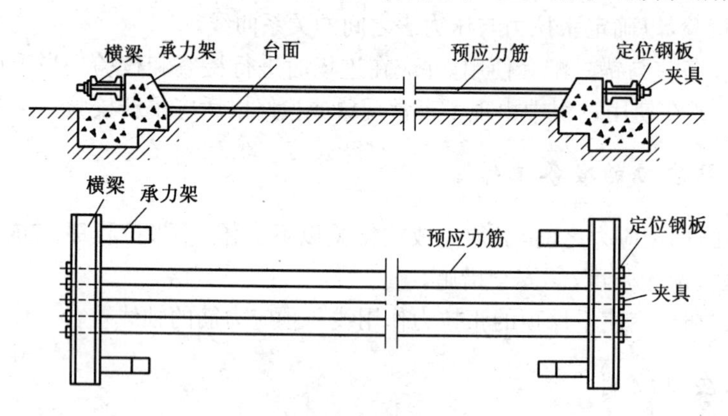

重力式台座构造示意图

(一) 台座

先张法墩式台座结构应符合下列规定：

1. 承力台座须具有足够的强度和刚度，其抗倾覆安全系数应不小于1.5，抗滑移系数应不小于1.3。

2. 横梁须有足够的刚度，受力后挠度应不大于2 mm。

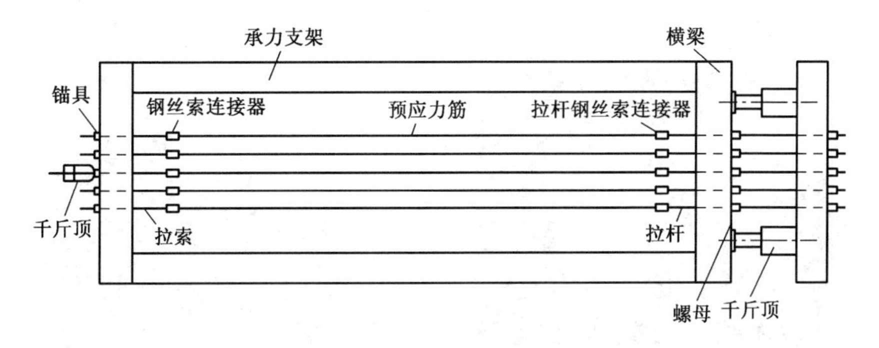

先张法张拉台座布置图

（二）张拉

张拉时，对钢丝、钢绞线而言，同一构件内断丝数不得超过钢丝总数的1%；对钢筋而言，不容许断筋。

（三）放张

1. 预应力筋放张时的混凝土强度不得低于设计的混凝土强度等级值的75%。

2. 预应力筋的放张顺序应分阶段、对称、相互交错地放张。在力筋放张之前，应将限制位移的侧模、翼缘模板或内模拆除。

3. 多根整批预应力筋的放张，可采用砂箱法或千斤顶法。单根钢筋采用拧松螺母的方法放张时，宜先两侧后中间，并不得一次将一根力筋松完。

4. 钢筋放张后，可用乙炔—氧气切割，但应采取措施防止烧坏钢筋端部。钢丝放张后，可用切割、锯断或剪断的方法切断；钢绞线放张后，可用砂轮锯切断。

长线台座上预应力筋的切断顺序，应由放张端开始，逐次切向另一端。

二、后张法

后张法，指的是先浇筑混凝土，待达到设计强度的75%以上后再张拉预应力钢材以形成预应力混凝土构件的施工方法。

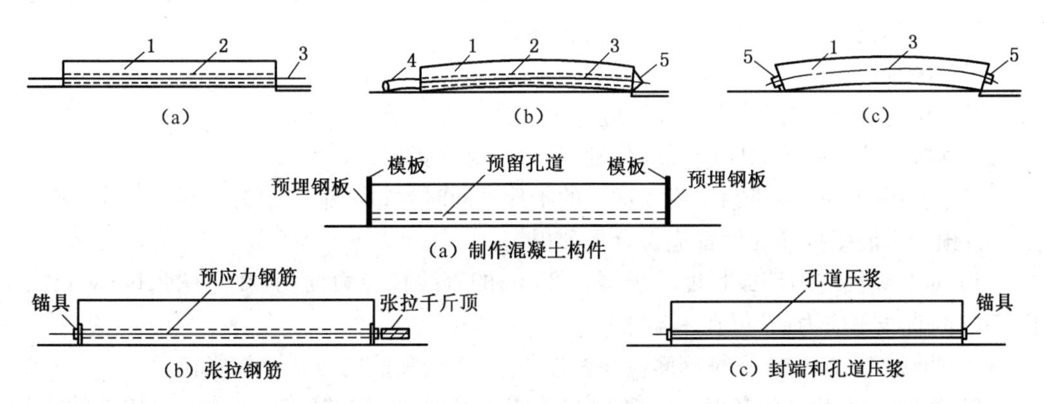

后张法的施工程序示意图

1—混凝土构件；2—预留孔道；3—预应力筋；4—千斤顶；5—锚具

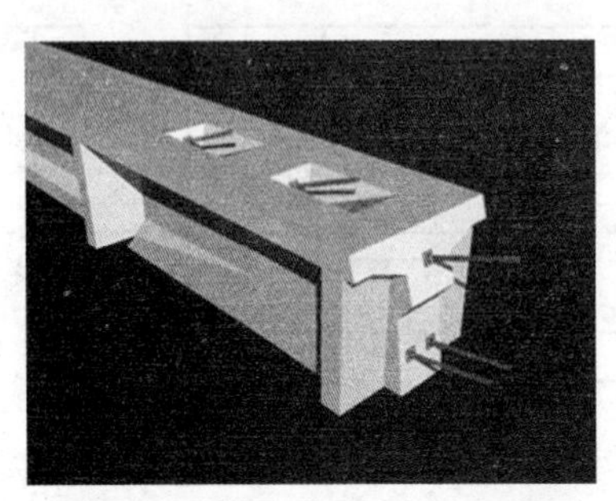

(一) 预留孔道

1. 管道应采用定位钢筋固定安装。

2. 金属管道接头处的连接管宜采用大一个直径级别的同类管道。

3. 所有管道均应设压浆孔,还应在最高点设排气孔及需要时在最低点设排水孔。

(二) 预应力筋安装

1. 预应力筋可在浇筑混凝土之前或之后穿入管道,对钢绞线可将一根钢束中的全部钢绞线编束后整体装入管道中,也可逐根将钢绞线穿入管道。

2. 预应力筋安装后的保护　预应力筋安装在管道中后,管道端部开口应密封以防止湿气进入。采用蒸汽养护时,在养护完成之前不应安装预应力筋。

在任何情况下,当在安装有预应力筋的构件附近进行电焊时,对全部预应力筋和金属件均应进行保护,防止溅上焊渣或造成其他损坏。

(三) 张拉

1. 张拉时,构件的混凝土强度不应低于设计强度等级值的75%。

2. 预应力筋的张拉顺序应采取分批、分阶段对称张拉。

3. 应使用能张拉多根钢绞线或钢丝的千斤顶同时对每一钢束中的全部力筋施加应力。

4. 预应力筋张拉端的设置应符合下列规定:

(1) 对曲线预应力筋或长度大于等于25 m的直线预应力筋,宜在两端张拉;对长度小于25 m的直线预应力筋,可在一端张拉。

(2) 曲线配筋的精轧螺纹钢筋应在两端张拉,直线配筋的可在一端张拉。

(3) 当同一截面中有多束一端张拉的预应力筋时,张拉端宜分别设置在构件的两端。预应力筋采用两端张拉时,可先在一端张拉锚固后,再在另一端补足预应力值进行锚固。

5. 后张预应力筋断丝及滑移,对钢丝、钢绞线而言,同一构件内断丝数不得超过钢丝总数的1%,每索断丝或滑丝不得大于1根;对钢筋而言,不容许滑移或断筋。

6. 预应力筋在张拉控制应力达到稳定后方可锚固。预应力筋锚固后的外露长度不宜小于 30 mm，锚具应用封端混凝土保护。一般情况下，锚固完毕并经检验合格后即可切割端头多余的预应力筋，严禁用电弧焊切割，强调用砂轮机切割。

（四）后张孔道压浆

1. 预应力筋张拉后，孔道应尽早压浆。

2. 孔道压浆宜采用水泥浆，所用材料应符合下列要求：宜采用硅酸盐水泥或普通水泥，强度等级不宜低于 42.5；宜采用具有低含水量、流动性好、最小渗出及膨胀性等特性的外加剂。

3. 水泥浆的强度应不低于 30 MPa。水泥浆的技术条件应符合下列规定：

(1) 水灰比宜为 0.40～0.45，掺入适量减水剂时，水灰比可减小到 0.35。

(2) 水泥浆的泌水率最大不得超过 3%，搅拌后 3 h 泌水率宜控制在 2%，泌水应在 24 h 内重新全部被浆吸回。

(3) 通过试验后，水泥浆中可掺入适量膨胀剂，但其自由膨胀率应小于 10%。

4. 对孔道内可能发生的油污等，可采用已知对预应力筋和管道无腐蚀作用的中性洗涤剂或皂液，用水稀释后进行冲洗。冲洗后，应使用不含油的压缩空气将孔道内的所有积水吹出。

5. 水泥浆自拌制至压入孔道的延续时间，视气温情况而定，一般在 30～45 min 范围内。水泥浆在使用前和压注过程中应连续搅拌。对于因延迟使用所致的流动度降低的水泥浆，不得通过加水来增加其流动度。

6. 压浆时，对曲线孔道和竖向孔道应从最低点的压浆孔压入，由最高点的排气孔排气和泌水。压浆顺序宜先压注下层孔道。

7. 压浆应缓慢、均匀地进行，不得中断，并应将所有最高点的排气孔依次一一放开和关闭，使孔道内排气通畅。较集中和邻近的孔道，宜尽量先连续压浆完成。不能连续压浆时，后压浆的孔道应在压浆前用压力水冲洗通畅。

8. 对掺加外加剂泌水率较小的水泥浆，通过试验证明能达到孔道内饱满时，可采用一次压浆的方法；不掺外加剂的水泥浆，可采用二次压浆法，两次压浆的间隔时间为 30～45 min。

9. 压浆应使用活塞式压浆泵，不得使用压缩空气。压浆应达到孔道另一端饱满和出浆，并应达到排气孔排出与规定稠度相同的水泥浆为止。为保证管道中充满灰浆，关闭出浆口后，应保持不小于 0.5 MPa 的一个稳压期，该稳压期不宜少于 2 min。

10. 压浆过程中及压浆后 48 h 内，结构混凝土的温度不得低于 5℃，否则应采取保温措施。当气温高于 35℃，压浆宜在夜间进行。

11. 压浆后应从检查孔抽查压浆的密实情况，每一工作班应留取不少于 3 组立方体试件，标准养护 28 d，检查其抗压强度，作为评定水泥浆质量的依据。

12. 对需封锚的锚具，压浆后应先将其周围冲洗干净并对梁端混凝土凿毛，然后设置钢筋网浇筑封锚混凝土。封锚混凝土的强度应符合设计规定，一般不宜低于构件混凝土强度等级值的 80%，且不低于 30 MPa。

13. 对后张预制构件，在管道压浆前不得安装就位，在压浆强度达到设计要求后方可移运和吊装；设计无规定的，不低于砂浆设计强度的 75%。

城市桥梁工程施工质量控制知识要点

<table>
<tr><td colspan="3">1. 掌握桩基施工质量控制</td></tr>
<tr><td colspan="2">(1) 钻孔灌注桩主要技术要点</td><td>① 正循环回转钻孔原理
② 反循环回转钻孔原理
③ 反循环优于正循环的内容</td></tr>
<tr><td colspan="3">(2) 钻孔灌注桩钻孔事故种类及坍孔、孔斜、扩孔、钻孔漏浆预防与处理</td></tr>
<tr><td colspan="3">2. 掌握预应力张拉质量控制</td></tr>
<tr><td>张拉质量控制的技术要求</td><td colspan="2">(1) 施加预应力所用机具设备、仪表管理、校验、使用规定
(2) 预应力张拉前必须具备的有关条件
(3) 张拉时张拉力作用线及应力、伸长值双控要求</td></tr>
<tr><td rowspan="2">先张法和后张法施工质量的过程控制</td><td>(1) 先张法施工质量过程控制</td><td>① 定义、分类、一般操作过程
② 承力台座有关要求
③ 张拉时有关要求
④ 放张时间、条件、顺序要求</td></tr>
<tr><td>(2) 后张法施工质量过程控制</td><td>① 定义、预留管道预埋要求
② 张拉前检验内容，开始张拉条件
③ 张拉程序依力筋种类与锚具类型不同而异
④ 张拉质量检查要求
⑤ 孔道压浆有关要求</td></tr>
</table>

10.5　桥梁混凝土工程季节性施工技术要求

一、高温期施工技术要求

(一) 混凝土的配制

1. 采取遮阴和降温措施。
2. 减少水泥用量。
3. 原材料注意含水量损失，保持准确的配合比。

(二) 混凝土的运输与浇筑

1. 尽量缩短运输时间，宜采用搅拌车运送，中途不得加水。
2. 充分做好浇筑准备，保证以最短的时间连续浇筑完毕。
3. 选择一天内气温较低的时候浇筑，浇筑温度应低于 32℃。
4. 浇筑现场尽量遮阴，并采取措施降低模板与钢筋的温度。
5. 尽快完成混凝土修整工序，并可采取间接喷水雾的方法预防修整过程中混凝土表面出现裂纹。

(三) 混凝土养护

1. 不单独用专用养护膜覆盖法养护高强混凝土。
2. 宜采用自动喷水、喷雾方式进行不间断湿养。

3. 混凝土初凝前用塑料膜及时覆盖，初凝后撤去塑料膜，换麻袋覆盖，洒水养护，至少保持 7 d，并尽量遮光、挡风。

4. 构筑物竖面拆模后用湿麻布外包塑料膜包裹，保湿 7 d 以上。

二、雨期施工的技术要求

1. 雨期混凝土工作面不宜过大，应逐段分期施工。

2. 基坑挖好后应及时浇筑混凝土或垫层，防止被水浸泡。

3. 基坑上边线要设挡水埂，防止地面水流入基坑。

4. 基坑应设集水井，配足抽水泵，坡道有截水措施。

5. 注意因降雨、受水浸引起砂石料含水量增大，保持准确的混凝土配合比。

三、冬期施工的技术要求

(一) 基本要求

1. 工地昼夜平均气温连续 5 d 低于 5℃或最低气温低于－3℃时，应确定混凝土进入冬期施工。

2. 冬期混凝土配制和拌和应符合下列规定：

(1) 宜选用较小的水灰比和较小的坍落度。

(2) 拌制混凝土应优先采用加热水的方法，水加热温度不宜高于 80℃，骨料加热温度不得高于 60℃。混凝土掺片石时，片石可预热。

(3) 混凝土搅拌时间宜较常温施工延长 50%。

(4) 拌制设备宜在气温不低于 10℃的厂房或暖棚内。拌制混凝土前，应采用热水冲洗搅拌机鼓筒。

(5) 当混凝土掺用防冻剂时，其试配强度应按设计强度提高一个等级。

3. 冬期混凝土的运输容器应有保温设施。运输时间应缩短，并减少中间倒运。

4. 冬期混凝土浇筑应符合下列规定：

(1) 当环境气温低于－10℃时，应将直径 ≥ 25 mm 的钢筋和金属预埋件加热至 0℃以上。

(2) 混凝土拌合物入模温度不宜低于 10℃。

(3) 混凝土分层浇筑厚度不得小于 20 cm。

5. 冬期混凝土拆模应符合下列规定：

(1) 拆模时混凝土与环境的温差不得大于 15℃。当温差在 10～15℃时，拆除模板后的混凝土表面应采取临时覆盖措施。

(2) 采用外部热源加热养护的混凝土，当环境气温在 0℃以下时，应待混凝土冷却至 5℃以下后方可拆除模板。

【典型例题】

(2007 年考点)某市政立交桥工程采用钻孔灌注桩基础，八棱形墩柱，上部结构为跨径 25 m 后张预应力混凝土箱梁。桩基主要穿过砾石土(砾石含量少于 20%，粒径大于钻杆内径 2/3)。钻孔灌注桩工程分包给专业施工公司。

预制梁在现场制作并张拉。预应力管道采用金属螺旋管。设计对预应力梁张拉时梁体混凝土强度未做规定,张拉后孔道灌浆用的水泥浆未掺外加剂。现场有 4 台经检验后一直使用的千斤顶:1 号千斤顶已使用 7 个月,但只使用 15 次;2 号千斤顶已使用 3 个月,并且已使用 200 次;3 号千斤顶已使用 5 个月,并且已使用 95 次;4 号千斤顶在使用过程中出现不正常现象。

根据以上情况,回答下列问题:

1. 本工程箱梁预应力张拉时,梁体混凝土强度不应低于设计强度值的(　　)。

A. 50%　　B. 60%　　C. 65%　　D. 75%

正确答案:D

2. 本工程的 4 台千斤顶应重新检验的有(　　)。

A. 1 号、2 号、4 号　　B. 2 号、3 号、4 号　　C. 1 号、3 号、4 号　　D. 1 号、2 号、3 号

正确答案:A

3. 本工程预应力孔道压浆可采用(　　)方法。

A. 一次压浆　　B. 二次压浆　　C. 三次压浆　　D. 四次压浆

正确答案:B

【拓展知识】

桥梁质量事故分析

梁式桥上部结构质量事故产生原因:混凝土梁式桥主要事故中,除设计荷载偏小、承载能力不足是由于人为与客观的原因造成的之外,其他主要是由于设计、施工和外界因素等原因造成的。拱式桥上部结构质量事故产生原因:主要是拱桥的主拱圈径向破坏、纵向破坏、拱圈的砌筑受到破坏、环向破坏及拱上建筑的破坏等。

影响混凝土外观质量因素主要包括蜂窝、麻面、露筋及裂缝等。

钢筋在制作与安装中出现的质量事故主要包括:钢筋接头设置不符合要求;制作安装的钢筋骨架扭曲;焊接钢筋不处于同一轴线上,焊接强度不够;钢筋受污染、锈蚀严重;钢筋间距不一,钢筋保护层厚度不足,盘圆钢筋使用前不调直。预应力结构在施工过程中应严格控制滑丝和断丝的数量;后张预应力孔道压浆应密实。

结构性的质量事故:指桥梁结构在受外界荷载的影响,使既有结构整体的承载能力有所下降的事故。产生这种事故后最大的特点就是由于它的存在使整个结构的承载能力受到很大的影响。如:混凝土桥梁的裂缝问题是它的最大质量事故,主要有弯曲裂缝、剪切裂缝、断开裂缝及局部应力引起的裂缝。

预制构件:在堆放、运输及吊装过程中常常有许多技术上、操作上、管理上影响质量的因素。模板、支架作业操作不合理也常常伴有质量事故的发生。

双曲拱桥较为严重的事故包括墩台位移引起拱圈的变形及严重开裂;横向联系不足而引起失稳;拱圈截面不足或强度不够引起承载能力的降低;拱上填料排水不畅等原因引起侧墙破坏。

【练一练】

一、单项选择题

预应力张拉中,当预应力筋采用应力控制张拉时,应以伸长值进行校验,实际伸长值与理论伸长的差值应控制在(　　)。

A. +10%,-5%　　B. +5%,-10%　　C. 6%以外　　D. 6%以内

二、多项选择题

1. 在城市桩基施工中正循环回转钻孔与反循环回转钻孔相比特点为(　　)。

A. 钻孔进度快 4～5 倍　　B. 需用泥浆料少

C. 转盘所消耗动力较多　　D. 清孔时间较慢

E. 用泥浆以高压通过钻机的空心钻杆,从钻杆底部射出

2. 对城市桩基钻孔灌注桩施工的技术要求有(　　)。

A. 钻孔中应保持护筒中泥浆施工液位一定高度,形成 2～3 m 液位差

B. 钻孔灌注桩护筒内径的大小要求比桩径大 20～40 cm

C. 钻孔灌注桩护筒内径的大小要求比桩径大 10～30 cm

D. 钻孔灌注水下混凝土时,导管埋置深度一般宜控制在 2～6 m

E. 钻孔灌注水下混凝土时,导管埋置深度一般宜控制在 3～5 m

3. 在预应力张拉质量控制中,关于先张法施工工艺说法正确的为(　　)。

A. 承台力座须有足够的强度和刚度,其抗倾覆安全系数应不小于 1.2,抗滑系数应不小于 1.0

B. 张拉多根预应力筋时,应预先调整其初应力,使相互之间应力有差别

C. 对钢丝、钢绞线而言,同一构件内断丝数不得超过钢丝总数的 1%

D. 当构件混凝土强度达到设计强度的 75%或设计规定放张强度时,应先将限制位移的侧模、翼缘模板或内模拆除,后按设计规定的顺序放张

E. 当混凝土构件达到一定强度后,在构件预留孔道中穿入预应力筋,用机械张拉,使预应力筋对混凝土构件施加压力

4. 在预应力张拉质量控制中,关于后张法施工工艺说法正确的是(　　)。

A. 预制构件时,先在台座上张拉力筋,后支撑浇筑混凝土使构件成型的施工方法

B. 预应力筋为低松弛钢绞线,采用夹片式具有自锚性能的锚具,张拉程序为 0→初应力→σ_{con}(持荷 3 min 锚固)

C. 预应力筋锚固完毕并经检验合格后,即可用砂轮机将外露长度大于 30 mm 的多余预应力筋切除

D. 对钢绞线和钢丝索,每索滑丝或断丝不得大于 1 根

E. 预应力张拉后,孔道应尽早压浆,当设计无具体规定时,水泥浆强度要求不低于60 MPa

5. 城市桥梁施工方法是施工方案中的关键,它直接影响(　　)。

A. 施工进度　　B. 施工质量　　C. 施工精度　　D. 施工安全

E. 施工成本

6. 城市桥梁施工平面图的设计步骤过程包括(　　)。

A. 收集分析原始资料　　B. 布置运输道路

C. 布置生产、生活用临时设施　　D. 布置文明施工措施

E. 布置安全、消防措施

7. 关于钻孔灌注桩扩孔和坍孔事故预防的常用措施,下列说法正确的是(　　)。

A. 控制进尺速度

B. 选用适用的护壁泥浆

C. 回填砂和黏质土(或砂砾和黄土)混合物到坍孔处以上 1～2 m

D. 确保孔内必要水头高

E. 避免触及和冲刷孔壁

三、案例分析题

1. 1998 年 10 月 25 日,A 市至 B 市高速公路青洋河大桥上发生一起恶性重大交通事故,1 台货车翻车,2 台货车相撞,死 2 人,重伤 1 人,轻伤 1 人。经专家鉴定分析,这是一起工程质量事故。青洋河大桥桥面局部塌陷是造成这起交通事故的直接原因,而桥面塌陷是由于工程质量存在严重问题所致。

青洋河大桥上部结构为 7 孔 30 m 工形组合梁,1.52 m^2 的椭圆形塌陷部位位于北行第 2 孔的桥面上。专家检测后确认,一是桥面的塌陷部位混凝土厚度不足,设计厚度为 15 cm,实际厚度仅为 10.85 cm。二是塌陷处混凝土强度过低,经钻孔取样,试件强度仅为 21.8 MPa,比设计要求的 30 MPa 低了近 1/3。三是塌陷部位的加强筋缺漏,少了 4 根 3 号筋、6 根 4 号筋,而且上下两层钢筋间距仅 3～4 cm,比设计要求的 8 cm 差了一半。上述原因导致桥面出现了突发性脆性破坏,塌陷处的混凝土几乎全部碎落,一些裸露在外的钢筋,扎漏了正在行驶的汽车轮胎。

问题:

(1) 试作事故原因分析。

(2) 安全事故处理四不放过原则是什么?

2. 某县城跨越綦河两岸、连接城东城西的人行彩虹桥于 1994 年 11 月 5 日开工,1996 年 2 月 16 日竣工。仅仅过了三年,1999 年 1 月 4 日晚 6:50 前后,这样一座人间“彩虹”就倒塌没入水中,彩虹桥的倒塌造成了巨大的经济损失和严重的人身伤亡事故。

经事故调查组调查,造成彩虹桥突然垮塌的原因之一是工程质量问题:彩虹桥的主要受力拱架钢管焊接质量不合格,存在严重缺陷,个别焊缝带有陈旧性裂痕;钢管内混凝土抗压强度不足,低于设计标号的三分之一;连接桥梁、桥面和拱架的拉索、锚具严重锈蚀。而工程质量问题早在出事的 3 年前就有人发出过警告。有一位老焊工在施工现场就发现拱架钢管焊接有两个问题:一是焊口问题;二是结构问题。这两个问题是先后发现的。首先是焊口问题,他发现钢管与钢管连接时两管的横切面完全抵拢,这样就使钢管之间的焊接面减到了最低限度,只在表层焊接,而且没有加强块。其次是结构问题,在焊接桥梁的主要受力拱架钢管时钢管与钢管的连接存在严重的结构问题,即“接口问题”。调查结果还表明,彩虹桥垮塌,40 人殒命的惨剧不仅仅是技术上的原因,更重要的是“人祸”。

问题:试从人、机、料、法、环五方面作事故原因分析并草拟事故调查报告。

【答案】

一、D

二、1. CDE 解题思路:选项 A 中“快”应改为“慢”,选项 B 中“少”应改为“多”。 2. BD 解题思路:选项 A 中“2～3 m”应改为“1～2 m”。 3. CD 解题思路:选项 A 中“其抗倾覆安全系数应不小于 1.2,抗滑系数应不小于 1.0”应改为“其抗倾覆安全系数应不小于 1.5,抗滑系数应不小于 1.3”;选项 B 中“使相互之间应力有差别”应改为“使相互之间应力一致”;选项 E 描述的是后张法工艺,与题目不符。 4. CD 解题思路：选项A描述的是先张法工艺，与题意不符；选项B中“张拉程序为0→初应力→σ_{con}（持荷3 min锚固）”应改为“张拉程序为0→初应力→σ_{con}（持荷2 min锚固）”；选项E中“水泥浆强度要求不低于60 MPa”应改为“水泥浆强度要求不低于30 MPa”。 5. ABDE 解题思路：应选选项A、B、D、E，选项C不是施工方法的直接影响因素。 6. ABCE 解题思路：应选选项A、B、C、E，选项D属于施工组织设计的内容，不属于施工平面图的设计步骤过程内容。 7. ABDE 解题思路：选项C的内容是钻孔灌注桩发生坍孔事故后的治理方法，不是事故的预防措施，因此应排除选项C。

三、（略）

【拓展知识】

桥梁施工概述

一、桥梁基础工程施工方法

（一）扩大基础

1. 定义 将墩台及上部结构传来的荷载由其直接传递至较浅的支承地基的一种基础形式，又称为明挖扩大基础或浅基础。

2. 特点 ①施工质量可靠；②施工公害较少；③操作空间小；④造价低，工期短；⑤易受冻胀和冲刷的影响。

3. 施工流程 开挖基坑—基坑处理—砌筑圬工、立模、扎钢筋、浇筑混凝土。

（二）桩基础

1. 概念 深入土层的柱形构件，作用是将作用于顶上的荷载传送到土体深处。

2. 分类及施工方法

(1) 沉入桩 锤击沉入法、振动沉入法、静力压桩法、沉管灌注法。

(2) 灌注桩 潜水钻机成孔法、冲击钻机成孔法、循环回转法、冲抓钻机成孔、人工挖孔。

(3) 大直径桩。

（三）沉井基础

1. 定义 是一种断面和刚度均比桩大得多、支承在地基上的井筒状结构物。

2. 施工流程 沉井制作—沉井下沉—封底、填充。

3. 施工方法 ①排水开挖下沉；②不排水开挖下沉；③压重；④高压射水。

（四）管柱基础

（五）地下连续墙

1. 定义　在防止开挖壁面坍塌的同时，在设计位置开挖一条深槽，然后将钢筋骨架放入槽内并灌注水下混凝土，从而在地下形成连续墙体的一种基础形式。

2. 施工流程　导墙施工、导墙下开挖土方、下钢筋骨架、浇筑混凝土。

3. 施工方法　①抓斗式开挖；②冲击式开挖；③旋转切削式开挖。

二、桥梁下部结构施工方法

1. 承台　①明挖基坑后施工；②围堰施工。

2. 墩（台）身　①传统施工方法；②滑升模板施工；③爬升模板施工。

三、桥梁上部结构施工方法

1. 预制安装法　①吊车吊装；②龙门架安装；③架桥机安装；④浮吊架设；⑤浮运整孔架设；⑥缆索吊装；⑦逐孔拼装；⑧悬臂拼装法。

2. 现浇法　①满堂支架；②逐孔现浇；③悬臂浇筑法；④顶推法。

3. 转体施工

【拓展知识】

桥梁施工准备

一、技术准备

1. 熟悉图纸及图纸会审。

2. 原始资料的进一步调查。

3. 技术交底。

4. 编制施工方案。

5. 施工组织设计。

6. 施工预算。

二、劳动组织和物资准备

1. 组织机构。

2. 人、材、机准备。

三、施工现场准备

1. 施工控制网测量。

2. 补充钻探。

3. 四通一平。

4. 临时设施。

5. 安装调试施工机具。

6. 材料堆放与试验。

7. 新技术项目的试制与试验。

8. 冬雨季施工计划。

9. 消防、保安措施。

10. 健全施工现场各项管理制度。

【拓展知识】

现、当代桥梁施工技术

1. 中、小跨度预应力混凝土梁的制造

1955年，丰台桥梁厂，试制12 m的试验梁。

1956年，陇海线新沂河上建成第一座预应力铁路桥，跨度23.8 m。

2. 桁式拱架配合缆索吊机施工混凝土拱桥

1956年，包兰线上建成的东岗镇黄河桥开始使用钢拱架代替木制满布拱架。

3. 悬臂法施工混凝土梁桥

20世纪60年代，成昆铁路的旧庄河1#桥和孙水河5#桥，首次采用悬臂法施工。

4. 顶推法架设混凝土梁

1977年，西延线狄家河桥，顶推施工4 ×100 m。

5. 逐孔施工建造预应力混凝土梁

6. 转体施工架设大跨度拱桥

7. 伸臂法架设大跨度钢梁

8. 斜拉桥、悬索桥施工技术突飞猛进

9. 深水基础施工技术的进步

10. 高桥墩施工模板的发展

【拓展知识】

桥梁施工常用设备和机具示例

桥梁施工设备和机具的优势往往决定于技术的先进与否。现代大型桥梁施工设备和机具主要有：

(1) 各种常备式结构　如万能杆件、贝雷梁、六四式军用梁等。

(2) 各种起重机具设备　如千斤顶、吊机等。

(3) 混凝土施工设备　如拌和机、输送泵、振捣设备等。

(4) 预应力施工设备　如锚具、张拉千斤顶等。

一、万能杆件

万能杆件是用角钢和连接板组成，用螺栓连接的桁架杆件。

1. 分类

(1) 杆件　拼装时组成桁架的弦杆、腹杆、斜撑。

(2) 连接板　各种规格的连接板，可将弦杆、腹杆、斜撑等连接成需要的各种形状。

(3) 缀板　可将断面由四肢或两肢角钢组成的各种弦杆、腹杆等在其节点中间做一个加强连接点，使组合断面的整体性更好。

2. 特点　装卸、运输方便，利用率高。

3. 应用范围　可以拼装成桁架、墩架、龙门架，还可以作为墩台、索塔施工脚手架等。

二、贝雷梁

贝雷梁是一种由桁架拼装而成的钢桁架结构，由桁架、加强弦杆、横梁、桁架销、螺栓、支撑构件等组成。

贝雷梁常拼成导梁作为承载移动支架，再配置部分起重设备与移动机具来实现架梁。

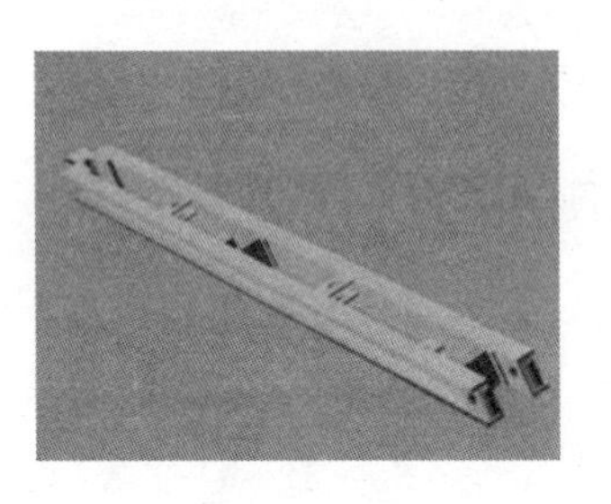

加强弦杆

桁架

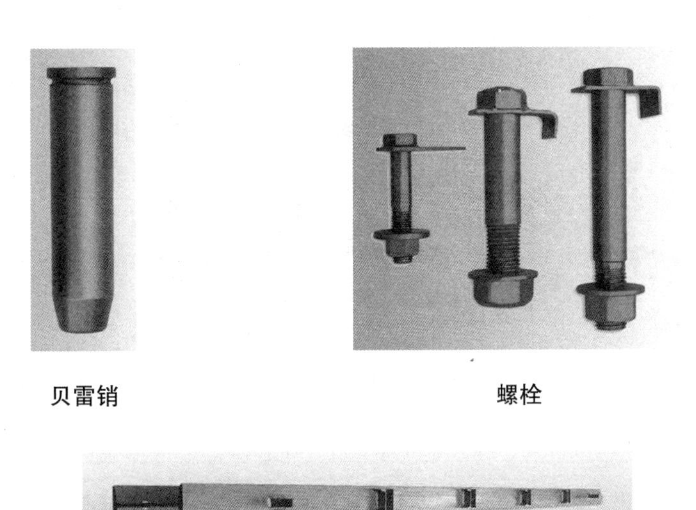

贝雷销　　螺栓

横梁

【拓展知识】

架设安装常用起重机具设备

一、起重机械主要零件

1. 钢丝绳　钢丝绳一般由几股钢丝子绳和一根绳芯拧成。每股钢丝子绳由多根高强钢丝组成。

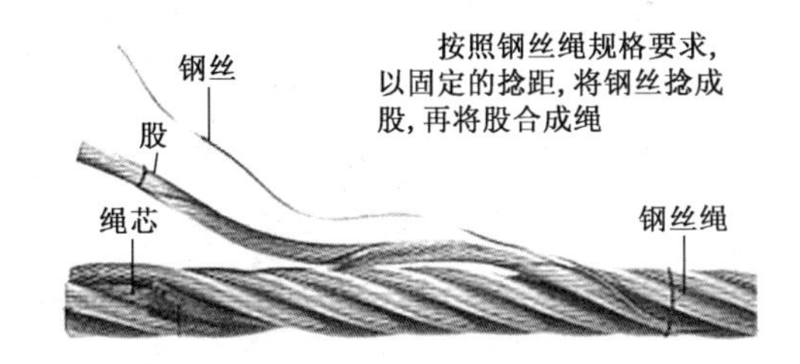

2. 吊具

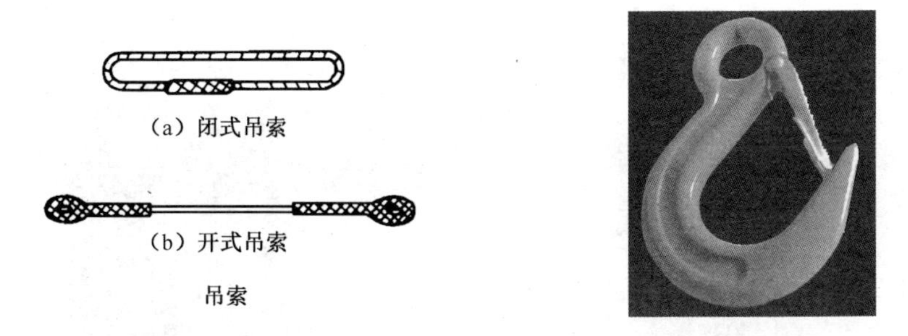

(a) 闭式吊索

(b) 开式吊索

吊索

3. 链滑车　又称为手拉葫芦，顺时牵引，提升重物；逆时牵引，下落重物。

二、起重设备

1. 龙门架　是一种最常见的垂直起重设备。利用行车可横向运输重物，利用滚轮在钢轨上移动实现纵向运输重物。

专用龙门架

装配式龙门架

2. 缆索吊装设备　缆索吊装设备使用于高差较大的垂直吊装和架空纵向运输。缆索吊装设备主要由主索、天线滑车、起升索、牵引索、扣锁、塔架等组成。

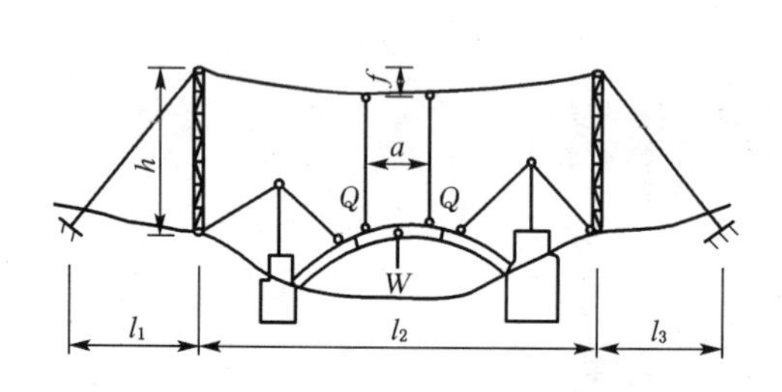

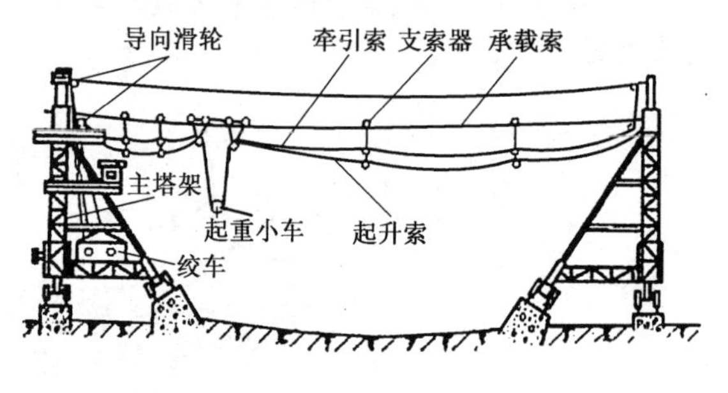

3. 回旋起重机

4. 浮吊

回旋起重机

浮吊

【拓展知识】

混凝土施工设备

一、混凝土拌和机

按搅拌原理可分为自落式和强制式两类。具有操作简单、移动方便等优点。

二、混凝土拌和站(楼)

1. 组成　由物料供给系统、称量系统、搅拌主机和控制系统组成。

2. 特点　混凝土制备全过程机械化或自动化,生产量大,搅拌效率高,质量稳定。

混凝土拌和机

混凝土搅拌站

三、混凝土输送设备

混凝土搅拌运输车

1. 混凝土搅拌运输车　混凝土的水平运输,短距离多用双轮手推车、机动翻斗车,长距离则用自卸汽车、混凝土搅拌运输车等。

2. 混凝土输送泵和混凝土泵车　混凝土泵是利用水平或垂直管道,连续输送混凝土到浇筑点的机械,能同时完成水平和竖直输送混凝土,工作可靠。适用于混凝土用量大、作业周期长及泵送距离和高度较大的场合。

混凝土泵车属于自行式混凝土泵,是把混凝土泵和布料装置直接安装在汽车的底盘上的混凝土输送设备。机动性好,布料灵活,使用方便,使用于大型基础工程和零星分散工程,但泵送的距离和高度较小。

混凝土输送泵

混凝土泵车

四、混凝土振捣设备

插入式振捣器

1. 插入式振捣器　属于内部振动器，由振捣棒、软轴和电动机三部分组成。一般只需20～30 s的时间，即可把棒体周围10倍于棒体直径范围的混凝土振捣密实。用于各种垂直方向尺寸较大的混凝土体。

2. 平板振捣器　属于外部振动器，直接放在混凝土表面上移动进行振捣工作，适用于塑性、半塑性、半干硬性、干硬性混凝土或浇筑层不厚，表面较宽的混凝土振捣。

平板振捣器

附着式振捣器

3. 附着式振捣器　属于外部振动器，利用底部的螺栓或其他锁紧装置固定安装在模板外部。适用于振捣钢筋较密、厚度较小等不宜使用插入式振捣器的结构。

【拓展知识】

预应力张拉设备

一、常用锚具

1. 墩头锚具　墩头锚具是利用钢丝(或热轧粗钢筋)两端的镦粗来锚固预应力钢丝的一种锚具。墩头锚具加工简单，张拉方便，锚固可靠，成本低，适用于锚固斜拉桥、斜拉索、悬索桥、钢管混凝土系杆、拱桥吊杆等。

DM型镦头锚具

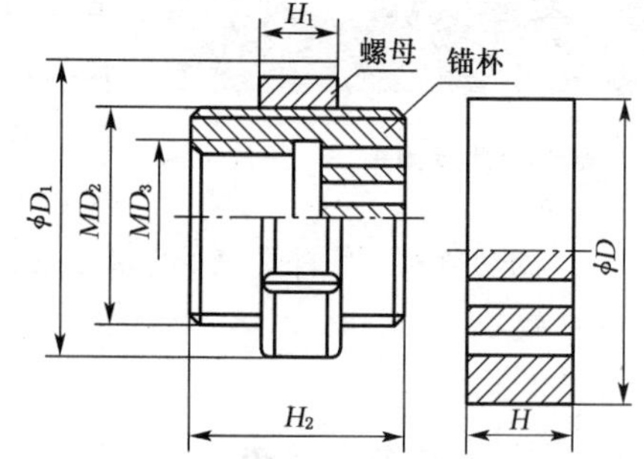

DM型镦头锚具结构图

2. 夹片锚具　利用双重的楔紧锚固作用原理来制造，夹具和锚具相同。张拉千斤顶为兼张拉和顶紧夹片双作用的千斤顶。预应力筋相互靠近，结构尺寸小，但若一个楔块损坏会导致整束预应力筋失效。

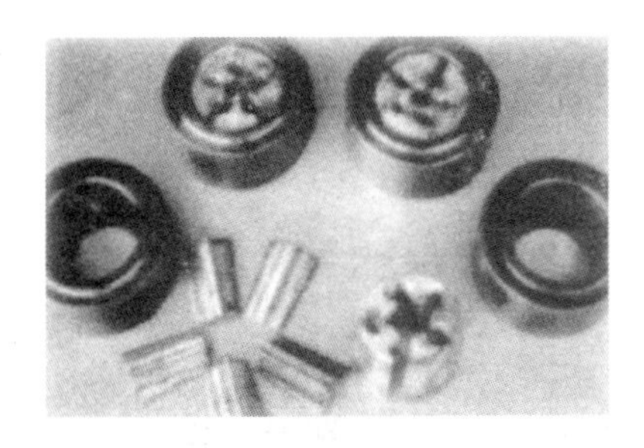

JM 锚具

JM 型锚具体系施工

3. 扁锚　扁锚是由扁锚头、垫板、扁形喇叭管和扁形管道组成。张拉槽口扁小，可减少混凝土板厚度，可单根分束张拉，施工方便。适用于后张法预应力简支梁、空心板、箱梁及桥面横向预应力等。

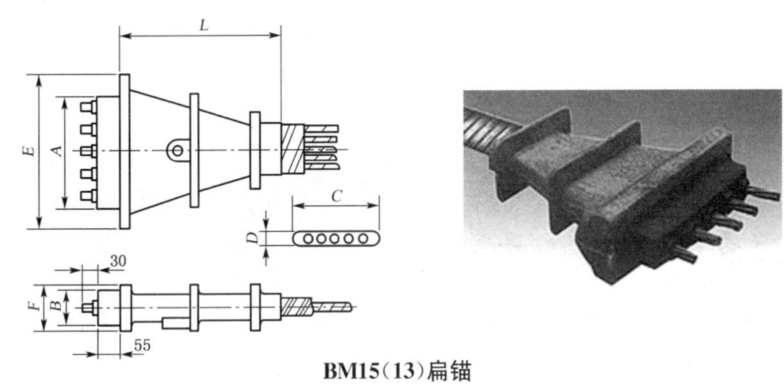

BM15(13)扁锚

4. 楔片式锚具　主要有 XM、QM、OVM 等品牌，一般也称为群锚，由多孔锚板组成。每个锥形孔内装一副楔片，夹持一根钢绞线。优点是每束钢绞线根数不受限制，任一根钢绞线锚固失效都不会引起整束锚固失效。

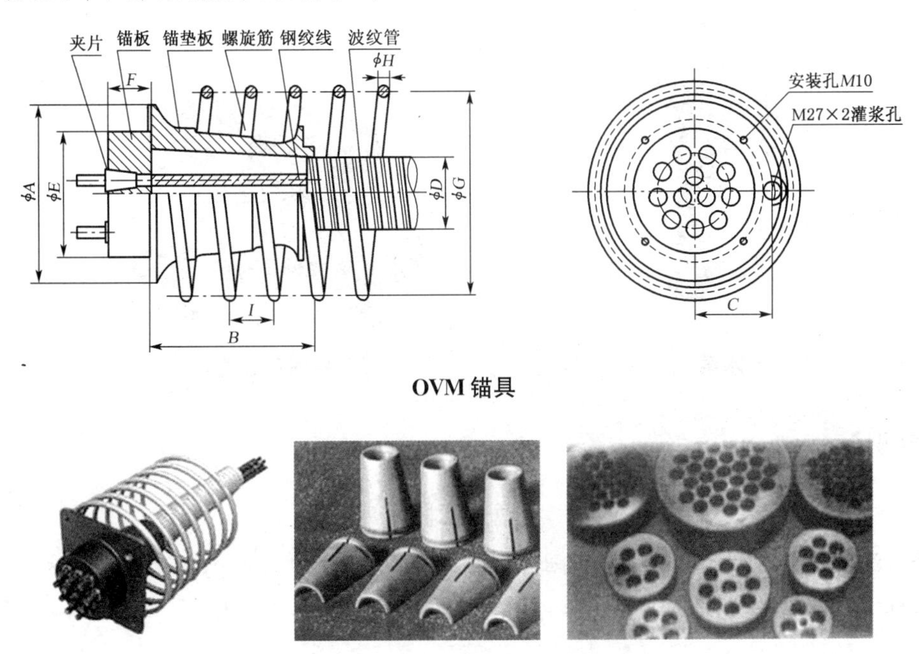

OVM 锚具

XM 锚具

二、预应力用液压千斤顶

预应力张拉机构由预应力千斤顶和供油的高压油泵组成。常用的千斤顶有:拉杆式千斤顶、穿心式千斤顶、锥锚式千斤顶和台座式千斤顶。

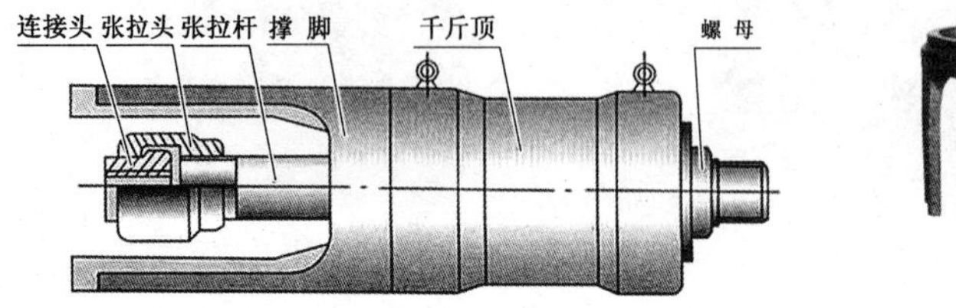

【拓展知识】

桥梁施工其他常用机具设备

一、钢筋加工机械

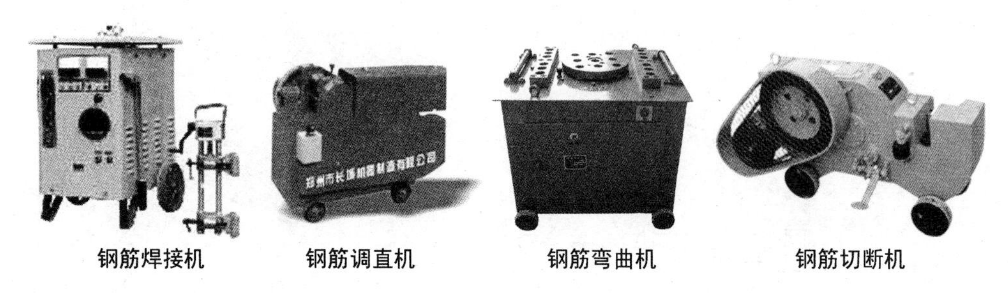

钢筋焊接机　　钢筋调直机　　钢筋弯曲机　　钢筋切断机

二、水泵

三、空气压缩机

水泵

空气压缩机

【拓展知识】

锤击沉桩

锤击沉桩一般适用于中密性砂类土、黏性土,桩径不大于0.6 m,入土深度不大于50 m。

沉桩设备应根据土质、工程量、桩的种类、规格、尺寸、施工期限、现场水电供应等条件选择。

沉桩设备包括桩锤、桩架、桩帽、送桩。

桩锤可分为坠锤、单动汽锤、双动汽锤、柴油锤、振动锤、液压锤。

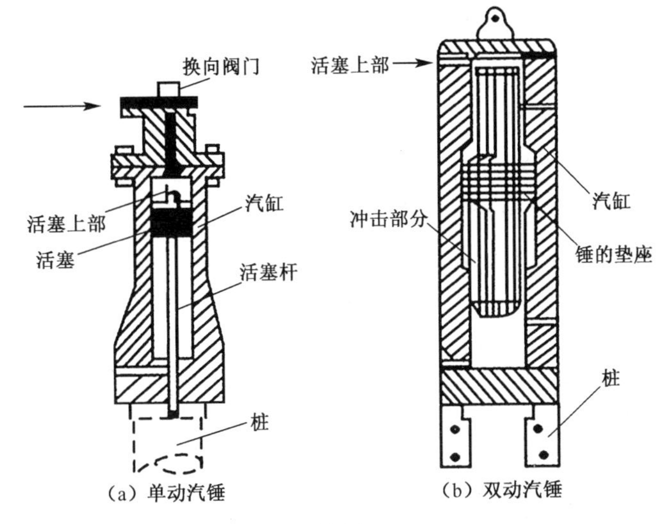

汽锤

柴油锤

振动锤

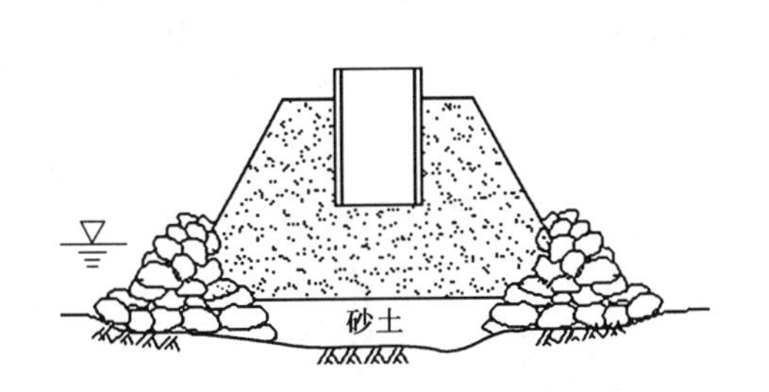

筑岛法定桩位

施工现场埋设钢护筒

◆【市政实务案例必备素材】

第一模块　明挖扩大基础施工

一、基础的基坑开挖

1. 陆地地基开挖

(1) 土方开挖要点

① 定基础轴线、边线及高程桩。

② 根据土质状况和挖土深度，可采用垂直开挖和放坡开挖；坡度应按地质条件、基坑深度、施工方法以及坡顶荷载等情况确定。

③ 基坑大小满足基础施工的要求，一般放宽 50～100 cm。

④ 放坡受限制或工程量大时，应采用挡板、钢木结合、混凝土护壁等支撑。

⑤ 地基土不得扰动，基底不得超挖。

⑥ 及时排水。

(2) 土方开挖支护体系

① 挡板支撑护壁

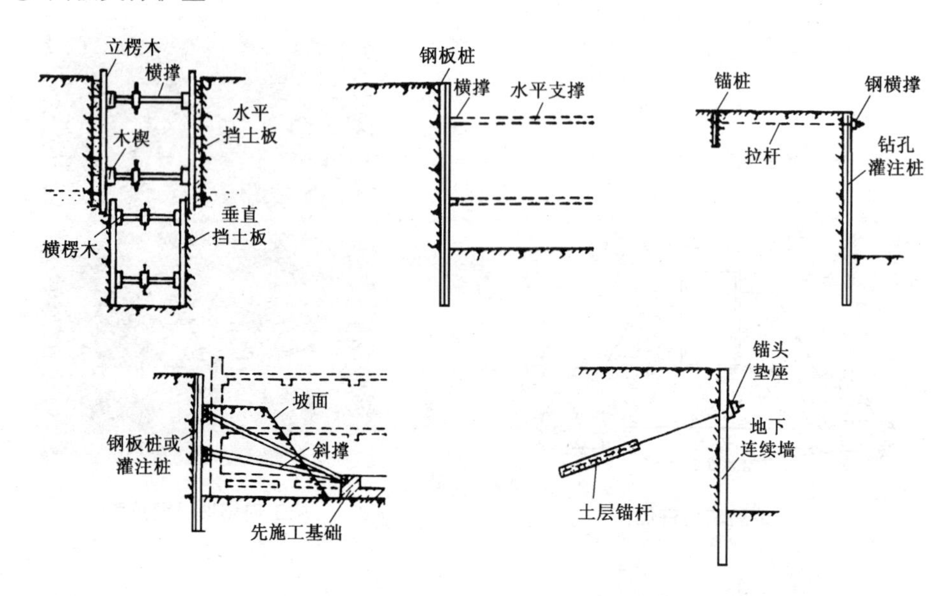

② 深层搅拌桩支护　搅拌桩机将水泥和土强行搅拌，形成柱状的搅拌水泥土桩，水泥土柱状加固体连续搭接形成密封挡墙；兼具隔水和挡土支护作用。适用于4～6 m深的沿海地区，如沪、江、浙、闽、粤等的软土地基基坑，采取卸荷方法最大可达7 m。

③ 喷射混凝土护壁（适用于稳定性较好、渗水量小的基坑）　在基坑开挖界限内，先向下开挖一段，随即用混凝土喷射机喷射一层含速凝剂的混凝土，以保护坑壁。然后向下逐段挖深喷护。自上而下逐层开挖，逐层加固。

喷射作业时，应分段分片依次进行，按自下而上的顺序喷射。分层喷射时，后一层喷射应在前一层混凝土终凝后进行。

2. 基坑排水及水中挖基

(1) 基坑排水

① 汇水井排水　在基坑基础范围外挖汇水井和边沟，使流进坑内的水沿边沟流入汇水井，再用水泵抽水使水位降至坑底以下。汇水井排水法设备简单，费用低，不宜用于粉砂、细砂等透水性较小且黏聚力也较小的土层。

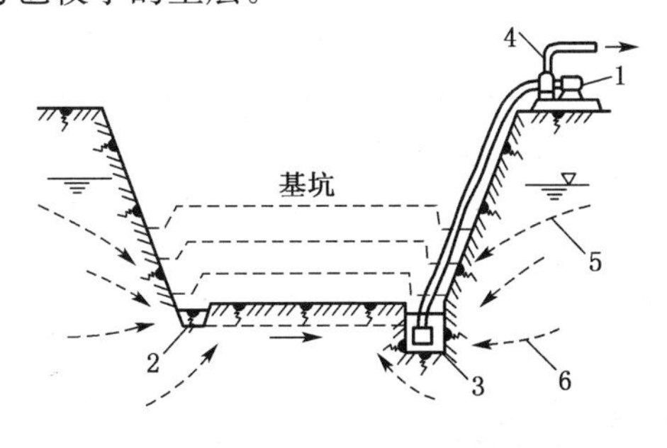

集水井降低地下水位图示

1—水泵；2—排水沟；3—集水井；
4—压力管道；5—降落曲线；6—水流曲线

② 井点降水法

A. 原理　在基坑周围打入带有过滤管头的井点管，在地面与集水总管连接起来，通到抽水系统，用真空泵造成的真空度，将地下水吸入水箱，再用水泵抽出，使坑底地下水位暂时降低。

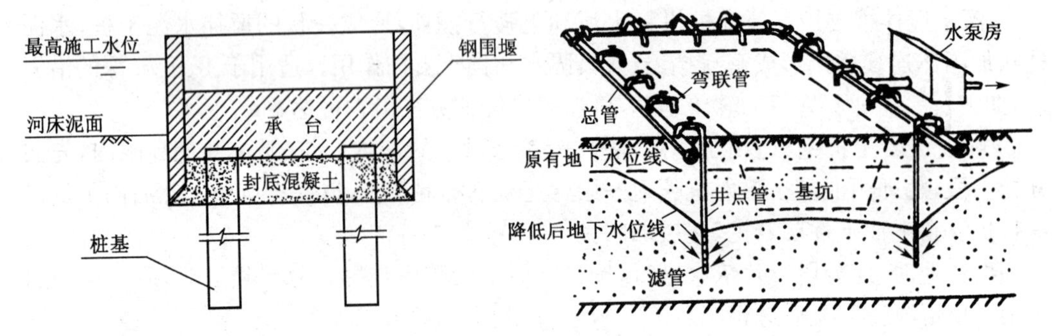

B. 类型 轻型井点,喷射井点,射流泵井点,深水泵井点。

C. 布置形式

平面:单排线状,双排线状,U 型井点环圈井点。

高程布置:一级井点,二级井点。

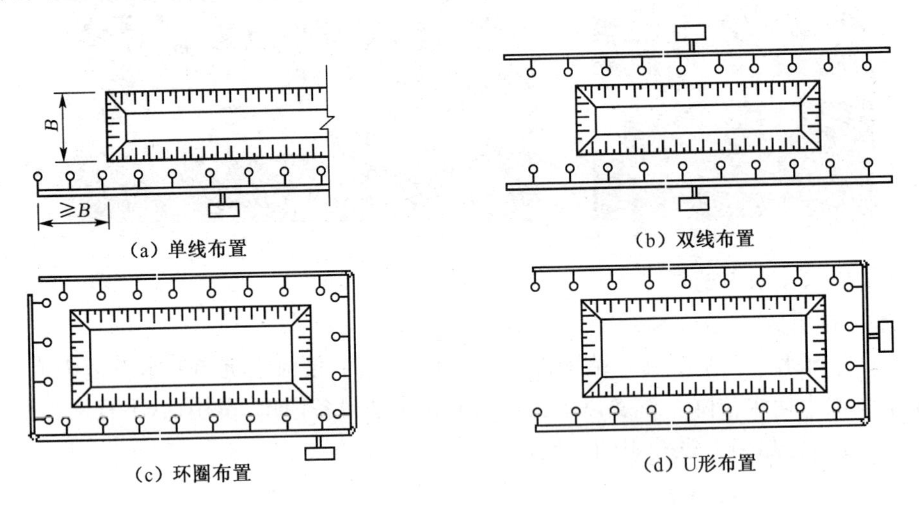

井点平面布置

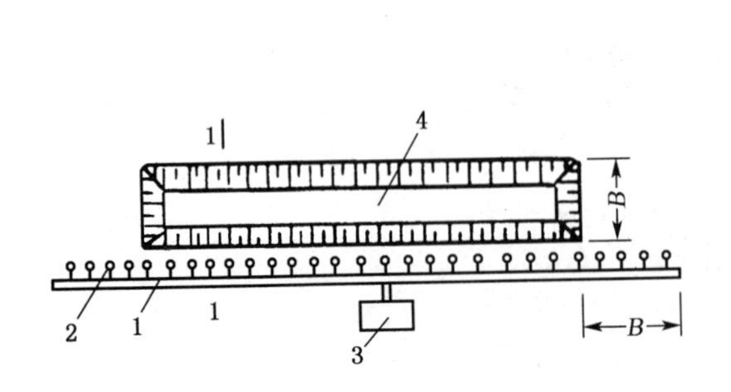

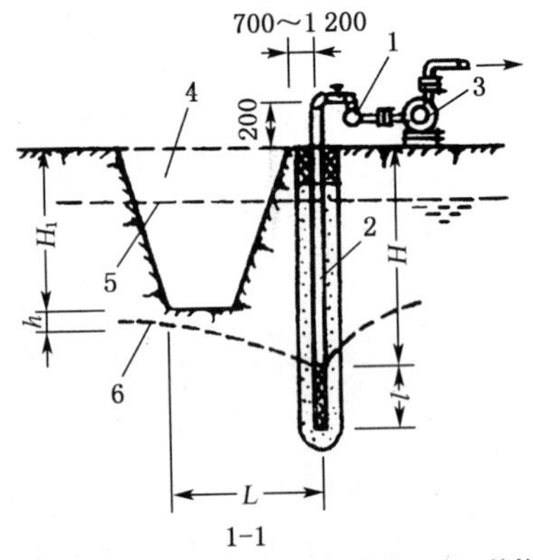

1—总管;2—井点管;3—抽水设备;4—基坑;
5—原地下水位线;6—降低后地下水位线

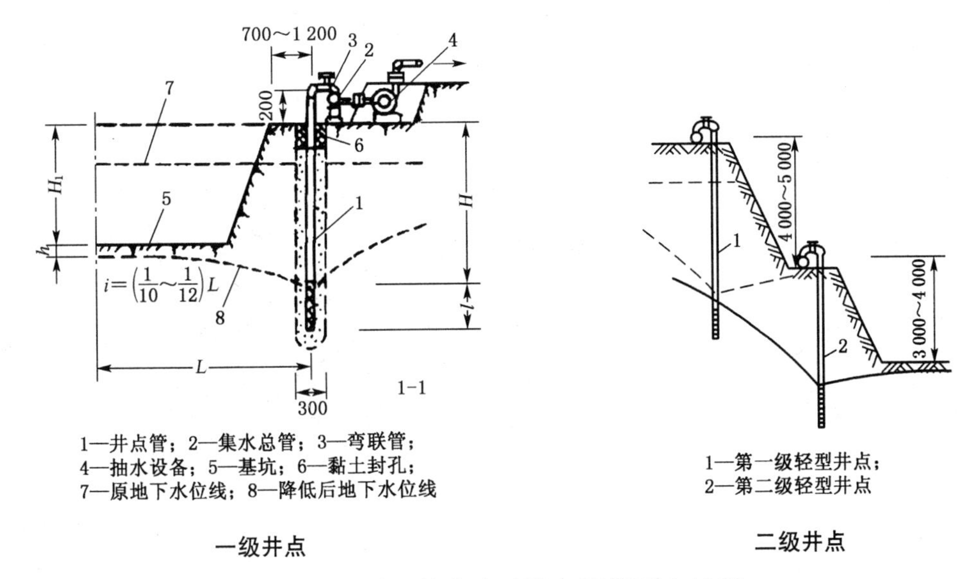

一级井点　　　　二级井点

井点管的埋设一般用水冲法进行，并分为冲孔与埋管两个过程。

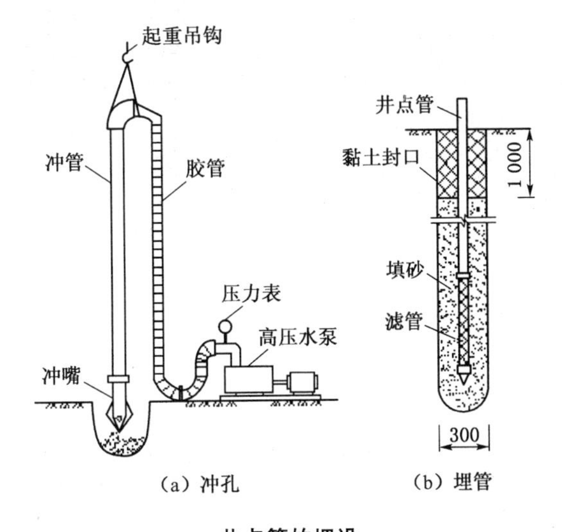

井点管的埋设

D. 施工工艺　排放总管→埋设井点管→用弯联管将井点管与总管接通→安装抽水设备→试运行→正式抽水。

(2) 水中挖基

① 围堰

A. 土围堰　适用于水深在 2.0 m 以内、流速小于 0.3 m/s 的河流中施工围堰。

B. 土袋围堰　适用于水深不大于 3.0 m、流速不大于 1.5 m/s 的河流中施工围堰。

C. 竹笼围堰　用竹片编成竹笼，内装卵石或石块，填黏土。

D. 钢板桩围堰

特点：防水性能好，打入土中穿透力强，适用于河床水深在 4～8 m 且为较软岩层时的深水基础。有大漂石及坚硬岩石的河床不宜使用钢板桩围堰。

平面形状：圆形、矩形和圆端形。

组成：由定位桩、导梁和钢板桩组成。

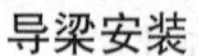
导梁安装

插打钢板桩

合龙抽水

钢板桩围堰

钢板桩内侧

钢板桩外侧

② 水中挖基　当排水挖基有困难或者有水中挖基的设备时，可采用水中挖基法。水中挖基的方法有水力吸泥法、空气吸泥法和挖掘机水中挖基法。

二、基底检验、处理及施工

1. 基底检验　基础是隐蔽工程，在基础砌筑前，应对基底进行检验。检验内容包括：检查基底平面位置，尺寸大小，基底标高，地质情况是否与设计相符。

2. 基底处理　基底检验合格后，应立即进行基底处理。

(1) 岩层基底　对于未风化岩层，将岩面清洗干净即可；对于风化岩层，应凿除已风化的表面岩层。

(2) 碎石类或砂类土层基底　平整,铺一层水泥砂浆。

(3) 黏性土层基底　垫以 ≥ 10 cm 碎石垫层。

(4) 软弱地基　采用换填、深层密实、排水固结、化学加固等方法进行处理。

3. 基础施工　(1) 浆砌片石;(2) 片石混凝土;(3) 钢筋混凝土基础。

第二模块　沉入桩基础施工

一、施工工艺流程

桩预制、桩机就位、起吊预制桩、稳桩、打桩、接桩、送桩、验收、移桩机至下一个桩位。

二、施工要点

1. 桩预制　(1) 桩内钢筋的连接;(2) 桩体混凝土质量;(3) 桩的编号、日期标注。

2. 沉桩设备　沉入桩的施工方法有锤击沉桩、振动沉桩、静力压桩。对应的设备主要有坠锤、单动汽锤、双动汽锤、振动沉桩机锤、静力压桩机等。

3. 桩机就位　打桩机就位时应对准桩位,保证垂直稳定,在施工中不发生倾斜、移动。

4. 起吊预制桩　先拴好吊桩用的钢丝绳和索具,然后用索具捆住桩上端吊环附近处,一般不宜超过 30 cm,再启动机器起吊预制桩,使桩尖垂直对准桩位中心,缓缓放下插入土中,位置要准确;再在桩顶扣好桩帽或桩箍,即可除去索具。

5. 打桩

(1) 打桩宜重锤低击,锤重的选择应根据工程地质条件、桩的类型、结构、密集程度及施工条件来选用。

(2) 打桩顺序根据基础的设计标高,先深后浅;依桩的规格宜先大后小,先长后短。由于桩的密集程度不同,可自中间向两个方向对称进行或向四周进行;也可由一侧向单一方向进行。

6. 接桩　在桩长不够的情况下采用焊接接桩,其预制桩表面上的预埋件应清洁,上下节之间的间隙应用铁片垫实焊牢;焊接时,应采取措施,减少焊缝变形;焊缝应连续焊满。接桩时,一般在距地面 1 m 左右时进行。上下节桩的中心线偏差不得大于 10 mm。接桩处入土前,应对外露铁件,再次补刷防腐漆。

接头数量:同一墩台桩基中,同一水平面内桩接头数不得超过基桩总数的 1/4。

7. 送桩　送桩时,送桩的中心线应与桩身吻合一致。若桩顶不平,可用麻袋或厚纸垫平。送桩留下的桩孔应立即回填密实。

8. 停锤标准　以控制设计标高为主,同时考虑贯入度。

9. 质量检查

(1) 桩尖设计标高。

(2) 贯入度。

(3) 垂直度、倾斜度。

10. 其他说明　打桩过程中,遇到下列情况应暂停,并及时与有关单位研究处理:

(1) 贯入度剧变。

(2) 桩身突然发生倾斜、位移或有严重回弹。

(3) 桩顶或桩身出现严重裂缝或破碎。

试桩是为大范围的沉桩作业提供第一手的首次施工参数资料,包括有效桩长、入岩深度、沉渣、灌入度、桩焊接、承载力等,用以检验施工工艺、方法是否适合本段地质施工。

① 试打桩位置的工程地质条件应具有代表性。

② 试打桩过程中，应按桩端进入的土层逐一进行测试；当持力层较厚时，应在同一土层中进行多次测试。

第三模块 钻(挖)孔桩基础施工

一、钻孔灌注桩施工

(一) 准备工作

泥浆制备：

(1) 组成 泥浆由水、黏土(膨胀土)和添加剂拌和而成。

(2) 泥浆护壁原理

① 孔内泥浆液柱压力平衡地下水压力。

② 泥浆渗入孔壁土体并在其表面形成一种细密、透水性小的泥皮，维护孔壁稳定。

(3) 作用 除了起护壁作用，还起悬浮钻渣、润滑钻具的作用。

(4) 要求 泥浆比重、黏度、含砂率、胶体率和 pH 等都应满足施工规范要求。

(5) 黏土用量。

(二) 钻孔

1. 冲抓锥钻孔

(1) 工作原理 用冲抓锥抓瓣，并依靠其自重冲入土中，收紧抓瓣绳，抓瓣将土抓入锥中，提升冲抓锥出井孔，松绳开瓣将土卸掉。

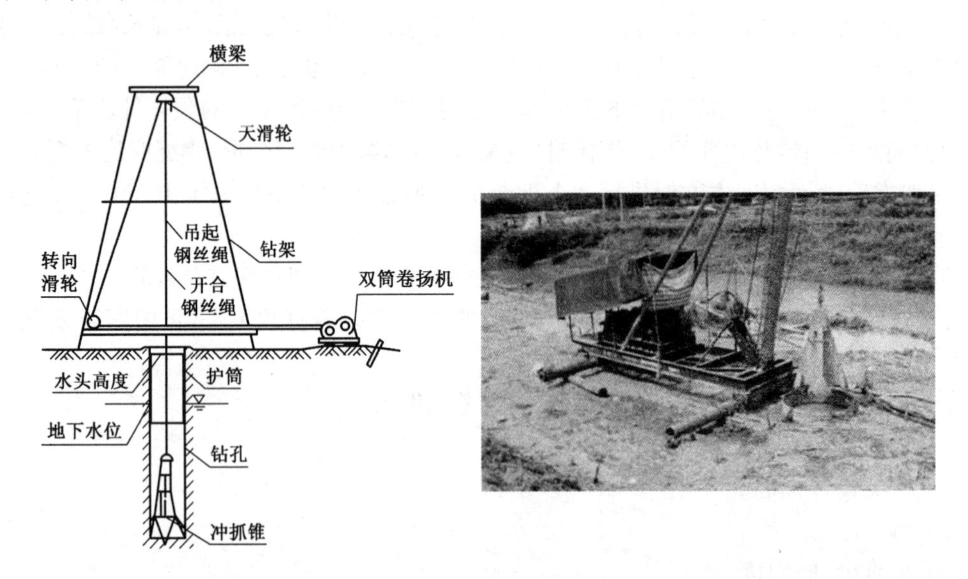

(2) 特点 使用机械简单，成本低，但自动化程度低，施工速度慢。

(3) 适用范围 黏性土，砂性土，砂黏性夹碎石。

(4) 注意事项 开孔时应以小冲程，做到稳而准，锥具全部进入护筒后再进行正常冲抓。

2. 冲击钻孔

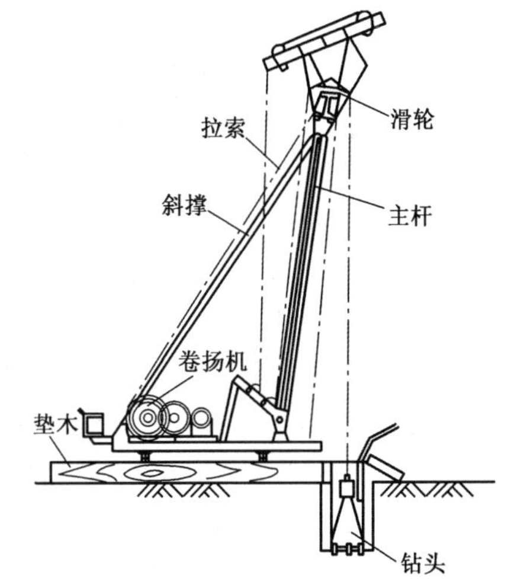

(1) 工作原理　用冲击钻机或卷扬机带动冲锤(钻头),借助锤头自动下落产生的冲击反力,反复冲击破碎土石或把土石挤入孔壁中,用泥浆浮起钻渣,或用抽渣筒或空气吸泥机排除而形成钻孔。

(2) 特点　施工简单,但钻普通土时速度慢,不能钻斜孔。

(3) 适用范围　砂砾石、岩石地层。

(4) 施工要点

① 待邻孔混凝土强度达到 2.5 MPa 以后方可开钻。

② 造孔时用小冲程,不同地层采用不同冲程。

③ 及时排除钻渣,造浆,防止坍孔。

3. 旋转钻孔

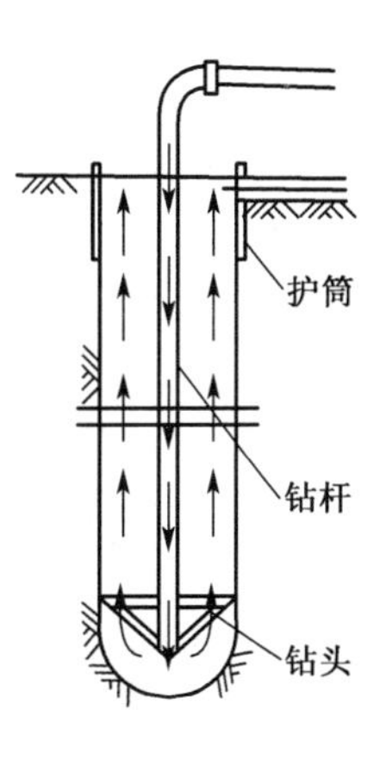

(1) 正循环旋转钻孔

① 施工原理　泥浆由泥浆泵以高压从泥浆池输进钻杆内腔,经钻杆内腔流向孔底。钻头在旋转时将土层搅松成钻渣,被泥浆悬浮,随泥浆上升而溢出,流入孔外的泥浆池中,经沉淀,泥浆再循环使用。

② 施工特点及适用范围　设备简单轻便,操作简易,工程费用低,适应狭小场地作业,不适用于桩孔直径较大、孔深较深及易塌孔地层的施工。

③ 施工要点

A. 钻杆位置偏差不得大于 2 cm。

B. 开钻时,应稍提钻杆,在护筒内造浆,开动泥浆泵形成循环。

C. 先低挡慢速钻进,钻至护筒脚下 1 m 后方可正常钻进。

(2) 反循环旋转钻孔

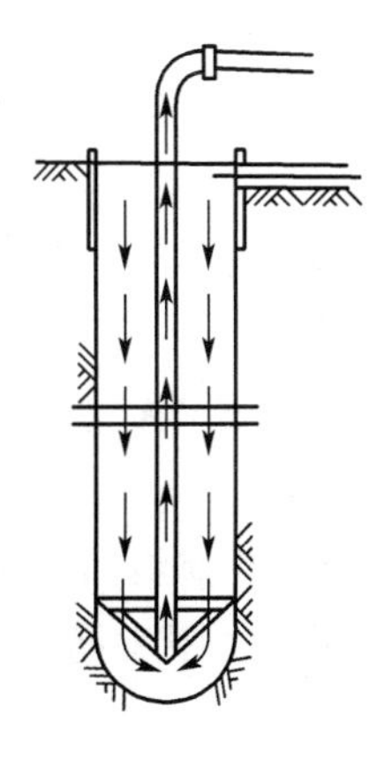

① 施工原理　泥浆由泥浆池流入钻孔内,与钻渣混合,在真空泵抽吸力作用下,混合物进入钻头的进渣口,经过钻杆内腔,排除到沉淀池中净化,再供使用。

② 特点及适用范围　排渣能力强,施工速度快,动力消耗小,成孔质量好,但钻渣容易堵塞管路,适用于大直径桩。

③ 施工要点

A. 钻具放入护筒水中后,将钻头提高,距孔底 20～30 cm。

B. 初钻时,先启动泥浆和钻盘,使之空钻,待泥浆进入孔后再钻进。

4. 潜水钻机钻孔

(1) 施工原理　这是一种旋转式钻孔机械,其动力、变速机构和钻头连在一起,加以密封,因而可以下放至孔中地下水位以下进行切削土壤成孔。成孔原理与旋转法相同。

(2) 特点及适用范围　钻具简单、轻便、噪声小,钻孔效率高,一般条件下都可使用,钻孔直径可达1 m,深度可达 20～30 m,最深可达 50 m。

5. 常见钻孔事故及处理措施

(1) 坍孔。

(2) 孔身偏斜、弯曲。

(3) 扩孔、缩孔。

(4) 断桩。

(5) 钻孔漏浆。

(6) 卡钻、卡管。

(三) 清孔、水下浇筑混凝土

1. 清孔

(1) 目的　抽换孔内泥浆，清除孔内钻渣，保证沉淀厚度满足要求，提高孔底承载力。

(2) 方法

① 抽渣法　在冲击、冲抓钻孔中，用抽渣筒清孔，直至泥浆中无 2～3 mm 大的颗粒。

② 吸泥法　将高压空气经风管射入孔底，使翻动的泥浆和沉淀物随强大气流经吸泥管排出。

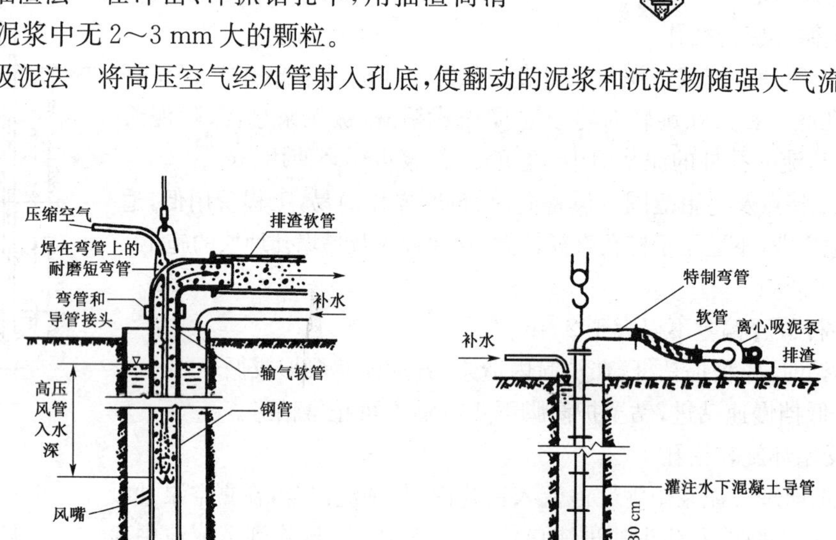

内风管吸泥清孔　　吸泥泵导管清孔

③ 换浆法　将钻头提高，离孔底 10～20 cm，空转，保持泥浆循环，把比重大的泥浆换出。

严禁用加深钻孔深度的方法代替清孔。

2. 下钢筋笼

(1) 下设前应对清孔后的泥浆指标、孔底沉渣厚度进行检查。

(2) 可分节制作、吊装钢筋笼，焊接接头应错开；钢筋笼外侧设垫块做保护层。

(3) 缓慢、匀速地下设，保证垂直度。

3. 水下浇筑混凝土施工流程

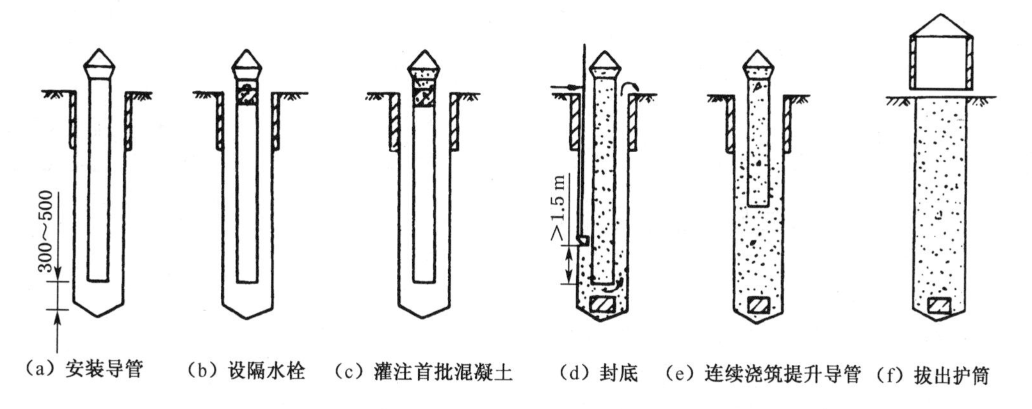

(a) 安装导管　(b) 设隔水栓　(c) 灌注首批混凝土　(d) 封底　(e) 连续浇筑提升导管　(f) 拔出护筒

隔水栓分软、硬两类。软式为木质。硬隔水栓一般采用强度等级为 C20 的混凝土或钢制作，宜制成圆柱形，其高度宜比直径大，直径宜比导管内径小。橡胶垫圈厚，直径比导管内径大。隔水栓应有良好的隔水性能，保证顺利出水。

另外，采用隔水滑阀、隔水底盖也可起到与隔水栓相同的作用。软隔水栓一般采用充气球胆，但只适合于大直径桩使用。

4. 水下浇筑混凝土施工要点

(1) 混凝土拌合物运至灌注地点时，应检查其均匀性和坍落度。

(2) 首批混凝土拌合物下落后，混凝土应连续灌注。

(3) 在灌注过程中，导管的埋深应控制在 2～6 m。

(4) 灌注的桩顶标高比设计高出 0.5～1.0 m。

5. 桩的质量检验　(1) 孔的中心位置；(2) 孔径、孔深、倾斜度；(3) 孔底沉渣厚度；(4) 清孔后泥浆指标。

二、挖孔灌注桩施工

1. 使用范围　适用于无地下水或少量地下水及其较密实的土层或风化岩层。

2. 特点　设备投入少，成本低，桩质量可靠，但施工速度慢。

3. 施工要点

(1) 桩孔为梅花式布置时，宜先挖中孔，再挖其他孔。

(2) 若用小药量爆破，要通风排烟并检查有无有害气体。

(3) 孔的中轴线偏斜不得大于孔深的 0.5%。

(4) 孔深超过 10 m 或 CO_2 浓度超过 3%时,应设通风设备。

第四模块　管柱基础施工

管柱基础是我国于 1953 年修建武汉长江大桥时首创的基础形式。

一、适用范围与基本类型

1. 适用范围　可用于深水、有潮汐影响、岩面起伏不平的河床,也适用于岩层、紧密黏土等各类土质。

2. 基本类型　(1) 端承管柱;(2) 摩阻支承管柱。

二、施工流程

无需设防水围堰的承台基础。

管柱制造(钢筋混凝土管柱、预应力混凝土管柱、钢管柱)→管柱下沉(打桩机振动下沉、振动与管柱内除土下沉、振动与射水下沉等)→管柱底钻孔→安装钢筋笼→灌注混凝土→承台施工

墩帽
施工水位
墩身
承台
河床面
封底混凝土
管柱
岩面
管柱钻孔

第五模块　沉井基础施工

一、适用范围与基本类型

1. 类型　混凝土沉井,钢筋混凝土沉井,钢沉井,竹筋混凝土沉井。

2. 平面形式　圆形,矩形,圆端形。

3. 特点　埋深可以很大,整体性强,刚度大,承载力大。

4. 适用范围

(1) 持力层位于地面以下较深处。

(2) 明挖基坑的开挖量大或地形受到限制。

(3) 山区冲刷大的河流中或河中有较大卵石不便于桩基施工的情形。

5. 施工方法

(1) 就地沉井。

(2) 浮运施工。

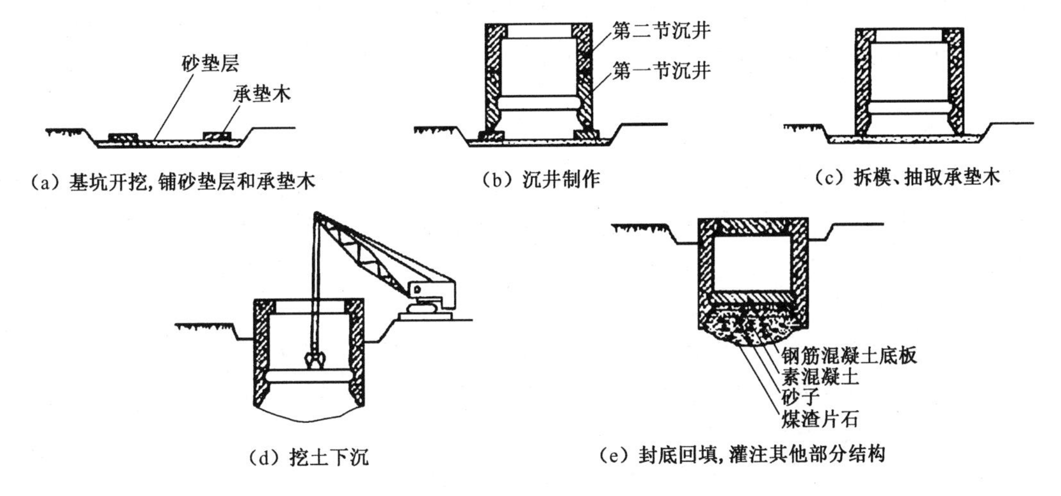

（a）基坑开挖，铺砂垫层和承垫木　（b）沉井制作　（c）拆模、抽取承垫木　（d）挖土下沉　（e）封底回填，灌注其他部分结构

沉井施工主要程序示意图

二、就地下沉沉井施工

基坑开挖，铺砂垫层和承垫木→沉井制作→拆模及抽取承垫木→挖土下沉→封底回填，灌注其他部分结构。

第六模块　钻孔灌注桩常见事故分析

一、坍孔

（一）原因分析

1. 泥浆比重、黏度、含砂率、胶体率和 pH 值不符合要求，使孔壁未形成坚实泥皮。

2. 护筒施工有缺陷。护筒底井口没有造壁，振动后，井口坍陷。

3. 在松软砂层中钻进，进尺太快。

（二）处理措施

1. 孔口坍塌时，可立即拆除护筒并回填钻孔，重新埋设护筒再钻。

2. 孔内坍塌，判明坍塌位置，回填砂和黏土混合物到坍孔处以上 1～2 m。如坍孔严重应全部回填，待回填物沉积密实后再行钻进。

3. 成孔后，应及时组织后续工序施工。

二、孔身偏斜、弯曲

（一）原因分析

1. 钻孔中遇有较大的孤石或探头石。

2. 在有倾斜度的软硬地层交界处，沿岩面倾斜处钻进；或者从粒径大小悬殊的砂卵石层中钻进，钻头受力不均。

3. 钻机、钻架本身不平衡。

（二）处理措施

1. 查明钻孔偏斜的位置和情况，一般可在偏斜处反复扫孔，使钻孔竖直。偏斜严重时应回填砂、黏土到偏斜处，待沉积密实后再继续钻进。冲击钻进时，应回填砂砾石和黏土，待沉积密实后再钻进。当孔偏斜严重无法校正时，则在开始偏斜处设置少量炸药（少于 1 kg）

爆破,然后用砂土和砂砾石回填到该位置以上 1 m 左右重新冲钻。

2. 当判定倾斜处属于倾斜的软、硬地层时,则回填片石冲平后再钻进。

三、扩孔、缩孔

(一) 原因分析

1. 扩孔是因孔壁坍塌而造成的结果,或钻孔浅部地层有流砂层,钻进时钻具晃动太大。

2. 缩孔的原因有两种:磨耗后钻锥直径缩小,以及地层中软塑土遇水膨胀后使孔径缩小。

(二) 处理措施

1. 如扩孔不影响进尺,可不必处理,如影响钻进,则按坍孔事故处理。

遇流砂层时应提高护壁泥浆密度和黏度,若流砂层较厚或地下水流速大时,宜加入钢护筒。钻进时尽量减少钻具晃动。

2. 对缩孔可采用上下反复扫孔的方法以扩大孔径。

四、断桩

(一) 原因分析

1. 导管底端距孔底过远,混凝土被冲洗液稀释,使水灰比增大,致使不凝固,形成桩体与基岩之间被不凝固的混凝土填充。

2. 受地下水活动的影响或导管密封不良,冲洗液浸入混凝土水灰比增大,形成桩身中段出现不凝体。

3. 灌注过程中,导管提升和起拔过多,拔出混凝土面等原因造成夹渣,出现桩身中岩渣沉积成层,将桩体分成上下两部分。

4. 灌注混凝土时直接从孔口灌入,造成混凝土离析,致使凝固后不密实坚硬,个别孔段出现疏松、空洞。

(二) 处理措施

1. 成孔后,必须认真清孔,清孔后及时灌注混凝土,孔底沉渣应符合规范规定,灌注前准确计算全孔及首批灌注量。灌注过程中,应随时检查混凝土面的标高,及时调整导管埋深,提升导管要准确可靠,并严格遵守操作规程。严格确定混凝土的配合比,混凝土应有良好的和易性和流动性,坍落度应满足灌注要求。

2. 在地下水活动较大的地段,采用套管或水泥进行处理,止水成功后方可灌注混凝土。

3. 避免导管提升和起拔过多,严禁拔出混凝土面。

4. 灌注混凝土应从导管内灌入,要求灌注过程连续、快速。

五、钻孔漏浆

(一) 原因分析

1. 在透水性强的砂砾或流砂中,特别是在地下水流动的地层中钻进时,稀泥浆向孔壁外漏失。

2. 护筒埋置太浅,回填土夯实不够,致使刃脚漏浆。

3. 护筒制作不良,接缝不严密,造成漏浆。

4. 水头过高,水柱压力过大,使孔壁渗浆。

(二) 处理措施

1. 凡属于第一种情况的回转钻机应使用较黏稠或高质量的泥浆钻孔。冲击钻机可加稠泥浆或回填黏土掺片石、卵石反复冲击增强护壁。

2. 属于护筒漏浆的，应按有关护筒制作与埋设的规范规定办理。如接缝处漏浆不严重，可由潜水工用棉絮堵塞，封闭接缝。如漏水严重，应挖出护筒，修理完善后重新埋设。

六、卡钻

（一）原因分析

主要产生于冲击钻孔时，原因如下：

1. 孔内出现梅花孔、探头石、缩孔等未及时处理。

2. 钻头被落下的石块或误落孔内的大工具卡住。

3. 下钻头太猛或钻头变形，使钻头倾斜卡在孔壁上。

（二）处理措施

1. 卡钻后不宜强提，只宜轻提，提不动时可用小冲击钻锥冲或用冲、吸的方法将钻锥周围的钻渣松动后再提出。

2. 施工时注意保持护筒垂直，下钻应控制钻进速度，不要过猛、过快。

七、卡管

（一）原因分析

1. 混凝土配合比不符合要求，坍落度小，和易性差，石料粒径大；在运输过程中使浆产生离析，而离析后的浆因粗骨料堆在一起进入导管，加大混凝土浆与管壁的摩擦力，发生卡管。

2. 由于种种原因使灌浆的连续性受到影响，拖长了灌注时间或导管埋置深度太大，长时间不卸导管。这两种情况，都会使最初灌下的混凝土浆的扰动状态减弱，形成硬盖（初凝），使翻浆不顺利，造成卡管。

（二）处理措施

1. 卡管发生后，一般都是让操作熟练的技术工操纵卷扬机，将导管提高 20～30 cm 后突然放下，使管振动，一般卡管都能这样排除，切忌用长竹竿或钢筋捅捣。如卡管排除不了就形成断桩。

2. 加强对混凝土各项质量指标的控制，混凝土必须具备良好的和易性及足够的流动性，控制导管埋深（2～6 m 为宜）。

第七模块　沉井下沉

一、下沉施工方法

在井内挖土，消除刃脚下土的阻力，使沉井在自重作用下逐渐下沉。井内挖土方法可分为排水挖土和不排水挖土。也可以同时采用高压射水、炮振、压重、降低井内水位等辅助下沉措施。

二、下沉注意事项

1. 正确掌握土层情况，做好下沉测量记录。

2. 挖土应均匀进行，设计支承位置的土最后挖除。

3. 随时调整偏斜，在下沉初期尤为重要。

4. 弃土应远离沉井，以免造成偏压。

5. 若在砂土中下沉，应保持井内水位高出井外 1～2 m。

6. 下沉至设计标高以上 2 m 前，应控制挖土量并调平沉井。

三、沉井接筑

当第一节沉井顶面沉至离地面只有 0.5 m 或离水面只有 1.5 m 时应停止挖土下沉，接筑第二节沉井。

四、沉井纠偏

偏除土纠偏；井顶施加水平力；增加偏土压力纠偏。

第八模块　墩台模板类型与构造

一、模板的构造要求

1. 尺寸准确，构造简单，便于制作、安装和拆卸。

2. 具有足够的强度和刚度。

3. 结构紧密不漏浆，表面平整光滑。

二、模板的类型

1. 拼装式模板　是将墩台表面划分成若干块尺寸相同的板块，按板块尺寸预先将模板制成板扇，然后拼装成所需的模板。

2. 整体吊装模板　是将墩台模板沿高度水平分成若干节，每一节模板预先组装成一个整体，在地面拼装后吊装就位。节段高度一般为 3～5 m，可实现连续施工而不留施工缝。

拼装式模板

整体吊装模板

3. 组合型钢模板　由平面模板、转角模板、可调模板等组成。

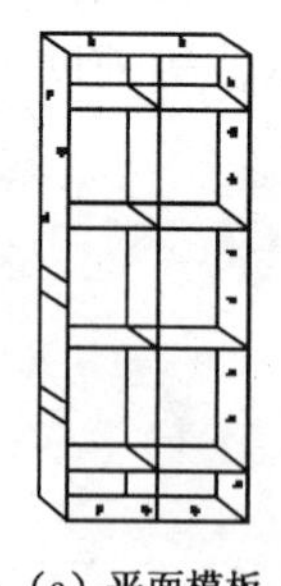

(a) 平面模板

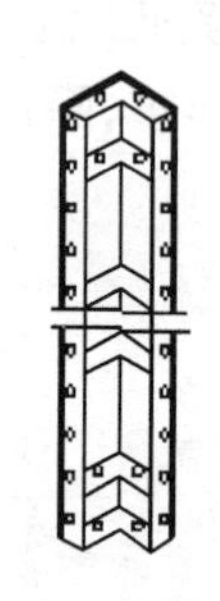

(b) 阴角模板

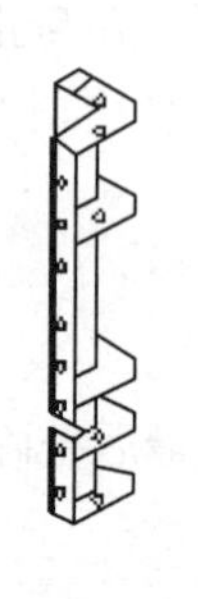

(c) 阳角模板

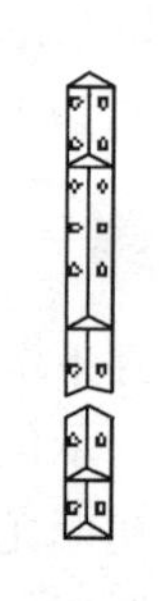

(d) 连接角模

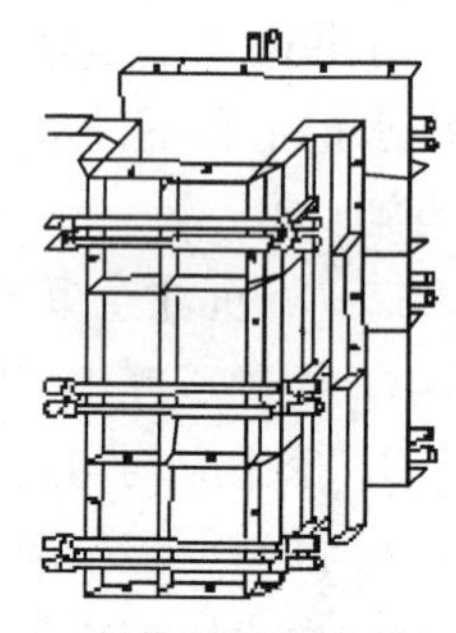

(e) 拼装成的附壁柱模板

平面模板

4. 滑升模板　利用一套滑动提升装置，将已经在桥墩承台位置处安装好的整体模板连同工作平台、脚手架等随着混凝土灌注，沿着已灌注好的墩身慢慢向上提升，这样就可以连续浇筑混凝土直至墩顶。

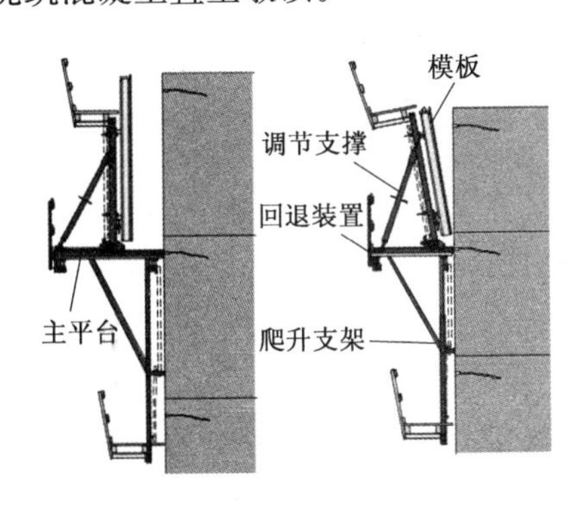

第九模块　墩台混凝土浇筑

一、混凝土拌制

1. 投料顺序。

2. 搅拌时间。

二、混凝土运输

1. 人力手推车：水平运距短，浇筑量小。

2. 牵引翻斗车或吊斗。

3. 泵送。

(1) 泵送特点　能同时满足水平运输与垂直运输的需要，可直接灌入模板内。特别适用于施工条件困难、结构复杂的桥梁构筑物以及高速灌注大体积混凝土等。

(2) 泵送混凝土的质量要求

① 较大的流动性，坍落度不宜小于 80 mm。

② 严格控制石料最大粒径。

③ 含砂率控制在 40%～50%。

④ 掺助泵剂。

(3) 泵送要点

① 管道布置应使管路最短、弯曲最少。

② 泵送必须连续，不能有 30 min 的间歇。

三、混凝土浇筑

1. 灌注前准备工作

(1) 钢筋、模板的检查。

(2) 对墩台基底的处理。

2. 混凝土灌注速度

$v \geqslant \frac{Sh}{t}$，其中 S 为灌注的面积，h 为灌注层的厚度，t 为混凝土初凝时间。

3. 灌注要点

(1) 分层浇筑，20～30 cm 一层。

(2) 体积大的混凝土要分块浇筑，每块宽度为 1.5～2 m，面积不小于 50 m^2。

(3) 振捣要做到快插慢拔，移动间距不超过作用半径的 1.5 倍。

4. 防止温度裂缝的措施

(1) 降低水灰比，掺外加剂。

(2) 采用水化热低的水泥，如矿渣水泥、粉煤灰水泥。

(3) 减少浇筑层厚度，加快混凝土散热速度。

(4) 砂、石料应避免日光曝晒。

(5) 在混凝土内部设冷凝管。

四、接缝处理

在施工缝处继续浇筑新混凝土，一般应符合以下规定：

1. 前层混凝土强度达到 1.2 MPa。

2. 先将表面层水泥浆膜、松弱层清除，凿毛(斜面时凿成台阶状)，用水冲洗湿润，但不得存有积水。

3. 宜在横向施工缝处铺一层 15～20 mm 厚的水泥砂浆，最好在接缝周边预埋直径不小于 16 mm 的钢筋。

第十模块　石砌墩台施工

一、石料、砂浆

1. 对石料的要求

石料应质地坚硬，不易风化，无裂纹，表面污渍应清除。

石料按加工程度分为片石、块石、粗料石、细料石。

2. 对砂浆的要求

砂浆应满足设计要求，主体工程不小于 M10，一般工程不小于 M5。

地下水以下或潮湿地基土中砖石砌体，应用水硬性砂浆砌筑，干燥环境基础中可用水泥石灰混合砂浆。抗冻砂浆只能用水泥砂浆。

3. 对砂浆的要求

砂宜用中砂或粗砂。

水泥用量估算：

$$Q_C = \frac{R_m}{0.7R_C} \times 1\,000$$

式中：Q_C——每立方米砂所需水泥用量，kg；

R_m——砂浆强度等级，MPa；

R_C——水泥强度等级，MPa。

二、施工要点

1. 按设计图放出实样，挂线砌筑。

2. 基底处理　基底为土质时不需要坐浆；基底为石质时应将其表面清洗润湿后，先坐浆，再砌筑石块。

3. 砌筑斜面墩台时，斜面应逐层放坡，以保证规定的坡度。

4. 砌筑方法和要求

(1) 砌块间用砂浆黏结并保持一定的缝厚，砌缝砂浆要饱满。

(2) 同一层石料及水平灰缝的厚度要均匀一致，每层按水平砌筑，丁顺相同，灰缝互相垂直。

(3) 砌缝宽度、错缝距离及砌体位置尺寸符合规定及允许偏差要求。

第十一模块　混凝土简支梁桥施工概述

一、就地浇筑法(现浇法)

1. 特点

(1) 桥梁整体性好，不需要大型起吊设备。

(2) 工期长，施工质量不易保证。

2. 施工流程

平整场地→搭设支架→预压→立模→绑扎钢筋→浇筑混凝土→养护拆模→支架拆除

二、预制安装法

1. 特点

(1) 上、下部结构可平行施工，工期短。

(2) 节约支架、模板。

(3) 工程质量容易保证，混凝土收缩徐变影响小。

(4) 需要预制场地、运输、吊装设备。

2. 施工流程

下部结构施工、梁板预制、运输、吊装、横向连接、桥面系施工。

第十二模块　施工支架与模板

一、支架类型及构造

1. 立柱式(满堂钢管支架)

2. 万能杆件拼装支架

3. 梁柱式(贝雷梁拼装支架)

二、模板

1. 模板类型

(1) T梁模板

(2) 空心板梁模板

(3) 箱梁模板

外模

内模

2. 模板安装注意事项

(1) 模板安装要与钢筋安放协调进行。

(2) 侧模板的安装,应考虑防止模板移位和突出。

(3) 模板的接缝必须密合,对拉螺栓应拧紧。

(4) 预埋件或预留孔洞的尺寸、位置必须准确,并安装牢固。

(5) 浇筑混凝土前,应在模板内侧涂刷脱模剂。

3. 模板的拆除

(1) 拆除时间

侧模:一般当混凝土强度达到 2.5 MPa,即 10~13 h。

承重模板:跨度不大于 4 m 时,混凝土强度达到 50%设计强度,3~6 d;跨度大于 4 m 时,混凝土强度达到 75%设计强度,20 d 左右。

(2) 拆除顺序

① 先支后拆，后支先拆，拆时严禁抛扔。

② 简支梁、连续梁宜从跨中向两支座依次拆除，拱桥宜从拱顶向拱脚依次拆除。

第十三模块　先张法、后张法预应力简支梁桥施工工艺

一、先张法施工工艺流程

台座准备→穿预应力筋调整初应力→张拉并锚固→钢筋骨架制作安侧模→浇混凝土→养护→放张

(一)台座

1. 作用　承受预应力筋在构件制作时的全部张拉应力。

2. 类型　按构造形式分为框架式、槽式、墩台式；按受力形式分为轴心压柱式、偏心压柱式。

3. 组成　由底板、承力架、横梁、定位板和固定端装置组成。

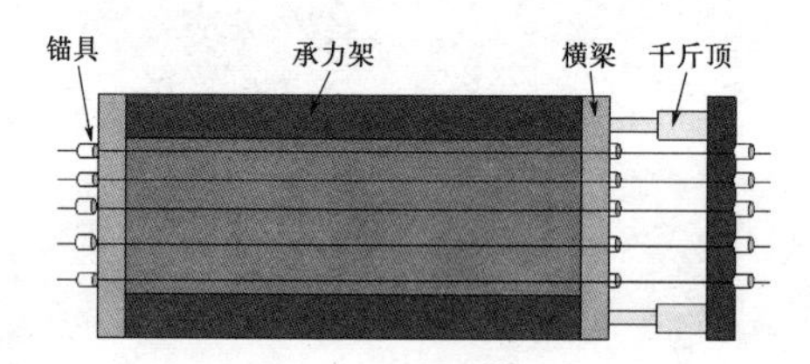

(二) 预应力筋的制备

1. 类型　可用冷拉Ⅲ、Ⅳ级螺纹粗钢筋，高强钢丝，钢绞线和冷拔低碳钢丝作为预应力筋。

2. 粗钢筋的制作　包括下料、对焊、冷拉、时效、镦粗和扎丝等工序。

(三) 预应力筋的张拉

预应力筋的张拉程序依预应力筋的类型而异。

1. 采用粗钢筋时

0→初应力($0.1\sigma_{con}$)→$1.05\sigma_{con}$(持荷 2 min)→$0.9\sigma_{con}$→σ_{con}(锚固)

2. 采用钢丝、钢绞线时

0→初应力($0.1\sigma_{con}$)→$1.05\sigma_{con}$(持荷 2 min)→0→σ_{con}(锚固)

槽式台座　　先张法施工现场

(四) 预应力混凝土浇筑

1. 尽量采用侧模振捣工艺，振捣时应避免触及力筋，防止发生受振滑移或断筋伤人事故。

2. 先张构件用蒸汽养护。

（五）预应力筋放松

1. 砂箱放松法。

2. 千斤顶放松法。

3. 螺杆、张拉架放松法。

4. 滑楔放松法。

二、后张法预应力简支梁桥施工工艺

铺底模→支侧模、绑扎钢筋→埋管制孔→浇混凝土→抽管→养护拆模→穿预应力筋→预应力筋张拉→孔道灌浆→起吊运输

（一）预应力筋制备

1. 高强钢丝束的制备

(1)钢丝调直　钢丝从盘架上引出，经调直机，用绞车牵引前进调直，调直好的钢丝保持直线存放。

(2)钢丝下料

钢丝下料长度
$$L = L_0 + L_1$$

式中：L_0——构件混凝土预留孔道长度；

L_1——固定端和张拉端所需要的钢丝工作长度。

(3) 编束　为了防止钢丝扭结，必须进行编束。编束时可将钢丝对齐后穿入特制的梳丝板，使其排列整齐，一边梳理钢丝一边每隔 1～1.5 m 衬以 3～4 cm 的螺旋衬圈或短钢管，并在设衬圈处用铁丝缠绕扎捆成束。

2. 钢绞线的制备　钢绞线一般是由 6 根碳素钢丝围绕一根中心钢丝在绞丝机上绞成螺旋状，再经低温回火制成。钢绞线的直径较大，一般分 9 mm、12 mm、15 mm 三种，比较柔软，施工方便，但价格比钢丝贵。钢丝、钢绞线的切断宜用切断机或砂轮锯，不得采用电弧切割。

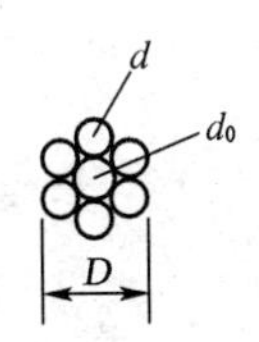

D—钢绞线直径
d_0—中心钢丝直径
d—外层钢丝直径

（二）预留孔道

孔道形成包括制孔器的选择、安装、抽拔和通孔检查等。

1. 制孔器的选择

埋置式：主要有铁皮管和铝合金波纹管，在梁体制成后留在梁内。

抽拔式：利用制孔器预先安放在预应力束的设计位置上，待混凝土终凝后将它拔出，构件内即具有孔道。

2. 制孔器的抽拔

抽拔时间
$$H = \frac{100}{T}$$

式中：T——预制梁所处的环境温度。

（三）穿束

当梁体混凝土强度达到设计强度的75％以上时才可进行穿束张拉，穿束前可用空压机吹风等方法清理孔道内的污物和积水，确保孔道通畅。穿束工作可采用人工直接穿束，亦可用卷扬机牵引较长束筋进行穿束。

（四）预应力筋的张拉

1. 张拉程序

钢筋、钢筋束：

0→初应力→1.05σ_{con}→（持荷2 min）→σ_{con}（锚固）

钢绞线

夹片等自锚锚具：

0→初应力→1.03σ_{con}（锚固）（普通力筋）

0→初应力→σ_{con}（持荷2 min锚固）（低松弛力筋）

其他锚具：

0→初应力→1.05σ_{con}→（持荷2 min）→σ_{con}（锚固）

2. 两次张拉工艺

为了提高台座利用率，在梁体混凝土强度达到设计要求之前可以先张拉一部分力筋，对梁体施加较低的预应力，使梁体能承受自重荷载，提前将梁移出台座，继续养护，待达到设计强度后进行其他力筋的张拉。

3. 张拉要点

（1）力筋的张拉顺序应按设计规定进行，避免张拉时构件截面呈过大的偏心受力状态和造成过大的预应力损失。

（2）张拉应力用油压表读数来控制，同时以伸长量作校核。

金属波纹管

（五）孔道压浆和封锚

1. 压浆目的　使梁内预应力筋免于锈蚀，并使力筋与混凝土梁体相黏结而形成整体。

2. 水泥浆要求　水泥浆应具有适当的稠度和流动性，为此，水泥浆内往往掺塑化剂或铝粉，使用铝粉能使水泥浆凝固时的膨胀稍大于体积收缩，使孔道能充分填满。

3. 压浆工艺　先将孔道冲洗干净、湿润，并用

预应力筋的张拉

吹风机排除积水，然后从压浆嘴慢慢地、均匀地压入水泥浆，另一端的排气孔有空气排出，直到有水泥浆流出为止。

4. 封锚　将锚具周围凿毛并冲洗干净，设置钢筋网并浇筑混凝土。

曲线预应力筋或长度大于等于 25 m 的直线预应力筋宜在两端张拉，长度小于 25 m 的直线筋可在一端张拉。

第十四模块　预应力混凝土连续梁桥施工

一、连续梁桥施工的特点

1. 施工分阶段、分节段完成，施工流程复杂。

2. 施工过程中常常发生体系转换，应力与变形变化较复杂。

3. 施工过程中考虑混凝土收缩徐变、温度对施工的影响。

二、常用施工方法

1. 就地浇筑法(膺架法)。

2. 先简支后连续法。

3. 逐孔架设法。

4. 顶推法。

5. 移动支架法。

6. 悬臂施工法。

三、施工流程

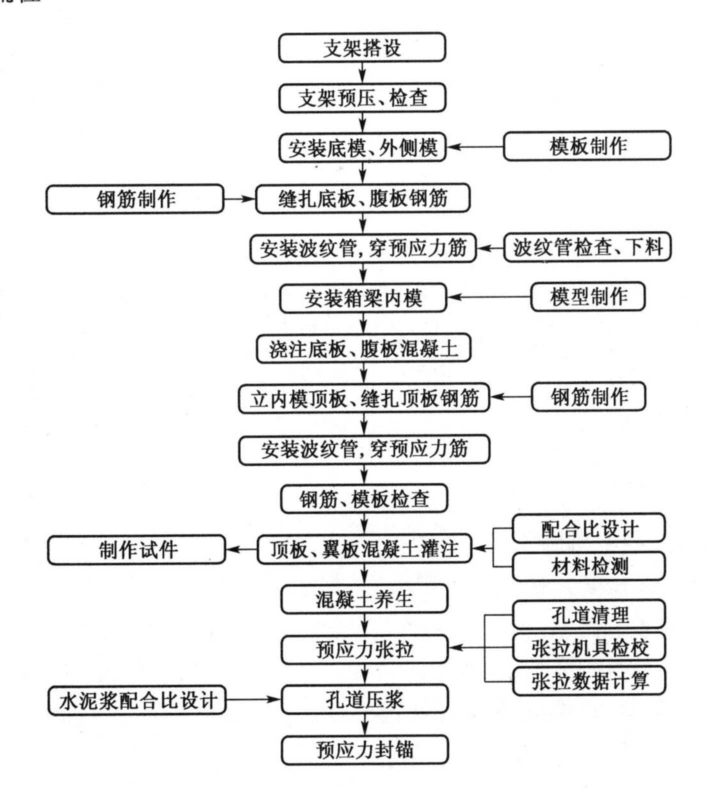

膺架预压

现浇混凝土

第十五模块　有支架就地浇筑施工

施工顺序：

1. 小跨径板梁　一般采用从一端向另一端浇筑的施工顺序，先梁身后支点依次进行。

2. 箱梁桥

(1) 水平分层施工。底板＋1/3 腹板⟶2/3 腹板＋顶板

(2) 分段施工。

每隔 20～25 m 设置连接缝，接长 1 m 左右，待各段混凝土浇筑完成后，在接缝处施工合龙。

第十六模块　逐孔施工

一、原理、特点与方法

1. 原理　逐孔施工是中等跨径预应力混凝土梁长桥较常采用的一种施工方法，它使用一套设备从桥梁的一端逐孔施工，桥愈长，施工设备周转次数愈多，其经济效益愈高。

2. 特点

(1) 施工能连续操作，可使桥梁结构选择最佳施工接头位置和合理结构形式。

(2) 便于使用接长的预应力索筋，简化施工操作。

(3) 施工过程中，结构体系不断转换。

3. 方法

(1) 预制节段逐孔组拼施工。

(2) 移动模架法。

二、预制节段逐孔组拼施工

1. 施工原理　每孔梁分成若干预制节段，使用移动式脚手架临时支承节段自重，待本孔安装就位后，张拉预应力索筋，使安装桥跨就位，之后将脚手架移至前一孔安装施工。

2. 施工过程　梁段在桥头预制，用跨桥龙门吊机将梁段吊于桥上运梁小车上，并运至支架端。通过升降装置，将梁段落至支架下托梁上，待梁段拼装完毕，张拉梁截面力筋等即完成一孔梁的施工。然后拖拉支架前移，再进行下一孔梁的施工。

三、移动模架法

1. 施工原理　使用移动式的脚手架和装配式的模板，在桥位上逐孔现浇施工。随着施工进程不断移动而连续浇筑施工，形象地称之为“活动的桥梁预制厂”。

2. 类型

(1) 移动悬吊模架施工。

(2) 支承式活动模架施工。

(3) 移动悬吊模架施工。

第十七模块　顶推法施工

一、施工原理

顶推法施工是在桥头沿纵轴线方向将逐段预制张拉的梁向前顶推出使之就位的桥梁施工方法。须在沿纵轴线方向的台后开辟预制场地，分节段预制混凝土梁，并用纵向预应力筋连成整体，通过水平液压千斤顶施力，借助于不锈钢板与滑动装置，将梁逐段向对岸顶进，就位后落架，更换正式支座完成桥梁施工。

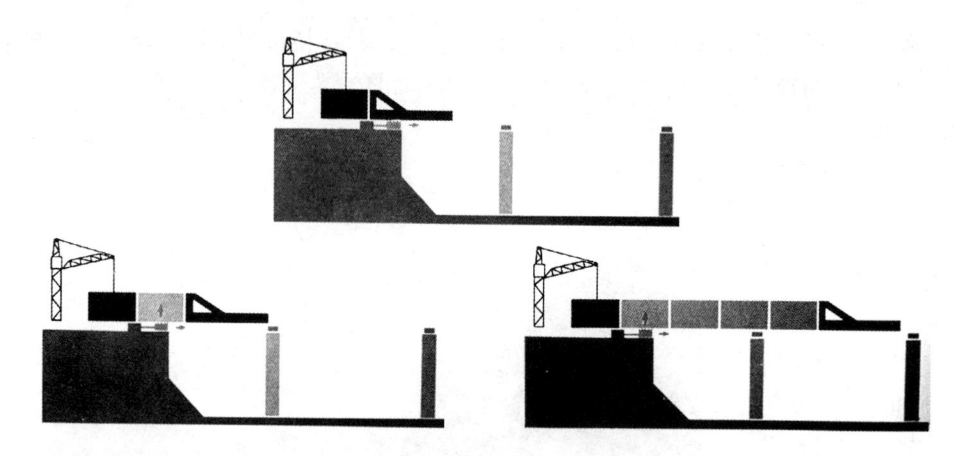

二、预制场地与预制块件

1. 预制场地　预制场是预制箱梁和顶推过渡的场地，包括主梁节段的浇筑平台和模板、钢筋及钢索的加工场地。预制场长度在预制节段长度 3 倍以上。

2. 预制块件

(1) 在梁轴线的预制场上连续预制逐段顶推。主梁的节段长度划分一般取每段长 10～30 m，应使每跨梁不多于 2 个拼接缝。

(2) 在工厂制成预制块件，运送到桥位连接后顶推。根据运输条件确定节段长度，一般不超过 5 m。

三、顶推方式一——单点顶推

1. 顶推装置　顶推装置分两种：一种是依赖水平与竖向千斤顶的联合作用使梁顶推前进；另一种为拉杆顶推装置。

2. 滑道装置　滑道支承设置在墩上的混凝土临时垫块上，由滑板（不锈钢板）和聚四氟乙烯滑块组成。顶推时，滑块在不锈钢板上滑动，并在前方滑出，通过在滑道后方不断喂入滑块，带动梁身前进。

四、顶推方式二——多点顶推

在每个墩台上设置一对小吨位（400～800 kN）的水平千斤顶，将集中的顶推力分散到各墩上，实现多点顶推。

1. 特点

(1) 桥墩在顶推过程中承受较小的水平力。

(2) 所需顶推吨位小，容易获得。

2. 施工难点　顶推要同步，即同时启动，同步前进，同时停止和转向。

3. 适用范围　柔性墩连续梁桥。

五、其他顶推方法

1. 设置临时滑动支承顶推施工。

2. 使用与永久支座兼用的滑动支承顶推施工。

第十八模块　悬臂浇筑法施工程序

悬臂浇筑法又称为无支架平衡伸臂法或挂(吊)篮法,采用移动式挂篮为主要设备,以桥墩为中心,对称地向两侧跨中逐段浇筑混凝土,并施加预应力,再进行下一节段的施工,如此循环作业。

一、施工程序

Ⅰ—0号块;Ⅱ—对称悬臂现浇段;Ⅲ—支架浇筑梁段;Ⅳ—跨中合龙段。

二、0号块施工

墩顶0号块梁段采用在托架上立模现浇,并在施工过程中设置临时梁墩锚固,使0号块梁段能承受两侧悬臂施工时产生的不平衡力矩。

1. 施工托架　施工托架有扇形、门式等形式,托架可采用万能杆件、贝雷梁、型钢等构件拼装,也可采用钢筋混凝土构件作临时支撑。

2. 临时支座　悬臂梁桥及连续梁桥采用悬臂施工法,为保证施工过程中结构的稳定可靠,必须采取0号块梁段与桥墩间临时固结或支撑措施。

(1) 将0号块梁段与桥墩钢筋临时固结。

(2) 在桥墩一侧或两侧加临时支承或支墩。

(3) 将0号块梁段临时支承在扇形或门式托架的两侧。

(4) 用硫磺水泥砂浆块、砂筒或混凝土块作临时支承。

三、施工挂篮

挂篮是悬臂浇筑施工的主要工具,是一个能沿着轨道行走的活动脚手架,挂篮悬挂在已经张拉锚固的箱梁梁段上,既是空间的施工设备,又是预应力筋未张拉前梁段的承重结构。

1. 挂篮形式

(1) 梁式(桁架式)挂篮　由底模、承重结构、悬吊系统、行走系统、工作平台、平衡重等部分组成。

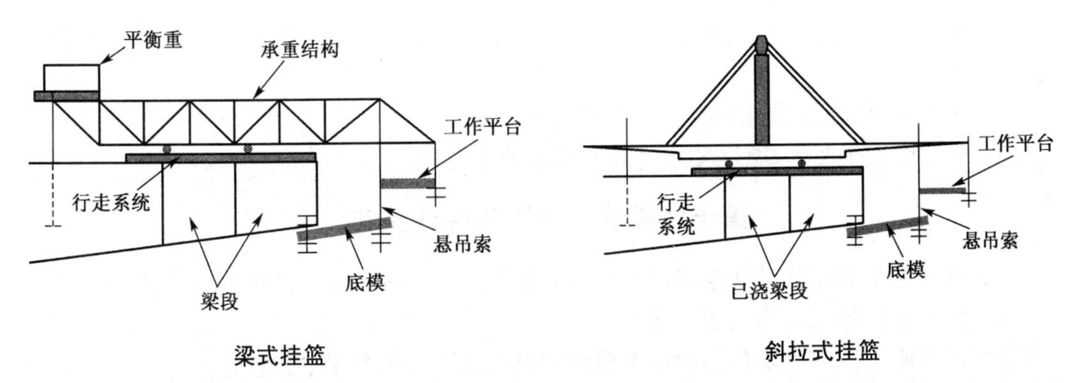

梁式挂篮　　斜拉式挂篮

(2) 斜拉式挂篮　斜拉式挂篮也称轻型挂篮,其承重结构由纵梁、立柱、前后斜拉杆组成,杆件少,结构简单,受力明确,承重结构轻巧。

2. 挂篮的主要构造

(1) 主纵桁梁　是挂篮悬臂承重结构，可由万能杆件或贝雷桁架组拼而成。

(2) 行走系统　包括支腿和滑道及拖移收紧设备。

(3) 底篮　由下横桁梁、底模纵梁和吊杆组成，供立模、绑扎钢筋、浇筑混凝土等工序用，直接承受悬浇梁段的施工重力。

(4) 后锚系统　由锚杆压梁、压轮、连接件、升降千斤顶等组成。

四、悬臂浇筑梁段混凝土

1. 挂篮就位后，安装并校正模板吊架，此时应对预浇筑混凝土梁段进行抛高。

2. 模板安装应核准中心位置及标高，模板与前一段混凝土表面应平整密贴。

3. 安装预应力预留管道时，应与前一段预留管道接头严密对准，并用胶布包贴。

4. 浇筑混凝土时，可以从前端开始，尽量对称平衡浇筑。

5. 设计混凝土配合比时考虑加入早强剂或减水剂，以提高混凝土早期强度。

6. 梁段拆除后，应对梁端的混凝土表面进行凿毛处理，以加强接头混凝土的连接。

7. 消除挂篮变形的措施。

(1) 水箱法。

(2) 根据混凝土重量变化，随时调整吊带高度。

(3) 利用千斤顶调整。

五、合龙段施工及体系转换

1. 合龙段施工

(1) 施工顺序　先边跨合龙，释放梁墩锚固，最后跨中合龙。

(2) 施工方法

① 先拆除一个挂篮，用另一个挂篮走行跨过合龙段至另一端悬臂施工梁段上，形成合龙段施工支架。

② 采用吊架形式形成支架。

(3) 注意事项

① 合龙段长度应尽量缩短，一般为 1.5～2.0 m。

② 合龙温度选择低温，夏季应在晚上进行合龙。

③ 浇筑前各悬臂端应附加与混凝土重量相等的配重，浇筑时分级卸载。

2. 体系转换

(1) 由双悬臂状态转换成单悬臂状态，在拆除梁墩锚固前，应张拉一部分正弯矩预应力束。

(2) 梁墩临时锚固的放松，应均衡对称地进行。

(3) 应考虑支座变形、温度变化等因素引起的次内力。

第十九模块　悬臂拼装法施工

悬臂拼装法是利用移动式悬拼吊机将预制梁段起吊至桥位，逐段拼装并采用环氧树胶和预应力钢丝束将各梁段连接成整体。

悬臂拼装施工工序主要包括梁体节段的预制、运输、起吊拼装、合龙。

一、梁段预制

预制方法：

（1）长线预制。

（2）短线预制。

（3）卧式预制。

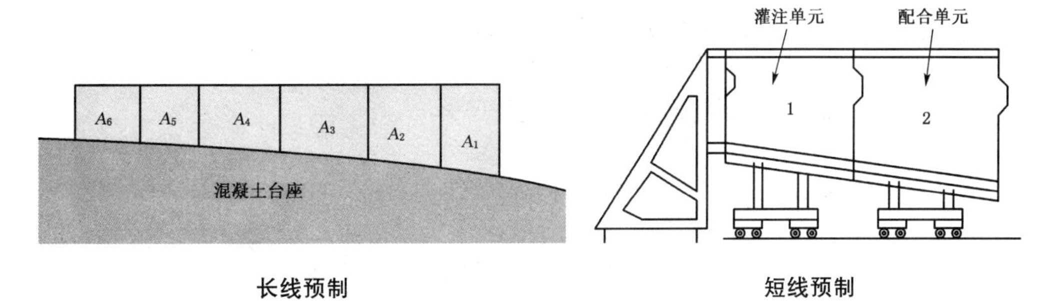

长线预制　　　　短线预制

二、梁段运输

梁段运输是指梁体节段自预制底座上出坑后，一般先存放于存梁厂，拼装时节段由存梁移至桥位处的运输方式，一般可分为场内运输、装船和浮运三个阶段。

1. 场内运输　梁段出坑和运输一般由预制厂的龙门吊机担任。由梁厂运至码头时可以考虑采用平车运输。

2. 装船　利用施工栈桥和块件装船吊机完成装船工作。

3. 浮运　浮运船可采用铁驳船、坚固的木趸船、水泥驳船或浮箱装配。

三、悬臂拼装

1. 悬拼方法

（1）浮吊拼装法　40 m 的吊高范围内，起重力大，施工速度快，但台班费高。

（2）悬臂吊机拼装法　由纵向主桁架、横向起重桁架、锚固装置、平衡重、起重系、行走系和工作吊篮等部分组成。

悬臂吊机拼装法

（3）连续桁架拼装法。

（4）缆索起重机拼装法。

2. 拼装施工　梁段拼装过程中的接缝有湿接缝、干接缝和胶接缝等几种。不同的施工阶段和不同的部位将采用不同的接缝形式。

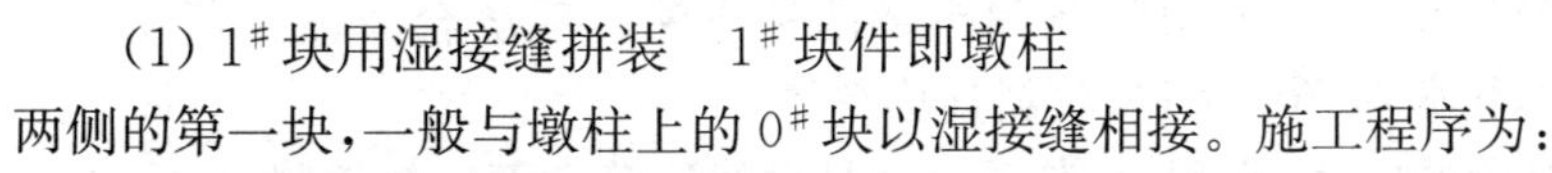

（1）$1^{\#}$ 块用湿接缝拼装　$1^{\#}$ 块件即墩柱两侧的第一块，一般与墩柱上的 $0^{\#}$ 块以湿接缝相接。施工程序为：

① 块件定位，测量中线及高程。

② 接头钢筋焊接及安放制孔器。

③ 安放湿接缝模板。

④ 浇筑湿接缝混凝土。

⑤ 养护脱模。

⑥ 穿 $1^{\#}$ 块预应力筋，张拉锚固。

（2）其他块件用胶接缝或干接缝拼装　胶接缝采用非活性增塑剂，干接缝采用环氧树

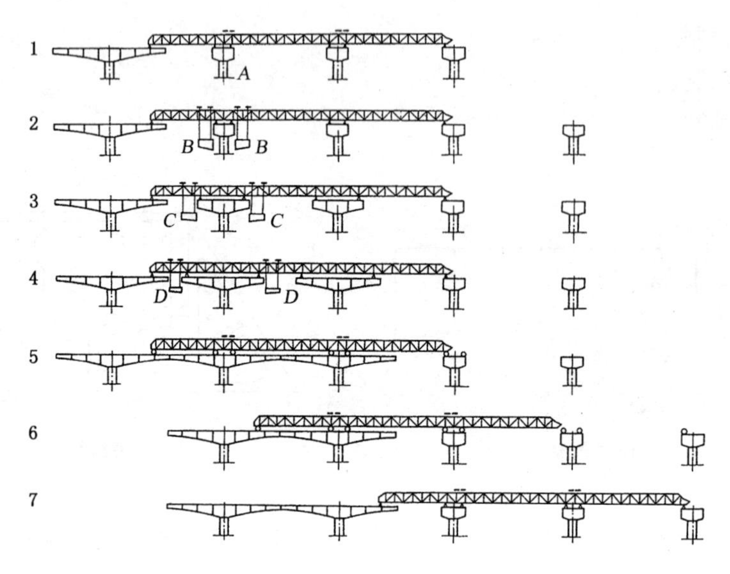

移动式连续桁架拼装示意图

脂胶,厚度在 1 mm 左右。拼装程序为:

① 提升块件,内移就位,进行试拼。

② 移开块件与已拼块件保持约 0.4 m 的间距。

③ 穿束。

④ 涂胶(双面涂胶)。

⑤ 块件合龙定位,测量中线及高程。

⑥ 张拉预应力筋,观察块件是否滑移,锚固。

3. 穿束及张拉　T 型刚构桥纵向预应力筋的布置有两个特点:一是较多集中于顶板部位;二是钢束布置对称于桥墩。张拉次序遵循以下原则:

(1) 对称于箱梁中轴线,钢束两端同时成对张拉。

(2) 先张拉肋束,后张拉板束。

(3) 肋束的张拉次序是先张拉边肋,后张拉中肋。

(4) 同一肋上的钢丝束先张拉下边的,后张拉上边的。

(5) 板束的次序是先张拉顶板中部的,后张拉边部的。

四、合龙段施工与施工控制

1. 合龙段施工　合龙段的施工采用现浇和拼装两种方法。现浇合龙段预留 1.5～2 m,现场浇筑混凝土合龙,再张拉预应力筋,将梁连成整体。

2. 施工控制　主要对梁的中线、高程、拼装质量和悬拼线形等方面进行控制。

五、现浇法与拼装法比较

1. 施工进度　悬臂拼装比悬臂浇筑快得多。

2. 施工质量　悬臂浇筑法施工的混凝土整体性好,但受混凝土收缩、徐变影响大;悬臂拼装施工的连续性、整体性差。

3. 施工变形控制　悬臂浇筑比悬臂拼装易于控制线形。

4. 施工起重能力　悬臂拼装施工起重能力比悬臂浇筑大。

5. 预制拼装需要较大的预制场地和运输条件。

11 城市给水结构工程施工质量控制

11.1 给水结构工程的施工方案与质量计划编制

11.2 滤池滤板、滤料施工质量控制

常见的滤池有普通快滤池、虹吸滤池、无阀滤池、压力滤池等。

普通快滤池构造分为四大系统:进水系统、过滤系统、集水系统、反洗系统。

迄今为止,天然的和人工破碎筛分的石英砂仍然是使用得最广泛的滤料。此外,还常用无烟煤、破碎陶粒、塑料球粒、陶瓷粒、次石墨、重晶石、榴石、磁铁矿、金刚砂、钛铁矿、天然锰砂等。滤池的承托层一般由一定级配的卵石组成,敷设于滤料层和反洗配水系统之间。

12 城市排水结构工程施工质量控制

12.1 城市排水结构工程施工方案与质量计划编制

1. 为保证工程质量，施工顺序的安排应遵循以下原则：先地下，后地上；先主体，后围护；先结构，后装修；先土建，后设备；先干线，后支线。

2. 施工流水段的划分原则　以后浇带、沉降缝、施工缝为界划分流水段。

3. 施工排水和基坑开挖、回填施工方案

(1) 施工排水方案应包括以下主要内容：①排水量的计算；②施工排水方法的选定；③排水系统的平面布置和竖向布置以及抽水机械的选型和数量；④排水井的构造，井点系统的构造，排放管的管径及坡度或排放管渠的构造、断面和坡度；⑤电渗降水所采用的设施及电极；⑥掌握地质资料，分析排水影响范围并预测原有建筑物、构筑物可能的沉降量，设观测点及保护措施。

(2) 基坑开挖、回填施工方案应包括以下主要内容：①基坑施工平面布置图及开挖断面；②挖土、运土、采用的机械数量与型号；③基坑开挖的施工方法；④采用支撑时，支撑的形式、结构、支拆方法及安全措施；⑤基坑上堆土位置及数量，多余土方的处置，运输路线以及土方挖运，填方的平衡；⑥土方回填时间、程序、质量要求，避免构筑物不均匀沉降、开裂的措施。

4. 根据排水构筑物的特点，应特别重视钢筋混凝土的浇筑工艺，消除因施工不当而产生的裂缝引起渗漏。

(1) 模板设计应包括以下内容：①模板的选型和选材；②模板及其支架的强度、刚度和稳定性计算；③防止吊模变形和位移措施；④模板及其支架高于地面 6 m 时，在风载作用下防止倾倒的构造措施；⑤各部分模板的结构设计，各接点的构造，以及预埋件、止水片等的固定方法；⑥脱模剂的选用；⑦模板的拆除程序、方法及安全措施。

(2) 现浇施工方案包括的主要内容：设计方面和施工方面。

【拓展知识】

大体积混凝土施工实例

一、施工准备工作

大体积混凝土的施工技术要求比较高，特别是在施工中要防止混凝土因水泥水化热引起的温度差产生温度应力裂缝。因此需要从材料选择、技术措施等有关环节做好充分的准备工作，才能保证基础底板大体积混凝土顺利施工。

1. 材料选择

(1) 水泥　考虑普通水泥水化热较高，特别是应用到大体积混凝土中，大量水泥水化热不易散发，在混凝土内部温度过高，与混凝土表面产生较大的温度差，使混凝土内部产生压应力，表面产生拉应力。当表面拉应力超过早期混凝土抗拉强度时就会产生温度裂缝，因此确定采用水化热比较低的矿渣硅酸盐水泥，通过掺加合适的外加剂可以改善混凝土的性能，提高混凝土的抗渗能力。

(2) 粗骨料　采用碎石，粒径 5～25 mm，含泥量不大于 5%。选用粒径较大、级配良好的石子配制的混凝土，和易性较好，抗压强度较高，同时可以减少用水量及水泥用量，从而使水泥水化热减少，降低混凝土温升。

(3) 细骨料　采用中砂，山砂(45%)＋人工砂(55%)，平均粒径大于 0.5 mm，含泥量不大于 5%。选用平均粒径较大的中、粗砂拌制的混凝土比采用细砂拌制的混凝土可减少用水量 10%左右，同时相应减少水泥用量，使水泥水化热减少，降低混凝土温升，并可减少混凝土收缩。

(4) 粉煤灰　由于混凝土的浇筑方式为泵送，为了改善混凝土的和易性，便于泵送，考虑掺加适量的粉煤灰。按照规范要求，采用矿渣硅酸盐水泥拌制大体积粉煤灰混凝土时，其粉煤灰取代水泥的最大限量为 25%。粉煤灰对水化热、改善混凝土和易性有利，但掺加粉煤灰的混凝土早期极限抗拉值均有所降低，对混凝土抗渗抗裂不利，因此粉煤灰的掺加量应控制在 10%以内，采用外掺法，即不减少配合比中的水泥用量。按配合比要求计算出每立方米混凝土所掺加粉煤灰量。

(5) 外加剂　通过分析比较及过去在其他工程上的使用经验，经试验选定减水剂类型，每立方米混凝土需 2 kg。减水剂可降低水化热峰值，对混凝土收缩有补偿功能，可提高混凝土的抗裂性。

2. 混凝土配合比

(1) 混凝土采用商品混凝土，因此要求混凝土搅拌站根据现场提出的技术要求，提前做好混凝土试配。

(2) 混凝土配合比应通过试配确定。按照国家现行《混凝土结构工程施工及验收规范》、《普通混凝土配合比设计规程》及《粉煤灰混凝土应用技术规范》中的有关技术要求进行设计。

(3) 粉煤灰采用外掺法时仅在砂料中扣除同体积的砂量。另外，应考虑到水泥的供应情况，以满足施工的要求。

3. 现场准备工作

(1) 基础底板钢筋及柱、墙插筋应分段尽快施工完毕，并进行隐蔽工程验收。

(2) 基础底板上的地坑、积水坑采用组合钢模板支模，不合模数部位采用木模板支模。

(3) 将基础底板上表面标高抄测在柱、墙钢筋上，并做明显标记，供浇筑混凝土时找平用。

(4) 浇筑混凝土时预埋的测温管及保温所需的塑料薄膜、草席等应提前准备好。

(5) 项目经理部应与建设单位联系好施工用电，以保证混凝土振捣及施工照明用电。

(6) 管理人员、施工人员、后勤人员、保卫人员等昼夜排班，坚守岗位，各负其责，保证混凝土连续浇灌的顺利进行。

二、大体积混凝土温度和温度应力计算

根据设计要求，对基础底板混凝土进行温度检测；基础底板混凝土中部中心点的温升高峰值，一般略小于绝热温升值。一般在混凝土浇筑后 3 d 左右产生，以后趋于稳定不再升温，并且开始逐步降温。规范规定，对大体积混凝土养护，应根据气候条件采取控温措施，并按需要测定浇筑后的混凝土表面和内部温度，将温差控制在设计要求的范围内；当设计无具

体要求时，温差不宜超过25°。表面温度的控制可采取调整保温层厚度的方法。

三、大体积混凝土施工

1. 施工段的划分及浇筑顺序　基础底板上的预留基坑、积水坑部位采用组合钢模板支模，不合模数的部位采用木模板支模。

2. 钢筋　钢筋加工在现场钢筋场进行，暗梁主筋采用闪光对焊连接，底板钢筋采用冷搭接。基础底板钢筋施工完毕进行柱、墙插筋施工，柱、墙插筋应保证位置准确。基础底板钢筋及柱、墙插筋施工完毕，组织一次隐蔽工程验收，合格后方可浇筑混凝土。

3. 混凝土浇筑

(1) 混凝土采用商品混凝土，用混凝土运输车运到现场，采用2台混凝土输送泵送筑。

(2) 混凝土浇筑时应采用"分区定点、一个坡度、循序推进、一次到顶"的浇筑工艺。混凝土泵车布料杆的长度，划定浇筑区域，每台泵车负责本区域混凝土浇筑。浇筑时先在一个部位进行，直至达到设计标高，混凝土形成扇形向前流动，然后在其坡面上连续浇筑，循序推进。这种浇筑方法能较好地适应泵送工艺，使每车混凝土都浇筑在前一车混凝土形成的坡面上，确保每层混凝土之间的浇筑间歇时间不超过规定的时间。同时，可解决频繁移动泵管的问题，也便于浇筑完的部位进行覆盖和保温。

混凝土浇筑应连续进行，间歇时间不得超过6 h。如遇特殊情况，混凝土在4 h仍不能连续浇筑时，需采取应急措施。

(3) 混凝土浇筑时在每台泵车的出灰口处配置3～4台振捣器，因为混凝土的坍落度比较大，在1.5 m厚的底板内可斜向流淌1 m左右，其中2台振捣器主要负责下部斜坡流淌处振捣密实，另外1～2台振捣器主要负责顶部混凝土振捣。

(4) 由于混凝土坍落度比较大，会在表面钢筋下部产生水分，或在表层钢筋上部的混凝土产生细小裂缝。为了防止出现这种裂缝，在混凝土初凝前和混凝土预沉后采取二次抹面压实措施。

(5) 现场按每浇筑100方(或一个台班)制作3组试块，1组压7 d强度，1组压28 d强度归技术档案资料用；1组作14 d强度备用。

(6) 防水混凝土抗渗试块按规范规定每单位工程不得少于2组。

4. 混凝土测温

(1) 基础底板混凝土浇筑时应设专人配合预埋测温管。测温线应按测温平面布置图进行预埋，预埋时测温管与钢筋绑扎牢固，以免位移或损坏。每组测温线有2根(即不同长度的测温线)，在线的上段用胶带做上标记，便于区分深度。测温线用塑料带罩好，绑扎牢固，测温端头不能受潮。测温线位置用保护木框作为标志，便于保温后查找。

(2) 配备专职测温人员，按两班考虑。对测温人员要进行培训和技术交底。测温人员要认真负责，按时按孔测温，不得遗漏或弄虚作假。测温记录要填写清楚、整洁，换班时要进行交底。

(3) 测温工作应连续进行。

(4) 测温时发现混凝土内部最高温度与部门温度之差达到25℃或温度异常，应及时通知技术部门和项目技术负责人，以便及时采取措施。

5. 混凝土养护

(1) 混凝土浇筑及二次抹面压实后应立即覆盖保温，先在混凝土表面覆盖两层草席，然后在上面覆盖一层塑料薄膜。

(2) 新浇筑的混凝土水化速度比较快，盖上塑料薄膜后可进行保温保养，防止混凝土表面因脱水而产生干缩裂缝，同时可避免草席因吸水受潮而降低保温性能。

(3) 柱、墙插筋部位是保温的难点，要特别注意盖严，防止造成温差较大或受冻。

(4) 停止测温的部位经技术部门和项目技术负责人同意后，可将保温层及塑料薄膜逐层揿掉，使混凝土散热。

四、主要管理措施

1. 拌制混凝土的原材料均需进行检验，合格后方可使用。同时要注意各项原材料的温度，以保证混凝土的入模温度与理论计算相符。

2. 在混凝土搅拌站设专人掺入外加剂，掺量要准确。

3. 施工现场对商品混凝土要逐车进行检查，测定混凝土的坍落度和温度，检查混凝土量是否相符。同时，严禁混凝土搅拌车在施工现场临时加水。

4. 混凝土浇筑应连续进行。

5. 试验部门设专人负责测温及保养的管理工作，发现问题应及时向项目技术负责人汇报。

6. 浇筑混凝土前应将基槽内的杂物清理干净。

7. 加强混凝土试块制作及养护的管理，试块拆模后及时编号并送入标养室进行养护。

12.2 防止混凝土构筑物裂缝的控制措施

钢筋混凝土的构筑物出现裂缝大致可分为两类：荷载裂缝和变形裂缝。对于水池等排水构筑物主要是由于温差和混凝土干缩引起的变形裂缝。

一、设计方面

1. 合理设置伸缩缝。

2. 对于无顶板的敞开式水池，宜在池壁顶设暗圈梁或加劲肋。

3. 避免应力集中，应做局部处理，或做成逐渐变化的过渡形式。

4. 合理增配构造钢筋，提高抗裂能力。可适当增配构造钢筋，尽可能地采用小直径、小间距。

二、施工方面

1. 严格控制混凝土原材料质量；尽量采用粒径级配良好的石子、中粗砂。宜选择普通水泥。

2. 使混凝土配合比有利于减少和避免裂缝。宜适当减少水泥用量和用水量，降低水灰比，提高和易性。对泵送混凝土，不能单纯用增加单位用水量的方法。为此，在施工中可掺入适量的粉煤灰或减水剂(木质磺酸钙、MF 等)。

3. 合理设置后浇带。要遵循“数量适当，位置合理”的原则。后浇带一般间距为 20～30 m，带宽可取 700～1 000 mm，并应贯穿整个底板断面。后浇带应用微膨胀水泥，混凝土强度应比原结构强度提高一级。

4. 控制入模坍落度，做好浇筑振动工作，尽可能减少入模坍落度。对重点部位在混凝土振动界限以前给予二次振捣。在混凝土初凝后、终凝前进行混凝土表面多次抹压，防止因混凝土的表面收缩而出现细微裂缝，增加混凝土密实度，提高混凝土抗压强度和抗裂强度。

5. 避免混凝土结构内外温差过大。首先，降低混凝土的入模温度，且不应大于 25℃。其次，采取延长拆模时间和外保温等措施。

6. 对于地下或半地下工程，拆模后应及时回填土。土是混凝土最佳的养护介质。

7. 加强混凝土早期养护，并适当延长养护时间，保持混凝土表面湿润。

13　城市热力管道工程施工质量控制

13.1　城市热力管道施工质量验收要求

一、套管安装应符合的规定

1. 穿过结构的套管长度每侧应大于墙厚 20～25 mm；穿过楼板的套管应高出板面 50 mm。

2. 套管与管道之间的空隙可采用柔性材料填塞。

二、管道安装质量检验应符合的规定

1. 管道安装坡向与坡度应符合设计要求。

2. 蒸汽管道引出分支时，支管应从主管上方或两侧接出。

3. 管道安装的允许偏差及检验方法：主控项目：高程、对口间隙。

三、安全阀安装应符合的规定

1. 安全阀必须垂直安装。

2. 检测与调整。

3. 开启压力和回座压力应符合设计值。

4. 调整合格，填写记录。

5. 在排气管和排水管上不得装设阀门。

13.2　城市热力管道焊缝质量检验要求

一、各种焊缝应符合的规定

1. 合理选择焊缝位置。

2. 纵缝之间相互错开 100 mm 以上。

3. 容器同一筒节上两相邻环形焊缝不应小于 300 mm。

4. 管沟和地上管道两相邻环形焊缝中心之间距离应大于钢管外径，并且不得小于150 mm。

5. 管道任何位置不得有十字形焊缝。

6. 管道支架处不得有环形焊缝。

7. 在有缝钢管上焊接分支管时，分支管外壁与其他焊缝中心的距离，应大于分支管外径，且不得小于 70 mm。

二、焊接质量检验次序

对口质量检验→表面质量检验→无损探伤检验→强度和严密性试验(注意前后次序)。

三、对口质量检验项目

对口质量应检验坡口质量、对口间隙、错边量、纵焊缝位置。

四、焊缝表面质量检验应符合的规定

不允许缺陷:裂纹、气孔、夹渣、焊瘤、溶合性飞溅。有限允许缺陷:咬边、表面凹陷、孤坑等。

五、焊缝无损探伤检验应符合的规定

1. 焊缝无损探伤检验必须由有资质的检验单位完成。
2. 应对每位焊工至少检验一个转动焊口和一个固定焊口。
3. 钢管与设备、管件连接处的焊缝应进行100%无损探伤检验。
4. 管线折点处有现场焊接的焊缝,应进行100%无损探伤检验。
5. 焊缝返修后应进行表面质量及100%的无损探伤检验。
6. 穿越铁路干线的管道在铁路路基两侧各10 m范围内,穿越城市主要干线的不通行管沟及直埋敷设的管道在道路两侧各5 m范围内,穿越江、河、湖等的水下管道在岸边各10 m范围内的全部焊缝及不具备水压试验条件的管道焊缝,应进行100%无损探伤检验。
7. 现场制作的各种承压管件,数量按100%进行,其合格标准不得低于管道无损检验标准。
8. 焊缝的无损检验量,应按规定的检验百分数均布在焊缝上,严禁采用集中检验量来替代应检焊缝的检验量。
9. 焊缝不宜使用磁粉探伤和渗透探伤,但角焊缝处的检验可采用磁粉探伤或渗透探伤。

<table>
<tr><td>热力管道
焊缝质量
检验要点</td><td colspan="3">表面质量检验
无损质量检验
强度和气密性试验</td></tr>
<tr><td rowspan="5">热力管道
施工质量
验收要点</td><td rowspan="2">单项工程验收</td><td>时间</td><td>在单项工程竣工后。</td></tr>
<tr><td>具体
要求</td><td>对单项工程是否符合设计进行逐项检查。
按 CJJ28—89 规范要求，重点检查、评定承重或受力结构，管道、管件及支架，焊接，防腐和保温，标准设备安装及非标准设备的制造、安装施工单位应提供的资料。
合格工程填写资料移交单和工程验收记录。</td></tr>
<tr><td rowspan="3">总验收</td><td>时间</td><td>在各单项工程全部验收完成后；在管网总试压，清洗和试运行合格后。</td></tr>
<tr><td>验收
单位</td><td>总验收由建设单位进行，验收后应向上级部门呈送竣工报告。</td></tr>
<tr><td>鉴别
事项</td><td>供热能力是否达到设计要求，热耗是否高于国家标准，末端用户是否满足需要。
管网是否严密，支架和加热补偿是否正常、可靠。
计量是否准确，安全装置是否灵敏、可靠。
各种设备的性能、工况如何，噪声是否达标。
防腐工程施工质量、管网使用年限是否符合要求。
工程档案归档、整理是否符合要求。</td></tr>
</table>

【练一练】

一、单项选择题

1. (2007 年考点)某给水厂采用地表水常规处理工艺流程。某项目经理部承建该给水厂的构筑物施工，其中清水池长 32 m，宽 23 m，高 4.5 m，采用现浇钢筋混凝土结构，混凝土强度等级为 C30。

根据以上情况，作答下列题目：

为防止清水池底板产生裂缝，施工时应采取(　　)措施。

A. 合理设置后浇带　　　　B. 增加混凝土水泥用量

C. 提高混凝土水灰比　　　D. 加大混凝土入模坍落度

2. (2008 年考点)某公司承建一项热力管网工程。工程包括从热源到热力站的直埋管道(简称 A 段)以及从热力站到用户的架空管道(简称 B 段)。其中，B 段保温棉毡厚 12 cm。项目部确定本工程施工质量控制的重点是管道焊接和保温，并根据焊接试验结果编制焊接工艺方案。工程质量最后验收结果为合格。

根据以上情况，回答下列问题：

(1) 焊接工艺方案中管道焊接质量检验次序是(　　)。

A. 表面质量→对口质量→无损探伤→强度和严密性

B. 对口质量→表面质量→无损探伤→强度和严密性

C. 无损探伤→对口质量→表面质量→强度和严密性

D. 对口质量→无损探伤→表面质量→强度和严密性

(2) 本工程管道安装检验项目,主控项目为(　　)。

A. 高程、中心线位移　　B. 中心线位移、立管垂直度

C. 高程、对口间隙　　D. 立管垂直度、对口间隙

(3) 本工程进行严密性试验,应采用(　　)为介质做试验。

A. 水　　B. 空气　　C. 氧气　　D. 油

二、多项选择题

1. 对于承插式铸铁管接口施工所用的胶圈物理性能说法中正确的为(　　)。

A. 邵氏硬度为40%~55%　　B. 含胶量≥65%

C. 拉断强度≥16 MPa　　D. 伸长率≥400%

E. 永久变形度<25%

2. 城市给水处理的承插式铸铁管刚性接口有(　　)。

A. 油麻石棉水泥接口　　B. 油麻青铅接口

C. 梯唇式橡胶圈接口　　D. 法兰接口

E. 套管接口

3. 为防治混凝土构筑物裂缝,在混凝土排水构筑物设计方面应注意(　　)。

A. 如果超出规范要求长度设伸缩缝时,必须有有效的防开裂措施

B. 避免应力集中,当不能避免断面突变时,应做局部处理,做成逐渐变化的过渡形式

C. 配筋尽可能采用大直径、小间距

D. 全断面的配筋率不小于0.5%

E. 合理设置后浇带

4. 为防治混凝土构筑物裂缝,在混凝土排水构筑物施工方面应注意(　　)。

A. 砂和碎石要连续级配

B. 在满足配合比规范和混凝土技术指标前提下,宜适当增加水泥用量

C. 后浇带设置时,要遵循"数量、位置固定"的原则

D. 控制入模坍落度,在满足混凝土运输和布放要求前提下,要尽可能增大入模坍落度

E. 混凝土的入模温度不应大于25℃

5. 热力管网施工单项工程验收中施工单位应提供的资料包括(　　)。

A. 施工组织设计或施工技术措施

B. 工程质量自检记录、管理部门评定记录

C. 材料产品合格证、材质和分析检验报告

D. 竣工报告

E. 设备的产品合格证

6. 热力管网施工总验收的鉴别事项包括(　　)。

A. 供热能力是否达到设计要求

B. 各种设备的性能、工况、噪声是否达标

C. 工程档案归档、整理是否符合要求

D. 防腐和保温是否合格

E. 计量是否准确

三、案例分析题

(2009年考点)某单位中标污水处理项目，其中二沉池直径51.2 m，池深5.5 m。池壁混凝土设计要求为C30、P6、F150，采用现浇施工，施工时间跨越冬季。

施工单位自行设计了池壁异型模板，考虑了模板选材、防止吊模变形和位移的预防措施，对模板强度、刚度、稳定性进行了计算，考虑了风荷载下防倾倒措施。

施工单位制定了池体混凝土浇筑的施工方案，包括：①混凝土的搅拌及运输；②混凝土的浇筑顺序、速度及振捣方法；③搅拌、运输及振捣机械的型号与数量；④预留后浇带的位置及要求；⑤控制工程质量的措施。

在做满水试验时，一次充到设计水深，水位上升速度为5 m/h。当充到设计水位12 h后，开始测读水位测针的初读数，满水试验测得渗水量为2.5 L/(m^2 · d)，施工单位认定合格。

问题：

(1) 补全模板设计时应考虑的内容。

(2) 请将混凝土浇筑的施工方案补充完整。

【答案】

一、1. A 2. (1) B (2) C (3) A

二、1. BCE 解题思路：选项A"邵氏硬度为40%～55%"应改为"邵氏硬度为45%～55%"，选项D"伸长率≥400%"应改为"伸长率≥500%"。 2. ADE 解题思路：应选A、D、E，其中B、C属于柔性接口。3. AB 解题思路：选项C"配筋尽可能采用大直径、小间距"应改为"配筋尽可能采用小直径、小间距"；选项D"全断面的配筋率不小于0.5%"应改为"全断面的配筋率不小于0.3%"；选项E为施工方面内容。4. AE 解题思路：选项B"在满足配合比规范和混凝土技术指标前提下，宜适当增加水泥用量"应改为"在满足配合比规范和混凝土技术指标前提下，宜适当减少水泥用量"；选项C"后浇带设置时，要遵循'数量、位置固定'的原则"应改为"后浇带设置时，要遵循'数量适当、位置合理'的原则"；选项D"控制入模坍落度，在满足混凝土运输和布放要求前提下，要尽可能增大入模坍落度"应改为"控制入模坍落度，在满足混凝土运输和布放要求前提下，要尽可能减小入模坍落度"。 5. ABCE 解题思路：选项D竣工报告为总验收内容，与题意不符。 6. ABCE 解题思路：选项D防腐和保温是否合格为单项工程验收内容，与题意不符。

三、(1)各部分模板的结构设计，各接点的构造，以及预埋件、止水板等的固定方法；脱模剂的选用；模板及其支架的拆除顺序、方法及保证安全措施。 (2)混凝土配合比设计及外加剂的选择；季节性施工的特殊措施；预防混凝土施工裂缝的措施。

14 市政公用工程安全保证计划编制、隐患与事故处理

14.1 市政公用工程安全保证计划的作用和编制内容

一、安全生产保证计划内容

安全生产保证计划可以包括但不局限于下列内容：

（一）工程概况

1. 工程概况表。

2. 危险源与不利环境因素分析。

（二）安全生产保证体系文件

（三）实施

1. 安全职责

(1) 安全管理目标。

(2) 安全管理组织。

(3) 资源。

① 工程项目部称职的技术管理人员名册。

② 特种作业和中小机械操作人员、监护人员名册。

③ 施工中主要安全设施与设备的清单。

④ 施工中必需的安全物资的清单。

⑤ 本工程已到位的安全技术、防护设施、劳动保护和文明施工措施费用清单。

2. 教育和培训

安全保证计划应说明：

(1) 职责权限。

(2) 对全体员工安全教育和培训的内容。

① 重要性。

② 违章指挥、违章作业后果。

③ 从业人员上岗前所需掌握的安全知识和技能：安全法律、法规和规章制度；安全技术操作规程和安全操作技能；安全防范措施和设施；应急措施、应急预案；新工人的三级安全教育；进场员工、变换工种等的安全教育。

3. 文件控制。

4. 安全物资采购和进场验证。

5. 分包控制　控制内容和方法包括：

(1) 审核批准分包商编制的专项施工组织设计和施工方案，包括安全技术措施。

(2) 提供或验证必要的安全物资、工具、设施、设备。

(3) 确认分包商进场从业人员的资格，依据施工现场安全生产保证体系文件，进行针对

性的安全教育、培训和施工交底，形成由双方负责人签字认可的记录，并确保在作业前和作业时，由分包商对其从业人员实施的安全教育和培训。

(4) 安排专人对分包商施工和服务全过程的安全实施指导、监督、检查和业绩评价，对发现的问题进行处理，并与分包商及时沟通信息。

(四) 检查和改进

1. 安全检查的控制。

2. 纠正和预防措施。

3. 内部审核。

4. 安全评估

(1) 项目经理应对各主要施工阶段施工现场安全生产保证体系的适宜性、充分性、有效性及时组织评估，明确评估的时间安排并编制阶段性安全评估报告。

(2) 项目经理部应明确安全评估的责任部门或岗位的职责与权限要求。

(3) 安全评估的内容。

(五) 安全记录

二、安全生产保证计划编制的关键点

1. 安全生产保证计划应在施工活动开始前编制完成。

2. 必须针对本工程的特点、难点，准确识别出本工程的重大危险源和重大不利环境因素。

3. 依靠新工艺、新技术，制定出针对重大危险源和重大不利环境因素的管理控制方案。

4. 落实各类资源，从组织上、人力上、财力上给予保证。

5. 制定符合标准要求的管理程序并付诸实施。

14.2 市政公用工程安全隐患与事故处理原则

安全隐患是泛指生产系统中可导致事故发生的人的不安全行为、物的不安全状态(含作业环境的不利因素)和管理上的缺陷。

市政公用工程的安全隐患大致集中在火灾、中毒和窒息、坍塌、滑坡、触电、坠落、机械伤害、公路车辆伤害八大类。

一、对安全隐患的处理原则

项目部应对存在安全隐患的安全设施、过程和行为进行控制，确保不合格设施不使用，不合格过程不通过，不安全行为不放过。

二、对事故处理原则

1. 组织营救受害人员，组织撤离或采取其他措施保护危害区域内的其他人员。

2. 迅速控制事态，及时控制造成事故的危险源，防止事故的继续扩展。

3. 消除危害后果，做好现场恢复。

4. 查清事故原因，评估危害程度。

5. 安全事故处理必须坚持“四不放过”原则：事故原因不清楚不放过，事故责任者和员工没有受过教育不放过，事故责任者没有处理不放过，没有制定防范措施不放过。

14.3 市政公用工程安全隐患与事故处理程序

一、安全隐患处理

(一) 处理方式

1. 停止使用、封存。
2. 指定专人进行整改。
3. 进行返工以达到规定要求。
4. 对有不安全行为的人员进行教育或处罚。
5. 对不安全生产的过程重新组织。

(二) 对处理结果的验证

二、事故处理程序

1. 生产事故发生后，一般事故由企业按“四不放过”原则处理，重大事故按事故处理条例向有关部门报告：

(1) 发生人身伤亡(重伤以上)的生产事故应当立即报告企业主管部门和事故发生地安全生产监督管理部门、公安部门、人民检察院、工会、建设行政主管部门。

(2) 特种设备发生事故应当立即报告企业主管部门、事故发生地的安全生产监督管理部门、人民检察院和特种设备安全监督管理部门。

(3) 事故报告应当实事求是，不得隐瞒不报、谎报或者拖延不报。

2. 妥善保留事故现场，如确因抢救人员需搬动其他物体时应做好拍照(摄录像)或画出标志符号，待上级监督管理部门和事故调查组作出明确撤销意见后才能改变。

3. 重大事故发生后事故单位应组织人员按有关规定妥善处理好伤亡者的善后工作，同时积极配合协助事故调查组开展事故调查工作，尽可能提供一切方便。

4. 重大事故调查完毕后，制定出防止事故重复发生的措施，并认真加以实施。事故处理报告书在调查工作结束10日内报送上级有关部门。

14.4 市政公用工程重大事故的分级

重大事故系指在工程建设过程中由于责任过失造成工程倒塌或报废、机械设备毁坏和安全设施失当造成人身伤亡或者重大经济损失的事故。

等级	伤亡人数(R)		经济损失(M)(万元)
	死亡	重伤	
特别重大	$R\geqslant 30$	$R\geqslant 100$	$M\geqslant 10\,000$
重大	$10\leqslant R<30$	$50\leqslant R<100$	$5\,000\leqslant M<10\,000$
较大	$3\leqslant R<10$	$10\leqslant R<50$	$1\,000\leqslant M<5\,000$
一般	$R<3$	$R<10$	$100\leqslant M<1\,000$

注：此表中，要注意记忆分界点，并注意分界点归属于哪个等级，靠上不靠下，即以上包括本数。

15 职业健康安全控制

15.1 市政公用工程施工安全控制的重点对象

市政公用工程施工特点是:①高处作业多;②露天作业多;③手工劳动及繁重体力劳动多;④立体交叉作业多;⑤临时员工多。因此,市政公用工程施工安全控制的重点对象是:①地面及深基坑作业的防护;②深基坑作业承压水的控制;③轨道交通及越江隧道旁通道作业的防护;④地下管线的防护;⑤高处及立体交叉作业的防护;⑥水上作业的防护;⑦施工用电安全;⑧机械设备的安全使用;⑨地面交通安全的防护;⑩采用的新工艺、新材料、新技术和新结构作业过程的控制;⑪ 自然灾害(台风、暴雨、洪水、地震、防暑降温、防冻防寒等)预防;⑫ 防火防爆;⑬ 环境污染的控制。

15.2 市政公用工程施工安全控制中总包方和分包方责任分工

现场安全由建筑施工企业负责。实行施工总承包的,由总承包单位负责。分包单位向总承包单位负责,服从总承包单位对施工现场的安全生产管理。

一、总承包单位的安全责任

由总承包单位对施工现场的安全生产负总责。总承包单位的安全责任是:①总承包单位应当自行完成建设工程主体结构的施工;②总承包单位和分包单位对分包工程的安全生产承担连带责任;③建设工程实行总承包的,如发生事故,由总承包单位负责上报事故。分包单位应当服从总承包单位的安全生产管理,分包单位不服从管理导致生产安全事故的,由分包单位承担主要责任。

二、分包合同要求

1. 必须严格执行先签合同后组织进场施工的原则。
2. 总包与分包的权利义务应明确。
3. 签订分包合同时,应同时签安全生产等有关附件。
4. 分包合同应含安全考核奖惩细则。
5. 分包合同应根据工程量大小送上级主管部门审批或备案。

三、安全生产协议书中总、分包的权利与义务

1. 总包项目经理部要注意从以下五方面实施自己安全生产的权利和义务:

(1) 在分包队伍进场前,对分包商的专项施工组织设计和施工方案实施审核审批,通过后才允许实施。

(2) 合同规定应由总包提供的材料、工具及生活设施，总包必须在分包队伍进场前做好落实工作。

(3) 当分包队伍进场时，总包项目部必须确认其从业人员的资格。进行安全教育和施工总交底，交底内容包括施工技术文件、安全生产保证体系的有关文件、安全生产规章制度和文明施工管理要求等。交底应以书面形式，一式两份，双方负责人和有关人员签字确认，并保留交底记录，确保作业前对全体分包从业人员均完成安全教育培训。

(4) 总包项目部应有专门部门或人员对分包队伍的安全生产、文明施工情况进行指导检查，实施监督管理，与分包方沟通信息，及时处理发现的问题，做好必要的记录。

(5) 当分包方发生伤亡事故时，总承包项目部应及时按规定上报，并与分包方共同进行人员抢救和事故处理，在事故调查组的主持下界定当事双方的责任。当分包方不服从总包方安全管理，性质严重时，总包方可按合同约定中止合同。

2. 分包单位的安全权利和义务

(1) 要服从总包单位的安全生产管理。分包单位负责人必须对本单位职工进行安全生产教育。

(2) 应认真贯彻执行工地的分部分项、分工种及施工安全技术交底要求。

(3) 分包单位负责人应对所属施工及生活区域的施工安全、文明施工等各方面工作全面负责。分包单位负责人离开现场，应指定专人负责，办理书面委托管理手续。

(4) 应按规定认真开展班组安全活动。

(5) 在施工期间必须接受总包方的检查、督促和指导。

(6) 对各自所处的施工区域、作业环境、安全防护设施、操作设施设备、工具等必须认真管理，发生问题和隐患，立即停止施工，落实整改。如分包单位无能力落实整改的，应及时向总包方汇报。

(7) 与总包单位之间如需相互借用或租赁各种设备及工具的，应由双方有关人员办理借用或租赁手续，制订有关安全使用及管理制度。借入单位必须进行检查，并做好书面移交记录。

(8) 对于施工现场的脚手架、设施、设备的各种安全防护设施、保险装置、安全标志和警告牌等不得擅自拆除、变动。确需拆除变动的，必须经总包施工负责人和安全管理员同意，并采取必要、可靠的安全措施后方能拆除。

(9) 特种作业及中、小型机械的操作人员，必须经有关部门培训、考核合格后，持有效证件上岗作业。

(10) 必须严格执行防火防爆制度。

(11) 需用总包单位提供的电器设备时，在使用前应先进行检测，严禁擅自乱拖乱拉私接电气线路及电气设备。

(12) 总包单位应将地下管线及障碍物情况向分包单位详细交底。遇到问题或情况不明时要停止施工，及时向总包方汇报。

(13) 贯彻“谁施工谁负责安全、防火”的原则。在施工期间发生各类事故及事故苗子，应及时组织抢救伤员、保护现场，并立即向总包方及自己的上级单位和有关部门报告。

项目安全控制的控制重点	安全控制目标:保证施工中的人身安全、设备安全、结构安全、财产安全和适宜的施工环境 项目安全控制方针:“安全第一、预防为主” 建立安全生产责任制,项目经理是项目安全生产的总负责人
项目安全控制对总包和分包的责任分工	总分包的项目,安全控制由承包方负责,分包方服从承包方的管理 承包方对分包方的安全生产责任 分包方的安全生产责任
职业健康安全设施的内容	安全技术方面的设施 职业卫生方面的设施 生产性辅助设施

【典型例题】

一、单项选择题

(2007 年考点)某市政立交桥工程采用钻孔灌注桩基础,八棱形墩柱,上部结构为跨径 25 m 后张预应力混凝土箱梁。桩基主要穿过砾石土(砾石含量少于 20%,粒径大于钻杆内径 2/3)。钻孔灌注桩工程分包给专业施工公司。

钻孔桩施工过程中发生两起情况:(1)7# 桩成孔过程中出现较严重坍孔;(2)21# 桩出现夹泥质量事故。施工中,由于钻孔施工单位不服从总承包单位安全管理导致了一起安全事故。

预制梁在现场制作并张拉。预应力管道采用金属螺旋管。设计对预应力梁张拉时梁体混凝土强度未作规定,张拉后孔道灌浆用的水泥浆未掺外加剂。现场有 4 台经检验后一直使用的千斤顶:1 号千斤顶已使用 7 个月,但只使用 15 次;2 号千斤顶已使用 3 个月,并且已使用 200 次;3 号千斤顶已使用 5 个月,并且已使用 95 次;4 号千斤顶在使用过程中出现不正常现象。

根据场景,回答下列问题:

1. 对安全事故,分包单位承担(　　)。

A. 主要责任　　B. 次要责任

C. 司法机关认定的责任　　D. 总包单位认定的责任

正确答案:A

2. 下列起重工作相关人员中不要求有特种作业人员上岗证的是(　　)。

A. 起重机驾驶人员　　B. 起重指挥人员

C. 起重挂钩人员　　D. 起重机维修人员

正确答案:D

二、案例分析题

【案例 1】 (2007 年考点)某市政工程公司承建一污水管道扩建工程。项目部为赶进度临时招聘了 3 名民工王某、张某和李某。第二天,3 名民工参加现场作业。王某被施工员孙某直接指派下井施工。王某对下水道工程中井下有害气体对人体的危害了解甚少,只打开井盖让井内通风一会儿后马上下井工作,在下水道拆封堵头时吸入硫化氢毒气,当场昏倒在井内。正在井上守候的李某在没有查明王某昏倒的原因,又没有采取防毒措施的情况下立即下井施救。没多久,李某也不省人事。张某在井上见井下没了动静,大声呼叫,发现没有任何反应，连忙跑回项目部汇报情况。项目部闻讯全力抢救，二人被救上井。但因现场无急救设备和物资，错过了最佳抢救时机，在送往医院途中，导致王某死亡。李某经医院全力抢救被救活。

问题：

1. 从事故直接起因看，本工程事故属于哪一类？孙某和王某在安全管理上各犯了什么错误导致了事故发生？

2. 项目部安全管理上存在哪些问题？

3. 王某在下井前还必须做哪些防止中毒的安全准备工作？

4. 下井抢救的李某应配备哪些安全防护器具才能下井施救？

参考答案：

1. 属于中毒与窒息类。孙某在安全管理上犯的错误有：没有对员工进行上岗前安全教育和培训、安全交底和违章指挥。王某犯的错误有：不知道施工现场针对性的安全防范措施和设施，未要求进行安全知识培训。

2. 未对从业人员进行针对性的资格能力鉴定、安全教育与培训、安全交底，没有及时提供必需的劳动保护用品，无应急预案。

3. 学习安全防护和防毒知识，配备安全防护设施。

4. 安全帽、安全带和通风设施。

【案例 2】 (2008 年考点)某市政桥梁工程，总包方 A 市政公司将钢梁安装工程分包给 B 安装公司。总包方 A 公司制定了钢梁吊装方案并得到监理工程师的批准。

由于工期紧，人员紧缺，B 公司将刚从市场招聘的李某与高某经简单内部培训组成吊装组。某日清晨，雾气很浓，能见度较低，吊装组就位，准备对刚组装完成的钢梁实施吊装作业，总包现场监管人员得知此事，通过手机极力劝阻。为了赶工，分包方无视劝阻，对吊装组仅作简单交底后，由李某将钢丝绳套于边棱锋利的钢梁上。钢丝绳固定完毕，李某随即指挥吊车司机高某，将钢梁吊离地面实施了第一吊。钢梁在 21 m 高处因突然断绳而坠落，击中正在下方行走的 2 位工人，致使 2 位工人当场死亡。事后查明钢丝绳存在断丝超标和严重渗油现象。

问题：

1. 针对本事故，总、分包方的安全责任如何划分？说明理由。

2. 本工程施工中人的不安全行为有哪些？

3. 本工程施工中物的不安全状态有哪些？

4. 项目部在安全管理方面存在哪些问题？

参考答案：

1. 分包单位承担主要责任。因为分包单位不服从总包单位的管理导致生产安全事故发生。

2. 人的不安全行为是：①雾气很浓、能见度较低进行吊装作业；②李某违章指挥、违章作业；③吊车司机高某未经安全培训，且无证操作；④未对钢梁进行试吊；⑤起吊重物时人员在起重机作业范围内行走；⑥不听劝阻盲目赶工，安全意识不强。

3. 物的不安全状态：①钢丝绳存在断丝超标和严重渗油现象；②钢丝绳套于边棱锋利的钢梁上，未加衬垫。

4. 安全管理方面失误：①B 公司没有制定施工方案，且未报总包单位审批；②项目部对吊装作业，未坚持持证上岗制度；③总包单位没有对分包单位进行安全教育和安全交底；

④吊装系危险作业，未设专人现场进行安全监控；⑤起重吊装作业未实行“吊装令”签发制度；⑥起重吊装作业没有设置有效的隔离和警戒标志。

【案例3】（2011年考点）A单位承建一项污水泵站工程，主体结构采用沉井，埋深15 m。场地地层主要为粉砂土，地下水埋深为4 m，采用不排水下沉。泵站的水泵、起重机等设备安装项目分包给B公司。在施工过程中，随着沉井入土深度增加，井壁侧面阻力不断增加，沉井难以下沉。项目部采用降低沉井内水位减小浮力的方法，使沉井下沉，监理单位发现后予以制止。A单位将沉井井壁接高2 m增加自重，强度与原沉井混凝土相同，沉井下沉到位后拆除了接高部分。B单位进场施工后，由于没有安全员，A单位要求B单位安排专人进行安全管理，但B单位一直未予安排，在吊装水泵时发生安全事故，造成一人重伤。工程结算时，A单位变更了清单中沉井混凝土工程量，增加了接高部分混凝土的数量，未获批准。

问题：

1. A单位降低沉井内水位可能会产生什么后果？沉井内外水位差应是多少？

2. 简述A单位与B单位在本工程中的安全责任分工。

3. 一人重伤属于什么等级安全事故？A单位与B单位分别承担什么责任？为什么？

4. 指出A单位变更沉井混凝土工程量未获批准的原因。

参考答案：

1. 场地地层主要为粉砂土，地下水埋深为4 m，采用降低沉井内水位减小浮力的方法，促使沉井下沉，可能产生的后果：流砂涌向井内，引起沉井歪斜；沉井内水位应高出井外1～2 m（在范围内都给满分）。

2. 施工现场安全由A单位负责，B单位向A单位负责，服从A单位对现场的安全生产管理。

3. 一般事故。由B单位承担主要责任，A单位承担连带责任。

理由是：分包单位不服从总包单位的安全生产管理而导致事故的发生。

4. A单位变更沉井混凝土工程量属于其为促进施工顺利进行采取的技术措施，该变更应取得监理和发包方的审核和同意后才能进行，而A单位未进行此程序，故发包方对该部分A单位擅自变更所增加的工程量未予鉴证和结算，由A单位自己负责。

【练一练】

一、单项选择题

实行总分包的项目，安全控制由（　　）负责。

A. 分包方　　B. 承包方　　C. 发包方和监理方　　D. 承包方和监理方

二、多项选择题

1. 安全隐患处理应符合的规定包括（　　）。

A. 项目经理部应区别“通病”、“顽病”、首次出现、不可抗力等类型，修订和完善安全整改措施

B. 纠正和预防措施应经监理工程师批准后实施

C. 项目经理部应对检查出的隐患立即发出安全隐患整改通知单

D. 由受检单位对安全隐患原因进行分析

E. 由安全员对纠正和预防措施的实施过程和实施效果进行跟踪检查，保存验证记录

2. 在安全事故报告中，企业安全主管部门视(　　)情况，按规定向政府主管部门报告。

A. 事故的影响范围　　B. 事故的性质

C. 事故造成的伤亡人数　　D. 事故的类型

E. 直接经济损失

3. 项目安全控制中安全教育培训的主要方式包括(　　)。

A. 建立经常性的安全教育培训考核制度，考核成绩要记入员工档案

B. 所有工种工人经一般安全教育后方可独立操作

C. 广泛开展安全生产的宣传教育，使各级领导真正认识到安全生产的重要性和必要性

D. 把安全知识、安全技能、设备性能、操作规程、安全法规等作为安全教育培训的主要内容

E. 采用新技术、新工艺等，也要进行安全教育，未经教育部门培训的人员不得上岗操作

4. 项目安全控制中安全技术交底的基本要求包括(　　)。

A. 项目经理部必须实行逐级安全技术交底制度，纵向延伸到作业队全体人员

B. 技术交底的内容应针对单项工程施工中给作业人员带来的潜在隐含危险因素和存在问题

C. 应优先采用新的安全技术措施

D. 应将工程概论、施工方法、施工程序、安全技术措施等向项目经理进行详细交底

E. 保存书面安全技术交底签字记录

【答案】

一、B　解题思路:应选 B。实行总分包的项目，安全控制由承包方负责，分包方服从承包方的管理。

二、1. ACDE　解题思路:选项 B 应改为“纠正和预防措施应经检查单位负责人批准后实施”。2. CE　解题思路:应选 C、E，其中 ABD 在安全事故发生后不易马上确定下来。　3. ADE　解题思路:选项 B“所有工种工人经一般安全教育后方可独立操作”说法不正确，因为特殊工种工人还要经专业安全技能培训，经考试合格持证后才能独立操作;选项 C 中“各级领导”应改为“全体员工”。　4. CE　解题思路:选项 A 应改为“项目经理部必须实行逐级安全技术交底制度，纵向延伸到班组全体人员”;选项 B 中“单项工程”应改为“分部分项工程”;选项 D 中应将“项目经理”改为“工长、班组长”。

16 明挖基坑施工安全控制

16.1 防止基坑坍塌、淹埋的安全措施

一、基坑施工时的安全技术要求

1. 根据土的分类、物理力学性质及现场条件确定基坑开挖方案。

2. 需在基坑顶边堆放弃土时，任何情况下，弃土堆坡脚至基坑上边缘的距离不得小于1.2 m，堆土高度不得超过1.5 m。

3. 要做好地面排水、地下降水措施，确保基坑施工期间的稳定。

4. 基坑无支撑时，机械开挖或人工开挖过程中，每次开挖深度不得超过1 m。

技术要求	放坡开挖时边坡坡度的确定 围护开挖时围护方法的确定 基坑顶边弃土的要求 降水措施 挖方修坡深度的要求 支撑维护方法的要求
应急措施	及早发现事故预兆，及时抢险，避免事故发生 及早发现凶兆，及早撤离现场 熟悉抢险支护和抢险堵漏方法

二、应急措施

1. 制定处理基坑坍塌、淹埋事故的抢险支护和堵漏预案。

2. 建立应急预案组织体系，配备应急抢险的人员、物资和设备，并根据现场实际情况进行应急演练。

3. 及早发现坍塌、淹埋和管线破坏事故的征兆，以人身安全为第一要务，及早撤离现场。

4. 要准备和熟悉各种抢险支护和抢险堵漏方法及设备。

16.2 开挖过程保护地下管线的安全措施

【案例分析】 某地铁基坑工程采用地下连续墙及ϕ609 mm钢管支撑。由于支撑不及时，随着基坑开挖，地下墙水平变形越来越大。开挖至4 m时，基坑南侧地下墙出现大面积渗水。经调查，该侧有一根大口径上水管。由于变形过大，管线破裂造成大量漏水。随后，经过调查发现基坑周围还存在5根其他管线，其中东侧有一根天然气管。这些管线都或多或少出现了变形过大的问题。

问题：

1. 市政基坑工程周围可能存在哪些管线？哪些管线应作为保护的重点？

2. 本工程施工时有哪些失误造成了管线破坏？

3. 对基坑周围管线调查时，应做好哪些调查工作？

4. 哪些管线是监测的重点？

5. 对变形过大的管线应采取哪些保护措施？

参考答案：

1. 可能存在包括上水、雨水、污水、电力、电信、煤气及热力等管线。在各种管线中，天然气和上、下水管及刚性压力管道为监测的重点。

2. 本工程施工时支撑不及时，造成基坑变形过大，引起管线破坏。另外，根据背景材料可看出施工前没有对基坑周围地下管线做好调查工作，当然也不可能做好监测工作。

3. 监测前应摸清基坑周围地下管线种类、走向和各种管线的管径、壁厚、管节长度、接头构造和埋设年代，以及各管线距基坑的距离。

4. 管线监测点布置应优先考虑天然气、煤气和大口径上水管。对受基坑开挖影响大的管线要加密布点。

5. 如果管线的沉降较大，变形的曲率过大时，可采用注浆方法调整管道的不均匀沉降；若沉降幅度或变形的曲率特别大，注浆加固起不到调整管道不均匀沉降效果时，需考虑搬迁、暴露悬吊或以其他方法处理。

16.3 基坑施工安全监控量测的内容和方法

【案例分析】 某市政基坑工程，基坑侧壁安全等级为一级，基坑平面尺寸为 22 m×200 m，基坑挖深为 10 m，地下水位于地面下 5 m，采用地下连续墙及钢支撑，设 3 道支撑。基坑周围存在大量地下管线等建(构)筑物。为保证基坑开挖过程中的安全，施工单位编制了监测方案，监测方案包括监控目的、监测项目、工序管理和记录制度。施工过程中，监测单位根据监测方案对基坑进行了监测。工程结束后，监测单位提交了完整的监测报告。

问题：

1. 本工程监测方案内容是否全面，如不全面还应包括哪些内容？

2. 根据背景资料及建筑基坑支护技术规程，应监测哪些项目？

3. 上述监测项目可分别采用什么方法监测？

4. 监测单位的做法有哪些不妥之处？

5. 简述监测报告包括的内容。

参考答案：

1. 不全面。监控方案应包括监控目的、监测项目、监控报警值、监测方法及精度要求、监测点的布置、监测周期、工序管理和记录制度以及信息反馈系统等。

2. 应监测的项目有：地下连续墙水平位移，周围建筑物、地下管线变形，地下水位，地下连续墙内力，支撑轴力，土体分层竖向位移。

3. 地下连续墙水平位移一般采用测斜仪监测；周围建筑物、地下管线变形采用水准仪量测；地下水位采用水位计量测；地下连续墙内力、支撑轴力采用应力计量测；土体分层竖向位移采用分层沉降仪监测。

4. 基坑开挖监测过程中，监测单位应按照监测方案进行监测，施工单位应根据监测结果调整施工方案。本工程监测单位在工程结束后提交监测报告，已失去了监测的意义。

5. 工程结束时应提交完整的监测报告，监测报告内容应包括：①工程概况；②监测项目和各测点的平面和立面布置图；③采用仪器设备和监测方法；④监测数据处理方法和监测结果过程曲线；⑤监测结果评价。

【练一练】

一、单项选择题

在不支撑基坑的条件下进行机械开挖和人工开挖时，每次挖方修坡深度不得超过(　　)m。

A. 0.5　　B. 0.8　　C. 1.0　　D. 1.2

二、多项选择题

以下关于防止基坑开挖时坍塌、淹埋的安全措施方面说法正确的是(　　)。

A. 在基坑边弃土时，弃土堆坡脚至挖方上边缘的距离不得小于 0.5 m

B. 在基坑边弃土时，堆土高度不得超过 1.5 m

C. 机械开挖和人工开挖不支撑基坑时，每次挖方修坡深度不得超过 1 m

D. 机械开挖和人工开挖有支撑围护基坑时，每次挖方修坡深度不得超过 5 m

E. 发现坍塌和淹埋事故凶兆时，要迅速组织人员抢救贵重设备，减少损失

【答案】

一、C　解题思路：机械开挖和人工开挖不支撑基坑时，每次挖方修坡深度不得超过 1 m。因此选 C。

二、BC　解题思路：选项 A 中 0.5 m 应改为 1.2 m；选项 D 说法不正确，无“每次挖方修坡深度不得超过 5 m”的要求。选项 E 说法与“及早发现坍塌和淹埋事故的凶兆，以人身安全为第一要务，及早撤离现场”的应急措施不符。

17　桥梁工程施工安全控制

17.1　桥梁工程沉入桩施工安全措施

一、施工前准备

1. 必须配备相应防高处坠落、临边作业、安全警示、地基处理及地下管线保护等安全防护设施和相应的救生用品及个人防护用品。

2. 配备经行业培训合格持有效上岗证的专职安全管理人员、桩机驾驶员、焊工、电工、起重挂钩指挥和打桩操作工等特种作业人员。

3. 根据工程实际情况，编制施工组织设计和针对性的安全技术措施并经审批合格。

4. 选用与施工组织设计相符合的桩机及其他起重机械。所有桩工机械必须验收合格方可进场使用。

5. 进行安全教育、安全技术和安全操作规程的交底；实行开打令签发制度。

6. 掌握各种管线、架空线路及水文、地质等情况并进行逐级书面安全交底。

7. 严禁私自占道施工。

8. 打入桩施工前，必须进行作业面地基加固。

9. 打入桩施工作业必须将作业面有效隔离。

二、桩机组装

1. 桩机应按施工组织设计要求设置在路基箱板或托板上，托板滚筒下应垫铺 3 寸×6 寸木板。

2. 路基箱板铺设必须符合施工组织设计要求。

3. 采用吊机配合注意事项。

4. 起扳桩机时，必须设置溜绳。

5. 安装时，桩锤等构件应运送到龙门正前方 2 m 以内。

6. 起吊桩锤等桩机大型构件时，严禁拖吊和碰撞脚手架。

7. 桩机必须设置可靠的避雷装置。

三、打入桩施工

1. 严防桩锤坠落。

2. 桩的吊点必须按规定设置。

3. 起吊时桩身上不得有附着物，桩下不得有人。

4. 打入桩作业必须实行统一指挥、统一指令，严禁多人指挥。

5. 严禁吊桩、吊锤、回转、行走等 2 个或 3 个以上动作同时进行。

6. 插桩时，身体的任何部位不得进入桩与龙门之间。

7. 桩帽、送桩的规格必须符合施工组织设计要求。

8. 打桩机在吊有桩和锤的情况下，操作人员不得离开岗位；桩机行走时，桩锤应放至最低位置，斜坡上禁止回转。

9. 打桩作业区安全标志。

10. 设专人控制油门绳。

11. 通风与防火要求。

12. 胶泥浇筑。

13. 在套送桩时，应使桩锤、送桩帽、桩三者中心在同一轴线上。

14. 索具要求。

15. 送桩帽拔出后遗留孔洞回填。

16. 打桩结束工作。

17. 交通安全措施。

18. 若遇六级以上大风、大雪等恶劣气候应停止作业，并将桩机可靠固定，必要时应放倒桩机或对桩机施加缆风绳。

17.2 桥梁工程钻孔灌注桩施工安全措施

1. 在钻孔灌注桩施工中，施工顺序、机具位置等必须符合施工组织设计要求。

2. 施工作业区应设置明显的标志且与非作业区严格隔离。

3. 陆上钻孔桩施工一律按规定采用硬地坪施工法，即钻机应置于地基处理坚实平整的混凝土地面上，确保钻机运转时平稳。

4. 陡坡或水上作业要求。

5. 当桩孔附近有管线时，护筒埋入深度宜超过管线深度，埋设后的护筒应加盖。

6. 钻机就位，机架不能靠在护筒上。

7. 机械操作人员不准随便离开岗位。

8. 冲抓钻或冲击钻操作时，不准任何人进入落钻区，以防砸伤。

9. 在钻进过程中，若发生钻机突发卡钻震动迹象时，必须立即停机。

10. 桩孔成型后，应尽快灌注混凝土，若因故不能灌注混凝土时，应在护筒上加盖，以免掉土和发生人员坠落事故。

11. 钢筋笼子的吊点必须焊接牢固，起吊时必须设专人指挥，不准斜吊或横向拖拉，确保钢筋笼垂直入钻孔。

12. 适时调整护筒内水位。

13. 必须采取切实措施，严格执行操作规程，从每根桩开钻至混凝土浇筑完成必须连续作业，禁止中间停顿。

14. 设备的电源必须是整根导线，不准有破皮、接头；钻孔桩机的控制电箱，严禁外接其他用电设备。

15. 夜间施工应配置足够的照明，照明灯高度≥3 m，其金属外壳必须有可靠保护接地（零）。

17.3 桥梁工程模板支架搭设及拆除安全措施

一、模板安装的技术要求

1. 模板不应与脚手架连接,避免引起模板变形。

2. 安装侧模时,防止模板移位和凸出。

3. 模板安装完毕后,应对其平面位置、顶部标高、节点联系及纵横向稳定性进行检查,签认后方可浇筑混凝土。

4. 防倾覆措施。

5. 当结构自重和汽车荷载(不计冲击力)产生的向下挠度超过跨径的1/600时,钢筋混凝土梁、板的底模板应设预拱度,预拱度值应等于结构自重和1/2汽车荷载(不计冲击力)所产生的挠度。

6. 后张法预应力梁、板,应注意预应力、自重和汽车荷载等综合作用下所产生的上拱或下挠,应设置适当的预挠预拱。

二、支架、拱架制作安装

1. 标准化、系统化、通用化要求。

2. 接头问题。

3. 标高调整问题。

4. 支架和拱架应稳定、坚固。安装时应注意以下几点:①支架立柱必须安装在有足够承载力的地基上,立柱底端应设垫木来分布和传递压力;②船只或汽车通行孔的两边支架应加设护桩,夜间应用灯光标明行驶方向。

5. 支架或拱架安装完毕后,应对其平面位置、顶部标高、节点连接及纵、横向稳定性进行全面检查,符合要求后,方可进行下一工序。

三、模板、支架和拱架的拆除

(一) 拆除期限的原则规定

1. 拆除期限应根据结构物特点、模板部位、混凝土强度决定:

(1) 非承重侧模板应在混凝土强度能保证其表面及棱角不致因拆模而受损坏时方可拆除,一般应在混凝土抗压强度达到2.5 MPa时方可拆除。

(2) 芯模和预留孔道内模,应在混凝土强度能保证其表面不发生塌陷和裂缝现象时,方可拔除。

(3) 钢筋混凝土结构的承重模板、支架和拱架,应在混凝土强度能承受其自重力及其他可能的叠加荷载时方可拆除,当构件跨度不大于8 m时,在混凝土强度符合设计强度标准值的75%的要求后方可拆除;当构件跨度大于8 m时,在混凝土强度符合设计强度标准值的100%的要求后方可拆除。

2. 石拱桥的拱架卸落时间应符合下列要求:

(1) 浆砌石拱桥,须待砂浆强度达到设计要求,或如设计无要求,则须达到砂浆强度的80%。

(2) 跨径小于10 m的小拱桥,宜在拱上建筑全部完成后卸架;中等跨径的实腹式拱,宜在护拱砌完后卸架;大跨径空腹式拱,宜在拱上小拱横墙砌好(未砌小拱圈)时卸架。

(二) 拆除时的技术要求

1. 模板拆除应按设计的顺序进行,设计无规定时,应遵循先支后拆、后支先拆的顺序,拆时严禁抛扔。

2. 卸落支架和拱架应按拟定的卸落程序进行,在纵向应对称均衡卸落,在横向应同时一起卸落。在拟定卸落程序时应注意:①落架之前做好标志;②满布式拱架卸落时,可从拱顶向拱脚依次循环卸落;拱式拱架可在两支座处同时均匀卸落;③简支梁、连续梁宜从跨中向支座依次循环卸落。

3. 墩、台模板宜在其上部结构施工前拆除。拆除模板,卸落支架和拱架时,不允许用猛烈敲打和强扭等方法进行。

【典型例题】

1. (*2006年考点*)某市政工程基础采用明挖基坑施工,坑壁采用网喷混凝土加固。A公司中标后把基坑部分擅自分包给不具备安全资质的B公司。B公司开挖施工时把大量挖土弃置于基坑顶部,建设单位及监理单位发现后对B公司劝阻,但B公司不予理会;基坑施工时为加快进度,B公司采用了一次开挖到底,再一起加固的方案。

在基坑施工至5 m深时,基坑变形速率明显加快,坑顶处土层出现大量裂缝,B公司对此没有在意,继续加快开挖速度。不久,基坑出现坍塌凶兆,B公司马上组织民工抢险加固,但已经于事无补,基坑坍塌造成5死3伤的重大事故。项目经理处理了事故现场,2天后写了书面报告上报企业主管部门及有关单位,然后按事故处理有关规定组成调查组开展调查。完成调查报告后,经项目经理签字,报企业安全主管部门。

问题:

(1) B公司采用的基坑开挖方案是否合乎技术要求?说明理由。

(2) 写出本工程基坑施工时存在的安全隐患。

(3) 引起本次事故的最主要原因是什么?

(4) 项目经理在基坑应急措施上犯了哪些重大错误最终导致了事故的发生?

参考答案:

(1) 不符合要求。B公司采用了一次开挖到底,再一起加固的方案是错误的,应逐层开挖,逐层加固。

(2) 安全隐患有:①深达5 m的沟槽没有支撑;②B公司开挖施工时把大量挖土弃置于基坑顶部;③在基坑施工至5 m深时,基坑变形速率明显加快,坑顶处土层出现大量裂缝。

(3) 基坑出现坍塌凶兆,B公司马上组织民工抢险加固和A公司将基坑部分擅自分包给不具备安全资质的B公司是引起本次事故的最主要原因。

(4) 基坑即将坍塌时,应以人身安全为第一要务,及早撤离现场。本工程出现坍塌凶兆,项目经理还组织人进入基坑抢险,是造成人员伤亡的一个重大错误。

2. (*2009年考点*)某城市市区主要路段的地下两层结构工程,地下水位在坑底以下

2.0 m。基坑平面尺寸为 145 m×20 m，基坑挖深为 12 m，围护结构为 600 mm 厚地下连续墙，采用 4 道ϕ609 mm钢管支撑，竖向间距分别为 3.5 m、3.5 m 和 3 m。基坑周边环境为：西侧距地下连续墙 2.0 m 处为一条 4 车道市政道路；距地下连续墙南侧 5.0 m 处有一座 5 层民房；周边有 3 条市政管线，离开地下连续墙外沿距离小于 12 m。

项目经理部采用 2.0 m 高安全网作为施工围挡，要求专职安全员在基坑施工期间作为安全生产的第一责任人进行安全管理，对施工安全全面负责。安全员要求对电工及架子工进行安全技能培训，考试合格持证方可上岗。

基坑施工方案有如下要求：①基坑监测项目主要为围护结构变形及支撑轴力；②由于第四道支撑距坑底仅 2.0 m，造成挖机挖土困难，把第三道支撑下移 1.0 m，取消第四道支撑。

问题：

(1) 现场围挡不合要求，请改正。

(2) 项目经理部由专职安全员对施工安全全面负责是否妥当？为什么？

(3) 安全员要求持证上岗的特殊工种不全，请补充。

(4) 根据基坑周边环境，补充监测项目。

(5) 指出支撑做法的不妥之处；若按该支撑做法施工，可能造成什么后果？

参考答案：

(1) 围挡高度不宜低于 2.5 m，应采用砌体、金属板材等硬质材料。

(2) 不妥当，应由项目负责人作为安全生产的第一责任人。

(3) 电焊工、机械工、起重工、机械司机。

(4) 房屋沉降、道路沉降、管线变形。

(5) 支撑没有按设计要求施工。这样做会造成围护结构和周边土体、构筑物变形过大，严重的可能造成基坑坍塌。

【练一练】

一、单项选择题

在人工挖孔内进行爆破，当孔深大于(　　)时，必须采用电雷管引爆。

A. 3 m　　B. 4 m　　C. 5 m　　D. 7 m

二、多项选择题

在桩基施工安全控制中，人工挖孔灌注桩适用于(　　)。

A. 无地下水土层　　B. 有少量地下水土层

C. 较松散土层　　D. 风化岩层

E. 砂砾岩层

【答案】

一、C　解题思路：挖孔内进行爆破时，当孔深大于 5 m 时，必须采用电雷管引爆。

二、ABD　解题思路：选项 C“较松散土层”应改为“较密实土层”；选项 E“砂砾岩层”说法不正确，正确说法参考选项 D。

17.4 桥梁工程吊装作业安全措施

一、起重机械“十不吊”

1. 斜吊不吊。
2. 超载不吊。
3. 散装物装得太满或捆扎不牢不吊。
4. 指挥信号不明不吊。
5. 吊物边缘锋利无防护措施不吊。
6. 吊物上站人不吊。
7. 埋入地下的构件情况不明不吊。
8. 安全装置失灵不吊。
9. 光线阴暗看不清吊物不吊。
10. 六级以上强风不吊。

二、安全管理

1. 环境因素复杂、风险较大的大型构件吊装应组织专家论证,并到安全监督站备案。

2. 起重机械应具备有效的检测检验报告及合格证,并经进场验收合格;起重机械驾驶人员、起重指挥及起重挂钩人员等特种作业人员必须持有效的特种操作人员上岗证。

3. 起重吊装作业前,应对所有作业人员进行书面的安全交底。

(1) 作业区地基承载力要求。

(2) 起重吊装作业应实行“吊装令”签发制度。

4. 有效隔离和警戒标志。

5. 起重吊装作业的全过程,必须设专职人员进行安全监控。

三、安全作业

1. 必须设置供作业人员安全上下的登高设施以及供作业人员安全带能可靠悬挂保险钩的安全设施。

2. 起重吊装指挥人员与作业人员密切配合。

3. 吊装中的构件上严禁站人。

4. 在无法建立安全防护设施的特殊情况下,高空作业人员必须系好安全带,并扣好保险钩,或加设安全网。

5. 钢结构的吊装,构件尽可能在地面组装,并应搭设供临时作业的脚手架等高空安全设施,随构件同时上吊就位。

6. 起重吊装作业时,起重臂和重物的下方严禁有人停留、工作或通过;重物吊运时严禁从人和起重机驾驶室上方通过;严禁用起重机载运人员,并严格实行重物离地 20～30 mm 试吊,确认安全可靠,方可正式吊装作业。

7. 备用对讲机。

8. 起重机械地基加固。

9. 起重机作业前，支腿、垫木、倾斜度问题。

10. 各种限制器与限位开关应完好齐全。

11. 吊索与物件的夹角宜优先选择 60°以上，吊索与物件棱角之间应加垫块保护。

12. 严禁起吊重物长时间悬挂在空中。

18 生活垃圾填埋场环境安全控制

18.1 生活垃圾渗沥液渗漏的检验方法

为确保防渗层完好，当前修建生活垃圾填埋场内都不允许打水质观测井。

为有效检测防渗效果，目前采用的检验方法是，在填埋场区影响区域内打水质观测井，提取地下水样，利用未被污染的水样与有可能被污染的水样进行比较的方法，对防渗效果的有效性进行检验。

若设双层排水系统时，可随时从提升泵井中抽出地下水的水样，进行分析比较。比一般单排水系统更为直接准确。

18.2 垃圾填埋场选址准则

场址的选择是卫生填埋场规划设计的第一步，主要遵循以下两个原则：一是从防止污染角度考虑的安全原则；二是从经济角度考虑的经济合理原则。安全原则是基本原则。

在选址过程中，应满足以下基本准则。

1. 场址选择应服从总体规划。

2. 场址应满足一定的库容量要求　一般合理使用年限不少于10年，特殊情况下不少于8年。应充分利用天然地形以增大填埋容量。对于长而窄、两头开口的山沟，大大增加了临时作业支线，管理不便，应谨慎使用。

3. 地形、地貌及土壤条件　不宜选择在地形起伏较大的地方和低洼汇水处。原则上地形的自然坡度不应大于5%。应利用现有自然地形空间，将场地施工土方量减至最小。

4. 气象条件　场址应避开高寒区，不应位于龙卷风和台风经过的地区，宜设在暴风雨发生率较低的地区。场址宜位于具有较好的大气混合扩散作用的下风向，白天人口不密集地区。

5. 对地表水域的保护　其位置应该在湖泊、河流、河湾的地表径流区以外。最佳的场址是在封闭的流域内，这对地下水资源危害风险最小。填埋场不应设在专用水源蓄水层与地下水补给区、洪泛区、淤泥区、距居民区或人畜供水点500 m以内的地区、填埋区直接与河流和湖泊相距50 m以内地区。

6. 对居民区的影响　场地应位于居民区500 m以外或更远，最好位于居民区的下风向。

7. 对场地地质条件的要求　场址应选在渗透性弱的松散岩石或坚硬岩层的基础上，天然地层的渗透性系数最好能达到10^{-8} m/s以下，并具有一定厚度。场地基础的岩性最好为黏滞土、砂质黏土以及页岩、黏土岩或致密的火成岩。

8. 对场地水文地质条件的要求　场地基础应位于地下水最高丰水位标高至少1 m以

上，以及地下水主要补给区范围以外；场地应位于地下水的强径流带之外；场地内地下水的主流向应背向地表水域。场址不应选在渗透性强的地层或含水层之上，应位于含水层的地下水水力坡度的平缓地段。

9. 对场地工程地质条件的要求　场地应选在最密实的松散或坚硬的岩层之上。填埋场场地不应建在砾石、石灰岩溶洞发育地区。

10. 场址周围应有相当数量的土石料　填埋场的覆土量一般为填埋场库区库容量的10%～20%，并且土源宜为黏土或黏质土。城市附近土地紧张，应尽量利用丘陵或高阶台地上冲积、残积及风化土，以减少侵占农田。

11. 场址应交通方便、运距合理

防止生活垃圾渗液渗漏的检验方法	不能在填埋区内打水质观测井检验是否渗漏 可以在填埋场影响区域内打水质观测井检测防渗效果 设双层排水系统时，从提升泵井中抽取地下水的水样，进行分析比较
垃圾填埋场选址的环保原则	选址应考虑的因素 应尽量选择的地域

【练一练】

垃圾填埋场区对其地基的要求是(　　)。

A. 不具备自然防渗条件时必须进行人工防渗

B. 黏土表面经碾压后，方可在其上贴铺人工衬里

C. 在大坡度斜面铺设时，应设锚固平台

D. 应是具有承载能力的自然土层或经过碾压、夯实的平稳层

E. 不应因填埋垃圾的沉陷而使场底变形、断裂

【答案】

BCDE　解题思路：A是防止垃圾填埋场污染地下水的规定，应排除。正确的是："铺设人工衬里应焊接牢固，达强度要求，局部不应产生下沉拉断现象。"

19 市政公用工程技术资料的管理方法

项目	内　容	说　　明
施工技术文件的内容	(1)施工组织设计	① 施工前编制 ② 大中型工程还需编制分部位、分阶段的施工组织设计
	(2)施工图会审、技术交底	① 开工前进行 ② 建设单位组织 ③ 做会审记录 ④ 交底内容时间要求
	(3) 出厂合格证、检验报告及复试报告	原材料、成品、半成品、构配件、设备
	(4) 施工检(试)验报告	
	(5) 各种记录	① 施工记录 ② 测量复核及预检记录 ③ 隐蔽工程检查验收记录 ④ 功能性试验记录 ⑤ 质量事故报告及处理记录
	(6) 工程质量检验评定资料	
	(7) 设计变更通知单、洽商记录、竣工验收报告与验收证书	
施工技术文件管理方法	(1) 编制、保管责任单位	① 施工单位编制 ② 建设与施工单位保存
	(2) 建设单位竣工验收后三个月报当地城建档案管理机构归档	按《建设工程文件归档整理规范》(GB/T 50328)的要求进行工作
	(3) 总承包工程项目由总承包单位汇集,整理所有有关施工技术文件	
	(4) 施工技术文件整理时间、手续、质量等要求	
	(5) 进行预验收,文件合格后才可竣工验收	

19.1 市政公用工程施工技术资料的内容和编制要求

市政基础设施工程施工技术文件应包括以下内容:

一、施工组织设计

1. 施工单位在施工之前,必须编制施工组织设计。
2. 施工组织设计必须经上一级企业(具有法人资格)的技术负责人审批加盖公章方为

有效，并须填写施工组织设计审批表(合同另有规定的，按合同要求办理)。在施工过程中发生变更时，应有变更审批手续。

3. 施工组织设计应包括下列主要内容：

(1) 工程概况，包括工程规模、工程特点、工期要求、参建单位等。

(2) 施工平面布置图。

(3) 施工部署和管理体系。

(4) 质量目标设计。

(5) 施工方法及技术措施。

(6) 安全措施。

(7) 文明施工措施。

(8) 环保措施。

(9) 节能、降耗措施。

(10) 模板及支架、地下沟槽基坑支护等专项设计。

二、施工图设计文件会审、技术交底

1. 工程开工前，应由建设单位组织有关单位对施工图设计文件进行会审并按单位工程填写施工图设计文件会审记录。

2. 施工单位应在施工前进行施工技术交底。施工技术交底包括施工组织设计交底及工序施工交底。各种交底的文字记录，应有交底双方签认手续。

三、原材料、成品、半成品、构配件、设备出厂质量合格证书，出厂检(试)验报告及复试报告

(一) 一般规定

1. 必须有出厂质量合格证书和出厂检(试)验报告，并归入施工技术文件。

2. 合格证书、检(试)验报告为复印件的必须加盖供货单位印章方为有效，并注明使用工程名称、规格、数量、进场日期、经办人签名及原件存放地点。

3. 凡使用新技术、新工艺、新材料、新设备的，应有法定单位鉴定证明和生产许可证。

4. 进入施工现场的原材料、成品、半成品、构配件，在使用前必须按现行国家有关标准的规定抽取试样，交由具有相应资质的检测、试验机构进行复试，复试结果合格方可使用。

5. 对按国家规定只提供技术参数的测试报告，应由使用单位的技术负责人依据有关技术标准对技术参数进行判别并签字认可。

6. 进场材料凡复试不合格的，应按原标准规定的要求再次进行复试，再次复试的结果合格方可认为该批材料合格，两次报告必须同时归入施工技术文件。

7. 必须按有关规定实行见证取样和送检制度，其记录、汇总表纳入施工技术文件。

(二) 水泥

1. 水泥生产厂家的检验试验报告应包括后补的 28 d 强度报告。

2. 水泥使用前复试的主要项目为胶砂强度、凝结时间、安定性、细度等。

(三) 钢材

1. 力学性能试验、化学成分检验、可焊性试验。

2. 预应力混凝土所用的张拉钢材还应进行外观检查。

（四）沥青

沥青使用前复试的主要项目为延度、针入度、软化点、老化、黏附性等(视不同的道路等级而定)。

（五）涂料

（六）焊接材料

（七）砌块(砖、料石、预制块等)

用于承重结构时,使用前复试项目为抗压、抗折强度。

（八）砂、石

试验项目一般有:筛分析、表观密度、堆积密度和紧密密度、含泥量、泥块含量;针状和片状颗粒的总含量等。结构或设计有特殊要求时,还应按要求加做压碎指标值等相应项目试验。

（九）混凝土外加剂、掺合料

（十）防水材料及黏结材料

（十一）防腐、保温材料

（十二）石灰

石灰在使用前应按批次取样,检测石灰的氧化钙和氧化镁含量。

（十三）水泥、石灰、粉煤灰类混合料

（十四）沥青混合料

连续生产时,每 2 000 t 提供一次。

（十五）商品混凝土

（十六）管材、管件、设备、配件

1. 场站工程成套设备。

2. 场站工程其他专业设备。

3. 进口设备。

4. 检测报告。

5. 混凝土管、金属管生产厂家应提供有关的强度、严密性、无损探伤的检测报告。施工单位应依照有关标准进行检查验收。

（十七）预应力混凝土张拉材料

（十八）混凝土预制构件

（十九）钢结构构件

（二十）各类井室的井圈、井盖、踏步

（二十一）支座、变形装置、止水带

四、施工检(试)验报告

五、施工记录

六、测量复检及预检记录

七、隐蔽工程检查验收记录

凡被下道工序、部位所隐蔽的,在隐蔽前必须进行质量检查,并填写隐蔽工程检查验收记录。隐蔽检查的内容应具体，结论应明确。验收手续应及时办理，不得后补。需复验的要办理复验手续。

八、工程质量检验评定资料

1. 工序施工完毕。

2. 部位工程完毕。

3. 单位工程完成后，由建设工程项目负责人主持，进行单位工程质量评定，填写单位工程质量评定表。由建设工程项目负责人和项目技术负责人签字，加盖公章，作为竣工验收的依据之一。

九、功能性试验记录

1. 一般规定。

2. 市政基础设施工程功能性试验主要项目一般包括：

(1) 道路工程的弯沉试验。

(2) 无压力管道严密性试验。

(3) 桥梁工程设计有要求的动、静载试验。

(4) 水池满水试验。

(5) 消化池严密性试验。

(6) 压力管道的强度试验、严密性试验和通球试验等。

十、质量事故报告及处理记录

工程质量事故报告及质量事故处理记录必须归入施工技术文件。

十一、设计变更通知单、洽商记录

1. 设计变更通知单，必须由原设计人和设计单位负责人签字并加盖设计单位印章方为有效。

2. 洽商记录必须有参建各方共同签认方为有效。

3. 设计变更通知单、洽商记录应原件存档。如用复印件存档时，应注明原件存放处。

4. 分包工程的设计变更、洽商，由工程总包单位统一办理。

十二、竣工总结与竣工图

十三、竣工验收报告与验收证书

(一) 工程竣工报告

工程竣工报告应经项目经理和施工单位有关负责人审核签字加盖单位公章。

实行监理的工程，工程竣工报告必须经总监理工程师签署意见。

(二) 工程竣工验收证书

19.2 市政公用工程施工技术资料管理方法

市政基础设施施工技术文件，一般应按下列方法进行管理：

1. 市政基础设施工程施工技术文件由施工单位负责编制，建设单位、施工单位负责保存。

2. 建设单位应按《建设工程文件归档整理规范》(GB/T 50328—2001)的要求,于工程竣工验收后三个月内报送当地城建档案管理机构。

3. 实行总承包的建设工程项目,由总承包单位负责汇集、整理各分包单位编制的有关施工技术文件。

4. 市政基础设施工程施工技术文件应随施工进度及时整理,所需表格应按建城(1994)469号文规定的要求认真填写,字迹清楚,项目齐全,记录准确,完整真实。

5. 市政基础设施工程施工技术文件中,应由各岗位责任人签认的,必须由本人签字(不得盖图章或由他人代签)。工程竣工,文件组卷成册后必须由单位技术负责人和法人代表或法人委托人签字并加盖单位公章。

6. 建设单位与施工单位在签订施工合同时,应对施工技术文件的编制要求和移交期限做出明确规定。建设单位应在施工技术文件中按有关规定签署意见。实行监理的工程应有监理单位按规定对认证项目的认证记录。

7. 建设单位在组织工程竣工验收前,应提请当地的城建档案管理机构对施工技术文件进行预验收,验收不合格不得组织工程竣工验收。

8. 不得任意涂改、伪造、随意抽撤损毁或丢失文件,对于弄虚作假、玩忽职守而造成文件不符合真实情况的,由有关部门追究责任单位和个人的责任。

19.3 市政公用工程施工技术资料的组卷方法

一、组卷的原则

工程文件应按单位工程组卷。

二、组卷方法

1. 工程文件可按建设程序划分为工程准备阶段的文件、监理文件、施工文件、竣工图、竣工验收文件五部分。

(1) 工程准备阶段文件可按建设程序、专业、形成单位等组卷。

(2) 监理文件可按单位工程、分部工程、专业、阶段等组卷。

(3) 施工文件可按单位工程、分部工程、专业、阶段等组卷。

(4) 竣工图可按单位工程、专业等组卷。

(5) 竣工验收文件按单位工程、专业等组卷。

2. 施工技术文件要按单位工程进行组卷,可以分册装订。

3. 卷内文件排列顺序一般为:封面、目录、文件材料和备考表。其中,封面应含工程名称、开竣工日期、编制单位、卷册编号、单位技术负责人和法人代表或法人委托人签字并加盖公章。

项目	内容	说　明
施工技术文件编制的基本要求(按文件各项内容进行说明中要求的规范编制)	(1) 施工组织设计	① 内容必须全面、到位,要有上一级技术负责人审批(及部门) ② 加盖公章,填写审批表 ③ 变更时应有变更审批程序(手续) ④ 施工开始之前,施工单位必须进行编制 ⑤ 设计编制内容
	(2) 施工图设计文件	① 开工前,建设单位组织会审,按单位工程填会审记录 ② 设计单位按施工程序或需要进行设计交底并做记录 ③ 施工单位做好各种交底记录,双方签字
	(3) 原材料、成品、半成品、构配件,设备出厂质量合格证书;出厂检(试)验报告及复试报告	① 均应归入施工技术文件 ② 上述各种证书或报告的复印件必须加盖供货方印章,注明使用工程名称、规格、数量、进场日期,经办人签名,原件存放处 ③ 凡属“四新”的产品,要有鉴定证明和生产许可证等,使用前先进行检(试)验 ④ 进口设备必须配有中文资料
	(4) 其他要求	① 所有进场产品进入施工现场前必须进行抽检、复测,合格后方可使用 ② 对只提供技术参数的测试报告,使用单位技术负责人要对参数进行判别,签字认可
施工各阶段的文件编制要求	(1) 施工前应有的文件资料	① 施工单位必须编制施工组织设计文件,并经上一级技术负责人和部门审批;如施工过程中变更时,应有变更审批手续 ② 设计文件会审记录,设计交底纪要,施工技术交底记录
	(2) 施工中应有的文件资料	① 进入施工现场的各种材料、构配件、设备等产品合格证及报告 ② 施工检(试)验报告:种类及内容 ③ 施工记录:种类及内容 ④ 测量复核及预检记录 ⑤ 隐蔽工程检查验收记录
	(3) 施工后应有的文件资料	① 完成工序、部位工程、单位工程时,应分别有相应质量评定表 ② 工程交付使用之前,应填写工程项目功能性试验记录
		③ 质量事故报告及处理记录
		④ 竣工验收阶段应有文件 A. 设计变更通知单、洽商 B. 竣工总结与竣工图 C. 竣工验收文件(含竣工报告,工程竣工验收证书)
施工技术文件的组卷方法	(1) 要按单位工程进行组卷,可分册装订	
	(2) 卷内文件排列顺序及封面内容要求	
	(3) 文件一般目录	

【典型例题】

(2010年考点)项目部承接的新建道路下有一条长750 m、直径1 000 mm的混凝土污水管线,埋深为地面以下6 m。管道在0+400至0+450处穿越现有道路。

场地地质条件良好,地下水位于地面以下8 m,设计采用明挖开槽施工。项目部编制的施工方案以现有道路中线(按半幅断路疏导交通)为界将工程划分为A1、B1两段施工,并编制了施工进度计划,总工期为70天。其中,A1段(425 m)工期40天,B1段(325 m)工期30天,A段首先具备开工条件。

注:A1、B1为第一次分段;A2、B2、C2为第二次分段。

问题:

1. 现有道路段(C2段)污水管由明挖改为顶管施工需要设计单位出具什么文件?该文件上必须有哪些手续方为有效?

2. 因现有道路段(C2段)施工方法变更,项目部重新编制的施工方案应办理什么手续?

3. 顶管工作井在地面应采取哪些防护措施?

参考答案:

1. C2须获得设计变更通知单(文件、图纸),变更通知单由原设计人和设计单位负责人签字,加盖设计单位公章。

2. 重新编制方案应有变更审批手续。

3. 在地面井口设置安全护栏、防护墙、防雨措施和警示措施。

【练一练】

一、单项选择题

1. 市政基础设施工程的施工技术文件应(　　)及时整理。

A. 在各施工阶段完成后　　B. 在全部工程完工前

C. 随施工进度　　D. 按各专业工程完成顺序

2. 施工单位应进行施工技术交底,做好(　　)记录,双方签字。

A. 各种交底　　B. 施工组织设计交底

C. 各部位工程交底　　D. 各工序交底、各施工阶段交底

二、多项选择题

1. 市政基础设施工程施工开工前应编制的文件是(　　)。

A. 施工组织设计　　B. 施工图设计文件会审

C. 施工检(试)验报告　　D. 单位、部位、分项工程技术交底

E. 原材料、成品、半成品、构配件、设备出厂质量合格证书、出厂检(试)验报告和复试报告

F. 测量复核及预检记录

2. 市政基础设施工程施工技术文件中各专业共有的施工记录包括(　　)。

A. 地基与基槽验收记录　　B. 混凝土浇筑记录

C. 构件、设备安装与调试记录　　D. 施工预应力记录

E. 施工测温记录、其他有特殊要求的施工记录

【答案】

一、1. C 解题思路：在工程施工实践中，不少项目的施工技术文件是按“A”、“D”所说随后进行“及时”整理的，甚至有的索性在快完工时才着手整理。这些都产生由于未随施工进度及时整理施工技术文件而文件找不到，文件时间、内容、签字出现问题的种种弊端，因而本题答案为“C”。 2. A 解题思路：在关于项目质量控制的内容和相关规定中已说明技术交底要在单位工程、部位(分部)工程和工序(分项工程)开工之前进行。同时还包括施工各阶段，发包人或监理工程师提出的有关施工方案、技术措施及设计变更要求在执行前的交底。因此本题答案为“A”。

二、1. ABDF 解题思路：在关于项目质量控制的内容和相关规定中已明确指出开工前要编制“A”，办理“B”、“D”、“F”。以便确保工程控制点、轴线无误，各种技术方案及要求已落实到操作层人员。选项 C 在施工中发生；选项 E 由于目前一些制约因素，还做不到开工前全部解决。因此应排除选项 C 和 E。2. ABE 解题思路：在市政公用、垃圾填埋、城市轨道交通和隧道工程的各个专业单位工程中，“C”、“D”并不是都会出现填写的施工记录，因此应排除“C”和“D”。

第三篇 市政公用工程相关法规及规定

1 市政公用工程相关法规

1.1 《城市道路管理条例》(国务院第198号令)有关规定

1.1.1 道路与其他市政公用设施建设应遵循的施工建设原则

城市供水、排水、燃气、热力、供电、通信、消防等依附于城市道路的各种管线、杆线等设施的建设计划,应与城市道路发展规划和年度建设计划相协调,坚持先地下、后地上的施工原则,与城市道路同步建设。

1.1.2 关于占用或挖掘城市道路的管理规定

1. 未经市政工程行政主管部门和公安交通管理部门批准,任何单位或者个人不得占用或挖掘城市道路。

2. 因特殊情况需要临时占用城市道路的,须经市政工程行政主管部门和公安交通管理部门批准,方可按照规定占用。

经批准临时占用城市道路的,不得损坏城市道路;占用期满后,应当及时清理占用现场,恢复城市道路原状;损坏城市道路的,应当修复或者给予赔偿。

1.2 《城市绿化条例》(国务院第100号令)有关规定

1.2.1 保护城市绿地的规定

1. 任何单位和个人都不得擅自改变城市绿化规划用地性质或者破坏绿化规划用地的地形、地貌、水体和植被。

2. 任何单位和个人都不得擅自占用城市绿化用地;占用城市绿化用地的,应当限期归还。因建设或者其他特殊需要临时占用城市绿化用地的,须经城市人民政府城市绿化行政主管部门同意,并按照有关规定办理临时用地手续。

1.2.2 保护城市的树木花草和绿化设施的规定

砍伐城市树木,必须经城市人民政府城市绿化行政主管部门批准,并按照国家有关规定补植树木或者采取其他补救措施。

1.3 《绿色施工导则》的有关规定

1.3.1 施工中节材、节水、节能和节地的有关规定

一、节材与材料资源利用要点

（一）节材措施

（二）结构材料

（三）围护材料

（四）装饰装修材料

（五）周转材料

1. 应选用耐用、维护与拆卸方便的周转材料和机具。

2. 优先选用制作、安装、拆除一体化的专业队伍进行模板工程施工。

3. 模板应以节约自然资源为原则，推广使用定型钢模、钢框竹模、竹胶板。

4. 模板工程方案优化。

5. 优化高层建筑的外脚手架方案。

6. 推广外墙保温板替代混凝土施工模板的技术。

7. 现场办公和生活用房采用周转式活动房。现场围挡应最大限度地利用已有围墙或采用装配式可重复使用围挡封闭。力争使工地临房、临时围挡材料的可重复使用率达到70%。

二、节水与水资源利用要点

（一）提高用水效率

1. 施工中采用先进的节水施工工艺。

2. 施工现场喷洒路面、绿化浇灌不宜使用市政自来水。

3. 施工现场供水管网布置。

4. 现场机具、设备、车辆冲洗用水必须设立循环用水装置。

（二）非传统水源利用

1. 优先采用中水搅拌、中水养护，有条件的地区和工程应收集雨水养护。

2. 处于基坑降水阶段的工地，宜优先采用地下水作为混凝土搅拌用水、养护用水、冲洗用水和部分生活用水。

3. 现场机具、设备、车辆冲洗、喷洒路面、绿化浇灌等用水，优先采用非传统水源，尽量不使用市政自来水。

4. 大型施工现场，尤其是雨量充沛地区的大型施工现场，建立雨水收集利用系统，充分收集自然降水用于施工和生活中适宜的部位。

5. 力争施工中非传统水源和循环水的利用量大于30%。

三、节能与能源利用要点

四、节地与施工用地保护要点

1. 施工总平面图要做到科学合理。

2. 施工现场搅拌站、仓库、料场布置。

3. 临时办公和生活用房应采用经济、美观、占地面积小、对周边地貌环境影响较小，且适合于施工平面布置动态调整的多层轻钢活动板房、钢骨架水泥活动板房等标准化装配式结构。

4. 施工现场围墙可采用连续封闭的轻钢结构预制装配式活动围挡，减少建筑垃圾，保护土地。

1.3.2 施工中做好环境保护的有关规定

一、扬尘控制

1. 运输容易散落物料的车辆，必须采取措施封闭严密。施工现场出口应设置洗车槽。

2. 土方作业阶段，采取洒水、覆盖等措施，达到作业区目测扬尘高度小于 1.5 m，不扩散到场区外。

3. 结构施工、安装装饰装修阶段，作业区目测扬尘高度小于 0.5 m。

4. 施工现场非作业区达到目测无扬尘的要求。

5. 构筑物机械拆除前，做好扬尘控制计划。可采取清理积尘、拆除体洒水、设置隔挡等措施。

二、噪声与振动控制

三、光污染控制

1. 尽量避免或减少施工过程中的光污染。夜间室外照明灯加设灯罩，透光方向集中在施工范围。

2. 电焊作业采取遮挡措施，避免电焊弧光外泄。

四、水污染控制

五、土壤保护

六、建筑垃圾控制

七、地下设施、文物和资源保护

1.4 工程竣工验收备案管理暂行办法的有关规定

1.4.1 工程竣工验收备案所应提交的文件

建设单位办理工程竣工验收备案应当提交下列文件：

1. 工程竣工验收备案表。

2. 工程竣工验收报告。竣工验收报告应当包括工程报建日期,施工许可证号,施工图设计文件审查意见,勘察、设计、施工、工程监理等单位分别签署的质量合格文件及验收人员签署的竣工验收原始文件,市政基础设施的有关质量检测和功能性试验资料以及备案机关认为需要提供的有关资料。

3. 法律、行政法规规定应当由规划、公安消防、环保等部门出具的认可文件或者准许使用文件。

4. 施工单位签署的工程质量保修书。

5. 法规、规章规定必须提供的其他文件。

商品住宅还应当提交《住宅质量保证书》和《住宅使用说明书》。

1.4.2 房屋建筑工程和市政基础设施工程竣工验收合格后进行备案的规定

建设单位应当自工程竣工验收合格之日起 15 日内,向工程所在地的县级以上地方人民政府建设行政主管部门(以下简称备案机关)备案。

工程竣工验收备案表一式两份,一份由建设单位保存,一份留备案机关存档。

备案机关发现建设单位在竣工验收过程中有违反国家有关建设工程质量管理规定行为的,应当在收讫竣工验收备案文件 15 日内责令停止使用,重新组织竣工验收。

备案机关决定重新组织竣工验收并责令停止使用的工程,建设单位在备案之前已投入使用或者建设单位擅自继续使用造成使用人损失的,由建设单位依法承担赔偿责任。

2　市政公用工程相关规定

2.1　市政公用工程注册建造师执业工程范围

1. 城镇道路工程。

2. 城市桥梁工程。

3. 城市供水工程　城市(镇)供水工程(含中水工程)包括水源取水设施、水处理厂(含水池、泵房及附属设施)和供水管道(含加压站、闸井)的建设与维修工程。

4. 城市排水工程。

5. 城市供热工程　包括热源、管道及其附属设施(含储备场站)的建设与维修工程，不包括采暖工程。

6. 城市燃气工程　包括气源、管道及其附属设施(含调压站、混气站、气化站、压缩天然气站、汽车加气站)的建设与维修工程，但不包括长输管线工程。

7. 城市地下交通工程　包括地下铁道工程、地下过街通道、地下停车场的建设与维修工程。

8. 城市公共广场工程　包括城市公共广场、地面停车场、人行广场和体育场的建设与维修工程。

9. 生活垃圾处理工程　包括城市垃圾填埋场、焚烧厂及其附属设施的建设与维修工程。

10. 交通安全设施工程　包括城市交通工程中的隔离、防撞设施、隔音、消音设施的建设与维修工程。根据行业意见，将此部分与土建工程分开单列。

11. 机电设备安装工程　指市政公用工程的场(厂)站的机电系统，含机械设备(施)、电器、自控等系统的建设与维修工程。根据行业意见，与其专业场(厂)站土建工程分开单列。

12. 轻轨交通工程　考虑到轻轨交通工程的线下工程与城市桥梁工程类似，有别于地下铁道工程，根据行业意见单列。

13. 园林绿化工程　按照住房和城乡建设部城市建设司意见，将楼房、古建筑列入建筑工程专业范围，将园林绿化工程纳入市政公用工程专业。

2.2　《市政公用工程注册建造师执业工程规模标准》

2.2.1　市政公用工程规模标准

市政公用工程专业二级注册建造师可以担任单项工程合同额3 000万元(交通安全防护工程＜500万、机电设备安装工程＜1 000万、庭院工程＜1 000万、绿化工程＜500万)以下的市政工程项目的项目负责人，执业的工程范围却与一级注册建造师完全相同。

2.2.2 工程规模标准界定原则

一、建造师的分级管理

按照施工企业资质管理规定,依据工程量、工程结构划分,工程规模一般分为大型、中型、小型。

二、工程规模分级管理

《关于建造师专业划分有关问题的通知》(建市〔2003〕86 号)文中明确了"大、中型工程项目施工的项目经理必须由取得建造师注册证书的人员担任"。根据行业意见,工程量采用单项工程合同额和结构形式划分,具体划分参照了施工企业资质管理的有关规定。当工程结构形式、施工难度不足以限定工程的规模时,必须以单项工程合同价来统一衡量。

2.3 《市政公用工程注册建造师签章文件目录》

2.3.1 注册建造师签章的法规规定

1. 担任建设工程施工项目负责人的注册建造师对其签署的工程管理文件承担相应责任。注册建造师签章完整的工程施工管理文件方为有效。

2. 注册建造师有权拒绝在不合格或者有弄虚作假内容的建设工程施工管理文件上签字并加盖执业印章。

3. 担任建设工程施工项目负责人的注册建造师在执业过程中,应当及时、独立完成建设工程施工管理文件签章,无正当理由不得拒绝在文件上签字并加盖执业印章。

4. 企业的自行规定。

5. 建设工程合同包含多个专业工程的,担任施工项目负责人的注册建造师,负责该工程施工管理文件签章。

6. 分包工程施工管理文件应当由分包企业注册建造师签章。分包企业签署质量合格的文件上,必须由担任总包项目负责人的注册建造师签章。

7. 修改注册建造师签字并加盖执业印章的工程施工管理文件,应当征得所在企业同意后,由注册建造师本人进行修改;注册建造师本人不能进行修改的,应当由企业指定同等资格条件的注册建造师修改,并由其签字并加盖执业印章。

8. 因续期注册、企业名称变更或印章污损遗失不能及时盖章的,经注册建造师聘用企业出具书面证明后,可先在规定文件上签字后补盖执业印章,完成签章手续。

2.3.2 市政公用工程注册建造师签章文件填写要求

1. 文件填写　工程名称应填写工程的全称,应与工程承包合同的工程名称一致。表格中"致××单位",应写该单位全称。

2. 签章应规范　表格中凡要求签章的,应签字并盖章。

【练一练】

一、单项选择题

(2008 年考点)某城市新建主干路长 1 km,面层为水泥混凝土。道路含一座三孔 4ϕ1 000 管涵。所经区域局部路段要砍伐树木,经过一处淤泥深 1.2 m 水塘,局部填方路基的原地面坡度达1∶4。路面浇捣混凝土时,已临近夏季,日均气温达 25℃。

根据场景,回答下列问题:

1. 在砍伐树木前,必须经(　　)部门批准,并按国家有关规定补植树木。

A. 该市环保行政主管　　B. 当地建设行政主管

C. 城市绿化行政主管　　D. 当地规划行政主管

2.《房屋建筑工程和市政基础设施工程竣工验收备案管理暂行办法》适用于(　　)竣工验收备案。(2010 年考点)

A. 城市道路改建工程　　B. 抢险救灾工程

C. 临时性房屋建设工程　　D. 农民自建低层住宅工程

二、案例分析题

1. (2009 年考点)某市政工程有限公司为贯彻执行好注册建造师规章制度,在公司内开展了一次注册建造师相关制度办法执行情况的专项检查。在检查中发现下述情况:

情况一:公司第一项目经理部承接一庭院工程,合同金额为 853 万元,其中有古建筑修缮分部工程。施工项目负责人持有二级市政公用工程注册建造师证书。

情况二:公司第二项目经理部负责人是二级市政公用工程注册建造师,承接的是轻轨交通工程,合同金额为 2 850 万元,其中轨道铺设工程分包给专业队伍。该项目已处于竣工验收阶段。在查阅分包企业签署的质量合格文件中,只查到了分包企业注册建造师的签章。

情况三:公司第三项目经理部承接的是雨污水管道工程。在查阅该工程施工组织设计报审表时,发现工程名称填写得不完整,监理单位的名称写成了口头用的简称,监理工程师审查意见栏只有"同意"两字,施工项目负责人栏只有签名。

问题:

(1) 指出第一项目经理部负责人执业范围的错误之处,并说明理由。

(2) 第二项目经理部负责人能承担该轻轨交通工程吗? 为什么要将轨道铺设工程分包出去?

(3) 指出并改正分包企业质量合格文件签署上的错误。

(4) 指出并改正施工组织设计报审表填写中的错误。

2. (2010 年考点)A 公司中标的某城市高架桥跨线工程,为 15 跨 25 m 预应力简支梁结构,桥面宽 22 m;采用 ϕ1 200 mm 钻孔灌注桩基础,埋置式承台,Y 型独立式立柱。工程工期 210 天,中标价 2 850 万元。经过成本预测分析,项目目标成本为 2 600 万元,其中管理成本(间接成本)占 10%。根据总体安排,组建了以二级注册建造师(市政公用工程专业)王某为项目负责人的管理班子。施工过程中发生如下事件:

事件一:编制目标成本时发现投标报价清单中灌注桩单价偏高,桥面沥青混凝土面层单价偏低。

事件二:工程开工两个月后,因资金不足,贷款 500 万元,共支付利息 30 万元。

事件三：某承台开挖基坑时发现文物，按上级有关部门要求停工 30 天，导致总工期拖延 10 天，未发生直接成本损失。

问题：王某担任本工程项目负责人符合建造师管理有关规定吗？说明理由。

3. (2010 年考点)某市政桥梁工程采用钻孔灌注桩基础；上部结构为预应力混凝土连续箱梁，采用钢管支架法施工。支架地基表层为 4.5 m 厚杂填土，地下水位位于地面以下 0.5 m。

主墩承台基坑平面尺寸为 10 m×6 m，挖深为 4.5 m，采用 9 m 长[20a 型钢做围护，设一道型钢支撑。

土方施工阶段，由于场地内堆置土方、施工便道行车及土方外运行驶造成的扬尘对附近居民产生严重影响，引起大量投诉。

箱梁混凝土浇筑后，支架出现沉降，最大达 5 cm，造成质量事故。经验算，钢管支架本身的刚度和强度满足要求。

问题：针对现场扬尘情况，应采取哪些防尘措施？

【答案】

一、1. C 2. A

二、1. (1) 第一项目经理部负责人超出了执业范围，因为古建筑属于建筑工程专业范围。 (2) 二级市政公用工程注册建造师可以承担 3 000 万元以下的轻轨交通工程，但不能承担轨道铺设工程，所以要将轨道铺设工程分包出去。 (3) 在分包企业签署的质量合格文件上，只有分包企业注册建造师的签章是不够的，必须有担任总项目负责人的注册建造师签章。 (4) 填写工程名称与工程承包合同的工程名称一致。工程监理单位的名称不能用口头上的简称，应写全称。监理工程师审查意见不能只写同意，必须用明确的定性文字写明基本情况和结论。在施工项目负责人栏不能只有签字，应同时盖上注册执业建造师的专用章。 2. 符合。本工程为中型工程，单跨长度<40 m，且单项合同款<3 000 万元，王某可以承担此项工程。 3. 现场采取覆盖措施，施工便道经常清扫并洒水，运输车辆加盖(密闭)，出口设洗车槽，对土方车进行清洗。

附录一

一级建造师市政公用工程管理与实务高频考点

市政工程管理与实务考试说明

Ⅰ. 单选题(20 题×1 分=20 分)

范围:技术部分(道、桥、管道;轨道交通、给排水;垃圾场、园林绿化)

对象:

(1) 概念(指……;作用是……)

(2) 分类(由……组成;划分为……;由……构成)

(3) 特点、特征(比较甲与乙)

(4) 技术要求(做法、标准:应……;不正确的是……)(含数字题 4～5 个)

考法:题干(　　):正确/错误说法

选项:A、B、C、D:是非题

做题思路:正选肯定选项;对有印象的知识点反选错误选项;对印象模糊的知识点(排除 2 个选项;比较 2 个选项)

答题形式:题单标注→填卡

要求 10～15 分

Ⅱ. 多选题(10 题×2 分=20 分)

范围:技术部分(道、桥、管道;轨道交通、给排水;垃圾场、园林绿化)

10 题=8 技术+1 管理+1 法规

对象:

(1) 分类(由……组成;划分为……;由……构成)

(2) 特点、特征(比较甲与乙)

(3) 技术要求(做法、标准:应……;不正确的是……)(一般无数字题)

考法:题干(　　):正确/错误说法

选项:A、B、C、D、E:是非题

做题思路:先选肯定选项:1～2 个以上;排除错误选项:1～2 个;对印象模糊的选项:比较后有把握——选择,比较后模糊——放弃。(舍得舍得,有舍才有得,千万不可冒着本题得零分的危险去“博彩”)

答题形式:题单标注→填卡

要求 10 分

Ⅲ. 案例题 (3 题×20 分+ 2 题×30 分=120 分)

一级建造师通过与否的决定性因素就是案例题回答的是不是到位,尤其是市政专业。由于市政专业涉及较多相关子专业,考生不可能对所有工程都熟悉得面面俱到,这两年超出考试大纲的题目越来越多,那么对于市政专业考试的考生来说每一年都会有考试大纲涉及不到而且平时也练习不到的考点,对于这些我们平时根本没有看到过的内容,回答案例时怎样才能得到相应的分数呢?

纵观最近几年的考试案例真题,一些考试的命题趋势在悄然发生着变化。例如在 2004 年的案例题目里第五题,答案比较明显的就是让考生回答“四不放过”;2012 年的第二题这个“四不放过”的考点又出来了,但是这次的“四不放过”已经不单单是考“四不放过”的原文了,考核的是考生对“四不放过”与案例背景的结合了。这样的考点还有很多,比如考核综合单价的调整这一知识点,考生只要回答出 2008 版本的清单，“已有的按照已有；没有已有的参照相似；可能既无已有又没有相似的，施工单位提出，建设单位认可”。但是在2012年的考试中，考生如果这样回答分数连一半也不能拿到，所以考试需要提升案例的分析能力，也就是必须结合案例，哪个是已有的，哪个是类似的，哪一个又是施工单位提出并由建设单位认可的，还有相关的措施费调整，以后的考试也会和2012年一样，不可能再让考生按知识照清单原文回答，在原文回答以后还必须要把本案例中增加的措施费写出来，减少的措施费也要列出来。

不过也不能因为案例题这种考试模式而恐惧，不管怎么说，回答案例还是有一定的技巧和办法的。

就案例题而言，在日常的复习过程中，应该做好如下准备：

如何进行公共课的学习？公共课的内容相对于专业课而言要简单得多，每年4过3的人比比皆是，但是由于案例题把握不好，往往会出现4-1-4-1屡败屡战的现象。其实对于三门公共课，考生不必当作考试的负担，而是应该作为提高案例题知识储备的机会，因为目前的市政考试在案例题的出题方向上正在逐步走入全线出击、全面开花的轨道，也就是渐渐地开始考核经济、法规和管理相关内容。

就项目管理课程而言，对于第一章内容可以作为本课程的内容学习，为了项目管理这门课程而学，虽然分数很高，但是与实务课关联不大。第二章的成本控制需要细细学习，虽然在项目管理科目里这个章节分数也就在17～18分的样子，但是在其他专业的实务案例中却往往会出现“赢得值法”，以前在市政的案例中还没有出现过，但是随着考点的被挖掘，真的很难说是否会在市政的案例中出现这个考点。还有就是“连环置换法”，本身这就是本教材的重要考点，也是对案例有帮助的考点。第三章就不用细说了，双代号网络图、单代号网络图、双代号时标网络图，必须熟练地在最短的时间内找出关键线路，计算出总工期，并且可以计算出每一个工作的总时差。第四章的质量管理本来是项目管理的重点章节，每年考试会占到25分左右，并且里面有很多的点适合出案例题，首先我们要把项目管理和实务之中都有的知识点串联起来，这些点就是案例题最重要的考点，比如验收和不合格处理，这个点在法规上也是重要的考点，这些三门课都提到的考点更为重要。第五章主要是安全的知识，我们主要是看法规教材与项目管理教材重叠的那些考点，去年考过“四不放过”，就纯粹是项目管理教材的内容，包括安全事故与质量事故划分、等级、上报程序等，这些点虽然在实务的教材上没有，可是却是作为一个项目经理必须具备的技能。第六章的合同管理同样也应和法规的合同管理结合起来学习，并且还要借鉴近些年建筑实务的真题，市政以前考核合同主要是集中在索赔，下一步可能也会开始考核总分包的管理知识。

相对于项目管理而言，法规对实务来说作用略小一些，但是法规第三章有关招投标的知识必须学透，去年没有考核招投标，今年可能性很大，法规课程中招投标的讲述比较仔细，也很系统，如果学得比较透彻，那么在案例里面考核这个知识点就不会丢分。第四章合同管理中的建设工程合同与项目管理中的联系起来学习，还要注意一点就是施工合同示范文本与法规的区别，在考试中要看清要求的是哪些，适合于采取什么措施。环境保护文明施工这个章节在法规课程以及项目管理课程中的位置一般，但是在实务中的分值却在逐年加重，可能是由于国家对于环境重视的原因，而市政又是在室外施工，对环境的污染程度会相对于其他专业高一点，所以不管是法规还是项目管理，有关环保这个点需要重视，只为了实务案例服务。法规中安全与质量的知识介绍和项目管理中的侧重点不完全一样，质量比项目管理的教材写得好很多，主要是材料的检验、见证、验收、保修等，全是案例的考点。比如建筑工程这些年的真题，几乎都会有这些考点，安全主要介绍的是保护和事故之后的处理。综合比较，这两年市政的安全考点似乎已经开始远离了其他专业，这就是有的考点在回归，有的考点在远离。比如其他专业的实务考试，安全的考点主要是考核手续、事故等级、事故处理、上报等，但是市政在近两年比较喜欢考那些和工程结合紧密的点，如2001年的坑探、基坑漏水堵漏、基坑周边的围挡等。还有在相当大一部分知识点上看到法规管理和实务不一样的地方，在平时一定要搞明白。例如专项方案和专家论证这个考点，在法规和管理中是一样的，它们沿用的标准是建设工程安全管理条例，而2011版的实务教材开始沿用的标准是危险性较大的分部分项工程安全管理办法，如果单从考试真题来看，2009年的考题依据还是建设工程安全管理条例，不过新的管理办法更细化一些。

工程经济前两章知识属于经济本身的考点，但是第三章可以说这两年以来是实务考试越来越重要的考点，不管是2011年的调价，还是2012年的综合单价确定或者措施费的调整，都是出自2008清单规范，在学习这个章节时一定要把教材上的各个点学透，不能只是为应付工程经济考试本身。

一级建造师的案例主要考核点在管理，在市政专业上也有一大部分的技术，这也是市政通过率比其他专业低的原因，并且从近几年开始，市政案例题又出现了新的变数，就是将管理与技术紧密地结合在一起。我们还是以 2012 年案例第二题为例，关于措施费问题，有很多的考生知道按照 2008 清单规范回答，但是仅按照规范回答，那么考生只能得到很低的分数，考生还要回答出来增加哪几项措施费(模板、脚手架)和减少的措施费(吊装)。还有 2012 年的第四题，关于顶管，大家都知道索赔工期和机械费，但是由于在题目中不说清楚，那么考生还是要结合背景回答，工期如何索赔(超过总时差索赔成立，没有超过总时差索赔不成立)，机械费索赔同样要说清楚(租赁或者是自有)。包括最后一道所有考生都再熟悉不过的冬季施工，也和以前考试不一样，案例背景就是不说明白是什么路，让考生去猜，所以这时就不能想当然，最好回答出两种答案(如果是水泥混凝土面层应该如何施工，如果是沥青混凝土面层该如何施工)。

目前考案例就像是在考语文能力，有的时候考生知道是这么回事，但就是没有办法叙述清楚。这就要在平时多加训练，把一句话尽量说得完善，既通俗易懂又要具有高度概括性。

还有一点就是我们经常听到有关培训老师和考试通过的达人们会传授考生经验，那就是一定要多写，要把考试的四个小时全部利用，考卷上不要空着。这个道理大家都懂，估计每一个经过认真学习的考生都希望自己可以是全考场最后一个交卷，一直不停地写，直到考试结束铃声响起来。但关键的是，我们写什么呢？考生写的最起码是挨上边的、靠谱的答案。因为找不到这些可以写上去、大致靠谱的答案，不少考生没有办法，大都提前 1～1.5 小时就交卷了。那么平时需要储备哪些知识点(所谓好词好句)以便在考场上发挥呢？

首先需要记住各专业课中那些比较容易朗朗上口的文字和别人总结的知识点，然后横向、纵向地串联起来。比如在学习措施费时，有人总结成一个口诀："二环夜临大水，支架已安稳(文)。"这也就是 11 项费用(①环境保护费；②文明施工费；③安全施工费；④临时设施费；⑤夜间施工费；⑥材料二次搬运费；⑦大型机械设备进出场费及安拆费；⑧混凝土、钢筋混凝土、模板及支架费；⑨脚手架费；⑩已完工程保护费；⑪施工排水、降水费)中的一个关键句。记住了这 11 项措施费，那么再遇到补充写施工方案的时候就有得写了。考生可以在想不出考查哪个案例背景中哪个专业的施工方案时，可以写这些比较通用的，即环境保护措施、文明施工措施、安全施工措施、夜间施工措施。材料二次搬运属于现场平面布置，大型机械设备进出场费及安拆费可以广义的理解为施工机械的选择优化。混凝土模板支架以及脚手架算是施工方法，排降水属于技术组织措施，可以想到季节性施工(雨季、冬季、高温施工)。这样就可以把一个工程的施工方案基本上补充完整了。

项目管理主要包括三控制三管理一协调：成本控制、进度控制和质量控制以及安全管理、合同管理、信息管理，这些都是编制施工组织设计的要点，在写到有关施工组织时，对于那些常规的点写完以后要想再发挥就只能在这些方面下工夫。另外施工组织设计是施工方案的展开，施工组织比施工方案多一些宏观的东西，主要写那些布置、组织、措施预案等，而技术交底又是施工方案的细化，是对具体工序的安排，对于非常规的工序要有作业指导书。对于这一系统近些年出题也比较多，而一个工程也是先从施工组织到施工方案再到交底，所以在这些点多做一点储备是很有必要的。

类似的还有很多，比如用人、机、料、法、环来分析有关质量事故，安全的"五定"和"六关"，成本的两对比两考核，质量控制的 PDCA，以及现场管理的五牌一图等。

有了知识储备，还有就是要注意学习的方法。

1. 方法。上面说的看书多少遍，不是看过一遍算数，反正就是记忆、忘记、记忆再反复，一般一个知识点要能背 3 次，写 3 遍，因为也许你背的时候没有问题，但是写的时候发现还是有偏差的。要在不断学习的过程中不断完善。我们不认同什么"N 问"，或是某人总结的"多少句话"，不是这些东西不好，这些东西可以参考，但是一定要成为自己的东西，拿来主义没有自己总结来得牢靠，同时这样把知识点按照书上的目录串联下来，考试时就能明确问题是哪一章的，用哪个知识点回答。

2. 思考。说到底，建造师考试其实就是应试考试，现场施工经验是不可或缺的，但最重要的还是要吃透教材和历届真题。教材是根本，如果你回答得天花乱坠，但和书上写的不一样，白费。因为考试批卷子的人不一定都有大市政工程所有子专业的施工经验，他们中的有些人也是被临时召集到电脑房对着"标答"判分，所以要有点小学生的精神就好，书上咋写我就咋回答。还有，一般市面上流行的"考点"实际上在考试时常常不出现，为什么呢？出题老师在规避这些。当然也有一些不能规避的，比如双代号网络图和安全部分，任何时候都是重点，所以大家不要迷信那些东西，要全面复习，全是重点。还有今年要特别注意第一章和第三章可能出案例知识点记忆，因为我们发现近年的案例问答，一般一共有 22～23 问，其中有 5～6 问都是第一章和第三章的知识点，另外大概还有 7～8 问是书上第二章案例的原题(数据变化和提问方式不一样而已)，剩下的都是第二章例题前面的知识点，都得看，历届真题要吃透，重视真题就是得到真金。当然，一般不会再简单化地重复考，要学会举一反三。

3. 补习班。对于工作很忙的同志，参加补习班很有必要，培训机构的经验还是很丰富的，只是前期不要过滤太多，按照都可能考试出题的想法看书，补习班可能告诉你一条捷径，但路还是要自己走。

出题型式：

(1) 项目工程背景：道、桥、管道；地铁、给排水水池——部位、结构、条件

(2) 项目行为背景：做法(某项目部……)

(3) 问题：4 个或 6 个小题(对应项目行为背景)

范围：技术部分[道、桥、管道；轨道交通(车站)、给排水(水池结构)；垃圾场、园林绿化]中的技术要求 1 个小题(重点掌握道路、桥梁、管道)

管理部分(质量、进度、安全；成本、合同、现场、施组；投标、造价、资料)

一般为 3 个或 5 个小题

对象：

(1) 做法正确与否？原因；正确做法；后果？

(2) 做法是否全面？补充内容。

(3) 做法是否恰当？进行调整(关于行为人、时间、方式、程序顺序……)。

(4) 针对出现的问题提出(措施、需做的工作)。

(5) 直接回答(原则、要求、规定、程序)。

做题思路与答题形式：按顺序；写编号；题单草拟要点；题纸答题(框线以内)。

——先看问题对应找背景；对照考试用书中的知识点要求。

——先答是非判断；再答说明部分。

——要求：一问一答，有问必答；写出关键词；本知识点要求答全。

要求 75 分

A. 高频考点

精讲：把握基本知识点(要有一定的覆盖度，应看 2 遍以上)

习题：测试检验程度(要求＞100 分)

1K410000　市政公用工程技术

1K411000　城镇道路工程

1K411010　城镇道路工程结构与材料——全选择题

1K411011　掌握城镇道路分类与分级

一、城镇道路分类

分类方法：

按地位——快速路、主干路、次干路及支路。

按对交通运输作用——全市性道路、区域性道路、环路、放射路、过境道路等。

按运输性质——公交专用道路、货运道路、客货运道路等。

按环境——中心区道路、工业区道路、仓库区道路等。

以地位、交通功能、服务功能——快速路、主干路、次干路与支路。

快速路——交通功能，大容量、长距离、快速交通的主要道路。

主干路——交通功能为主，道路网的主要骨架。

次干路——区域性的交通干道，交通集散服务，兼有服务功能。

支路——解决局部地区交通，以服务功能为主。

二、城镇道路分级

除快速路外，根据城市规模、设计交通量、地形等分为Ⅰ、Ⅱ、Ⅲ级。

不同级别的设计速度是不同的。

三、城镇道路路面分类

（一）按结构强度分类

1. 高级路面——适用于城市快速路、主干路（水泥混凝土 30 年，沥青混凝土 15 年）。

2. 次高级路面——城市次干路、支路（沥青贯入式碎石、沥青表面处治）。

（二）按力学特性分类

1. 柔性路面——荷载作用下弯沉变形较大、抗弯强度小，它的破坏取决于极限垂直应变和弯拉应变，代表是各种沥青类路面。

2. 刚性路面——板体作用，抗弯拉强度大，弯沉变形很小，它的破坏取决于极限弯拉强度，代表是水泥混凝土路面。

1K411012　掌握沥青路面结构组成特点

一、结构组成

（一）基本原则

对路面材料的强度、刚度和稳定性的要求也随深度的增加而逐渐降低。

基层的结构类型可分为柔性基层、半刚性基层；在半刚性基层上铺筑面层时，城市主干路、快速路应适当加厚面层或采取其他措施以减轻反射裂缝。

（二）路基与填料

1. 路基断面形式

(1) 路堤——路基顶面高于原地面的填方路基。

(2) 路堑——全部由地面开挖出的路基（又分重路堑、半路堑、半山峒三种形式）。

(3) 半填、半挖——横断面一侧为挖方，另一侧为填方的路基。

2. 路基填料

(1) 高液限黏土、高液限粉土及含有机质细粒土，不适用做路基填料。

(2) 岩石或填石路基顶面应铺设整平层。整平层可采用未筛分碎石和石屑或低剂量水泥稳定粒料。

（三）基层与材料

1. 基层是路面结构中的承重层，主要承受车辆荷载的竖向力。

2. 应根据道路交通等级和路基抗冲刷能力来选择基层材料。

3. 常用的基层材料

(1) 无机结合料稳定粒料——包括水泥、石灰、二灰稳定土类基层等（带稳定字样的）（各种路面基层）

(2) 嵌锁型和级配型材料——如泥灰结碎石、级配碎石路面（嵌锁型次干道以下，级配碎石各级路面）

（四）面层与材料

高等级沥青路面面层可划分为磨耗层、面层上层、面层下层，或称之为上（表）面层、中面层、下（底）面层。

二、沥青路面面层类型

1. 热拌沥青混合料（HMA）——含 SMA（沥青玛琋脂碎石混合料）和 OGFC（大空隙开级配排水式沥青磨耗层）等。

2. 冷拌沥青混合料——可用于沥青路面的坑槽冷补。

3. 温拌沥青混合料面层——在 120～130℃时拌和。

4. 沥青贯入式——次干路以下路面层，厚度不宜超过 100 mm。

5. 沥青表面处治面层——主要起防水层、磨耗层、防滑层或改善碎（砾）石路面的作用。

三、结构层与性能要求

1. 路基（性能指标）——整体稳定性、变形量控制。

2. 基层——（作用：承重，水稳定性）（指标：足够承载力及刚度、抗冲刷变形，坚实、平整、稳定性好。不透水性好）。

3. 面层——直接同行车和大气相接触的层位，承受行车荷载引起的竖向力、水平力和冲击力的作用。

路面适用指标：承载能力、平整度、温度稳定性、抗滑能力、不透水性、噪声量。

1K411013　掌握水泥混凝土路面构造特点

一、构造特点

(一) 垫层(改善温度和湿度条件)

季节性冰冻地区——防冻垫层(砂、砂砾材料);水文地质条件不良、湿度较大——排水垫层(砂、砂砾材料);不均匀沉降或变形——半刚性垫层(低剂量水泥、石灰等无机结合稳定粒料或土类材料)。

垫层的宽度应与路基宽度相同,最小厚度为150 mm。

(二) 基层——根据道路交通等级和路基抗冲刷能力来选择基层材料

特重交通——贫混凝土、碾压混凝土或沥青混凝土;重交通——水泥稳定粒料或沥青稳定碎石;中、轻交通——水泥或石灰粉煤灰稳定粒料或级配粒料。

基层的宽度——比面层最少宽出300 mm(小型机具施工时)或500 mm(轨模或摊铺机施工时)或650 mm(滑模或摊铺机施工时)。

(三) 面层

分普通(素)混凝土板、钢筋混凝土板、连续配筋混凝土板、预应力混凝土板,我国多采用普通(素)混凝土板。

具有足够的强度、耐久性(抗冻性),表面抗滑、耐磨、平整。

纵向接缝是根据路面宽度和施工铺筑宽度设置的。铺筑宽度小于路面宽度时,应设置带拉杆的平缝。一次铺筑宽度大于4.5 m时,应设置带拉杆的假缝形式的纵向缩缝。

横向接缝:横向施工缝尽可能选在缩缝或胀缝处。前者采用加传力杆的平缝形式。

胀缝设置:除夏季施工的板,且板厚大于等于200 mm时可不设胀缝外,其他季节施工时均应设胀缝。胀缝间距一般为100～200 m。横向缩缝为假缝时,可等间距或变间距布置,一般不设传力杆。

抗滑构造——采用刻槽、压槽、拉槽或拉毛等方法形成一定的构造深度。

二、主要原材料选择

1. 水泥——快速路、主干路应采用道路硅酸盐水泥或硅酸盐水泥、普通硅酸盐水泥;出厂期超过三个月或受潮的水泥,必须经过试验,合格后方可使用。

2. 粗骨料——最大公称粒径,碎砾石不得大于26.5 mm;碎石不得大于31. 5 mm;砾石不宜大于19.0 mm;钢纤维混凝土粗骨料最大粒径不宜大于19.0 mm。

3. 砂——海砂不得直接用于混凝土面层。

4. 外加剂。

5. 钢筋——具有生产厂的牌号、炉号,检验报告和合格证,并经复试(含见证取样)合格。

6. 胀缝板——厚20 mm,经防腐处理。

7. 填缝材料——用树脂类、橡胶类、聚氯乙烯胶泥类、改性沥青类填缝材料,宜加入耐老化剂。

1K411014　熟悉沥青混合料组成与材料

一、沥青混合料组成

(一) 材料组成

沥青混合料是一种复合材料,主要由沥青、粗骨料、细骨料、矿粉组成,有的还加入聚合物和木纤维素拌和而成的混合料的总称。

(二) 基本分类

按材料组成及结构——连续级配、间断级配混合料。

矿料级配组成——密级配、半开级配、开级配混合料。

<table>
<tr><td colspan="3">密级配</td><td colspan="2">开级配</td><td>半开级配</td></tr>
<tr><td colspan="2">连续级配</td><td>间断级配</td><td colspan="2">间断级配</td><td rowspan="2">沥青碎石</td></tr>
<tr><td>沥青混凝土</td><td>沥青稳定碎石</td><td>沥青玛瑅脂碎石</td><td>排水式沥青磨耗层</td><td>排水式沥青碎石基层</td></tr>
</table>

按公称最大粒径——特粗式(公称最大粒径大于31.5 mm)、粗粒式(公称最大粒径等于或大于26.5 mm)、中粒式(公称最大粒径16 mm或19 mm)、细粒式(公称最大粒径9.5 mm或13.2 mm)、砂粒式

(公称最大粒径小于 9.5 mm)沥青混合料。

按生产工艺——热拌沥青混合料、冷拌沥青混合料、再生沥青混合料等。

(三) 结构类型

嵌挤原则构成和按密实级配原则构成的两大结构类型。

嵌挤原则构成以矿质颗粒之间的嵌挤力和内摩阻力为主、沥青结合料的粘结作用为辅而构成的,受温度影响小。

密实级配原则构成沥青与矿料之间的粘结力为主,矿质颗粒间的嵌挤力和内摩阻力为辅而构成的,受温度影响大。

结构组成(三种形式——密度 ρ、空隙率 W、矿料间隙率 VMA 不同)

1. 密实—悬浮结构:较大的黏聚力 c,但内摩擦角 φ 较小,高温稳定性较差。代表:AC 沥青混凝土。

2. 骨架—空隙结构:内摩擦角 φ 较高,但黏聚力 c 较低。沥青碎石混合料(AM)和 OGFC 排水沥青混合料。

3. 骨架—密实结构:内摩擦角 φ 较高,黏聚力 c 也较高。沥青玛琋脂混合料(简称 SMA)。

二、主要材料与性能

(一) 沥青——城镇道路面层宜优先采用 A 级沥青,不宜使用煤沥青。

1. 粘结性——抵抗变形的能力即沥青的黏度。

2. 感温性——黏度随温度变化的感应性。表征指标是软化点、针入度指数(PI)。

3. 耐久性——老化后沥青的质量变化、残留针入度比、残留延度(10℃或 5℃)等。

4. 塑性——外力作用下发生变形而不被破坏的能力,即反映沥青抵抗开裂的能力。改为 10℃延度或 15℃延度。在冬季低温或高、低温差大的地区,要求采用低温延度大的沥青。

安全性——闪点。

(二) 粗骨料

城市快速路、主干道路表面层粗骨料压碎值不大于 26%,对沥青的黏附性应大于或等于 4 级。

(三) 细骨料

沥青混合料中天然砂用量不宜超过骨料总量的 20%,SMA、OGFC 不宜使用天然砂。

(四) 矿粉

城市快速路、主干道的沥青路面不宜采用粉煤灰作填料。

(五) 纤维稳定剂

不宜使用石棉纤维。250℃高温条件下不变质。

三、热拌沥青混合料主要类型

1. 普通沥青混合料 AC——城市次干道、辅路或人行道等。

2. 改性沥青混合料—— 较高的高温抗车辙的能力、低温抗开裂的能力、耐磨耗能力和延长使用寿命。城市主干道和城镇快速路。

3. 改性(沥青)SMA——采用改性沥青,材料配比采用 SMA 结构形式。高温抗车辙的能力、低温抗开裂和水稳定性好、快速路、主干路。

1K411015 了解沥青路面材料的再生应用

一、再生目的与意义

(一) 再生机理

旧沥青路面材料的再生,关键在于沥青的再生。

(二) 再生效益

二、再生剂技术要求与选择

(一) 再生剂作用

调节过高的黏度并使脆硬的旧沥青混合料软化,便于充分分散和新料均匀混合。

(二) 技术要求

具备适当的黏度;良好的流变性质;具有溶解分散沥青质的能力;具有较高的表面张力;耐热化和耐候性。

三、再生材料生产与应用

1. 再生沥青混合料配合比设计可采用普通热拌沥青混合料的设计方法——马歇尔试验方法。

2. 再生剂选择与用量的确定应考虑旧沥青的黏度、再生沥青的黏度、再生剂的黏度等因素。

3. 再生沥青混合料性能试验指标有:空隙率、矿料间隙率、饱和度、马歇尔稳定度、流值等。

4. 再生沥青混合料的检测项目有:车辙试验动稳定度、残留马歇尔稳定度、冻融劈裂抗拉强度比等。

1K411020 城镇道路路基施工

1K411021 掌握城镇道路路基施工技术

本条介绍了城市道路路基工程施工的特点、施工程序、施工要求及质量检验的要点。

一、路基施工特点与程序

(一) 施工特点

城市道路路基工程包括路基(路床)本身及有关的土(石)方、沿线的涵洞、挡土墙、路肩、边坡、排水管线等项目。

路基施工以机械作业为主,人工配合为辅;采用流水或分段平行作业方式。

(二) 基本流程

1. 准备工作

(1) 按照交通导行方案设置围挡,导行临时交通。

(2) 开工前,施工项目技术负责人应依据获准的施工方案向施工人员进行技术安全交底。

(3) 施工控制桩放线测量,建立测量控制网。

2. 附属构筑物

涵洞(管)等构筑物可与路基(土方)同时进行,地下管线施工必须遵循"先地下,后地上"、"先深后浅"的原则。

3. 路基(土、石方)施工

开挖路堑、填筑路堤,整平路基、压实路基、修整路床、修建防护工程等。

二、路基施工要点(案例题知识点)

(一) 填土路基

1. 路基填土不得使用腐殖土、生活垃圾土、淤泥、冻土块或盐渍土。粒径超过 100 mm 的土块应打碎。

2. 应妥善处理坟坑、井穴,并分层填实至原基面高。

3. 地面坡度陡于 1∶5 时,需修成台阶形式,每层台阶高度不宜大于 300 mm,宽度不应小于 1.0 m。

5. 碾压前检查铺筑土层的宽度与厚度,最后碾压应采用不小于 12 t 级的压路机。

6. 填方高度内的管涵顶面填土 500 mm 以上才能用压路机碾压。

(二) 挖土路基

3. 挖方段不得超挖,应留有碾压而到设计标高的压实量。

4. 压路机不小于 12 t 级,碾压应自路两边向路中心进行,直至表面无明显轮迹为止。

5. 碾压时,应视土的干湿程度而采取洒水或换土、晾晒等措施。

6. 过街雨水支管沟槽及检查井周围应用石灰土或石灰粉煤灰砂砾填实。

(三) 石方路基

三、质量检查与验收

主控项目——压实度和弯沉值;一般项目——路基允许偏差和边坡等要求。

1K411022 掌握城镇道路路基压实作业要点(案例题知识点)

处理好压实机具、压实方法与压实厚度三者之间的关系,达到所要求的压实度。

一、路基材料与填筑

(一) 材料要求

填料的强度(CBR)值应符合设计要求。

(二) 填筑

填土应分层进行,填土宽度应比设计宽度宽 500 mm。使填料含水量接近最佳含水量范围之内。

二、路基压实施工要点

（一）试验段

试验目的主要有：

(1) 以便确定路基预沉量值。

(2) 合理选用压实机具；选用机具考虑因素有道路不同等级、工程量大小、施工条件和工期要求等。

(3) 按压实度要求，确定压实遍数。

(4) 确定路基宽度内每层虚铺厚度。

(5) 根据土的类型、湿度、设备及场地条件，选择压实方式。

（二）管道回填与压实

管顶以上 500 mm 范围内不得使用压路机。覆土厚度不大于 500 mm 对管道结构进行加固，覆土厚度在 500～800 mm 采取保护或加固措施。

（三）路基压实

土质路基压实原则："先轻后重，先静后振，先低后高，先慢后快，轮迹重叠。"压路机最快速度不宜超过 4 km/h。碾压应从路基边缘向中央进行。小型夯机：夯击面积重叠 1/4～1/3。

三、土质路基压实质量检查——主要检查各层压实度和弯沉值

1K411023　熟悉岩土分类与不良土质处理方法

一、工程用土分类

（一）工程用土分类

分类指标——土颗粒组成及其特征、土塑性指标、土中有机质

（二）按照土的坚实系数分类——五类（松软土、普通土、坚土、砂砾坚土、软石）

二、土的性能参数

（一）土的工程性质

（二）路用工程（土）主要性能参数

含水量 W；天然密度 ρ；孔隙比 e；塑限 W_p；塑性指数 I_p；液性指数 I_L；孔隙率。

三、不良土质路基处理方法

软土——天然含水量较高、孔隙比大、透水性差、压缩性高、强度低等特点。常用的处理方法可采取置换土、抛石挤淤、砂垫层置换、反压护道、砂桩、粉喷桩、塑料排水板及土工织物等处理措施。

湿陷性黄土——土质较均匀、结构疏松、孔隙发育，在一定压力下受水浸湿，土结构会迅速破坏。处理采取换土法、强夯法、挤密法、预浸法、化学加固法等方法。

膨胀土——具有吸水膨胀性或失水收缩特性的高液限黏土。具有较大的塑性指数。采取的措施包括用灰土桩、水泥桩；开挖换填、堆载预压。其胀缩特性可使路基发生变形、位移、开裂、隆起等严重的破坏。

冻土——增加路基总高度；选用不发生冻胀的路面结构层材料；隔温性能好的材料；防冻层厚度。采用调整结构层的厚度或采用隔温性能好的材料等措施来满足防冻胀要求。多孔矿渣是较好的隔温材料。防冻层厚度（包括路面结构层）应不低于标准的规定。

1K411024　了解水对城镇道路路基的危害

一、地下水分类与水土作用

（一）地下水分类

液态水有吸着水、薄膜水、毛细水和重力水，其中毛细水可在毛细作用下逆重力方向上升一定高度，在 0℃以下毛细水仍能移动、积聚，发生冻胀。

根据地下水的埋藏条件又可将地下水分为上层滞水、潜水、承压水。

二、地下水和地表水的控制

（一）路基排水

分为地面和地下两类——各种管渠、地下排水构筑物。路基各种病害和变形的产生，都与地表水和地下水的浸湿和冲刷等破坏作用有关。

（二）路基隔（截）水——路基疏干可采用土工织物、塑料板等材料或超载预压法稳定处理。

三、危害控制措施

1. 过街支管与检查井周接合部应采取密封措施。

2. 管道与检查井、收水井周围回填压实要达到设计要求和规范相关规定。

1K411030　城镇道路基层施工

1K411031　掌握不同无机结合料稳定基层特性

一、无机结合料稳定基层——基层的材料与施工质量是影响路面使用性能和使用寿命的最关键因素。

二、常用的基层材料

(一) 石灰稳定土类基层

石灰稳定土有良好的板体性，但其水稳性、抗冻性以及早期强度不如水泥稳定土。温度低于5℃强度几乎不增长。石灰稳定土的干缩和温缩特性十分明显，且都会导致裂缝。

严格禁止用于高等级路面的基层，只能用作高级路面的底基层。

(二) 水泥稳定土基层

水泥稳定土有良好的板体性，其水稳性和抗冻性都比石灰稳定土好。容易干缩，低温时会冷缩，而导致裂缝。水泥土(水泥稳定细粒土)只用作高级路面的底基层。

(三) 石灰工业废渣稳定土基层。二灰稳定土(石灰粉煤灰稳定土)

二灰稳定土有良好的力学性能、板体性、水稳性和一定的抗冻性，其抗冻性能比石灰土高很多。

二灰稳定土也具有明显的收缩特性，但小于水泥土和石灰土。

禁止用于高等级路面的基层，而只能做底基层。二灰稳定土温度低于4℃强度几乎不增长，二灰中的粉煤灰用量越多，早期强度越低，3个月龄期的强度增长幅度也越大。

二灰稳定粒料可用于高等级路面的基层与底基层。

1K411032　掌握城镇道路基层施工技术(案例题知识点)

一、石灰稳定土基层与水泥稳定土基层

(一) 材料与拌和

2. 城区施工应采用厂拌(异地集中拌和)方式，不得使用路拌方式。

5. 宜用强制式拌和机进行拌和，拌和应均匀。

(二) 运输与摊铺

2. 运输中应采取防止水分蒸发和防扬尘措施。

3. 宜在春末和气温较高季节施工，施工最低气温为5℃。

5. 雨期施工应防止石灰、水泥和混合料淋雨；降雨时应停止施工，已摊铺的应尽快碾压密实。

(三) 压实与养护

1. 压实系数应经试验确定。

2. 摊铺好的稳定土应当天碾压成活。碾压时的含水量宜在最佳含水量的±2%范围内。

3. 由两侧向中心碾压；超高曲线段内侧向外侧碾压。

5. 压实成活后应立即洒水(或覆盖)养护。保持湿润，直至上部结构施工为止。

6. 稳定土养护期应封闭交通。

二、石灰工业废渣(石灰粉煤灰)稳定砂砾(碎石)基层(也可称二灰混合料)

(一) 材料与拌和

4. 拌和时应先将石灰、粉煤灰拌和均匀，再加入砂砾(碎石)和水均匀拌和。

5. 混合料含水量宜略大于最佳含水量。

(二) 运输与摊铺

2. 应在春末和夏季组织施工，施工期的日最低气温应在5℃以上，并应在第一次重冰冻(－3～－5℃)到来之前1～1.5个月完成。

(三) 压实与养护

1. 混合料施工时由摊铺时根据试验确定的松铺系数控制虚铺厚度，混合料每层最大压实厚度为200 mm，且不宜小于100 mm。

3. 禁止用薄层贴补的方法进行找平。

4. 湿养，也可采用沥青乳化液和沥青下封层进行养护，养护期为7～14 d。

三、级配砂砾(碎石)、级配砾石(碎砾石)基层

(一) 材料与拌和

(二) 运输与摊铺

2. 宜采用机械摊铺且厂拌级配碎石，级配砂砾应摊铺均匀一致，发生粗、细骨料离析("梅花"、"砂窝")现象时，应及时翻拌均匀。

(三) 压实与养护

2. 控制碾压速度，碾压至轮迹不大于5 mm，表面平整、坚实。

3. 可采用沥青乳化液和沥青下封层进行养护。

1K411033　了解土工合成材料的应用

一、土工合成材料

(一) 分类

(二) 功能与作用

具有加筋、防护、过滤、排水、隔离等功能。

二、工程应用

(一) 路堤加筋——以提高路堤的稳定性。宜选择强度高、变形小、糙度大的土工格栅。土工合成材料应具有足够的抗拉强度，且应具有较高的撕破强度、顶破强度和握持强度等性能。

(二) 台背路基填土加筋——为了减少路基与构造物之间的不均匀沉降，加筋台背适宜的高度为5.0～10.0 m。加筋材料宜选用土工网或土工格栅。

(三) 路面裂缝防治——减少或延缓由旧路面对沥青加铺层的反射裂缝。

玻纤网和土工织物应分别满足抗拉强度、最大负荷延伸率、网孔尺寸、单位面积质量等技术要求。

玻纤网网孔尺寸宜为其上铺筑的沥青面层材料最大粒径的0.5～1.0倍。土工织物应能耐170℃以上的高温。

施工要点：旧路面清洁与整平，土工合成材料张拉，搭接和固定，洒布粘层油，按设计或规范规定铺筑新沥青面层。

为防止新建道路的半刚性基层养护期的收缩开裂，应将土工合成材料置于半刚性基层与下封层之间。

(四) 路基防护

(五) 过滤与排水层

1K411040　城镇道路面层施工

1K411041　掌握沥青混合料面层施工技术(案例题知识点)

一、施工准备

(一) 透层与粘层

基层表面喷洒透层油(液体沥青、乳化沥青做透层油)。

双层式或多层式热拌热铺沥青混合料面层之间应喷洒粘层油。或在水泥混凝土路面、沥青稳定碎石基层、旧沥青路面上加铺沥青混合料时，应在既有结构、路缘石和检查井等构筑物与沥青混合料层连接面喷洒粘层油。

沥青混合料面层不得在雨、雪天气及环境最高温度低于5℃时施工。

(二) 运输与布料

沥青混合料上宜用篷布覆盖保温、防雨和防污染。不符合施工温度要求或结团成块、已遭雨淋现象不得使用。摊铺机前应有足够的运料车等候；对高等级道路，宜在5辆以上。

运料车应在摊铺机前100～300 mm外空挡等候，避免撞击摊铺机。

二、摊铺作业

(一) 机械施工

1. 热拌沥青混合料应采用履带式或轮胎式沥青摊铺机。

2. 1台摊铺机的铺筑宽度不宜超过6(双车道)～7.5 m(三车道以上)，通常采用2台或多台摊铺机前后错开10～20 m呈梯队方式同步摊铺，两幅之间应有30～60 mm左右宽度的搭接。应避开车道轮迹带。

3. 预热熨平板使其不低于100℃。

4. 缓慢、均匀、连续不间断地摊铺，摊铺速度宜控制在2～6 m/min范围内。

5. 摊铺机应采用自动找平方式。下面层宜采用钢丝绳引导的高程控制方式。上面层宜采用平衡梁或滑靴并辅以厚度控制方式摊铺。

6. 热拌沥青混合料的最低摊铺温度根据铺筑层厚度、气温、风速及下卧层表面温度。

7. 沥青混合料的松铺系数应根据试铺试压确定。

三、压实成型与接缝

(一) 压实成型

1. 压实分初压、复压、终压，压实层最大厚度不宜大于100 mm。

3. 压路机的碾压温度应根据沥青和沥青混合料种类、压路机、气温、层厚等因素经试压确定。

4. 初压宜采用钢轮压路机静压1～2遍。碾压时应将压路机的驱动轮面向摊铺机。

5. 密级配沥青混合料(AC)复压采用重型轮胎压路机。对粗骨料为主(SMA、OGMC)的混合料，采用振动压路机复压。层厚较大时宜采用低频大振幅，厚度较薄时宜采用高频低振幅。

6. 终压应选用双轮钢筒式压路机或关闭振动的振动压路机，碾压不宜少于2遍，至无明显轮迹为止。

8. 压路机不得在未碾压成型路段上转向、掉头、加水或停留。

(二) 接缝

1. 上、下层的纵缝应错开150 mm(热接缝)或300～400 mm(冷接缝)以上。相邻两幅及上、下层的横向接缝均应错位1 m以上。

3. 高等级道路的表面层横向接缝应采用垂直的平接缝，以下各层和其他等级道路的各层可采用斜接缝。

四、开放交通

自然降温至表面温度低于50℃后，方可开放交通。

IK411042　掌握改性沥青混合料面层施工技术

一、生产和运输

(一) 生产

通常宜较普通沥青混合料的生产温度提高10～20℃。

改性沥青混合料宜采用间歇式拌和设备生产，具有添加纤维等外掺料的装置。

改性沥青混合料的拌和时间应适当延长。

贮存过程中混合料温降不得大于10℃，改性沥青贮存时间不宜超过24 h；改性沥青SMA混合料只限当天使用；OGFC混合料宜随拌随用。

二、施工

(一) 摊铺

宜使用履带式摊铺机。摊铺温度不低于160℃。

改性沥青混合料的摊铺速度宜放慢至1～3 m/min。

(二) 压实与成型

初压开始温度不低于150℃，碾压终了的表面温度应不低于90℃。

宜用振动压路机和钢筒式压路机碾压，不宜采用轮胎压路机碾压。

振动压路机应遵循“紧跟、慢压、高频、低幅”的原则，不得采用轮胎压路机碾压，以防沥青混合料被搓擦挤压上浮，造成构造深度降低或泛油。

(三) 接缝

应在当天改性沥青混合料路面施工完成后，在其冷却之前垂直切割端部不平整及厚度不符合要求的部分(先用3 m直尺进行检查)，并冲净、干燥，第二天涂刷粘层油，再铺新料。

1K411043　掌握水泥混凝土路面施工技术

一、混凝土配合比设计、搅拌和运输

(一) 混凝土配合比设计

混凝土的配合比设计在兼顾技术经济性的同时应满足抗弯强度、工作性、耐久性三项指标要求。

高温施工时，混凝土拌合物的初凝时间不得小于 3 h，低温施工时，终凝时间不得大于 10 h。

根据水灰比计算确定单位水泥用量，并取计算值与满足耐久性要求的最小单位水泥用量中的大值。

（二）搅拌

1. 搅拌设备应优先选用间歇式拌和设备。

（三）运输

1. 混凝土拌合物从搅拌机出料到运输、铺筑完成的允许最长时间应符合规定。

二、混凝土面板施工

（一）模板

1. 宜使用钢模板，每 1 m 设置 1 处支撑装置；木模板直线部分板厚不宜小于 50 mm，每 0.8～1 m 设 1 处支撑装置；弯道部分板厚宜为 15～30 mm，每 0.5～0.8 m 设 1 处支撑装置。

模板应安装稳固、顺直、平整，无扭曲。

（二）钢筋设置

（三）摊铺与振动

1. 三辊轴机组铺筑混凝土面层；当面层铺装厚度小于 150 mm 时，可采用振捣梁。

2. 采用轨道摊铺机铺筑最小摊铺宽度不宜小于 3.75 m，并选择适宜的摊铺机宜控制在 20～40 mm，当面板厚度超过 150 mm，坍落度小于 30 mm 时，必须插入振捣。

3. 采用人工摊铺混凝土——分两次摊铺时，上层混凝土的摊铺应在下层混凝土初凝前进行，且下层厚度宜为总厚的 3/5。

（四）接缝

1. 胀缝——设置胀缝补强钢筋支架、胀缝板和传力杆。缝中不得连浆。缝上部灌填缝料，下部胀缝板和安装传力杆。胀缝间距符合设计要求，缝宽宜为 20 mm，与结构衔接处、道路交叉口和填挖变化处应设置胀缝。

2. 传力杆的固定安装方法有两种。一种是端头木模固定传力杆安装方法，宜用于混凝土板不连续浇筑时设置的胀缝；另一种是支架固定传力杆安装方法，宜用于混凝土板连续浇筑时设置的胀缝。

3. 横向缩缝采用切缝机施工，切缝方式有全部硬切缝、软硬结合切缝和全部软切缝三种。昼夜温差确定切缝方式。如温差＜10℃，最长时间不得超过 24 h，硬切缝 1/4～1/5 板厚。温差 10～15℃时，软硬结合切缝，软切深度不应小于 60 mm；不足者应硬切补深到 1/3 板厚。温差＞15℃时，宜全部软切缝，抗压强度等级为 1～1.5 MPa，人可行走。软切缝不宜超过 6 h。对已插入拉杆的纵向假缩缝，切缝深度不应小于 1/3～1/4 板厚，最浅切缝深度不应小于 70 mm，纵横缩缝宜同时切缝（缩缝应垂直板面宽度 4～6 mm，切缝深度，设传力杆时不小于板厚的三分之一且不小于 70 mm，不设传力杆时不小于板厚的四分之一且不小于 60 mm，机切缝时宜在混凝土强度达到设计强度的 25%～30%时进行。切缝原则：宁早勿晚，宁深勿浅）。

4. 缝料灌注深度宜为 15～20 mm，热天施工时缝料宜与板面平，冷天缝料应填为凹液面，中心宜低于板面 1～2 mm。

（五）养护

采取喷洒养护剂或保湿覆盖等方式；在雨天覆盖洒水湿养护方式，不宜使用围水养护；昼夜温差大于 10℃以上的地区或日均温度低于 5℃施工的混凝土板应采用保温养护措施。

养护时间不宜小于设计弯拉强度的 80%，一般宜为 14～21 d。

（六）开放交通

在混凝土达到设计弯拉强度 40%以后，可允许行人通过。混凝土完全达到设计弯拉强度后，方可开放交通。

1K411044 熟悉城镇道路大修维护技术要点

一、微表处工艺

（一）工艺适用条件

1. 原路面的强度满足设计要求，路面基本无损坏，经微表处大修后可恢复面层的使用功能。

3. 微表处大修工程施工基本要求如下：

（1）对原有路面病害进行处理、刨平或补缝，使其符合设计要求。

(2) 宽度大于 5 mm 的裂缝进行灌浆处理。

(3) 路面局部破损处进行挖补处理。

(4) 深度 15～40 mm 的车辙可采取填充处理，壅包应进行铣刨处理。

(二) 施工流程与要求

2. 可采用半幅施工，施工期间不断交通。

5. 不需碾压成型，摊铺找平后必须立即进行初期养护，禁止一切车辆和行人通行。

6. 通常，气温 25～30℃时养护 30 min 满足设计要求后，即可开放交通。

7. 微表处施工前应安排试验段，长度不小于 200 m。

二、旧路加铺沥青混合料面层工艺

(一) 旧沥青路面作为基层加铺沥青混合料面层

(二) 旧水泥混凝土路作为基层加铺沥青混合料面层——对旧水泥混凝土路作弯沉试验

三、加铺沥青面层技术要点

(一) 面层水平变形反射裂缝预防措施

2. 在沥青混凝土加铺层与旧水泥混凝土路面之间设置应力消减层(采用土工织物)，具有延缓和抑制反射裂缝产生的效果。

(二) 面层垂直变形破坏预防措施——使用沥青密封膏处理旧水泥混凝土板缝。

(三) 基底处理要求——基底处理方法有两种：一种是换填基底材料，另一种是注浆填充脱空部位的空洞。

1K412000　城市桥梁工程

1K412010　城市桥梁工程结构与材料

1K412011　掌握城市桥梁结构组成与类型(选择题)

一、桥梁基本组成与常用术语

(一) 桥梁的定义

(二) 桥梁的基本组成

1. 桥跨结构：跨越障碍的主要承载结构，也叫上部结构。

2. 桥墩和桥台(通称墩台)：支承桥跨结构并将恒载和车辆等活载传至地基的构筑物，也叫下部结构。

3. 支座：在桥跨结构与桥墩或桥台的支承处所设置的传力装置。

4. 锥形护坡：在路堤与桥台衔接处设置，能保证迎水部分路堤边坡稳定。

(三) 相关常用术语

1. 净跨径：墩台净距，拱脚截面最低点间水平距离；2. 总跨径：净跨径之和；3. 计算跨径：两个支座中心之间的距离，拱脚截面形心点间的水平距离；4. 拱轴线：拱圈各截面形心点的连线；5. 桥梁全长：两桥台或八字墙后端点之间的距离；6. 桥梁高度：桥面到低水位；7. 桥下净空高度：设计洪水位到桥跨结构最下缘之距离；8. 建筑高度：桥面或轨顶标高到桥跨结构最下缘之距离；9. 容许建筑高度：桥面或轨顶标高对通航净空顶部标高之差；10. 涵洞：多孔跨径的全长不到 8 m 和单孔跨径不到 5 m 的泄水结构物，均称为涵洞。

二、桥梁的主要类型

(一) 按受力特点分

1. 梁式桥——竖向荷载作用下无水平反力的结构。梁内产生的弯矩最大。

2. 拱式桥——竖向荷载作用下，桥墩或桥台将承受水平推力，承重结构以受压为主。

3. 刚架桥——梁和柱的连接处具有很大的刚性，在竖向荷载作用下，梁部主要受弯，而在柱脚处也具有水平反力，其受力状态介于梁桥和拱桥之间。

4. 悬索桥——悬索为主要承重结构，自重轻，刚度差，有较大的变形和振动。

5. 组合体系桥——斜拉桥也是组合体系桥的一种。

(二) 其他分类方式

1. 按用途划分；2. 按桥梁全长和跨径的不同分；3. 按主要承重结构所用的材料分；4. 按跨越障碍的性质分；5. 按上部结构的行车道位置分。

1K412012　掌握不同形式挡土墙的结构特点

一、常见挡土墙的结构形式及特点

重力式:依靠墙体自重抵挡土压力作用。

衡重式:利用衡重台上填土的下压作用和全墙重心的后移增加墙体稳定。

钢筋混凝土悬臂式:由立壁、墙趾板、墙踵板三部分组成。

钢筋混凝土扶壁式:沿墙长,隔相当距离加筑肋板(扶壁)。

锚杆式:靠锚杆固定在岩体内拉住肋板。

加筋土:填土、拉筋、面板三者结合体,柔性结构,抗震性能好。

二、挡土墙结构受力(静止、主动、被动是对于土体来说)

三种土压力中,主动土压力最小;静止土压力其次;被动土压力最大,位移也最大。

1K412013　掌握钢筋混凝土施工技术(案例知识点)

一、钢筋施工

钢筋施工包括钢筋加工、钢筋连接、钢筋骨架和钢筋网的组成与安装等内容。

(一) 一般规定

2. 钢筋应按不同钢种、等级、牌号、规格及生产厂家分批验收,确认合格后方可使用。

4. 钢筋的级别、种类和直径应按设计要求采用。当需要代换时,应由原设计单位作变更设计。

5. 预制构件的吊环必须采用未经冷拉的 HPB230 热轧光圆钢筋制作,不得以其他钢筋替代。

6. 在浇筑混凝土之前应对钢筋进行隐蔽工程验收,确认符合设计要求。

(二) 钢筋加工

1. 钢筋弯制前应先调直。钢筋宜优先选用机械方法调直。

5. 钢筋宜在常温状态下弯制,不宜加热。钢筋宜从中部开始逐步向两端弯制。

(三) 钢筋连接

1. 热轧钢筋接头

(1) 钢筋接头宜采用焊接接头或机械连接接头。焊接接头应优先选择闪光对焊。

(4) 当普通混凝土中钢筋直径等于或小于 22 mm 时,可采用绑扎连接。受拉构件中的主钢筋不得采用绑扎连接。

2. 钢筋接头设置

(2) 钢筋接头应设在受力较小区段,不宜位于构件的最大弯矩处。

(4) 接头末端至钢筋弯起点的距离不得小于钢筋直径的 10 倍。

(5) 施工中钢筋受力分不清受拉、受压的,按受拉处理。

(6) 钢筋接头部位横向净距不得小于钢筋直径,且不得小于 25 mm。

(四) 钢筋骨架和钢筋网的组成与安装

3. 钢筋现场绑扎规定

(5) 绑扎接头搭接长度范围内的箍筋间距:当钢筋受拉时应小于 5 d,且不得大于 100 mm;当钢筋受压时应小于 10 d,且不得大于 200 mm。

4. 钢筋的混凝土保护层厚度

(1) 普通钢筋和预应力直线形钢筋的最小混凝土保护层厚度不得小于钢筋公称直径,后张法构件预应力直线形钢筋不得小于其管道直径的 1/2。

(4) 应在钢筋与模板之间设置垫块,确保钢筋的混凝土保护层厚度。垫块应与钢筋绑扎牢固、错开布置。

二、混凝土施工

混凝土的施工包括原材料的计量,混凝土的搅拌、运输、浇筑和混凝土养护等内容。

(一) 原材料计量

各种计量器具应按计量法的规定定期检定,保持计量准确。

骨料的含水率的检测,每一工作班不应少于一次。

(二) 混凝土搅拌、运输和浇筑

从开始搅拌起,至开始卸料时止,延续搅拌的最短时间——搅拌机类型、搅拌机容量、坍落度。

混凝土拌合物的坍落度应在搅拌地点和浇筑地点分别随机取样检测。每一工作班或每一单元结构物不应少于两次。评定时应以浇筑地点的测值为准。

2. 混凝土运输

(3) 出现分层、离析现象，则应对混凝土拌合物进行二次快速搅拌。

(6) 严禁在运输过程中向混凝土拌合物中加水。

(7) 采用泵送混凝土时，间歇时间不宜超过 15 min。

3. 混凝土浇筑

(1) 浇筑前的检查

检查模板、支架的承载力、刚度、稳定性，检查钢筋及预埋件的位置、规格，原混凝土面上浇筑新混凝土时，相接面应凿毛，并清洗干净，表面湿润但不得有积水。

(2) 混凝土浇筑——对于大方量混凝土浇筑，应事先制定浇筑方案。

② 混凝土运输、浇筑及间歇的全部时间不应超过混凝土的初凝时间。同一施工段的混凝土应连续浇筑，并应在底层混凝土初凝之前将上一层混凝土浇筑完毕。

③ 采用振捣器振捣混凝土时，每一振点的振捣延续时间，应以使混凝土表面呈现浮浆、不出现气泡和不再沉落为准。

(三) 混凝土养护

2. 洒水养护的时间，采用硅酸盐水泥、普通硅酸盐水泥或矿渣硅酸盐水泥的混凝土，不得少于 7 d。掺用缓凝型外加剂或有抗渗等要求以及高强度混凝土，不得少于 14 d。

3. 当气温低于 5℃时，应采取保温措施，不得对混凝土洒水养护。

三、模板、支架和拱架

(一) 模板、支架和拱架的设计与验算

1. 模板、支架和拱架应结构简单、制造与装拆方便，应具有足够的承载能力、刚度和稳定性。

3. 设计模板、支架和拱架时应按表 1K412013-2 进行荷载组合。(理解记忆)

梁板和拱的底模及支承板、拱架、支架等：计算强度用①＋②＋③＋④＋⑦；验算刚度用①＋②＋⑦（①②③④⑦都是竖向荷载，③④临时荷载）

表中：①模板、拱架和支架自重；②新浇筑混凝土、钢筋混凝土或圬工、砌体的自重力；③施工人员及施工材料机具等行走运输或堆放的荷载；④振捣混凝土时的荷载；⑤新浇筑混凝土对侧面模板的压力；⑥倾倒混凝土时产生的荷载；⑦其他可能产生的荷载，如风雪荷载、冬季保温设施荷载等。

4. 验算模板、支架和拱架的抗倾覆稳定系数均不得小于 1.3。

5. 验算模板、支架和拱架的刚度时，其变形值不得超过下列规定：

(1) 结构表面外露的模板挠度为模板构件跨度的 1/400。

(2) 结构表面隐蔽的模板挠度为模板构件跨度的 1/250。

(3) 拱架和支架受载后挠曲的杆件，其弹性挠度为相应结构跨度的 1/400。

(4) 钢模板的面板变形值为 1.5 mm。

6. 模板、支架和拱架的设计中应设施工预拱度。施工预拱度应考虑下列因素：

(1) 设计文件规定的结构预拱度；(2) 支架和拱架承受全部施工荷载引起的弹性变形；(3) 受载后由于杆件接头处的挤压和卸落设备压缩而产生的非弹性变形；(4) 支架、拱架基础受载后的沉降。

(二) 模板、支架和拱架的制作与安装

2. 支架立柱必须落在有足够承载力的地基上，立柱底端必须放置垫板或混凝土垫块。支架地基严禁被水浸泡，冬期施工必须采取防止冻胀的措施。

5. 支架或拱架不得与施工脚手架、便桥相连。

10. 模板工程及支撑体系满足下列条件的，还应进行危险性较大分部分项工程安全专项施工方案专家论证。

(1) 工具式模板工程：包括滑模、爬模、飞模工程。

(2) 混凝土模板支撑工程：搭设高度 8 m 及以上，搭设跨度 18 m 及以上。

(3) 承重支撑体系：用于钢结构安装等满堂支撑体系，承受单点集中荷载 700 kg 以上。

（三）模板、支架和拱架的拆除

1. 模板、支架和拱架拆除应符合下列规定：

（1）非承重侧模应在混凝土强度能保证结构棱角不损坏时方可拆除，混凝土强度宜为 2.5 MPa 及以上。

（2）芯模和预留孔道内模应在混凝土抗压强度能保证结构表面不发生塌陷和裂缝时方可拔出。

3. 模板、支架和拱架拆除应遵循先支后拆、后支先拆的原则。在横向应同时卸落，在纵向应对称均衡卸落。

4. 预应力混凝土结构的侧模应在预应力张拉前拆除；底模应在结构建立预应力后拆除。

1K412014　掌握预应力混凝土施工技术（案例题知识点）

一、预应力混凝土配制与浇筑

（一）配制

1. 预应力混凝土应优先采用硅酸盐水泥、普通硅酸盐水泥，不宜使用矿渣硅酸盐水泥，不得使用火山灰质硅酸盐水泥及粉煤灰硅酸盐水泥。

2. 混凝土中的水泥用量不宜大于 550 kg/m^3。

3. 混凝土中严禁使用含氯化物的外加剂及引气剂或引气型减水剂。

4. 从各种材料引入混凝土中的氯离子总含量（折合氯化物含量）不宜超过水泥用量的 0.06%。超过 0.06%时，宜采取掺加阻锈剂、增加保护层厚度、提高混凝土密实度等防锈措施。

（二）浇筑

1. 浇筑混凝土时，对预应力筋锚固区及钢筋密集部位，应加强振捣。

2. 对先张构件应避免振动器碰撞预应力筋，对后张构件应避免振动器碰撞预应力筋的管道。

二、预应力张拉施工

（一）基本规定

2. 预应力筋采用应力控制方法张拉时，应以伸长值进行校核。实际伸长值与理论伸长值的差值应控制在 6%以内。（（理论－实际）/理论≤6%）

3. 预应力张拉时，应先调整到初应力（σ_0），该初应力宜为张拉控制应力（σ_{con}）的 10%～15%，伸长值应从初应力时开始量测。

（二）先张法预应力施工

施工程序：

制作张拉台座及底模—钢筋制安—预应力制安及张拉—模板安装——浇筑混凝土—混凝土养护—放张。

张拉台座应具有足够的强度和刚度，其抗倾覆安全系数不得小于 1.5，抗滑移安全系数不得小于 1.3。张拉横梁应有足够的刚度，受力后的最大挠度不得大于 2 mm。

严禁使用电弧焊对梁体钢筋及模板进行切割及焊接。

3. 同时张拉多根预应力筋时，各根预应力筋的初始应力应一致。

4. 张拉程序：钢丝、钢绞线——0→初应力→1.05σ_{con}（持荷 2 min）→0→σ_{con}（锚固）。

钢筋——0→初应力→1.05σ_{con}→0.9σ_{con}→σ_{con}（锚固）

5. 张拉过程中，预应力筋的断丝、断筋数量不得超过规定。钢筋不容许断，钢丝钢绞线断丝不得超过 1%。

6. 放张预应力筋时混凝土强度不得低于强度设计值的 75%。应分阶段、对称、交错地放张。放张前，应将限制位移的模板拆除。

（三）后张法预应力施工

施工程序：

底模制作—钢筋制安—预应力孔道—外模—混凝土浇筑—混凝土养护—预应力安装—张拉—压浆—封锚

1. 预应力管道安装应符合下列要求：

（1）管道应采用定位钢筋牢固地定位于设计位置。

(3) 管道应留压浆孔与溢浆孔；曲线孔道的波峰部位应留排气孔；在最低部位宜留排水孔。

(4) 管道安装就位后应立即通孔检查。

(5) 附近焊接作业时，必须对管道采取保护措施。

2. 预应力筋安装应符合下列要求：

(1) 先穿束后浇筑混凝土时应定时抽动、转动预应力筋。

(2) 后穿束时，浇筑后应立即疏通管道，确保其畅通。

(3) 混凝土采用蒸汽养护时，养护期内不得装入预应力筋。

(4) 穿束后至孔道灌浆完成应有防锈措施。

(5) 在预应力筋附近进行电焊时，应对预应力筋采取保护措施。

3. 预应力筋张拉应符合下列要求：

(1) 混凝土强度应符合设计要求，设计未要求时，不得低于强度设计值的 75%。

(2) 曲线预应力筋或长度大于等于 25 m 的直线预应力筋，宜在两端张拉；长度小于 25 m 的直线预应力筋，可在一端张拉。当同一截面中有多束一端张拉的预应力筋时，张拉端宜均匀交错地设置在结构的两端。

(4) 采取分批、分阶段对称张拉。宜先中间，后上、下或两侧。

(6) 张拉过程中预应力筋断丝、滑丝、断筋的数量不得超过规定。钢筋不容许断，钢丝钢绞线断丝总数不得超过 1%，且每束钢丝钢绞线断丝不能超过 1 丝(根)。

张拉控制应力达到稳定后方可锚固。锚具应用封端混凝土保护。

4. 孔道压浆

孔道压浆宜采用水泥浆。水泥浆的强度设计无要求时不得低于 30 MPa。

每一工作班应留取不少于 3 组砂浆试块，标养 28 d，以其抗压强度作为水泥浆质量的评定依据。

压浆过程中及压浆后 48 h 内，结构混凝土的温度不得低于 5℃，否则应采取保温措施。当白天气温高于 35℃时，压浆宜在夜间进行。

封锚混凝土的强度等级不宜低于结构混凝土强度等级的 80%，且不低于 30 MPa。

吊移预制构件设计未要求时，应不低于水泥浆设计强度的 75%。

1K412015　熟悉预应力材料的技术要求(案例题知识点)

一、后张预应力材料

(一) 后张预应力筋

1. 后张预应力筋主要有钢丝、钢绞线和精轧螺纹钢筋等。每批钢丝、钢绞线、钢筋应由同一牌号、同一规格、同一生产工艺的产品组成。

4. 预应力筋进场时，应对其质量证明文件、包装、标志和规格进行检验(三证：产品合格证、质量保证书、检验报告)。

(1) 钢丝——每批重量不得大于 60 t，从每批钢丝中先抽查 5%，且不少于 5 盘。

抽查形状、尺寸和表面质量检查，检查不合格，则将该批钢丝全数检查。

从检查合格的钢丝中抽查 5%且不少于 3 盘，在每盘钢丝的两端取样进行抗拉强度、弯曲和伸长率试验。

试验结果有一项不合格则该盘钢丝报废，取双倍数量的试样进行该不合格项的复验。如仍有一项不合格，则该批钢丝为不合格。

(2) 钢绞线——从每批钢绞线中任取 3 盘，并从每盘所选端部截取试样检验。

(3) 精轧螺纹钢筋——对其表面质量逐根进行外观检查，合格后在每批中任选 2 根截取试样进行拉伸试验。

5. 存放的仓库应干燥、防潮、通风良好、无腐蚀性气体和介质。存放在室外时不得直接堆放在地面上，必须垫高、覆盖、防腐蚀、防雨露，时间不宜超过 6 个月。

6. 预应力筋的制作

(1) 预应力筋下料长度应通过计算确定，计算时应考虑结构的孔道长度或台座长度、锚夹具长度、千斤顶长度、焊接接头或镦头预留量、冷拉伸长值、弹性回缩值、张拉伸长值和外露长度等因素。

(2) 预应力筋宜使用砂轮锯或切断机切断，不得采用电弧切割。

（3）预应力筋采用镦头锚固时，高强钢丝宜采用液压冷镦；冷拔低碳钢丝可采用冷冲镦粗；钢筋宜采用电热镦粗。

7. 预应力筋安装时应注意：

（1）预应力筋可在混凝土浇筑之前穿束，也可在浇筑之后穿束。

（2）采取防锈或防腐措施，防止溅上焊渣或造成损坏。

（二）管道

1. 后张工程可由钢管抽芯、胶管抽芯或金属伸缩套管抽芯预留孔道。

3. 金属螺旋管的检验

（1）金属螺旋管道进场时，应检查出厂合格证和质量保证书（三证），外观、尺寸、集中荷载下的径向刚度、荷载作用后的抗渗及抗弯曲渗漏等进行检验。

（2）累计半年产量或 50 000 m 生产量为一批。

4. 管道的其他要求

平滑钢管或高密度聚乙烯管，其管壁厚不得小于 2 mm。

（2）管道的内横截面积至少应是预应力筋净截面积的 2.0～2.5 倍。

（3）抽芯法的抽芯时间应由试验确定，以混凝土抗压强度达到 0.4～0.8 MPa 为宜。

（5）预留孔道用的管道应采用定位钢筋固定安装，定位钢筋的间距，对于钢管不宜大于 1 m，波纹管不宜大于 0.8 m，胶管不宜大于 0.5 m。曲线管道适当加密固定筋。

（7）管道需设压浆孔，还应在最高点处设排气孔，需要时在最低点设排水孔。

（8）管道在模板内安装就位后，应盖好其端部，防止水或其他杂物进入。

（10）预应力筋和金属管道在室外存放时，时间不宜超过 6 个月。

二、锚具和连接器

预应力锚具、夹具和连接器应在仓库内配套保管。

（一）基本要求

1. 后张预应力锚具和连接器按照锚固方式不同，可分为夹片式（单孔和多孔夹片锚具）、支承式（镦头锚具、螺母锚具）、锥塞式（钢制锥形锚具）和握裹式（挤压锚具、压花锚具等）。

4. 锚具应满足分级张拉、补张拉和放松预应力的要求。

（二）验收规定

1. 锚具、夹具及连接器进场验收时，应按出厂合格证和质量证明书，进行外观检查、硬度检验和静载锚固性能试验。

2. 锚具、夹片应以不超过 1 000 套为一个验收批。连接器的每个验收批不宜超过 500 套。

3. 静载锚固性能试验：对大桥、特大桥等重要工程，由国家或省级质量技术监督部门授权的专业质量检测机构进行静载锚固性能试验。

三、张拉后预应力筋与锚具的保护

预应力筋锚固后的外露长度不宜小于 30 mm，锚具应用封端混凝土保护。预应力筋张拉后，孔道应尽早压浆。

1K412016　熟悉混凝土强度及配比要求（选择题）

一、混凝土的抗压强度——方差已知统计方法、方差未知统计方法以及非统计方法三种。

二、混凝土原材料

三、混凝土配合比设计步骤

（一）初步配合比设计阶段，水灰比计算方法，水量、砂率查表方法以及砂石材料计算方法等确定。

（二）试验室配合比设计阶段，根据施工条件、材料质量的可能波动调整配合比。

（三）基准配合比设计阶段，根据强度验证原理和密度修正方法确定。

（四）施工配合比设计阶段，根据实测砂石含水率进行配合比调整。

1K412020　城市桥梁下部结构施工

1K412021　掌握桩基础施工方法与设备选择

城市桥梁工程常用的桩基础通常可分为沉入桩基础和灌注桩基础，按成桩施工方法又可分为沉入桩、钻孔灌注桩、人工挖孔桩。

一、沉入桩基础

(一) 准备工作

1. 沉桩前应掌握工程地质钻探资料、水文资料和打桩资料。

4. 对地质复杂的大桥、特大桥，为检验桩的承载能力和确定沉桩工艺应进行试桩。

5. 贯入度应通过试桩或做沉桩试验后会同监理及设计单位研究确定。

(二) 施工技术要点

1. 预制桩的接桩可采用焊接、法兰连接或机械连接。

2. 沉桩时桩锤、桩帽或送桩帽应和桩身在同一中心线上；桩身垂直度偏差不得超过0.5%。

3. 沉桩顺序：对于密集桩群，自中间向两个方向或四周对称施打；根据基础的设计标高，宜先深后浅；根据桩的规格，宜先大后小、先长后短。

5. 控制桩端设计标高为主，贯入度(每锤一次入土深度，mm/次)为辅。

(三) 沉桩方式及设备选择(选择题)

1. 锤击沉桩宜用于砂类土、黏性土。

2. 振动沉桩宜用于锤击沉桩效果较差的密实的黏性土、砾石、风化岩。

3. 在密实的砂土、碎石土、砂砾的土层中用锤击法、振动沉桩法，有困难时，可采用射水作为辅助手段进行沉桩施工。在黏性土中应慎用射水沉桩；在重要建筑物附近不宜采用射水沉桩。

4. 静力压桩宜用于软黏土、淤泥质土。

5. 钻孔埋桩宜用于黏土、砂土、碎石土，且河床覆土较厚的情况。

二、钻孔灌注桩基础

(二) 成孔方式与设备选择

依据成桩方式可分为泥浆护壁成孔、干作业成孔、护筒(沉管)灌注桩及爆破成孔。

泥浆护壁成孔桩设备：冲抓钻、冲击钻、旋挖钻、潜水钻。

干作业成孔桩设备：长螺旋钻孔、钻孔扩底、人工挖孔。

(三) 泥浆护壁

1. 泥浆

(1) 宜选用高塑性黏土或膨润土。

(2) 护筒内的泥浆面应高出地下水位1.0 m以上。

2. 正、反循环钻孔

钻孔达到设计深度，孔底沉渣厚度——端承型桩：不应大于100 mm；摩擦型桩：不应大于300 mm。

3. 冲击钻成孔——每钻进4～5 m应验孔一次。

(四) 干作业成孔

1. 长螺旋钻孔

钻机定位后应进行复检，钻头与桩位点偏差不得大于20 mm，开孔时下钻速度应缓慢；钻进过程中，不宜反转或提升钻杆。

2. 钻孔扩底

灌注混凝土时，第一次应灌到扩底部位的顶面，随即振捣密实；灌注桩顶以下5 m范围内混凝土时，应随灌注随振动，每次灌注高度不大于1.5 m。

3. 人工挖孔

挖孔桩截面一般为圆形，也有方形桩；孔径1 200～2 000 mm，最大可达3 500 mm；挖孔深度不宜超过25 m。

采用混凝土或钢筋混凝土支护孔壁技术，模板拆除应在混凝土强度大于2. 5 MPa后进行。

(五) 钢筋笼与灌注混凝土施工要点

吊放钢筋笼入孔时，不得碰撞孔壁，就位后应采取加固措施固定钢筋笼的位置。

灌注桩采用的水下灌注混凝土宜采用预拌混凝土，其骨料粒径不宜大于40 mm。

灌注桩各工序应连续施工，钢筋笼放入泥浆后4 h内必须浇筑混凝土。

桩顶混凝土浇筑完成后应高出设计标高 0.5～1 m，确保桩头浮浆层凿除后桩基面混凝土达到设计强度。

场地为浅水时宜采用筑岛法施工，高度应高出最高施工水位 0.5～1.0 m。

场地为深水或淤泥层较厚时，可采用固定式平台或浮式平台。

（六）水下混凝土灌注

2. 良好的和易性，混凝土坍落度宜为 180～220 mm。

3. 导管应符合下列要求：

（1）导管直径宜为 20～30 cm，节长宜为 2 m。

（2）导管试压的压力宜为孔底静水压力的 1.5 倍。

5. 开始灌注混凝土时，导管底部至孔底的距离宜为 300～500 mm；导管一次埋入混凝土灌注面以下不应少于 1.0 m；导管埋入混凝土深度宜为 2～6 m。

6. 灌注水下混凝土必须连续施工。

（七）暂停沉桩

在沉桩过程中，若遇到贯入度剧变，桩身突然发生倾斜、位移或有严重回弹，桩顶或桩身出现严重裂缝、破碎等情况时，应暂停沉桩，分析原因，采取措施。

（八）控制桩尖标高与贯入度的关系

1. 当桩尖标高达到设计标高，而贯入度较大时，应继续锤击，使贯入度接近控制贯入度。

2. 当贯入度已达到控制贯入度，而桩间标高未达设计标高时，继续锤击 100 mm 左右（或 30～50 击），如无异常变化，即可停止。

3. 若桩尖标高比设计值高得多，应与设计和监理单位研究决定。

1K412022　掌握墩台、盖梁施工技术

一、现浇混凝土墩台、盖梁

（一）重力式混凝土墩台施工

1. 墩台混凝土浇筑前应对基础混凝土顶面做凿毛处理。

2. 墩台混凝土宜水平分层浇筑，每层高度宜为 1.5～2 m。

3. 墩台混凝土分块浇筑时，接缝应与墩台截面尺寸较小的一边平行，邻层分块接缝应错开，接缝宜做成企口形。分块数量，墩台水平截面积在 200 m^2 内不得超过 2 块；在 300 m^2 内不得超过 3 块。每块面积不得小于 50 m^2。

（二）柱式墩台施工

1. 模板、支架除应满足强度、刚度外，稳定计算中应考虑风力影响。

2. 墩台柱与承台基础接触面应凿毛处理，清除钢筋污锈。墩台柱的混凝土宜一次连续浇筑完成。

3. 柱身高度内有系梁连接时，系梁应与柱同步浇筑。V 形墩柱混凝土应对称浇筑。

5. 墩柱滑模浇筑应选用低流动度或半干硬性的混凝土拌合料，分层分段对称浇筑。

6. 钢管混凝土墩柱应采用微膨胀混凝土，一次连续浇筑完成。

（三）在城镇交通繁华路段施工盖梁时，宜采用整体组装模板、快装组合支架；盖梁为悬臂梁时，混凝土浇筑应从悬臂端开始。

二、预制混凝土柱和盖梁安装

（一）预制柱安装

1. 杯口在安装前应校核长、宽、高，确认合格。杯口与预制件接触面均应凿毛处理。

2. 预制柱安装就位后应采用硬木楔或钢楔固定，并加斜撑保持柱体稳定。

3. 安装后应及时浇筑杯口混凝土，待杯口混凝土达到设计强度 75％后方可拆除斜撑。

（二）预制钢筋混凝土盖梁安装

1. 对接头混凝土面凿毛处理。

3. 接头混凝土达到设计强度后，方可卸除临时固定设施。

（三）重力式砌体墩台

2. 墩台砌体应采用坐浆法分层砌筑，竖缝均应错开，不得贯通。

3. 砌筑墩台镶面石应从曲线部分或角部开始。

4. 桥墩分水体镶面石的抗压强度不得低于 40 MPa。

1K412023　熟悉各类围堰施工要求

一、围堰施工的一般规定

(一) 围堰高度应高出施工期间可能出现的最高水位＋浪高＋(0.5～0.7)m。

二、各类围堰适用范围

各类围堰适用范围及适用条件:表 1K412023

三、土围堰施工要求

(一) 筑堰材料宜用黏性土、粉质黏土或砂质黏土。填土应自上游开始至下游合龙。

(三) 堰顶宽度可为 1～2 m。内坡脚与基坑的距离不得小于 1 m。

四、土袋围堰施工要求

(一) 袋中宜装不渗水的黏性土,围堰中心部分可填筑黏土及黏性土芯墙。

(二) 堆码土袋,应自上游开始至下游合龙。上下层和内外层的土袋均应相互错缝。

五、钢板桩围堰施工要求

(一) 有大漂石及坚硬岩石的河床不宜使用钢板桩围堰。施打时,必须备有导向设备。

(四) 施打前,应对钢板桩的锁口用止水材料捻缝,以防漏水。

(五) 施打顺序一般从上游向下游合龙。

(六) 钢板桩可用锤击、振动、射水等方法下沉,但在黏土中不宜使用射水下沉法。

六、钢筋混凝土板桩围堰施工要求

七、套箱围堰施工要求

八、双壁钢围堰施工要求

(一) 双壁钢围堰应作专门设计,其承载力、刚度、稳定性、锚锭系统及使用期等应满足施工要求。

(三) 双壁钢围堰各节、块拼焊时,应按预先安排的顺序对称进行。拼焊后应进行焊接质量检验及水密性试验。

(四) 钢围堰浮运定位时,应对浮运、就位和灌水着床时的稳定性进行验算。在浮运、下沉过程中,围堰露出水面的高度不应小于 1 m。

1K412030　城市桥梁上部结构施工

1K412031　掌握现浇预应力(钢筋)混凝土连续梁施工技术

一、支(模)架法

(一) 支架法现浇预应力混凝土连续梁

3. 各种支架和模板安装后,宜采取预压方法消除拼装间隙和地基沉降等非弹性变形。

4. 安装支架时,应根据梁体和支架的弹性、非弹性变形,设置预拱度。

6. 浇筑混凝土时应采取防止支架不均匀下沉的措施——分段浇筑。

(二) 移动模架上浇筑预应力混凝土连续梁

3. 浇筑分段工作缝,必须设在弯矩零点附近。(支点)

4. 箱梁内、外模板在滑动就位时,模板平面尺寸、高程、预拱度的误差必须控制在容许范围内。

5. 混凝土内预应力筋管道、钢筋、预埋件设置应符合规范规定和设计要求。

二、悬臂浇筑法

悬臂浇筑的主要设备是一对能行走的挂篮。绑扎钢筋、立模、浇筑混凝土、施加预应力都在其上进行。

(一) 挂篮设计与组装

1. 挂篮结构主要设计参数应符合下列规定:

挂篮质量与梁段混凝土的质量比值控制在 0.3～0.5,特殊情况下不得超过 0.7。

允许最大变形(包括吊带变形的总和)为 20 mm。

(二) 浇筑段落

(三) 悬浇顺序及要求

1. 在墩顶托架或膺架上浇筑 0 号段并实施墩梁临时固结。

2. 在 0 号块段上安装悬臂挂篮，向两侧依次对称分段浇筑主梁至合龙前段。

3. 在支架上浇筑边跨主梁合龙段。

4. 最后浇筑中跨合龙段形成连续梁体系。

悬臂浇筑混凝土时，宜从悬臂前端开始，最后与前段混凝土连接。

桥墩两侧梁段悬臂施工应对称、平衡。

（四）张拉及合龙

1. 预应力混凝土连续梁悬臂浇筑施工中，顶板、腹板纵向预应力筋的张拉顺序一般为上下、左右对称张拉，设计有要求时按设计要求施做。

2. 预应力混凝土连续梁合龙顺序一般是先边跨、后次跨、再中跨。

3. 连续梁（T 构）的合龙、体系转换和支座反力调整应符合下列规定：

（1）合龙段的长度宜为 2 m。

（3）合龙前应按设计规定，将两悬臂端合龙口予以临时连接，并将合龙跨一侧墩的临时锚固放松或改成活动支座。

（4）合龙前，在两端悬臂预加压重，并于浇筑混凝土过程中逐步拆除，以使悬臂端挠度保持稳定。

（5）合龙宜在一天中气温最低时进行。

（6）合龙段的混凝土强度宜提高一级，以尽早施加预应力。

（8）梁跨体系转换时，支座反力的调整应以高程控制为主，反力作为校核。

（五）高程控制

悬臂浇筑段前端底板和桥面标高的确定是连续梁施工的关键问题之一。

确定悬臂浇筑段前段标高时应考虑：1. 挂篮前端的垂直变形值；2. 预拱度设置；3. 施工中已浇段的实际标高；4. 温度影响。

1K412032　掌握装配式梁（板）施工技术

一、装配式梁（板）施工方案——施工方案编制前，应对施工现场条件和拟定运输路线社会交通进行充分调研和评估。

（二）预制和吊装方案

1. 应按照设计要求，并结合现场条件确定梁板预制和吊运方案（专项方案）。

3. 起重机架梁法、跨墩龙门吊架梁法和穿巷式架桥机架梁法。

二、技术要求

（一）对预制构件与支承结构

1. 安装构件前必须检查构件外形及其预埋件尺寸和位置。

2. 混凝土的强度不应低于设计要求的吊装强度，一般不应低于设计强度的 75%。孔道水泥浆的强度一般不低于 30 MPa。吊装前应验收合格。

3. 支承结构（墩台、盖梁等）的强度应符合设计要求。支承结构和预埋件的尺寸、标高及平面位置应符合设计要求且验收合格。

（二）吊运方案

1. 吊运（吊装、运输）应编制专项方案，并按有关规定进行论证、批准。

2. 吊运方案应对各受力部分的设备、杆件进行验算。梁长 25 m 以上的预应力简支梁应验算裸梁的稳定性。

（三）技术准备

三、安装就位的技术要求

（一）吊运要求

1. 构件移运、吊装时的吊点位置应按设计规定或根据计算决定。

2. 吊绳与起吊构件的交角小于 60°时，应设置吊架或吊装扁担，尽量使吊环垂直受力。

（二）就位要求

1. 每根大梁就位后，应及时设置保险垛或支撑以防倾倒。

1K412033　掌握钢—混凝土结合梁施工技术

一、钢—混凝土结合梁的构成与适用条件

(一) 钢—混凝土结合梁一般由钢梁和钢筋混凝土桥面板两部分组成。

3. 在钢梁与钢筋混凝土板之间设传剪器，二者共同工作。对于连续梁，可在负弯矩区施加预应力或通过“强迫位移法”调整负弯矩区内力。

二、钢—混凝土结合梁施工

(二) 施工技术要点

2. 应按设计要求或施工方案设置施工支架。施工支架设计验算除应考虑钢梁拼接荷载外，还应同时计入混凝土结构和施工荷载。

3. 混凝土浇筑前，应对钢主梁的安装位置、高程、纵横向连接及施工支架进行检查验收，各项均应达到设计要求或施工方案要求。钢梁顶面传剪器焊接经检验合格后，方可浇筑混凝土。

4. 现浇混凝土结构宜采用缓凝、早强、补偿收缩性混凝土。

5. 顺桥向应自跨中开始向支点处交汇，或由一端开始浇筑；横桥向应先由中间开始向两侧扩展。

7. 施工中，应随时监测主梁和施工支架的变形及稳定。

1K412034　熟悉钢梁制作与安装要求

一、钢梁制造——钢梁应由具有相应资质的企业制造。

(二) 钢梁制作基本要求

2. 钢梁制造焊接环境相对湿度不宜高于 80%。

3. 焊接环境温度：低合金高强度结构钢不得低于 5 ℃，普通碳素结构钢不得低于 0 ℃。

4. 主要杆件应在组装后 24 h 内焊接。

(三) 钢梁制造企业应向安装企业提供下列文件：

1. 产品合格证。

2. 钢材和其他材料质量证明书和检验报告。

3. 施工图，拼装简图。

4. 工厂高强度螺栓摩擦面抗滑移系数试验报告。

5. 焊缝无损检验报告和焊缝重大修补记录。

6. 产品试板的试验报告。

7. 工厂试拼装记录。

8. 杆件发运和包装清单。

二、钢梁安装

(一) 安装方法选择

1. 城区内常用安装方法：自行式吊机整孔架设法、门架吊机整孔架设法、支架架设法、缆索吊机拼装架设法、悬臂拼装架设法、拖拉架设法等。

2. 钢梁工地安装，应根据跨径大小、河流情况、交通情况和起吊能力等条件选择安装方法。

(二) 安装前检查

1. 钢梁安装前应对临时支架、支承、吊机等临时结构和钢梁结构本身在不同受力状态下的强度、刚度及稳定性进行验算。

2. 应对桥台、墩顶顶面高程、中线及各孔跨径进行复测。

3. 应按照构件明细表，核对进场的构件、零件，查验产品出厂合格证及钢材的质量证明书。

(三) 安装要点

6. 吊装杆件时，必须等杆件完全固定后方可摘除吊钩。

7. 钢梁安装过程中，每完成一节段应测量其位置、标高和预拱度，如不符合要求应及时校正。

8. 焊接顺序宜为纵向从跨中向两端、横向从中线向两侧对称进行。

9. 高强螺栓穿入孔内应顺畅，不得强行敲入。穿入方向应全桥一致。施拧顺序为从板束刚度大、缝隙大处开始，由中央向外拧紧，并应在当天终拧完毕。施拧时，不得采用冲击拧紧和间断拧紧。

三、制作安装质量验收主控项目

1. 钢材、焊接材料、涂装材料。

2. 高强度螺栓连接。

3. 高强螺栓的拴接板面抗滑移系数。

4. 焊缝探伤检验。

5. 涂装检验。

1K412035　熟悉钢筋(管)混凝土拱桥施工要点(选择为主)

一、拱桥的类型与施工方法

(一) 主要类型

1. 位置以及承载方式——上承式、中承式和下承式。

2. 浇筑的方式——现浇混凝土拱和预制混凝土拱再拼装。

(二) 主要施工方法——支架法、少支架法和无支架法(缆索吊装、转体安装、劲性骨架、悬臂浇筑和悬臂安装)。

(三) 拱架种类与形式

1. 拱架种类按材料分为木拱架、钢拱架、竹拱架、竹木混合拱架、钢木组合拱架以及土牛拱胎架。

3. 在选择拱架时,主要原则是拱架应有足够的强度、刚度和稳定性。

二、现浇拱桥施工

(一) 一般规定

2. 装配式不得低于设计强度值的75%。

3. 拱圈预加拱度取计算跨度的1/1 000～1/500。

4. 拱圈(拱肋)封拱合龙温度在当地年平均温度或5～10 ℃时进行。

(二) 在拱架上浇筑混凝土拱圈

1. 跨径小于16 m的拱圈或拱肋混凝土,应按拱圈全宽从两端拱脚向拱顶对称、连续浇筑,并在拱脚混凝土初凝前全部完成。

2. 跨径大于或等于16 m的拱圈或拱肋,宜分段浇筑。分段位置,拱式拱架宜设置在拱架受力反弯点、拱架节点、拱顶及拱脚处。

4. 间隔槽混凝土应待拱圈分段浇筑完成后,其强度达到75%设计强度,接合面按施工缝处理后,由拱脚向拱顶对称进行浇筑。

6. 浇筑大跨径拱圈(拱肋)混凝土时,宜采用分环(层)分段方法浇筑,也可纵向分幅浇筑,中幅先行浇筑合龙。

7. 拱圈(拱肋)封拱合龙时混凝土强度应达到设计强度的75%。

三、装配式桁架拱和刚构拱安装

(一) 安装程序:在墩台上安装预制的桁架(刚架)拱片,同时安装横向联系构件,在组合的桁架拱(刚构拱)上铺装预制的桥面板。

(二) 安装技术要点

2. 大跨径桁式组合拱,拱顶湿接头混凝土,宜采用较构件混凝土强度高一级的早强混凝土。

3. 安装过程中应采用全站仪,对拱肋、拱圈的挠度和横向位移、混凝土裂缝、墩台变位、安装设施的变形和变位等项目进行观测。

4. 拱肋吊装定位合龙时应随时对1/4跨、1/8跨及拱顶各点进行挠度和横向位移的观测。

四、钢管混凝土拱

(一) 钢管拱肋制作应符合下列规定:

1. 拱肋钢管的种类、规格应符合设计要求,应在工厂加工,具有产品合格证。

3. 弯管宜采用加热顶压方式,加热温度不得超过800 ℃。

4. 所有焊缝均应进行外观检查;对接焊缝应100%进行超声波探伤。

(二) 钢管拱肋安装应符合下列规定:

2. 节段间环焊缝的施焊应对称进行。

1K412036　了解斜拉桥施工技术要点(选择题知识点)

一、斜拉桥类型与组成

（二）斜拉桥组成

斜拉桥由索塔、钢索和主梁组成。

二、施工技术要点

（一）索塔施工的技术要求和注意事项

裸塔施工宜用爬模法，横梁较多的高塔，宜采用劲性骨架挂模提升法。

3. 倾斜式索塔施工时，必须对各施工阶段索塔的强度和变形进行计算，应分高度设置横撑，使其线形、应力、倾斜度满足设计要求并保证施工安全。

5. 索塔混凝土现浇，应选用输送泵施工，允许接力泵送。

7. 应对塔吊、支架安装、使用和拆除阶段的强度稳定等进行计算和检查。

（二）主梁施工技术要求和注意事项

1. 混凝土主梁

(1) 支架和托架的变形将直接影响主梁的施工质量。在零号段浇筑前，应消除支架的温度变形、弹性变形、非弹性变形和支承变形。

(3) 采用挂篮悬浇主梁时，挂篮制成后应进行检验、试拼、整体组装检验、预压。

(4) 主梁采用悬拼法施工时，预制梁段宜选用长线台座或多段联线台座，每联宜多于5段。

2. 钢主梁

(1) 钢主梁应由资质合格的专业单位加工制作、试拼，经检验合格后，安全运至工地备用。

(2) 焊接材料的选用、焊接要求、加工成品、涂装等项的标准和检验按有关规定执行。

3. 斜拉桥主梁施工方法

(1) 施工方法与梁式桥基本相同，大体上可分为顶推法、平转法、支架法和悬臂法；悬臂法分悬臂浇筑法和悬臂拼装法。悬臂法为斜拉桥主梁施工最常用的方法。

三、斜拉桥施工监测

（一）施工监测目的与监测对象

1. 施工过程中，必须对主梁各个施工阶段的拉索索力、主梁标高、塔梁内力以及索塔位移量等进行监测。

（二）施工监测主要内容

1. 变形；2. 应力；3. 温度。

1K412040　管涵和箱涵施工（选择题知识点）

1K412041　掌握管涵施工技术要点

涵洞有管涵、拱形涵、盖板涵、箱涵。

一、管涵施工技术要点

（一）断面形式分为圆形、椭圆形、卵形、矩形等。

（四）管涵的沉降缝应设在管节接缝处。

二、拱形涵、盖板涵施工技术要点

（四）遇有地下水时，应先将地下水降至基底以下500 mm方可施工。

（七）涵洞两侧的回填土，应在主结构防水层的保护层完成，且保护层砌筑砂浆强度达到3 MPa后方可进行。回填时，两侧应对称进行，高差不宜超过300 mm。

1K412042　掌握箱涵顶进施工技术要点

一、箱涵顶进准备工作

（三）技术准备

1. 施工组织设计已获批准，施工方法、施工顺序已经确定。

2. 全体施工人员进行培训、技术安全交底。

3. 完成施工测量放线。

二、工艺流程与施工技术要点

（二）箱涵顶进前检查工作

1. 箱涵主体结构混凝土强度必须达到设计强度。防水层及保护层按设计完成。

2. 顶进作业面包括路基下地下水位已降至基底下 500 mm 以下，并宜避开雨期施工。

3. 后背施工、线路加固达到施工方案要求。

4. 顶进设备液压系统安装及预顶试验结果符合要求。

（三）箱涵顶进启动

1. 启动时，现场必须有主管施工技术人员专人统一指挥。

5. 当顶力达到 0.8 倍结构自重时箱涵未启动，应立即停止顶进；找出原因，采取措施解决后方可重新加压顶进。

6. 箱涵启动后，应立即检查后背、工作坑周围土体稳定情况，无异常情况方可继续顶进。

（四）顶进挖土

1. 可采取人工挖土或机械挖土，每次开挖进尺 0.4～0.8 m。挖土顶进应三班连续作业，不得间断。

3. 列车通过时严禁继续挖土。

（五）顶进作业

1. 每次顶进应检查液压系统、顶柱（铁）安装和后背变化情况等。

2. 挖运土方与顶进作业循环交替进行。

3. 桥涵身每前进一顶程，应观测轴线和高程。

（六）监控与检查

1. 顶进过程中，每一顶程要观测并记录各观测点左、右偏差值，高程偏差值和顶程及总进尺。

4. 顶进过程中要定期观测箱涵裂缝及开展情况。

三、季节性施工技术措施

（一）箱涵顶进应尽可能避开雨期。

（二）雨期施工时应做好地面排水，工作坑周边应采取挡水围堰、排水截水沟等防止地面水流入工作坑的技术措施。

（三）雨期施工开挖工作坑（槽）时，应注意保持边坡稳定。必要时可适当放缓边坡坡度或设置支撑。

1K413000　城市轨道交通工程

1K413010　城市轨道交通工程结构与特点（选择题知识点）

1K413011　掌握地铁车站结构与施工方法

一、地铁车站形式与结构组成

（一）地铁车站形式分类

地铁车站根据其所处位置、运营性质、结构横断面、站台形式等进行不同分类，表 1K413011。

按结构断面分为矩形、拱形、圆形，其他如马蹄形、椭圆形。

按站台形式分为岛式站台、侧式站台及岛、侧混合站台。

（二）构造组成

1. 地铁车站通常由车站主体（站台、站厅、设备用房、生活用房），出入口及通道，通风道及地面通风亭三大部分组成。

二、施工方法（工艺）与选择条件

（一）明挖法施工

2. 明挖法具有施工作业面多、速度快、工期短、易保证工程质量、工程造价低等优点，地面交通和环境条件限制。

3. 明挖法施工基坑分为敞口放坡基坑和有围护结构的基坑两类。基坑很深，地质条件差，地下水位高，特别是又处于繁华市区无足够空地满足施工需要采用有围护结构的基坑。

（二）盖挖法施工

1. 区别在于施工方法和顺序不同：盖挖法是先盖后挖。

2. 盖挖法具有诸多特点：围护结构变形小，有效控制土体的变形和地表沉降；基坑底部土体稳定，隆起小，施工安全；不设内部支撑或锚锭，施工空间大；可尽快恢复路面，对道路交通影响较小。

缺点：混凝土结构的水平施工缝的处理较为困难；暗挖施工难度大、费用高。

盖挖法每次分部开挖与浇筑或衬砌的深度，应综合考虑基坑稳定、环境保护、永久结构形式和混凝土浇筑作业等因素来确定。

3. 盖挖法可分为盖挖顺作法、盖挖逆作法及盖挖半逆作法。目前,城市中施工采用最多的是盖挖逆作法。

(2) 盖挖逆作法

特点:快速覆盖,缩短中断交通的时间;自上而下的顶板、中隔板及水平支撑体系刚度大,可营造一个相对安全的作业环境;占地少,回填量小,可分层施工,也可分左右两幅施工,交通导改灵活;不受季节影响,无冬期施工要求,低噪声,扰民少;设备简单,不需大型设备,操作空间大,操作环境相对较好。

(三) 喷锚暗挖法

喷锚暗挖法对地层的适应性较广,适用于结构埋置较浅、地面建筑物密集、交通运输繁忙、地下管线密布,以及对地面沉降要求严格的城镇地区地下构筑物施工。

1. 新奥法

新奥法是以维护和利用围岩的自承能力为基点,使围岩成为支护体系的组成部分。从减少地表沉陷的城市要求角度出发,还要求初期支护有一定刚度。设计时并没有充分考虑利用围岩的自承能力,这是浅埋暗挖法与新奥法的主要区别。

2. 浅埋暗挖法

以改造地质条件为前提,以控制地表沉降为重点,以格栅(或其他钢结构)和锚喷作为初期支护手段,按照"十八字"原则(即管超前、严注浆、短开挖、强支护、快封闭、勤量测)进行。

适用条件:浅埋暗挖法不允许带水作业;要求开挖面具有一定的自立性和稳定性,土体自立时间足以进行必要的初期支护作业;开挖面前方地层的预加固和预处理。

常用的单跨隧道浅埋暗挖方法选择:(1)(框图)单跨隧道开挖宽<12 m,台阶开挖法;(2)开挖宽 12~16 m,CD 法、CRD 法、PBA 法[P-桩(pile)、B-梁(beam)、A-拱(arc),即由边桩、中桩(柱)、顶底梁、顶拱共同构成初期受力体系,承受施工过程的荷载,其主要思想是将盖挖及分步暗挖法有机地结合起来,发挥各自的优势,在顶盖的保护下可以逐层向下开挖土体,施作二次衬砌,可采用顺作和逆作两种方法施工,最终形成由初期支护+二次衬砌组合而成的永久承载体系];(3)开挖宽 12~22 m,双侧壁导坑法。

三、不同方法施工的地铁车站结构

(一) 明挖法施工车站结构

明挖法施工的车站主要采用矩形框架结构或拱形结构。

(二) 盖挖法施工车站结构

在城镇交通要道区域采用盖挖法施工的地铁车站多采用矩形框架结构。

(三) 喷锚暗挖(矿山)法施工车站结构

视地层条件、施工方法及其使用要求的不同,可采用单拱式车站、双拱式车站或三拱式车站,并根据需要可做成单层或双层,断面较大。

1K413012 掌握地铁区间隧道结构与施工方法

一、不同方法施工地铁区间隧道

(一) 明挖法施工隧道——明挖法施工的地下铁道区间隧道结构通常采用矩形断面。

(二) 喷锚暗挖(矿山)法施工隧道

1. 在城市区域、交通要道及地上地下构筑物复杂地区,一般采用拱形结构,其基本断面形式为单拱、双拱和多跨连拱。采用喷锚暗挖法隧道衬砌又称为支护结构,其作用是加固围岩并与围岩一起组成一个有足够安全度的隧道结构体系,共同承受可能出现的各种荷载,保持隧道断面的使用净空,防止地表下沉,提供空气流通的光滑表面,堵截或引排地下水。

2. 衬砌的基本结构类型——复合式衬砌:由初期支护、防水隔离层和二次衬砌所组成,复合式衬砌外层为初期支护,是衬砌结构中的主要承载单元。一般应在开挖后立即施作,用锚杆、喷混凝土、钢筋网和钢支撑等单一或并用而成。

(三) 盾构法施工隧道

在松软含水地层、地面构筑物不允许拆迁,施工条件困难地段。

优越性——振动小、噪声低、施工速度快、安全可靠、影响小等。

预制装配式衬砌、双层衬砌以及挤压混凝土整体式衬砌三大类。见图 1K413012-1。

挤压混凝土整体式衬砌——ECL，盾尾同步灌注，灌注后即承受盾构千斤顶推力的挤压作用，应用最多的是钢纤维混凝土。衬砌背后无空隙，故无需注浆。

二、施工方法比较与选择

（一）喷锚暗挖(矿山)法

2. 新奥法施工

新奥法施工隧道适用于稳定地层，采用对围岩扰动少的支护方法。

3. 浅埋暗挖法施工

浅埋暗挖法针对埋置深度较浅、松散不稳定的土层和软弱破碎岩层。

强调地层的预支护和预加固(常用的预加固和预支护方法有：小导管超前预注浆、开挖面深孔注浆及管棚超前支护)。

总原则：预支护、预加固一段，开挖一段；开挖一段，支护一段；支护一段，封闭成环一段。

初期支护形式——钢拱锚喷混凝土支护。

二次衬砌——初期支护的变形达到基本稳定，且防水结构施工验收合格；更多情况则使用模板台车。通过监控量测，掌握隧道动态，提供信息，指导二次衬砌施作时机。这是浅埋暗挖法中二次衬砌施工与一般隧道衬砌施工的主要区别。

监控量测——是浅埋暗挖施工工序的重要组成部分。监控量测的费用应纳入工程成本。由项目技术负责人统一掌握、统一领导。拱顶下沉是控制稳定较直观和可靠的判断依据，水平收敛和地表下沉有时也是重要的判断依据。对于地铁隧道来讲，地表下沉测量显得尤为重要。

（二）盾构法施工

1. 盾构法施工见图 1K413012-5 所示，基本施工步骤：建一个工作(竖)井——盾构安装就位——推出——推进、出土和安装衬砌管片——衬砌背后注浆——拆除。

2. 盾构法施工隧道优点：地下进行，不影响地面交通，减少噪声和振动影响；盾构推进、出土、拼装衬砌等主要工序循环进行，施工易于管理，施工人员也较少；不受覆土量多少影响，适宜于建造覆土较深的隧道；不受风雨等气候条件影响。

3. 盾构法施工也存在一些问题：曲线半径过小时，施工较为困难；隧道覆土太浅，则盾构法施工困难很大，水下覆土太浅则不够安全。

1K413013　熟悉轻轨交通高架桥梁结构与施工要点

具有施工速度快、投资相对少等优点

一、高架桥结构与特点

（一）高架桥结构与运行特点：

5. 上部结构优先采用预应力混凝土结构，其次才是钢结构。

6. 应设有降低振动和噪声(设置声屏障)、消除楼房遮光和防止电磁波干扰等系统。

（二）高架桥的基本结构

1. 高架桥墩台和基础

尽可能采用扩大基础。软土地基条件下宜采用桩基础。

2. 高架桥的上部结构

工程节点——大跨度桥梁结构体系。采用最多的是连续梁、连续刚构、系杆拱。

一般地段——宜大量采用预制预应力混凝土梁。

二、高架桥施工要点

（一）桩基础

2. 钻孔灌注桩施工时应采取有效措施防止泥浆外溢污染道路。

（二）桥墩

2. 高架桥墩混凝土现浇施工应采用专门设计加工的钢模板。

（三）上部结构

1. 高架桥上部结构宜采用工厂预制结构，对于跨度 22 m 以内的桥跨，可采用梁宽 1.5 m 的先张法空心板梁;适用于直线地段和半径较大的曲线地段。

3. 箱梁结构抗扭刚度大,整体受力性能好,线条流畅,造型美观,设计及施工经验成熟。但箱梁不便整体运输吊装,一般需就地浇筑,适用于小半径曲线地段和跨度较大的情况。采用钢—混凝土组合梁结构,可减少现场施工时间和难度。

1K413014　了解城市轨道交通的轨道结构组成

1K413020　明挖基坑施工(案例题知识点)

1K413021　掌握深基坑支护结构与变形控制

一、围护结构

(一) 基坑围护结构体系

1. 基坑围护结构体系包括板(桩)墙、围檩(冠梁)及其他附属构件。板(桩)墙主要承受基坑开挖卸荷所产生的土压力和水压力,并将此压力传递到支撑。

(二) 深基坑围护结构类型——表 1K413021-1。

(1) 工字钢桩围护结构

桩间距一般为 1.0～1.2 m。工字钢桩围护结构适用于黏性土、砂性土和粒径不大于 100 mm 的砂卵石地层;这种围护结构一般宜用于郊区距居民点较远的基坑施工中。

(2) 钢板桩围护结构

钢板桩强度高,桩与桩之间的连接紧密,隔水效果好,可重复使用。在地下水位较高的基坑中采用较多。

(5) SMW 桩

这种围护结构的特点主要表现在止水性好,构造简单,型钢插入深度一般小于搅拌桩深度,施工速度快,型钢可以部分回收、重复利用。

(6) 地下连续墙

优点:施工时振动小、噪声低,墙体刚度大,对周边地层扰动小;可适用于多种土层,除夹有孤石、大颗粒卵砾石等局部障碍物时影响成槽效率外,对黏性土、无黏性土、卵砾石层等各种地层均能高效成槽。

挖槽方式可分为抓斗式、冲击式和回转式等类型。

泥浆的相对密度、黏度、含砂率和 pH 等主要技术性能指标进行检验和控制。

二、支撑结构类型

(一) 支撑结构体系

1. 内支撑一般由各种型钢撑、钢管撑、钢筋混凝土撑等构成支撑系统;外拉锚有拉锚和土锚两种形式。支撑结构挡土的应力传递路径是围护(桩)墙——围檩(冠梁)——支撑。

3. 在深基坑的施工支护结构中,常用的支撑系统按其材料可分为现浇钢筋混凝土支撑体系和钢支撑体系两类,其形式和特点。

现浇钢筋混凝土支撑——混凝土结硬后刚度大,变形小,但支撑浇制和养护时间长,施工工期长,拆除困难。

钢支撑——安装、拆除施工方便,可周转使用,施工工艺要求较高。

三、基坑的变形控制

(一) 基坑变形特征

1. 基坑周围地层移动主要是由于围护结构的水平位移和坑底土体隆起造成的。

2. 围护墙体水平变形——不论对刚性墙体(如水泥土搅拌桩墙、旋喷桩墙等)还是柔性墙体(如钢板桩、地下连续墙等),均表现为墙顶位移最大,向基坑方向水平位移,呈三角形分布。

3. 围护墙体竖向变位——上移或沉降

4. 基坑底部的隆起——①基坑底不透水土层由于其自重不能够承受不透水土层下承压水水头压力而产生突然性的隆起;②基坑由于围护结构插入坑底土层深度不足而产生坑内土体隆起破坏。

5. 地表沉降

(二) 基坑的变形控制

2. 控制基坑变形的主要方法有:

(1) 增加围护结构和支撑的刚度;(2)增加围护结构的入土深度;(3)加固基坑内被动区土体;(4) 减小每次开挖尺寸和开挖支撑时间;(5)调整围护结构深度和降水井布置。

(三) 坑底稳定控制

1. 保证深基坑坑底稳定的方法有加深围护结构入土深度、坑底土体加固、坑内井点降水等措施。

2. 适时施作底板结构。

1K413022 掌握基槽土方开挖及护坡技术

一、基(槽)坑土方开挖

(一) 基本规定

1. 根据支护结构设计、降排水要求,确定开挖方案。

2. 基坑周围地面应设排水沟,对坡顶、坡面、坡脚采取降排水措施。

3. 软土基坑必须分层、分块、均衡地开挖。

4. 采取措施防止开挖机械等碰撞支护结构。

(二) 发生下列异常情况时,应立即停止挖土,并应立即查清原因和及时采取措施后,方能继续挖土(了解):

1. 围护结构变形明显加剧。

2. 支撑轴力突然增大。

3. 围护结构或止水帷幕出现渗漏。

4. 开挖暴露出的基底出现明显异常,包括黏性土时强度明显偏低或砂性土层时水位过高造成开挖施工困难时。

5. 围护结构发生异常声响。

6. 边坡出现失稳征兆时。

二、护坡技术

(一) 基坑边(放)坡

3. 基坑放坡要求

分为一级放坡和分级放坡两种形式。

当存在影响边坡稳定性的地下水时,应采取降水措施或深层搅拌桩、高压旋喷桩等截水措施。

分级放坡时,宜设置分级过渡平台。岩石边坡不宜小于 0.5 m,对于土质边坡不宜小于 1.0 m。下级放坡坡度宜缓于上级放坡坡度。

(二) 长基坑开挖与过程放坡

2. 坑内纵向放坡是动态的边坡。

3. 应编制开挖方案,慎重确定放坡坡度。若在土坡附近有需保护的建筑或管线,应减缓该处坡度。

三、边坡保护

(一) 基坑边坡稳定措施

1. 折线形边坡或留置台阶。

2. 做好基坑降排水和防洪。

3. 坡面土钉、挂金属网喷混凝土或抹水泥砂浆护面。

4. 严禁在基坑边坡坡顶 1～2 m 范围堆放材料、土方和其他重物以及停放或行驶较大的施工机械。

5. 基坑开挖过程中,随挖随刷边坡,不得挖反坡。

6. 暴露时间较长的基坑,应采取护坡措施。

(二) 护坡措施

1. 当边坡有失稳迹象时,应及时采取削坡、坡顶卸荷、坡脚压载或其他有效措施。

2. 放坡开挖时应及时做好坡脚、坡面的保护措施——叠放砂包或土袋;水泥抹面;挂网喷浆或混凝土;锚杆喷射混凝土护面、塑料膜或土工织物覆盖坡面等。

1K413023 熟悉地基加固处理方法

一、地基加固处理作用与方法选择

(一) 地基加固处理作用

1. 提高地基的承载能力。

2. 提高土体的强度和土体的侧向抗力。

(二) 方法选择

1. 换填材料加固处理法——适用于较浅基坑。

2. 水泥土搅拌、高压喷射注浆、注浆——适用于深基坑。

二、常用方法与技术要点

(一) 注浆法

2. 注浆法所用的浆液是由主剂(原材料)、溶剂(水或其他溶剂)及各种外加剂混合而成。通常所提的注浆材料是指浆液中所用的主剂。水泥浆材是以水泥浆液为主的浆液,适用于岩土加固,是国内外常用的浆液。

3. 在地基处理中,注浆工艺所依据的理论主要可分为渗透注浆、劈裂注浆、压密注浆和电动化学注浆四类不同注浆法的适用范围。

注浆方法	适用范围
渗透注浆	只适用于中砂以上的砂性土和有裂隙的岩石
劈裂注浆	适用于低渗透性的土层
压密注浆	常用于中砂地基,黏土地基中若有适宜的排水条件也可采用
电动化学注浆	地基土的渗透系数 $k<10^{-4}$ cm/s

(二) 水泥土搅拌法

1. 水泥土搅拌法适用于加固饱和黏性土和粉土等地基。分为浆液搅拌和粉体喷射搅拌两种。喷粉搅拌机目前仅有单轴搅拌机一种机型。

水泥固化剂一般适用于正常固结的淤泥与淤泥质土(避免产生负摩擦力)、黏性土、粉土、素填土(包括冲填土)、饱和黄土、粉砂以及中粗砂、砂砾等地基加固。

(三) 高压喷射注浆法

本法对淤泥、淤泥质土、流塑或软塑黏性土、粉土、砂土、黄土、素填土和碎石土等地基都有良好的处理效果。但对于硬黏性土,含有较多的块石或大量植物根茎的地基,因喷射流可能受到阻挡或削弱,冲击破碎力急剧下降,切削范围小或影响处理效果。

3. 高压喷射有旋喷(固结体为圆柱状)、定喷(固结体为壁状)和摆喷(固结体为扇状)三种基本形状。

高压喷射注浆的主要材料为水泥,对于无特殊要求的工程,宜采用强度等级为 32.5 级及以上的普通硅酸盐水泥。

在高压喷射注浆过程中出现压力骤然下降、上升或冒浆异常时,应查明原因并及时采取措施。

1K413024 熟悉工程降水方法

一、降水方法选择

(一) 基本要求

软土地区基坑开挖深度超过 3 m,一般就要用井点降水。

2. 当基坑底为隔水层且层底作用有承压水时,应进行坑底突涌验算,必要时可采取水平封底隔渗或钻孔减压措施,保证坑底土层稳定。当坑底含承压水层上部土体压重不足以抵抗承压水水头时,应布置降压井降低承压水水头压力,防止承压水突涌,确保基坑开挖施工安全。

3. 当因降水而危及基坑及周边环境安全时,宜采用截水或回灌方法。

(二) 工程降水有多种技术方法,可根据土层情况、渗透性、降水深度、周围环境、支护结构种类按表 1K413024 选择和设计

二、常见降水方法

(一) 明沟、集水井排水

1. 明沟、集水井排水多是在基坑的两侧或四周设置排水明沟,在基坑四角或每隔 30～40 m 设置集水

井，使基坑渗出的地下水通过排水明沟汇集于集水井内。

2. 排水明沟宜布置在拟建建筑基础边 0.4 m 以外，沟边缘离开边坡坡脚应不小于 0.3 m。排水明沟的底面应比挖土面低 0.3～0.4 m。集水井底面应比沟底面低 0.5 m 以上。

(二) 井点降水

1. 当基坑开挖较深，基坑涌水量大，且有围护结构时，应选择井点降水方法。即用真空(轻型)井点、喷射井点或管井深入含水层内，用不断抽水方式使地下水位下降至坑底以下，同时使土体产生固结以方便土方开挖。

2. 井点布置

根据基坑平面形状与大小、地质和水文情况、工程性质、降水深度等而定。

当基坑(槽)宽度小于 6 m 且降水深度不超过 6 m 时，可采用单排井点，布置在地下水上游一侧；当基坑(槽)宽度大于 6 m 或土质不良，渗透系数较大时，宜采用双排井点。当基坑面积较大时，宜采用环形井点。

3. 井点管距坑壁不应小于 1.0～1.5 m，井点间距一般为 0.8～1.6 m。滤水管埋入含水层内，并且比挖基坑(沟、槽)底深 0.9～1.2 m，井点管的埋置深度应经计算确定。

三、基坑的隔(截)水帷幕与坑内外降水

(一) 隔(截)水帷幕

1. 采用隔(截)水帷幕的目的是切断基坑外的地下水流入基坑内部。截水帷幕的厚度应满足基坑防渗要求，截水帷幕的渗透系数宜小于 1.0×10^{-6} cm/s。

2. 当地下含水层渗透性较强、厚度较大时，可采用悬挂式竖向截水与坑内井点降水相结合或采用悬挂式竖向截水与水平封底相结合的方案。

3. 截水帷幕目前常用注浆、旋喷法、深层搅拌水泥土桩挡墙等结构形式。

(二) 隔(截)水帷幕与降水井布置

1. 隔水帷幕隔断降水含水层

基坑隔水帷幕深入降水含水层的隔水底板中，井点降水以疏干基坑内的地下水为目的，此时，应把降水井布置于坑内，降水时，基坑外地下水不受影响。

2. 隔水帷幕底位于承压水含水层隔水顶板中

井点降水以降低基坑下部承压含水层的水头，防止基坑底板隆起或承压水突涌为目的，此时，应把降水井布置于基坑外侧。

3. 隔水帷幕底位于承压水含水层中

如果基坑开挖较浅，坑底未进入承压水含水层，井点降水以降低承压水水头为目的；如果基坑开挖较深，坑底已经进入承压水含水层，井点降水前期以降低承压水水头为目的，后期以疏干承压含水层为目的，在这类情况时，应把降水井布置于坑内侧。

1K413030　盾构法施工

1K413031　掌握盾构施工条件与现场布置要求

一、盾构法施工条件

(一) 盾构与盾构法施工

1. 盾构是用来开挖土砂类围岩的隧道机械，由切口环、支撑环及盾尾三部分组成。

2. 盾构壳体防止围岩的土砂坍塌，进行开挖、推进，并在盾尾进行衬砌作业。

3. 按开挖面是否封闭，划分为密闭式和敞开式两类。密闭式盾构机分为土压式(常用泥土压式)和泥水式两种。国内用于地铁工程的盾构主要是土压式和泥水式两种(详见 1K413035)。

(二) 盾构法施工适用条件

1. 在松软含水地层，相对均质的地质条件。

2. 覆土深度宜不小于 6 m。

3. 有修建用于盾构进出洞和出土进料的工作井位置。

4. 隧道之间或隧道与其他构筑物之间所夹土体加固处理的最小厚度为水平方向 1.0 m，竖直方向 1.5 m。

5. 连续的盾构施工长度不宜小于 300 m。

（三）城镇施工注意事项：选择泥水式盾构必须设置封闭式泥水储存和处理设施。

二、盾构施工现场布置

（一）施工组织设计

（二）施工现场平面布置

1. 盾构施工的现场平面布置：包括盾构工作竖井、竖井防雨棚及防淹墙、垂直运输设备、管片堆场、管片防水处理场、拌浆站、料具间及机修间、两回路的变配电间等设施以及进出通道等。

2. 盾构施工现场设置

（1）工作井施工需要采取降水措施时，应设相当规模的降水系统（水泵房）。

（2）采用气压法盾构施工时，施工现场应设置空压机房，以供给足够的压缩空气。

（3）采用泥水平衡盾构机施工时，施工现场应设置泥浆处理系统（中央控制室）、泥浆池。

（4）采用土压平衡盾构施工时，应设置电机车电瓶充电间等设施。堆土设施。

1K413032　掌握盾构法始发与接收施工技术

始发与接收是盾构法施工两个重要阶段。

一、洞口土体加固技术

（二）洞口土体加固目的

1. 拆除工作井洞口围护结构时，确保洞口土体稳定，防止地下水流入。

2. 盾构掘进通过加固区域时，防止盾构周围的地下水及土砂流入工作井。

3. 拆除洞口围护结构及盾构掘进通过加固区域时，防止地层变形对施工影响范围内的地面建筑物及地下管线与构筑物等的破坏。

（四）加固方法

常用加固方法主要有：注浆法、高压喷射搅拌法和冻结法（特别适用于大断面盾构施工和地下水压高的场合）。

二、盾构始发施工技术

自始发工作井内盾构基座上开始推进到完成初始段（通常 50～100 m）掘进止，划分为洞口土体加固段掘进、初始掘进两个阶段。

（二）始发段长度的确定

决定始发段长度有两个因素：一是衬砌与周围地层的摩擦阻力；二是后续台车长度。

（三）洞口土体加固段掘进技术要点

1. 盾构基座、反力架与管片上部轴向支撑的制作与安装要具备足够的刚度，保证负载后变形量满足盾构掘进方向要求。

4. 拆除洞口围护结构前要确认洞口土体加固效果，必要时进行补注浆加固。

（四）初始掘进的主要任务

收集盾构掘进数据（推力、刀盘扭矩等）及地层变形量测量数据，判断土压（泥水压）、注浆量、注浆压力等设定值是否适当，测量盾构与衬砌的位置，把握盾构掘进方向控制特性。

三、盾构接收施工技术要点

盾构接收是指自掘进距接收工作井一定距离（通常 100 m 左右）到盾构机落到接收工作井内接收基座上止。

施工技术要点如下：

（一）盾构暂停掘进，准确测量盾构机坐标位置与姿态。

（四）确认洞口土体加固效果，必要时进行补注浆加固。

（五）进入接收井洞口加固段后，逐渐降低土压（泥水压）设定值至 0 MPa。

（七）盾构接收基座的制作与安装要具备足够的刚度，且安装时要对其轴线和高程进行校核。

（八）拼装完最后一环管片，千斤顶不要立即回收，及时将管片纵向临时拉紧成整体。

（九）及时封堵洞口处管片外周与盾构开挖洞体之间空隙。

1K413033　掌握盾构掘进技术

盾构掘进控制的目的是确保开挖面稳定的同时，构筑隧道结构、维持隧道线形、及早填充盾尾空隙。

因此，开挖控制、一次衬砌、线形控制和注浆构成了盾构掘进控制四要素。

密闭式盾构掘进控制内容构成（了解）　表 1K413033

控制要素		内　　容	
开挖	泥水式	开挖面稳定	泥水压、泥浆性能
		排土量	排土量
	土压式	开挖面稳定	土压、塑流化改良
		排土量	排土量
		盾构参数	总推力、推进速度、刀盘扭矩、千斤顶压力等
线形		盾构姿态、位置	倾角、方向、旋转
			铰接角度、超挖量、蛇行量
注浆		注浆状况	注浆量、注浆压力
		注浆材料	稠度、泌水、凝胶时间、强度、配比
一次衬砌		管片拼装	椭圆度、螺栓紧固扭矩
		防水	漏水、密封条压缩量、裂缝
		隧道中心位置	蛇行量、直角度

二、开挖控制

开挖控制的根本目的是确保开挖面稳定。

（一）土压（泥水压）控制

1. 土压式盾构，以土压和塑流性改良控制为主，辅以排土量、盾构参数控制。泥水式盾构，以泥水压和泥浆性能控制为主，辅以排土量控制。

2. 开挖面的土压（泥水压）控制值，按地下水压（间隙水压）＋土压＋预备压设定。

（2）土压有静止土压、主动土压和松弛土压。按静止土压设定控制土压，是开挖面不变形的最理想土压值，但控制土压相当大，必须加大设备装备能力。主动土压是开挖面不发生坍塌的临界压力，控制土压最小。

3. 计算土压（泥水压）控制值，按各断面的土质条件，计算出上限值与下限值，并根据施工条件在其范围内设定。土体稳定性好的场合取低值，地层变形要求小的场合取高值。

（上限值）P_{max} ＝ 地下水压＋静止土压＋预备压

（下限值）P_{min} ＝ 地下水压＋（主动土压或松弛土压）＋预备压

（二）土压式盾构泥土的塑流化改良控制

1. 土压式盾构掘进时，理想地层的土特性是（了解）：（1）塑性变形好；（2）流塑至软塑状；（3）内摩擦小；（4）渗透性低。

一般使用的改良材料有矿物系（如膨润土泥浆）、界面活性剂系（如泡沫）、高吸水性树脂系和水溶性高分子系四类（我国目前常用前两类），可单独或组合使用。

3. 流动化改良控制是土压式盾构施工最重要的因素之一。一般按以下方法掌握塑流性状态（了解标题）：（1）根据排土性状；（2）根据土砂输送效率；（3）根据盾构机械负荷。

（三）泥水式盾构的泥浆性能控制

泥浆起着两方面重要作用：一是依靠泥浆压力在开挖面形成泥膜或渗透区域，平衡了开挖面土压和水压，达到了开挖面稳定的目的；二是泥浆作为输送介质。

泥浆性能包括：相对密度、黏度、pH、过滤特性和含砂率。

（四）排土量控制

2. 土压式盾构出土运输方法与排土量控制

土压式盾构排土量控制方法分为重量控制与容积控制两种。我国目前多采用容积控制方法。

3. 泥水式盾构排土量控制

泥水式盾构排土量控制方法分为容积控制与干砂量(干土量)控制两种。

对比 Q_3 与 Q,当 $Q>Q_3$ 时,一般表示泥浆流失(泥浆或泥浆中的水渗入土体);$Q<Q_3$ 时,一般表示涌水(由于泥水压低,地下水流入)。正常掘进时,泥浆流失现象居多。

对比 V_3 与 V,当 $V>V_3$ 时,一般表示泥浆流失;$V<V_3$ 时,一般表示超挖。

三、管片拼装控制

(一) 拼装方法

1. 拼装成环方式:错缝拼装。

2. 拼装顺序:下部的标准(A 型)管片—标准管片—邻接(B 型)管片—楔形(K 型)管片。(A 标 BK)

3. 盾构千斤顶操作:随管片拼装顺序分别缩回盾构千斤顶非常重要。

4. 紧固连接螺栓:先紧固环向(管片之间)连接螺栓,后紧固轴向(环与环之间)连接螺栓。

5. 楔形管片安装方法:装备能将邻接管片沿径向向外顶出千斤顶,以增大插入空间。

6. 连接螺栓再紧固:充分紧固轴向连接螺栓。

(二) 真圆保持

管片拼装呈真圆,并保持真圆状态,对于确保隧道尺寸精度、提高施工速度与止水性及减少地层沉降非常重要。

(三) 管片拼装误差及其控制

管片拼装时,若管片间连接面不平行,导致环间连接面不平,则拼装中的管片与已拼管片的角部呈点接触或线接触,在盾构千斤顶推力作用下发生破损。

另外,盾构掘进方向与管片环方向不一致时,盾构与管片产生干涉,将导致管片损伤或变形。

盾构纠偏应及时、连续,过大的偏斜量不能采取一次纠偏的方法。

(四) 楔形环的使用

为进行蛇行修正,也可使用楔形环管片。

(五) 楔形环的使用——曲线施工;进行蛇行修正

四、注浆控制

(一) 注浆目的

1. 防止地层变形。

2. 及早使管片环安定,盾构的方向容易控制。

3. 形成有效的防水层。

(二) 注浆材料的性能

一般对注浆材料的性能有如下要求:

1. 流动性好。

2. 注入时不离析。

3. 具有均匀的高于地层土压的早期强度。

4. 良好的充填性。

5. 注入后体积收缩小。

6. 阻水性高。

7. 适当的黏性,以防止从盾尾密封漏浆或向开挖面回流。

8. 不污染环境。

(三) 一次注浆

1. 同步注浆——在空隙出现的同时进行注浆、填充空隙的方式。

2. 即时注浆——一环掘进结束后从管片注浆孔注入的方式。

3. 后方注浆——掘进数环后从管片注浆孔注入的方式。

一般盾构直径大,或在冲积黏性土和砂质土中掘进,多采用同步注浆;而在自稳性好的软岩中,多采取后方注浆方式。

（四）二次注浆——弥补一次注浆缺陷

作用如下：

1. 补足一次注浆未充填的部分。

2. 补充由浆体收缩引起的体积减小。

3. 以防止周围地层松弛范围扩大为目的的补充（多采用化学浆液）。

（五）注浆量与注浆压力

注浆控制分为压力控制与注浆量控制两种，一般仅采用一种控制方法都不充分，应同时进行压力和注浆量控制。

注浆压力应根据土压、水压、管片强度、盾构形式与浆液特性综合判断决定，一般取 100～300 kN/m^2。

注浆量与注浆压力要经过一定的反复试验，确认注浆效果。

五、隧道的线形控制

线形控制的主要任务是通过控制盾构姿态，使构建的衬砌结构几何中心线线形顺滑，且位于偏离设计中心线的容许误差范围内。

（一）掘进控制测量

随着盾构掘进，对盾构及衬砌的位置进行测量，以把握偏离设计中心线的程度。测量项目包括盾构的位置、倾角、偏转角、转角及盾构千斤顶行程、盾尾间隙和衬砌位置等。

（二）方向控制

掘进过程中，主要对盾构倾斜及其位置以及拼装管片的位置进行控制。

盾构方向（偏转角和倾角）修正依靠调整盾构千斤顶使用数量进行。若遇硬地层或曲线掘进，要进行大的方向修正场合，需采用仿形刀向调整方向超挖。

盾构转角的修正，可采取刀盘向盾构偏转同一方向旋转的方法，利用所产生的回转反力进行修正。

1K413034　熟悉盾构法施工地层变形控制措施

一、近接施工与地层变形

（一）穿越或邻近既有地下管线、交通设施，建（构）筑物（以下简称既有结构物）的施工称为近接施工。

（二）近接施工管理

详细调查工程条件、地质条件、环境条件，在调查的基础上进行分析与预测，制定防护措施；制定专项施工方案；通过监控量测反馈指导施工而确保既有结构物安全。

二、盾构施工与地层变形控制

（一）地层变形原因

1. 条件因素——覆土厚度、盾构直径、隧道线形、衬砌背后间隙、衬砌种类等。

2. 直接原因——开挖面失稳、地下水位降低、推力过大、频繁纠偏、洞体土层失稳、盾体与洞体的摩擦力、衬砌背后产生间隙、注浆压力、衬砌变形、衬砌漏水等。

（1）地层应力释放产生的弹塑性变形，导致地层反力降低。

（2）土压增大产生的压缩变形，导致垂直土压增大或地层反力降低。

（3）附加土压产生的弹塑性变形，导致作用土压增大。

（4）伴随土的物理性能变化产生的弹塑性变形以及徐变变形，导致地层承载能力降低。

（二）地层变形机理

三、密闭式盾构掘进地层变形控制措施

（一）前期沉降控制

1. 前期沉降控制的关键是保持地下水压。

2. 保持地下水压措施：

（1）合理设定土压（泥水压）控制值并在掘进过程中保持稳定，以平衡开挖面土压与水压。

（2）保持开挖面土压（泥水压）稳定的前提条件：对于土压式盾构是泥土的塑流化改良效果，应根据地层条件选择适宜的改良材料与注入参数；而对于泥水式盾构则是泥浆性能，应根据地层条件选择适宜的泥浆材料与配合比。

（二）开挖面前沉降（隆起）控制

1. 开挖面前沉降(隆起)控制的主要措施是土压(泥水压)管理,真正实现土压(泥水压)平衡。

(三) 通过时沉降(隆起)控制

1. 控制好盾构姿态,避免不必要的纠偏作业。应本着"勤纠、少纠、适度"的原则操作。

2. 采取注浆减阻措施。

(四) 尾部空隙沉降(隆起)控制

采用适宜的衬砌背后注浆措施——同步注浆方式,及时填充尾部空隙。合理选择单液注浆或双液注浆。

3. 加强注浆量与注浆压力控制。及时进行二次注浆。

(五) 后续沉降控制——减小对地层的扰动。向特定部位地层内注浆的措施。

四、盾构施工与既有结构物防护

(二) 盾构施工措施——控制地层变形,同时减少对地层的扰动。

(三) 对既有结构物采取的措施——结构物加固、下部基础加固及基础托换三类。

(四) 新建隧道与既有结构物之间采取的措施——盾构隧道周围地层加固;既有结构物基础地层加固;隔断盾构掘进地层应力与变形。

1K413035 了解盾构机型选择要点

一、盾构机的选择

(三) 选择的主要原则

1. 适用性原则。

2. 技术先进性原则——技术最先进的盾构机是泥土压式与泥水式盾构机。

3. 经济合理性原则。

二、盾构机类型与适用条件

(一) 盾构机类型

敞开式盾构机按开挖方式划分,可分为手掘式、半机械挖掘式和机械挖掘式三种。

3. 按盾构机的断面形状划分,有圆形和异形盾构机两类,其中异形盾构机主要有多圆形、马蹄形和矩形。

1K413040 喷锚暗挖(矿山)法施工

1K413041 掌握喷锚暗挖法的掘进方式选择

一、浅埋暗挖法与掘进方式

(一) 全断面开挖法——适用于土质稳定、断面较小的隧道施工

3. 全断面开挖法的优点是可以减少开挖对围岩的扰动次数,工序简便;缺点是对地质条件要求严格,围岩必须有足够的自稳能力。

(二) 台阶开挖法

3. 台阶开挖法的优点是具有足够的作业空间和较快的施工速度,灵活多变,适用性强。

4. 台阶开挖法注意事项——台阶数不宜过多,台阶长度要适当。

(三) 环形开挖预留核心土法

1. 环形开挖预留核心土法适用于一般土质或易坍塌的软弱围岩、断面较大的隧道施工。

(1) 因为开挖过程中上部留有核心土支承着开挖面,能迅速及时地建造拱部初次支护,所以开挖工作面稳定性好。

(四) 单侧壁导坑法

单侧壁导坑法适用于断面跨度大,地表沉陷难于控制的软弱松散围岩中的隧道施工。

5. 单侧壁导坑法每步开挖的宽度较小。

(五) 双侧壁导坑法

1. 双侧壁导坑法又称眼镜工法,适用于隧道跨度很大、地表沉陷要求严格、围岩条件特别差的隧道施工。

4. 优缺点:

(1) 双侧壁导坑法虽然开挖断面分块多、扰动大,但在施工中间变形几乎不发展。

(2) 双侧壁导坑法施工较为安全,但速度较慢,成本较高。

1K413042　掌握喷锚加固支护施工技术

一、喷锚暗挖与初期支护

(一) 喷锚暗挖与支护加固

1. 喷锚初期支护,主要包括钢筋网喷射混凝土、锚杆—钢筋网喷射混凝土、钢拱架—钢筋网喷射混凝土等支护结构形式。

(二) 支护与加固技术措施

1. 暗挖隧道内常用的技术措施

(1) 超前锚杆或超前小导管支护;(2)小导管周边注浆或围岩深孔注浆;(3)设置临时仰拱。

2. 暗挖隧道外常用的技术措施

(1) 管棚超前支护;(2)地表锚杆或地表注浆加固;(3)冻结法固结地层;(4)降低地下水位法。

二、暗挖隧道内加固支护技术

(一) 主要材料

1. 喷射混凝土应采用早强混凝土,初凝时间不应大于 5 min,终凝时间不应大于 10 min。严禁选用具有碱活性集料。

2. 钢筋网材料宜采用 Q235 钢,钢筋直径宜为 6～12 mm,网格尺寸宜采用 150～300 mm。

(二) 喷射混凝土前准备工作

1. 滴水、淌水、集中出水点的情况,采用埋管等方法进行引导疏干。

2. 宜采用湿喷方式;喷射厚度宜为 50～100 mm。

4. 超前锚杆、小导管支护是沿开挖轮廓线,以一定的外插角。

(三) 喷射混凝土

1. 喷射混凝土应紧跟开挖工作面,应分段、分片、分层,按由下而上的顺序进行。

2. 钢架应与喷射混凝土形成一体,保护层厚度不得小于 40 mm。

(五) 锚杆钻孔不宜平行于岩层层面,宜沿隧道周边径向钻孔。锚杆必须安装垫板,垫板应与喷混凝土面密贴。钻孔安设锚杆前应先进行喷射混凝土施工。锚杆露出岩面长不大于喷射混凝土的厚度。

三、暗挖隧道外的超前加固技术

(一) 降低地下水位法

1. 含水的松散破碎地层宜采用降低地下水位法(井点),不宜采用集中宣泄排水的方法(明沟)。

3. 降低地下水位通常采用地面降水方法或隧道内辅助降水方法。

4. 当采用降水方案不能满足要求时,应在开挖前进行帷幕预注浆、加固地层等堵水处理。

(二) 地表锚杆(管)

1. 适用于浅埋暗挖、进出工作井地段和岩体松软破碎地段。

2. 地面锚杆(管)按矩形或梅花形布置。

3. 锚杆类型应根据地质条件、使用要求及锚固特性进行选择,可选用中空注浆锚杆、树脂锚杆、自钻式锚杆、砂浆锚杆和摩擦型锚杆。

(三) 冻结法固结地层

1. 用于富水软弱地层的暗挖施工固结地层。

4. 冻结法主要优缺点

(1) 主要优点:冻结加固的地层强度高;地下水封闭效果好;地层整体固结性好;对工程环境污染小。

(2) 主要缺点:成本较高;有一定的技术难度。

1K413043　掌握衬砌及防水施工要求

喷锚暗挖(矿山)法施工隧道通常采用。

一、防水结构施工原则

(二) 复合式衬砌与防水体系

1. 复合式衬砌设计,衬砌结构是由初期(一次)支护、防水层和二次衬砌所组成。

2. 复合式衬砌,以结构自防水为根本,辅加防水层组成防水体系,以变形缝、施工缝、后浇带、穿墙洞、预埋件、桩头等接缝部位混凝土及防水层施工为防水控制的重点。

二、施工方案选择

2. 在衬砌背后设置排水盲管(沟)或暗沟和在隧底设置中心排水盲沟时，配合衬砌一次施工。

3. 衬砌背后可采用注浆或喷涂防水层等方法止水。

三、复合式衬砌防水层施工

(一) 复合式衬砌防水层施工应优先选用射钉铺设，结构组成如图 1K413043 所示。

(三) 衬砌施工缝和沉降缝的止水带不得有割伤、破裂。

(四) 二衬混凝土施工

1. 二衬采用补偿收缩混凝土，具有良好的抗裂性能。

2. 二衬混凝土浇筑应采用组合钢模板体系和模板台车两种模板体系。对模板及支撑结构进行验算，以保证其具有足够的强度、刚度和稳定性。

3. 混凝土浇筑采用泵送模注，两侧边墙采用插入式振捣器振捣，底部采用附着式振动器振捣。混凝土浇筑应连续进行，两侧对称，水平浇筑。

1K413044　熟悉小导管注浆加固技术

一、适用条件与基本规定

(一) 适用条件

1. 小导管注浆支护加固技术可作为暗挖隧道常用的支护措施和超前加固措施。

2. 在软弱、破碎地层中成孔困难或易塌孔，宜采取超前小导管注浆和超前预加固处理方法。

(二) 基本规定

1. 小导管支护和超前加固必须配合钢拱架使用。

2. 采用小导管加固时，为保证工作面稳定和掘进安全，应确保小导管安装位置正确和足够的有效长度，严格控制好小导管的钻设角度。

二、技术要点

(一) 小导管布设

1. 常用设计参数：钢管直径 30～50 mm，钢管长 3～5 m，焊接钢管或无缝钢管；钢管钻设注浆孔间距为 100～150 mm，钢管沿拱的环向布置间距为 300 ～500 mm。小导管是受力杆件，因此两排小导管在纵向应有一定搭接长度，钢管沿隧道纵向的搭接长度一般不小于 1 m。

(二) 注浆材料

1. 可注性，固结后应有一定强度、抗渗、稳定、耐久和收缩小。可采用改性水玻璃浆、普通水泥单液浆、水泥—水玻璃双液浆、超细水泥四种注浆材料。——改性水玻璃浆适用于砂类土，水泥浆和水泥砂浆适用于卵石地层。

3. 注浆材料的选用和配比的确定，应根据工程条件，经试验确定。

(三) 注浆工艺

2. 在砂卵石地层中宜采用渗入注浆法；在砂层中宜采用劈裂注浆法；在黏土层中宜采用劈裂或电动硅化注浆法；在淤泥质软土层中宜采用高压喷射注浆法。

三、施工控制要点

(二) 保证注浆效果

2. 注浆时间和注浆压力应由试验确定，应严格控制注浆压力。

3. 注浆施工期应进行监测，监测项目通常有地(路) 面隆起、地下水污染等，特别是要采取必要措施防止注浆浆液溢出地面或超出注浆范围。

1K413045　熟悉管棚施工技术

一、结构组成与适用条件

(一) 结构组成

2. 管棚由钢管和钢拱架组成。

3. 管内应灌注水泥浆或水泥砂浆，以便提高钢管自身刚度和强度。

(二) 适用条件

1. 适用于软弱地层和特殊困难地段，对地层变形有严格要求的工程。

2. 通常，在下列施工场合应考虑采用管棚进行超前支护：(1) 穿越铁路修建地下工程；(2)穿越地下和地面结构物修建地下工程；(3)修建大断面地下工程；(4)隧道洞口段施工；(5)通过断层破碎带等特殊地层；(6)特殊地段，如大跨度地铁车站，重要文物保护区，河底、海底的地下工程施工等。

二、技术要点

(一) 主要材料要求

1. 管棚所用钢管一般选用直径 70～180 mm、壁厚 4～8 mm 的无缝钢管。一般情况下，短管棚采用的钢管每节长小于 10 m，长管棚采用的钢管每节长大于 10 m，或可采用出厂长度。

(二) 施工技术要点——管棚钢管环向布设间距一般为 2.0～2.5 倍的钢管直径。纵向两组管棚搭接的长度应大于 3 m。

1K414000　城市给水排水工程

1K414010　给水排水厂站工程结构与特点(选择题知识点)

1K414011　掌握厂站工程结构与施工方法

一、给排水厂站工程结构特点

(一) 厂站构筑物组成

1. 水处理(含调蓄)构筑物：给水处理构筑物、污水处理构筑物。

2. 工艺辅助构筑物。

3. 辅助建筑物，分为生产辅助性建筑物和生活辅助性建筑物。

4. 配套工程——厂内道路、厂区给排水、照明、绿化等工程。

5. 工艺管线——水处理构筑物之间、水处理构筑物与机房之间的各种连接管线。

(二) 构筑物结构形式与特点——多数采用地下或半地下钢筋混凝土结构

二、构筑物与施工方法

(一) 全现浇混凝土施工

1. 水处理(调蓄)构筑物的钢筋混凝土池体大多采用现浇混凝土施工。浇筑混凝土时应依据结构形式分段、分层连续进行。浇筑层高度应根据结构特点、钢筋疏密而定，一般为振捣器作用部分长度的 1.25 倍，最大不超过 500 mm。

2. 池壁高度大(12～18 m)时宜采用整体现浇施工，支模方法有满堂支模法和滑升模板法。前者模板与支架用量大，后者宜在池壁高度≥15 m 时采用。

(二) 单元组合现浇混凝土施工

1. 沉砂池、生物反应池、清水池大型池体的断面形式可分为圆形水池和矩形水池，宜采用单元组合式现浇混凝土结构。

2. 单元一次性浇注而成，底板单元间用聚氯乙烯胶泥嵌缝，壁板单元间用橡胶止水带接缝。

3. 大型矩形水池为避免裂缝渗漏，设计通常采用单元组合结构将水池分块(单元)浇筑。各块(单元)间留设后浇缝带，池体钢筋按设计要求一次绑扎好，缝带处不切断，待块(单元)养护 28 d 后，再采用比块(单元)强度高一个等级的混凝土或掺加 UEA 的补偿收缩混凝土灌筑后浇缝带使其连成整体。

(三) 预制拼装施工

1. 混凝土圆形水池宜采用装配式预应力钢筋混凝土结构，以便获得较好的抗裂性和不透水性。

2. 预制拼装施工的圆形水池可采用绕丝法、电热张拉法或径向张拉法进行壁板环向预应力施工。

3. 预制拼装施工的圆形水池在水池满水试验合格后，应及时进行钢丝保护层喷射混凝土施工。

(四) 砌筑施工

(五) 预制沉井施工

2. 预制沉井法施工通常采取排水下沉干式沉井方法和不排水下沉湿式沉井方法。前者适用于渗水量不大、稳定的黏性土；后者适用于比较深的沉井或有严重流砂的情况。排水下沉分为人工挖土下沉、机械挖土下沉、水力机械下沉。不排水下沉分为水下抓土下沉、水下水力吸泥下沉、空气吸泥下沉。

(六) 土膜结构水池施工

1. 氧化塘、生物塘等水池又称为塘体构筑物。

2. 基槽施工是塘体构筑物施工关键的分项工程。

3. 塘体的衬里类型有多种(如 PE、PVC、沥青、水泥混凝土、CPE 等)。

4. 塘体结构水工构筑物防渗施工是塘体结构施工的关键环节。

1K414012　熟悉给水与污水处理工艺流程

本条文简要介绍常见的城镇给水处理和污水处理工艺流程。

一、给水处理

(一) 处理方法与工艺

1. 水中含有的杂质,分为无机物、有机物和微生物三种,也可按杂质的颗粒大小以及存在形态分为悬浮物质、胶体和溶解物质三种。

3. 常用的给水处理方法(见表 1K414012-1)有自然沉淀(除粗大颗粒)、混凝沉淀(除胶体悬浮杂质)、过滤(除细微杂质、胶体悬浮杂质)、消毒(除病毒细菌)、软化(除钙镁,软化)、除铁除锰(地下水)。

(二) 工艺流程与适用条件(见表 1K414012-2)

工艺流程	适用条件
原水——简单处理(如筛网隔滤或消毒)	水质较好
原水—接触过滤—消毒	一般用于处理浊度和色度较低的湖泊水和水库水,进水悬浮物一般小于 100 mg/L,水质稳定、变化小且无藻类繁殖
原水—混凝、沉淀或澄清—过滤—消毒	一般地表水处理厂广泛采用的常规处理流程,适用于浊度小于 3 mg/L 河流水。可采用此流程对低蚀度、无污染的水不加凝聚剂或跨越沉淀直接过滤
原水—调蓄预沉—自然预沉淀或混凝沉淀—混凝沉淀或澄清—过滤—消毒	高浊度水二级沉淀,适用于含砂量大,砂峰持续时间长。预沉后原水含砂量应降低到 1 000 mg/L 以下,如部分地区的黄河水

(三) 预处理和深度处理

1. 按照对污染物的去除途径不同,预处理方法可分为氧化法和吸附法。生物氧化预处理技术主要采用生物膜法,其形式主要是淹没式生物滤池,如进行 TOC 生物降解、氮去除、铁锰去除等。吸附预处理技术,如用粉末活性炭吸附、黏土吸附等。

2. 深度处理——指在常规处理工艺之后,再通过适当的处理方法,将常规处理工艺不能有效去除的污染物或消毒副产物的前身物加以去除。活性炭吸附法、臭氧氧化法、臭氧活性炭法、生物活性炭法、光催化氧化法、吹脱法等。

二、污水处理

(一) 处理方法与工艺

1. 污染物可分为悬浮固体污染物、有机污染物、有毒物质、污染生物和污染营养物质。污水中有机物浓度一般用生物化学需氧量(BOD_5)、化学需氧量(COD)、总需氧量(TOD)和总有机碳(TOC)来表示。

2. 处理方法分为物理处理法、生物处理法、污水处理产生的污泥处置及化学处理法,还可根据处理程度分为一级处理、二级处理、三级处理等工艺流程。

(1) 物理处理方法——固体污染物质——筛滤截留(格栅)、重力分离(沉砂池、沉淀池)、离心分离(离心机)。相应处理设备主要有格栅、沉砂池、沉淀池及离心机等。

(2) 生物处理法——有机物质——活性污泥法、生物膜法。

3. 污泥处理——浓缩、厌氧消化、脱水及热处理等。

(二) 工艺流程

1. 一级处理——悬浮物质——物理方法——悬浮物去除可达 40%左右,有机物也可去除 30%左右。

2. 二级处理——有机污染物质——微生物处理法——活性污泥法和生物膜法——BOD_5 去除率可达 90%以上——二沉池出水能达标排放。

3. 三级处理——难降解的有机物、导致水体富营养化的氮、磷等可溶性无机物等——方法有生物脱氮除磷、混凝沉淀(澄清、气浮)、过滤、活性炭吸附等。

三、再生水回用

2. 再生水回用处理系统是将经过二级处理后的污水再进行深度处理。回用处理技术的选择主要取决于再生水水源的水质和回用水水质的要求。

3. 污水再生回用分为以下五类：(1)农、林、渔业用水；(2)城市杂用水；(3)工业用水；(4)环境用水；(5)补充水源水。

1K414013 了解给水与污水处理厂试运行

2. 基本程序

(1)单机试车；(2)设备机组充水试验；(3)设备机组空载试运行；(4)设备机组负荷试运行；(5)设备机组自动开停机试运行。

1K414020 给水排水厂站工程施工(案例题知识点)

1K414021 掌握现浇(预应力)混凝土水池施工技术

一、施工方案与流程

施工方案应包括结构形式、材料与配比、施工工艺及流程、模板及其支架设计(支架设计、验算)、钢筋加工安装、混凝土施工、预应力施工等主要内容。

二、施工技术要点

(一) 模板、支架施工

1. 模板及其支架应满足浇筑混凝土时的承载能力、刚度和稳定性要求。

2. 各部位的模板安装位置正确，拼缝紧密不漏浆。在安装池壁的最下一层模板时，应在适当位置预留清扫杂物用的窗口。在浇筑混凝土前，应将模板内部清扫干净，经检验合格后，再将窗口封闭。

3. 跨度不小于 4 m 的现浇钢筋混凝土梁、板，起拱高度宜为跨度的 1/1 000～3/1 000。

6. 池壁与顶板连续施工时，池壁内模立柱不得同时作为顶板模板立柱。顶板支架的斜杆或横向连杆不得与池壁模板的杆件相连接。池壁模板可先安装一侧，绑完钢筋后，分层安装另一侧模板，或采用一次安装到顶而分层预留操作窗口的施工方法。

(二) 止水带安装

2. 塑料或橡胶止水带接头应采用热接，不得采用叠接。

4. 金属止水带接头应按其厚度分别采用折叠咬接或搭接。搭接长度不得小于 20 mm，咬接或搭接必须采用双面焊接。

6. 止水带安装应牢固，位置准确，其中心线应与变形缝中心线对正，带面不得有裂纹、孔洞等。不得在止水带上穿孔或用铁钉固定就位。

(三) 钢筋施工

2. 根据设计保护层厚度、钢筋级别、直径和弯钩要求确定下料长度并编制钢筋下料表。主要采取绑扎、焊接、机械连接方式。

5. 钢筋安装质量检验应在混凝土浇筑之前对安装完毕的钢筋进行隐蔽验收。

(四) 无粘结预应力筋施工

1. 无粘结预应力筋技术要求

(1) 预应力筋外包层材料，应采用聚乙烯或聚丙烯，严禁使用聚氯乙烯。

2. 无粘结预应力筋布置安装

(1) 锚固肋数量和布置，应符合设计要求；设计无要求时，应保证张拉段无粘结预应力筋长不超过 50 m，且锚固肋数量为双数；(3)应在浇筑混凝土前安装、放置；(4)无粘结预应力筋不应有死弯，有死弯时必须切断；(5)无粘结预应力筋中严禁有接头。

3. 无粘结预应力筋张拉

(1) 张拉段无粘结预应力筋长度小于 25 m 时，宜采用一端张拉；张拉段无粘结预应力筋长度大于25 m 而小于 50 m 时，宜采用两端张拉；张拉段无粘结预应力筋长度大于 50 m 时，宜采用分段张拉和锚固。

4. 封锚要求

(3) 封锚混凝土强度等级不得低于相应结构混凝土强度等级，且不得低于 C40。

(五) 混凝土施工

1. 钢筋(预应力)混凝土水池(构筑物)是给水排水厂站工程施工控制的重点。对于结构混凝土有抗冻、抗渗、抗裂要求，必须从原材料、配合比、混凝土供应、浇筑、养护各环节加以控制。

3. 混凝土浇筑后应加遮盖洒水养护，保持湿润并不应少于 14 d。

（六）模板及支架拆除

2. 采用整体模板时，侧模板应在混凝土强度能保证其表面及棱角不因拆除模板而受损坏时，方可拆除（2.5 MPa）。底模板应在与结构同条件养护的混凝土试块达到规定强度，方可拆除。

1K414022　掌握装配式预应力混凝土水池施工技术

一、预制构件吊运安装

（一）构件吊装方案

1.工程概况；2.主要技术措施；3.吊装进度计划；4.质量安全保证措施；5.环保、文明施工保证措施。

（二）预制构件安装

1. 安装前应经复验合格；有裂缝的构件，应进行鉴定。标注中心线，并在杯槽、杯口上标出中心线；壁板两侧面宜凿毛。

2. 曲梁宜采用三点吊装。吊绳与预制构件平面的交角不应小于 45°，否则应进行强度验算。

二、现浇壁板缝混凝土

底板混凝土施工质量和预制混凝土壁板质量满足抗渗标准外，现浇壁板缝混凝土也是防渗漏的关键。

1. 内模宜一次安装到顶；外模应分段随浇随支。分段支模高度不宜超过 1.5 m。

2. 接缝的混凝土强度应符合设计规定，设计无要求时，应比壁板混凝土强度提高一级。

3. 浇筑在壁板间缝宽较大时进行；混凝土如有离析现象，应进行二次拌和；混凝土分层浇筑厚度不宜超过 250 mm。

4. 采取微膨胀和快速水泥。

三、绕丝预应力施工

（一）环向缠绕预应力钢丝

2. 缠绕钢丝施工

(2) 缠绕预应力钢丝，应由池壁顶向下进行，第一圈距池顶不宜大于 500 mm。

(3) 池壁两端不能用绕丝机缠绕的部位，应在顶端和底端附近局部加密或改用电热张拉。

(5) 每缠一盘钢丝应测定一次钢丝应力。

（二）张拉施工

1. 准备工作

(1) 张拉前，应根据电工、热工等参数计算伸长值，并应取一环作试张拉，进行验证。

(2) 预应力筋的弹性模量应由试验确定。

2. 张拉作业

(1) 张拉顺序，设计无要求时，可由池壁顶端开始，逐环向下。

(8) 伸长值控制允许偏差不得超过±6%；经电热达到规定的伸长值后，应立即进行锚固。

(10) 张拉应一次完成；必须重复张拉时，同一根钢筋的重复次数不得超过 3 次。

四、喷射水泥砂浆保护层施工

（一）准备工作

1. 喷射水泥砂浆保护层，应在水池满水试验合格后施工（以便于直观检查壁板及板缝有无渗漏，也方便处理），而且必须在水池满水状况下施工。

4. 正式喷浆前应先作试喷。

（二）喷射作业

2. 喷射距离以砂子回弹量少为宜，斜面喷射角度不宜大于 15°。喷射应从水池上端往下进行。

3. 喷浆宜在气温高于 15℃时施工，当有六级（含）以上大风、降雨、冰冻时不得进行喷浆施工。

4. 一般条件下，喷射水泥砂浆保护层厚 50 mm。

6. 在喷射水泥砂浆保护层凝结后，应加遮盖、保持湿润不应少于 14 d。

1K414023　掌握构筑物满水试验的规定

一、试验必备条件与准备工作

(一) 满水试验前必备条件

1. 池体的混凝土或砖、石砌体的砂浆已达到设计强度要求。

2. 现浇钢筋混凝土池体的防水层、防腐层施工之前;装配式预应力混凝土池体施加预应力且锚固端封锚以后,保护层喷涂之前;砖砌池体防水层施工以后,石砌池体勾缝以后。

3. 设计预留孔洞、预埋管口及进出水口等已做临时封堵。

4. 池体抗浮稳定性满足设计要求。

5. 试验用的充水、充气和排水系统已准备就绪。

6. 各项保证试验安全的措施已满足要求。

二、水池满水试验与流程

(二) 试验要求

1. 池内注水

(1) 向池内注水宜分3次进行,每次注水为设计水深的1/3。对大、中型池体,可先注水至池壁底部施工缝以上,检查底板抗渗质量。

(2) 注水时水位上升速度不宜超过2 m/d。相邻两次注水的间隔时间不应少于24 h。

(3) 每次注水宜测读24 h的水位下降值,计算渗水量。

2. 水位观测——水位测针的读数精确度应达1/10 mm。

(3) 注水至设计水深24 h后,开始测读水位测针的初读数。

(4) 测读水位的初读数与末读数之间的间隔时间应不少于24 h。

3. 蒸发量测定

(2) 池体无盖时,需作蒸发量测定。(3)每次测定水池中水位时,同时测定水箱中蒸发量水位。

三、满水试验标准

(一) 水池渗水量计算,按池壁(不含内隔墙)和池底的浸湿面积计算。

(二) 渗水量合格标准。钢筋混凝土结构水池不得超过2 L/(m^2·d);砌体结构水池不得超过3 L/(m^2·d)(渗水面积应考虑池底加池壁)。

1K414024 掌握沉井施工技术

适用于含水、软土地层条件下半地下或地下泵房等构筑物施工。

一、沉井准备工作

(一) 基坑准备

1. 按施工方案要求进行施工平面布置,设定沉井中心桩、轴线控制桩、基坑开挖深度及边坡。

2. 沉井施工影响附近建(构)筑物、管线或河岸设施时应采取控制措施,并应进行沉降和位移监测,测点应设在不受施工干扰和方便测量的地方。

3. 地下水位应控制在沉井基坑以下0.5 m。

(二) 地基与垫层施工

2. 刃脚的垫层采用砂垫层上铺垫木或素混凝土。

二、沉井预制

(一) 混凝土应对称、均匀、水平地连续分层浇筑,并应防止沉井偏斜。

(二) 分节制作沉井

2. 设计无要求时,混凝土强度应达到设计强度等级75%后,方可拆除模板或浇筑后节混凝土。

3. 混凝土施工缝处理应采用凹凸缝或设置钢板止水带,施工缝应凿毛并清理干净;内外模板采用对拉螺栓固定时,其对拉螺栓的中间应设置防渗止水片。

5. 分节制作、分次下沉的沉井,前次下沉后进行后续接高施工。

(1) 应验算接高后稳定系数等,并应及时检查沉井的沉降变化情况。

(2) 后续各节的模板不应支撑于地面上,模板底部应距地面不小于1 m。

三、下沉施工

(一) 排水下沉

2. 下沉过程中应进行连续排水,保证沉井范围内地层水疏干。

3. 挖土应分层、均匀、对称地进行；对于有底梁或支撑梁沉井，其相邻格仓高差不宜超过 0.5 m。

（二）不排水下沉

1. 沉井内水位应符合施工设计控制水位；下沉有困难时，应根据内外水位、井底开挖几何形状、下沉量及速率、地表沉降等监测资料综合分析调整井内外的水位差。

（三）沉井下沉控制

1. 下沉应平稳、均衡、缓慢，发生偏斜"随挖随纠、动中纠偏"。

3. 沉井下沉影响范围内的地面四周不得堆放任何东西，车辆来往要减少震动。

4. 沉井下沉监控测量。

(1) 下沉时标高、轴线位移每班至少测量一次。每次下沉稳定后应进行高差和中心位移量的计算。

(2) 终沉时，每小时测一次，严格控制超沉，沉井封底前自沉速率应小于 10 mm/8 h。

(3) 如发生异常情况应加密量测。

(4) 大型沉井应进行结构变形和裂缝观测。

（四）辅助法下沉

1. 沉井外壁采用阶梯形以减少下沉摩擦阻力时，在井外壁与土体之间应有专人随时用黄砂均匀灌入，四周灌入黄砂的高差不应超过 500 mm。

2. 采用触变泥浆套助沉时，应采用自流渗入、管路强制压注补给等方法；下沉到位后应进行泥浆置换。

3. 采用空气幕助沉。

4. 沉井采用爆破方法开挖下沉。

四、沉井封底

（一）干封底

1. 在井点降水条件下施工的沉井应继续降水，并稳定保持地下水位距坑底不小于 0.5 m。

3. 采用全断面封底时，混凝土垫层应一次性连续浇筑；有底梁或支撑梁分格封底时，应对称逐格浇筑。

5. 封底前应设置泄水井，底板混凝土强度达到设计强度等级且满足抗浮要求时，方可封填泄水井，停止降水。

（二）水下封底

5. 水下混凝土封底的浇筑顺序，应从低处开始，逐渐向周围扩大。

6. 每根导管的混凝土应连续浇筑，且导管埋入混凝土的深度不宜小于 1.0 m。各导管间混凝土浇筑面的平均上升速度不应小于 0.25 m/h。

7. 水下封底混凝土强度达到设计强度等级，沉井能满足抗浮要求时，方可将井内水抽除，并凿除表面松散混凝土进行钢筋混凝土底板施工。

1K414025　熟悉水池施工中的抗浮措施

一、当构筑物设有抗浮设计时

1. 当地下水位高于基坑底面时，水池基坑施工前必须采取人工降水措施，把水位降至基坑底下不少于 500 mm。

2. 在水池底板混凝土浇筑完成并达到规定强度时，应及时施做抗浮结构。

二、当构筑物无抗浮设计时，水池施工应采取抗浮措施

（一）下列水池（构筑物）工程施工应采取降排水措施

1. 受地表水、地下动水压力作用影响的地下结构工程。

2. 采用排水法下沉和封底的沉井工程。

3. 基坑底部存在承压含水层（见 1K411024），且经验算基底开挖面至承压含水层顶板之间的土体重力不足以平衡承压水水头压力，需要减压降水的工程。

（二）施工过程降排水要求

1. 选择可靠的降低地下水位方法。

4. 在施工过程中不得间断降排水，并应对降排水系统进行检查和维护；构筑物未具备抗浮条件时，严禁停止降排水。

三、当构筑物无抗浮设计时，雨汛期施工过程必须采取抗浮措施

(1) 基坑四周设防汛墙，防止外来水进入基坑。

(2) 构筑物下及基坑内四周埋设排水盲管(盲沟)和抽水设备。

(3) 备有应急供电和排水设施并保证其可靠性。

2. 引入地下水和地表水等外来水进入构筑物。

1K415000 城市管道工程

1K415010 城市给水排水管道工程施工(案例题知识点)

1K415011 掌握开槽管道施工技术

一、沟槽施工方案

(一) 主要内容

1. 沟槽施工平面布置图及开挖断面图。

2. 沟槽形式、开挖方法及堆土要求。

3. 无支护沟槽的边坡要求；有支护沟槽的支撑形式、结构、支拆方法及安全措施。

4. 施工设备机具要求。

5. 护坡和防止沟槽坍塌的安全技术措施。

6. 施工安全、文明施工、沿线管线及构(建)筑物保护要求等。

7. 当沟槽无法自然放坡时，边坡应有支护设计，并应计算每侧临时堆土或施加其他荷载，进行边坡稳定性验算。

二、沟槽开挖与支护

(一) 分层开挖及深度

1. 人工开挖沟槽的槽深超过 3 m 时应分层开挖，每层的深度不超过 2 m。

2. 人工开挖多层沟槽的层间留台宽度：放坡开槽时不应小于 0.8 m，直槽时不应小于 0.5 m，安装井点设备时不应小于 1.5 m。

3. 采用机械挖槽时，沟槽分层的深度按机械性能确定。

(二) 沟槽开挖规定

1. 槽底原状地基土不得扰动，槽底预留 200～300 mm 土层，由人工开挖至设计高程，整平。

2. 槽底局部扰动或受水浸泡时，宜采用天然级配砂砾石或石灰土回填。

3. 槽底土层为杂填土、腐蚀性土时，应全部挖除并按设计要求进行地基处理。

(三) 支撑与支护

2. 撑板支撑应随挖土及时安装。

3. 采用横排撑板支撑时，开始支撑的沟槽开挖深度不得超过 1.0 m；开挖与支撑交替进行，每次交替的深度宜为 0.4～0.8 m。

5. 拆除支撑前，应对沟槽两侧的建筑物、构筑物和槽壁进行安全检查。

7. 拆除撑板应制定安全措施，配合回填交替进行。

三、地基处理与安管

(一) 地基处理

2. 槽底局部超挖或发生扰动时，超挖深度不超过 150 mm 时，可用挖槽原土回填夯实；槽底地基土壤含水量较大，应采取换填等有效措施。

3. 排水不良造成地基土扰动时，扰动深度在 100 mm 以内，宜填天然级配砂石或砂砾处理。扰动深度在 300 mm 以内，但下部坚硬时，宜填卵石或块石，并用砾石填充空隙并找平表面。

5. 柔性管道地基处理宜采用砂桩、搅拌桩等复合地基。

(二) 安管

2. 采用法兰和胶圈接口时，严格控制上、下游管道接装长度、中心位移偏差及管节接缝宽度和深度。

3. 采用焊接接口时，两端管的环向焊缝处齐平，错口的允许偏差应为 0.2 倍壁厚，内壁错边量不宜超过管壁厚度的 10%，且不得大于 2 mm。

4. 采用电熔连接、热熔连接接口时，应选择在当日温度较低或接近最低时进行。

5. 金属管道应按设计要求进行内外防腐施工和施做阴极保护工程。

1K415012　掌握不开槽管道施工方法选择要点

常用顶管法、盾构法、浅埋暗挖法、地表式水平定向钻法、夯管法等。

一、方法选择与设备选型依据

(一) 工程设计文件和项目合同

施工单位应按中标合同文件和设计文件进行具体方法和设备的选择。

(二) 工程详勘资料

1. 开工前施工单位应仔细核对建设单位提供的工程勘察报告，进行现场沿线的调查；特别是已有地下管线和构筑物应进行人工挖探孔(通称坑探)确定其准确位置，以免施工造成损坏。

二、施工方法与适用条件——表 1K415012

密闭式顶管、盾构、浅埋暗挖适用于各种土层；定向钻、夯管不适用于砂卵石及含水地层。

三、施工方法与设备选择的有关规定

(一) 顶管方法

1. 采用敞口式(手掘式)顶管机时，应将地下水位降至管底以下不小于 0.5 m 处。

2. 当周围环境要求控制地层变形或无降水条件时，宜采用封闭式的土压平衡或泥水平衡顶管机施工；目前城市改扩建给水排水管道工程多数采用顶管法施工。

3. 顶管法对邻近建(构)筑物、管线，应采用土体加固或其他有效的保护措施。

(二) 盾构机——用于穿越地面障碍的给水排水主干管道工程，直径一般在 3 000 mm 以上。

(三) 浅埋暗挖施工——城区地下障碍物较复杂地段，采用浅埋暗挖施工管(隧)道是较好的选择。

(四) 定向钻机——较大埋深穿越道路桥涵的长距离地下管道。

(五) 夯管锤——城镇区域下穿较窄道路的地下管道施工。

四、设备施工安全有关规定

(一) 施工设备、装置应满足施工要求，并应符合下列规定：

1. 施工设备、主要配套设备和辅助系统安装完成后，应经试运行及安全性检验，合格后方可掘进作业。

4. 作业面移动照明应采用低压供电。

6. 采用起重设备或垂直运输系统。

(1) 起重设备必须经过起重荷载计算；(2)使用前应按有关规定进行检查验收，合格后方可使用；(3)起重作业前应试吊，吊离地面 100 mm 左右；(4)严禁超负荷使用。

(二) 监控测量

施工中应根据设计要求、工程特点及有关规定，对管(隧)道沿线影响范围地表或地下管线等建(构)筑物设置观测点，进行监控测量。监控测量的信息应及时反馈，以指导施工，发现问题及时处理。

1K415013　掌握管道功能性试验的规定

给水排水管道功能性试验分为压力管道的水压(给水)试验和无压管道的严密性试验(排水)。

一、基本规定

(一) 水压试验(压力管道)

1. 压力管道分为预试验和主试验阶段。试验合格的判定依据分为允许压力降值和允许渗水量值。设计无要求时，应根据工程实际情况，选用其中一项值或同时采用两项值作为试验合格的最终判定依据。

2. 压力管道水压试验进行实际渗水量测定时，宜采用注水法进行。

3. 管道采用两种(或两种以上)管材时，宜按不同管材分别进行试验。不具备分别试验的条件必须组合试验，且设计无具体要求时，应采用不同管材的管段中试验控制最严的标准进行试验。

(二) 严密性试验(无压管道)

1. 污水、雨污水合流管道及湿陷土、膨胀土、流砂地区的雨水管道，必须经严密性试验合格后方可投入运行。

2. 管道的严密性试验分为闭水试验和闭气试验，设计无要求时，应根据实际情况选择闭水试验或闭气试验。

4. 不开槽施工的内径大于或等于 1 500 mm 的钢筋混凝土结构管道，设计无要求且地下水位高于管道顶部时，可采用内渗法测渗水量。

（三）大口径球墨铸铁管、玻璃钢管、预应力钢筒混凝土管或预应力混凝土管等管道单口水压试验合格，且设计无要求时：

1. 压力管道可免去预试验阶段，而直接进行主试验阶段。

2. 无压管道应认同严密性试验合格，无需进行闭水或闭气试验。

（四）管道的试验长度

1. 压力管道水压试验的管段长度不宜大于 1.0 km。

2. 无压力管道的闭水试验、带井试验，若条件允许，可一次试验不超过 5 个连续井段。

二、管道试验方案与准备工作

（二）压力管道试验准备工作

1. 试验管段所有敞口应封闭。

2. 试验管段不得用闸阀做堵板，不得含有消火栓、水锤消除器、安全阀等附件。

（三）无压管道闭水试验准备工作

2. 管道未回填土且沟槽内无积水。

3. 全部预留孔应封堵。

4. 管道两端堵板承载力经核算应大于水压力的合力。

5. 顶管施工，其注浆孔封堵且管口按设计要求处理完毕，地下水位于管底以下。

（四）闭气试验适用条件

1. 混凝土类的无压管道在回填土前进行的严密性试验。

2. 地下水位应低于管外底 150 mm，环境温度为－15～50℃。

3. 下雨时不得进行闭气试验。

（五）管道内注水与浸泡

1. 应从下游缓慢注入，高点应设置排气阀。

2. 浸泡时间规定：

(1) 铸铁管、钢管、化学建材管不少于 24 h；(2)内径小于 1 000 mm 的混凝土管不少于 48 h；(3)内径大于 1 000 mm 的混凝土管不少于 72 h。

三、试验过程与合格判定

（一）水压试验(压力管道)

1. 预试验阶段—— 缓慢升到试验压力并稳压 30 min，可注水补压，检查管道接口、配件等处有无漏水、损坏现象。

2. 主试验阶段——停止注水补压，稳定 15 min 压力下降不超过所允许压力下降数值，降至工作压力 30 min，无漏水现象，则水压试验合格。

（二）闭水试验(无压管道)

1. 试验水头——试验段上游设计水头不超过管顶内壁时，试验段上游管顶内壁加 2 m 计；试验段上游设计水头超过管顶内壁时，上游设计水头加 2 m 计；计算出的试验水头小于 10 m，但已超过上游检查井井口时，以上游检查井井口高度为准。

2. 计时观测管道的渗水量，补水保持试验水头恒定，观测时间不得少于 30 min，渗水量不超过允许值试验合格。

（三）闭气检验(无压管道)

1. 排水管道两端用管堵密封，然后向管道内填充空气至一定的压力，在规定闭气时间测定管道内气体的压降值。

2. 达到 2 000 Pa 时开始计时，标准闭气时间计时结束，实测气体压力 $P\geqslant 1\ 500$ Pa 则管道闭气试验合格，反之为不合格。

1K415014 熟悉砌筑沟道施工要点

一、基本要求

（一）材料

1. 机制烧结砖一般不低于 MU10。

2. 石材强度不得小于 30 MPa。

4. 水泥砂浆，其强度等级应符合设计要求，且不应低于 M10。

（二）一般规定

1. 砌筑前应检查地基或基础，确认其中线高程、基坑（槽）应符合规定，地基承载力符合设计要求，并检验。

2. 砌筑应采用满铺满挤法。砌体应上下错缝、内外搭砌、丁顺规则有序。

4. 砌体的沉降缝、变形缝、止水缝应位置准确、砌体平整、砌体垂直贯通，缝板、止水带安装正确，砌体的沉降缝、变形缝应与基础的沉降缝、变形缝贯通。

（二）砖砌拱圈

4. 砌筑应自两侧向拱中心对称进行，灰缝匀称，拱中心位置正确；灰缝砂浆饱满严密。

5. 应采用退茬法砌筑，每块砌块退半块留茬，拱圈应在 24 h 内封顶。

（四）圆井砌筑

1. 排水管道检查井内的流槽，宜与井壁同时进行砌筑。

2. 圆井采用砌块逐层砌筑收口时，四面收口的每层收进不应大于 30 mm，偏心收口的每层收进不应大于 50 mm。

（五）砂浆抹面

2. 水泥砂浆抹面宜分两道，第一道抹面应刮平使表面造成粗糙纹，第二道抹平后应分两次压实抹光。

4. 抹面砂浆终凝后，应及时保持湿润养护，养护时间不宜少于 14 d。

（六）石砌体勾缝

2. 勾缝灰浆宜采用细砂拌制的 1∶1.5 水泥砂浆；砂浆嵌入深度不应小于 20 mm。

1K415015　了解给排水管网维护与修复技术

一、城市管道维护

二、管道修复与更新

（一）局部修补

2. 局部修补要求解决的问题包括：

(1) 提供附加的结构性能，以有助于受损坏管能承受结构荷载；(2)提供防渗的功能；(3)能代替遗失的管段等。

局部修补主要用于管道内部的结构性破坏以及裂纹等的修复——密封法、补丁法、铰接管法、局部软衬法、灌浆法、机器人法等。

（二）全断面修复

1. 内衬法——插管法(管中管的结构)在新旧管之间的环形间隙内灌浆，予以固结，——施工简单，速度快，断面受损失较大、环形间隙要求灌浆、只用于圆形断面；可适应大曲率半径的弯管。

2. 缠绕法——螺旋缠绕机，加筋条带缠绕在旧管内壁——长距离施工，施工速度快，过流断面会有损失——可适应大曲率半径的弯管和管径的变化。

3. 喷涂法——旧管内形成结构性内衬——优点是不存在支管的连接问题，过流断面损失小，固化需要一定的时间——可适应管径、断面形状、弯曲度的变化。

（三）管道更新——可用相同或稍大直径的新管更换旧管

1. 破管外挤——爆管法或胀管法——优点是破除旧管和完成新管一次完成，施工速度快，对地表的干扰少；可以利用原有检查井。缺点是不适合弯管的更换；地面隆起；邻管线的损坏；分支管的连接需开挖进行。

2. 破管顶进——较坚硬的土层，旧管破碎后外挤存在困难——优点是对地表和土层无干扰；可在复杂的土层中施工，尤其是含水层；能够更换管线的走向和坡度已偏离的管道；基本不受地质条件限制。缺点是需开挖两个工作井。新管为球墨铸铁管、玻璃钢管、混凝土管或陶土管。

1K415020　城市供热管道工程施工

1K415021　掌握供热管道施工与安装要求

一、施工前的准备工作

（一）技术准备

1. 组织有关技术人员熟悉施工图纸，搞好图纸会审；认真听取设计人员的技术交底，领会设计意图；组织编制施工组织设计（施工方案），按要求履行审批手续。对危险性较大的分部、分项工程，按住房和城乡建设部要求组织专家进行论证，依据论证要求补充、修改施工方案。

4. 与建设单位办理地下管线及建（构）筑物资料移交手续。

6. 穿越既有设施或建（构）筑物的施工方法、工作坑的位置及工程进行步骤应取得穿越部位相关产权或管理单位的同意与配合。

（二）物资准备

1. 对管材和附件进行入场检验，钢管的材质、规格和壁厚偏差应符合国家现行规定，必须具有制造厂的合格证书或质量证明书及材料质量复验报告。

对受监察的承压元件（管子、弯头、三通等），其质量证明文件和制造资质还应符合特种设备安全监察机构的有关规定。

钢外护管、真空复合保温管和管件应逐件进行外观检验和电火花检测。

2. 供热管网中所用的阀门等附件，必须有制造厂的产品合格证。重要阀门应由工程所在地（经有关单位认可的）有资质的检测部门进行强度和严密性试验，检验合格后，定位使用。

二、施工技术及要求

（一）土方开挖至槽底标高后，应由施工和监理等单位共同验收地基，必要时还应有勘察、设计人员参加。

（二）管道安装前，应完成支、吊架的安装及防腐处理。支、吊架的位置应准确、平整、牢固，标高和坡度符合设计规定。

（三）供热管道的连接方式主要有螺纹连接（丝接）、法兰连接和焊接连接。螺纹连接仅适用于小管径、低压力和较低温度的情况。供热网管道的连接一般应采用焊接连接方式。

（四）对接管口时，应检查管道平直度，在距接口中心 200 mm 处测量，允许偏差 1 mm，在所对接管子的全长范围内，最大偏差值应不超过 10 mm。

（五）采用偏心异径管（大小头）时，蒸汽管道的变径以管底相平（俗称底平）安装在水平管路上，以便于排除管内冷凝水；热水管道变径以管顶相平（俗称顶平）安装在水平管路上，以利于排除管内空气。

（六）施工间断时，管口应用堵板封闭。

（七）距补偿器 12 m 范围内管段不应有变坡和转角。两个固定支座之间的直埋蒸汽管道不宜有折角。

（八）直埋蒸汽管道的工作管，必须采用有补偿的敷设方式，钢质外护管宜采用无补偿方式敷设。

（九）管道穿过基础、墙壁、楼板处，应安装套管或预留孔洞；穿墙套管每侧应出墙 20～25 mm；穿过楼板的套管应高出板面 50 mm。

三、管道附件安装要求

（一）补偿器安装

补偿器安装前，管道和固定支架之间不得进行固定。

Ⅱ形补偿器应水平安装。

补偿器的两端，至少应各设有一个导向支架。

环境温度低于补偿零点（设计的最高温度与最低温度差值的 1/2）时，应对补偿器进行预拉伸。

有流向标记（箭头）的补偿器，安装时应使流向标记与管道介质流向一致。

补偿器的临时固定装置在管道安装、试压、保温完毕后，应将紧固件松开。

（二）管道支架（托架、吊架、支墩、固定墩等）安装

管道支架制作与安装是管道安装中的第一道工序。

支架在预制的混凝土墩上安装时，混凝土的抗压强度必须达到设计要求。

管道支架的支承表面的标高可以采用在其上都加设金属垫板的方式进行调整，但金属垫板不得超过两层。

固定支架处的固定角板，只允许与管道焊接，切忌与固定支架结构焊接。

无热位移管道滑托、吊架的吊杆应垂直于管道轴线安装；有热位移管道滑托、吊架的吊杆中心应处于

与管道位移方向相反的一侧。

弹簧的临时固定件，应待管道安装、试压、保温完毕后拆除。

（三）阀门安装

阀门吊装搬运时，钢丝绳应拴在法兰处，不得拴在手轮或阀杆上。

阀门应清理干净，并严格按指示标记及介质流向确定其安装方向，采用自然连接，严禁强力对口。

当阀门与管道以法兰或螺纹方式连接时，阀门应在关闭状态下安装。

当阀门与管道以焊接方式连接时，阀门不得关闭。

四、管道回填

回填土中不得含有碎砖、石块、大于100 mm的冻土块及其他杂物。管顶或结构顶以上500 mm范围内，应采用轻夯夯实。当管道回填土夯实至距管顶不小于0.3 m后，将黄色印有文字的聚乙烯警示带连续平敷在管道正上方的位置。

1K415022　掌握供热管道功能性试验的规定

供热管道压力试验分为强度和严密性试验。

试验中所用压力表的精度等级不得低于1.5级，量程应为试验压力的1.5～2倍，压力表应在检定有效期内。压力表应安装在试验泵出口和试验系统末端。

一、强度试验

管线施工完成后，经检查除现场组装的连接部位（如焊接连接、法兰连接等）外，其余均符合设计文件和相关标准的规定后，方可进行强度试验。

强度试验在管道接口防腐、保温施工及设备安装前进行。

试验介质为洁净水，环境温度在5℃以上。

试验压力为设计压力的1.5倍，稳压10 min，检查无渗漏、无压力降后降至设计压力，稳压30 min，检查无渗漏、无异常声响、无压力降为合格。当试验过程中发现渗漏时，严禁带压处理。

二、严密性试验

严密性试验应在试验范围内的管道全部安装完成后进行。回填土及填充物已满足设计要求。

严密性试验压力为设计压力的1.25倍，且不小于0.6 MPa。

一级管网稳压1 h内压力降不大于0.05 MPa；二级管网稳压30 min内压力降不大于0.05 MPa，且管道、焊缝、管路附件及设备无渗漏，固定支架无明显变形的为合格。

钢外护管焊缝的严密性试验应在工作管压力试验合格后进行。试验介质为空气。

三、试运行

按建设单位、设计单位认可的参数进行试运行，试运行的时间应为连续运行72 h。

工作介质的升温速度，应控制在不大于10℃/h。紧固件的热拧紧，应在0.3 MPa压力以下进行。

特别要重点检查支架的工作状况。

对于已停运两年或两年以上的直埋蒸汽管道，运行前应按新建管道要求进行吹洗和严密性试验。新建或停运时间超过半年的直埋蒸汽管道，冷态启动时必须进行暖管。

1K415023　熟悉供热管网附件及供热站设施安装要点

一、供热管网附件

（一）补偿器——为了释放温度变形，消除温度应力，以确保管网运行安全。

3. 补偿器类型

（1）自然补偿——利用管路几何形状所具有的弹性来吸收热变形——缺点是管道变形时会产生横向的位移，而且补偿的管段不能很大。——分为L形和Z形两种，安装时应正确确定弯管两端固定支架的位置。

（2）人工补偿

方形补偿器——制造方便，补偿量大，轴向推力小，占地面积较大。

填料式补偿器——安装方便，占地面积小，流体阻力较小，轴向推力较大，易漏水漏气。

球形补偿器——占用空间小，节省材料，不产生推力；缺点是易漏水、漏气。

波形补偿器——结构紧凑，只发生轴向变形，空间位置小；缺点是制造比较困难，补偿能力小，轴向推力大。

自然补偿器、方形补偿器和波形补偿器是利用补偿材料的变形来吸收热伸长的，而填料式补偿器和球形补偿器则是利用管道的位移来吸收热伸长的。

旋转补偿器——无应力状态，补偿距离长，无内压推力，密封性能好，耐高压。

（二）管道支架

按约束作用不同，可分为活动支架和固定支架；按结构形式，可分为托架、吊架和管卡三种。

1. 固定支架。

2. 活动支架。

(1)滑动支架；(2)导向支架(作用是使管道在支架上滑动时不致偏离管轴线)；(3)滚动支架；(4)悬吊支架。

（三）阀门

1. 闸阀——全启或全闭操作的阀门。

2. 截止阀——切断介质通路，也可调节流量和压力。

3. 柱塞阀。

4. 止回阀——阻止其逆向流动。

5. 蝶阀。

6. 球阀——快速切断。阻力小，启闭迅速，结构简单，密封性能好。

7. 安全阀——介质工作压力超过允许压力数值时，安全阀自动打开向外排放介质，随着介质压力的降低，安全阀将重新关闭。

8. 减压阀。

9. 疏水阀。

10. 平衡阀。

二、供热站

（一）供热站房设备间的门应向外开。

（二）管道及设备安装前，土建施工单位、工艺安装单位及监理单位应对预埋吊点的数量及位置，设备基础位置、表面质量、几何尺寸、标高及混凝土质量，预留孔洞的位置、尺寸及标高等共同复核检查，并办理书面交验手续。

（八）蒸汽管道和设备上的安全阀应有通向室外的排气管。热水管道和设备上的安全阀应有接到安全地点的排水管。

（九）泵的吸入管道和输出管道应有各自独立、牢固的支架，泵不得直接承受系统管道、阀门等的重量和附加力矩。

（十一）泵的试运转应在其各附属系统单独试运转正常后进行，泵在额定工况下连续试运转时间不应少于 2 h。

（十二）供热站内所有系统应进行严密性试验。

（十三）供热站试运行应在建设单位、设计单位认可的参数下进行，试运行的时间应为连续运行 72 h。

1K415024　了解供热管道的分类

一、按热媒种类分类

二、接所处位置分类

一级管网——由热源至热力站的供热管道；二级管网——由热力站至热力用户的供热管道。

四、按系统形式分类

闭式系统——设备多，热损失小；开式系统——设备少，补充量大。

1K415030　城市燃气管道工程施工

1K415031　掌握燃气管道施工与安装要求

一、工程基本规定

（一）燃气管道对接安装引起的误差不得大于 3°，否则应设置弯管。

燃气管道与建筑物、构筑物、基础或相邻管道之间的水平和垂直净距要求不一致时，应满足要求严格的。无法满足上述安全距离时，应将管道设于管道沟或钢性套管的保护设施中。

（三）管道埋设的最小覆土厚度

地下燃气管道埋设的最小覆土厚度（路面至管顶）应符合下列要求：埋设在车行道下时，不得小于0.9 m；埋设在非车行道下时，不得小于0.6 m；埋设在庭院时，不得小于0.3 m；埋设在水田下时，不得小于0.8 m。

（四）地下燃气管道不宜与其他管道或电缆同沟敷设。

二、燃气管道穿越构（建）筑物

（一）不得穿越的规定

1. 地下燃气管道不得从建筑物和大型构筑物的下面穿越。

2. 地下燃气管道不得在堆积易燃、易爆材料和具有腐蚀性液体的场地下面穿越。

（二）地下燃气管道穿过排水管、热力管沟、联合地沟、隧道及其他各种用途沟槽时，应将燃气管道敷设于套管内。

（三）燃气管道穿越铁路、高速公路、电车轨道和城镇主要干道时应符合下列要求：

1. 穿越铁路和高速公路的燃气管道，其外应加套管，并提高绝缘、防腐等措施。

2. 穿越铁路的燃气管道的套管，应符合下列要求：

（1）套管埋设的深度：铁路轨道至套管顶不应小于1.20 m，并应符合铁路管理部门的要求。

（2）套管宜采用钢管或钢筋混凝土管。

（3）套管内径应比燃气管道外径大100 mm以上。

三、燃气管道通过河流

燃气管道通过河流时，可采用穿越河底或采用管桥跨越的形式。

（一）当条件允许时，可利用道路、桥梁跨越河流

输送压力不应大于0.4 MPa。

敷设于桥梁上的燃气管道采用加厚的无缝钢管或焊接钢管，尽量减少焊缝，对焊缝进行100%无损探伤。

过河架空的燃气管道向下弯曲时，向下弯曲部分与水平管夹角宜采用45°形式。

（二）燃气管道穿越河底时，应符合下列要求：

1. 燃气管道宜采用钢管。

2. 燃气管道至规划河底的覆土厚度，应根据水流冲刷条件确定，对不通航河流不应小于0.5 m；对通航的河流不应小于1.0 m，还应考虑疏浚和投锚深度。

4. 在埋设燃气管道位置的河流两岸上、下游应设立标志。

1K415032　掌握燃气管道功能性试验的规定

燃气管道在安装过程中和投入使用前应进行管道功能性试验，依次进行管道吹扫、强度试验、严密性试验。

一、管道吹扫

管道及其附件组装完成并试压前，应进行气体吹扫或清管球吹扫，每次吹扫长度500 m，吹扫球按介质流动方向进行。

二、强度试验

（一）试验前应具备的条件

1. 试验用的压力计及温度记录仪应在校验有效期内。

2. 编制的试验方案已获批准。

3. 管道焊接检验、清扫合格。

4. 埋地管道回填土宜回填至管上方0.5 m以上，并留出焊接口。

（二）气压试验

当管道设计压力小于或等于0.8 MPa时，试验介质为空气。

2. 除聚乙烯管外，试验压力为设计输气压力的1.5倍，且不得低于0.4 MPa，稳压1 h，全部接口均无漏气现象认为合格。

（三）水压试验

1. 管道设计压力大于 0.8 MPa 时，试验介质为清洁水。试验压力不低于 1.5 倍设计压力。试压宜在环境温度 5℃以上进行。

3. 试验压力应逐步缓升，首先升至试验压力的 50%，应进行初检，如无泄漏、异常，继续升压至试验压力，然后宜稳压 1 h 后，观察压力计不应少于 30 min，无压力降为合格。

5. 经分段试压合格的管段相互连接的焊缝，经射线照相检验合格后，可不再进行强度试验。

三、严密性试验

（一）试验前应具备的条件

1. 严密性试验应在强度试验合格且燃气管道全部安装完成后进行。若是埋地敷设，必须回填土至管顶 0.5 m 以上后才可进行。

2. 试验介质——空气。

3. 试验压力应满足下列要求。

（1）设计压力小于 5 kPa 时，试验压力应为 20 kPa。

（2）设计压力大于或等于 5 kPa 时，试验压力应为设计压力的 1.15 倍，且不得小于 100 kPa。

（二）试验

2. 设计压力大于 0.8 MPa 的管道试压，压力缓慢上升至 30%和 60%试验压力时，应分别停止升压，稳压 30 min，并检查系统有无异常情况，如无异常情况继续升压。管内压力升至严密性试验压力后，待温度、压力稳定后开始记录。

3. 稳压的持续时间应为 24 h，每小时记录不应少于 1 次，修正压力降不超过 133 Pa 为合格。

4. 所有未参加严密性试验的设备、仪表、管件，应在严密性试验合格后进行复位，然后按设计压力对系统升压，应采用发泡剂检查设备、仪表、管件及其与管道的连接处，不漏为合格。

1K415033　熟悉燃气管道的分类

（三）根据输气压力分类

2. 次高压燃气管道，应采用钢管；中压燃气管道，宜采用钢管或机械接口铸铁管。低压地下燃气管道采用聚乙烯管材时，应符合有关标准的规定。

3. 管道内燃气的压力不同时，对管道材质、安装质量、检验标准和运行管理的要求也不同。

1K415034　了解燃气管网附属设备安装要点

一、阀门

（一）阀门特性

3. 阀体上通常有标志，箭头所指方向即介质的流向，必须特别注意，不得装反。

4. 要求介质单向流通的阀门有安全阀、减压阀、止回阀等。

5. 要求介质由下而上通过阀座的阀门：截止阀等。

（二）阀门安装要求

5. 安装时，与阀门连接的法兰应保持平行，其偏差不应大于法兰外径的 1.5‰，且不得大于 2 mm。

7. 安装前应做严密性试验，不渗漏为合格，不合格者不得安装。

二、补偿器

（一）补偿器特性

1. 补偿器作用是消除管段的胀缩应力。可分为波纹补偿器和填料补偿器。

2. 通常安装在架空管道和需要进行蒸汽吹扫的管道上。

（二）安装要求

1. 补偿器常安装在阀门的下侧（按气流方向）。

三、凝水缸与放散管

（一）凝水缸

1. 凝水缸的作用是排除燃气管道中的冷凝水和石油伴生气管道中的轻质油。

2. 管道敷设时应有一定坡度，以便在低处设凝水缸。

（二）放散管——专门用来排放管道内部的空气或燃气的装置

四、阀门井

1K416000　生活垃圾填埋处理工程

1K416010　生活垃圾填埋处理工程施工

1K416011　熟悉泥质防水层及膨润土垫(GCL)施工技术

一、泥质防水层施工

垃圾填埋场必须进行防渗处理,防止对地下水和地表水的污染,同时还应防止地下水进入填埋区。

核心是掺加膨润土的拌合土层施工技术。

(一)施工程序

(二)质量技术控制要点

1. 施工队伍的资质与业绩。选择施工队伍时应审查施工单位的资质:营业执照、专业工程施工许可证、质量管理水平是否符合本工程的要求;从事本类工程的业绩和工作经验;合同履约情况是否良好,不合格者不能施工。

2. 膨润土进货质量——招标选择供应商一审核生产厂家的资质,核验产品出厂三证(产品合格证、产品说明书、产品试验报告单)。进货时进行产品质量检验,组织产品质量复验或见证取样,确定合格后方可进场。

3. 膨润土掺加量的确定。应在施工现场内选择土壤,通过对多组配合土样的对比分析,优选出最佳配合比,达到既能保证施工质量,又可节约工程造价的目的。

5. 质量检验——压实度试验和渗水试验两项。

二、土工合成材料膨润土垫(GCL)施工——密封和防渗

GCL施工必须在平整的土地上进行。

2. GCL不能在有水的地面及下雨时施工,施工完后要及时铺设其上层结构,如HDPE膜等材料。大面积铺设采用搭接形式,不需要缝合,搭接缝应用膨润土防水浆封闭。对GCL出现破损之处可根据破损大小采用撒膨润土或者加铺GCL方法修补。

3. GCL在坡面与地面拐角处防水垫应设置附加层,先铺设500 mm宽沿拐角两面各250 mm后,再铺大面积防水垫。每天防水垫操作后要逐缝、逐点位进行细致的检验验收。

(二)GCL垫施工流程

GCL垫施工主要包括GCL垫的摊铺、搭接宽度控制、搭接处两层GCL垫间撒膨润土。施工工艺流程参见图1K416011-2。

(三)质量控制要点

2. 对铺开的GCL垫进行调整,调整搭接宽度,控制在(250±50)mm范围内。

4. GCL垫的搭接,尽量采用顺坡搭接,即采用上压下的搭接方式;注意避免出现十字搭接,而尽量采用品形分布。

5. GCL垫需当日铺设当日覆盖,遇有雨雪天气应停止施工。

1K416012　熟悉聚乙烯(HDPE)膜防渗层施工技术

一、施工基本要求

(一)质量控制

HDPE膜防渗技术的核心是HDPE膜的施工质量。

关键环节是HDPE膜的产品质量及专业队伍的资质和水平。包括使用机具的有效性、工序验收的严肃性和施工季节的合理性等。

二、施工控制要点

(一)审查施工队伍资质

(二)施工人员的上岗资格

(三)HDPE膜的进货质量

招标选择供应商一审核生产厂家的资质,核验产品出厂三证(产品合格证、产品说明书、产品试验报告单)。特别要严格检验产品的外观质量和产品的均匀度、厚度、韧度和强度。进行产品复验和见证取样

检验。

HDPE 膜不得在冬期施工。

三、施工质量控制的有关规定

1. 锚固平台高差应结合实际地形确定，不宜大于 10 m。边坡坡度宜小于 1∶2。

2. 土工膜的焊(粘)接处应通过试验检验。

3. 检验方法及质量标准符合合同要求及国家、地方有关技术规程的规定，并经过建设单位和监理单位的确认。

1K416013 了解垃圾填埋与环境保护要求

一、垃圾填埋场选址与环境保护

(一) 基本规定

1. 垃圾填埋场的使用期限较长，达 10 年以上。

2. 垃圾填埋场的选址，应考虑地质结构、地理水文、运距、风向等因素。

(二) 标准要求

1. 填埋场远离饮用水源，与居民区的最短距离为 500 m。

2. 生活垃圾填埋场应设在当地夏季主导风向的下风向。

三、防渗系统施工质量与环境保护

(一) 垃圾填埋场填埋区结构

垃圾卫生填埋场填埋区工程的结构层次从上至下主要为渗沥液收集导排系统、防渗系统和基础层系统，结构形式如图 1K416013 所示。防渗系统从上至下依次为：土工布——HDPE 膜——GCL 垫，压实土壤保护层(基础层)。

垃圾卫生填埋场防渗系统主流设计采用 HDPE 膜为主防渗材料，与辅助防渗材料和保护层共同组成防渗系统。垃圾卫生填埋场的防渗系统、收集导排系统施工工艺是填埋场工程的技术关键。

(三) 防渗层施工质量检验

通常在填埋场的影响范围内设置一定数量的水质检测井。

1K416020 施工测量

1K416021 熟悉场区控制测量

一、开工前测量工作

(一) 准备工作

2. 严禁使用未经计量检定或超过检定有效期的仪器、设备、工具。

3. 根据填埋场建(构)筑物特点及设计要求的施工精度、施工方案，编制工程测量方案。

4. 办理桩点交接手续。施工单位应进行现场踏勘、复核。

应在合同规定的时间期限内，向建设单位提供施工测量复测报告，经监理工程师批准后方可根据工程测量方案建立施工测量控制网，进行工程测量。

二、场区施工平面控制网

(一) 施工平面控制网应符合下列规定

3. 控制网的等级和精度应符合下列规定：

(1) 场地大于 1 km^2 或重要工业区，宜建立相当于一级导线精度的平面控制网。

(2) 场地小于 1 km^2 或一般性建筑区，应根据需要建立相当于二、三级导线精度的平面控制网。

(二) 平面控制网布设

1. 宜布置成建筑方格网、导线网、三边网或三角网。

2. 高程控制网，应布设成闭合环线、闭合路线或结点网形。高程测量的精度，不宜低于三等水准的精度。

3. 水准点的间距，宜小于 1 km。水准点距离建(构)筑物不宜小于 25 m；建(构)筑物高程控制的水准点间距宜在 200 m 左右。

1K416022 了解竣工图编绘与实测

一、竣工测量

对已有的资料应进行实地检测。

(二) 场区与建(构)筑物竣工测量

1. 场区道路工程竣工测量包括中心线位置、高程、横断面形式、附属构筑物和地下管线的实际位置(坐标)、高程。

2. 新建地下管线竣工测量应在覆土前进行。

4. 应将场区设计或合同规定的永久观测坐标及其初始观测成果,随竣工资料一并移交建设单位。

6. 测绘结果应在竣工图中标明。

二、竣工图

(一) 基本要求

1. 市政公用工程竣工图应包括与施工图(及设计变更)相对应的全部图纸及根据工程竣工情况需要补充的图纸。

3. 竣工总图编绘完成后,应经原设计及施工单位技术负责人审核、会签。

(二) 竣工图测绘

1. 竣工图的比例尺,宜选用 1∶500。

5. 当平面布置改变超过图上面积 1/3 时,不宜在原施工图上修改和补充,应重新绘制竣工图。

1K417000　城市绿化与园林工程

1K417010　城市绿化工程施工

IK417011　掌握草坪与花坛施工技术

一、草坪施工技术

2. 坪床的准备

(1) 坪床的准备是草坪建植的关键环节。坪床的准备一般包括清理场地、改良土壤、整地翻耙、排灌系统设置、杂草防除、病虫害防治和施肥等过程。

(3) 土壤改良

① 草坪在酸碱度适宜的土壤上生长良好。如果土壤酸碱度不在正常范围,应采用碱性栽培介质或酸性栽培介质进行改良。

(4) 整地翻耙

翻地时间以春秋两季为宜,整地深度为 250～300 mm,当土壤含水量为 15%～20%时,宜进行翻耙。

(5) 喷水灌溉设施和相应的管道设备

② 面积≤2 000 m^2 的草坪,利用地形自然排水,比降为 0.3%～0.5%;面积>2 000 m^2 的草坪,可建永久性地下排水管网,与市政排水管网相连。

(8) 施肥

基肥以有机肥为主,根据土壤肥力适当增施化学肥料。有机肥料必须充分腐熟。

(二) 建坪

1. 种植的适宜季节和草种类型选择

(1) 冷季型草播种宜在春、夏和初秋季节进行。

(2) 冷季型草分株栽植宜在北方地区春、夏、秋季进行。

(3) 茎枝栽植暖季型草宜在南方地区夏季和多雨季节进行。

(4) 植生带、铺砌草块或草卷,温暖地区四季均可进行;北方地区宜在春、夏、秋季进行。

2. 播种建坪

(2) 播种时间——北方为春、夏、秋三季,南方全年均可。“危机期”,如高温高湿、干旱、杂草蔓延、寒冷期。

(3) 播种方法主要有撒播法和喷播法。

3. 草坪营养建植

常用的草坪营养建植方法有以下几种:

(1) 密铺:顺次平铺,块与块之间应留有 20～30 mm 缝隙。

(2) 间铺:铺植方法同密铺。1 m^2 草坪宜点种 2～3 m^2 面积。

(3) 点铺:将草皮切成 30 mm×30 mm 点种,1 m^2 草坪宜点种 2～5 m^2 面积。

(4) 茎铺。

二、花坛建造技术

1K417012　掌握城市绿化植物与有关设施的距离要求

1K417013　熟悉树木栽植与大树移植技术

一、树木栽植技术

(三) 树木栽植

树木的栽植程序大致包括定点放线、挖穴、选苗与起苗、运苗与假植、修剪与栽植、施工养护等主要环节。

1. 定点放线

行道树可按道路设计断面图和中心线定点放线。每隔 10 株钉一木桩作为行位控制标记。自然式的种植用“交会法”定出种植点。

2. 挖穴——垂直向下挖掘,保证树坑的上下口径一致。

二、树木移植技术

(二) 移植时间与准备工作

1. 大树移植的时间最好是在树木休眠期——春季树木萌芽期和秋季落叶后均为最佳时间。如有特别需要,也可以选择在生长旺季(夏季)移植,最好选择在连阴天或降雨前后移植。

(三) 挖掘包——1. 土球挖掘;2. 木箱挖掘; 3. 裸根挖掘。

1K417020　园林工程施工

1K417021　掌握园路与广场工程施工技术

一、园路工程

(一) 园路的作用及分类

1. 整体路面:包括水泥混凝土路面和沥青混凝土路面,可作园林主道。

2. 块料路面:包括各种天然块石或各种预制块料铺面的路面。

3. 碎料路面:用各种碎石、瓦片、卵石等组成的路面。

4. 简易路面:由煤屑、炉渣、三合土等组成的路面,多用于临时性或过渡性园路。

1K417022　掌握园林给排水工程施工技术

一、园林给水工程

(一) 园林用水类型与管网布置

1. 园林用水类型

(1) 生活用水:餐厅、商店、内部食堂、茶室、小卖部、消毒饮水器及卫生设备等的用水。

(2) 养护用水:植物灌溉、动物笼舍的冲洗用水和夏季广场、园路的喷洒用水等。

(3) 造景用水:各种喷泉、跌水、瀑布、湖泊、溪涧等水景用水。

(4) 消防用水:公园中的古建筑或主要建筑周围应设的消防用水。

3. 园林给水管网布置

(1) 干管应靠近主要供水点。

(6) 干管应尽量埋设于绿地下,尽可能避免埋设于园路下。

4. 管网附件

(1) 给水管网的交点叫做节点,在节点上设有阀门等附件,每 500 m 直线距离设一个阀门井。

(二) 园林喷灌系统施工

2. 基本施工流程(步骤):定线—挖基坑和沟槽—确定水源和给水方式—安装管道—冲洗—水压试验与泄水试验—回填—试喷。

(3) 确定水源和给水方式——用水量小,宜选用潜水泵供水。

(4) 安装管道——包括布管、管节加工、接头、装配等。

给水管道的基础不得铺设在冻土和未经处理的松土上,覆土深度不小于 700 mm。

(6) 水压试验与泄水试验——泄水试验对于冬季有冻害的地区是必需的。只要管道中无满管积水现象，即认为泄水试验合格。

二、园林排水工程

（一）园林排水系统的组成

1. 园林排水系统由雨水、污废水的收集和输送，到污水的处理和排放等过程组成。

（二）园林排水的特点

4. 雨水一般采取以地面排除为主、沟渠和管道排除为辅的综合排水方式。

（三）园林排水方式

1. 地面排水

2. 沟渠排水——明沟排水、暗沟排水、管道排水。

（四）绿地管道排水的设计施工

3. 排水管道覆土深度不宜小于500 mm，且在当地冰冻线以下。

1K417023　熟悉园林假山掇石工艺与技术要点

一、园林假山类型与材料

（一）园林假山类型

1. 按材料可分为土假山、石假山、石土混合假山。

2. 按施工方式可分为筑山、掇山、凿山和塑山。

3. 按假山在园林中的位置和用途可分为园山、庭山、池山、楼山、阁山、壁山、厅山、书房山和兽山。

二、假山施工

按假山的掇叠过程通常分为施工准备、分层施工、山石结体、假山洞、假山蹬道施工、艺术处理等工序（分项工程）。

（二）分层施工

假山分层施工工艺流程：放线挖槽—基础施工—拉底—起脚—中层施工—扫缝—收顶—做脚—检查完形。

5. 中层施工：适当分层，先内后外；脉络相通，搭界合理；放稳粘牢，辅助加固；空透玲珑，造型自然。

7. 收顶：分为峰、峦、平顶三种类型。

（三）假山洞——分为“梁柱式”、“挑梁式”、“券拱式”。蹬道高度——最大180 mm。

三、人工塑山

（一）分类与材料

2. 塑山的新型材料主要有玻璃纤维强化塑胶（FRB）、玻璃纤维强化水泥（GRC）和碳纤维增强混凝土（CFRC）三种。

附录二

二级建造师市政公用工程管理与实务高频考点

2K310000　市政公用工程施工技术

2K311000　城市道路工程

2K311010　城市道路的级别、类别和构成

1. 面层沥青混凝土——面层常用厚度及适宜层位。

2. 垫层。垫层是介于基层和土层之间的层位，其作用为改善土基的湿度状况，保证面层和基层的强度稳定性和抗冻胀能力，扩散由基层传来的荷载应力，以减小土基所产生的变形。

2K311012　熟悉城市道路的级别与类别

一、城市道路分类

（一）快速路

（二）主干路

（三）次干路

（四）支路

三、城市道路路面分级

（一）路面等级（表 2K3110122　P5）

2K311020　城市道路路基工程

2K311021　掌握城市道路路基成型和压实要求

一、路基施工程序

1. 准备工作。

2. 修建小型构造物与埋设地下管线。

3. 路基（土、石方）工程。测量桩号与高程、开挖路堑、填筑路堤、整平路基、压实路基、修整路肩、修建防护工程等。

4. 质量检查与验收。

三、路基压实要求

1. 合理选用压实机械、机具。根据工程规模、场地大小、填土种类、压实度要求、气候条件、工期要求、压实机械效率等决定。

2. 正确的压实方法和适宜压实厚度。

土质路基压实的原则：先轻后重、先稳后振、先低后高、先慢后快、轮迹重叠。碾压时直线段由两边向中间，小半径曲线段由内侧向外侧。

应做试验段取得摊铺厚度、碾压遍数、碾压机具组合、压实效果等施工参数。

3. 掌握土层含水量。最佳含水量和最大干密度是两个十分重要的指标。

4. 压实质量检查。土质路基施工前，采用重型击实试验方法测定拟用土料的最佳含水量和最大干密度。压实后，实测压实密度和含水量，求得压实度，与规定的压实度对照，如未满足要求，应采取措施提高。

2K311030　城市道路基层工程

2K311031　掌握不同基层施工技术要求

一、石灰稳定土基层

（一）影响石灰土结构强度的主要因素

(1) 土质;(2)灰质;(3)石灰;(4)含水量;(5)密实度;(6)石灰土的龄期;(7)养护条件(温度和湿度)。

二、水泥稳定土基层

(二) 水泥稳定土施工技术要求(掌握 8 点要求)

2K311040　沥青混凝土面层工程

2K311041　掌握沥青混凝土路面施工工艺要求

一、沥青混凝土路面对基层要求(掌握 4 点要求)

(二) 施工工艺要求

4. 热拌沥青混合料的施工

(1) 摊铺:宜采用 2 台(含)以上摊铺机成梯队作业,进行联合摊铺。每台机器的摊铺宽度宜小于 6 m。相邻两幅之间宜重叠 50～100 mm,前后摊铺机宜相距 10～30 m。城市主干路、快速路施工气温低于 10℃时不宜施工。

松铺系数:机械摊铺 1.15～1.35,人工摊铺 1.25～1.50。摊铺沥青混合料应缓慢、均匀、连续不间断。

(2) 压实分初压、复压、终压,开始温度 120～150℃,终了温度 55～85℃,压路机应从外侧向中心碾压,复压采用重型轮胎压路机或振动压路机,不宜少于 4～6 遍。为防碾轮粘沥青,可将掺洗衣液的水喷洒碾轮,严禁涂刷柴油。

压路机不得在未碾压成形并冷却的路面上转向、调头或停车等候。碾压的最终目的是保证压实度、平整度达到规范要求。

(3) 接缝:摊铺梯队作业时的纵缝应采用热接缝。

(4) 开放交通:表面温度低于 50℃时,方可开放交通。

(三) 改性沥青混合料路面施工工艺要求

5. 接缝

2K311050　水泥混凝土路面工程

2K311051　掌握水泥混凝土道路的构造

水泥混凝土道路结构的组成包括路基、垫层、基层和面层。

四、面层

水泥混凝土面层应具有足够的强度、耐久性(抗冻性),表面抗滑、耐磨、平整。

2K311052　掌握水泥混凝土路面的施工要求

水泥混凝土路面施工要求:

(二) 混凝土的浇筑

1. 模板:木模板直线部分板厚不宜小于 50 mm,高度与混凝土板厚一致,每 0.8～1 m 设 1 处支撑装置。

5. 接缝

(1) 伸缝:应与路面中心线垂直;缝壁必须垂直;缝宽必须一致。

(2) 缩缝:当混凝土强度达到设计强度的 25%～30%时用切缝机切割,宽度宜为 4～6 mm。

(3) 纵缝有平缝、企口缝等形式,一般采用平缝加拉杆的形式。拉杆采用螺纹钢筋,其位置设在板厚的中央。

2K312000　城市桥涵工程

2K312010　城市桥梁工程基坑施工技术

2K312011　掌握明挖基坑施工技术要求

城市桥梁工程基坑主要用二承台、桥台和扩大基础施工,一般分为无支护和有支护两类。

一、无支护基坑

(一) 无支护基坑适用条件

1. 基础埋置不深,施工期较短,挖基坑时不影响邻近建筑物的安全。

2. 地下水位低于基底,或渗透量小,不影响坑壁稳定。

(二) 无支护基坑的坑壁形式

垂直坑壁、斜坡和阶梯形坑壁以及变坡度坑壁。

基坑穿过不同土层时，坑壁边坡可按各层土质采用不同坡度。坑壁坡度变换可视需要设至少 0.5 m 宽的平台。

（三）无支护基坑施工注意事项

2K312012　掌握各类围堰施工技术要求

围堰的种类：有土围堰，土袋围堰，竹、铁丝笼围堰，间隔有桩围堰，铁板桩围堰，钢筋混凝土板桩围堰，套箱围堰，双壁钢围堰等。

三、土袋围堰的施工要求

2K312020　城市桥梁工程基础施工技术

2K312021　掌握沉入桩施工技术要求

沉入桩基础常用的施工方法：锤击沉桩和静力压桩。

一、锤击沉桩法

（一）沉入桩的施工技术要求

2K312022　掌握钻孔灌注桩施工技术要求

一、钻孔灌注桩

（一）钻孔灌注桩特点

2K312030　城市桥梁工程下部结构施工技术

2K312032　掌握现浇混凝土盖梁施工技术要求

三、预应力张拉

2K312040　城市桥梁工程上部结构施工技术

2K312042　掌握预应力材料与锚具的正确使用

三、预应力锚具夹具和连接器技术要求

预应力张拉锚固体系，按预应力品种分，有钢丝束镦头锚固体系、钢绞线夹片锚固体系和精轧螺纹钢筋锚固体系；按锚固原理分，有支承锚固、楔紧锚固、握裹锚固和组合锚固体系。

握裹锚固是将预应力筋直接埋入或加工后(如把钢筋或钢丝镦头、钢绞线压花等)埋入混凝土中，或在预应力筋端头用挤压的办法固定一个钢套筒，利用混凝土或钢套筒的握裹进行锚固。先张法生产的构件中，预应力筋就是握裹锚固的。

2K312043　熟悉现浇预应力钢筋混凝土连续梁施工技术要求

在支架上浇筑现浇预应力混凝土连续梁施工技术要求和注意事项。

2K312050　管涵和箱涵施工技术

2K312051　掌握管涵施工技术要求

三、管涵施工注意事项

2K313000　城市轨道交通和隧道工程

2K313010　深基坑支护及盖挖法施工

2K313011　掌握深基坑支护结构的施工要求

五、地铁及轨道工程常见围护结构的施工特点

（五）SMW 工法

2K313012　掌握地下连续墙施工技术

地下连续墙工法的优点：施工时振动小、噪声低；墙体刚度大，对周边地层扰动小；适用于多种土层，除夹有孤石、大颗粒卵砾石等局部障碍物时影响成槽效率外，对黏性土、无黏性土、卵砾石层等各种地层均能成槽。

2K313013　掌握盖挖法施工技术

一、盖挖法施工的优点

1. 围护结构变形小。

2. 土体稳定，隆起小，施工安全。

3. 一般不设内部支撑或锚锭。

4. 施工基坑暴露时间短。

二、盖挖法施工的缺点

（一）混凝土内衬的水平施工缝的处理较困难。

（二）暗挖施工难度大、费用高。

盖挖法每次分部开挖及浇筑衬砌的深度，应综合考虑基坑稳定、环境保护、永久结构形式和混凝土浇筑作业等因素来确定。

2K313020　盾构法施工

2K313021　掌握盾构法施工要求

二、盾构进出洞控制（重点掌握此内容）

五、塑流化改良控制

（一）土压平衡式盾构掘进时，理想地层的土特性

六、泥浆性能控制

泥浆性能包括：物理稳定性、化学稳定性、相对密度、黏度、pH、含砂率。

2K313030　喷锚暗挖法施工

2K313031　掌握喷锚暗挖法施工技术要求

一、常见的浅埋暗挖典型施工方法

全断面法、正台阶法、正台阶环形开挖法、单侧壁导坑法、双侧壁导坑法、中隔壁法、交叉中隔壁法、中洞法、侧洞法、柱洞法等。

（一）全断面法（掌握优缺点）

（二）台阶法（掌握优缺点）

2K313033　熟悉管棚的施工要求

管棚超前支护作为地下工程的辅助施工方法，是为了在特殊条件下安全开挖，预先提供增强地层承载力的临时支护方法，对控制塌方和抑制地表沉降有明显的效果。管棚超前支护加固地层主要适用于软弱、砂砾地层或软岩、岩堆、破碎带地段。

2K313040　城市轨道交通工程

2K313041　熟悉城市轨道交通车站形式

2K313042　了解地铁区间隧道的特征

2K314000　城市给水排水工程（全面掌握）

2K314010　给水排水厂站施工

2K314011　掌握沉井施工技术要求

具体施工方法：将位于地下一定深度的建筑物或建筑物基础，先在地面以上作业，形成一个上、下开口的钢筋混凝土井状结构，然后在沉井内不断挖土，借助井体自重而逐步下沉，下沉到预定标高后进行封底，构筑井内底板、梁、楼板、内隔墙、顶盖板等构件，最终形成一个地下建筑物。

占地面积小，不需要板桩围护，与大开挖相比较，挖土量小，对邻近建筑的影响比较小，制作简便，无须特殊的专用设备。

一、沉井类型（全面掌握）

（一）按横截面形状分类

（二）按竖向剖面形状分类

二、沉井构造（全面掌握，重点看）

（二）刃脚

四、沉井下沉

（一）准备工作

当沉井混凝土强度达到设计要求，大型沉井达到100%、小型沉井达到70%时。

（二）下沉方法

（三）排水开挖下沉

在稳定的土层中，渗水量不大（每平方米沉井面积渗水量小于1 m^3/h）时，可采用排水开挖下沉。

（五）沉井辅助措施

1. 射水下沉
2. 泥浆润滑下沉
3. 压重下沉
4. 空气幕下沉

2K314013　掌握构筑物满水试验的规定

一、水池满水试验的前提条件

二、构筑物满水试验程序

试验准备→水池注水→水池内水位观测→蒸发量测定→有关资料整理。

三、构筑物满水试验要求

(一) 注水

向池内注水分 3 次进行，每次注入设计水深的 1/3。注水水位上升速度不超过 2 m/24 h。

(三) 水位观测

池内水位注水至设计水位 24 h 以后，开始测读水位测针的初读数。

(四) 蒸发量的测定

在测定水池中水位的同时，测定水箱中的水位。

四、满水试验标准

钢筋混凝土水池的渗水量不得超过 2 L/(m^2 · d)，砖石砌体水池的渗水量不得超过 3 L/(m^2 · d)。

2K314014　了解泵站工艺流程和构成

五、溢流井(或事故排出口)

这一点整体要掌握，要考虑目的、要素。

2K314015　了解给水排水厂站工艺管线施工与设备安装

施工的主要原则为"先地下后地上"、"先深后浅"。

2K314020　给水排水工程

2K314021　熟悉城市污水处理工艺流程

二、城市污水的常规处理工艺

现代处理污水工艺技术，按照处理程序，可以分为一级、二级、三级处理污水工艺。

一级处理：在污水处理设施进口处必须设置格栅。

二级处理：二沉池的主要功能是去除生物处理过程中所产生的，以污泥形式存在的生物脱落物或已经死亡的生物体。

三级处理：在一级、二级处理后，用来进一步处理难以降解的有机物、磷和氮等能够导致水体富营养化的可溶性无机物等。

2K314022　了解给水处理工艺流程

二、地下水的处理工艺流程

(一) 地下水除铁、锰

(二) 地下水除氟

除氟的方法可以分为两类：混凝沉淀法，投入硫酸铝、氧化铝或者碱式氯化铝使氟化物产生沉淀；吸附过滤法，含氟原水通过过滤，氟被吸附在吸附剂表面，生成难溶氟化物。

2K315000　城市管道工程

2K315010　城市给水排水管道施工

2K315011　掌握开槽埋管施工技术要求

一、沟槽开挖(重点掌握)

三、施工排、降水

五、管道安装

六、闭水试验

闭水试验的要求：

1. 闭水试验应在管道填土前进行。

2. 闭水试验应在管道灌满水后 24 h 后再进行。

3. 闭水试验的水位，试验段上游设计水头不超过管顶内壁时，试验水头应为试验段上游管道内顶以上 2 m。

4. 对渗水量的测定时间不少于 30 min。

2K315012　熟悉普通顶管施工工法

三、管材及附属工具(重点掌握)

2K315020　城市热力管道施工

2K315022　熟悉城市热力管网的分类和主要附件

一、热力管网的分类

(二) 按热媒种类

1. 蒸汽热网可分为高压、中压、低压蒸汽热网。

2. 热水热网

(1) 高温热水热网：$t \geqslant 100$ ℃。

(2) 低温热水热网：$t \geqslant 95$ ℃。

(三) 按敷设方式

1. 地沟敷设可分为通行地沟、半通行地沟、不通行地沟。

2. 架空敷设可分为高支架、中支架、低支架。

3. 直埋敷设：管道直接埋设在地下，无管沟。

(四) 按系统形式

1. 闭式系统：一次热网与二次热网采用换热器连接，一次热网媒损失很小，但中间设备多，实际使用较广泛。

2. 开式系统：直接消耗一次热媒，中间设备极少，但一次热媒补充量大。

(五) 按供回分类

1. 供水管。

2. 回水管。

二、热力管网的主要附件

热力管网的主要附件有补偿器、支吊架、阀门等。

2K315030　城市燃气管道施工

2K315031　掌握城市燃气管道安装要求

一、燃气管道材料选用

高压和中压 A 燃气管道，应采用钢管；中压 B 和低压燃气管道，宜采用钢管或机械接口铸铁管。中、低压地下燃气管道采用聚乙烯管材时，应符合有关标准的规定。

二、室内燃气管道安装

(一) 管道安装要求

三、室外燃气管道安装

(一) 管道安装基本要求

(二) 管道埋设基本要求

四、燃气管道的试验方法

(一) 管道吹扫

(二) 强度试验

(三) 严密性试验

2K316000　生活垃圾填埋处理工程

2K316010　生活垃圾填埋处理工程施工

2K316011　熟悉泥质防水层及膨润土垫(GCL)的施工要求

一、泥质防水层施工

(一) 施工程序

具体程序为：验收场地基础——选择防渗层土源——做多组不同掺量的试验——做多组土样的渗水试验——选择抗渗达标又比较经济的配比作为施工配比——施工现场按照相应的配比拌和土样——土样

现场摊铺、压实——分层施工同步检验——工序检验达标完成。

2K317000　城市园林绿化工程

2K317010　城市园林绿化工程施工

2K317011　熟悉城市绿化工程施工要求

一、树木栽植

栽植深度，裸根乔苗木，应较原根茎土痕深 5～10 cm；灌木应与原土痕齐；带土球苗木比土球顶部深 2～3 cm。

行列式植树必须保持横平竖直，左右相差最多不超过树干一半。因此，种植时应事先栽好"标杆树"。方法是：每隔 20 株左右，用皮尺量好位置，先栽好一株，然后以这些标杆树为瞄准依据，全面开展栽植工作。

树木定植后 24 h 内必须浇上第一遍水(头水、压水)，水要浇透。头水浇完后和次日，应检查树苗是否有倒、歪现象，发现后应及时扶直，并用细土将堰内缝隙填严，将苗木固定好。

常规做法为定植后必须连续灌水 3 次，之后视情况适时灌水。

三、花坛、花境建植

重点掌握以下两点内容：1. 施工准备；2. 土壤要求。

2K317012　了解园林假山工程施工要求

(二) 分层施工

假山施工要自下而上、自后向前、由主及次、分层进行，确保稳定实用。

假山施工工艺流程：放线挖槽→基础施工→拉底→中层施工→扫缝→收顶→检查→完工。

4. 中层施工

中层是指底层以上、顶层以下的大部分山体。这一部分是掇山工程的主体，掇山的造型手法与工程措施的巧妙结合主要体现在这一部分。

(4) 叠石"四不"、"六忌"

① 石不可杂，纹不可乱，块不可均，缝不可多。

② 忌"三峰并列，香炉蜡烛"，忌"峰不对称，形同笔架"，忌"排列成行，形成锯齿"，忌"缝多平口，满山灰浆，寸草不生，石墙铁壁"，忌"如城墙堡垒，顽石一堆"，忌"整齐划一，无曲折层次"。

2K320000　市政公用工程施工管理实务

2K320010　市政公用工程施工项目成本管理

2K320011　掌握市政公用工程施工项目目标成本责任制的内容

2K320012　掌握市政公用工程施工项目目标成本计划的编制

二、项目目标成本计划编制的依据

三、项目目标成本计划编制的流程

(一) 准备阶段内容

2K320014　掌握市政公用工程施工项目目标成本分析

2K320020　市政公用工程施工项目合同管理

2K320023　掌握市政公用工程施工索赔的程序(本节是重点，要掌握)

2K320040　市政公用工程施工项目现场管理

2K320041　掌握市政公用工程现场管理内容和要求

一、市政公用工程现场管理内容和要求

1. 施工项目现场管理包括的内容

二、市政公用工程现场管理要求

施工现场管理的基本要求：

1. 现场门口应设企业标志。

2. 项目经理部应在门口公示以下标牌：(1) 工程概况牌；(2)安全纪律牌；(3)防火须知牌；(4)安全无重大事故计时牌；(5)安全生产、文明施工牌；(6)施工总平面图；(7)施工项目经理部组织及主要管理人员名单图。

3. 项目经理应将现场管理列为日常巡视检查内容。

2K320050　市政公用工程施工进度计划的编制、实施与总结

2K320051　掌握市政公用工程横道图和网络计划图的编制

横道图，又称为甘特图。横道图进度计划存在一些问题：

工序（工作）之间的逻辑关系可以设法表达，但不易表达清楚。

不能确定计划的关键工作、关键路线与时差，无法分析工作之间相互制约的数量关系。

不能在进度偏离原定计划时迅速简单地进行调整与控制。

网络计划技术具有逻辑严密、层次清晰、主要矛盾突出等优点，有利于施工的优化、控制和调整，有利于电子计算机在计划管理中的应用。

如果施工中发生工期延误，欲对后续工作的持续时间压缩，应注意：压缩资源有保证的工作；压缩对质量和安全影响不大的工作；压缩追加费用少的工作。

2K320060　城市道路工程前期质量控制

2K320062　掌握城市道路施工准备的内容与要求

2K320070　道路施工质量控制

2K320071　掌握无机结合料稳定基层的质量要求

二、水泥稳定土基层

2K320072　掌握沥青混凝土面层施工质量要求

在沥青路面施工中，压实度、厚度和平整度是三个最重要的指标。需要特别摆正平整度和压实度的关系，一定要在确保压实度的前提下努力提高平整度。如果只是片面追求平整度，造成压实不足，会导致路面过早损坏。

2K320080　道路工程季节性施工质量控制要求

2K320081　掌握道路雨期施工质量要求

2. 基层（重点掌握）

2K320100　城市桥梁工程施工质量控制

2K320103　掌握城市桥梁工程预应力张拉质量控制要求

一、机具及设备

三、张拉应力控制

2K320104　掌握城市桥梁工程先张法和后张法施工质量的过程控制

二、后张法

（四）后张孔道压浆

2K320120　城市排水结构工程施工质量控制

2K320122　掌握防止混凝土构筑物裂缝的控制措施（要求重点掌握）

五、焊缝无损探伤检验应符合的规定

六、强度和严密性试验

2K320130　城市热力管道施工质量控制

2K320132　熟悉城市热力管道焊缝质量检验要求（要求全面掌握）

2K320160　明挖基坑施工安全控制

2K320161　掌握防止基坑坍塌、掩埋的安全措施

（一）基坑施工时的安全技术要求

1. 基坑坡度或围护结构的确定方法。

2. 尽量减少基坑顶边的堆载。

3. 要做好降水措施，确保基坑开挖期间的稳定。

4. 严格按设计要求开挖和支撑。

（二）应急措施

1. 及早发现坍塌和掩埋事故的预兆。

2. 及早发现坍塌和掩埋事故的凶兆，以人身安全为第一要务，及早撤离现场。

3. 要熟悉各种抢险支护和抢险堵漏方法。

2K320170　桥梁工程施工安全控制

2K320173　掌握桥梁工程模板支架搭设及拆除安全措施

一、模板安装的技术要求

三、模板、支架和拱架的拆除

（二）拆除时的技术要求

2. 卸落支架和拱架应按拟定的卸落程序进行，分几个循环卸完，卸落量开始宜小，以后逐渐增大。第一循环中在纵向应对称均衡卸落，在横向应同时一起卸落。

2K320180　生活垃圾填埋场环境安全控制

2K320181　掌握生活垃圾渗沥液渗漏的检验方法

为了有效检测预渗效果，目前采用的检验方法是在填埋场区影响区域内打水质观测井，提取地下水样，利用未被污染的水样与有可能被污染的水样进行比较的方法，对防渗效果的有效性进行检验。

每隔一个固定时间段，抽取水样做水质化验分析，将化验结果与未填埋时的各井号水样进行比较分析，如无变化或虽有小变化但经分析与垃圾渗沥液无关，可判定为防渗效果良好。

2K320190　市政公用工程技术资料的管理方法

2K320191　掌握市政公用工程施工技术资料的内容和编制要求

三、原材料、成品、半成品、构配件、设备出厂质量合格证书；出厂检（试）验报告及复试报告

（二）水泥

（三）钢材（钢筋、钢板、型钢）

（八）砂、石

（九）水泥混凝土外加剂、掺合料

（十五）商品混凝土

2K330000　市政公用工程相关法规及规定

2K331000　市政公用工程相关法规

2K331010　《城市道路管理条例》（国务院第 198 号令）有关规定

2K331012　掌握关于占用或挖掘城市道路的管理规定

第三十条　未经市政工程行政主管部门和公安交通管理部门批准，任何单位或者个人不得占用或者挖掘城市道路。

2K331030　《绿色施工导则》的有关规定

2K331031　掌握施工中节材、节水、节能和节地的有关规定

二、节水与水资源利用要点（重点掌握以下 2 点）

（二）非传统水源利用

（三）用水安全

2K332020　《市政公用工程二级注册建造师执业工程规模标准》

2K332021　掌握市政公用工程规模标准

掌握注册建造师执业工程规模标准表，重点掌握表中城市道路、城市桥梁、城市供水、城市供热、城市园林。

附录三

一级建造师、二级建造师市政实务 历年真题及参考答案与解析

Ⅰ　2013 年二级建造师市政实务考试真题

一、单项选择题(共 20 题,每题 1 分)

1. 某路基压实施工时,产生弹簧现象,宜采用的处理措施是(　　)。

A. 增大压实机具功率　　B. 适量洒水

C. 掺生石灰翻拌后压实　　D. 降低压路机碾压速度

2. 在常温条件下,水泥稳定土基层的养护时间至少应(　　)天。

A. 5　　B. 6　　C. 7　　D. 8

3. 在无地下水的均匀土层中开挖 4.5 m 深基坑,如果坑顶无荷载,基坑坑壁坡度不宜大于 1∶1 的土类是(　　)。

A. 砂类土　　B. 砾类土　　C. 粉土质砂　　D. 黏性土

4. 水泥混凝土面层板厚度为 200 mm 时,可不设胀缝的施工季节是(　　)。

A. 春季　　B. 夏季　　C. 秋季　　D. 冬季

5. 关于静力压桩法施工混凝土预制桩的说法,错误的是(　　)。

A. 桩顶不易损坏　　B. 施工时无冲击力

C. 沉桩精度较高　　D. 沉桩过程不产生挤土效应

6. 关于梁板吊放技术要求说法,错误的是(　　)。

A. 捆绑吊点距梁端悬出的高度不得大于设计规定

B. 采用千斤绳吊放混凝土 T 型梁时,可采用让两个翼板受力的方法

C. 钢梁经过验算不超过容许应力时,可采用人字千斤绳起吊

D. 各种起吊设备在每次组装后,初次使用前,应先进行试吊

7. 某项目部一次进场 80 套锚具,至少应取(　　)套做外观检查。

A. 3　　B. 5　　C. 8　　D. 10

8. 关于箱涵顶进施工的做法,错误的是(　　)。

A. 由上向下开挖　　B. 不超前挖土

C. 逆坡挖土　　D. 严禁扰动基底土壤

9. 排水管道开槽埋管工序包括:①沟槽支撑于沟槽开挖,②砌筑检查井及雨水口,③施工排水和管道基础,④稳管,⑤下管,⑥接口施工,⑦沟槽回填,⑧管道安装质量检查与验收。正确的施工工序是(　　)。

A. ②①⑤④③⑥⑦⑧　　B. ①②③④⑤⑥⑦⑧

C. ②①③④⑤⑥⑦⑧　　D. ①③⑤④⑥②⑧⑦

10. 柔性排水管道在设计管基支承角 2α 范围内应采用(　　)回填。

A. 黏性土　　B. 粉质砂土　　C. 细砂　　D. 中粗砂

11. 关于先张和后张预应力梁施工的说法,错误的是(　　)。

A. 两者使用的预制台座不同　　B. 预应力张拉都需采用千斤顶

C. 两者放张顺序一致　　D. 后张法预应力管道需压浆处理

12. 下列支撑体系中,不能周转使用的是(　　)。

A. 现浇钢筋混凝土支撑

B. 钢管支撑

C. H 型钢支撑

D. 工字钢支撑

13. 浅埋暗挖法中,适用于小跨度、连续使用可扩大跨度的是(　　)。

A. 全断面法

B. 正台阶环向开挖法

C. 单侧壁导坑法

D. 中洞法

14. 关于小导管注浆的说法,错误的是(　　)。

A. 在软弱、破碎地层中凿孔后易塌孔时,必须采取超前小导管支护

B. 超前小导管必须配合钢拱架使用

C. 在条件允许时,可以在地面进行超前注浆加固

D. 在有导洞时,可以在导洞内对隧道周边进行径向注浆加固

15. 在胶结松散的砾、卵石层中,采用不排水下沉方法下沉沉井,宜用(　　)挖土。

A. 人工挖土法

B. 抓斗挖土法

C. 水枪冲土法

D. 风动工具挖土法

16. 城市热力管道工程质量验收标准分为(　　)。

A. 优秀、良好、合格、不合格

B. 优秀、合格、不合格

C. 合格、不合格

D. 合格、基本合格、不合格

17. 敷设于桥梁上的燃气管道应采用加厚的无缝钢管或焊接钢管,尽量减少焊缝,焊缝应进行(　　)无损探伤。

A. 50%　　B. 60%　　C. 80%　　D. 100%

18. 不宜种植在电压 3 000~10 000 V 电线下方的是(　　)。

A. 月季　　B. 牡丹　　C. 芍药　　D. 毛白杨

19. 关于假山中层的叠石要求说法,错误的是(　　)。

A. 石不可杂　　B. 块不可大　　C. 缝不可多　　D. 纹不可乱

20. 给水处理滤池内不宜采用的滤料是(　　)。

A. 石英砂　　B. 重晶石　　C. 钛铁矿　　D. 石灰岩

二、多项选择题(共 10 题,每题 2 分)

21. 影响道路基层水泥稳定土强度的主要因素有(　　)。

A. 土质　　B. 水泥成分和剂量　　C. 含水量　　D. 施工工艺

E. 面层厚度

22. 沥青混合料是由(　　)组成的一种复合材料。

A. 沥青　　B. 粗细集料　　C. 矿粉　　D. 外掺剂

E. 水

23. 中、轻等级混凝土路面的基层材料宜采用(　　)。

A. 水泥稳定粒料

B. 石灰粉煤灰级配粒料

C. 贫混凝土

D. 沥青混凝土

E. 沥青稳定碎石

24. 关于钻孔灌注桩护筒埋设的说法,正确的有(　　)。

A. 平面位置应准确

B. 垂直偏差应符合要求

C. 护筒内径与桩径一致

D. 护筒埋设深度应大于 5 m

E. 可采用钢护筒

25. 设置现浇混凝土支架预拱度应考虑的因素有(　　)。

A. 支架在荷载作用下的弹性压缩

B. 支架在荷载作用下的非弹性压缩

C. 支架基础的沉陷

D. 预拱度的最高值应设置在墩顶连续箱梁负弯矩最大处

E. 由混凝土收缩及温度变化引起的挠度

26. 关于大体积混凝土浇筑的说法，正确的有（　　）。

A. 优化混凝土配合比，减少水泥用量　　B. 采用水化热低的水泥

C. 浇筑温度大于 35℃　　D. 减少浇筑层厚度

E. 采用埋设冷却管，用循环水降低混凝土温度

27. 在页岩地层采用爆破法开挖沟槽时，下列做法正确的有（　　）。

A. 必须由有资质的专业施工单位施工　　B. 必须制定专项安全措施

C. 须经公安部门同意　　D. 由专人指挥进行施工

E. 由项目经理制定爆破方案后即可施工

28. 下列基坑围护结构中，可采用冲击式打桩机施工的有（　　）。

A. 工字钢桩　　B. 钻孔灌注桩

C. 钢板桩　　D. 深层搅拌桩

E. 地下连续墙

29. 无盖混凝土水池满水试验程序中应有（　　）。

A. 水位观测　　B. 水温测定

C. 蒸发量测定　　D. 水质检验

E. 资料整理

30. 用作园林假山的石料，表面必须（　　）。

A. 无损伤　　B. 无孔洞　　C. 无裂痕　　D. 无剥落

E. 无皱皴

三、案例分析题（共 4 题，每题 20 分）

1. 某市政供热管道工程，供回水温度为 95℃/70℃，主体采用直埋敷设，管线经过公共绿地和 A 公司场院。A 公司院内建筑密集，空间狭窄。供热管线局部需穿越道路，道路下面敷设有多种管道。项目部拟在道路两侧各设置 1 个工作坑，采用人工挖土顶管施工，先顶入 DN 1 000 mm 混凝土管作为过路穿越套管，并在套管内并排敷设 2 根 DN 200 mm 保温供热管道（保温后的管道外径为 320 mm），穿越道路工程所在区域的环境条件及地下管线如下图所示，地下水位高于套管管底 0.2 m。

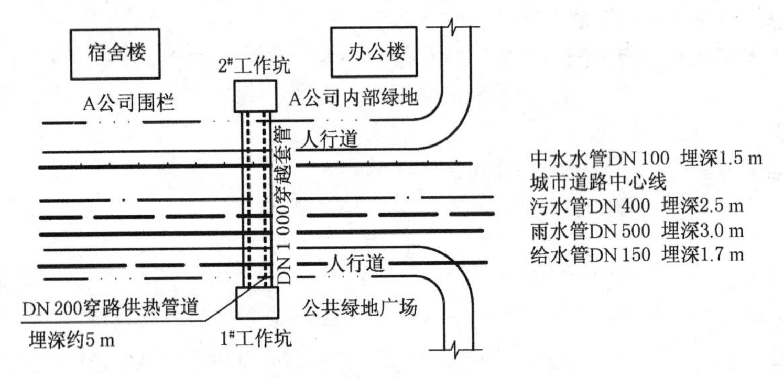

热力管通过路段平面布置示意图

问题：

(1) 按照输送热媒和温度划分，该供热管道应该属于什么类型？

(2) 顶管穿越道路需要保护哪些建(构)筑物？

(3) 顶管穿越地下管线时应与哪些单位联系？

(4) 根据现场条件，顶管应从哪一个工作坑始发？说明理由。

(5) 顶管施工时是否需要降水？请写出顶管作业时对地下水位的要求。

(6) 本工程的工作坑土建施工时，应设置哪些主要的安全设施？

2. 某公司承接了一项市政排水管道工程，管道为 DN 1 200 mm 的混凝土管，合同价为 1 000 万元，采用明挖开槽施工。

项目部进场后立即编制施工组织设计，拟将表层杂填土挖除后再打设钢板桩，设置两道水平钢支撑及型钢围檩，沟槽支护如下图所示，沟槽拟采用机械开挖至设计标高，清槽后浇筑混凝土基础，混凝土直接从商品混凝土输送车上卸料到坑底。

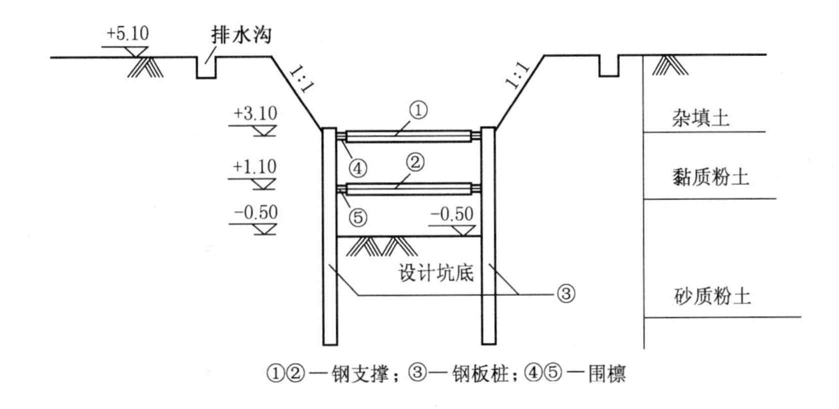

构槽基抗支护剖面图

在施工至下管工序时，发生了如下事件：吊车支腿距沟槽边缘较近，致使沟槽局部变形过大，导致吊车倾覆；正在吊装的混凝土管道掉入沟槽，导致一名施工人员重伤。施工负责人立即将伤员送到医院救治，同时将吊车拖离现场，用了两天时间对沟槽进行清理加固。在这些工作完成后，项目部把事故和处理情况汇报至上级主管部门。

问题：

(1) 根据建造师执业工程规模标准，本工程属于小型、中型还是大型工程？说明该工程规模类型的限定条件。

(2) 本沟槽开挖深度是多少？

(3) 用图中序号①～⑤及"→"表示支护体系施工和拆除的先后顺序。

(4) 指出施工组织设计中错误之处并给出正确做法。

(5) 按安全事故类别分类，案例中的事故属哪类？该事故在处理过程中存在哪些不妥之处？

3. 某市政公司承接了一项城市中心区的道路绿化工程，在宽 20 m 的路侧绿化带建植草坪及花境。现场内有一株古树，局部有杂草生长，栽植区土壤贫瘠，并有树根、石块、瓦片等，栽植前土壤样品经专业机构检测，有机质含量为 1.5%，土壤 pH 为 7.0，通气孔隙度为 12%。

项目部组织编制的施工组织设计中，关于栽植前土壤准备、花境建植的施工方案拟定如下：

(1) 栽植前，在草坪和花卉栽植区内砍伐古树，深翻土壤达 30 cm，为提高土壤肥力，把杂草深翻入土。之后，清除树根、石块、瓦片等垃圾，再补充农田土，至松土层厚度不少于 30 cm。

(2) 栽植时，按设计要求放样，并依株行距逐行栽植。为使植株稳定，花卉栽植深度比原苗圃栽植深 5～10 cm，栽后填土充分压实；然后用大水漫灌草坪和花境。

(3) 施工验收在栽植过程中分阶段进行，包括挖穴、换土、修剪、筑土堰、浇水等。

上级部门审批施工组织设计时，认为存在不妥之处，退回方案要求项目部修改。

施工过程中，现场监理发现施工人员是施工企业临时招聘的，且缺少园林施工经验，施工现场时有行人穿越。

问题：

(1) 施工方案中栽植前的土壤准备工作缺少哪些步骤？

(2) 施工方案(1)中有不妥的做法，指出错误并改正。

(3) 指出施工方案(2)中错误之处，并给出正确做法。

(4) 花境的施工验收阶段不全，请补充。

(5) 针对现场监理发现的错误做法，项目部应如何改正？

4. 某项目部针对一个施工项目编制网络计划图，下图是计划图的一部分：

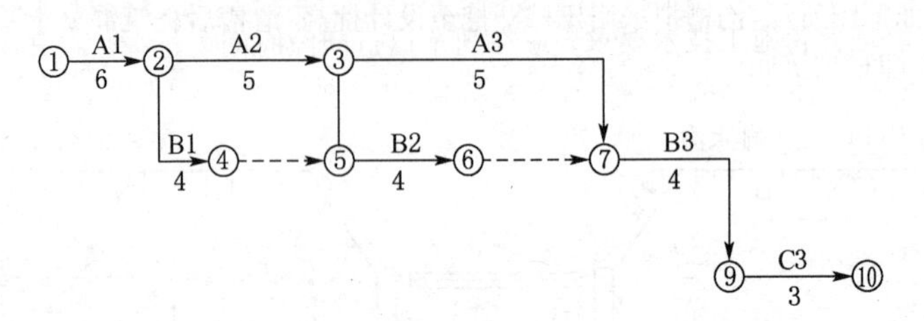

该网络计划图其余部分计划工作及持续时间见下表：

网络计划图其余部分的计划工作及持续时间表

工作	紧前工作	紧后工作	持续时间
C1	B1	C2	3
C2	C1	C3	3

项目部对按上述思路编制的网络计划图进一步检查时发现有一处错误，C2 工作必须在 B2 工作完成后方可施工，经调整后的网络计划图由监理工程师确认满足合同工期要求，最后在项目施工中实施。

A3 工作施工时，由于施工单位设备事故延误了 2 天。

问题：

(1) 按背景资料给出的计划工作及持续时间表补全网络计划图的其余部分。

(2) 发现 C2 工作必须在 B2 工作完成后施工，网络计划图如何修改?

(3) 给出最终确认的网络计划图的关键线路和工期。

(4) A3 工作(设备事故)延误的工期能否索赔？说明理由。

2013 年二级建造师市政实务考试真题参考答案与解析

一、单项选择题

1. 答案：C

解析：本题考查的是地基加固处理方法。路基出现弹簧现象主要是材料含水量太多，此时需要掺加水泥、石灰或者砂浆等对地基进行加固，从而提升地基承载力。

2. 答案：C

解析：本题考查的是不同基层施工技术要求。水泥稳定土基层必须保湿养护，防止忽干忽湿，常温下成活后应经 7 d 养护，方可在其上铺筑上层。

3. 答案：A

解析：本题考查的是明挖基坑施工技术要求。

4. 答案：B

解析：本题考查的是水泥混凝土道路的构造。除夏季施工的板，且板厚度大于等于 200 mm 时可不设胀缝外，其他季节施工的板均设胀缝，胀缝间距一般为 100～200 m。

5. 答案：D

解析：本题考查的是沉入桩施工技术要求。静力压桩正是通过挤压土体才将桩压入土体的，所以选项 D 错误。

6. 答案：B

解析：本题考查的是预制混凝土梁(板)安装的技术要求。起吊混凝土 T 型梁时，若吊钩不是钩住预埋的吊环，而是千斤绳捆绑吊放时，应采用不使梁的两个翼板受力的方法。

7. 答案：D

解析：本题考查的是预应力材料和锚具的正确使用。预应力锚具夹具和连接器进场验收规定，外观检查应从每批中抽取 10%的锚具且不少于 10 套，检查其外观和尺寸。

8. 答案:C

解析:本题考查的是管涵施工技术要求。应在列车运行间隙时间内进行。在开挖面应设专人监护。应按照测刃脚坡度及规定的进尺由上往下开挖,侧刃脚进土应在 0.1 m 以上。开挖面的坡度不得大于 1∶0.75,并严禁逆坡挖土,不得超前挖土。严禁扰动基底土壤。挖土的进尺可根据土质确定,宜为 0.5 m;当土质较差时,可按千斤顶的有效行程掘进,并随挖随顶防止路基塌方。

9. 答案:D

解析:本题考查的是开槽埋管施工技术要求。管道开槽施工一般包括施工准备工作、沟槽开挖、沟槽支撑、施工排水、管道基础、管道铺设、砌筑检查井及雨水口、质量检查与验收、沟槽回填、竣工验收等部分。管道安装在管道基础之后,包括四项工序:下管、稳管、接口施工、质量检查。

10. 答案:D

解析:本题考查的是柔性管道施工工艺。管道基础应采用垫层基础。对于一般的土质地段,垫层可为一层砂垫层(中粗砂),其厚度为 100 mm;对处在地下水位以下的软土地基,垫层可采用 150 mm 厚、颗粒尺寸为 5~40 mm 的碎石或砾石砂,上面再铺 50 mm 厚砂垫层(中、粗砂)。

11. 答案:C

解析:本题考查的是城市桥梁先张法和后张法施工质量的过程控制。先张法施工工艺是在预埋构件时,先在台座上张拉钢筋,然后支模浇筑混凝土使构件成型的施工方法。后张法是在混凝土构件达到一定强度后,在构件预留孔道中穿入预应力筋,用机械张拉,是预应力筋对混凝土构件施加应力。放张,一般指先张法预应力构件施工工艺。

12. 答案:A

解析:本题考查的是深基坑支护结构的施工要求。单钢管、双钢管、单工字钢、双工字钢、H 型钢、槽钢以上钢材组合安装、拆除施工方便,可周转使用。

13. 答案:D

14. 答案:A

解析:本题考查的是小导管注浆加固土体技术。在软弱、破碎地层中凿孔后易塌孔,且施作超前锚杆比较困难或者结构断面较大时,应采取超前小导管支护。

15. 答案:B

解析:本题考查的是沉井施工技术要求。不排水下沉抓斗挖土法的使用条件是流沙层、黏土质砂土、砂质黏土层及胶结松散的砾卵石层。

16. 答案:C

解析:本题考查的是城市热力管道施工要求。城市热力管道工程质量验收标准分为“合格”和“不合格”。

17. 答案 D

解析:本题考查的是城市燃气管道安装要求。敷设于桥梁上的燃气管道应采用加厚的无缝钢管或焊接钢管,尽量减少焊缝,对焊缝应进行 100%无损探伤。

18. 答案:D

解析:本题考查的是城市绿化工程施工要求。电线电压 3 000~10 000 V,树枝至电线的水平距离和垂直距离均不应小于 3.00 m,选项 A、B、C 都是草本植物,一般不会长很高,都在安全距离,所以此题选 D。

19. 答案 B

解析:本题考查的是园林假山工程施工要求。假山中层叠石“四不”包括:石不可杂,纹不可乱,块不可均,缝不可多。

20. 答案:D

解析:本题考查的是滤池滤板、滤料施工质量控制。迄今为止,天然的和人工破碎筛分的石英砂仍然是使用最广泛的滤料,此外还常用无烟煤、破碎陶粒、塑料球粒、陶瓷粒、次石墨、重晶石、榴石、磁铁矿、金刚砂、钛铁矿、天然锰砂。

二、多项选择题

21. 答案:ABCD

解析:本题考查的是不同基层施工技术要求。影响水泥稳定土强度的主要因素包括土质、水泥成分和剂量、含水量、施工工艺过程。

22. 答案:ABCD

解析:本题考查的是沥青混凝土(混合料)组成和对材料的要求。沥青混合料是一种复合材料,它是由沥青、粗集料、细集料、矿粉及外掺剂组成的。

23. 答案:AB

解析:本题考查的是水泥混凝土道路的结构。中、轻交通宜选择水泥或石灰粉煤灰稳定粒料或级配粒料基层。

24. 答案:ABE

解析:本题考查的是钻孔灌注桩施工技术要求。

25. 答案:ABCE

解析:本题考查的是现浇预应力钢筋混凝土连续梁施工技术要求。根据梁的挠度和支架的变形所计算出来的预拱度之和,为预拱度的最高值,应设置在梁的跨径中点。

26. 答案:ABDE

解析:本题考查的是城市桥梁工程大体积混凝土浇筑的质量控制要求。大体积混凝土的浇筑温度不宜高于28℃。

27. 答案:ABCD

解析:本题考查的是在岩石地层采用爆破法开挖沟槽时的做法。应由有资质的专业施工单位施工,并且必须制定专项安全措施,报公安部门同意,现场有专人指挥,方可在岩石地层采用爆破法开挖沟槽。

28. 答案:AC

解析:本题考查的是深基坑支护结构的施工要求。钻孔灌注桩可采用冲击式钻机,不是冲击式打桩机。钢板桩沉放和拔除方法、使用的机械与工字钢桩相同。

29. 答案:ACE

解析:本题考查的是构筑物满水试验的规定。满水试验的程序:实验准备→水池注水→水池内水位观测→蒸发量测定→有关资料整理。

30. 答案:ACD

解析:本题考查的是园林假山工程施工要求。假山选用的石料必须坚实、无损伤、无裂痕,表面无剥落。

三、案例分析题

1. (1) 此问题的答案在教材上可以找到,是了解的知识,并且放到案例的第一问,由此可见,考查越来越会挖掘那些犄角旮旯的知识了。答案:根据热媒和输送温度,本管道属于低温热水热网的供热管道。

(2) 这个题目在命题时可能稍有一点瑕疵,因为地下管线到底是不是可以算构筑物还说法不一,大多数观点是地下管线不属于构筑物。但是这并不影响你回答这个案例,因为这是一个开放题目,也就是你即便多答也不会扣分,所以我们的观点是遇到这种题目还是要回答出需要保护的所有东西。如果你不知道该怎么回答,那么你只要把图上看到的这些建(构)筑物和管线都写上也可以拿到分数。答案:顶管时需要保护宿舍楼、办公楼、A公司围墙、中水管线、雨水管线、污水管线、给水管线。在答题时应该把管径也写上。

(3) 由于穿越的地下管线有雨水、污水、给水和中水,所以在回答单位时最好是回答出单位名称。答案:顶管穿越地下管线时应事先与给水、排水、中水等原有地下管线相关产权单位、管理单位取得联系。

(4) 这一问又是在考查你对施工是否熟悉,应该算是应用性的题目。如果对于施工不熟悉,考生对说明理由一问可能不能拿到满分。答案:顶管应该从1# 工作坑始发。理由:①由于2# 顶管坑在A公司院内,并且A公司院内建筑密集、空间狭小;②顶管坑的始发井肩负着运管、下管、出土和外运土的任务,2# 工作坑周围不适合存料和土方车辆进出。

本题目所代表的出题类型应该是以后一、二级考试命题的重点发展方向。

(5) 需要降水。顶进作业应在地下水位降至管底以下不小于0.5 m处,同时保证施工期间水位不能上涨,并采取措施,防止其他水源进入顶管管道。

(6) 这道题大家都会回答很多，但是要注意审题。这里主要是回答土建施工时，所以要围绕土建施工这个环节回答。答案：工作坑土建施工时，应设如下安全设施：①工作坑基坑口需要设置工作平台，用木板密封；②提升机需要有制动装置；③工作坑井口周围需要有围挡；④施工现场入口处、基坑边沿、临时用电设施等危险部位设置明显的安全警示标志；⑤基坑周边夜间设置红灯示警；⑥工作坑口周围设置排水沟，防止雨水进入坑内。(不计冗余，韩信点兵，多多益善)

2. (1) 排水管道

大型工程：管径≥1.5 m；单项工程合同≥3 000 万元。

中型工程：管径 1.0～1.5 m；单项工程合同额 1 000 万～3 000 万元。

小型工程：单项工程合同额≯1 000 万元。

而且二级建造师职业资格受到 3 000 万元上限控制，所以第一问是既可以是一级建造师做项目经理也可以是二级建造师担任项目经理。

答案：①根据建造师职业规模工程标准，本工程管径在 DN 1 200 mm、合同价在 1 000 万元，属于中型工程；②该工程属于排水管道工程，必须由取得注册市政一、二级建造师担任项目经理。

(2) 本沟槽开挖深度是 5.6 m。

(3) 施工：3→4→1→5→2；拆除 2→5→1→4→3。

这道题 2012 年一级已经考核过，当时是无粘结预应力筋的安装，看起来考核施工顺序的题目以后要盛行，这就要求大家对工程的施工工艺必须掌握。这道题感觉不难，只要你对于基坑支护的知识比较了解，需要记住先打桩，再做围檩、支撑，开挖下一步土方，循环施工。

(4) 这是一道比较传统的题，就是挑错改错，这种题把案例背景中的每一句话都要仔细阅读。

答案：

① 施工组织设计没有审批程序不妥，应该报企业技术负责人审批后上报监理工程师审批后实施。

② 基坑超过 5 m，没有组织专家论证不妥，应该组织专家论证，并且按照专家论证方案实施。

③ 机械一次挖至设计标高不妥，应该保留基底设计标高以上 0.2～0.3 m 的原状土人工清理。

④ 混凝土直接卸料到坑底不妥，混凝土自由卸落的高度不能超过 2 m，超过 2 m 的要用串筒或溜槽。

⑤ 项目部进场后才编写施工组织设计不妥，施工组织设计应提前编写，进场之后对施工组织细化和针对性实施改进。

⑥ 支撑的第一步和第二步间隔达到了 2 m 不妥，支撑间距过大，需要计算，减小支撑间距，将支撑形式改为三道支撑。

解析：本题目的桩为钢板桩，如果是混凝土灌注桩，那么先开挖杂填土再打桩可能就错误了；如果是混凝土灌注桩就需要先打桩，使得桩的强度有一个养护期，以减少窝工现象。

(5) 事故分类这个题目终于开始在市政范围内开始考核了，一级的也要引起重视。

答案：本案例事故属于机械伤害事故。一般事故。

① 将吊车拖离施工现场不妥，应该保护事故现场。

② 对沟槽用两天时间进行清理加固不妥，应该查明事故原因，提出处理方案后再行处理。

③ 在处理完这些程序后上报公司不妥，应该在事故发生后第一时间将事故上报施工企业。

这道题没有说对不妥之处的改正，但是考试时间允许，还是要写上，多写不吃亏。

3. 这又是一道园林的大题目，如果说 2012 年园林一、二级考核还是小试牛刀，那么 2013 年二级的园林考核也算是图穷匕首见。说来也是，把园林这个大专业列入市政行业，给一道大题目，也属于正常。那么 9 月份的一级考试对于园林就是一个很纠结的情况，所以今年一级考生的任务量又加大了一块。

(1) 培植前：土壤准备工作缺少的步骤有：①依照土壤习性调整土壤的酸碱度 pH(题干中没有说是什么花草植物，不同的花草植物对于土壤 pH 不同)。②调整空气空隙度(总空隙<50%的土壤，必须采用疏松的栽培介质加以改良)。③调整有机质含量(对有机质低于 20 g/kg 的土壤，应施充分腐熟的有机肥或含丰富有机质的栽培介质加以改良)。

(2) 方案①伐去古树不妥，城市古树属于文物，需要报城市绿化主管部门和文物部门，并且对古树要加以保护。②松土土壤达 30 cm 不妥，一般应深翻 400～500 mm，拣除草根、石头及其他杂物。③把杂草深翻入土不妥，在建植前全面翻耙土地，深耕、细耙、翻、耙、压结合，清除杂草及杂物。

(3) ①大水漫灌草坪和花境错误。正确做法:花坛栽植好后要定时浇水,浇水量要适度。草坪必须用喷水灌溉设备,必须及时排除积水。②花卉栽植深度比原苗圃深 5～10 cm 错误。正确做法:花卉栽培的土壤必须深厚、肥沃、疏松。因而在建造花坛前要先整地,一般应深翻 400～500 mm,拣除草根、石头及其他杂物。③栽植后充分压实错误。正确做法:花卉栽植后应保持土壤的适度松软程度。

(4) 验收应在栽植过程中分段进行,分别为定位放样、挖穴、换土、施肥、植株质量、修剪、栽植、筑堰、浇水。

答案:验收程序还缺少定位放样、施肥、植株质量、栽植等程序。

(5) 第(5)题的第一小问都知道是错误的,但是让你改正,还真的需要费一番力气。

答案:①施工企业要与用人单位签订劳动合同,统一按照实名制要求管理,进入施工现场需要进行安全和劳动技能培训,考试合格后方可上岗。②因施工处于某城市中心,施工现场应做封闭围挡,围挡要用硬质材料,且高度不低于 2.5 m,施工出入口需要有专人守卫,禁止行人进出。

最后这一问属于管理题目,也适合于其他案例背景考核。第一小问从实名制角度回答,第二小问从施工现场封闭角度回答。

4. (1) 按背景资料给出的计划工作及持续时间表补全网络计划图的其余部分如下:

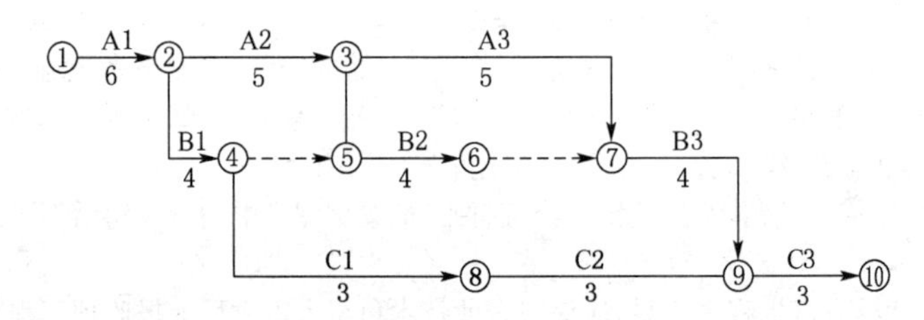

(2) 发现 C2 工作必须在 B2 工作完成后施工,网络计划图的修改如下:

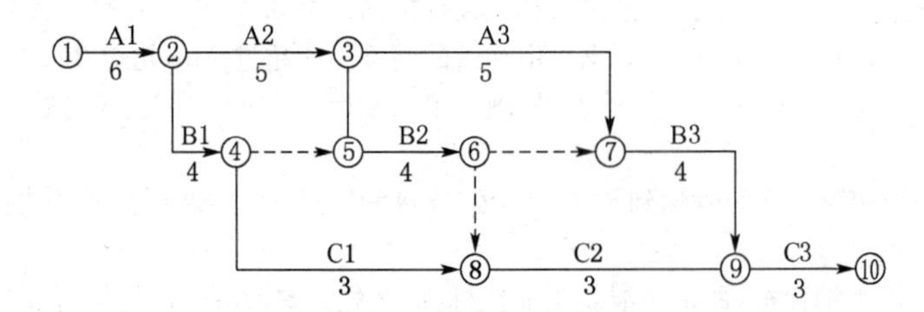

(3) 给出最终确认的网络计划图的关键线路和工期。

关键线路是 A1→A2→A3→B3→C3,即①→②→③→⑦→⑨→⑩,总工期为 23 d。

有人说总工期是 25 d,这是不对的,因为问题中没有让你计算出延误的那个天数,第一个是及时按照持续时间表,第二个就是要你调整 C2 必须在 B2 完成以后,也就是只要你加上虚工作。

(4) 不能索赔,因为是承包商自身的原因造成的工程延误。

Ⅱ　2012 年二级建造师市政工程管理与实务真题

一、单项选择题(共 20 题,每题 1 分,每题的备选项中,只有 1 个最符合题意)

1. 适用于快速路主干路基层的是(　　)。

A. 石灰土　　B. 二灰土

C. 水泥土　　D. 石灰粉煤灰稳定砂砾

2. 城市道路中必须设置中央分隔带的是(　　)。

A. 快速路　　B. 主干路　　C. 次干路　　D. 支路

3. 热拌沥青混合料面层摊铺碾压说法正确的是(　　)。

A. 拌合料的摊铺,运料车不少于 4 辆以满足连续施工

B. 沥青混合料路面碾压完成后就可开放交通

C. 压实应按初压、复压、终压包括成型三个阶段进行

D. 碾压应从中心线向两端进行

4. 基坑边坡挂网喷射混凝土施工完成后，应喷水养护，一般养护时间不少于（　　）天。

A. 3　　B. 5　　C. 7　　D. 14

5. 钻孔灌注桩灌注水下混凝土，在桩顶设计标高以上加灌一定高度，其作用是（　　）。

A. 避免导管漏浆　　B. 桩身夹泥断桩

C. 保证桩顶混凝土质量　　D. 放慢混凝土灌注速度

6. 同一天进场的同一批次、同规格 100 t 预应力钢筋，最少应分为（　　）批检验。

A. 1　　B. 2　　C. 3　　D. 4

7. 关于桥梁工程卸落支架顺序描述错误的是（　　）。

A. 满布式拱架可从拱顶向拱脚依次循环卸落

B. 连续梁宜从跨中向支座依次循环卸落

C. 简支梁宜从支座向跨中依次循环卸落

D. 悬臂梁应先卸落挂梁及悬臂的支架，再卸无铰跨内的支架

8. 钻孔灌注桩施工过程中，防止扩孔、坍孔预防措施错误的是（　　）。

A. 选用适用的泥浆　　B. 保证孔内必要水头

C. 避免触及和冲刷孔壁　　D. 加快进尺速度

9. 跨径为 1.8 m 的钢筋混凝土板，混凝土强度最低达到设计强度的（　　）时，方可拆除其模板及支架。

A. 50%　　B. 60%　　C. 75%　　D. 100%

10. 在设计未规定的情况下，采用后张法施工的 C50 预应力混凝土 T 型梁强度达到（　　）MPa 时可进行预应力张拉。

A. 25　　B. 30　　C. 35　　D. 40

11. 在软土地层修建地铁车站，需要尽快恢复上部路面交通时，车站基坑施工方法宜选择（　　）。

A. 明挖法　　B. 盖挖法　　C. 盾构法　　D. 浅埋暗挖法

12. 关于小导管注浆说法错误的是（　　）。

A. 超前小导管支护必须配合钢拱架使用　　B. 钢管长度 8～30 m 不等

C. 钢管应沿拱的环向向外设置外插角　　D. 两排小导管在纵向应有一定搭接长度

13. 管道交叉处理原则表述错误的是（　　）。

A. 支管道避让干线管道　　B. 小口径让大口径

C. 刚性管让柔性管　　D. 后敷设管道让已敷设管道

14. 关于顶管工作坑设置错误的是（　　）。

A. 单向顶进时，应选在管道下游端以利排水

B. 根据管线设计情况确定，如排水管线可选在检查井处。

C. 便于清运挖掘出来的泥土和有堆放管材工具设备的场所

D. 设置于工厂企业门口出口处

15. 关于柔性管道安装说法错误的是（　　）。

A. 下管前，应按照产品标准逐节进行外观质量检验

B. 采用人工下管时，可由地面人员将管材传递给沟槽施工人员

C. 管道接口后，应复核管道的高程和轴线使其符合要求

D. 管道安装结束后，可先回填至自管顶起 0.5 倍管径以上高度

16. 城市热力管道套筒补偿器的安装位置（　　）。

A. 应靠近固定支架　　B. 应位于两个固定支座之间

C. 应靠近管道分支处　　D. 与固定支座位置无关

17. 市政管道工程中，必须进行管道吹扫的是（　　）。

A. 热力管道　　B. 蒸汽管道　　C. 燃气管道　　D. 给水管道

18. 污水处理方法中，属于物理处理法的是（　　）。

A. 氧化还原法　　B. 沉淀法　　C. 生物膜法　　D. 活性污泥法

19. 草坪建植前，对于 pH>8.5 的土壤进行改良不能使用(　　)。

A. 硫酸亚铁　　B. 脱硫石膏　　C. 碱性栽培介质　　D. 酸性栽培介质

20. 距灌木边缘 0.5 m 处允许有(　　)。

A. 建筑物外墙　　B. 路灯灯柱　　C. 车站标志　　D. 天桥边缘

二、多项选择题(共 10 题，每题 2 分。每题的备选项中，有 2 个或 2 个以上符合题意，至少有 1 个错项。错选，本题不得分；少选，所选的每个选项得 0.5 分)

21. 水泥混凝土路面的结构层包括(　　)。

A. 路基　　B. 垫层　　C. 基层　　D. 面层

E. 封层

22. 关于石灰工业废渣稳定砂砾基层施工技术要求，正确的有(　　)。

A. 施工期间最低气温应在 0 ℃以上　　B. 配合比应准确

C. 含水量宜略大于最佳含水量　　D. 必须保湿养护

E. 碾压时应采用先重型后轻型的压路机碾压

23. 无支护基坑的坑壁形式分为(　　)。

A. 垂直坑壁　　B. 斜坡坑壁　　C. 阶梯形坑壁　　D. 锯齿形坑壁

E. 变坡度坑壁

24. 必须做闭水试验的市政管道工程是(　　)。

A. 污水管道　　B. 雨水管道　　C. 雨污水合流管道　　D. 倒虹吸管

E. 设计有要求时

25. 关于地下连续墙导墙的说法正确的有(　　)。

A. 导墙施工精度控制挖槽精度　　B. 导墙应承受水土压力

C. 导墙要承受起吊钢管笼吊机的施工荷载　　D. 杂填土较厚时要加深导墙

E. 地下水位越高导墙越深

26. 相对来说，浅埋暗挖法中施工工期较长的方法有(　　)。

A. 全断面法　　B. 正台阶法　　C. 中洞法　　D. 柱洞法

E. 双侧壁导坑法

27. 热力管道关断阀安装在(　　)。

A. 干线的起点　　B. 干线的末端　　C. 支线的起点　　D. 支线的末端

E. 热力入户井

28. 垃圾填埋场地质的岩性以(　　)为好。

A. 粘土层　　B. 页岩层　　C. 粉砂层　　D. 卵石层

E. 致密的火成岩层

29. 树木移植成功与否受各种影响因素的制约，包括(　　)。

A. 树木自身的质量　　B. 移植季节　　C. 移植措施　　D. 移植工具

E. 土壤、水分、肥料等因素

30. 下列路基质量验收属于主控项目的有(　　)。

A. 横坡　　B. 宽度　　C. 压实度　　D. 平整度

E. 弯沉值

三、案例分析题(共 4 题，每题 20 分)

1. 某项目部承建一项城市道路工程，道路基层结构为 200 mm 厚碎石垫层和 350 mm 厚水泥稳定碎石基层。

项目部按要求配置了专职安全员，并成立了以安全员为第一责任人的安全领导小组，成员由安全员、项目经理及工长组成。项目部根据建设工程安全检查标准要求，在大门口设置了工程概况牌、环境保护制度牌、施工总平面图公示标牌。

项目部制定的施工方案中，对水泥稳定碎石基层的施工进行详细规定：要求 350 mm 厚水泥稳定碎石分两层摊铺，下层厚度为 200 mm，上层厚度为 150 mm，采用 15 t 压路机碾压。为保证基层厚度和高程准确无误，要求在面层施工前进行测量复核，如出现局部少量偏差则采用薄层贴补法进行找平。

在工程施工前，项目部将施工组织设计分发给相关各方人员，以此作为技术交底，并开始施工。

问题：

(1) 指出安全领导小组的不妥之处，改正并补充小组成员。

(2) 根据背景材料，项目部还要设置哪些标牌?

(3) 指出施工方案中的错误之处，并指出正确做法。

(4) 说明把施工组织设计文件作为技术交底做法的不妥之处并改正。

2. 某施工单位承接了一项市政排水管道工程，基槽采用明挖法放坡开挖施工，基槽宽度为 6.5 m，开挖深度为 5 m，场地内地下水位于地表下 1 m，施工单位拟采用轻型井点降水，井点的布置方式和降深等示意图如下：

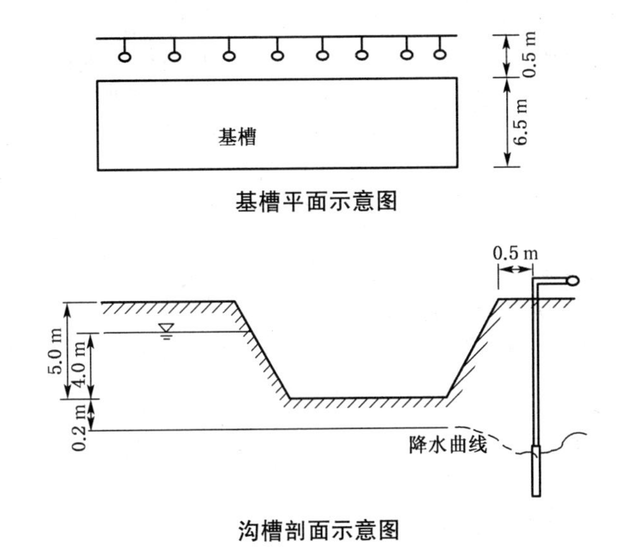

基槽平面示意图

沟槽剖面示意图

施工单位组织基槽开挖、管道安装和土方回填三个施工队流水作业，并按Ⅰ、Ⅱ、Ⅲ划分成三个施工段，根据合同工期要求绘制网络进度图如下：

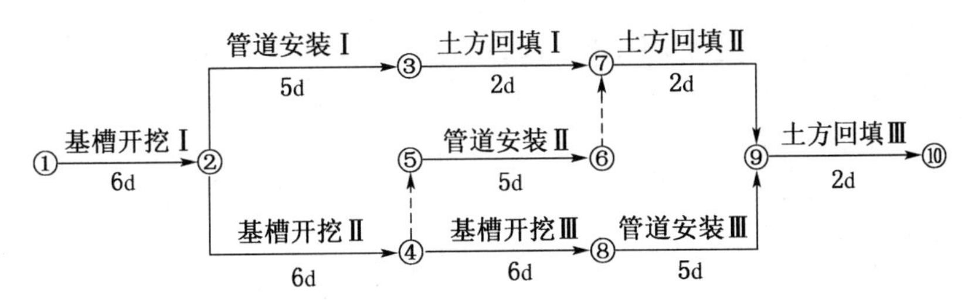

问题：

(1) 指出降水井点布置的不妥之处，并写出正确的做法。

(2) 降水深度是否妥当，如不妥请改正。

(3) 网络进度图上有两个不符合逻辑的地方，请在图上用虚线画出虚工作，让逻辑更合理。

(4) 计算本工程的总工期，并指出关键线路。

3. 某建设单位与 A 市政公司(简称 A 公司)签订管涵总承包合同，管涵总长 800 m，A 公司将工程全部分包给 B 工程公司(简称 B 公司)，并提取了 5%的管理费。A 公司与 B 公司签订的分包合同约定：①出现争议后通过仲裁解决；②B 公司在施工工地发生安全事故后，应赔偿 A 公司合同总价的 0.5%作为补偿。

B 公司采用放坡开挖基槽再施工管涵的施工方法。施工期间，A 公司派驻现场安全员发现某段基槽土层松软，有失稳迹象，随即要求B公司在此段基槽及时设置板桩临时支撑。但B公司以工期紧及现有板桩长度短为由，决定在基槽开挖2 m深后再设置支撑，且加快基槽开挖施工进度，结果发生基槽局部坍塌，造成一名工人重伤。

建设行政主管部门在检查时，发现B公司安全生产许可证过期，责令其停工。A公司随后向B公司下达了终止分包合同通知书，B公司以合同经双方自愿签订为由诉讼至人民法院，要求A公司继续履行合同或承担违约责任并赔偿经济损失。

问题：

(1) 对发生的安全事故，反映出A公司和B公司分别在安全管理上存在什么具体问题？

(2) B公司处理软弱土层基槽做法违反规范中的什么规定？

(3) 法院是否应当受理B公司的诉讼？为什么？

(4) 该分包合同是否有效？请说明法律依据。

(5) 该分包合同是否应当继续履行？针对已完工作量应当如何结算？

(6) 发生事故后B公司是否应当支付合同总价的0.5%作为补偿？说明理由。

4. 某项目部承接华北地区某城市道路绿化工程，全长为2.5 km，道路两侧栽植行道树。按设计要求，行道树为深根性的国槐，胸径为12～15 cm。在施工过程中，发生如下事件：

事件一：国槐带土球移植，土球大小符合规范要求，项目部在苗木运来之前挖好了树穴，树穴上大下小，上口径比下口径大15～20 cm，树穴上口直径与土球直径接近，挖出的表土和底土混合均匀后放置一边备用。

事件二：在挖树穴时，发现有3个树位在地表下0.6 m处有页岩层。针对出现的问题，项目部与建设方口头协商后，将此3株树改为灌木型的黄杨桃。

事件三：为保证树木成活，项目部在树木定植后第三天开始连续浇水三天，每天一次，浇水三次之间，中耕一次。

事件四：施工完成后，项目部对栽植做了记录，作为验收资料，内容包括土壤特性、气象情况、环境条件、种植位置、栽植后生长情况、种植数量以及种植工人和栽植单位与栽植者的姓名等。

问题：

(1) 指出事件一中项目部做法的错误之处，并改正。

(2) 分析事件二中项目部更改设计的原因，指出项目部和建设方口头协商做法的不妥之处，并纠正。

(3) 指出事件三中不妥之处，并改正。

(4) 事件四中，验收还应补充哪些资料？

2012年二级建造师市政工程管理与实务真题参考答案与解析

一、单项选择题

1. D 2. A 3. C 4. C 5. C 6. B 7. C 8. D 9. A 10. D 11. B 12. B 13. C 14. D 15. D 16. A 17. C 18. B 19. C 20. A

二、多项选择题

21. ABCD 22. BCD 23. ABCE 24. ACDE 25. BD 26. CDE 27. AC 28. ABE 29. ABE 30. CE

三、案例分析题

1. (1) 不妥(1分)。项目经理为第一责任人(1分)，项目技术负责人(1分)，项目班组长(1分)，负责从开工到竣工全过程安全生产工作(1分)。

(2) 安全生产牌(1分)，文明施工牌(1分)，消防保卫(防火责任)牌(1分)，安全无重大事故计时牌(1分)，管理人员名单及监督电话牌(1分)。

(3) ①直接用15 t压路机错误(1分)，应采用大于18 t压路机进行碾压(1分)。②采用薄层贴补的方法找平错误(1分)，应遵守“宁高勿低，宁刨勿补”的原则(2分)。

(4) 直接把施工组织设计交给相关各方人员作为交底不妥(1分)，应由技术负责人(1分)向施工人员(1分)讲解设计、规范要求(1分)，强调工程难点及解决办法(1分)。

2. (1) ①降水井点布置采用单排井点不合理(1分),沟槽深度达到5 m以上,基坑宽度为6.5 m,应采用双排井点布置(2分)。②降水井管基坑壁0.5 m不合理(1分),降水井管与坑壁距离应大于1.0～1.5 m(1分)。

(2) 降水深度为基底以下0.2 m不正确(2分),降水深度应为基底以下0.5 m(3分)。

(3) 图复制过来(1分)管道安装Ⅰ到管道安装Ⅱ用虚线连上箭头指向安装Ⅱ(2分),安装Ⅱ指向安装Ⅲ,箭头指向安装Ⅲ(2分)。

(4) 关键线路:①→②→④→⑧→⑨→⑩(2分);总工期:1+2+4+8+9+10(1分)=25(2分)

3. (1) A公司责任:未对B公司的资质进行审查(1分);安全员发现事故隐患未及时向项目经理、业主汇报(1分)。B公司责任:不服从A公司现场管理(1分);违反基坑开挖操作规程,发现事故预兆未及时抢险(2分)。

(2) 违反了基坑开挖规范要求(1分),软弱土层基坑开挖超过2 m应支护,且应随挖随支(2分)。

(3) 不予受理(1分),因为合同中约定了仲裁协议(1分)。

(4) 合同无效(1分)。违反了法律规定(1分),法律规定禁止转包(1分)。

(5) 不应当继续履行(1分)。已完工作量质量合格应予以支付工程款(1分);质量不合格返修合格应予以支付工程款(1分);质量不合格返修不合格不予支付(1分)。

(6) 应该(1分)。无效合同有过错方应赔偿对方受到的损失(1分);双方都有过错,根据过错大小各自承担相应责任(1分)。

4. (1) 土球直径与树穴上口直径接近错误(1分),树穴上大下小错误(1分)。树穴上下口径大小要一致,应比土球直径加大15～20 cm,深度加10～15 cm(3分)。

(2) 变更原因:工程环境变化(1分),应该采用书面形式(1分)。承包人向工程师提出变更(1分),工程师进行审查并批准(1分),工程师发出变更指令执行(1分)。

(3) 移植后第三天开始浇水,每天浇水一次错误(1分)。树木定植后24 h内必须浇上第一遍水,水要浇透(2分),定植后连续浇水三次,之后视情况适当灌水(2分)。

(4) 栽植时间(1分),栽植材料的质量、栽植质量(2分),栽植采取的措施(2分)。

Ⅲ 2012年一级建造师市政真题

一、单项选择题(共20题,每题1分)

1. 仅依据墙体自重抵抗挡土墙压力作用的挡土墙,属于(　　)挡土墙。

A. 恒重式　　B. 重力式　　C. 自立式　　D. 悬臂式

2. 下列指标中,不属于沥青路面使用指标的是(　　)。

A. 透水性　　B. 平整度　　C. 变形量　　D. 承载能力

3. 下列原则中,不属于土质路基压实原则的是(　　)。

A. 先低后高　　B. 先快后慢　　C. 先轻后重　　D. 先静后振

4. 水泥混凝土路面在混凝土达到(　　)以后,可允许行人通过。

A. 设计抗压强度的30%　　B. 设计抗压强度的40%

C. 设计弯拉强度的30%　　D. 设计弯拉强度的40%

5. 关于装配式梁板吊装要求的说法,正确的是(　　)。

A. 吊装就位时混凝土强度为梁体设计强度的70%

B. 调移板式构件时,不用考虑其哪一面朝上

C. 吊绳与起吊构件的交角小于60°时,应设置吊架或吊装扁担

D. 预应力混凝土构件待孔道压浆强度达20 MPa才能吊装

6. 关于箱涵顶进的说法,正确的是(　　)。

A. 箱涵主体结构混凝土强度必须达到设计强度的75%

B. 当顶力达到0.9倍结构自重时箱涵未启动,应立即停止顶进

C. 箱涵顶进必须避开雨期

D. 顶进过程中,每天应定时观测箱涵底板上设置观测标钉的高程

7. 在松软含水地层,施工条件困难地段修建隧道,且地面构筑物不允许拆迁,宜先考虑(　　)。

A. 明挖法　　B. 盾构法　　C. 浅埋暗挖法　　D. 新奥法

8. 当基坑开挖较浅且未设支撑时,围护墙体水平变形表现为(　　)。

A. 墙顶位移最大,向基坑方向水平位移　　B. 墙顶位移最大,背离基坑方向水平位移

C. 墙底位移最大,向基坑方向水平位移　　D. 墙底位移最大,背离基坑方向水平位移

9. 隧道线形控制的主要任务是控制(　　)。

A. 盾构姿态　　B. 盾尾密封　　C. 注浆压力　　D. 拼装质量

10. 喷射混凝土应采用(　　)混凝土,严禁选用具有碱性的集料。

A. 早强　　B. 高强　　C. 低温　　D. 负温

11. 在渗水量不大、稳定的黏土层中,深 5 m、直径 2 m 的圆形沉井宜采用(　　)。

A. 水力机械排水下沉　　B. 人工挖土排水下沉

C. 水力机械不排水下沉　　D. 人工挖土不排水下沉

12. 关于预制安装水池现浇壁板接缝混凝土施工措施的说法,错误的是(　　)。

A. 强度较预制壁板应提高一级　　B. 宜采用微膨胀混凝土

C. 应在壁板间缝较小时段灌注　　D. 应采取必要的养护措施

13. GCL 主要用于密封和(　　)。

A. 防渗　　B. 干燥　　C. 粘接　　D. 缝合

14. 下列构筑物中,平面间距 1 m 之内可以种植灌木的是(　　)。

A. 天桥边缘　　B. 建筑物外墙　　C. 警亭　　D. 交通灯柱

15. 行道树树干中心距离道路路面边缘的间距,应大于(　　)m。

A. 0.5　　B. 0.8　　C. 1.0　　D. 1.2

16. 下列胸径 200 mm 的乔木种类中,必须带土球移植的是(　　)。

A. 悬铃木　　B. 银杏　　C. 樟树　　D. 油松

17. 下列路面中,适合于园林车行主干路的是(　　)路面。

A. 水泥混凝土　　B. 卵石　　C. 炉渣　　D. 碎石

18. 最常用的投标技巧是(　　)。

A. 报价法　　B. 突然降价法　　C. 不平衡报价法　　D. 先亏后盈法

19. 钢筋混凝土管片不得有内外贯通裂缝和宽度大于(　　)mm 的裂缝及混凝土剥落现象。

A. 0.1　　B. 0.2　　C. 0.5　　D. 0.8

20. 下列污水处理构筑物中,需要进行严密性试验的是(　　)。

A. 浓缩池　　B. 调节池　　C. 曝气池　　D. 消化池

二、多项选择题(共 10 题,每题 2 分)

21. 新建城镇燃气管道中,必须采用防腐层辅以阴极保护的腐蚀控制系统的有(　　)。

A. 超高压管　　B. 高压管　　C. 次高压管　　D. 中压管

E. 低压管

22. 盾构法隧道始发洞口土体常用的加固方法有(　　)。

A. 注浆法　　B. 冻结法　　C. SMW 法　　D. 地下连续墙法

E. 高压喷射搅拌法

23. 现浇施工水处理构筑物的构造特点有(　　)。

A. 断面较薄　　B. 配筋率较低

C. 抗渗要求高　　D. 整体性要求高

E. 满水试验为主要功能性试验

24. 下列管道补偿器中,热力管道中,属于自然补偿的有(　　)。

A. 球形补偿器　　B. Z 形　　C. L 形　　D. 套筒补偿器

E. 波纹补偿器

25. 关于燃气管道穿越河底施工的说法,错误的有(　　)。

A. 管道的输送压力不应大于 0.4 MPa

B. 必须采用钢管

C. 在河流两岸上、下游宜设立标志

D. 管道至规划河底的覆土厚度,应根据水流冲刷条件确定

E. 稳管措施应根据计算确定

26. 燃气管道附属设备应包括(　　)。

A. 阀门　　B. 放散管　　C. 补偿器　　D. 疏水器

E. 凝水器

27. 垃圾卫生填埋场的填埋区工程的结构物主要有(　　)。

A. 渗沥液收集导排系统　　B. 防渗系统

C. 排放系统　　D. 回收系统

E. 基础层

28. 道路路基压实度的检测方法有(　　)。

A. 灌水法　　B. 蜡封法　　C. 环刀法　　D. 灌砂法

E. 钻芯法

29. 根据GB/T8923,工具除锈的质量等级包括(　　)。

A. St2　　B. St2.5　　C. St3　　D. St3.5

E. St4

30. 根据估算伤害的可能性和严重程度进行施工安全风险评价,下列评价中属于中度风险的有(　　)。

A. 可能+伤害　　B. 可能+轻微伤害

C. 不可能+伤害　　D. 不可能+严重伤害

E. 极不可能+严重伤害

三、案例分析题

1. (20分)某施工单位中标承建一座三跨预应力混凝土连续钢构桥,桥高30 m,跨度为80 m+136 m+80 m,箱梁宽14.5 m,底板宽8 m,箱梁高度由根部的7.5 m渐变到3.0 m。根据设计要求,0号、1号段混凝土为托架浇筑,然后采用挂篮悬臂浇筑法对称施工,挂篮采用自锚式结构。

施工项目部根据该桥的特点编制了施工组织设计,经项目总监理工程师审批后实施。项目部在主墩的两侧安装托架并预压,施工0号、1号段,在1号段混凝土浇筑完成后,在节段上拼装挂篮。

施工单位总部例行检查并记录了挂篮施工安全不合格项:施工作业人员为了方便施工,自行拆除了安全防护设施;电缆支架绑在了挂篮上;工机具材料在挂篮一侧集中堆放。

安全资料检查时发现:只有公司和项目部对工人的安全教育记录和每月进行一次的安全检查记录。安全检查组随即发出整改通知单,要求项目部按照《建筑施工安全检查标准》补充有关记录。

问题:

(1) 本案例的施工组织设计审批符合规定吗?说明理由。(4分)

(2) 补充挂篮进入下一节施工前的必要工序。(6分)

(3) 针对挂篮施工检查不合格项,给出正确做法。(6分)

(4) 项目部应补充哪些记录?(4分)

2. (20分)A公司中标承建某污水处理厂扩建工程,新建构筑物包括沉淀池、曝气池及进水泵房。其中,沉淀池采用预制装配式预应力混凝土结构,池体直径为40 m,池壁高6 m,设计水深4.5 m。

鉴于运行管理因素,在沉淀池施工前,建设单位将预制装配式预应力混凝土结构变更为现浇无粘结预应力结构,并与施工单位签订了变更协议。

项目部重新编制了施工方案,列出池壁施工主要工序:①安装模板;②绑扎钢筋;③浇筑混凝土;④安装预应力筋;⑤张拉预应力。同时,明确了各工序的施工技术措施,方案中还包括满水试验。

项目部造价管理部门重新校对工程量清单,并对底板、池壁、无粘结预应力三个项目的综合单价及主要的措施费进行调整后报建设单位。

施工过程中发生如下事件:预应力张拉作业时平台突然失稳,一名张拉作业人员从平台上坠落到地面摔成重伤;项目部及时上报A公司并参与事故调查,查清事故原因后继续进行张拉施工。

问题：

(1) 将背景资料中工序按常规流程进行排序(用序号排列)。(4分)

(2) 沉淀池满水试验的浸湿面积由哪些部分组成(不需计算)？(4分)

(3) 根据清单计价规范，变更后的沉淀池底板、池壁、预应力的综合单价应如何确定？(4分)

(4) 沉淀池施工的措施费项目应如何调整？(4分)

(5) 根据有关事故处理原则，继续张拉施工前还应做好哪些工作？(4分)

3. (20分)某小区新建热源工程，安装了3台14 MW燃气热水锅炉。建设单位通过招投标程序发包给A公司，并在工程开工前办理了建设工程质量安全监督手续、消防审批手续以及施工许可证。

A公司制定了详细的施工组织设计，并履行了报批手续。施工过程中出现了如下情况：

(1) A公司征得建设单位同意，将锅炉安装工程分包给了具有资质的B公司，并在建设行政主管部门办理了合同备案。

(2) 设备安装前，B公司与A公司在监理单位的组织下办理了交接手续。

(3) 在设备安装过程中，当地特种设备安全监察机构到工地检查发现参建单位尚未到监察机构办理相关手续，违反了有关规定。燃烧器出厂资料中仅有出厂合格证。

(4) B公司已委托第三方无损检测单位进行探伤检测。委托前已对其资质进行了审核，并通过了监理单位的审批。

问题：

(1) B公司与A公司应办理哪些方面的交接手续？(5分)

(2) 请指出参建单位中的哪一方应到监察机构办理相关手续，并写出手续名称。(5分)

(3) 燃烧器出厂资料中，还应包括什么？(5分)

(4) 请列出B公司对无损检测单位及其人员资质审核的主要内容。(5分)

4. (30分)A公司中标某市污水干线工程，合同工期205天，管线总长1.37 km。管径ϕ1.6～1.8 m，采用钢筋混凝土管，管顶覆土为4.1～4.3 m，管道位于砂性土和砾径小于100 mm的砂砾石层，地下水位在地表下4.0 m左右，检查井井距60～120 m。依据施工组织设计，项目部拟用两台土压平衡顶管设备同时进行施工，且工作井设在检查井位置(施工部署如下图)，编制了顶管工程专项方案，按规定通过专家论证。

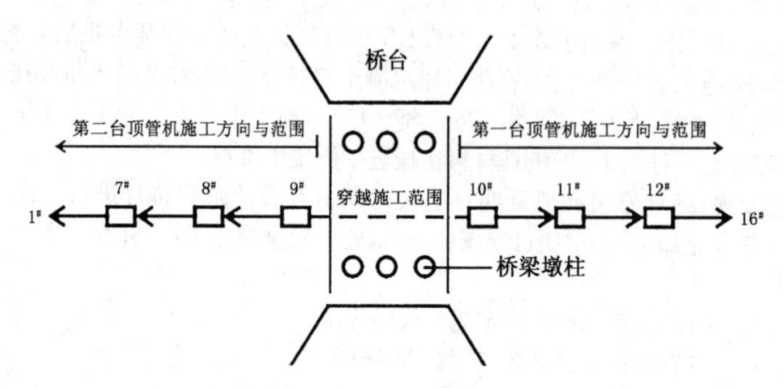

施工过程中发生如下事件：

(1) 因拆迁影响，使9#井不能开工。第二台顶管设备放置在项目部附近小区绿地暂存28 d。

(2) 在穿越施工手续齐全后，为了满足建设方工期要求，项目部将10#井作为第二台顶管设备的始发井，向原8#井顶进。施工方案经项目经理批准后实施。

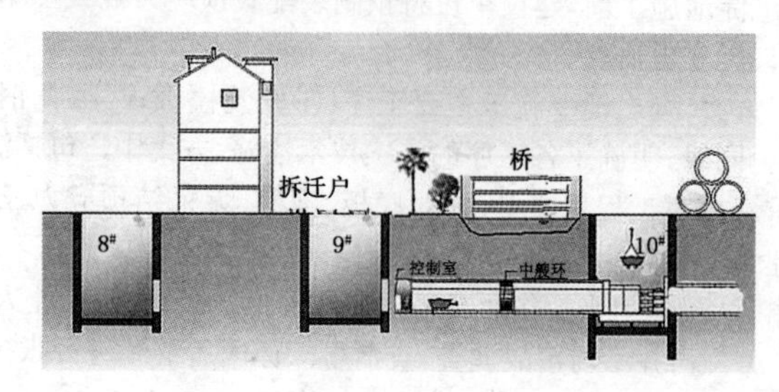

问题：

(1) 本工程中工作井是否需要编制专项方案，说明理由。(5 分)

(2) 占小区绿地暂存设备，应履行哪些程序或手续？(5 分)

(3) 10# 井改为向 8# 井顶进的始发井，应做好哪些技术准备工作？(12 分)

(4) 项目经理批准施工变更方案是否妥当？说明理由。(4 分)

(5) 项目部就事件(1)的拆迁影响，可否向建设方索赔？如可索赔，简述索赔项目。(4 分)

5. (30 分)A 公司中标北方地区某郊野公园施工项目，内容包括绿化栽植、园林给水排水、夜景照明、土方工程、园路及广场铺装。合同期为 4 月 1 日至 12 月 31 日。A 公司项目部拟定施工顺序：土方工程—给排水—园路、广场铺装—绿化栽植—夜间照明。

因拆迁因素影响，给排水和土方工程完成后，11 月中旬才进入园路和铺装施工。园林主干路施工中发生了如下情况：

(1)土质路基含水率较大，项目部在现场掺加石灰进行处理后碾压成型。

(2) 为不干扰邻近疗养院，振动压路机作业时取消了振动压实。

(3) 路基层为级配碎石层，现场检查发现骨料最大粒径约 50 mm，采取沥青乳液下封层养护 3 d 后进入下一道工序施工。

(4) 路面层施工时天气晴朗，日最高气温为+3℃，项目部在没有采取特殊措施的情况下抢工摊铺。

绿化栽植进入冬期施工，项目部选择天气较好、气温较高时段组织了数十株雪松和银杏移栽，每株树木用三根直径 50 mm 的竹竿固定支撑。在此期间，还进行了铺砌草块施工。

翌年 4 月，路面出现了局部沉陷、裂缝等病害。

问题：

(1) 指出园路施工存在哪些不妥之处？给出正确做法。(8 分)

(2) 分析并指出园路出现病害的主要成因。(6 分)

(3) 指出冬期绿化移植有哪些不妥之处，给出正确做法。(8 分)

(4) 补充项目部应采用的园路的冬季施工措施。(8 分)

2012 年一级建造师市政真题参考答案与解析

一、单项选择题

1. 答案：B

解析：重力式挡土墙依靠墙体的自重抵抗墙后土体的侧向推力。选恒重式毫无根据。

2. 答案：C

解析：路面使用指标：承载能力、平整度、温度稳定性、抗滑能力、透水性、噪声量。

3. 答案：B

解析：先轻后重、先静后振、先低后高、先慢后快、轮迹重叠。

4. 答案：D

解析：在混凝土达到设计弯拉强度的 40%以后，可允许行人通过。

5. 答案：C

解析：吊绳与起吊构件的交角小于 60°时，应设置吊架或吊装扁担。

6. 答案：D

解析：每天应定时观测箱涵底板上设置观测标钉的高程。

7. 答案：B

解析：在松软含水地层、地面构筑物不允许拆迁，施工条件困难地段，采用盾构法施工隧道能显示其优越性。

8. 答案：A

解析：当基坑开挖较浅，还未设支撑时，不论对刚性墙体还是柔性墙体，均表现为墙顶位移最大，向基坑方向水平位移，呈三角形分布。

9. 答案：A

解析：线形控制的主要任务是通过控制盾构姿态，使构建的衬砌结构几何中心线形顺滑，且位于偏离设计中心线的容许误差范围内。

10. 答案：A

解析：喷射混凝土应采用早强混凝土。

11. 答案：B

解析：排水下沉干式沉井方法适用于渗水量不大、稳定的黏性土。

12. 答案：C

解析：浇筑时间应根据气温和混凝土温度选在壁板间缝宽较大时进行。

13. 答案：A

解析：GCL 主要用于密封和防渗。

14. 答案：B

15. 答案：C

16. 答案：D

解析：裸根挖掘，这种方法只适用于落叶乔木和萌芽力强的常绿树木，如樟树、白玉兰、悬铃木、柳树、银杏等。

17. 答案：A

解析：整体路面包括水泥混凝土路面和沥青混凝土路面，可用作园林主道。

18. 答案：C

解析：最常用的投标技巧是不平衡报价法。

19. 答案：B

解析：管片表面出现大于 0.2 mm 宽的裂缝或贯穿性裂缝等缺陷时，必须进行修补。

20. 答案：D

解析：消化池会产生有害气体，顶盖板需封闭。消化池的检查孔封闭必须严密不漏气。

二、多项选择题

21. 答案：BC

解析："新建城镇"四个字基本上排除了超高压、中压、低压条件。选 B、C 至少得 1 分，得 2 分的概率超过 60%。根据城镇燃气埋地钢质管道腐蚀控制技术规程(CJJ 95—2003)规定，新建的高压、次高压、公称直径大于或等于 100 mm 的中压管道和公称直径大于或等于 200 mm 的低压管道必须采用防腐层辅以阴极保护的腐蚀控制系统。管道运行期间阴极保护不应间断。

22. 答案：ABE

解析：常用加固方法主要有：注浆法、高压喷射搅拌法和冻结法。

23. 答案：ACD

解析：特点是构件断面较薄，属于薄板或薄壳型结构，配筋率较高，具有较高的抗渗性和良好的整体性要求。这道题有人主张加选 E，但失分概率大于得分概率。

24. 答案：BC

解析：自然补偿器分为 L 形和 Z 形。

25. 答案：ABC

解析：(1)燃气管道宜采用钢管。(2)燃气管道至规划河底的覆土厚度，应根据水流冲刷条件确定，对不通航河流不应小于 0.5 m；对通航的河流不应小于 1.0 m，还应考虑疏浚和投锚深度。(3)稳管措施应根据计算确定。(4)在埋设燃气管道位置的河流两岸上、下游应设立标志，另外，随桥梁跨越河流的燃气管道压力不应大于 0.4 MPa

26. 答案：ABC

解析：为了保证管网的安全运行，并考虑到检修、接线的需要，在管道的适当地点设置必要的附属设备。这些设备包括阀门、补偿器、排水器、放散管等。

27. 答案：ABE

解析：垃圾卫生填埋场填埋区工程的结构层次从上至下主要为渗沥液收集导排系统、防渗系统和基础层。系统结构形式如图1K416013所示。

28. 答案：ACD

解析：路基基层压实度检测：环刀法；灌砂法；灌水法。

29. 答案：AC

解析：将工具除锈的质量等级分为彻底的手工和动力工具除锈(St2)及非常彻底的手工和动力工具除锈(St3)两种。

30. 答案：BCE

解析：

风险评价表

	轻微伤害	伤害	严重伤害
极不可能	可忽略风险	极大风险	中度风险
不可能	较大风险	中度风险	重大风险
可能	中度风险	重大风险	巨大风险

三、案例分析题

1. (1) 施工组织设计由总监理工程师审批不合规定。(1分)

理由：施工组织设计应经项目经理组织、技术负责人编制(1分)，报企业技术负责人审批、盖章(1分)，报建设方、监理工程师审核后实施(1分)。

(2) 既然是补充，先看已经有的：项目部已"安装托架并预压"，"0号、1号段浇筑已完成"。目前状态：正"在节段上拼装挂篮"。现场照片：阶段目标是从图(a)到图(b)。

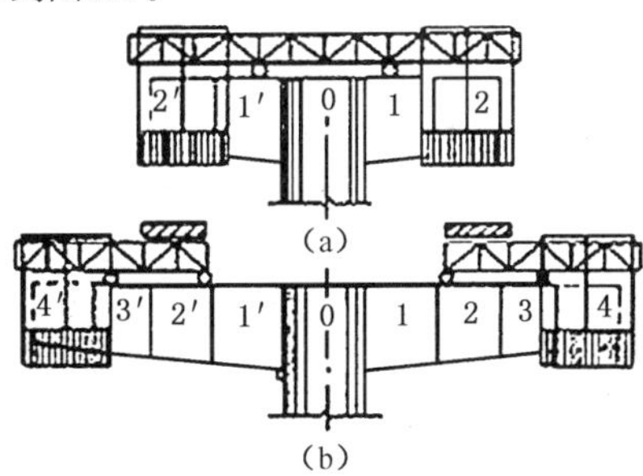

解析：悬臂浇筑的主要设备是一对能行走的挂篮。挂篮在已经张拉锚固并与墩身连成整体的梁段上移动。绑扎钢筋、立模、浇筑混凝土、施加预应力都在其上进行。完成本段施工后，挂篮对称地向前各移动一节段，进行下一梁段施工，循序前进，直至悬臂梁段浇筑完成。上述明确包含工序：①绑扎钢筋；②立模；③浇筑混凝土；④施加预应力；⑤挂篮对称前移；⑥进入下一节段；⑦直至合龙。

探讨：让补充工序先明白什么是工序，工序是组成生产的工段，加工的先后次序。有人只回答了预压，预压已经完成，检验指标抗滑移倾覆系数之类，不是工序。

结论：应补充的挂篮进入下一节施工前的必要工序有：挂篮就位、按规范性能检测完成以后，绑扎钢筋(1分)，立模(1分)，浇筑混凝土(1分)，施加预应力(1分)，挂篮对称前移(1分)，进入下一节段直至合龙(1分)。

(拉分关键题，看关键词给分)

(3) 本案例不合格项：

① 拆除防护设施不正确(1分)。因为按规范，高空作业必须有保证操作安全措施。正确做法：责令立即改正，预防再次被拆(1分)。

解析：无论何种表述，要点是纠正。

② 电缆直接绑在挂篮上不妥(1分)。因为挂篮为金属构件，容易导致触电事故。正确做法：A. 电缆加套管；B. 按预定路线架空布置；C. 较规范做法：将电缆M形折叠圈沿钢丝滑行，滑行部位设帘钩。(1分)

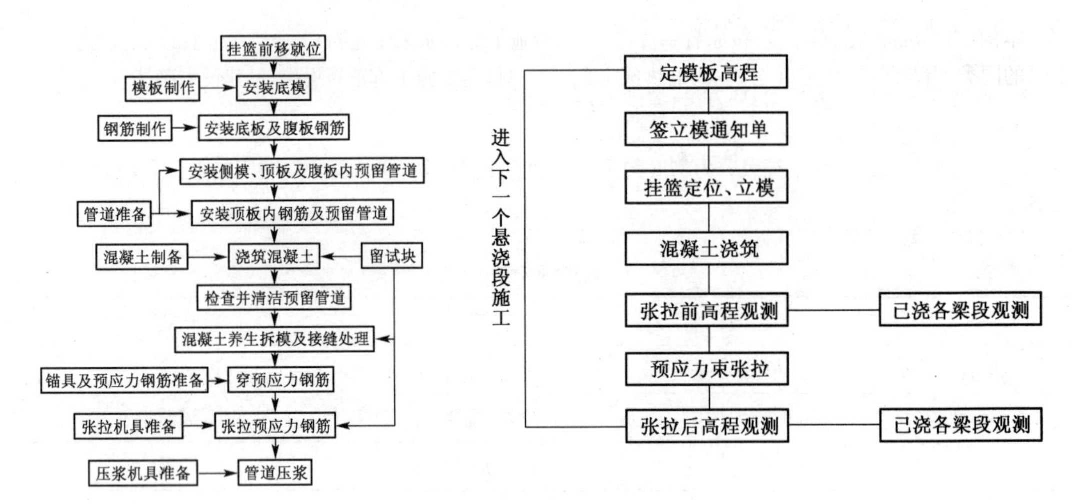

箱梁悬臂施工线形控制程序图

解析:电缆是必须随吊篮行走的,要点是不得直接。

③ 工机具材料在挂篮一侧堆放不妥(1 分)。因为保持两肩平衡是悬臂浇筑安全质量的关键。正确做法:A. 必须上墩的钢材水泥和工机具等总重量不得超过计算限额。B. 按重量在桥墩两侧均衡放置,防止发生倾斜。(1 分)

解析:不是指挂篮内的两边。

(4) 应补充的记录:①安全部分:技术交底记录(1 分),例会记录(1 分),事故及处理记录(1 分),整改通知记录,特种作业人员登记、培训记录等(1 分)。②其他记录还有:设计变更记录、质量检查记录、隐蔽工程检查记录等。

解析:安全教育已经有了,只要挑主要的写,4 点以上可得满分。

2. (1) ①②④③⑤,即:①安装模板,②绑扎钢筋,④安装预应力筋,③浇筑混凝土,⑤张拉预应力。

解析:

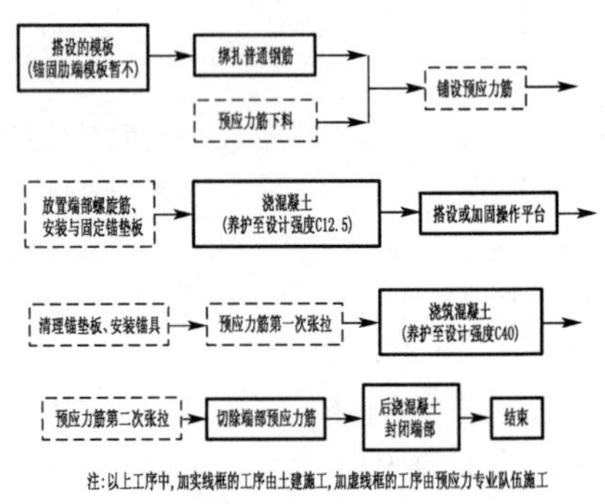

无粘结预应力施工工艺流程

(拉分关键题,全对给 4 分,含错不给分)

(2) 沉淀池满水试验的浸湿面积由 4.5 m 高(1 分)的池壁(1 分)(不含内隔墙(1 分))、池底(1 分)两部分组成。(拉分关键题,含错不给分)

(3) 变更后的综合单价的确定原则:①合同已有适用项目综合单价的,执行原合同综合单价;②合同中有类似项目综合单价的,参照合同中的综合单价执行;③合同中既没有适用项目又没有类似项目综合单价时,由承包人提出合理的综合单价,经发包人确定后执行。(1 分)

本例中，①沉淀池底板不变，按原有单价，其他类似施工参照水泵房定价(1分)。②池壁现浇，可参照本项目的同类工程曝气池确定(1分)。③电热预应力施工单价需要施工方重新提出，经建设方确认(1分)。

解析：别以为背景提到曝气池、进水泵房只是摆设。一定要写后一段，否则一半分。要结合案例回答问题，力求体现“理实一体化”。

(4) 措施费的调整：①合同中已有适用项目措施费的，按合同中的执行；②合同中没有适用项目措施费的，由承包人提出合理的措施费，经发包人确定后执行。且措施费计算中，如果能准确计算工程量的，应按综合单价计价；如果不能准确计算工程量或不能计算工程量的，应按“项”计价。(2分)

本例中，装配改现浇，应调整：①新增现浇模板费用；②新增预应力的费用(1分)；③调整原装配的吊具费(1分)。

解析：措施费本来就是开口清单可调整。一定要写后一段，否则最多只得一半分。

(5) 组织张拉前事故处理还应做的工作：事故处理应执行四不放过原则(2分)：事故原因未查明不放过、事故责任者没有得到处罚不放过、相关人员没有得到安全教育不放过、没有制定整改措施不放过。因此针对本例，组织张拉前还应(2分)：①针对查明的事故原因，对原先没有考虑或考虑不足的安全隐患制定更为系统的防护措施；②对直接作业人员进行更深层的安全技术交底；③重新组织安全培训，考核合格后持证上岗。

3. (1) B公司与A公司应办理的交接手续(5分)：

① 技术资料交接：A向B提供总包合同复印件；各种批件、设计图纸、水文地质资料；安全技术交底等。

② 现场交接：施工组织设计、施工方案、提供场地通道界定；现场坐标及绝对高程基准点等。

③ 工序交接：吊点的数量及位置，设备基础位置、表面质量、几何尺寸、标高及混凝土质量，预留孔洞的位置、尺寸及标高、地脚螺栓等共同交验。

(2) 在锅炉安装前(1分)，B公司(1分)应到监察机构(当地技术监督局)办理特种设备安装(1分)书面(1分)告知手续，建设方应在使用前到监察机构办理《特种设备使用申请》手续，登记备案，接受定期检验审核(1分)。

解析：锅炉、电梯等属于特种设备监察范围，锅炉安装前应该到当地技术监督局特种设备处履行“特种设备安装告知义务”。A公司若没有安装锅炉的资质，全部分包，那么B公司去办理告知。A公司若自己有安装锅炉的资质，三台中自己也安装一台的话，可以作为总包去办理告知。而建设方应在使用前到监察机构办理《特种设备使用申请》手续，登记备案，接受定期检验审核。本题没问安装后的手续，但是最好都写上。

(3) 燃烧器出厂资料除了使用说明书，还应包括：①产品质量合格证书；②性能检测报告(1分)；③型式试验报告(复印件)(1分)；④安装图纸(1分)；⑤维修保养说明(1分)；⑥装箱清单(1分)；⑦其他资料。

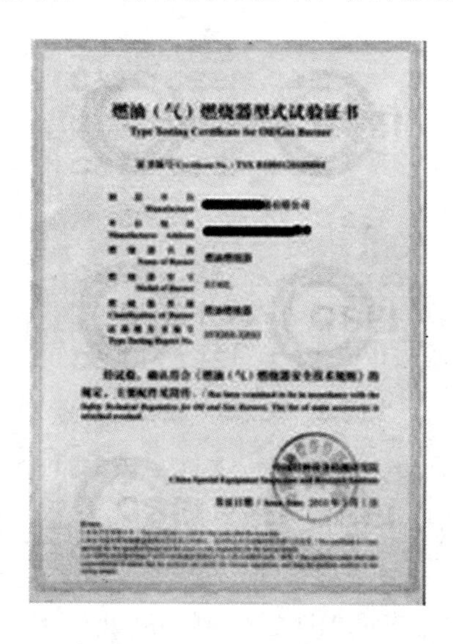

燃油（气）燃烧器型式试验证书

检 验 报 告

TEST REPORT

解析：除了常规的生产厂家自己的文件以外，最特别的是特种设备的配件需要提供第三方做的“型式试验报告”和“检测检验报告”。五点以上，每一点1分。

(4) B公司应审核无损检测单位及其人员的资格审核：①营业执照(1分)；②企业代码证；③无损检测单位资质证书(B级以上)(1分)；④无损检测人员资质证书(1分)；⑤业务经验和检验业绩(1分)；⑥技术人员配备等级；⑦设备和技术条件、ISO质量体系证明；⑧专门人员培训记录(1分)等。

中华人民共和国

特种设备检验检测机构核准证

(无损检测机构 B级)

中华人民共和国

特种设备检验检测人员证

(无损检测人员)

解析：这道题不是问施工方自己焊工的资质，而是前来检验焊缝的专业检测单位应该具备的条件。五点以上，每点1分。

4. (1) 需要编制专项方案(1分)。因为工作井采用检查井改造，其埋深为－4.1～－4.3 m，最浅处深度(1分)都达到5.7 m，混凝土管直径1.6～1.8 m，带水(1分)顶管作业，属于危险性较大的分部分项工程(1分)，方案须经专家论证(1分)。

解析：此题不谈深基坑危险，强调井内的危险。

(2) 占用小区绿地：①任何单位和个人都不得擅自更改城市绿地规划性质和改变城市绿地的地形、地貌、水体、植被。如果需要占用的，应经过城市人民政府城市绿化行政主管部门批准，并办理临时用地手续。②本例中，占用绿地前，应先经过城市绿化行政主管部门批准(2分)，征得小区业主(2分)(委员会和管理处)同意补偿协议，限期归还，恢复原貌。③现在应补办手续(1分)。

(3) $10^{\#}$井改为向$8^{\#}$井顶进的始发井，应做的技术准备工作：①必须执行变更程序。②开工前必须编制专项施工方案，并按规定程序报批。③技术负责人对全体施工人员进行书面技术交底，交底资料签字保存并归档。④调查和保护施工影响区内的建(构)筑物和地下管线，本例中如近接的桥梁桩基和地下管线等。⑤由于一组从$10^{\#}$井出发已28 d，从总工期205 d可估算应超过$11^{\#}$井，因此$10^{\#}$井右边应重新封闭做加

固作为后背，布置千斤顶、顶柱。⑥工作井上方设截水沟和防淹墙，防止地表水流入工作井。⑦交通导行方案，工作井范围内设围挡，警示标志，夜间红灯示警。⑧对桥梁监测变形量。

解析：这道题无疑是成为判断考生是否具备项目经理素质的拉分题。

(4) 项目经理批准施工变更方案不妥(1分)。理由：施工方案的变更必须报企业负责人(1分)和总监理工程师批准后方能实施(1分)。本案例中的顶管工程属于超过一定规模的危险性较大的分部分项工程，编制的施工方案必须组织专家论证(1分)，根据论证报告修改完善施工方案，报企业负责人、总监理工程师、建设单位项目负责人签字后，由专职安全员监督执行。执行总承包的，还应有总包单位和分包单位技术负责人的签字。

(5) 项目部可以(1分)向建设单位索赔工期(1分)和机械窝工费(1分)。理由：因为拆迁不是项目部的责任(1分)，因拆迁延期导致施工受到影响，理应索赔。可以索赔的项目包括：工期、机械窝工导致的窝工费(机械设备在保管过程中发生的费用也应索赔)、人员窝工费、利润。

5. (1) 不妥之处：① 直接加石灰处理后碾压成型。因为含水率大且温度较低，石灰稳定土水稳性、抗冻性不够，会导致裂缝，拌和质量难以保证(1分)。正确做法：对土质路基含水率高可采用翻挖、晾晒使水分挥发，接近最佳含水率。应加二灰稳定土(1分)。

水泥混凝土路摊铺

② 取消振动压实不妥(1分)。正确做法：不能关闭振动装置，可以采取其他降低噪声的措施，如不在夜间施工、隔声、消声、吸声(1分)。

③ 骨料最大粒径约 50 mm，采取沥青乳液下封层养护 3 d 不妥(1分)。正确做法：A. 级配砂砾中最大粒径不得大于 37.5 mm。B. 应在潮湿状态下养护 7～28 d。C. 应在乳液体面撒嵌丁料后才能进入下一道工序(1分)。

④ 最高气温 3℃，没有采取措施不妥(1分)。正确做法：组织面层冬期施工(1分)。

(2) 路面病害原因分析：①发生沉陷的原因是使用了干缩和温缩特性十分明显的石灰稳定土(2分)；②局部沉降的原因是关闭了压路机的振动，导致路基压实度不够(2分)；③另外还有级配粒径过大、缺少冬季施工措施、养护时间不够等原因(2分)。

解析：原型就是这条路。

北方某郊野公园的主干路

(3) 冬期移植的不妥之处：

① 冬期移植大树雪松和银杏，只考虑支护措施不妥(1 分)。正确做法：A. 非适宜季节移植时应按树种采取不同措施；B. 其中雪松为常绿树种，应带土球(胸径的 8～10 倍)移植(1 分)；C. 银杏为落叶乔木，有条件时应提前疏枝断根、假植候种(1 分)；D. 冬季均应防风、防寒(1 分)。

② 用 50 mm 竹竿固定大树不妥(1 分)，因为竹竿柔性，不稳固。正确做法：应用硬质刚性材料支撑(1 分)。

③ 北方地区冬天铺砌草块不妥(1 分)。正确做法：宜空着等候，在春季进行(1 分)。

解析：讲到选择阴天或降雨前后移植，但那是南方(夏季)移植的措施，北方冬季移植求阳光防风寒还来不及呢。铺砌草块温暖地区四季均可进行；北方地区宜在春、夏、秋季进行。带土球等做法见图示。

(4) 补充项目部应采用的园路的冬季施工措施：园路冬季施工措施除了原有的选择好天气和抢工之外，还应按冬期施工基本要求：①应尽量将土方、土基施工项目安排在上冻前完成(2 分)；②昼夜平均气温连续 10 d 以上低于－3℃时即为冬期，日平均气温连续 5 d 低于 5℃时，混凝土施工应按冬期规定进行(2 分)；③在冬期施工中，既要防冻，又要快速，以保证质量(2 分)；④准备好防冻覆盖和挡风、加热、保温等物资(2 分)。

解析：城市道路冬期施工质量控制：(一)冬期施工基本要求：1. 应尽量将土方、土基施工项目安排在上冻前完成。2. 昼夜平均气温连续 10 d 以上低于－3℃时即为冬期，日平均气温连续 5 d 低于 5℃时，混凝土施工应按冬期规定进行。3. 在冬期施工中，既要防冻，又要快速，以保证质量。4. 准备好防冻覆盖和挡风、加热、保温等物资。(二)路基施工：1. 采用机械为主、人工为辅方式开挖冻土，挖到设计标高立即碾压成型。2. 如当日达不到设计标高，下班前应将操作面刨松或覆盖，防止冻结。3. 室外平均气温低于－5℃时，填土高度随气温下降而减少，－5～－10℃时，填土高度为4.5 m；－11～－15℃，填土高度为 3.5 m。4. 城市快速路、主干路的路基不得用含有冻土块的土料填筑。次干路以下道路填土材料中冻土块最大尺寸不得大于 100 mm，冻土块含量应小于 15%。(三)基层施工：1. 石灰及石灰粉煤灰稳定土(粒料、钢渣)类基层，宜在临近多年平均进入冬期前 30～45 d 停止施工，不得在冬期施工。2. 水泥稳定土(粒料)类基层，宜在进入冬期前 15～30 d 停止施工。当上述材料养护期进入冬期时，应在基层施工时向基层材料中掺入防冻剂。3. 级配砂石(砾石)、级配碎石施工，应根据施工环境最低温度洒布防冻剂溶液，随洒布，随碾压。(四)沥青混凝土面层：1. 城市快速路、主干路的沥青混合料面层在低于 5℃时禁止施工。次干路及其以下道路在施工温度低于 5℃时，应停止施工；粘层、透层、封层禁止施工。2. 必须进行施工时，适当提高拌和、出厂及施工温度。运输中应覆盖保温，并应达到摊铺和碾压的温度要求。下承层表面应干燥、清洁，无冰、雪、霜等。施工中做好充分准备，采取“快卸、快铺、快平”和“及时碾压、及时成型”的方针。(五)水泥混凝土面层：1. 搅拌站应搭设工棚或其他挡风设备，混凝土拌合物的浇筑温度不应低于 5℃。2. 当昼夜平均气温在－5～5℃时，应将水加热至 60℃后搅拌；必要时还可以加热砂、石，但不应高于 40℃，且不得加热水泥。3. 混凝土拌合料温度应不高于 35℃。拌合物中不得使用带有冰雪的砂、石料，可加防冻剂、早强剂，搅拌时间适当延长。4. 混凝土板弯拉强度低于 1 MPa 或抗压强度低于 5 MPa 时，不得受冻。5. 混凝土板浇筑前，基层应无冰冻，不积冰雪，摊铺混凝土时气温不低于 5℃。6. 尽量缩短各工序时间，快速施工。成形后，及时覆盖保温层，减缓热量损失，使混凝土的强度在其温度降到 0℃前达到设计强度。7. 养护时间不少于 28 d。

组卷时题量和分数有个平衡，一个不到 10 分的小题，不可能让你把这么多话全部答上。为什么大家都纠结于什么路面？恐怕是受了题目中两个序号 4 的误导。实际上“情况(4)路面层施工时天气晴朗”与“问题 4 补充园路的冬季施工措施”并没有对应联系，只是排序巧合。既然题目不讲是什么路面泛泛地问，当然可以不管什么路面泛泛地答。这个小题结论是：命题人的本意，只要回答冬期施工的 4 个基本要求。

如果时间来得及，多写一些也无妨。

Ⅳ　2011年度全国一级建造师执业资格考试试卷《市政公用工程管理与实务》

一、单项选择题（共20题，每题1分，每题的备选项中，只有一个最符合题意）

1. 预应力混凝土管道最低点应设置(　　)。

A. 排水孔　　B. 排气孔　　C. 注浆孔　　D. 溢浆孔

2. 沉桩施工时不宜用射水方法施工的土层是(　　)。

A. 黏性土　　B. 砂层　　C. 卵石地层　　D. 粉细砂层

3. 桥梁施工时合龙段说法错误的是(　　)。

A. 合龙前应观测气温变化与梁端高程及悬臂端间距的关系

B. 合龙段的混凝土强度宜提高一级

C. 合龙段长度宜为2 m

D. 气温最高时浇筑

4. 15 m拱桥说法正确的是(　　)。

A. 视桥梁宽度采用分块浇筑的方法　　B. 宜采用分段浇筑的方法

C. 宜在拱脚混凝土初凝前完成浇筑　　D. 拱桥的支架

5. 降水工程说法正确的是(　　)。

A. 降水施工主要用于提高土体强度

B. 开挖深度浅时，不可以进行集水明排

C. 从环境安全考虑，宜采用回灌措施

D. 在软土地区基坑开挖深度超过5 m，一般要用井点降水

6. 雨期面层施工说法正确的是(　　)。

A. 应该坚持拌多少铺多少、压多少完成多少

B. 下雨来不及完成时，要尽快碾压，防止雨水渗透

C. 坚持当天挖完、填完、压完，不留后患

D. 水泥混凝土路面应快振、磨平、成型

7. 石灰稳定性基层施工错误的是(　　)。

A. 宜采用塑性指数10～15的粉质黏土、黏土，宜采用1～3级的新石灰

B. 磨细石灰可不经消解直接使用

C. 块灰应在使用前2～3 d完成消解

D. 消解石灰的粒径不得大于20 mm

8. 改性沥青温度的(　　)。

A. 摊铺温度150℃，碾压开始温度140℃　　B. 摊铺温度160℃，碾压终了温度90℃

C. 碾压温度150℃，碾压终了温度80℃　　D. 碾压温度140℃，碾压终了温度90℃

9. 沥青面层压实度检测的方法有(　　)。

A. 环刀法　　B. 灌砂法　　C. 灌水法　　D. 钻芯法

10. 桥面行车面标高到桥跨结构最下缘之间的距离为(　　)。

A. 建筑高度　　B. 桥梁高度　　C. 净矢高　　D. 计算矢高

11. 土压式盾构减少土体隆起的措施是(　　)。

A. 改良塑流性　　B. 排土量减少　　C. 注浆压力　　D. 同步注浆

12. 暗挖施工中防水效果差的工法是(　　)。

A. 全断面　　B. 中隔壁法　　C. 侧洞法　　D. 单侧壁导坑法

13. 曲面异面的构筑物是(　　)。

A. 矩形水池　　B. 圆柱形消化池　　C. 卵形消化池　　D. 圆形蓄水池

14. 水质较好处理过程是(　　)。

A. 原水—筛网过滤或消毒　　B. 原水—沉淀—过滤

C. 原水—接触过滤—消毒　　D. 原水—调蓄预沉—澄清

15. 管道施工中速度快、成本低、不开槽的施工方法是(　　)。

A. 浅埋暗挖法　　B. 定向钻施工　　C. 夯管法　　D. 盾构法

16. 用肥皂泡沫检查试验是(　　)。

A. 气压试验　　B. 严密性实验　　C. 通球扫线　　D. 水压试验

17. 直埋蒸汽管要加(　　)。

A. 排气管　　B. 排潮管　　C. 排水管　　D. 放散管

18. 垃圾场设在城市所在地区的(　　)向。

A. 夏季主导风向下风向　　B. 春季主导风向下风向

C. 夏季主导风向上风向　　D. 春季主导风向下风向

19. 园林排水主管描述错误的是(　　)。

A. 干管埋在草坪下　　B. 水管沿地形铺设

C. 干管埋在园路下　　D. 水管隔一段距离设置检查井

20. 园林最经济的排水方式是(　　)。

A. 雨水管排水　　B. 地面排水　　C. 污水管排水　　D. 明沟排水

二、多项选择题(共 10 题,每题 2 分。每题有 2 个或 2 个以上符合题意,至少有 1 个错项。错选,本题不得分;少选,所选的每个选项得 0.5 分)

21. 基坑开挖时防止坑底土体过大隆起可采取的措施是(　　)。

A. 增加围护机构刚度　　B. 围护结构入土深度

C. 坑底土体加固　　D. 降压井点降水

E. 适时施作底板

22. 管棚施工描述正确的是(　　)。

A. 管棚打入地层后,应及时隔跳孔向钢管内及周围压注水泥砂浆

B. 必要时在管棚中间设置小导管　　C. 管棚打设方向与隧道纵向平行

D. 管棚可应用于强膨胀的地层　　E. 管棚末端应支架在坚硬地层上

23. 以下需要有资质的检测部门进行强度和严密性试验的阀门是(　　)。

A. 一级管网主干线　　B. 二级管网主干线

C. 支干线首端　　D. 供热站入口

E. 与二级管网主干线直接连通

24. 沥青面层检验的主控项目有(　　)。

A. 压实度　　B. 弯沉值　　C. 面层厚度　　D. 平整度

E. 原材料

25. 不属于大修微表处的是(　　)。

A. 沥青密封膏处理水泥混凝土板缝　　B. 旧水泥道路做弯沉实验

C. 加铺沥青面层碾压　　D. 清除泥土杂物

E. 剔除局部破损的混凝土面层

26. 钢筋混凝土桥梁的钢筋接头说法,正确的有(　　)。

A. 同一根钢筋宜少设接头　　B. 钢筋接头宜设在受力较小区段

C. 钢筋接头部位横向净距为 20 mm　　D. 同一根钢筋在接头区段内不能有两个接头

E. 受力不明确时,可认为是受压钢筋

27. 燃气管不得穿越的设施有(　　)。

A. 化工厂　　B. 加油站　　C. 热电厂　　D. 花坛

E. 高速公路

28. 需专家论证的工程有(　　)。

A. 5 m 基坑工程　　B. 滑模　　C. 人工挖孔桩 12 m　　D. 顶管工程

E. 250 kN 常规起吊

29. GCL 铺设正确的是(　　)。

A. 每一工作面施工前均要对基底进行修正和检修

B. 调整控制搭接范围(250±50)mm

C. 采用上压下的十字搭接

D. 当日铺设当日覆盖,雨雪停工

E. 接口处撒膨润土密封

30. 移植 300 mm 胸径大树的管理措施,错误的是(　　)。

A. 用浸水草绳从基部缠绕至主干顶部

B. 移植后应连续浇 3 次水,不干不浇,浇则浇透

C. 用三根 50 mm 竹竿固定

D. 保水剂填入坑

E. 一个月后施农家肥

三、案例分析题

1. (20 分)某市政公司中标 3 km 长污水管道,采用顶管法施工,埋深 5 m,处于地下水位以下,需降水,施工前项目部编制了施工组织设计和交通导行方案,交通导行方案经交通管理部门批准后实施。

(1) 为了保证交通导行方案的实施,项目部在路口设置了足够的照明装置。

(2) 为便于施工,项目部把围挡设置在绿化范围内。

(3) 项目部实行了实名制管理。

(4) 项目部在施工降水井护筒时发现过街的电力管线套管,停止施工,改移了位置。

问题:

(1) 为了保证交通导行方案的实施,还应补充哪些保证措施?(5 分)

(2) 围挡放到绿化带里是否妥当?违反了什么规定?正确措施是什么?(5 分)

(3) 说明施工人员工作胸卡应该包含的内容。(4 分)

(4) 钻孔发现电缆管,项目部做法有何不妥?(6 分)

2. (20 分)某公司中标一段桥梁工程,桥梁的墩台为钻孔灌注桩基础,设计规定钻孔灌注桩应该深入中风化岩层以下 3 m。桥梁上部结构采用重型可调门式支架进行施工。合同规定,主要材料价格上下浮动 10%以内时,价差不予调整,调整的依据为当地造价信息中心的价格。公司现有钻孔机械回旋钻、冲击钻、长螺旋钻。

施工中发生如下事件:

事件一:准备工作完成后,经验收合格开钻,钻进成孔时,直接钻至桩底,钻进完成后请监理验收终孔。

事件二:现浇混凝土支撑体系采用重型可调门式钢管支架,支架搭设完成后铺设模板,铺设时发现底模高程设置的预拱度有少量偏差,因此要求整改。

事件三:工程结束时,经统计,钢材用量和信息价表如下:

月份	4	5	6
信息价(元/t)	4 000	4 700	5 300
数量/t	800	1 200	2 000

问题:

(1) 分析回旋钻、冲击钻、长螺旋钻的适用性,项目部应该选用何种机械。(4 分)

(2) 直接钻到桩底不对,应该怎么做?(4 分)

(3) 重型可调门式支架还有哪些附件?(4 分,每答对 1 点给 1 分,最多 4 分)

(4) 预拱度有偏差，如何利用支架进行调整？说明理由。(5分)

(5) 根据合同约定，4～6月份，钢筋能够调整多少差价(具体计算每个月的差价)？(3分)

3. (20分)某市进行市政工程招标，招标范围限定为本省大型国有企业。某企业为了中标，联合某市企业进行投标。由于时间紧张，投标分成两个小组，一个小组负责商务标，一个小组负责技术标。投标过程中，由于时间紧张，分部分项工程费在调查了当地人工费和材料费，按照招标文件给定的工程量清单进行投标报价；措施费只给了项，没有量，按照以往的投标经验进行报价。

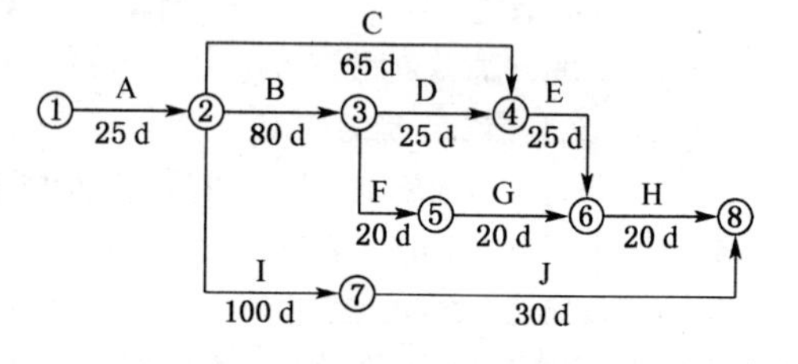

技术标小组编制了施工组织设计，对进度安排用网络图来表示：

施工组织设计包含以下内容：①工程说明(工程概况、编制依据)；②项目部组成及管理体系、各项保证措施和计划；③施工部署，进度计划及施工方法选择；④各种资源需求计划；⑤关键分项工程和各种危险性较大工程的施工专项方案。

问题：

(1) 建设单位对投标单位的限定是否合法？说明理由。(3分)

(2) 商务标编制存在不妥之处，请改正。(7分)

(3) 网络图中工期多少？关键路线是什么？是否符合招标文件要求？(5分)

(4) 最终的技术标应该包括哪些内容？(5分，每回答一点给1分，最多5分)

4. (30分)某项目施工热力管沟工程，在施工支架立柱时总包单位直接把影响立柱内的底板和拱顶钢筋截断，管道采用8 mm厚DN 500钢管，支架板采用8 mm厚槽钢，角板采用10 mm钢材，设计规定与角板焊接部位最小厚度不小于与角板连接的连接件厚度。

把管道焊接分包给了有资质的某施工队，施工队有6个焊工进行焊接作业，组成甲、乙组队，并对他们进行了焊接培训和安全技术交底。甲负责点接、打底以及支架与角板之间焊接，乙负责填充焊接。

施工队质检员根据焊工水平和焊接部位按比例要求选取焊口，进行射线探伤检验。检查发现甲、乙合作焊接的焊缝有两处不合格，经一次返修后复检合格。对焊工甲负责施焊的角板连接检查焊缝厚度时，发现管道与角板连接焊缝厚度为6 mm，支架与角板连接焊缝厚度为7 mm。

问题：

(1) 总包单位对顶、底板钢筋断筋处理不妥，请给出正确做法。(6分)

(2) 施焊前焊工甲和乙应具备的条件？(4分)

(3) 质检员检查选取焊缝检查的不妥之处，请指出正确做法。(8分)

(4) 对于甲、乙合作焊接的其余焊缝应该如何处理？(8分)

(5) 指出背景资料中角板安装焊缝不符合要求之处，并说明理由。(4分)

5. (30分)某公司施工水池工程，位于某水厂内，基坑深5 m，地下水位于地面以下0.5 m，采用围护桩结构和水泥搅拌法止水帷幕，项目部为此编制了施工组织设计。在报公司审批时，公司技术部门给了以下意见：

(1) 采用围护结构作为外模，只支内模的方法进行结构施工，没有对于模板内杂物的清理措施。

(2) 基坑监测主要监测围护结构的变形。

(3) 混凝土浇筑时控制内外温差不大于25℃。

(4) 在基坑开挖到底时发现西北角有大量渗漏，采用双快水泥法进行封堵，由于水量较大，没有效果。

问题：

(1) 供水厂施工是否需要搭设围挡？请说明理由。(7分)

(2) 水池模板之间杂物应如何清扫？(4分)

(3) 基坑监测的对象除围护结构变形外，还应有哪些项目？(7分)

(4) 补充混凝土浇筑与振捣措施。(8分)

(5) 双快水泥不管用，应采取什么措施封堵？(4分)

Ⅳ　2011年度全国一级建造师执业资格考试试卷《市政公用工程管理与实务》参考答案与解析

一、单项选择题

1. A　2. A　3. D　4. C　5. C　6. D　7. D　8. B　9. D　10. A　11. A　12. C　13. C　14. A　15. C　16. A　17. B　18. A　19. C　20. B

二、多项选择题

21. BCDE　22. ABD　23. ACD　24. ABCE　25. ABCE　26. ABD　27. ABC　28. ABD　29. ABDE　30. CE

三、案例分析题

1. (1) ① 施工现场按照施工方案，在主要道路交通路口(1分)设专职交通疏导员(1分)，积极协助交通民警(1分)搞好施工和社会交通的疏导工作(1分)，减少由于施工造成的交通堵塞现象(1分)。

② 沿街居民出入口要设置足够的照明装置，必要处搭设便桥，为保证居民出行和建筑施工创造必要的条件。A. 设置专职交通疏导员。B. 严格划分警告区、上游过渡区、缓冲区、导改区。C. 严格按照交通导改方案实施，需要延期或更改导行路线的，需编制变更方案，报交管部门批准。D. 设置明显交通标志。

(2) 不妥。违反了《城市绿化条例》规定的任何单位和个人都不得擅自占用城市绿化规划用地(1分)；占用的城市绿化用地，应当限期归还、恢复原貌。(1分)。

正确措施是因建设或者其他特殊需要临时占用城市绿化用地(1分)，须经城市人民政府城市绿化行政主管部门同意(1分)，并按照有关规定办理临时用地手续(1分)。

(3) 姓名、身份证号(1分)，工种(1分)，所属分包企业(1分)，没有佩戴工作卡的不得进入现场施工(1分)。

(4) ① 进场后根据建设单位提供的报告，查阅有关技术资料，掌握管线的施工年限、使用状况、位置、埋深等数据。(2分)

② 对于资料反映不详、与实际不符或资料中没有的管线，应向规划部门、管线管理单位查询，必要时采用坑探现状。(2分)

③ 将调查的管线的位置埋深等实际情况按照比例标注在施工平面图上，并作出醒目标志。(2分)

2. (1) 旧版教材有

冲击钻：黏性土、粉土、砂土、填土、碎石土及风化岩层(1分)。

回旋钻(包括正循环和反循环回旋钻机)：一般适用黏土、粉土、砂土、淤泥质土、人工回填土及含有部分卵石、碎石的地层 (1分)。

长螺旋钻：地下水位以上的黏性土、砂土及人工填土非密实的碎石类土、强风化岩(1分)。

在中风化岩层选用冲击钻(1分)。

(选用冲击钻；冲击钻适合黏土、粉土、卵石、风化岩等各种地层；回旋钻和长螺旋钻不适合在中风化岩层施工)

(2) 解析：第(2)题和第(1)题关联，或者说是一道题。如果第(1)题选错，第(2)题就没法做。

使用冲击钻成孔每钻进4～5 m应验孔一次(2分)，在更换钻头或容易塌孔处，均应验孔并做记录(2分)。

①应每隔4～5 m验孔一次，确定是否有塌孔、斜孔和孔径大小是否符合要求。②排渣过程中应及时增加泥浆。③首次钻进应进行试桩，以取得各种参数。

(3) 调节杆(1分)、交叉拉(1分)、可调底座(1分)、可调顶托(1分)。

(4) 通过支架上可调部位进行调节(1分)；要考虑：①设计预拱度(1分)；②直接连接件的非弹性变形(1分)；③支架受载后的弹性变形(1分)；④支架基础受载后的沉降(1分)。

(5) 钢材4 500元/t，10%内不调，超出10%，超出部分调差。

4月：价格为4 000元/t，进场钢筋数量为800 t；5月：价格为4 700元/t，进场数量为1 200 t；6月：价格为5 300元/t，进场数量为2 000 t。列出4～6月每个月的差价：4月核减差价4万元(1分)；5月没有超过，不补(1分)；6月核增差价70万元(1分)。

3. (1) 不合法(1分)。公开招标应该平等地对待所有的招标人(1分)，不允许对不同的投标人提出不同的要求(1分)。

解析:《中华人民共和国招标投标法》规定招标人不得以不合理的条件限制或者排斥潜在投标人,不得对潜在投标人实行歧视待遇。

(2) ① 只调查了当地人工费和材料费,不妥(1分),还应该调查当地的机械租赁价(1分)和分部分项工程的分包价(1分)。

② 按照招标文件给定的工程量清单进行投标报价不妥(1分),应该根据招标文件提供相关说明和图纸,重新校对工程量,根据校对工程量确定报价(1分)。

③ 措施费只给了按照以往的投标经验进行报价,不妥(1分),应该根据企业自身特点和工程实际情况结合施工组织设计对招标人所列的措施项目做适当增减(1分)。

(3) 175天(1分)。

关键线路是:①→②→③→④→⑥→⑧(1分)。

招标文件要求是180 d(1分),施工组织确定的工期是175 d(1分),符合招标文件要求。(1分)

(4) 质量保证计划、安全保证计划、文明施工、环保节能降耗保证计划、施工总平面布置图、制定交通导行方案、材料二次搬运方案等。

4. (1) ① 设计有要求的按照设计要求处理(2分)。

② 设计没有要求的,支架立柱尺寸小于30 cm的,周围钢筋应该绕过立柱,不得截断(2分);支架立柱尺寸大于30 cm的,截断钢筋并在立柱四周满足锚固长度附加4根同型号钢筋(2分)。

(2) 解析:本问强调的是现场安全管理和质量管理,而不是焊工进场前的要求。有些同学从取得特殊工种作业证角度回答,应该是偏离方向的。

具备的条件从安全角度来说,施焊要动火,因此要有项目部专职安全人员签发的"动火证"(1分)、要经过三级安全教育培训并考试合格(1分)。

从质量管理的角度来说,焊接是管道施工关键点,要设置质量控制点控制。因此,要由项目负责人进行技术交底(1分),要由专业技术人员编制的、项目负责人审批的作业指导书(1分)。

(3) ① 质检员根据焊工水平和焊接工艺进行抽查,不妥。应该根据设计文件规定,设计无规定则按标准、规范规定的要求进行抽查(2分)。

② 检查顺序不妥(1分)。对于焊缝的检查应该严格按照外观检验(1分)、焊缝内部探伤检验(1分)、强度检验(1分)、严密性检验(1分)和通球扫线检验(1分)的顺序进行,不能只进行射线探伤检验。

(4) 其余焊缝应该按照规范规定抽样比例双倍进行检验(2分);对于不合格焊缝应该返修(2分)。但返修次数不得超过两次(2分);如再有不合格焊缝,则对甲乙合作进行的焊缝进行100%无损探伤检验(2分)。

(5) ① 管道与角板连接焊缝不符合要求(1分)。设计要求焊缝厚度不得小于与角板连接件的厚度,资料中管道厚度为8 mm,管道与角板连接焊缝厚度为6 mm(1分),因此不符合要求。

② 支架与角板连接焊缝不符合要求(1分)。设计要求焊缝厚度不得小于与角板连接件的厚度,资料中支架厚度为8 mm,支架与角板连接焊缝厚度为7 mm(1分),因此不符合要求。

5. (1) 解析:需要搭设围挡(1分)。

理由:①文明施工的需要(2分);②安全施工需要(如消防保卫、防止外来人员进入施工现场出现意外伤害之类,关键词是安全施工)(2分);③法规明确规定需封闭围挡管理(2分)。

(2) 解析:①应该在模板底部设置清扫口或预留一块模板,用空压机风吹的方式进行清理(2分)。②应该在模板底部设置清扫口或预留一块模板,用高压水冲的方式进行清理,清理后浇筑面湿润,但不得有积水(2分)。

(3) 地下水位、周围建筑沉降、倾斜、地下管线变形、支撑轴力、围护结构竖向变形、围护结构水平位移、地面沉降等(7分)。

(4) 此问考察的是大体积混凝土的浇筑与振捣,补充以下措施:①分层浇筑(2分);②合理设置后浇带(2分);③背景资料中内外温差25℃有问题,应该是20℃(2分);④控制好混凝土坍落度,不宜过大,一般在(120±20)即可(2分)。

(5) 应首先在坑内回填土封堵水流(1分),然后在坑外打孔灌注聚氨酯(1分)或双液浆(1分)等封堵措施,封堵后再继续向下开挖基坑(1分)。

参考文献

[1] 范立础. 桥梁工程[M]. 北京:人民交通出版社,2001

[2] 黄晓明. 沥青与沥青混合料[M]. 南京:东南大学出版社,2002

[3] 吴龙生. 某运河大桥工程施工质量保证措施探讨[J]. 人民长江,2009,40(7):92-93

[4] 全国一级建造师执业资格考试用书编写委员会. 市政公用工程管理与实务[M]. 北京:中国建筑工业出版社,2011

[5] 全国二级建造师执业资格考试用书编写委员会. 市政公用工程管理与实务[M]. 北京:中国建筑工业出版社,2011

[6] 许克宾. 桥梁施工[M]. 北京:中国建筑工业出版社,2005

[7] 陈秋南. 隧道工程[M]. 北京:机械工业出版社,2007

[8] 颜海. 公路工程质量事故分析[M]. 北京:机械工业出版社,2006

[9] 孙震,穆静波. 土木工程施工[M]. 北京:人民交通出版社,2004

[10] 吴龙生. 加强工程监理制度建设　严格施工质量控制程序[J]. 广西质量监督导报,2008(5):8-10,12

[11] 张卫民. 基础工程施工[M]. 北京:中国水利水电出版社,2011

[12] 吴继峰. 道路工程概论[M]. 北京:机械工业出版社,2005

[13] 张新天. 道路与桥梁工程概论[M]. 北京:人民交通出版社,2006

[14] 陈小雄. 隧道施工技术[M]. 北京:人民交通出版社,2011

[15] 周艳,贾朝霞. 道路与桥梁工程基础理论与监理实务[M]. 北京:中国环境科学出版社,2006

[16] 李世举. 现浇混凝土箱梁外观质量控制[J]. 中国交通建设监理,2008(3):66-67

[17] 廖品槐. 路桥工程监理[M]. 北京:中国建筑工业出版社,2006

[18] 黄健之. 建筑施工禁忌手册[M]. 北京:中国建筑工业出版社,2000

[19] 叶可明. 上海建筑施工新技术[M]. 北京:中国建筑工业出版社,1999

[20] 丛蔼森. 地下连续墙的设计施工与应用[M]. 北京:中国水利水电出版社,2001

[21] 贾宝,赵智. 管道施工技术[M]. 北京:化学工业出版社,2003

[22] 郭正兴. 土木工程施工[M]. 南京:东南大学出版社,2007

[23] 姜湘山,张晓明. 市政工程管道工实用技术[M]. 北京:机械工业出版社,2005

[24] 李辅元. 桥梁工程[M]. 北京:人民交通出版社,2013

[25] 张佩星. 项目经理魔鬼能力训练[M]. 北京:北京大学出版社,2007

[26] 刘自明. 桥梁深水基础[M]. 北京:人民交通出版社,2003

[27] 李公藩. 燃气工程便携手册[M]. 北京:机械工业出版社,2002

[28] 曲德仁. 混凝土工程质量控制[M]. 北京:中国建筑工业出版社,2005